系统测试性设计分析与验证

(第2版)

石君友　主编

北京航空航天大学出版社

内容简介

本书全面阐述了测试性设计分析与试验评估的有关理论和方法，包括测试性基本概念和工程手段、诊断方案与测试性要求、测试性分配、固有测试性与测试性设计准则、故障检测初步设计、机内测试设计、外部测试设计、相关性建模分析、状态流图建模仿真分析、智能故障诊断设计、测试性预计、测试性试验和测试性评估等内容，注重科学性与实用性相结合。

本书既可以作为高校本科生和研究生相关专业课程的教材和参考书，也可以作为从事装备测试性与健康管理的要求论证、设计研制和使用评估等工作的工程技术人员的参考书。

图书在版编目(CIP)数据

系统测试性设计分析与验证 / 石君友主编. -- 2 版
. -- 北京 ：北京航空航天大学出版社，2024.3
ISBN 978-7-5124-4285-6

Ⅰ. ①系… Ⅱ. ①石… Ⅲ. ①系统可靠性—测试
Ⅳ. ①N945.17

中国国家版本馆 CIP 数据核字(2024)第 020899 号

系统测试性设计分析与验证(第 2 版)

石君友 主编

策划编辑 蔡喆 责任编辑 孙兴芳

*

北京航空航天大学出版社出版发行

北京市海淀区学院路 37 号(邮编 100191) http://www.buaapress.com.cn

发行部电话：(010)82317024 传真：(010)82328026

读者信箱：goodtextbook@126.com 邮购电话：(010)82316936

三河市华骏印务包装有限公司印装 各地书店经销

*

开本：787 mm×1 092 mm 1/16 印张：31.25 字数：800 千字

2024 年 9 月第 2 版 2024 年 9 月第 1 次印刷 印数：1 000 册

ISBN 978-7-5124-4285-6 定价：99.00 元

飞行器质量与可靠性专业系列教材

序

1985 年，国防科技界与教育界著名专家杨为民教授创建了国内首个可靠性方向本科专业，翻开了我国可靠性工程专业人才培养的篇章。2006 年，在北京航空航天大学的积极申请和国防科工委的支持与推动下，教育部批准将质量与可靠性工程专业正式增列入本科专业教育目录。2008 年，该专业入选国防紧缺专业和北京市特色专业建设点。2012 年，教育部进行本科专业目录修订，将质量与可靠性工程专业的名称改为飞行器质量与可靠性专业（属航空航天类）。2019 年，该专业获批教育部省级一流本科专业建设点。

当今在实施质量强国战略的过程中，以航空航天为代表的高技术领域对可靠性专业人才的需求越发迫切。为适应这种形势，我们组织长期从事质量与可靠性专业教学的一线教师编写了这套“飞行器质量与可靠性专业系列教材”。本系列教材在系统总结并全面展现质量与可靠性专业人才培养经验的基础上，注重吸收质量与可靠性基础理论的前沿研究成果和工程应用的长期实践经验，涵盖质量工程与技术，可靠性设计、分析、试验、评估，产品故障监测与环境适应性等方面的专业知识。

本系列教材是一套理论方法与工程技术并重的教材，不仅可作为与质量与可靠性相关的本科专业的教学用书，也可作为其他工科专业本科生、研究生以及广大工程技术和管理人员学习质量与可靠性知识的工具用书。我们希望这套教材的出版能够助力我国质量与可靠性专业的人才培养，从而取得更大成绩。

编委会

2019 年 12 月

第2版前言

测试性是装备的一种便于测试和诊断的重要设计特性，它对现代武器装备、各种复杂系统，特别是电子系统和设备的维修性、可靠性和可用性有很大影响。测试性作为装备的重要质量特性，已经在航空领域得到广泛应用。尤其是近年来伴随着航空装备故障预测与健康管理（Prognostics Health Management，PHM）技术工程应用的迫切需求，测试性工作获得了更多的关注，装备测试性能力的实现程度变得越发重要。此外，测试性技术作为提高装备可用性和任务成功性的重要手段，已经推广应用到航天、航海和地面装备的研制中，面临的技术缺口和人才缺口问题日益突出，因此测试性技术的研究应用和人才储备具有极大的紧迫性和必要性。

本书的出发点是为大学本科生和研究生相关专业课程提供教材和参考书，培养测试性高级技术人才。此外，本书也可以作为测试性工程应用技术人员的参考书，为从事测试性研究和应用的技术人员提供帮助，促进国内相关行业对测试性工作的了解、重视和推广，能对推进我国测试性技术进步有所帮助。

本书是在国内外最新的测试性研究成果和《系统测试性设计分析与验证》第1版的基础上修订而成的，在内容安排上覆盖了测试性基本理论概念、测试性要求论证、测试性设计、测试性分析、测试性试验与评估五个方面。在测试性基本理论概念方面，详细论述了测试性的概念和工程手段；在测试性要求论证方面，阐述了诊断方案与测试性要求和测试性分配方法；在测试性设计方面，论述了固有测试性与测试性设计准则、故障检测初步设计、机内测试设计、外部测试设计、智能故障诊断设计等方法；在测试性分析方面，论述了相关性建模分析、状态流图建模仿真分析、测试性预计等方法；在测试性试验与评估方面，论述了测试性试验和测试性评估方法。在每章后面均设计了相应的习题。考虑到工程应用与新技术的需要，编写本书时注意到科学性和实用性相结合，力求结合国情，从系统性和工程实用出发组织有关章节内容。与第1版相比，本书在内容安排上进行了以下大幅度调整和更新：①在测试性分配、测试性预计等方面，去掉了过时的方法，增加了现行使用的新方法；②根据技术发展趋势，增加了故障检测初步设计、智能故障诊断设计等新设计技术方法，相关性建模分析、状态流图建模仿真分析等新分析技术方法，以及测试性试验等新验证技术方法。

本书共包括13章和1个附录,其中,第1～11章、第13章由石君友编写,第12章由侯文魁、石君友编写,附录由邵凤玲、石君友编写,全书由石君友统稿。在该书编写过程中,单位领导、同事和学生给予了热情的支持和帮助,其中,博士生侯一蕾参与了第2章和第9章的编写,博士生吕振阳参与了第3章的编写,博士生邓怡参与了第8章的编写,硕士生杨晓奔参与了第12章的编写,硕士生王迎腊和丁雨霏参与了本书的校对工作,在此一并表示衷心的感谢。

测试性技术处在不断的扩展应用与发展中,鉴于编者水平有限,书中难免会有错误和疏漏之处,恳请读者批评和指正。

编　者

2024年3月

目　录

第1章　绪　论 …… 1

1.1　基本概念 …… 1

1.1.1　故障与诊断 …… 1

1.1.2　测试性 …… 3

1.2　测试性的发展演变 …… 4

1.2.1　测试性的发展历史 …… 4

1.2.2　智能BIT …… 8

1.2.3　综合诊断 …… 9

1.2.4　预测与健康管理 …… 19

1.3　测试性技术框架 …… 28

1.3.1　测试性设计目标 …… 28

1.3.2　测试性设计手段 …… 30

1.3.3　测试性工程任务 …… 31

1.3.4　测试性支持辅助 …… 33

1.4　测试性参数 …… 34

1.4.1　测试性核心参数 …… 34

1.4.2　测试性扩展参数 …… 37

1.5　测试性的重要性及对系统特性的影响 …… 39

1.5.1　测试性的重要性 …… 39

1.5.2　对基本可靠性的影响 …… 40

1.5.3　对任务可靠性、安全性及成功性的影响 …… 40

1.5.4　对维修性的影响 …… 41

1.5.5　对综合保障的影响 …… 41

1.5.6　对战备完好性的影响 …… 42

1.5.7　对系统性能的影响 …… 42

1.5.8　对系统寿命周期费用的影响 …… 42

1.6　测试性术语 …… 43

习　题 …… 47

第2章　诊断方案与测试性要求 …… 48

2.1　概　述 …… 48

2.1.1　诊断方案与测试性要求的关系 …… 48

2.1.2　确定诊断方案与测试性要求的总体流程 …… 48

2.2 诊断需求分析 …… 49
2.2.1 诊断需求分析的输入 …… 49
2.2.2 诊断需求分析的内容 …… 52
2.3 制定诊断方案 …… 54
2.3.1 诊断方案的组成要素 …… 54
2.3.2 权衡确定备选诊断方案 …… 56
2.3.3 备选诊断方案的费用分析 …… 60
2.3.4 备选诊断方案的诊断能力分析 …… 64
2.3.5 确定最佳诊断方案 …… 64
2.3.6 典型诊断方案 …… 64
2.4 测试性要求分类 …… 69
2.4.1 按定性定量分类及示例 …… 69
2.4.2 按测试手段分类及示例 …… 73
2.4.3 按维修级别分类及示例 …… 74
2.5 确定测试性定量要求的方法 …… 76
2.5.1 类比法确定测试性定量要求 …… 76
2.5.2 基于可用度权衡确定测试性定量要求 …… 79
2.5.3 基于诊断效率确定测试性定量要求 …… 86
习 题 …… 91

第3章 测试性分配 …… 92

3.1 概 述 …… 92
3.1.1 目的和时机 …… 92
3.1.2 分配的内容和任务 …… 92
3.1.3 测试性分配原则 …… 92
3.2 检测与隔离要求的分配方法 …… 93
3.2.1 等值分配方法 …… 93
3.2.2 故障率分配方法 …… 94
3.2.3 考虑故障率和费用分配方法 …… 97
3.2.4 综合加权分配方法 …… 98
3.2.5 非线性分配方法 …… 103
3.2.6 有部分老产品时的分配方法 …… 105
3.2.7 考虑系统级测试的分配方法 …… 106
3.2.8 测试性分配方法比较 …… 108
3.3 虚警定量要求的分配 …… 110
3.3.1 虚警定量要求的特点 …… 110
3.3.2 FAR指标的分配 …… 110
3.3.3 MTBFA指标的分配 …… 111
习 题 …… 113

第 4 章　固有测试性与测试性设计准则 …… 114
4.1　固有测试性 …… 114
4.1.1　划　分 …… 114
4.1.2　功能和结构设计 …… 116
4.1.3　初始化 …… 116
4.1.4　测试可控性(控制) …… 117
4.1.5　测试可观测性(观测) …… 121
4.1.6　元器件选用 …… 122
4.1.7　与测试设备的兼容性 …… 122
4.2　测试性设计准则 …… 123
4.2.1　测试性设计准则的作用和组成 …… 123
4.2.2　测试性设计准则的制定程序 …… 123
4.2.3　通用测试性设计准则 …… 125
4.2.4　测试性设计准则的剪裁 …… 138
4.3　测试性设计准则的符合性检查 …… 138
4.3.1　符合性检查要求与过程 …… 138
4.3.2　符合性检查方法 …… 138
4.3.3　符合性检查报告 …… 142
4.3.4　印制电路板的固有测试性评价示例 …… 142
习　题 …… 151

第 5 章　故障检测初步设计 …… 152
5.1　确定自动化检测应覆盖的故障模式集 …… 152
5.1.1　自动化检测的量化控制要求 …… 152
5.1.2　确定自动化检测应覆盖的故障模式数量 …… 154
5.1.3　确定 BIT 应覆盖的故障模式集 …… 154
5.1.4　确定外部自动测试应覆盖的故障模式集 …… 155
5.2　扩展 FMECA …… 156
5.2.1　目　的 …… 156
5.2.2　扩展分析因素 …… 156
5.2.3　扩展分析流程与表格 …… 159
5.2.4　扩展分析示例 …… 160
5.2.5　扩展分析输出 …… 164
习　题 …… 164

第 6 章　机内测试设计 …… 165
6.1　概　述 …… 165
6.1.1　BIT 实现途径 …… 165

6.1.2 BIT设计要求 …… 165
6.1.3 BIT设计内容 …… 166
6.1.4 BIT设计流程 …… 166
6.2 机内测试系统总体设计 …… 167
6.2.1 系统功能设计 …… 167
6.2.2 系统工作模式设计 …… 168
6.2.3 系统结构布局设计 …… 169
6.2.4 系统信息处理设计 …… 171
6.3 成品机内测试设计 …… 172
6.3.1 BIT测试对象分析 …… 172
6.3.2 BIT功能设计 …… 173
6.3.3 BIT工作模式设计 …… 173
6.3.4 BIT测试流程设计 …… 173
6.3.5 BIT诊断策略设计 …… 175
6.3.6 BIT软/硬件设计 …… 175
6.3.7 BIT信息处理设计 …… 189
6.4 测试管理器设计 …… 189
6.4.1 测试管理器功能设计 …… 189
6.4.2 测试管理器工作模式设计 …… 189
6.4.3 测试管理器结构层次设计 …… 190
6.4.4 测试管理器诊断策略设计 …… 190
6.4.5 测试管理器软/硬件设计 …… 190
6.4.6 测试管理器信息处理设计 …… 190
6.5 BIT防虚警设计 …… 191
6.5.1 确定合理的测试容差 …… 192
6.5.2 确定合理的故障指示与报警条件 …… 194
6.5.3 提高BIT的工作可靠性 …… 197
6.5.4 智能BIT …… 201
6.5.5 其他方法 …… 208
6.5.6 防虚警设计方法选用原则 …… 209
6.6 BIT信息的显示与输出 …… 210
6.6.1 BIT信息的内容及特点 …… 210
6.6.2 通过指示器、显示板输出BIT信息 …… 213
6.6.3 通过BIT结果读出器、维修监控板、显示器输出信息 …… 214
6.6.4 通过中央维修系统/综合监控系统输出BIT信息 …… 217
6.6.5 通过打印、磁带/磁盘、ACARS输出BIT信息 …… 222
6.6.6 利用维修辅助装置输出和采集BIT信息 …… 224
6.7 机内测试系统应用实例 …… 224
6.7.1 模拟系统的BITS …… 224

6.7.2　非电子系统的 BITS …… 225
6.7.3　F-16 战斗机的 BITS …… 226
6.7.4　F/A-18 战斗机的 BITS …… 227
6.7.5　“狂风”战斗机的 BITS …… 228
6.7.6　B-1A 轰炸机的 BITS …… 228
6.7.7　F-35 战斗机的 BITS …… 229
6.7.8　A320 客机的 BITS …… 230
6.7.9　B747-400 客机的 BITS …… 232
6.7.10　B777 客机的 BITS …… 233
6.7.11　航天器的 BITS …… 234
习　题 …… 235

第 7 章　外部测试设计 …… 236

7.1　外部测试的分类 …… 236
7.2　测试点的选择和设置 …… 236
7.2.1　测试点的类型 …… 237
7.2.2　测试点的要求 …… 237
7.2.3　测试点的选择 …… 238
7.2.4　测试点的设置举例 …… 239
7.3　测试程序集设计 …… 246
7.3.1　测试程序集要求 …… 247
7.3.2　测试程序集研制 …… 248
7.3.3　接口适配器设计 …… 250
7.4　兼容性设计 …… 252
7.4.1　兼容性一般要求 …… 252
7.4.2　兼容性详细要求 …… 252
7.4.3　兼容性偏离的处理 …… 253
7.4.4　兼容性评价 …… 254
7.4.5　兼容性验证 …… 259
7.5　故障隔离手册设计 …… 260
7.5.1　故障隔离手册的作用 …… 260
7.5.2　故障隔离手册的组成 …… 260
7.5.3　故障隔离手册的要素 …… 260
习　题 …… 264

第 8 章　相关性建模分析 …… 265

8.1　相关性模型的基本概念 …… 265
8.1.1　基本假设与定义 …… 265
8.1.2　相关性图示模型 …… 266

8.1.3 相关性数学模型 …… 267
8.1.4 诊断树和故障字典 …… 267
8.1.5 IEEE 1232 模型 …… 270
8.2 相关性建模分析方法 …… 273
8.2.1 相关性建模分析流程 …… 273
8.2.2 相关性图示模型的构建 …… 273
8.2.3 D矩阵模型的生成 …… 273
8.2.4 测试点优选 …… 276
8.2.5 诊断策略的生成 …… 281
8.2.6 测试性指标计算 …… 283
8.2.7 应用算例 …… 284
8.3 扩展相关性建模分析方法 …… 292
8.3.1 考虑激励测试的扩展相关性建模方法 …… 292
8.3.2 考虑综合测试的扩展相关性建模方法 …… 298
8.3.3 考虑使能关系的扩展相关性建模方法 …… 302
8.3.4 考虑阻断关系的扩展相关性建模方法 …… 306
8.4 相关性建模工程化方法 …… 312
8.4.1 相关性建模的工程化操作流程 …… 312
8.4.2 相关性建模数据准备 …… 312
8.4.3 测试性模型的确认与更正 …… 316
8.4.4 案例应用示例 …… 316
8.5 诊断知识压缩方法 …… 319
8.5.1 诊断知识的简化压缩方法 …… 319
8.5.2 诊断知识的简化压缩示例 …… 320
8.5.3 考虑单元结构的多层次故障诊断知识合成压缩 …… 326
8.5.4 高层次扩展相关性矩阵生成示例 …… 335
习 题 …… 340

第9章 状态流图建模仿真分析 …… 342

9.1 基本概念 …… 342
9.1.1 状态流图建模仿真的基本思想 …… 342
9.1.2 状态流图模型的组成要素 …… 343
9.2 状态流图建模仿真的元组模型 …… 345
9.2.1 状态流图仿真的元组模型 …… 345
9.2.2 输入数据的元组模型 …… 346
9.2.3 被测模型状态逻辑的元组模型 …… 346
9.2.4 BIT表示执行层状态流图的元组模型 …… 347
9.2.5 被测模型状态逻辑层和BIT表示执行的组合关系 …… 348
9.2.6 BIT仿真输出的元组模型 …… 348

9.2.7　BIT 度量的元组模型 …… 348
9.3　状态流图建模仿真的要素与模型 …… 348
9.3.1　状态流图建模仿真的要素 …… 348
9.3.2　静态结构要素与状态流图的实现 …… 349
9.3.3　动态过程要素与状态流图的实现 …… 353
9.3.4　典型 BIT 的状态流图模型示例 …… 358
9.4　状态流图建模仿真的故障量化和仿真剖面 …… 360
9.4.1　功能故障模式的量化 …… 360
9.4.2　仿真控制 …… 362
9.4.3　确定性仿真剖面 …… 363
9.4.4　随机性仿真剖面 …… 364
9.5　状态流图建模和仿真的流程设计 …… 366
9.5.1　状态流图建模的流程设计 …… 366
9.5.2　状态流图仿真的流程设计 …… 367
9.6　状态流图建模仿真的结果评价 …… 367
9.6.1　故障检测隔离能力统计分析 …… 367
9.6.2　虚警率计算及虚警统计分析 …… 369
9.7　案例应用示例 …… 371
9.7.1　案例介绍 …… 371
9.7.2　案例的状态流图模型 …… 372
9.7.3　案例仿真结果 …… 373
习　题 …… 375

第 10 章　智能故障诊断设计 …… 376

10.1　概　述 …… 376
10.1.1　人工智能的含义与技术分类 …… 376
10.1.2　智能故障诊断在测试性设计中的作用 …… 377
10.2　逻辑推理诊断 …… 377
10.2.1　逻辑推理诊断的原理 …… 377
10.2.2　测试判据与逻辑化测试 …… 378
10.2.3　诊断推理知识与综合推理 …… 380
10.2.4　电源模块的逻辑推理诊断示例 …… 384
10.2.5　信号调理模块的逻辑推理诊断示例 …… 385
10.2.6　流体系统的逻辑推理诊断示例 …… 386
10.3　机器学习诊断 …… 388
10.3.1　机器学习算法原理 …… 388
10.3.2　采样电阻的健康评估示例 …… 395
10.3.3　基于排气温度的剩余使用寿命预测示例 …… 396
10.3.4　电源模块的在线故障诊断示例 …… 396

10.3.5 间歇故障的退化评估示例 …… 399
习　题 …… 400

第11章　测试性预计 …… 401

11.1　概　述 …… 401
11.1.1　测试性预计的目的和参数 …… 401
11.1.2　进行测试性预计工作的时机 …… 401
11.2　三级维修系统的测试性预计 …… 402
11.2.1　BIT预计 …… 402
11.2.2　测试性预计 …… 408
11.3　二级维修系统的测试性预计 …… 416
11.3.1　BIT预计 …… 416
11.3.2　测试性预计 …… 419
11.4　其他参数预计 …… 424
习　题 …… 425

第12章　测试性试验 …… 426

12.1　基本概念 …… 426
12.1.1　测试性试验的定义 …… 426
12.1.2　测试性试验的目的 …… 426
12.1.3　测试性试验的考察内容 …… 427
12.2　测试性试验方案 …… 427
12.2.1　考虑双方风险的试验方案 …… 427
12.2.2　最低可接受值试验方案 …… 433
12.2.3　截尾序贯试验方案 …… 436
12.2.4　考虑充分性的参数估计方案 …… 441
12.2.5　样本量的分配与抽样 …… 443
12.2.6　虚警率的验证方法 …… 444
12.3　测试性试验参数评估方法 …… 447
12.3.1　点估计 …… 447
12.3.2　置信区间估计 …… 447
12.3.3　单侧置信下限估计 …… 448
12.4　测试性试验的实施 …… 449
12.4.1　试验程序 …… 449
12.4.2　建立可注入故障模式库 …… 449
12.4.3　故障注入方法 …… 451
12.4.4　故障注入记录 …… 453
12.4.5　试验结果分析及验证试验报告 …… 453
习　题 …… 454

第 13 章　测试性评估 …… 455

13.1　测试性评估的含义与分类 …… 455

13.1.1　测试性评估的含义 …… 455

13.1.2　测试性评估的分类 …… 455

13.2　测试性评估技术 …… 456

13.2.1　最小样本量确定 …… 456

13.2.2　数据判别准则 …… 456

13.2.3　参数评估与合格判定 …… 457

13.3　测试性评估示例 …… 458

13.3.1　评估示例一 …… 458

13.3.2　评估示例二 …… 459

习　题 …… 459

附录　功能电路/组件级故障模式 …… 460

缩略语 …… 470

参考文献 …… 476

第1章 绪 论

1.1 基本概念

1.1.1 故障与诊断

1.1.1.1 故障及分类

一个系统或一台设备不能永远正常地运行下去，若工作不正常而出现故障则会发生各种情况，例如：

① 动作偶然失灵，但能很快恢复正常；

② 有异状，但短期内并不影响其完成功能；

③ 有异状，但性能指标尚没有明显下降，还能在一定时间内勉强维持运行；

④ 有异状，性能明显下降，需要退出运行并进行检查和修理；

⑤ 已丧失正常功能，必须立即停止运行；

⑥ 已产生损坏现象，随即失去功能并自行停止运转；

⑦ 已发生破坏事件，造成严重损失或安全事故。

以上7种现象尽管表明设备生病程度和影响不同，但都属于故障现象。其中①～④项需要进行维修，以消除故障隐患，恢复设备的健康状况；而⑤～⑦项则已经错过检修时机而造成损失或事故。

通常，故障定义为产品不能执行规定功能的状态，即故障是产品已处于一种不合格的状况，是对产品正确状态的任何一种可识别的偏离；而这种偏离对特定使用者要求来说是不合格的，已经不能完成其规定功能。

图1-1给出故障的4种类型。其中，二值型故障，又称为突变故障，是指简单的故障/无故障情形，故障前后系统或设备的性能参数存在显著的差异，是否发生故障容易客观界定，也容易进行故障检测，但不能进行有效的故障预测；间歇重复型故障，可以使用简单推理和高级

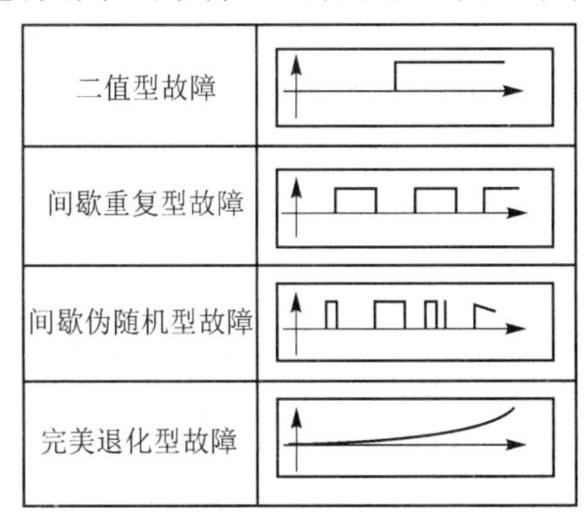

图1-1 故障的类型

时间特征集关联组合等手段进行隔离,但由于其本质上还是二值的,因此也不能进行故障预测;间歇伪随机型故障,难以隔离,也难以预测;完美退化型故障,也称为退化故障或者渐变故障,故障的发生不是突然的,而是系统或设备的性能参数量值不断恶化的一种渐变过程,不存在故障前后的客观界定,需要根据人为给定的性能参数门限判别是否达到故障状态,可以使用系统模型和时间关联跟踪参数方法进行渐变故障的检测和隔离,同时这种故障也是最适合进行预测的故障。

1.1.1.2 故障诊断

利用各种检查和测试方法,发现系统和设备是否存在故障的过程称为故障检测,进一步确定故障所在大致部位的过程称为故障定位,要求把故障定位到实施修理时可更换的产品层次(可更换单元)的过程称为故障隔离,而故障诊断就是指检测故障和隔离故障的过程。

故障诊断的设计分析(准备工作)和实施过程如图1-2所示。

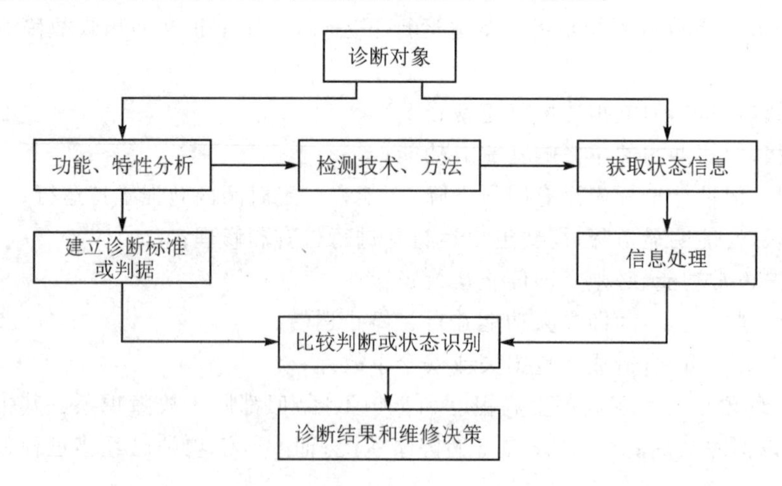

图1-2 故障诊断的设计分析(准备工作)和实施过程

(1) 诊断对象的功能、特性分析

诊断对象的功能、特性分析主要是根据诊断对象的设计资料、技术说明、使用说明书或手册、故障模式与影响分析、故障模拟试验、使用经验和统计数据等,确定每种故障定义、故障特征参数及其检测方法,确定被测对象功能正常与不正常的检测参数指标等。

(2) 建立诊断标准或判据

这项工作主要是根据诊断对象的功能和特性分析结果,建立判断被诊断对象处于正常状态还是故障状态以及判断哪个组成单元发生故障的标准,即确定故障检测与隔离的判据。例如,对单个检测参数来说,要确定其容差或门限值是多少;用模型或余度部件对比时,要建立标准模型并定出诊断对象与模型比较时的容差;为隔离故障,要建立故障字典或最佳诊断测试顺序等。

(3) 获取诊断对象的状态信息

根据诊断对象的功能和特性的分析结果,设计合理的检测技术方法,取得诊断对象的当前运行状态信息。对于不同的诊断对象,需要测量的参数类型不同,所用检测手段也不一样。电气参数较容易检测,只要设置必要的检测点和检测通路即可;对于振动、温度等其他物理参数的检测,需要用传感器、敏感器件及相关检测电路,有时还需要外加激励作用才能从诊断对象的响应输出中获得所需要的状态信息；非电参数的测量往往需要利用专用测量仪器。

(4) 信息处理

这主要是指对获取的诊断对象的状态信息所作的调整、变换和传输，如放大、衰减、滤波、整流、统计分析、频谱分析、模拟/数字(A/D)变换等。总之，要去掉干扰和无用分量，把诊断对象的运行状态信息变成便于与诊断标准进行分析比较的形式。

(5) 比较判断或状态识别

用实际测得的诊断对象运行状态信息与诊断标准进行比较分析，按照规定的判据或逻辑判断来确定诊断对象处于什么状态：正常、故障或性能下降。如果不正常，还要判断什么部位或哪个组成单元发生了故障。这个比较分析和判断过程可用自动化方式完成，也可以手工完成。

(6) 给出诊断结果和维修决策

能够检测的故障模式的多少和故障隔离的程度，取决于所获取诊断对象状态信息的多少和所建立的诊断逻辑与诊断标准。只要设计诊断的程序和标准合理，获取信息不是太少或未出现诊断判据错误，就应能给出诊断结果：正常或故障、发生故障的部位或组成单元。然后按诊断结果确定维修策略，如继续运行、加强监控、适当维护、更换故障单元或停止使用等。

1.1.2 测试性

1.1.2.1 测试性定义

一个系统、设备或产品的可靠性再高也不能保证其永远正常工作，所以使用者和维修者要掌握其健康状况，确知其有无故障或何处发生了故障。这就要对系统、设备或产品进行监控和测试了。为了方便，我们希望系统、设备或产品本身就具有此功能。而系统、设备或产品本身所具有的便于监控其健康状况、易于进行故障诊断测试的特性，就是系统、设备或产品的测试性。

国内外相关标准对测试性有不同的定义，目前主要有4种定义，参见表1-1。其中，第一种定义是目前最为广泛认可的测试性的定义。

表1-1 测试性的定义

定义形式	采用的标准
定义1：测试性是指产品能及时准确地确定其状态(可工作、不可工作或性能下降)并隔离其内部故障的一种设计特性	GJB 2547 GJB 3385 MIL-HDBK-2165
定义2：测试性是指产品能及时并准确地确定其状态(可工作、不可工作或性能下降)，并隔离其内部故障的能力	GJB 451
定义3：测试性是指产品能及时准确地确定其状态(可工作、性能下降或不可工作)的一种设计特性	MIL-HDBK-1814
定义4：测试性是指能以及时和经济有效的方式准确地确定产品运行状态和定位产品内故障可更换单元的一种设计特性。运行状态是指工作、部分工作和不可工作。本定义适用于包括一个或多个电气、电子、机械和软件要素的系统	Def Std 00-42 Part 4

(1) 设计特性

测试性是一种设计特性，是需要在产品的设计中予以考虑并实现的诊断测试特性，因此提高测试性的重点是改进产品的诊断测试设计,赋予产品内置的诊断测试能力、内外诊断测试接口能力和外部诊断测试能力。由于在测试性的定义中没有限定所采用的技术方法,因此产品的设计应该面向具体的技术需求来开展。针对不同的技术需求,即使相同的设计特性所对应的测试性表现也不相同。

(2) 状态确定能力

测试性的目标之一是能够确定出产品的状态(或者健康状态)。定义中对状态的可能情况进行了简单描述,如可工作(正常状态)、性能下降(退化或者降级状态)、不可工作(故障状态)等,但并不限于这些类别。针对具有突变故障的产品,其状态通常分类为正常状态和故障状态;针对具有退化故障的产品,其状态可分类为正常状态、早期异常状态、退化/降级状态和故障状态等,甚至可采用量化的健康度或者健康指数来表示退化的具体程度。

(3) 故障隔离能力

测试性的目标之二是对产品的内部故障进行隔离。故障隔离需要将故障确定到产品内部的可更换单元上。

(4) 效率高

测试性应该实现高效率的状态确定和故障隔离,因此具有及时、准确和费效低等约束内容。

(5) 适用于电气、电子、机械和软件

测试性设计不仅适用于电子产品,还适用于电气、机械、软件等产品及其组合产品。

1.1.2.2　测试性与故障诊断的关系

测试性与故障诊断的主要区别如下:

① 故障诊断一般是针对已有产品,不改变产品设计,利用已有接口获取数据,外部实施诊断,受制于产品;测试性针对新研制产品,在产品设计中增加测试端口和内外部的测试能力。

② 故障诊断算法通常都很复杂,且计算量大,不强调实时性;测试性具有高实时性要求,算法简单。

③ 故障诊断关注诊断,测试性设计还包括状态监测设计。

④ 故障诊断没有系统工程体系,测试性有系统工程体系,并且有明确的设计要求。

测试性与故障诊断的主要联系是:测试性设计好的产品,故障诊断也方便;故障诊断算法是测试性诊断算法的来源,测试性诊断算法是故障诊断算法的子集。

1.2　测试性的发展演变

1.2.1　测试性的发展历史

1.2.1.1　测试性学科的形成

测试性这一术语最早于1975年由F. Liour等人在《设备自动测试性设计》一文中提出的,随后相继用于诊断电路设计及研究等各个领域。1976年,美国海军电子实验室的BIT设计指南、美国空军的模块化自动测试设备计划等都涉及了测试性的研究。

20世纪70年代以后,国外广泛开展了BIT测试性方面的研究。仅1970—1991年间,在可靠性和维修性年会上发表的有关BIT、测试性的文章就有近百篇;发表的研究报告也很多,例如先进航空电子故障隔离系统(1973年)、标准的BIT电路研究(1977年)、BIT设计指南(1979年)、BIT/外部测试优良指数和验证技术(1977年)、计算机辅助测试性设计分析(1983),以及测试性手册、外场级测试分析、虚警状况分析、测试性/诊断的订购方大纲管理指南、承包商大纲管理指南和测试性设计指南、BIT计算机辅助设计(CAD BIT)等。

为了把BIT、测试性技术应用到军用装备中,美国还制定并发布了不少有关测试性/诊断方面的军用标准,例如:机载故障诊断子系统的分析与综合(MIL-STD-1591),被测装置与ATE的兼容性要求(MIL-STD-2076),TPS一般要求(MIL-STD-2077),测试设备设计准则(MIL-STD-415D),测量、测试和诊断术语(MIL-STD-1309),电子系统和设备维修性要求(MIL-STD-2084),等等。

1978年,美国国防部联合后勤司令部建立了自动测试专业委员会来协调指导自动测试计划的实施。该委员会下设测试性技术协调组,负责国防系统测试性研究计划的组织、协调及实施。同年12月,美国国防部颁发了MIL-STD-471通告2《设备或系统的BIT、外部测试故障隔离和测试性特性要求的验证及评价》,规定了测试性验证及评价的程序和方法。

1983年,美国国防部颁发的MIL-STD-470A《系统及设备维修性管理大纲》中,强调测试性是维修性大纲的一个重要组成部分,承认BIT及外部测试不仅极大地影响了维修性设计特性,而且影响了武器系统的采购及寿命周期费用。

1985年,美国国防部颁发了MIL-STD-2165《电子系统及设备的测试性大纲》,把测试性作为与可靠性、维修性同等的产品设计要求,并规定了电子系统和设备各研制阶段应实施的测试性设计、分析与验证的要求及实施方法。MIL-STD-2165的颁发标志着测试性已成为一门与可靠性、维修性并列的独立学科。

1.2.1.2 外部测试技术的发展过程

外部测试技术的发展过程见表1-2。

表1-2 外部测试技术的发展过程

年 代	外部测试特点	说 明
20世纪50年代至60年代	手工测试	利用测试仪表进行手工测试
20世纪70年代	半自动测试	利用由计算机控制的专用半自动测试设备或系统进行测试
20世纪80年代至90年代	总线结构的自动测试	利用总线结构平台、规范的测试语言搭建模块化的自动测试设备或系统进行测试
21世纪初期	能力更强的自动测试	在总线结构的自动测试设备或系统的基础上,综合应用高速总线技术、虚拟仪器技术、网络技术、虚拟现实技术、信息融合技术提供能力更强的自动化测试

20世纪50年代,由于早期的应用设备比较简单,其故障诊断主要采用手工测试,维修测试人员的经验和水平起着重要作用。60年代初,对装备的测试仍然主要以手工测试为主,测试设备基本上是单个的仪器、仪表,如数字万用表、波形发生器、示波器、动态信号分析仪、振动信号谱分析仪等。从60年代中期开始,装备的技术进步使传统的人工测试和单个专用测试设备无法适应装备维护和技术保障的要求。

20世纪70年代前后,研制出了多种由计算机控制的专用半自动/自动测试设备或系统,使用专门的测试语言编写测试软件。70年代后期至80年代中期,以微型计算机和独立操作系统为软硬件平台的自动测试系统(ATS)开始获得广泛使用。ATS采用了基于标准接口总线(如IEEE-488、CAMAC、RS-232C)和专用连接总线等多种类型的总线结构,测试程序语言也逐步向诸如BASIC、ATLAS、ADA等多种类型的通用程序语言靠拢,从而进入研制多功能、易组合、可扩展ATS的成熟阶段。

20世纪80年代后期及90年代,外部测试进入了以VXI总线为标准的低成本、高性能、便携式发展的新阶段。自动测试系统充分开发和利用计算机资源,采用特定的软件算法和技术,进行信号的分析、测量以及形成激励信号,从而能在硬件显著减少的条件下极大地提高测试功能。

进入21世纪后,自动测试系统又有了新的发展,如利用更快的总线技术实现高速测试、利用虚拟仪器技术实现对仪器的控制处理、利用网络技术实现分布式测试系统、利用虚拟现实技术实现音频视频综合的测试辅助、利用信息融合技术实现多传感器的数据融合以提供更准确高效的故障诊断。

1.2.1.3 机内测试技术的发展过程

外部测试设备(通用的、专用的和ATE等)需要与被测对象连接起来获得其状态信息才能进行测试和诊断。对于有些重要的系统和设备,如连续运行的化工设备、飞机上的各系统和设备等,使用和操作者需要实时了解其运行状态,以便有故障时能及时采取措施。但是,外部测试设备不能总是伴随这些系统和设备一起工作来对其进行实时监测,所以就需要被测系统本身具有一定的自测试能力,这就产生了嵌入式的机内测试。

机内测试技术的发展过程见表1-3。

表1-3 机内测试技术的发展过程

年 代	机内测试特点	说 明
20世纪60年代	机内测试萌芽	提供参数监测功能,不能自动诊断故障
20世纪70年代初期	机内测试基本功能成型	在参数监测的基础上,增加了自动的故障检测和故障隔离功能
20世纪70年代中后期至80年代中期	机内测试大范围应用,并向中央测试系统发展	将机内测试进行大范围的应用,并增加了用于集中访问BIT的中央显示接口,形成了中央测试系统的雏形
20世纪80年代末期至90年代中期	诊断技术改良与中央测试系统进一步成熟	利用综合诊断、智能技术对诊断技术进行改良,提高诊断能力,降低虚警。同时,将中央显示接口升级为中央维护模块,将故障与维修手册进行关联,连同成员系统BITE,形成了成熟的中央测试系统。初步应用趋势分析和简单的预测
20世纪90年代末期至21世纪初期	中央测试系统功能扩展与向健康管理系统转化	中央测试系统进一步扩展了状态监控功能。随着中央维护功能向健康管理功能的转化,中央测试系统也向着健康管理系统转化,提供增强的诊断能力和预测能力,实现更综合的健康管理

20世纪60年代,机内测试还处于萌芽阶段,只是监测几个主要参数,由人工判断是否故障,更不能隔离故障。如60年代初装备F-4B飞机的火控雷达APG-72,其发射机中配置的BIT电路只可以监测发射机工作时间、工作电压、磁控管电源、混频管电流等参数,需要操作员

启动测试和判定测试结果,而故障隔离则要由外部测试设备来完成。

20世纪70年代初期,机内测试的基本功能定位进入到成型阶段。由于技术的进步,系统和设备的复杂程度增加了,检测故障也更加困难,因而要求有更强的BIT能力。部件的小型化,特别是计算机技术的广泛应用,为BIT发展提供了有利条件,机内测试能力得到了迅速提高,BIT具备了自动的故障检测和隔离功能。如1974年装备F-15飞机的APG-63多功能雷达,其BIT可进行连续监测、置信度测试、状态评定和故障隔离测试。检测到故障后处理机将故障信息送到显示器,使BIT控制板上的相应指示灯点亮。状态评定是通过一个彩色编码BIT矩阵来实现的,它可以显示出各工作状态性能下降的程度。F-15飞机的其他电子设备,如敌我识别器和应答机、平视显示器、中央计算机、惯性导航系统等都设有BIT能力,故障检测率达到了75%~95%。在民用航空领域,如波音727、波音737经典型、麦道80等飞机也配置了模拟系统的BIT,它提供了座舱的可见指示(报警灯、标尺红线),以及按键测试和GO/NO GO测试。

从20世纪70年代中后期到80年代中期,BIT得到了大范围的推广应用,并向中央测试系统发展。如70年代后期研制80年初期开始服役的F/A-18飞机,其80%的电子设备和系统都设计有BIT功能,而且有较高的故障检测与隔离能力,如其APG-65火控雷达的故障检测能力要求达到98%,故障隔离能力要求达到99%(隔离到单个现场可更换单元)。在民用航空领域,如波音757、波音767、麦道90、空客320等飞机普遍采用数字化技术,LRU具有前面板,提供BIT交互(如按键和简单的显示能力)功能,并进一步提供多个LRU共用的中央显示面板。

20世纪80年代后期到90年代中期,BIT的诊断方法和技术得到了进一步的改良和发展,并形成了成熟的中央测试系统。进行诊断方法和技术改良的主要原因是:F-15、F-16、F/A-18等飞机的BIT普遍存在故障检测隔离能力低、虚警率高、诊断效率较低等问题,如F/A-18A/B飞机的虚警率高达85%,造成大量维修时间和停机时间的浪费。为此,在F/A-18E/F、C-17运输机、B-2隐形轰炸机、V-22直升机、F-22战机等的研制中,大量应用了综合诊断、人工智能技术对BIT进行改良。在民用航空领域,如波音747-400、麦道11等飞机开始采用联邦式航空电子系统,并利用中央维护计算机(CMC)实现对所有成员系统BIT的综合控制。

以典型的波音777飞机为例,该飞机设有机载维修系统,该系统是在BIT基础上发展成的机载诊断测试系统,主要由飞机系统内各个现场可更换单元(LRU)的BITE和用户维修存取终端(MAT)组成。BITE用来监测LRU的状态,当某一参数超限时,BITE就发故障信息给CMC,将影响飞行的故障信息传给发动机组告警系统建立告警信息。CMC接收、处理、存储BITE信息,判断故障原因,确定各LRU及相关系统的状态,产生维修信息。一条完整的维修信息的内容应包括:故障现象及原因、故障类别(是适航性的还是经济性的)、故障维修活动、经济性故障对容错及冗余的影响程度和识别方法等。CMC接收的信息涉及87个系统和分系统的200个内装BITE的LRU。除了产生维修信息外,机载维修系统还具有机载数据装载、维修功能测试等相关功能。维修人员通过MAT屏幕鼠标或键盘与CMC进行人机对话。CMC菜单采用分层结构,当操作人员激活主菜单的某一项时,屏幕上就会弹出该项的子菜单,供操作者进一步访问其详细内容。波音777飞机的机载维修系统是一个较为先进的机载故障诊断系统,为维修人员进行故障诊断、确定维修活动、安排维修计划提供了有力的支持。此外,在后续的改进中,该飞机还增加了趋势分析和简单的预测功能,以及具备有限能力的空地数据链路。

从20世纪90年代后期到21世纪初期,是BIT发展的重要阶段。在民用航空领域,中央测试系统在成员系统BIT、中央维护功能的基础上,进一步综合状态监控功能。例如,波音787飞机在借鉴波音777飞机的CMC以及honeywell飞机诊断和维修系统(ADMS)的基础上建立了飞机信息与维护系统。该系统可以执行机上的实时数据收集、故障处理和显示,执行根本原因分析以消除级联故障,执行飞行面板效应与系统故障的关联,通过网络将数据传送到地面维护系统,扩展诊断和预测分析,提供所有成员系统的单点访问等。在军用航空领域,以F-35战斗机为标志,在预测与健康管理(PHM)思想的牵引下,中央测试系统转变为机上的PHM系统。该系统包括BIT、系统/分系统PHM区域管理器、飞机PHM管理器等,提供数据采集、增强诊断、故障预测和维修决策等综合的健康管理能力。

1.2.2 智能BIT

20世纪70年代以来,测试性、BIT技术得到了广泛应用,但常规的基本型BIT也存在着不少问题,主要是其在使用中,特别是使用初期未能满足使用要求,诊断能力差、虚警率高。根据美国空军试验和评价中心对F-15、F-16及F/A-18战斗机的BIT的分析表明,这些BIT的故障诊断能力仅达到50%~70%,虚警率高达30%以上,有的达到70%,后经改进才逐步达到可以使用的水平。

BIT存在的这些问题成为现役武器系统战备完好性差、使用保障费用高的主要因素。为此,20世纪80年代以来,美、英等国相继开展了多项测试性技术变革研究和应用,其中在BIT设计中引入人工智能技术是采取的重要的技术变革措施之一。

在BIT设计中,应用人工智能技术对基本BIT的输出结果进行分析、推理和判断,可以提高BIT的故障检测与隔离能力,减少BIT虚警,并能测试和隔离间歇故障。目前研究和应用中的智能BIT技术主要包括灵巧BIT、自适应BIT、基于时间应力测量的增强BIT等。表1-4给出了灵巧BIT的几种形式。

表1-4 灵巧BIT的几种形式

类 型	说 明
综合BIT	由若干分系统得到的BIT报告被传送到更高一级的BIT系统进行分析,其分析结果再返回低一级的分系统。它可进一步分成如下两类: • 集中式综合BIT:各BIT系统与一个中央BIT分析器通信; • 分层BIT:BIT分系统与高一级系统通信
信息增强BIT	BIT的决断不仅依靠被测单元的内部信息,而且依靠外部提供的信息,如环境信息、状态信息等,从而使决断更加准确
改进决断BIT	BIT采用更可靠的决断规则做出决断,这些规则包括: • 动态门限值:BIT系统根据外部信息实时改变门限值; • 暂存监控:采用多次反复决断而不是瞬时决断; • 验证假设:实时验证电源稳定性及其他环境因素对BIT的影响
维修经历BIT	更好地利用被测单元的维修历史数据以及在执行任务期间BIT报告的顺序等信息。通过对每个被测单元和整个机队的单元的历史数据进行分析,便可确定该单元的实际问题,从而更有效地确定间歇故障以及区分出间歇故障和虚警

1.2.3 综合诊断

1.2.3.1 综合诊断的提出

早在20世纪70年代至80年代，复杂装备在长期的外场使用中就已经暴露出测试性差、故障诊断时间长、BIT虚警率高、使用和保障费用高、维修人力不足等问题，从而引起美、英等国军方和工业部门的重视。

当时，美军及工业界有关部门分别针对各诊断要素相继独立地采取了很多措施，力图解决自动测试设备ATE、技术资料、BIT及测试性问题。其结果虽然从某些方面局部地解决了武装的诊断问题，对提高装备的战备完好性起到了一定作用，但并未从根本上解决上述问题，同时还带来了某些新的问题。

第一，ATE费用问题。美国致力于发展先进的ATE，使ATE变得极为复杂，价格昂贵。例如，F-15A的航空电子设备中继级维修使用的ATE价格高达200万美元。在飞机部署时，部署供一个中队使用的ATE及其有关设备需要5.5架的C-141B运输机来运载，严重影响了飞机部署的机动性。

第二，资料使用问题。美国三军加强维修用的各种技术资料的编写与出版，在20世纪60年代中期到80年代中期的20年中，装备维修用的资料量增加了1～2个数量级，各种名目繁多的维修手册、故障查找手册等让人无所适从。

第三，新BIT技术能力问题。美军发展新的BIT技术，采用智能BIT，改进BIT设计以提高BIT的故障诊断能力，减少BIT虚警。但是，由于当时计算机资源能力的限制，智能BIT应用范围非常有限。因此，BIT普遍存在不能利用人的经验和维修历史数据，不能确定无源天线、电缆及连接器的故障，不能识别设计师未考虑的新的故障模式等问题，不能有效地解决各种诊断问题。

第四，测试性工作规范化不足问题。1985年，美国国防部颁发了MIL-STD-2165《电子系统和设备的测试性大纲》，规定了在装备研制的各阶段中应开展的测试性工作，强调从设计一开始就必须重视装备的诊断问题，制定诊断方案，开展测试性分析、设计和验证，加强系统设计工程师、BIT工程设计师和维修工程师等有关人员的协调，以生产具有良好测试性的装备。测试性大纲的实施为开展综合诊断奠定了基础，但未能完全解决装备的诊断问题。

美国国防部于1983年先后颁布了经修改的军用标准MIL-STD-1388-1A《后勤保障分析》和指令DoDD5000.39《系统和设备综合后勤保障的采办和管理》，在这两个文件中都强调采用“综合后勤保障”的途径来有效解决武器系统的保障问题。但在装备研制中开展保障性分析的过程中遇到了障碍，即“诊断”问题，几乎所有的保障要素都与诊断有关，于是“诊断”作为解决保障问题的关键而引起重视。美国原安全工业协会(简称NSIA，1997年与美国防务准备协会合并，改名为国防工业协会(NDIA))分析了现役武器系统的诊断问题，吸取了“综合保障”的“综合”思路，首先提出了“综合诊断”的设想，对构成武器装备的诊断能力的各要素进行综合，随后得到了美国国防部及三军的赞同。

在军方的促动下，在20世纪80年代末期，美国计划开展综合诊断的研究和应用，重点解决故障隔离能力差所带来的以下问题：故障隔离模糊组导致过多的分系统拆卸；维护和修理工作负荷比要求的更高;备件数量增加;后勤保障规模更大,如增加了保障和测试设备、保障和维修人员、运输需求。当时打算将BIT、ATS和数据收集分析系统等诊断要素进行综合,以改进装备的维修,提高后勤保障能力。

1.2.3.2 综合诊断的内涵和演变

综合诊断的研究工作主要从20世纪90年代开始全面开展,在整个90年代,综合诊断的定义出现了多次转变。

1. 综合诊断的基本定义和内涵

1990年,WILLIAM Keiner首先给出综合诊断的第一个定义,即综合诊断是一种结构化的过程,它通过综合测试性、自动测试、人工测试、培训、维修辅助和技术信息等各个诊断要素,以实现最大的诊断有效性。随后,在1991年颁布的MIL-STD-1814标准《综合诊断》(1997年更改为MIL-HDBK-1814)中,将综合诊断定义如下:

综合诊断是指通过考虑和综合测试性、自动和人工测试、维修辅助手段、技术信息、人员和培训等构成诊断能力的所有要素,使武器装备的诊断效能达到最佳的一种结构化过程,是实现经济有效地检测和无模糊隔离武器系统及设备中所有已知的或可能发生的故障以满足武器系统任务要求的手段。

综合诊断的基本目标是利用装备内部及外部诊断能力的组合,以最少的虚警和错误拆卸来检测所有故障并把这些故障隔离到单个外场可更换模块。美国先进综合航空电子系统计划达到的综合诊断的基本目标是:在系统运行过程中,利用BIT和重构技术,对功能组件和外场可更换模块实现100%的故障检测和隔离;在基层级维修中,对功能组件和外场可更换模块实现100%的故障检测和隔离;在基地级维修中,对元器件实现100%的故障检测和隔离。

综合诊断所考虑的诊断要素分为嵌入式诊断、保障设备、人工三类。这些诊断要素,有的用于机内,有的用于机外,有的既可以用于机内也可以用于机外,如表1-5所列。

表1-5 诊断要素的机内和机外分类

诊断要素	机　内	机外
嵌入式诊断	BIT接口	—
保障设备	BITE接口	自动测试、 半自动测试、 人工测试、 TPS
人工	人员培训、 技术规范、 信息系统	人员培训、 技术规范、 信息系统

在MIL-HDBK-1814中,对方案设计阶段、原型验证阶段、全面研制阶段、生产阶段、部署阶段的综合诊断活动内容的规划参见表1-6。

表 1-6　综合诊断活动的组成和开展时机

综合诊断活动	采办阶段				
	方案设计阶段	原型验证阶段	全面研制阶段	生产阶段	部署阶段
用户需求与技术研究	√	√			
建立项目指南	√	√	√	√	√
确定、分配与落实诊断要求	√	√	√	√	
方案设计与验证	√				
预设计与验证		√			
初步、详细设计与验证			√		
设计变更				√	
转阶段准备	√	√	√	√	
诊断能力形成		√	√	√	
诊断能力成熟				√	√

综合诊断活动的路线图如图 1-3 所示。

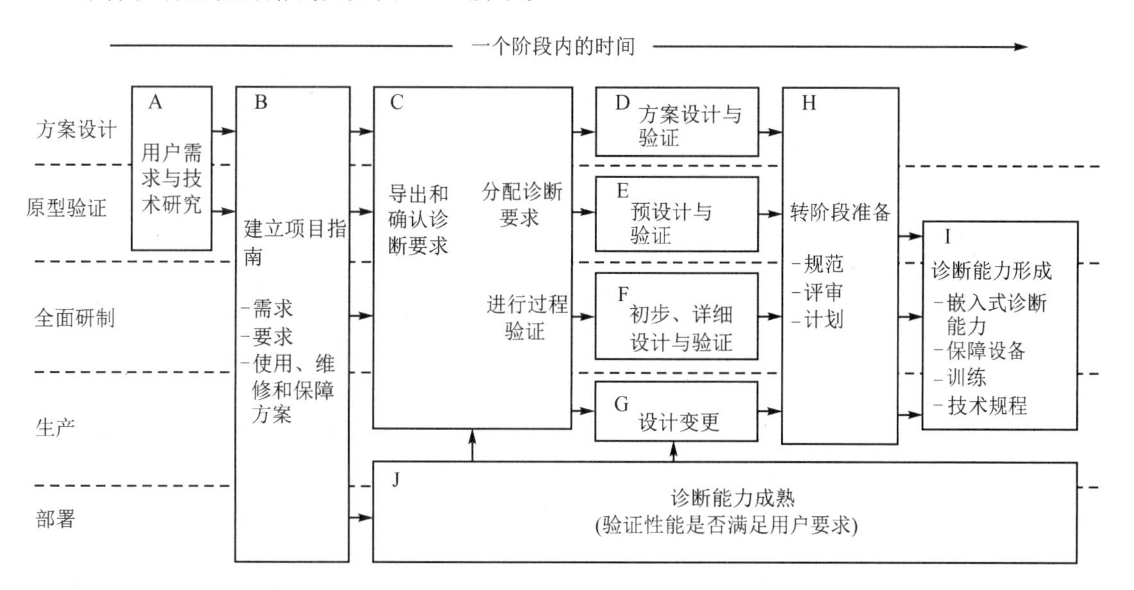

图 1-3　综合诊断活动的路线图

表 1-7 给出了在装备采办过程中涉及综合诊断并需要进行检查核实的各个环节。

表 1-7　综合诊断关注的环节

采办阶段	综合诊断涉及环节	
	型号文件	研制任务
使用要求	• 使用需求说明； • 项目管理指令	—

续表 1-7

采办阶段	综合诊断涉及环节	
	型号文件	研制任务
方案设计阶段	• 项目管理计划； • 建议征询； • 项目计划； • 试验和评价总体规划； • 诊断规范； • 系统使用要求文件； • 基地保障要求文件； • 系统方案报告	• 诊断要求的导出和分配； • 系统要求评审
原型验证阶段	• 项目管理计划； • 建议征询； • 项目计划； • 研制规范； • 系统使用要求文件； • 基地保障要求文件； • 试验和评价总体规划； • 决策调整报告	• 诊断系统工程研究和分析； • 诊断熟化和数据采集； • 系统设计评审
全面研制阶段	• 项目管理计划； • 建议征询； • 项目计划； • 诊断数据采集和成熟计划； • 与诊断相关的计划； • 系统使用要求文件； • 要求关联矩阵； • 基地保障要求文件	• 诊断初步设计； • 初步设计评审； • 诊断详细设计； • 关键设计评审； • 制造和提供外部诊断要素； • 研制试验和评价； • 维修性演示； • 初始使用试验和评价； • 生产准备完好性评审； • 功能配置审核
生产阶段	建议征询	• 后续使用试验和评价； • 物理配置审核； • 诊断生产数据的收集和熟化； • 诊断性能评估和评价； • 变更审批过程； • 项目管理职责转移
部署阶段	—	• 部署诊断要素性能评估； • 部署诊断要素纠正活动

图1-4给出了诊断要求导出和分配活动的示意图，主要环节包括将确定的需求转换成诊断需求，将诊断需求整合成诊断要求，然后分配诊断要求。

图1-5给出了诊断详细设计中需要考虑的诊断能力与后勤保障和工程学科接口。

图1-6给出了诊断详细设计中需要考虑的诊断能力的纵向和横向的兼容性以及综合关系。

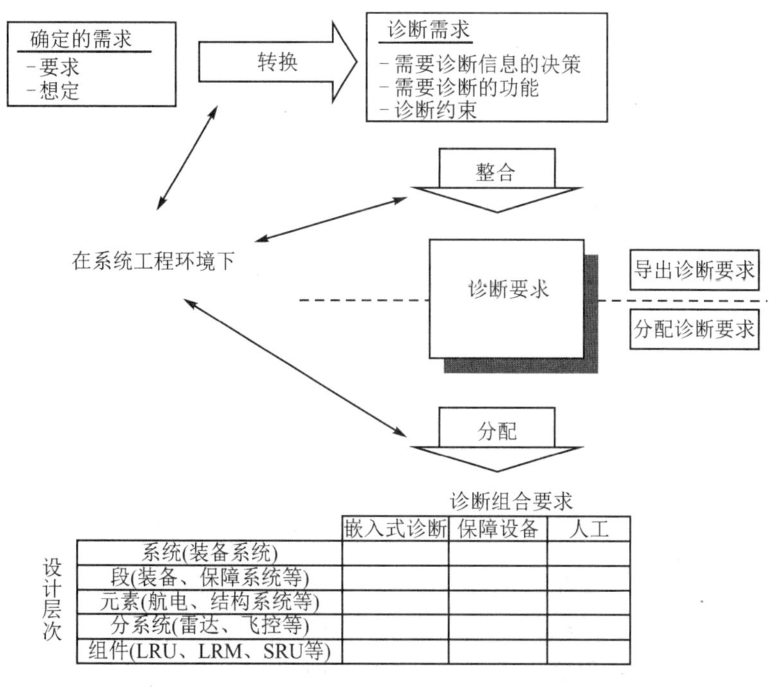

图 1-4　诊断要求导出和分配活动的示意图

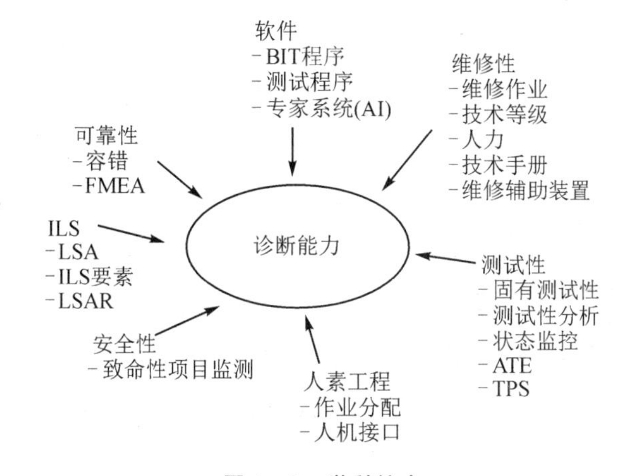

图 1-5　学科综合

2. 综合诊断的开放式定义和内涵

1996 年，美国防务分析研究所主办的联合军种的综合诊断专题研讨会上，对综合诊断定义做了一个稍微广义的描述，定义如下：

综合诊断代表一种系统途径，这种途径使得综合起来的诊断要素所产生的总的诊断能力超越单个保障和维修工具单独工作的能力。

1998 年，在美国的综合诊断开放系统方法演示验证的概念研究中，对综合诊断的定义进行了进一步的调整，如下：

综合诊断是整个系统工程过程或系统改造工程过程中的一部分。在这一过程中，诊断功能被划分给机内或机外的诊断要素，以使产品在整个寿命周期内获得最优的经济性和性能。

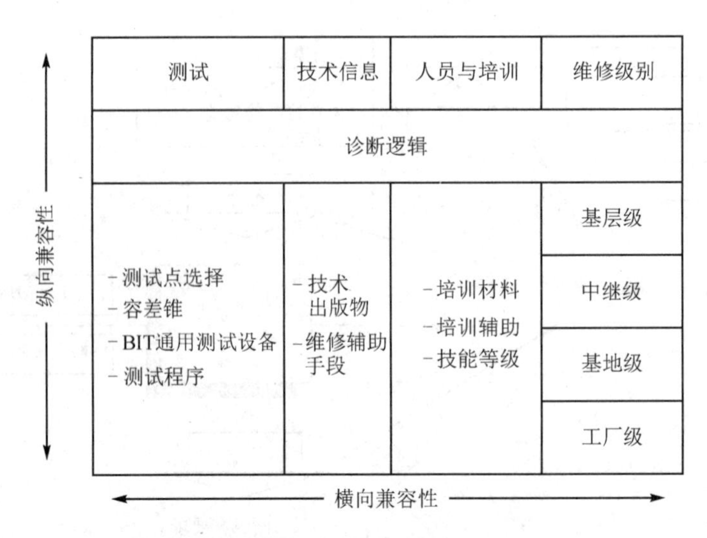

图1-6 诊断能力的综合

这是通过保证测试和诊断过程相关信息与诊断功能和要素的有效通信来实现的。

根据该定义,应该在信息模型和开放系统互联模型的基础上建立综合诊断的开放式体系结构,有效地支持诊断要素、功能和寿命周期各阶段间的信息共享。

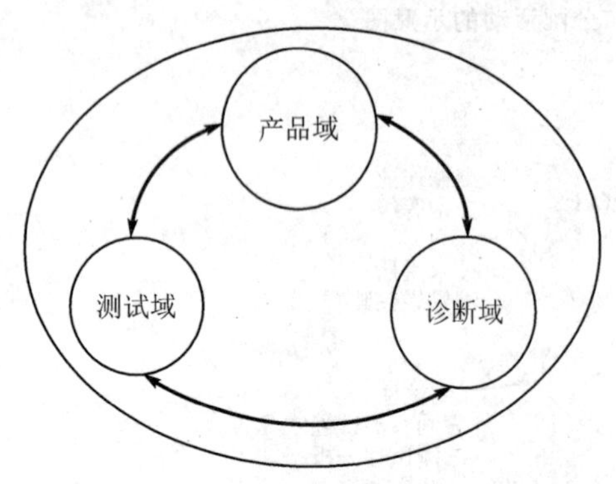

图1-7 综合诊断信息模型的产品视图

综合诊断的开放式体系结构需要首先明确综合诊断信息模型。信息模型是一种在系统测试和诊断领域内使用的严格、正规的信息规范。基于该信息模型,诊断信息可以由参与系统测试和诊断过程的所有人员共享。综合诊断信息模型是将产品域、测试域和诊断域内,由诊断相关功能所使用和提供的数据组织起来,如图1-7所示。

综合诊断信息模型强调了诊断数据应该是什么样子。例如,一个BIT代码若没有支持信息是没有用的。诊断需要了解BIT代码代表的是什么(如故障的特性)和该BIT代码是由系统中哪个部件产生的,以及故障发生的时间或系统的状态等。这些信息称为诊断数据。

综合诊断信息模型的网络视图见图1-8。在该视图中,将综合诊断过程的组元视为一个虚拟网络的节点,利用已建立的网络标准来控制综合诊断体系结构中的信息流。节点之间通过物理媒体通信,所用的物理媒体可以是特殊的,也可以符合某些标准,如MIL-STD-1553、ARINC629和ARINC420。利用开放系统互联(OSI)7层模型来定义这些节点。OSI模型各个层次把各类通信处理分隔开来,这样设计人员可以在某一层次上开发和改进过程,而不必详细了解相邻的其他层次是如何完成任务的。

使用OSI模型时,节点之间的诊断数据包传送由链路层控制。在物理层,节点用特定的电压、频率或光脉冲来传递数据。数据变得越来越抽象,最初是位(bit),然后是字(word),最后当它向上传递到达更高层次时是温度、时间和故障代码。

基于信息模型的综合诊断体系结构如图1-9所示。

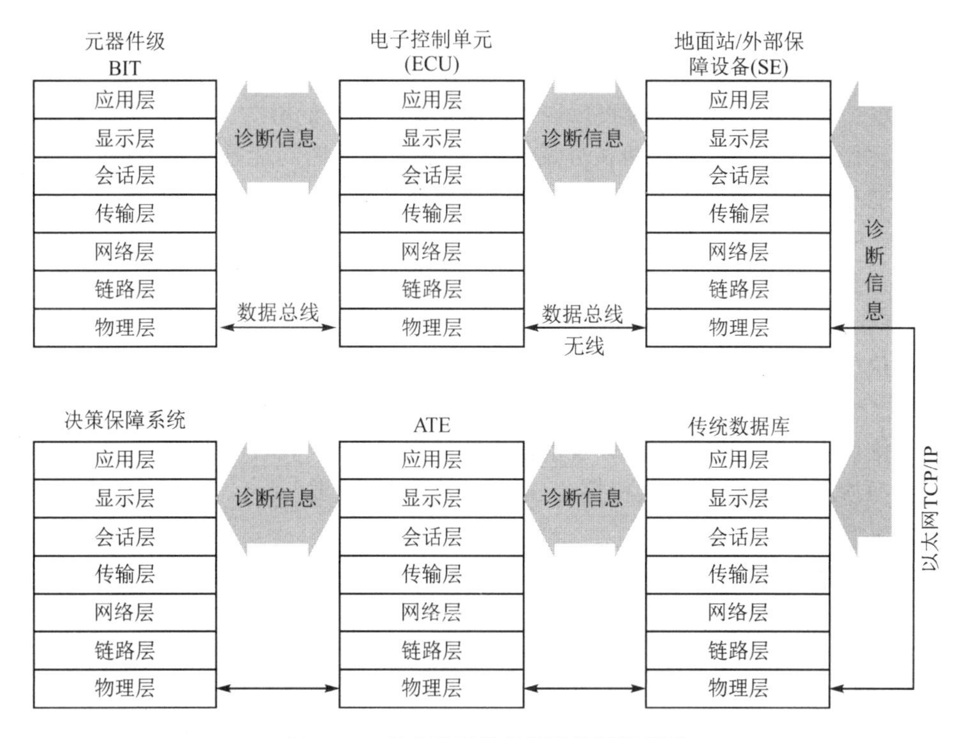

图 1－8　综合诊断信息模型的网络视图

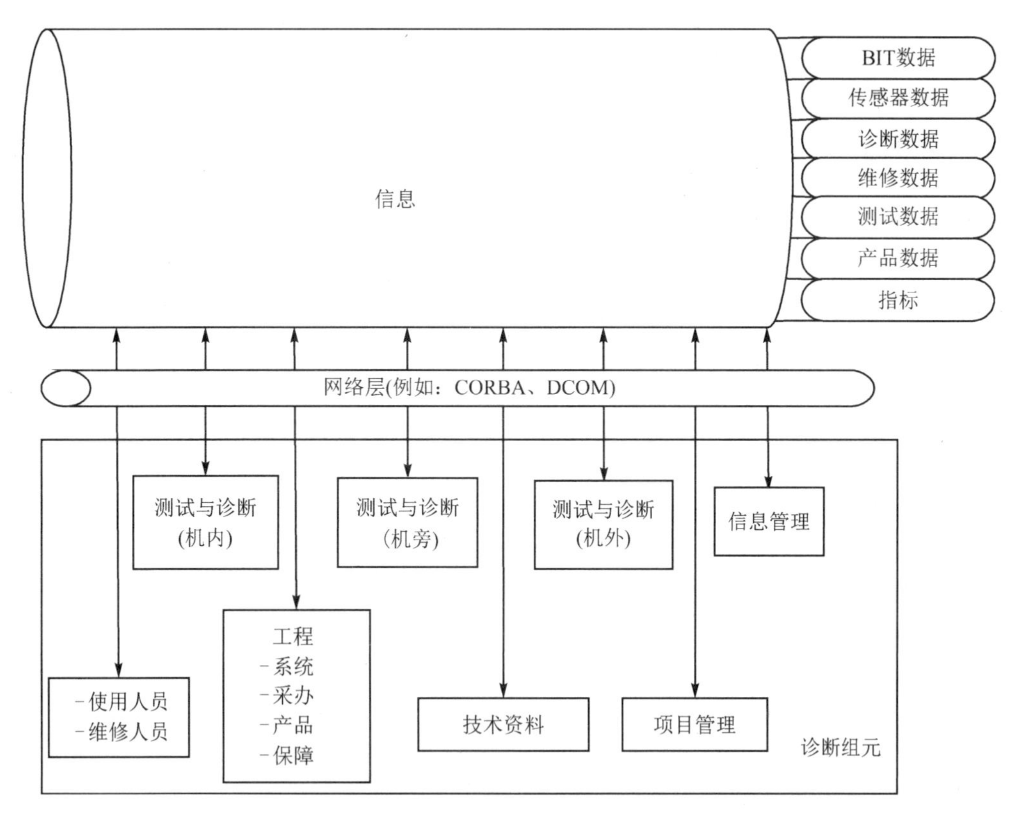

图 1－9　基于信息模型的综合诊断体系结构

综合诊断体系结构中的诊断组元说明如下：

(1) 机内测试与诊断

产品在整个系统层次结构中都可以嵌入诊断功能。在最低层次，对电子设备来说，嵌入的诊断功能是元器件级BITE，对于机械分系统来说，嵌入的诊断功能是传感器；在最高层次，嵌入的诊断功能是诊断数据存储器和系统外部通信媒介。

(2) 外部测试与诊断设备

外部测试和诊断设备，无论是系统随身携带的，还是用于对从系统中卸下的分系统进行脱机维修的，都代表系统外部的一种诊断功能划分。外部测试和诊断设备主要有两种类型：原位(机旁)或离位(机外)。

(3) 使用和维修人员(即人力)

使用和维修人员通过执行测试以及根据系统的完好状态和状况采取一些响应措施，直接或间接地参与诊断过程。因此，人机接口(HMI)变得至关重要。

(4) 信息管理

信息管理为使用、维修和管理人员提供决策支持，因而是成功的诊断系统中的关键组元，它使维修和过程改进更加有效。

(5) 技术资料

技术资料包括联机和脱机测试以及诊断过程中所使用的数据。这些信息是从整个产品研制、制造和生产测试过程中汇集起来的。尽管存在过时淘汰和技术更新周期，但是这类信息对系统及其诊断组元间的持续保障仍是很重要的，只是携带产品数据的媒介随系统的不同而不同，种类也可以从纸质到数字媒介。

(6) 工 程

诊断组元包括系统、采办、产品和保障工程。诊断与工程，特别是系统工程过程相互综合的程度对于综合诊断的实施至关重要。在产品的整个寿命周期内，与系统工程进行交互是非常必要的。另外，采办工程师(负责规定要求和鉴定具有诊断功能的系统合同)、产品工程师(负责某个产品从设计过渡到制造)和保障工程师(负责产品在使用期内的持续保障工作)等需要发挥积极作用，以确保赋予产品规定的诊断功能并使这些诊断功能在产品的整个寿命周期中不断得到改进。

(7) 项目管理

这里的项目管理表示实际控制诊断过程、产品或部件的管理功能。实际上，这可能是3个独立的功能和实体。这里的关键点是：在执行诊断过程中可能出现诊断无效的情况，例如故障不能复现，没有发现故障。这种情况一般不是使用或维修人员的责任，而是管理者的责任。

在这些诊断组元的作用下，综合诊断可以实现故障检测、预测、故障恢复、故障隔离以及相应的视情维修和修复活动。

3. 增强的综合诊断

随着技术的发展，在综合诊断的基础上，美国又提出了增强的综合诊断概念，其涉及的主体如表1-8所列。

表1-8 增强的综合诊断

综合诊断要素	涉及的内容
状态监测和BIT	• 可测性设计(DFT)。 • 自动化BIT设计： - 通用BIT设计和接口体系； - 通用机械和电气模拟传感器接口。 • 准实时的假设分析和筛选。 • 故障筛选和异常仿真。 • 预测算法： - BIT预测； - 以可靠性为中心的维修； - 视情维修
自动化和手工测试系统	• 自动化测试性分析。 • 自动化TPS生成： - 数字信号； - 混合信号。 • 故障检测的准实时仿真。 • 故障隔离的准实时仿真。 • 测试检测结果与仿真的对比分析。 • 预测参数的等级。 • 最小化测试
技术手册	• 三维视频和实际图片展现； • 动画演示的组成分解； • 技术手册的交互与三维动画改进； • 技术手册问题的分析； • 灵活的维修策略
数据收集和分析	• 配置跟踪； • 设计反馈； • 用于维修保障的设计选项评估； • 参数化数据的复原； • 故障分析； • 变更历史； • 维修反馈
培训和知识支持工具	• 研制和使用维修仿真器； • 知识支持工具的基线； • 智能诊断工具的基线； • 维修培训问题的分析； • 假设分析的实施

1.2.3.3 综合诊断在F-22中的应用

在F-22的研制中，对综合诊断的应用主要包括各诊断要素的综合、各维修级别的综合和各采办阶段的综合三方面的内容。

1. 各诊断要素的综合

各诊断要素的综合指的是在 F-22 的研制期间，根据飞机特点及使用和保障要求，考虑各诊断要素的特性及费用，利用系统工程方法和通用诊断数据库的信息，把测试性、BIT、自动测试、人工测试、人员与培训、维修辅助装置和技术信息等诊断要素综合起来，通过诊断要求分配及权衡分析确定以最低的费用满足各产品层次的诊断要求的诊断要素组合。每个要素产生的信息可供其他要素利用，通过通用诊断数据库，诊断数据可在整个综合诊断系统中流动。

2. 各维修级别的综合

在 F-22 的研制过程中通过修理级别分析确定了对航空电子设备采用两级维修方案。基层维修，由空军的维修人员利用嵌入式诊断和外部诊断技术在飞机上将故障隔离到外场可更换模块(LRM)。在基层维修中，航空电子设备主要是通过更换有故障的 LRM 进行维修。基地级维修，由空军人员(军职和文职人员)利用 ATE 等外部诊断能力将故障隔离到元器件，对有故障的 LRM 进行修理。

在基层维修中，采用嵌入式诊断和外部诊断，如下：

① 嵌入式诊断：在飞机上，各种诊断方法必须准确检测和分析 100%已知故障，并以最低的虚警率将故障隔离到 LRM。

- 嵌入式诊断采用周期 BIT(PBIT)。PBIT 用于检测所有对任务和安全起关键影响的故障，并向驾驶员告警；PBIT 不中断系统的正常工作，保证飞机各系统的容错能力。
- 操作人员通过 IBIT 检测所有故障，并将故障有效地隔离到一个或一组 LRM。
- 在外场维修时，BIT 必须能够把外场维修发现的状态信息与故障信息传送到基地级的通用自动测试系统(ATS)，而且 BIT 必须 100%与 ATS 相兼容。
- 在飞机上通过单个接口可获取各种诊断数据，而且这些诊断数据将记录在中央存储单元以便进行分析。

② 外部诊断：为弥补嵌入式诊断不能检测出所有可能故障的不足，采用便携式维修设备(PMA)来扩大 F-22 的诊断能力，执行 BIT 不能完成的诊断，保证检测出 100%的故障。PMA 为维修人员提供详细的维修信息，包括各种技术指令和工程信息、扩充的诊断方法和诊断过程以及每架飞机的全部维修历史信息，使维修人员不必在机场维修工作区内携带大量笨重的书本式资料和文件。

基地维修诊断主要是利用自动测试设备来实现。例如，F-22 采用纵向综合的革新方法来开发基地及维修用的自动测试设备，即通用自动测试系统(ATS)，ATS 的结构是根据 F-22 制造厂采用的测试系统安排的。基地测试站的布局是一种分布式结构系统，它由多台可独立工作的测试设备构成，这些测试设备是根据各种具体被测单元的维修工作量设置的。

3. 各采办阶段的综合

在 F-22 的研制中，采用纵向综合方法，综合考虑飞机设计、研制、生产、使用和保障各采办阶段的测试要求，研制出通用的测试设备及自动测试系统。其中，工程测试设备是以工业用标准测试设备机构为基础研制的，测试策略的制定考虑到设计验证、鉴定试验和综合诊断要求；生产测试设备是以工程测试为基础发展的，它增加了用于制造缺陷分析的功能测试设备和用于维修测试和故障隔离的诊断策略；基地级维修测试设备是在生产测试设备的基础上发展起来的，它增加了市场上最新的现成设备、成熟的功能测试策略和基地级维修用的诊断测试策略。

为了有效地实现这种综合，采用了如下革新的原则、方法及技术：

- 把测试要求作为航空电子设备设计过程的一个组成部分。
- 在F-22的设计、制造、试验、维修和保障过程中，开发和执行一组通用的测试硬件和软件，包括测试程序集(TPS)、测试工具。
- 测试程序组合必须与航空电子设备同步研制。这要求电子设备研制商研制TPS，该TPS在制造厂实验室的应用中应是成熟的，并且应能随时用于基地维修的早期工作。
- 飞机上的原位测试应作为TPS的一个部分。
- TPS必须用于电子设备的工程研制和生产的验收试验。
- TPS软件应在F-22系统和软件工程环境中用ADA语言开发。
- 测试设备应在F-22研制过程中不断发展，并在保障环境下交付给基地修理厂。

从飞机研制和维修的测试角度来看，各采办阶段综合具有如下优点：

- 在飞机各采办阶段的所有测试都采用了通用的测试硬件、软件和测试要求，减少了工厂测试与基层及基地维修测试之间的不兼容问题，进而减少了不能复现和重测合格的问题。
- 被测单元的诊断方法可用于早期的工厂测试，基地维修用的ATS测试程序组合，不必重新研制，可减少费用。
- 在用于基地维修之前，故障隔离技术在制造厂的测试中可能已达到成熟状态。
- 纵向综合可保证两级维修方案的实施。

1.2.3.4 综合诊断在F-35中的应用

在F-35的早期研究中，利用综合诊断思想进行了诊断方案设计，目的是达到零CND和RTOK、增加出动架次率(SGR)、使寿命周期费用可承受、缩小后勤保障规模和增加自主功能。该诊断方案包括：分系统诊断、机上诊断管理器、航线维修管理器、航线测试辅助、远程维修管理器、自动测试设备(ATE)、联合先进攻击技术(JAST)数据库和综合诊断(ID)设计，如图1-10所示。

在该诊断方案的机上部分，分系统诊断、机上诊断管理器与飞行员接口合并的显示及控制共同配合完成机上诊断。在该诊断方案的机下部分，通过便携式维修设备(PMD)辅助进行诊断，并可将机上诊断管理器中的诊断数据传递到航线维修管理器中以及远程维修管理器或者ATE中。

1.2.4 预测与健康管理

1.2.4.1 健康管理的提出和发展

健康管理的概念首先是在国外航天系统中提出的，并一直沿用到现在。在航天系统中强调健康的原因是：航天系统不仅需要具备系统故障的检测隔离能力，还需要完成故障后的余度和重构管理，并且在载人航天系统中，还需要对航天员的健康和状态进行监控告警，因此采用“健康”一词更为贴切。

20世纪90年代初期，“飞行器健康监测”(VHM)一词在NASA研究机构内部盛行，它是指适当的选择和使用传感器与软件来监控太空交通工具的“健康”。工程师们随后发现，VHM这个术语存在两方面不足：首先，仅仅监测是不足的，真正的问题是根据所监测的参数

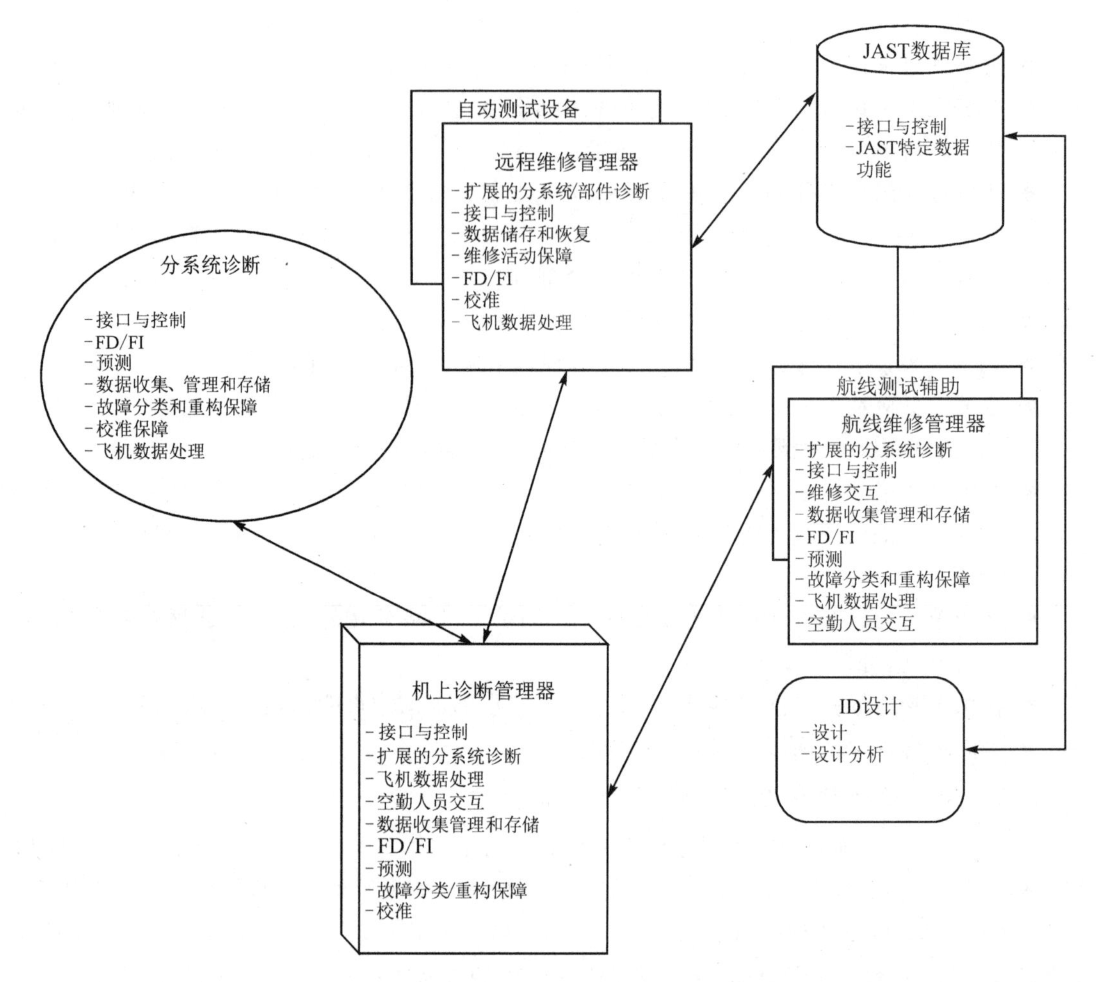

图1-10 F-35的早期综合诊断方案

应采取什么措施。“管理”一词不久就代替了“监测”,来指这一更活跃的实践。其次,考虑到飞行器仅仅是复杂的人-机系统的一方面,所以“系统”一词很快代替了“飞行器”。因此,到20世纪90年代中期,“系统健康管理”(SHM)成为涉及该主题的最通用的词语。到20世纪90年代后期,NASA借鉴“综合诊断”的提法,引入了“综合系统健康管理”(ISHM)这一术语。使用“综合”的动机就是用于解决将系统级与各分系统级分割开来的问题。以往各个分系统都是在其各自的科学领域内处理各自的故障问题,而没有从系统的角度加以全面、综合的考虑。通过强调从系统的角度考虑问题,有助于将ISHM限定为一种新的系统问题,从而代替过去将注意力放在分系统的问题上。到目前为止,NASA仍然采用ISHM术语来描述航天系统的健康管理。

20世纪90年代,在国外直升机的研制中,引入了另外一种健康管理系统形式,即“健康使用监测系统”(HUMS),用于完成直升机的振动监测、状态监测指示、故障检测和指示等,健康管理的功能偏重于状态监测和故障检测。根据统计数据,HUMS在外场的故障检测率可达到70%,平均虚警间隔时间为100飞行小时。目前,HUMS还具有以下不足:

- 缺少与维护和后勤的综合;
- 为维修提供的效益有限;

● 部分机械故障不能检测；
● 运行保障费用比期望的高。

在20世纪90年代末期，综合健康管理的观念逐渐得到了更大范围的认可，并在民用航空和新型战斗机中得到应用和进一步发展，出现了民机中的飞机诊断和维修系统（ADMS）以及军机中的预测和健康管理（PHM）系统。

1.2.4.2 PHM的背景需求

PHM最早出现在1997年，是伴随着F-35的研制需求而形成的一种综合健康管理模式。PHM是在综合诊断研究和应用的基础上，结合综合健康管理的理念，为F-35提出的一种健康管理方案。

F-35是一种满足美国海军、空军等不同部队需求的公用武器平台，是采用公用的开发和生产过程而形成的一个战斗机家族系列，包括常规型、短距滑跑垂直起降型、加大型等不同的机型，以满足不同的使用需求。在之前的F-22设计中，采用单一的机型来满足不同部队的需求，导致F-22笨重且昂贵。F-35吸取了F-22的经验教训，采用多机型来分别满足不同的需求，因此被称为联合攻击战斗机（JSF）。

F-35性能的四个支柱分别是杀伤力、生存性、保障性和经济可承受性。这四大支柱为F-35武器系统的设计和研制奠定了基础。其中，经济可承受性是F-35项目采办过程的核心支柱，也是美军及其盟友关注的焦点，它是在武器系统的研制过程中，将费用作为独立的变量，通过对杀伤力、生存性和保障性构成的能力与寿命周期费用之间的持续权衡来实现的。在此过程中，保障性的权衡空间是非常复杂的。显然，提高飞机可靠性，可以减少人力和零部件需求，从而降低使用和保障费用。而更高的可靠性意味着更高的采办费用。F-35的任务可靠性和出动架次率目标如果通过高可靠性来实现，那么飞机在经济上是不能承受的。经权衡研究发现，为保障性和部署能力提供经济可承受性方法的关键之一在于PHM系统及其如何支持自主式保障方案的实现上。自主式保障是利用飞机飞行中提供的电子信息来确定、计划并以最少的飞机停机时间完成必要的维修保障活动的。

PHM系统借助分层的智能推理及软件，利用很少甚至不使用特殊传感器，就能预计、检测并隔离飞机上的故障。对于高度可靠的飞机，引入PHM不是为了直接消除故障，而是为了了解和预报故障何时发生，或在出现始料未及的故障时触发维修活动。具体而言，是为了满足下列一项或多项要求：

● 提高安全性。安全性是极其重要的。接收单发飞机的前提条件是飞行器验证等于或好于当前双发飞机所具备的推进系统安全性水平。PHM系统的预测能力对提高安全性是显而易见的。对于任务关键部件或可能引起二次损伤的非基本分系统，即使在故障前几分钟给出告警，对提高飞行安全也是非常有用的。相反，对于安全关键产品（如发动机）即将发生失效的告警时间的最小准则是，必须允许飞机能安全返回着陆。
● 提高出动架次率。PHM能够使武器系统的作战能力充分发挥，并可以预计和延期维修活动，从而提高出动架次率。
● 触发自主式保障功能。整个自主式保障链开始于飞机PHM系统预计或诊断事件，这些事件要求给予后勤响应。
● 降低寿命周期费用。武器系统PHM策略是降低F-35寿命周期费用的关键。PHM可以消除虚警、不必要的拆卸和不能复现的指示；可以开发和融合所有可获得的数据资源来将故障隔离到单个 LRU 和 LRM,以缩短修理时间。

- 缩小后勤规模。PHM 可以在减少测试和保障设备、减少人力和减少备件三方面发挥作用,使 F-35 的后勤规模缩小。
- 触发系统重构以取得任务可靠性。PHM 在那些具有某一分系统或部件的准确功能知识区域,可以保证武器系统选择其任务的最佳构型。
- 代替计划维修的视情维修。PHM 便于消除计划维修,代之以满足 F-35 的使用与保障费用目标所需的视情维修。
- 提供先进的机上诊断和测试性。PHM 利用可用数据来提供对系统当前和未来状态的准确、及时的分析,从而减少所需的技能性装置,降低维修人员的训练费用。

可以说,没有 PHM,F-35 的自主式保障系统就无法正常运转。F-35 选择 PHM 技术的主要原因就是实现自主式保障,达到降低其使用费用和保障费用的目标。

1.2.4.3 PHM 的含义和功能

到目前为止,还没有关于 PHM 的严格定义,表 1-9 给出了有关文献中提供的几种关于 PHM 的定义或描述。

表 1-9　PHM 描述

类　别	描　述
定义 1	估计在未来某个时间段内系统故障可能性的能力,以便采取适当的措施。PHM 系统包括: • 原始数据,包括传感器数据、维修和故障的历史数据; • 诊断,包括数据融合、数据解释; • 预测,包括预计、系统健康; • 健康管理,包括做什么、何时做
定义 2	• 增强的诊断:确定组件执行规定功能状态的过程,具有高故障检测和隔离能力,虚警率非常低; • 预测:对材料实际状态的评估,包括通过故障演变建模对组件使用寿命和剩余工作寿命的预计和确定; • 健康管理:根据诊断/预测信息、可用的资源和运行要求,对维修和后勤活动进行智能的、信息的、适当的判决能力
定义 3	在 F-35 装备系统内的一个综合系统,包括飞机内和飞机外两部分,提供诊断、预测和健康管理特性。 • 诊断:对系统、部件或者子单元的故障和/或失效状态的准确检测和隔离。 • 预测: - 对部件或者子单元故障状态的先兆和/或初期故障状态的早期检测,并基于实际的材料状态预计剩余的使用寿命; - 在初期故障状态演变到最后组件失效阶段内的任何时刻预计剩余使用寿命; - 飞机有寿件的累积寿命使用量。 • 健康管理:在出现飞机功能能力降级的情况下,使装备系统的任务完成最大化的能力。健康管理包括根据实际的和预计的飞机材料状态确定维修、供应和其他后勤活动的能力

PHM 利用尽可能少的传感器采集系统的各种数据信息,借助各种智能推理算法(如模糊逻辑、专家系统、神经网络、数据融合、物理模型等)来诊断系统自身的健康状态,在系统故障发生前对故障进行预测,并结合各种可利用的资源信息提供一系列的维修保障措施以实现系统的视情维修。

PHM 可完成的主要功能包括:

- 故障检测；
- 故障隔离；
- 增强诊断(超出传统的故障检测/故障隔离)；
- 故障预测；
- 残余使用寿命预计；
- 部件寿命跟踪；
- 性能降级趋势跟踪；
- 虚警消除；
- 保证期跟踪；
- 故障选择性报告(只通知立即需要驾驶员知道的信息，将其余信息通报给维修人员)；
- 辅助决策和资源管理；
- 容错(故障处理和重构)；
- 信息融合和推理机；
- 信息管理(将准确的信息在准确的时间通报给准确的人员)。

1.2.4.4 PHM 在 F-35 中的应用

1. PHM 总体方案

F-35 采用的 PHM 系统是一种软件密集型系统，它在一定程度上涉及飞机的各要素。其结构特点是：采用分层智能推理结构，综合多个设计层次上的多种类型的推理及软件，便于部件级到整个系统级综合应用故障诊断和预测技术。

F-35 的 PHM 系统是由机上部分和机下部分构成的一体化系统，全部 PHM 系统如图 1-11 所示，机上 PHM 如图 1-12 所示。

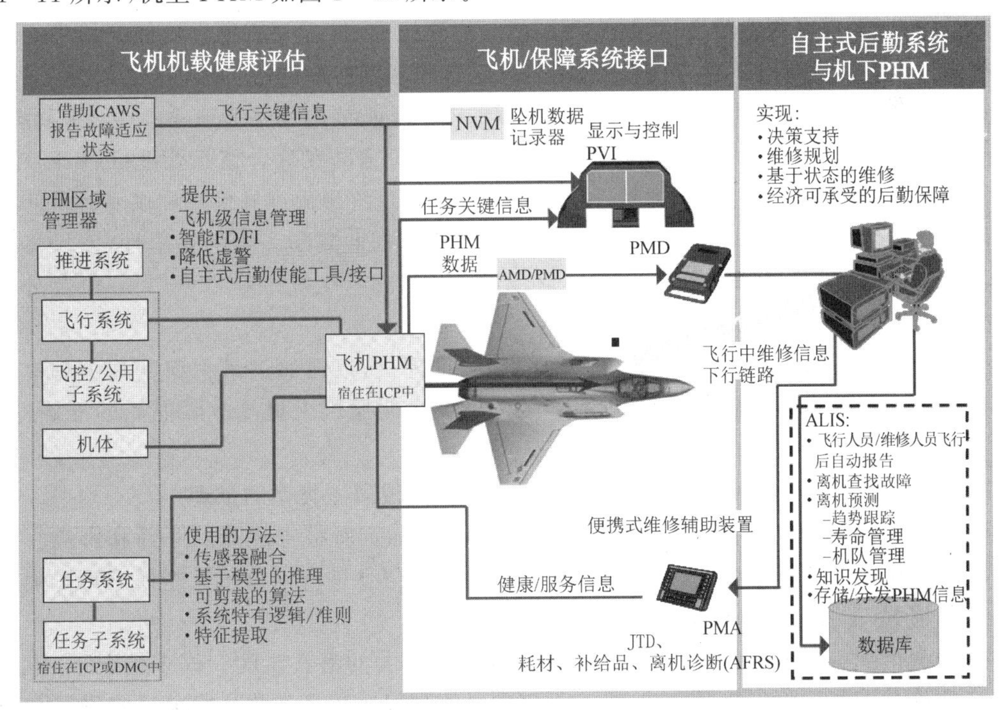

图 1-11 F-35 的全部 PHM 系统

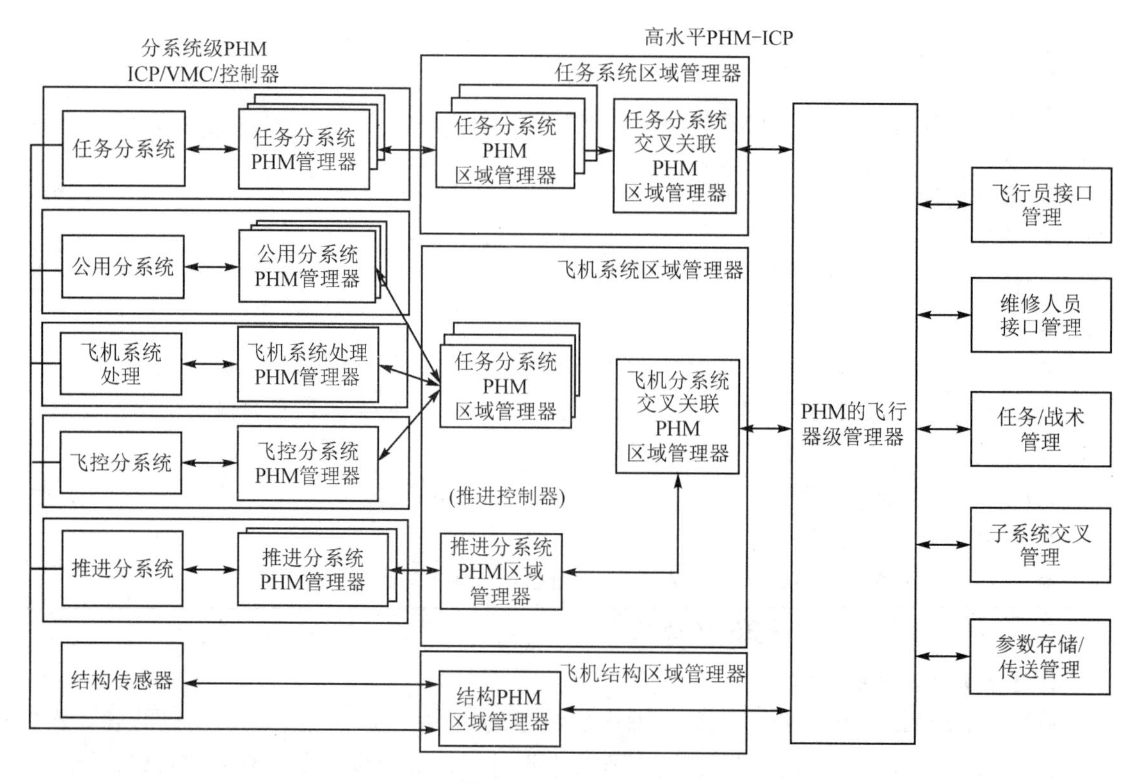

图1-12　机上PHM

F-35的机载PHM系统分3个层次:最底层是分布在飞机各分系统部件中的软、硬件监控程序(传感器或BIT/BITE);中间层为区域管理器;顶层为飞机平台管理器。最底层作为识别故障的信息源,借助传感器、BIT/BITE、模型等检测故障,将有关信息直接提交给中间层的区域管理器。各区域管理器具有信号处理、信息融合和区域推理机的功能,是连续监控飞机相应分系统运行状况的实时执行机构。F-35的机载PHM结构包括飞机系统、任务系统、机体、推进系统等几种区域管理器软件模块。飞机管理器也宿驻在综合核心处理机(ICP)中,通过对所有系统的故障信息的相互关联,确认并隔离故障,最终形成维修信息和供飞行员使用的知识信息,传给地面的自主后勤信息系统(ALIS),ALIS据此判断飞机的安全性,安排飞行任务,实施技术状态管理,更新飞机的状态记录,调整使用计划,生成维修工作项目,以及分析整个机队的状况。

F-35的PHM在多个层次上采用多种类型的推理机,以便通过最大程度减少对单个传感器和算法的依赖来减少虚警,通过利用更多的证据查明原因来提高故障隔离的准确性,如图1-13所示。

在区域级和飞机平台级,机上/机下PHM都可以完成以下类型的推理:

- 诊断推理:对监控的结果和其他输入进行评估,确定所报告故障的原因和影响。诊断推理机由一套算法组成,采用模型对故障的输入信息进行评估。这些模型可以确定故障模式、监控信息和故障影响之间的关系。
- 预测推理:确定飞机正朝某种故障状态发展及相关的潜在影响。许多情况下,机上预测处理主要由收集数据组成,机上处理则是根据机队信息和趋势情况完成预测推理。

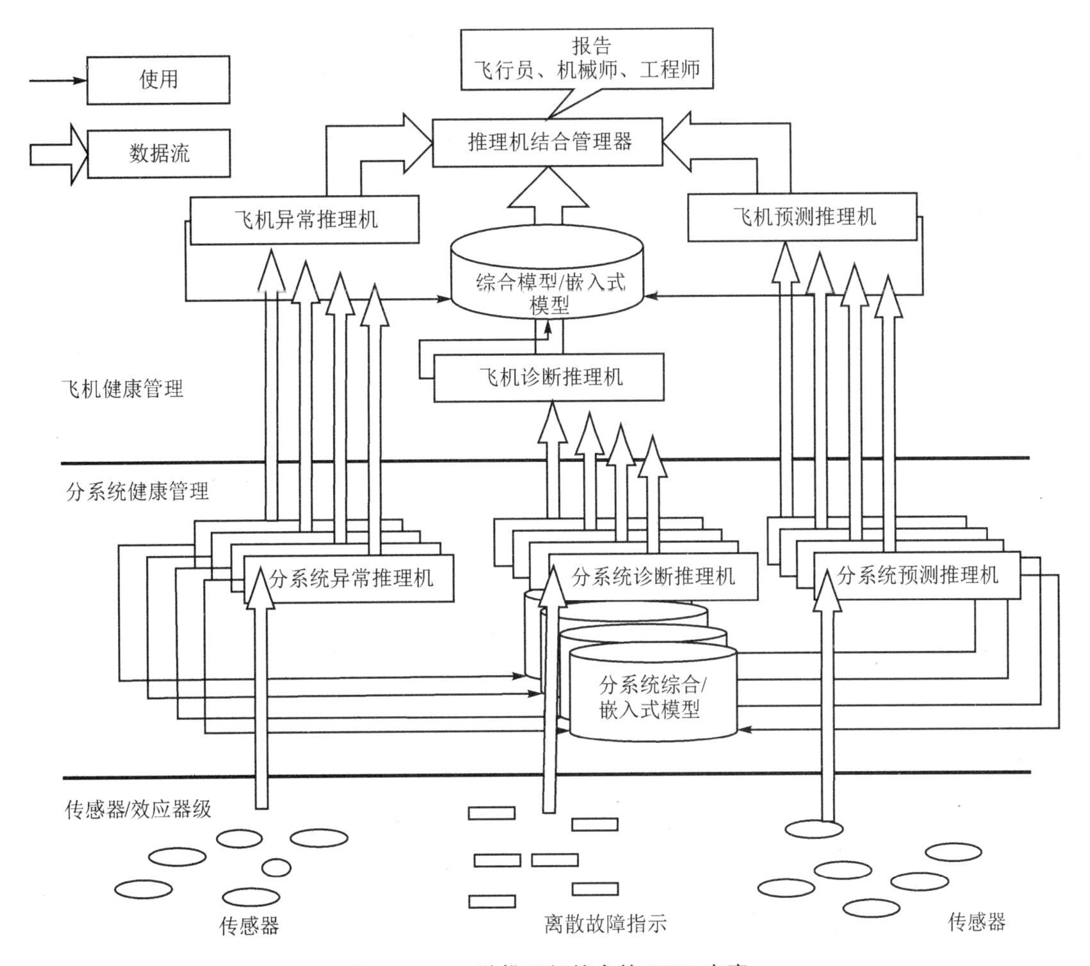

图1-13　3种推理机综合的PHM方案

- 异常推理：通过识别原来未预料到的情况，帮助改进飞机设计。机上处理主要是检测异常情况和收集相关数据，机下处理则是判断发现的异常是已知的故障状态还是需要研究的新情况。

推理机信息管理器综合上述3种推理机的结果，形成报告，确定已检测出和预测出的故障机器对任务的影响。图1-14给出了不同级别PHM管理器之间的数据流。

2. PHM系统运行示例

下面以F-35冷却系统调制阀的故障检测隔离指示过程为例，来描述PHM系统的运行过程。

F-35上的冷却系统是通过PAO(一种液态化合物)实现的，用来消除子系统产生的热量，这些热量通过PAO液体流进行冷却。该例将关注一个PAO调制阀，称为“雷达门限阀”，用来调节飞机上雷达单元的冷却液PAO。一个简化的能量热量管理系统(PTMS)功能框图如图1-15所示。在这个例子中，假定冷却系统发生了一个故障。

作为一个启动条件，假定飞机是常规起降型的，在空中飞行且没有潜在的故障。基于飞行员的操作命令，PTMS会打开调制阀到最终的位置。命令会被一个RIO装置接收，并转化成阀方向的命令来调节阀的位置。在发出方向命令时，RIO会监控阀的位置并继续发出命令，

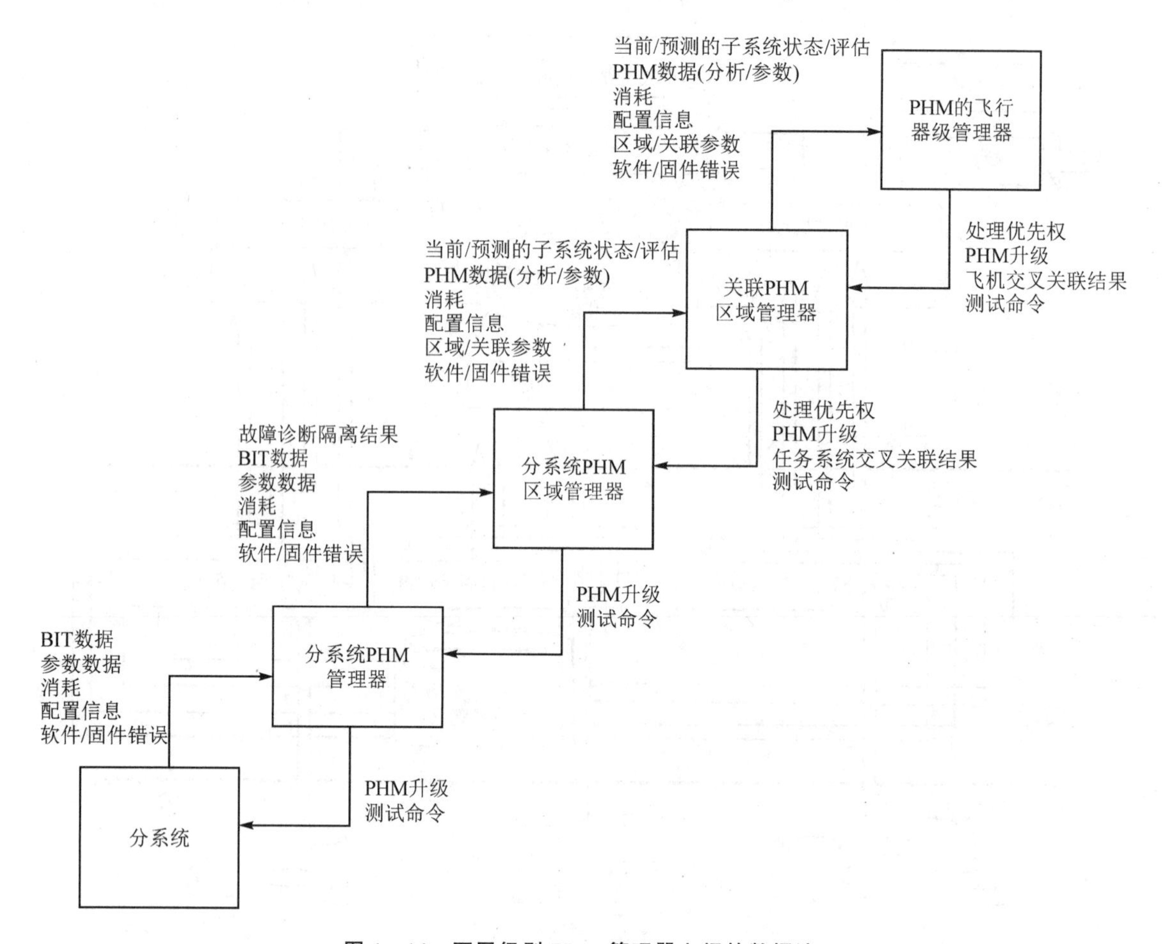

图1-14 不同级别PHM管理器之间的数据流

直到阀到达预定位置为止。当阀不能按照命令到达预期位置时,机上软件会发出一个故障信号。

如果所有条件都满足,故障信号会被确认,并且整个状态信号会被置为不能工作。机上软件将这些信号打包成特定的消息并传给机上的另一个计算机,比如显示监测计算机(DMC)。当信号到达DMC时,PHM软件会识别出一个故障发生了(例如,BIT将PAO调制阀故障上报),并产生相应的健康报告码(HRC)。DMC中的PHM软件通过一个内部PHM消息将HRC发送到PHM区域管理器,区域管理器是用来响应PHM信息、激发机上系统做出相应动作的PHM软件。飞机PHM区域管理器注意到HRC已经出现,并将这些信号输送到适当的位置。

当一个故障产生多个HRC时,只有那些根本原因会输送给飞行员进行显示或传输给机上系统用于维护链路传输。例如,冷却系统不可用会导致需要冷却的设备报告异常,甚至报告寄生故障。

一旦PAO调制阀状态在PHM区域管理器中进行处理,机上知识库(KB)就能访问所有与此故障相关的信号。同时,KB对阀的命令位置和真实位置进行监测。结合其他信息,包括命令、阀位置、雷达工作信号、环境大气数据以及复杂阀特性曲线,KB既不能确认也不能否认PAO调制阀故障。例如,如果故障信号被确认为“真”,但雷达仍没指示为过热,KB就会认为

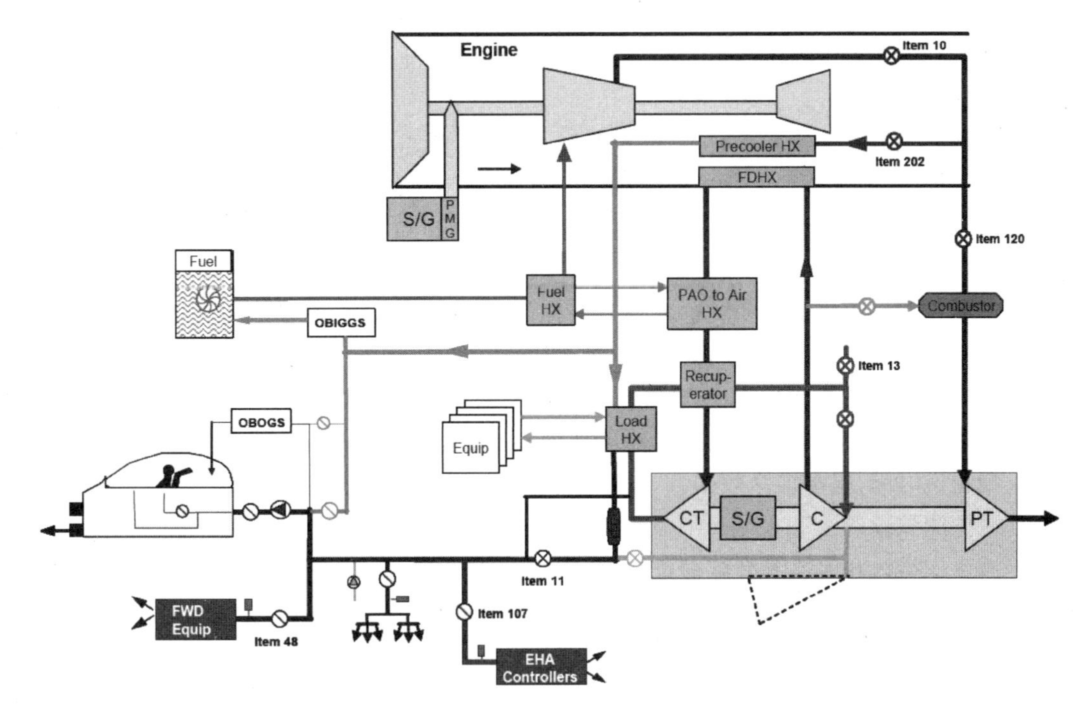

图 1-15 PTMS 功能框图

这是一个虚警或继续寻找故障根本原因。如果 KB 确认故障是真实的，那么 KB 会决定阀是常开还是常闭，这个信息会传输到 ICP 上的 AV 区域管理器。AV 区域管理器会将 VS PTMS KB 的输出同其他 AV 信息整合。此 HRC 会传输到飞行员面板进行显示，并传输到通信系统用于维护链路传输(当飞机返回基地着陆时激活)。在一个座舱显示器的屏幕上，飞行员会看到 HRC 的解释(例如，雷达控制阀状态为不可用)和状态的评估(例如，冷却液回路降级)。

当从 PMD 中下载 PHM 数据后，机下系统会进行数据提取、存储和分配。此下载数据会包含 AV HRC 数据、AV 寿命件性能数据、推进系统 PHM 数据和结构疲劳数据。这些数据用来作为机下工具的输入，并协助回溯和衡量 AV 组件健康的状态。

AV 数据提取启动了评估 AV 健康状态的过程。以下健康状态数据可以作为输入用于维修工作命令或补充故障检修：

HRC——最初是飞机上 PHM 报告系统的输出，指出了故障指示分系统的后勤保障控制数(LCN)、检测方法和故障征兆。LCN 可以指出安全关键和任务关键故障。不论由飞行员还是由维修人员手工生成的 HRC，都在机下系统通过同样的方式进行数据下载。HRC 在计算机维修管理系统(CMMS)中映射成为人们可认知的定义。

原始数据——这些数据从系统中收集、存储下来，用于机下应用。

事件数据——围绕着 HRC 时间片，这些都是参数或性能数据，可以是任何预先选出的适合作 HRC 的数据，以及包含阀是开还是闭、冷却液流速、飞机运动数据和 HRC 设计员认为的相关的其他数据。此数据在 HRC 发生前后会提供一个短时的“事件窗”，用于故障诊断以及让维护人员知道在生成 HRC 期间其他系统发生的事情。

性能信息——从 ALIS 中提取，用来评估飞机状态和寿命管理。

3. PHM带来的效益

国外有关资料预计PHM可以为F-35项目带来下列益处：

① 维修原理的改变：

- 故障检测覆盖飞机各重要系统，包括航电系统、重要功能系统、飞机结构和动力装置，可实现Ⅰ、Ⅱ类故障模式监测和故障告警，提高飞机的安全性；
- 可实现飞机故障的精确诊断和定位，缩短故障检测和隔离时间，提高维修性，降低对保障设备的依赖性；
- 可实现飞机故障预测和关键部件剩余使用寿命预计功能，不是根据故障，也不是按照计划，而是采取视情维修和适时维修，因而减少了对任务计划的干扰，并显著减少甚至取消预防性维修，有助于实现基于状态的维修和两级维修体制；
- 故障信息和故障症候可实时传输给地面，增加地面维修人员的维修准备时间，缩短后勤延误时间，提高维修效率。

② 减少测试设备：

- 减少中继级和航线级测试设备，甚至取消0级测试设备；
- 减少系统研制和验证过程中35%的专用保障设备。

③ 对F-35用户和维修人员的益处：

- 总资产可视化：在状态屏幕上可以浏览所有资产或部件的完好状态。
- 提高质量：采用持续改进的商业运作方式，关键部位指标将获得改进，减少甚至消除停机。
- 减少维修成本：基于状态的维修可以降低对计划检查的需要。由于掌握了更详细的零备件消耗情况，所以可以减少库存量，改进维修进度安排。

④ 预测。

在出现薄弱环节前就能预测到，便于事先提出解决办法，可以缩短供应链、维修进度安排和其他过程的时间间隔。

⑤ 简化使用和维修训练。

PHM的预期效益据估计：采用预测与状态管理技术等各种先进技术措施可以使飞机的维修人力减少20%～40%，后勤规模缩小50%，出动架次率提高25%，使用与保障费用比过去的机种减少50%以上，而且使用寿命达8 000飞行小时。

1.3 测试性技术框架

测试性技术的框架组成如图1-16所示，分为设计目标、设计手段、工程任务和支持辅助四大部分。

1.3.1 测试性设计目标

测试性设计目标是完成以下测试功能：状态监测、故障检测、健康评估、故障预测、故障隔离、虚警抑制。其中，健康评估、故障预测是对现有测试性设计目标的重要扩展。

(1) 状态监测

状态监测，也称为性能监测，是指在不中断产品工作的情况下，对选定性能参数进行连续

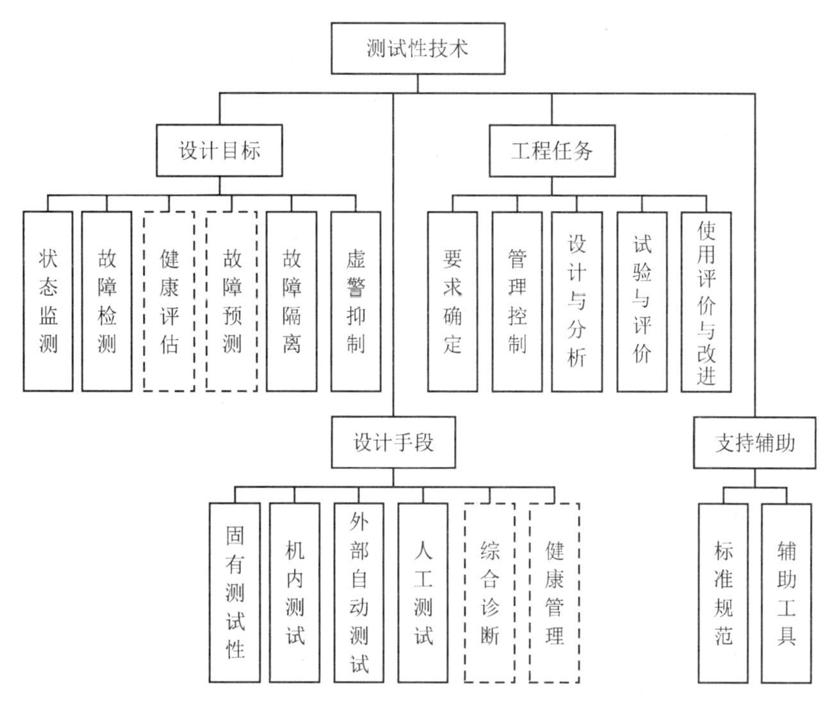

图1-16 测试性技术的框架组成

或周期性观测，以确定产品是否在规定的极限范围内工作的过程。通过状态监测，可以实时监测产品中关键的性能或功能特性参数，并随时报告给操作者，以便分析判断性能是否下降。

状态监测是实现故障检测、健康评估、故障预测（性能降级趋势跟踪、部件寿命跟踪）的重要基础环节。

(2) 故障检测

故障检测是指发现故障存在的过程。通过故障检测，可以确定产品是否存在故障。故障检测是确定产品的功能、性能是否满足期望的行为，确定产品是否发生故障。有多种方式可以实现故障检测，如嵌入式的BIT、传感器输出与期望值不匹配或者操作员的观察等。

针对渐变故障，故障检测还细分为早期异常检测、降级程度检测、后期严重故障检测等。

(3) 健康评估

健康评估，也称为健康度量，是指采用给定的健康指数（通常为0～1之间的连续数值）度量产品的健康程度，是对产品健康状态的一种量化度量。健康评估可以看作是故障检测功能的扩展。

(4) 故障预测

故障预测是指基于收集的产品运行状态数据，分析估计故障何时发生或者何种条件下发生。

故障预测通常包含性能降级趋势跟踪、部件寿命跟踪环节，可以得到部件的故障前工作时间或剩余使用寿命，以便及时采取有效处理措施，如提前更换故障部件等。

(5) 故障隔离

故障隔离是指把故障定位到实施修理所要更换的产品组成单元的过程。通过故障隔离，可以确定出产品内的具体故障可更换单元。产品的单元划分会导致故障隔离时的模糊组，因此产品的划分应确保测量的功能可以用最少的可更换单元实现。

(6) 虚警抑制

虚警抑制是指对故障检测和故障隔离中的虚假指示进行抑制和消除的过程。通过虚警抑制,可以降低虚警率,给出准确的故障指示。

1.3.2 测试性设计手段

测试性的设计手段主要包括:固有测试性、机内测试、外部自动测试、人工测试、综合诊断和健康管理等技术和方法。其中,综合诊断和健康管理是对现有测试性设计手段的重要扩展。

(1) 固有测试性

固有测试性是指仅取决于产品设计,不依赖于测试激励和响应数据的测试性。它主要包括功能和结构的合理划分、测试可控性、测试可观测性、测试设备兼容性等,即在产品设计上要保证其有方便测试的特性。它既支持BIT也支持外部自动测试和人工测试,是达到测试性要求的基础。

(2) 机内测试

机内测试(BIT)是指系统或设备内部提供的检测和隔离故障的自动测试能力。根据BIT应用规模大小的不同,可以将BIT的实现途径进一步分类为机内测试设备(BITE)和机内测试系统(BITS)。

BITE是指完成机内测试功能的装置,可以识别的硬件和/或软件。

BITS是指完成机内测试功能的系统,多采用分布-集中式的中央测试系统形式,也称为嵌入式诊断系统。嵌入式诊断系统除了具有机内测试基本功能之外,还往往包含增强诊断、重构与校准支持、故障报告与信息管理等功能。

(3) 外部自动测试

外部自动测试通常是借助自动测试设备(ATE)或者自动测试系统(ATS)完成的。ATE是用于自动完成对被测单元(UUT)故障诊断、功能参数分析,以及评价性能下降的测试设备,通常是在计算机控制下完成分析评价并给出判断结果,使人员的介入减到最少。

ATE与UUT是分离的,主要是在中继级和基地级维修使用。实现ATE故障诊断的关键之一是测试程序集(TPS),包括在ATE上启动并对UUT进行测试所需要的测试程序、接口装置、操作顺序和指令等软件、硬件和说明资料。

外部自动测试的扩展还包括远程诊断测试,通过无线通信和/或网络技术实现远程的自动监测和诊断。

(4) 人工测试

人工测试是指以维修人员为主进行的故障诊断测试。对于BIT和ATE不能检测与隔离的故障,需要人工测试。只靠人的视觉和感觉器官来了解UUT状态信息是不够的,有时需要借用一些仪器设备和工具。对于较复杂的UUT,需要事先设计测试流程图或诊断手册等,按照规定的故障查找路径才能迅速地找出故障部件。

(5) 综合诊断

综合诊断是指通过综合所有相关要素,如测试性、自动的或者人工测试、培训、维修辅助措施和技术资料等,获得最大的诊断效能的一种结构化过程,是实现经济有效地检测和无模糊隔离武器系统及设备中所有已知的或可能发生的故障以满足武器系统任务要求的手段。

综合诊断通过设计出协同的系统内部和外部诊断要素,来提高总体诊断性能。

(6) 健康管理

健康管理泛指与系统状态监测、故障诊断/预测、故障处理、综合评价、维修保障决策等相关的过程或者功能，是将内部、外部测试综合考虑的一种设计形式。在不同的应用领域，健康管理的名称、含义和功能并不完全一致。表1-10给出了几种典型的健康管理系统。

表1-10 几种典型的健康管理系统

装备/系统类型	名 称	主要功能
军用战斗机	预测和健康管理(PHM)	故障诊断、故障预测和虚警消除、寿命跟踪、维修决策等
直升机	健康与使用监控系统(HUMS)	振动监测、状态监测指示、故障诊断、健康指示等
发动机	发动机健康管理(EHM)	气路性能监测、滑油和碎屑监测、振动监测、使用寿命监测等
客机	飞机诊断和维修系统(ADMS)	故障诊断、中央维护、综合状态监控等
运载火箭	航天器综合健康管理(IVHM)	箭上和地面的关键和非关键功能监测以及功能处理

1.3.3 测试性工程任务

为了使装备具有良好的测试性，在武器装备的研制中应全面认真地开展测试性工作。根据GJB 2547B《装备测试性工作通用要求》的规定，测试性工作项目分为要求确定、管理控制、设计与分析、试验与评价、使用评价与改进5个类别，具体工作项目和说明见表1-11。

表1-11 测试性工作项目组成及说明

类 别	名 称	说 明
测试性及其工作项目要求的确定(100系列)	101 确定测试性要求	开展诊断需求分析，协调并确定装备测试性定量和定性要求，以满足装备战备完好性、任务成功性和安全性要求，降低保障资源规模和寿命周期费用
	102 确定测试性工作项目要求	选择并确定合理的测试性工作项目，以满足规定的测试性要求
测试性管理控制(200系列)	201 制订测试性计划	全面规划装备寿命周期中的测试性工作，以保证测试性工作顺利进行
	202 制订测试性工作计划	明确并合理地安排工作项目，以确保装备满足合同规定的测试性要求
	203 对承制方、转承方和供应方的监督和控制	明确订购方对承制方和转承方，承制方对转承方的测试性工作进行监督与控制，以确保承制方、转承方有效完成测试性工作项目，交付的产品满足规定的测试性要求
	204 测试性评审	按计划进行测试性评审，确保测试性工作按合同要求和工作计划进行，并最终满足规定的测试性要求
	205 测试性数据收集、分析和管理	收集、分析和管理研制、生产和使用过程中与测试性有关的数据，为测试性设计分析、评价和改进提供信息
	206 测试性增长管理	通过分析、试验与评价等手段及时发现测试性问题并采取纠正措施，以实现测试性增长

续表 1-11

类　别	名　称	说　明
测试性设计与分析(300系列)	301 测试性设计方案制定	开展测试性要求分析，将测试性要求转化为具体、明确的测试性设计要求，并在此基础上，开展测试性总体设计，制定并形成测试性设计方案，指导和约束装备各层次产品的测试性设计与分析工作
	302 测试性模型建立	建立装备及其下属各层次产品的测试性模型，用于测试性分配、测试性预计、诊断设计等
	303 测试性分配	将本层次产品的测试性设计要求分配或分解至下层次产品，以明确下层次产品的测试性要求
	304 测试性预计	根据装备及其下属各层次产品的测试性设计资料，使用合适的方法或模型，估计装备或产品的测试性设计水平是否满足规定的要求，发现测试性设计中的薄弱环节，为改进设计提供依据
	305 制定测试性设计准则	将测试性设计要求、使用和保障约束以及测试性设计经验转化为具体的测试性设计准则，以指导产品的测试性设计
	306 诊断设计	将嵌入式诊断能力和外部测试能力设计到装备及其下属各层次产品中，以满足规定的测试性设计要求
	307 测试性设计核查	确认测试性设计工作的有效性，识别测试性设计缺陷，以便采取纠正措施，实现测试性的持续改进与增长
测试性试验与评价(400系列)	401 测试性试验	确认产品测试性设计的有效性、评估产品测试性水平，发现产品的测试性设计与要求的偏离；考核产品测试性设计是否符合规定的测试性要求，为产品鉴定定型提供依据
	402 测试性分析评价	通过综合利用产品的各种测试性相关信息，评价产品是否满足规定的测试性要求
	403 测试性评估	收集测试性信息，评估装备是否满足规定的测试性要求
使用期间测试性使用评价与改进(500系列)	501 使用期间测试性信息收集	通过有计划地收集装备使用期间的各项有关数据，为使用期间测试性评估与测试性改进，以及新研装备的论证与研制等提供信息
	502 使用期间测试性改进	对装备在使用期间暴露的测试性问题采取改进措施，以提高装备的测试性水平

考虑健康管理的技术发展需求，扩展后的测试性$^{+}$的核心工作组成可分为测试性、健康自愈两大类，如图1-17所示，具体说明如下：

(1) 立项论证阶段

在装备的立项论证阶段，应开展测试性与健康管理的总体方案论证和设计，明确故障检测隔离要求、预测要求、健康自愈要求，以及故障诊断方案等。

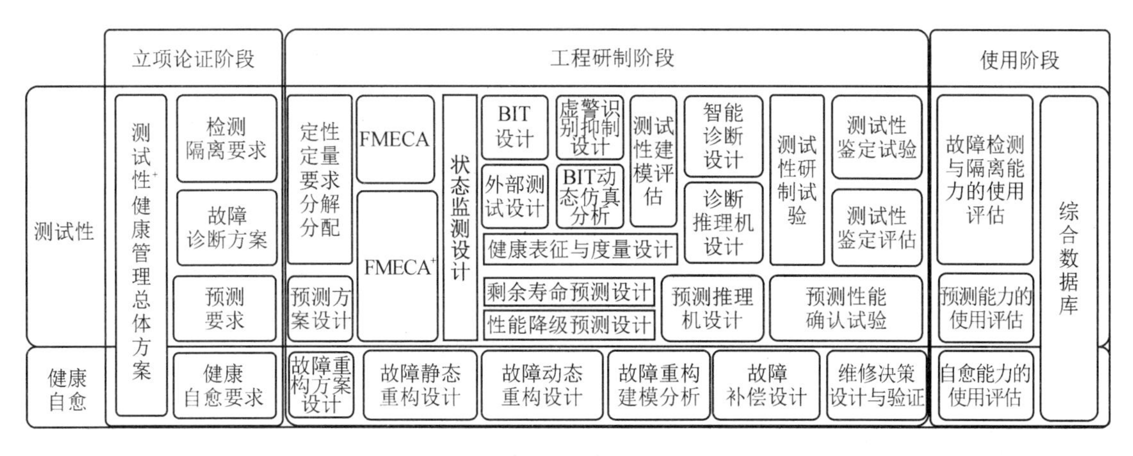

图1-17 测试性$^+$的核心工作

(2) 工程研制阶段

在测试性方面,需要开展定性定量要求分解分配、预测方案设计、FMECA和FMECA$^+$、状态监测设计、BIT设计、虚警识别抑制设计、BIT动态仿真分析、外部测试设计、健康表征与度量设计、智能诊断设计、诊断推理机设计、测试性研制试验、测试性鉴定试验、测试性鉴定评估、剩余寿命预测设计、性能降级预测设计、预测推理机设计、预测性能确认试验等。

在健康自愈方面,需要开展故障重构方案设计、故障静态重构设计、故障动态重构设计、故障重构建模分析、故障补偿设计、维修决策设计与验证等。

(3) 使用阶段

在使用阶段,应运行综合数据库,并进行故障检测与隔离能力的使用评估、预测能力的使用评估、自愈能力的使用评估等。

1.3.4 测试性支持辅助

测试性支持辅助包括标准规范与辅助工具两大类。

(1) 标准规范

目前,与测试性相关的标准规范主要有国家军用标准、国内军工行业标准、美军标、英军标,以及民用标准等几大类。表1-12给出了其中的部分标准。

表1-12 与测试性相关的部分标准规范示例

类 别	标准规范
国家军用标准	GJB 2547B 装备测试性工作通用要求
	GJB 3385 测试与诊断术语
	GJB 3966 被测单元与自动测试设备兼容性通用要求
	GJB 451A 可靠性维修性保障性术语
	GJB 8895 装备测试性试验与评价
国内军工行业标准	HB 7503 测试性预计程序
	HB/Z 301 航空电子系统和设备测试性设计指南
	QJ 3051 航天产品测试性设计准则

续表 1-12

类　别	标准规范
美军标	MIL-HDBK-2165　系统和设备测试性大纲 MIL-HDBK-1814　综合诊断 MIL-PRF-32070　测试程序集性能规范
英军标	Def Std 00-42 Part 4　可靠性维修性保证指南测试性
民用标准	IEEE Std 1149.1　测试访问接口和边界扫描体系 IEEE Std 1149.5　模块化维护与测试总线协议 IEEE Std 1232　用于所有测试环境的人工智能交换和服务纽带 IEEE Std 1522　测试与诊断特性和度量的试用标准 ARINC604-1　机内测试设备设计和使用指南 ARINC624-1　机上维护系统设计指南 ISO 13380　机器状态监测与诊断——产品数据表示和交换 ISO 13381-1　机器状态监测与诊断——预测 ARP5783　健康和使用监测度量,对监测器的监测

(2) 辅助工具

目前,支持开展测试性工作的辅助工具相对较少,表 1-13 给出了几种典型的辅助工具。

表 1-13　测试性典型辅助工具示例

类　别	工具名称
设计分析	CAD BIT、STAMP、IDSS、TEAMS、eXpress、TMAS、TEID、BDMS
验证评估	测试性试验方案确定与参数评估软件、测试性试验抽样与样本充分性评价软件、故障注入系统

1.4　测试性参数

1.4.1　测试性核心参数

1.4.1.1　故障检测率

故障检测率(FDR)定义为:在规定的时间内,用规定的方法正确检测到的故障数与被测单元发生的故障总数之比,用百分数表示。其数学模型可表示为

$$\gamma_{\mathrm{FD}} = \frac{N_{\mathrm{D}}}{N_T} \times 100\% \tag{1-1}$$

式中:N_T——故障总数或在规定的时间 T 内发生的实际故障数;

N_{D}——在规定的时间 T 内正确检测到的故障数。

式(1-1)用于验证和外场数据统计。

对于某些系统和设备来说,总故障率(λ)为常数,式(1-1)可改写为

$$\gamma_{\mathrm{FD}} = \frac{\lambda_{\mathrm{D}}}{\lambda} \times 100\% = \frac{\sum \lambda_{\mathrm{D}i}}{\sum \lambda_i} \times 100\% \tag{1-2}$$

式中：λ_{D}——被检测出的故障模式的总故障率；

λ——所有故障模式的总故障率；

λ_{i}——第 i 个故障模式的故障率；

λ_{Di}——第 i 个被检测出的故障模式的故障率。

式(1-2)是用于测试性分析和预计的数学模型。

1.4.1.2 严重故障检测率

严重故障检测率(CFDR)定义为：在规定的时间内，用规定的方法正确检测到的严重故障数与被测单元发生的严重故障总数之比，用百分数表示。其数学模型为

$$\gamma_{CFD} = \frac{N_{CD}}{N_{CT}} \times 100\% \tag{1-3}$$

用于测试性分析及预计的严重故障检测率模型为

$$\gamma_{CFD} = \frac{\sum \lambda_{CDi}}{\sum \lambda_{Ci}} \times 100\% \tag{1-4}$$

式中：N_{CD}——在规定的时间 T 内，用规定的方法正确检测到的严重故障数；

N_{CT}——在规定的时间 T 内，发生的严重故障总数；

λ_{CDi}——第 i 个可检测到的严重故障模式的故障率；

λ_{Ci}——第 i 个可能发生的严重故障模式的故障率。

1.4.1.3 故障覆盖率

故障覆盖率(FCR)定义为：在规定的时间内，用规定的方法正确检测出的故障模式数与故障模式总数之比，用百分数表示。其数学模型可表示为

$$\gamma_{FC} = \frac{N_{FC}}{N_{FM}} \times 100\% \tag{1-5}$$

式中：N_{FM}——故障模式总数；

N_{FC}——正确检测出的故障模式数。

故障覆盖率不使用故障率数据，只关心故障模式的数量。当各个故障模式的故障率相同时，故障覆盖率与故障检测率的计算结果相等。

1.4.1.4 故障隔离率

故障隔离率(FIR)定义为：在规定的时间内，用规定的方法正确隔离到不大于规定的可更换单元数的故障数与同一时间内检测到的故障数之比，用百分数表示。其数学模型为

$$\gamma_{FI} = \frac{N_{L}}{N_{D}} \times 100\% \tag{1-6}$$

式中：N_{L}——在规定的时间内用规定方法正确隔离到小于或等于 L 个可更换单元的故障数；

N_{D}——在规定的时间内用规定方法正确检测到的故障数。

用于测试性分析及预计的故障隔离率数学模型为

$$\gamma_{FI} = \frac{\lambda_{L}}{\lambda_{D}} \times 100\% = \frac{\sum \lambda_{Li}}{\lambda_{D}} \times 100\% \tag{1-7}$$

式中：λ_{D}——被检测出的所有故障模式的故障率之和；

λ_{L}——可隔离到小于或等于 L 个可更换单元的故障模式的故障率之和；

λ_{Li}——可隔离到小于或等于 L 个可更换单元的故障中,第 i 个故障模式的故障率;

L——隔离组内的可更换单元数,也称故障隔离的模糊度。

1.4.1.5 虚警率

虚警率(FAR)定义为:在规定的时间内,发生的虚警次数与同一时间内的故障指示(报警)总次数之比,用百分数表示。FAR 的数学模型可表示为

$$\gamma_{FA} = \frac{N_{FA}}{N} \times 100\% = \frac{N_{FA}}{N_F + N_{FA}} \times 100\% \tag{1-8}$$

式中:N_{FA}——虚警次数;

N_F——真实故障指示次数;

N——故障指示(报警)总次数。

用于测试性分析及预计的虚警率数学模型可表示为

$$\gamma_{FA} = \frac{\lambda_{FA}}{\lambda_D + \lambda_{FA}} \times 100\% \tag{1-9}$$

式中:λ_{FA}——虚警发生的频率,包括 BITE 故障率和其他虚警事件频率之和;

λ_D——被检测到的故障模式的故障率总和。

1.4.1.6 平均虚警间隔时间

平均虚警间隔时间(MTBFA)定义为:在规定的时间内,产品运行总时间与虚警总次数之比。其数学模型为

$$T_{BFA} = \frac{T}{N_{FA}} \tag{1-10}$$

式中:T——产品运行总时间;

N_{FA}——虚警总次数。

1.4.1.7 平均故障检测时间

平均故障检测时间(MFDT)定义为:从开始故障检测到给出故障指示所经历时间的平均值。其数学模型可表示为

$$T_{FD} = \frac{\sum t_{Di}}{N_D} \tag{1-11}$$

式中:t_{Di}——检测并指示第 i 个故障所需的时间;

N_D——检测出的故障数。

1.4.1.8 平均故障隔离时间

平均故障隔离时间(MFIT)定义为:从开始隔离故障到完成故障隔离所经历时间的平均值。其数学模型可表示为

$$T_{FI} = \frac{\sum t_{Ii}}{N_I} \tag{1-12}$$

式中:t_{Ii}——隔离第 i 个故障所用时间;

N_I——隔离的故障数。

1.4.1.9 平均 BIT 运行时间

平均 BIT 运行时间(MBRT)定义为:完成一个 BIT 测试程序所需的平均有效时间。其数

学模型可表示为

$$T_{BR}=\frac{\sum T_{BRi}}{N_B} \tag{1-13}$$

式中：T_{BRi}——第 i 个 BIT 测试程序的有效运行时间；

N_B——BIT 测试程序数。

1.4.1.10 误拆率

误拆率(FFP)定义为：由 BIT 故障隔离过程造成的从系统中拆下无故障的可更换单元(即实际上没有故障的可更换单元)数与在隔离过程中拆下的有故障的可更换单元数之比，用百分数表示。其数学模型可表示为

$$\gamma_{FP}=\frac{N_{FP}}{N_{FP}+N_{CP}}\times 100\% \tag{1-14}$$

式中：N_{FP}——故障隔离过程中拆下的无故障的可更换单元数；

N_{CP}——故障隔离过程中拆下的有故障的可更换单元数。

1.4.1.11 不能复现率

不能复现率(CNDR)定义为：在规定的时间内，由 BIT 或其他监控电路指示的而在外场维修中不能证实(复现)的故障数与指示的故障总数之比，用百分数表示。

1.4.1.12 台检可工作率

台检可工作率(BCS Rate)定义为：在规定的时间内，基层级维修发现故障而拆卸的可更换单元中，通过中继级维修试验台测试检查确认是可工作的单元数与拆卸的被测单元总数之比，用百分数表示。

1.4.1.13 重测合格率

重测合格率(RTOKR)通常定义为：在规定的时间内，发现因"报告故障"而拆卸的产品中，在基地级维修确认中确认是合格的产品数与拆卸的被测产品总数之比，用百分数表示。

1.4.2 测试性扩展参数

本小节给出的测试性扩展参数，都是针对剩余使用寿命点估计预测性能的评价参数，供设计评估选用。

1.4.2.1 预测误差

预测误差定义为：第 k 个被测单元(UUT)在给定时刻 i 的剩余使用寿命真值和预测值之间的残差。其数学模型可表示为

$$\Delta^k(i)=r_a^k(i)-r_p^k(i) \tag{1-15}$$

式中：$\Delta^k(i)$——第 k 个 UUT 在给定时刻 i 的剩余使用寿命预测误差；

$r_a^k(i)$——第 k 个 UUT 在给定时刻 i 的剩余使用寿命真值；

$r_p^k(i)$——第 k 个 UUT 在给定时刻 i 的剩余使用寿命预测值。

1.4.2.2 平均偏差

平均偏差定义为：第 k 个 UUT 的预测误差的平均值。其数学模型可表示为

$$B_k=\frac{1}{M}\sum_{i=1}^{M}\Delta^k(i) \tag{1-16}$$

式中：B_k——第 k 个 UUT 的平均偏差；

M——第 k 个 UUT 的预测时刻数量(预测次数)。

对多个 UUT 进行平均偏差评估的模型如下：

$$B=\frac{1}{L}\sum_{k=1}^{L}B_k \tag{1-17}$$

式中：B——平均偏差；

L——UUT 的数量。

1.4.2.3 平均绝对误差

平均绝对误差(MAE)定义为：第 k 个 UUT 的预测误差绝对值的平均值。其数学模型可表示为

$$\mathrm{MAE}_k=\frac{1}{M}\sum_{i=1}^{M}\left|\Delta^k(i)\right| \tag{1-18}$$

对多个 UUT 进行平均绝对预测误差评估的模型如下：

$$\mathrm{MAE}=\frac{1}{L}\sum_{k=1}^{L}\mathrm{MAE}_k \tag{1-19}$$

1.4.2.4 平均绝对百分比误差

平均绝对百分比误差(MAPE)定义为：第 k 个 UUT 的绝对值百分比预测误差的平均值。其数学模型可表示为

$$\mathrm{MAPE}_k=\frac{1}{M}\sum_{i=1}^{M}\left|\frac{100\times\Delta^k(i)}{r_{\mathrm{a}}^k(i)}\right| \tag{1-20}$$

对多个 UUT 进行平均绝对百分比误差评估的模型如下：

$$\mathrm{MAPE}=\frac{1}{L}\sum_{k=1}^{L}\mathrm{MAPE}_k \tag{1-21}$$

1.4.2.5 均方误差

均方误差(MSE)定义为：第 k 个 UUT 的预测误差平方的平均值。其数学模型可表示为

$$\mathrm{MSE}_k=\frac{1}{M}\sum_{i=1}^{M}\Delta^k(i)^2 \tag{1-22}$$

对多个 UUT 进行均方误差评估的模型如下：

$$\mathrm{MSE}=\frac{1}{L}\sum_{k=1}^{L}\mathrm{MSE}_k \tag{1-23}$$

1.4.2.6 均方根百分比误差

均方根百分比误差(RMSPE)定义为：第 k 个 UUT 的百分比误差的均方根。其数学模型可表示为

$$\mathrm{RMSPE}_k=\sqrt{\frac{1}{M}\sum_{i=1}^{M}\left|\frac{100\times\Delta^k(i)}{r_{\mathrm{a}}^k(i)}\right|^2} \tag{1-24}$$

对多个 UUT 进行均方根百分比误差评估的模型如下：

$$\mathrm{RMSPE}=\frac{1}{L}\sum_{k=1}^{L}\mathrm{RMSPE}_k \tag{1-25}$$

1.4.2.7　样本标准差

样本标准差定义为：第 k 个 UUT 的预测偏差对平均偏差的分散程度。其数学模型可表示为

$$S_k=\sqrt{\frac{1}{M-1}\sum_{i=1}^{M}[\Delta^k(i)-B_k]^2} \tag{1-26}$$

对多个 UUT 进行样本标准差评估的模型如下：

$$S=\frac{1}{L}\sum_{k=1}^{L}S_k \tag{1-27}$$

1.4.2.8　方　差

方差是另外一种评估第 k 个 UUT 的预测偏差对平均偏差的分散程度的参数。其数学模型可表示为

$$S_k^2=\frac{1}{M}\sum_{i=1}^{M}[\Delta^k(i)-B_k]^2 \tag{1-28}$$

对多个 UUT 进行方差评估的模型如下：

$$S^2=\frac{1}{L}\sum_{k=1}^{L}S_k^2 \tag{1-29}$$

1.5　测试性的重要性及对系统特性的影响

1.5.1　测试性的重要性

测试性作为装备的一种设计特性，具有与可靠性、维修性、保障性同等重要的地位，是构成武器装备质量特性的重要组成部分。通过良好的测试性设计，可以提高装备的战备完好性、任务成功性和安全性，减少维修人力及其他保障资源，降低寿命周期费用。此外，通过增加预测和健康管理设计，还可以实现自主保障，大大提高装备的战备完好性。

测试性与装备的其他质量特性之间的关系如图 1-18 所示。从该图可以看出，测试性是

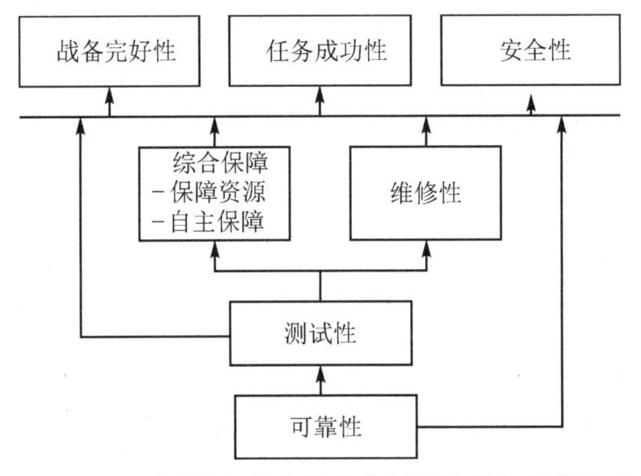

图 1-18　测试性与装备的其他质量特性之间的关系

装备可靠性与装备维修性之间的重要纽带,是确保装备战备完好性、任务成功性和安全性要求得到满足的重要的中间环节。

测试性对维修性、基本可靠性、任务可靠性、固有可用性、战备完好性、寿命周期费用、系统性能和使用安全性等都有直接或间接的影响。所以,测试性设计已成为重要系统和设备研制过程中的重要工作之一。BIT 测试性对系统的影响如图 1-19 所示。

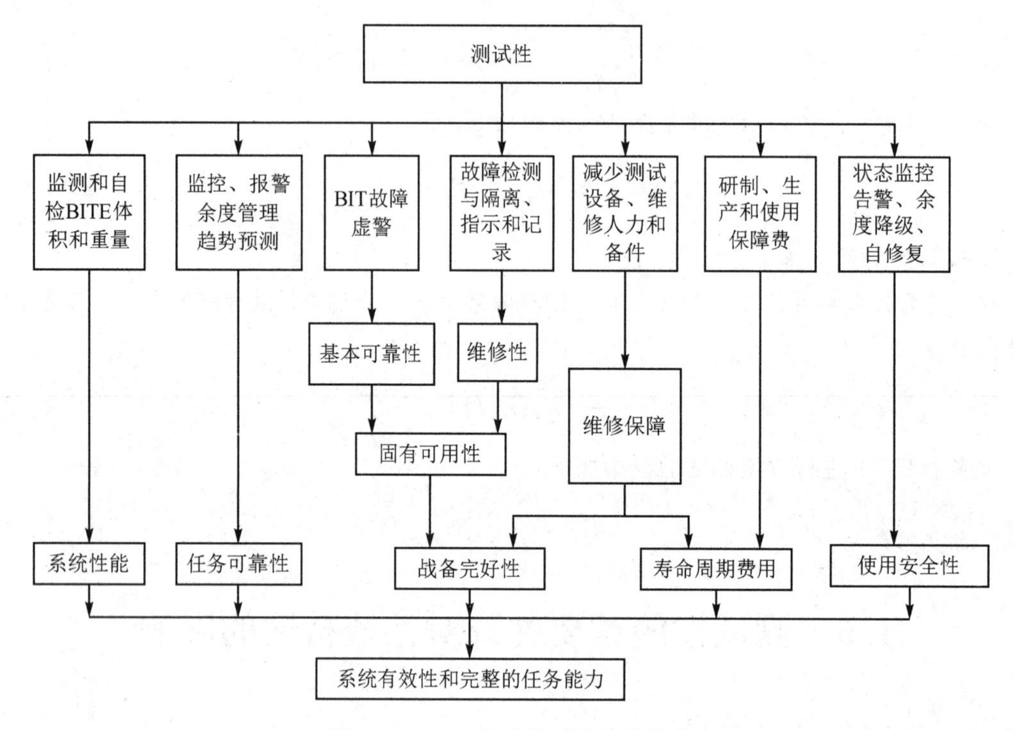

图 1-19 BIT 测试性对系统的影响

1.5.2 对基本可靠性的影响

测试性对基本可靠性的影响如下:

① BIT 增加了系统的复杂性,而且 BIT 也会发生故障,因而会降低系统的基本可靠性,缩短系统的平均故障间隔时间(MTBF);

② 当 BIT 设计不当或 BIT 与系统共用某些硬件和软件时,BITE 故障可能引起系统故障,对 MTBF 产生不利影响;

③ BIT 虚警,在未证实是虚警之前,认为系统故障;

④ BIT 实现自动测试,可以避免人为差错导致的系统故障,这属于测试性对系统基本可靠性的有利影响。

测试性对基本可靠性的不利影响远大于有利影响,所以通过合理设计和限制 BIT 故障率的办法尽量减少 BIT 的不利影响。此外,为了提高对 BIT 的综合处理能力,某些装备中会增加专用的系统(如中央测试系统),其带来的基本可靠性问题应按可靠性方法进行综合处理。

1.5.3 对任务可靠性、安全性及成功性的影响

测试性对任务可靠性、安全性及成功性的影响如下:

① 及时发现故障是实现余度管理的首要条件之一，通过 BIT 实时检测与隔离故障实现余度管理功能可以显著提高系统任务可靠性、安全性和成功性；

② BIT 能够检测隐蔽故障，可以及时通知操作者采取措施避免其发生，从而提高任务可靠性和安全性；

③ 设计功能较强的 BIT 可以记录系统状态变化信息，分析预测故障趋势，提醒操作者采取预防措施，可以避免发生功能故障后影响使用，从而提高任务可靠性和成功性；

④ BIT 检测与隔离故障有助于系统重构成自修复，可以提高系统任务可靠性、安全性和成功性；

⑤ BIT 虚警有时会影响系统执行任务。

1.5.4　对维修性的影响

测试性对维修性的影响如下：

① 使用 BIT 可以快速检测和隔离故障，除有时需要启动之外，完全是自动实现诊断的，与手工测试相比，其故障检测与隔离时间可以忽略不计，因此可以大大缩短平均故障修复时间（MTTR）；

② 采用 BIT 可以实现系统维修后的自动检验，因而可以大大缩短维修后的检验时间；

③ BIT 自动测试还可以减少手工测试时产生的人为诱发故障，从而缩短诱发故障修复时间；

④ 因 BIT 具有显示报警功能，可以使隐蔽故障变为明显故障，因而可以减少这类故障的修复时间；

⑤ 好的测试性设计可以为外部测试设备提供方便的接口和优化的诊断程序，从而可以缩短利用外部测试设备进行诊断的时间，减少 MTTR；

⑥ BIT 产生虚假报警会导致不必要的维修活动，确认虚警往往还需要进行更多的维修活动，这是 BIT 对维修性产生的不利影响。

1.5.5　对综合保障的影响

测试性对综合保障的影响如下：

① BIT 可以在系统运行过程中实时检测与隔离故障，从而缩短外部测试的后勤延误时间和备件等待时间；

② 有了 BIT 后可以减少外部测试设备、有关保障设备等的要求，从而缩短等待维修时间，减少相关费用；

③ 由于 BIT 能快速诊断故障，所以可以减少备件补给库存量，可以使维修的后勤延误时间缩短；

④ BIT 具有记录和存储故障数据的功能，可以应用于识别间歇故障、故障趋势分析预测，通过预测与健康管理系统设计，可以提早安排维修工作计划，实现自主保障；

⑤ BIT 实现自动测试，可以降低维修人员技术等级要求和减少维修人员数量，从而可以减少维修保障费用；

⑥ 没有抑制掉的 BIT 虚警会导致自主保障系统不必要的启动，造成时间、保障资源和费用的浪费。

1.5.6 对战备完好性的影响

战备完好性通常用可用度(A)来度量,可用度可表示为

$$A=\frac{\text{系统能工作时间}}{\text{系统能工作时间}+\text{系统不能工作时间}} \tag{1-30}$$

良好的测试性设计,可以通过BIT自动检测和隔离故障,减少人为故障,缩短执行任务前的检测、校验时间,因而可以缩短系统的不能工作时间,提高战备完好性。

只考虑系统的实际工作时间 T_{BF} 和非计划的故障维修时间 T_{CT} 时的可用度为固有可用度 A_I:

$$A_I=\frac{T_{BF}}{T_{BF}+T_{CT}} \tag{1-31}$$

考虑系统总工作时间内所有时间(工作时间、待命时间、故障维修时间和计划维修时间等)的可用度为使用可用度 A_0:

$$A_0=\frac{T_{BM}}{T_{BM}+T_{MD}} \tag{1-32}$$

式中:T_{BM}——系统平均维修间隔时间,即能工作时间。

T_{MD}——系统平均不能工作时间,$T_{MD}=T_{CT}+T_{PT}+T_{IT}+T_{AT}$,其中 T_{CT} 为非计划的故障维修时间,即MTTR;T_{PT} 为计划预防性维修时间;T_{IT} 为包括备件等待的后勤延误时间;T_{AT} 为包括等待维修人员、维修资料和测试设备的等待维修时间。

从前面对维修性和可靠性影响的分析结果可知,良好的测试性/BIT设计可以大大减少系统不能工作时间 T_{MD},特别是对MTTR的影响更大,一般可以减少MTTR值的60%以上;BIT对系统能工作时间 T_{BM} 和 T_{BF} 产生不利影响,即减少 T_{BM} 或 T_{BF} 值,可以通过限制BIT的故障率和采取防止虚警等措施来降低这种不利影响。因而可以通过良好的测试性/BIT设计来提高系统的可用性,有的文献估计固有可用性可以提高30%。

当然,如果BIT设计不良,虚警率很高,也会使战备完好性下降。所以,发展智能BIT和综合诊断技术是测试性和诊断领域研究的重点之一。

1.5.7 对系统性能的影响

测试性对系统性能的影响如下:

① 外场测试设备的使用对系统的机动性具有不利影响;

② BIT的电源消耗增加了系统的用电负担;

③ BIT的硬件增加了系统的重量和体积;

④ BIT的软件占用了系统的存储器和CPU资源。

1.5.8 对系统寿命周期费用的影响

系统的寿命周期费用通常包括研究与研制费用、采办费用和使用与保障费用三部分。

系统中加入BIT会对研究与研制费用和采办费用产生不利影响,但对使用与保障费用则产生有利影响。所以选用BIT和确定诊断方案时要进行权衡分析,以保证加入BIT和使用的诊断方案能减少总的寿命周期费用。测试性、BIT对系统寿命周期费用的影响包括如下几方面:

① 良好的 BIT、测试性及诊断设计,可以提高系统的可用性/战备完好性、任务可靠性/任务成功性,可以减少系统的采购数量,从而大大减少系统的采办费用;

② 完善的测试性和诊断能力,可以显著减少维修人力、设备和维修时间,进而减少系统的使用保障费用;

③ 系统中增加 BIT 软件和硬件会增加系统的研究与研制费用和采办费用;

④ BIT 虚警会导致无效的维修活动,从而增加使用与维修费用。

对于后两条不利影响可从设计上采取措施加以限制,如采取必要的防止虚警措施,尽量减少虚警的发生,限制 BIT 用硬件和软件的数量,并且尽量采用成熟技术,可以减少研究与研制费用。

国外研究资料表明,在各类航空电子设备中 BIT 的采办费用平均占航空电子设备采办费用的 8%左右。如果在系统研制初期充分开展测试性/BIT 设计、采用先进诊断技术,其寿命周期费用可减少 10%~20%。

1.6　测试性术语

本节列出测试性的常用术语定义和缩写词,以便查阅。

(1) 测试性(testability)

系统设备(或产品)能及时准确地确定其状态(可工作、不可工作或性能下降)并隔离其内部故障的一种设计特性。

(2) 固有测试性(inherent testability)

仅取决于系统或设备设计,不受测试激励和响应数据影响的测试性。

(3) 机内测试(Built-In Test,BIT)

系统或设备内部提供的检测和隔离故障的自动测试能力。

(4) 机内测试设备(Built-In Test Equipment,BITE)

完成机内测试功能的装置(包括硬件和软件)。

(5) 主动 BIT(active BIT)

测试时需要施加激励信号到被测单元内,并中断其工作的一类 BIT。

(6) 被动 BIT(passive BIT)

测试时不需要加入激励也不中断被测单元工作的 BIT。

(7) 连续 BIT(continuous BIT)

连续不间断地监测系统工作的 BIT。

(8) 周期 BIT(Periodic BIT,PBIT)

以规定时间间隔周期地启动测试的 BIT。

(9) 启动 BIT(Initiated BIT,IBIT)

由某种事件或操作者启动进行测试的 BIT。它可能中断系统工作,也允许操作者参与故障检测和隔离过程。

(10) 加电 BIT(power-on BIT)

当系统接通电源时,启动规定测试程序的 BIT。检测到故障或完成规定测试程序后就结束,是启动 BIT 的特例。

(11) 维修 BIT(Maintenance BIT,MBIT)

在系统完成任务后用于进行维修、检查和校验测试的 BIT。可以启动运行系统所具有的任一种 BIT,属于启动 BIT 类型。

(12) 灵巧 BIT(smart BIT)

应用了人工智能技术的 BIT。

(13) 被测单元(Unit Under Test,UUT)

被测试的系统、分系统、设备、组件、部件等。

(14) 自动测试设备(Automatic Test Equipment,ATE)

自动进行功能和/或参数测试、评价性能下降程度或隔离故障的设备。

(15) 外部测试设备(External Test Equipment,ETE)

在机械上与被测单元分开的测试设备。

(16) 测试点(Test Point,TP)

UUT 中用于测量或注入信号的电气连接点。

(17) 故障检测(Fault Detection,FD)

发现故障存在的过程。

(18) 故障预测(Fault Prognostics,FP)

收集分析产品的运行状态数据并预测故障何时发生的过程。

(19) 故障隔离(Fault Isolation,FI)

把故障定位到实施修理所要更换的产品组成单元的过程。

(20) 故障定位(fault localization)

在已知有故障的情况下,确定发生故障的大致部位的过程,没有故障隔离那么准确。

(21) 模糊组(ambiguity group)

具有相同或类似的故障特征,在故障隔离中不能分清故障真实部位的一组可更换单元,其中每个可更换单元都可能有故障。

(22) 模糊度(ambiguity group size)

模糊组中包含的可更换单元数。

(23) 虚警(False Alarm,FA)

BIT 或其他监测电路指示有故障而实际不存在故障的情况。

(24) 不能复现(Cannot Duplicate,CND)

由 BIT 或其他监测电路指示的故障,在基层级维修时得不到证实的现象。

(25) 重测合格(Retest Okay,RTOK)

在某维修级别测试中识别出有故障的 UUT,在更高级维修级别测试时却是合格的现象。

(26) 测试程序集(Test Program Set,TPS)

启动 UUT 执行一给定测试所需的测试程序、接口装置、测试程序说明文件和辅助数据的组合。

(27) 兼容性(compatibility)

UUT 在功能、电气和机械上与期望的 ATE 接口配合的一种设计特性。

(28) 现场可更换单元(Line Replaceable Unit,LRU)

在工作现场(基层级维修)从系统或设备上拆卸并更换的单元。

同义词:外场可更换单元、武器可更换组件。

(29) 车间可更换单元(Shop Replaceable Unit,SRU)

在维修车间(中继级)从 LRU 上拆卸并更换的单元。

同义词:车间可更换组件、内场可更换单元。

(30) 诊断(diagnostics)

采用硬件、软件或者其他规定的手段确定是否为故障以及隔离故障的原因,也称为检测和隔离故障的活动。

(31) 诊断能力(diagnostic capability)

系统利用自动化和人工测试、维修辅助、技术信息、人员与培训等进行检测与隔离故障的能力。

(32) 诊断要素(diagnostic element)

用于故障诊断的自动和人工测试方法、维修辅助信息、技术资料、人员和培训等,是构成诊断能力的一部分。

(33) 诊断方案(diagnostic concept)

对系统或设备进行诊断的范围、功能和运用的初步安排。

(34) 诊断需求(diagnostic needs)

基于装备使用需求、约束或者需要诊断的功能等可以组合形成诊断要求的因素,包括执行诊断的时机。

(35) 综合诊断(inegrated diagnostics)

通过考虑与综合全部有关诊断要素,使系统的诊断能力达到最佳的设计和管理过程。这个过程包括确定设计、工程活动、测试性、可靠性、维修性、人机工程和保障性分析之间的接口。其目标是以最少的费用、最有效地检测,隔离系统和设备内已知和预期发生的所有故障,以满足系统任务要求。

(36) 百分百诊断(100 percent diagnostics)

所有的故障都能检测和隔离。

(37) 维修辅助信息(maintenance aid)

给维修技术人员提供帮助的信息,包括简便的维修操作方法、出版物或指南等。它可以提供判断故障的历史信息、故障查找逻辑、发现和修复故障的程序等。

(38) 诊断测试(diagnostic test)

为确定 UUT 发生了故障和隔离故障所进行的测试。

(39) 自测试(self test)

由产品本身进行的检查,其是否在容限内工作的一个或一系列测试。

(40) 性能监测(performance monitoring)

在不中断系统工作的情况下,对选定性能参数进行连续或周期性的观测,以确定系统是否在规定的极限范围内工作的过程。

(41) 通过/不通过测试(GO/NO GO Test)

为判定系统可否正常工作的测试。其中,GO 表示工作正常,NO GO 表示工作不正常。

(42) 环绕测试(wrap - around test)

借助 UUT 内转换网络或自检适配器,把输出端连接到输入端来完成的测试。

(43) 功能测试(functional test)

确定UUT功能是否正常的测试。测试的工作环境(如激励和负载)可以是实际的也可以是模拟的。

(44) 联机测试(on-line testing)

在UUT正常工作环境下对其进行的测试。

同义词:在线测试。

(45) 脱机测试(off-line testing)

在UUT脱离产品正常工作环境下对其进行的测试。

同义词:离线测试。

(46) 测试可控性(test controllability)

确定或描述系统和设备有关信号可被控制程度的一种设计特性。

(47) 测试可观测性(test observability)

确定或描述系统和设备有关信号可被观测程度的一种设计特性。

(48) 测试适配器(test adapter)

在UUT和测试设备之间提供电子、电气和机械上兼容的一个或一系列装置,可以包括测试设备中不具备的适当激励和负载。

(49) 故障(fault)

产品不能执行规定功能的状态。

(50) 故障注入(fault insertion)

为了验证BIT、测试程序集(TPS)及ATE功能,在UUT中引入实际故障或模拟故障的过程。

(51) 故障特征(fault signature)

识别故障的一组特有的参量或征兆。

(52) 故障字典(fault dictionary)

包括产品的每一个故障及相应故障特征的表格。

(53) 相关性矩阵(dependency matrix)

反映某一给定系统结构中单元和测试相互关联的布尔矩阵。

(54) 测试要求文件(Test Requirements Document,TRD)

包括对UUT的性能特征要求和接口要求,以及规定的测试条件、激励值和相关响应的规范文件,用于:指明工作正常的UUT;检测和指明所有故障及超差的状态;按确定的维修方案把每个故障或超差状态隔离到约定的产品层次和模糊度;调整和校准。

(55) 测试有效性(test effectiveness)

综合考虑硬件设计、机内测试设计、测试设备设计和TPS设计的一种度量。测试有效性度量主要包括故障检测率、故障隔离率、故障检测时间、故障隔离时间和虚警率等。

(56) 健康管理(Health Management,HM)

泛指与系统状态监测、故障诊断/预测、故障处理、综合评价、维修保障决策等相关的过程。

(57) 状态指示器(condition indicator)

一种针对可检测现象的度量,可以给出与退化或者故障有关的物理特性变化。

(58) 健康指示器(health indicator)

根据一个或者多个状态指示器形成的对维修活动需求的指示。

(59) 趋势分析(trending)

利用参数化数据和反向时间尺度检测历史数据或者未来数据中的偏差。

(60) 人工智能(Artificial Intelligence,AI)

利用自动化机器学习模拟智能和进化原理的研究领域。

(61) 故障隔离手册(fault isolation manual)

向操作人员提供推荐的维护程序以确定故障及根本原因的受控手册。

(62) 无故障发现(No Fault Found,NFF)

报告的问题单元在后续的专业检查测试中没有发现问题,也称为无问题发现。

习　题

1. 什么是故障？故障有哪些分类？不同类型故障对故障检测与预测设计有何影响？

2. 什么是测试性？测试性的不同定义有何差别？

3. 测试性与测试、故障诊断、综合诊断、PHM 有何关系？

4. 简述国内外的测试性技术发展过程。

5. 基于测试性设计目标,谈谈对测试性用途的理解。

6. 某产品采用 BIT 进行故障诊断,经统计在外场工作 1 000 h 中,确认发生故障 100 次,BIT 告警 102 次,其中,正确故障告警 98 次。试计算 BIT 的故障检测率、虚警率和平均虚警间隔时间。

7. 某产品的 BIT 给出了 100 次正确故障告警,其中,报告 A 单元故障 25 次,B 单元故障 30 次,C 单元故障 30 次,A、B 单元模糊组故障 5 次,A、C 单元模糊组故障 3 次,B、C 单元模糊组故障 3 次,A、B、C 单元模糊组故障 4 次。试计算各模糊度下的故障隔离率。

8. 推导证明故障检测率的两个计算公式的一致性。

第 2 章　诊断方案与测试性要求

2.1　概　述

2.1.1　诊断方案与测试性要求的关系

诊断方案是对系统或者设备诊断的总体构想，它主要包括诊断对象、范围、功能、要求、方法、维修级别、诊断要素和诊断能力。诊断方案明确了系统或设备的 BIT、性能监测、中央测试系统、测试信息传输等，以及每个维修级别的人工和自动测试、提交的技术资料、人员技能等级和训练方案的各种组合。诊断方案的制定始于论证阶段，在方案阶段得到进一步细化，并在后续研制阶段分配、分解为系统组成部分的诊断方案。

测试性要求是指对产品提出的测试性定性与定量要求。提出和确定测试性定性与定量要求是获得装备良好测试性的第一步，只有提出和确定了测试性要求，才有可能使测试性与作战性能、费用等得到同等对待，才有可能获得测试性良好的装备。因此，订购方必须协调确定测试性要求，并纳入新研制或改型装备的研制总要求中。在研制合同中必须有明确的测试性定性与定量要求。

诊断方案与测试性要求是密切相关的，确定测试性要求的过程应与诊断方案的确定过程协调进行。从论证和方案阶段开始时应确定初步测试性要求，到方案阶段结束时应确定出可列入设计规范中的详细具体的测试性要求。性能监控、故障检测与隔离能力是通过 BIT、ATE、人工测试、维修辅助手段等来实现的。所以在确定各级维修诊断能力的同时，还应考虑用哪些诊断要素来达到要求的诊断能力，即提出可行的初步诊断方案作为进一步优选最佳方案的基础。

2.1.2　确定诊断方案与测试性要求的总体流程

确定诊断方案和测试性要求的工作过程如图 2-1 所示。

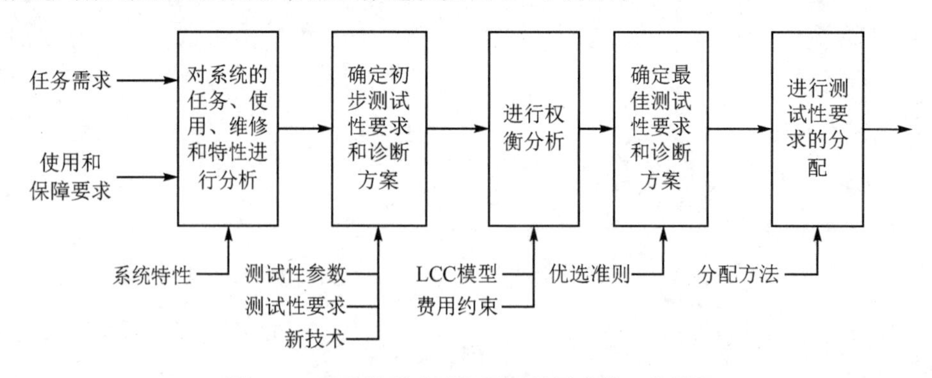

图 2-1　确定诊断方案和测试性要求的工作过程

确定测试性要求的依据是装备的任务需求、系统特性、使用和保障要求。应收集与这些依据有关的资料，进行充分分析，并识别出与测试性和诊断相关的因素及可用的诊断新技术，以便提出恰当的测试性定性与定量要求。

当考虑研制周期时，诊断方案与测试性要求的确定流程如图2-2所示。在论证立项阶段，进行装备级诊断需求分析，确定装备级的诊断需求，权衡诊断要素并确定多种备选诊断方案，进行诊断能力与经济性权衡，优选确定装备级诊断方案和测试性要求；在方案阶段，进一步分配、分解、细化和权衡优选分析，确定装备内外的功能系统级诊断方案和测试性要求；在工程研制阶段，再进一步分配、分解、细化和权衡优选分析，确定设备级诊断方案和测试性要求。如果不存在备选诊断方案权衡优选，可以直接将诊断需求转化整合为诊断方案和相应的测试性要求，并分配、分解、细化得到系统和设备的诊断方案和测试性要求。

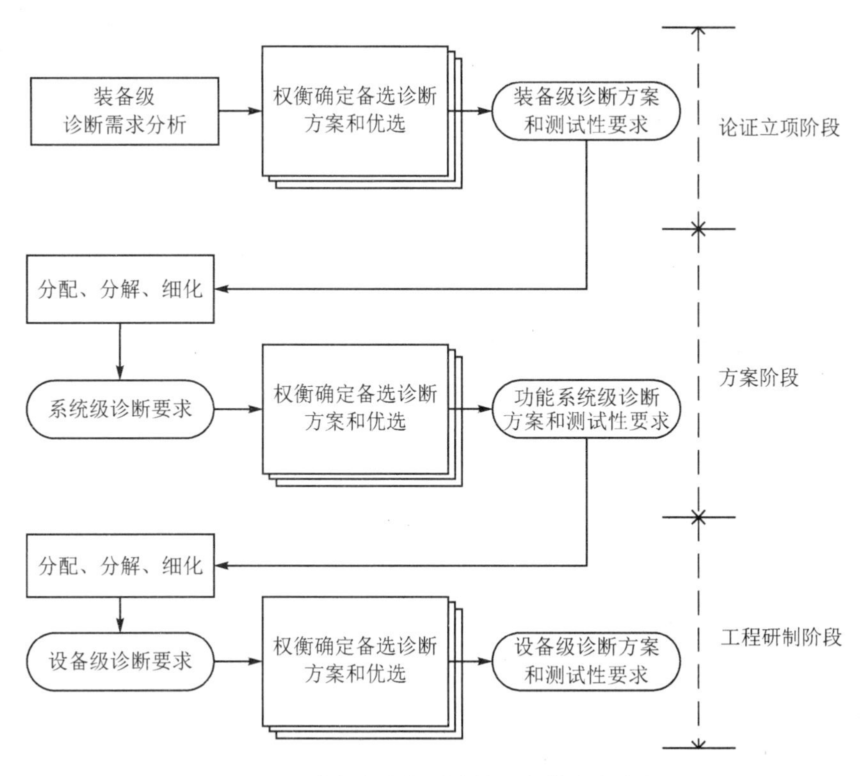

图2-2　诊断方案与测试性要求的确定流程

2.2　诊断需求分析

诊断需求来源于装备的任务要求、系统特性、使用和保障要求。应收集与这些依据有关的资料，然后进行充分分析，并识别出与测试性和诊断相关的因素以及可用的诊断新技术，以便提出恰当的诊断方案和测试性要求。

2.2.1　诊断需求分析的输入

2.2.1.1　任务要求

与装备任务要求有关的特征参量有：任务成功概率、可用性、利用率、总数量、检修周转时间、机动性、安全性、警戒状态、部署、重量、修理方案、人员、培训和费用等。

表明装备任务特征的度量参数是确定诊断需求的首要依据。需要收集与分析的有关任务的资料有：

- 任务情景定义(按关键程度排序)；
- 任务率/持续时间；
- 任务的执行方式(连续或间断的)；
- 任务各阶段；
- 每一任务阶段的时间和使用约束条件；
- 分系统功能在每一任务阶段的使用要求(可靠性或安全性如何)；
- 故障对人员安全的影响；
- 故障对每一任务阶段任务成功的影响。

通过任务要求分析，要确定的诊断需求有：每一任务阶段的每种功能故障的潜伏时间、性能监测要求。故障潜伏时间是从故障发生到给出故障指示所经历的时间，最大允许故障潜伏时间是在保证安全和任务条件下故障潜伏时间的最大允许值。例如，若火控系统发生故障，而且已处于影响任务完成的紧急状态，那么允许的故障潜伏时间将是非常短的，或许要用微秒或毫秒来表示。故障检测时间要求要考虑这种故障潜伏时间要求，从而要求BIT能够提供并行的或连续的性能监控。当需要容错时，可以通过余度设计来保证。当然，要分析火控系统每一任务段各功能的时间特性是相当复杂的，若再考虑操作异常和间歇故障就更复杂了。但装备任务要求分析是确定机内性能监控、故障检测与隔离要求和BIT设计的基础，应努力分析清楚。

2.2.1.2 装备构成特性

装备的配置和构成代表着装备的性能和特性，分析其技术状态项目在限定任务时间内的特性和工作状态，便可使任务要求直接与技术状态项目特性联系起来，从而依据功能或性能确定故障检测与隔离要求。在进行此项分析时，任务可靠性预计报告、任务和任务能力与时间相关性图形是有用的资料。所以应对装备构成与特性、在各时间阶段的任务要求、各技术状态项目工作状况进行评估。装备在功能和结构上的划分、相互连接情况、技术状态项目备选方案的资料等，是诊断需求和测试性要求分析的输入。应收集和分析的主系统的有关资料如下：

- 工作分解结构；
- 订购方供应的设备、现成设备和非研制项目清单；
- 装备构成备选方案；
- 初始的故障预计和特性；
- 容错或冗余功能；
- 要利用的技术(如已知)；
- 集中或分散(独立)程度。

根据以上资料的分析，识别应用高水平诊断措施的可能性。它包括测试与维修总线的加入，容错设计协调、系统级诊断资源(如数据采集与收集分系统、机内自适应诊断分系统、标准的诊断技术方法和接口的使用等)。

2.2.1.3 使用和保障要求

装备的使用要求与要选用的诊断要素密切相关，在确定测试性要求和诊断需求时，应收集和分析的有关装备的使用和保障约束条件如下：

- 装备与保障设备所处的环境条件(温度、雨量、污物、盐雾等)；
- 使用的位置(集中、分散、遥控、可达或不可达)；
- 对人员和(或)测试设备的空间限制；
- 连续长时间使用还是短时间使用(长时间储存)；
- 独立使用或是作为作战群体的一部分使用；
- 维修设施是可动的或固定的；
- 人力约束条件(数量和技术水平)；
- 修理级别分析，标准化要求；
- 维修时间要求和规定的测试设备。

分析评价以上这些与使用和保障有关的约束条件，在确定诊断方案和测试性要求时做出响应。装备设计和保障性分析必须考虑这些约束条件，它们也是确定利用机内或是机外测试资源的依据。

2.2.1.4　可利用的新技术

确定应用先进诊断技术的机遇或必要性，除考虑装备的构成和性能以外，还要考虑如下几方面：

- 基线参照装备诊断要求的决定因素，保障性问题和要改进的目标；
- 在系统中采用的软/硬件和测试诊断的先进设计技术情况；
- 先前设计未赋予的，现在要增加到系统中的新的使用能力的需求。

在新系统中可能应用的先进诊断技术包括：

- 逻辑推理故障诊断技术；
- 基于机器学习算法的人工智能故障诊断技术；
- 灵巧 BIT 和智能 BIT；
- 健康监测与评估技术；
- 故障预测技术；
- 先进的芯片技术；
- 先进的测试技术等。

确定可否应用这些先进诊断技术时，必须考虑前面所述的约束条件，来评价其可行性和费用。

2.2.1.5　其他重要影响因素

1. 维修体制的变化

随着技术的发展，装备的维修体制也发生着变化。以军用飞机为例，第三代诊断战斗机采用传统的三级维修体制，如下：

- 基层级(O 级)：对装备和系统进行诊断，将故障隔离到 LRU；
- 中继级(I 级)：对 LRU 进行诊断，将故障隔离到 SRU；
- 基地级(D 级)：对 SRU 进行诊断，将故障隔离到功能模块或元器件组。

第四代战斗机采用两级维修体制，如下：

- 基层级(O 级)：对装备和系统进行诊断，将故障隔离到 LRM；

- 基地级(D级):对LRM进行诊断,将故障隔离到功能模块或元器件组。

这种维修体制的变化导致诊断方案的组成以及相应的测试性要求发生变化。例如,三级维修的诊断方案的外部诊断需要考虑3种情况,相应的测试性要求也要对应有3种形式,而两级维修的诊断方案的外部诊断只需要考虑两种情况,相应的测试性要求也只要对应有两种形式。

2. 综合诊断的影响

综合诊断是指通过考虑和综合测试性、自动和人工测试、维修辅助手段、技术信息、人员和培训等构成诊断能力的所有要素,使武器装备的诊断效能达到最佳的一种结构化过程,是实现经济有效地检测和无模糊隔离武器系统及设备中所有已知的或可能发生的故障以满足武器系统任务要求的手段。

综合诊断不仅对构成诊断方案的要素进行了进一步明确,而且更强调了诊断要素之间的协同和配合。综合诊断的提出导致诊断方案和测试性要求需考虑各组成要素之间的协同配合,同时强调采用统一的诊断信息模型作为要素协同的重要手段之一。

3. 故障预测与健康管理(PHM)的影响

PHM是利用尽可能少的传感器采集系统的各种数据信息,借助各种人工智能(AI)推理机(如专家系统、神经网络、数据融合、物理模型、模糊逻辑和遗传算法等)来诊断系统自身的健康状态,在系统故障发生前对其故障进行预测,并结合各种可利用的资源信息提供一系列的维修保障措施以实现系统的视情维修。PHM技术作为实现武器装备基于状态的维修(CBM)、自主式保障、感知与响应后勤等新思想、新方案的关键技术,受到美、英等国的高度重视和推广应用。PHM系统正在成为新一代的飞机、舰船和车辆等系统设计和使用中的一个重要组成部分。

PHM的应用对诊断系统提出了进一步的新需求,主要体现在故障预测方面和健康管理方面。故障预测是指收集分析产品的运行状态数据并预测故障何时发生的过程。通过故障预测,可以得到产品内部件的最佳更换时间或剩余寿命,以便在故障发生之前进行更换。健康管理是指根据诊断/预测信息、可用的资源和运行要求,对维修和后勤活动进行智能的、有信息的、适当的决策。

为了支持开展PHM设计工作,在诊断方案和测试性要求中应考虑预测功能、维修决策等相关要素和要求。

2.2.2 诊断需求分析的内容

2.2.2.1 诊断时机/事件分析

故障诊断提供的状态信息可以支持多种决策,例如决定要更换的部件或者任务能否安全执行。应考虑所有任务、安全和维修需求来确定需要开展故障诊断的时机或者应提供的诊断事件,典型考虑因素如表2-1所列,典型诊断事件示例见图2-3。

2.2.2.2 诊断范围分析

诊断范围是指应对哪些功能(例如目标探测、通信、导航、货运等)进行诊断,以提供决策所需的诊断信息。尤其要明确任务与安全性关键功能的监测需求,还要考虑功能设计中隐含的诊断需求,如针对休眠产品的周期功能测试需求等。

表 2-1　诊断时机/事件示例

因素类型	诊断时机/事件示例
任务	任务/使用前——飞行前检查； 任务启动期间——飞行员启动自检； 任务持续期间——飞行中飞控监测； 任务恢复期间——飞行中重构或者余度管理
安全	任务/使用前 ——安全关键产品飞行前检查； 任务启动期间——安全关键功能的飞行员启动自检； 任务持续期间——安全关键功能的飞行中监测； 任务恢复期间——安全关键功能的飞行中重构或者余度管理
维修	任务/使用前——维修性飞行前检查； 任务/使用后——飞行后检查； 计划性检查 ——周期检查； 恢复系统功能——基层级故障排查； 恢复成品功能——中继级和基地级故障排查

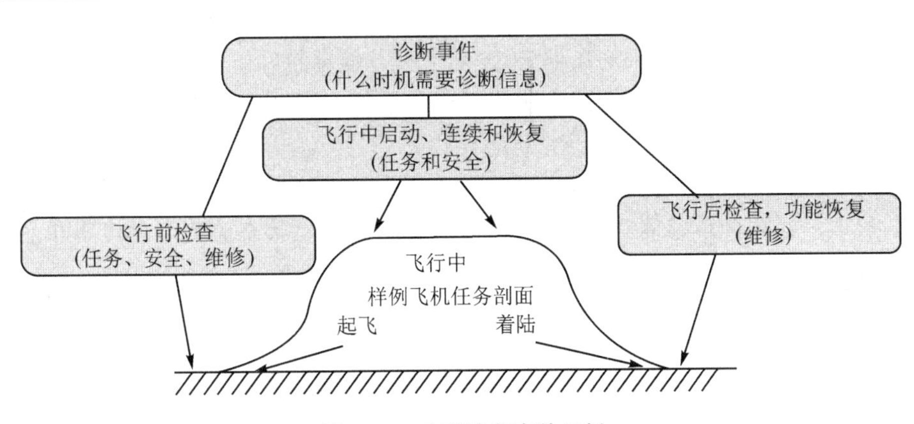

图 2-3　典型诊断事件示例

伴随着功能的分解细化，功能诊断需求也应该分解细化，直至物理系统和设备。在确定功能诊断需求时，同步确定诊断信息与操作人员、维修人员的交互方式。

2.2.2.3　诊断架构分析

根据装备任务要求、构成特性、使用保障要求和新技术成熟度，在诊断时机和诊断范围的基础上，分析确定装备的诊断架构。诊断架构包括装备内外部诊断信息管理系统的基本架构组成、形式和接口等内容。

2.2.2.4　诊断功能和性能分析

在诊断架构的基础上，进一步细化确定应该具备的诊断功能。备选的诊断功能如下：

- 状态/性能监测；
- 故障检测；
- 故障预测；
- 故障隔离；

- 增强诊断;
- 重构与校准支持;
- 故障报告与信息管理。

针对选用的诊断功能,分析确定初步的性能要求,如故障检测率、故障隔离率、虚警率、诊断时间、预测精度等。

2.3 制定诊断方案

2.3.1 诊断方案的组成要素

对系统、设备或被测单元(UUT)进行故障诊断,通常采用嵌入式诊断和外部诊断来提供完全的故障检测与隔离能力。所以,任何诊断方案的组成都少不了这两种诊断方法,只是以哪种诊断为主,哪种诊断为辅,以及用什么设备和检测方法来实现的问题。在 BIT、自动测试、人工测试或远程诊断时,无论对哪一级产品来说,都需要一定的硬件、软件和(或)设备,另外还需要支持统一的信息模型,这些就是组成诊断方案的要素,如图 2-4 所示。对于一个特定的系统或设备来说,通过比较分析,按需选用其中一部分或大部分或全部要素构成自己的诊断方案。在满足故障检测与隔离要求的条件下,诊断方案越简单越好。

嵌入式诊断是在装备内部实现的自动化测试与故障诊断,包括状态监测装置、BIT 和嵌入式诊断信息管理器,具体如下:

状态监测装置是实现状态监测和性能监测的功能子模块,包括电子产品中的测试点信号采集电路、机电产品中的传感器等,多用于装备的底层单元。状态监测装置可以单独工作,也可以用于为 BIT 提供监测信号输入,或者为外部诊断提供支持。

BIT 是指系统或设备内部提供的检测和隔离故障的自动测试能力。根据 BIT 应用规模大小的不同,可以将 BIT 的实现形式进一步分为机内测试设备(BITE)和机内测试系统(BITS)。BIT 能在 UUT 工作期间周期地或连续地监测其运行状态,及时发现故障并报警。这是传统的外部测试设备(ETE)不能做到的。精心设计的 BIT 可以大大降低对维修技术人员技术水平的要求,可把发生故障的 UUT 集中送到中继级或基地级维修。BIT 的组成要素还可以进一步划分为测试点/传感器、BIT 硬件电路、BIT 软件和计算机、机内总线接口、BIT 信息存储和记录装置、故障信息显示和报警装置。

嵌入式诊断信息管理器提供状态监测数据和 BIT 诊断数据的收集、存储、报告及对外通信功能。嵌入式诊断信息管理器通常在装备内部的高层实现,包括支持数据存储和处理的专用或者共用计算机、数据收集和通信的专用或者共用接口控制、数据报告的专用或者共用显控装置,以及数据存储和管理软件等。嵌入式诊断信息管理器还可以扩展实现数据挖掘、趋势分析或者增强诊断,以实现故障状态的检测、预测、隔离、重构支持、维修支持、校准支持、资源管理等功能。

外部诊断是指在系统外部通过测试仪器、工具和设备进行的测试与故障诊断,包括外部自动测试、人工测试、远程诊断和外部诊断信息管理系统,具体如下:

外部自动测试的组成要素包括测试点/传感器、检测插头插座/对外总线接口、测试程序集(TPS)、通用 ATE 平台、专用/便携式测试设备等。外部自动测试通常是借助自动测试设备

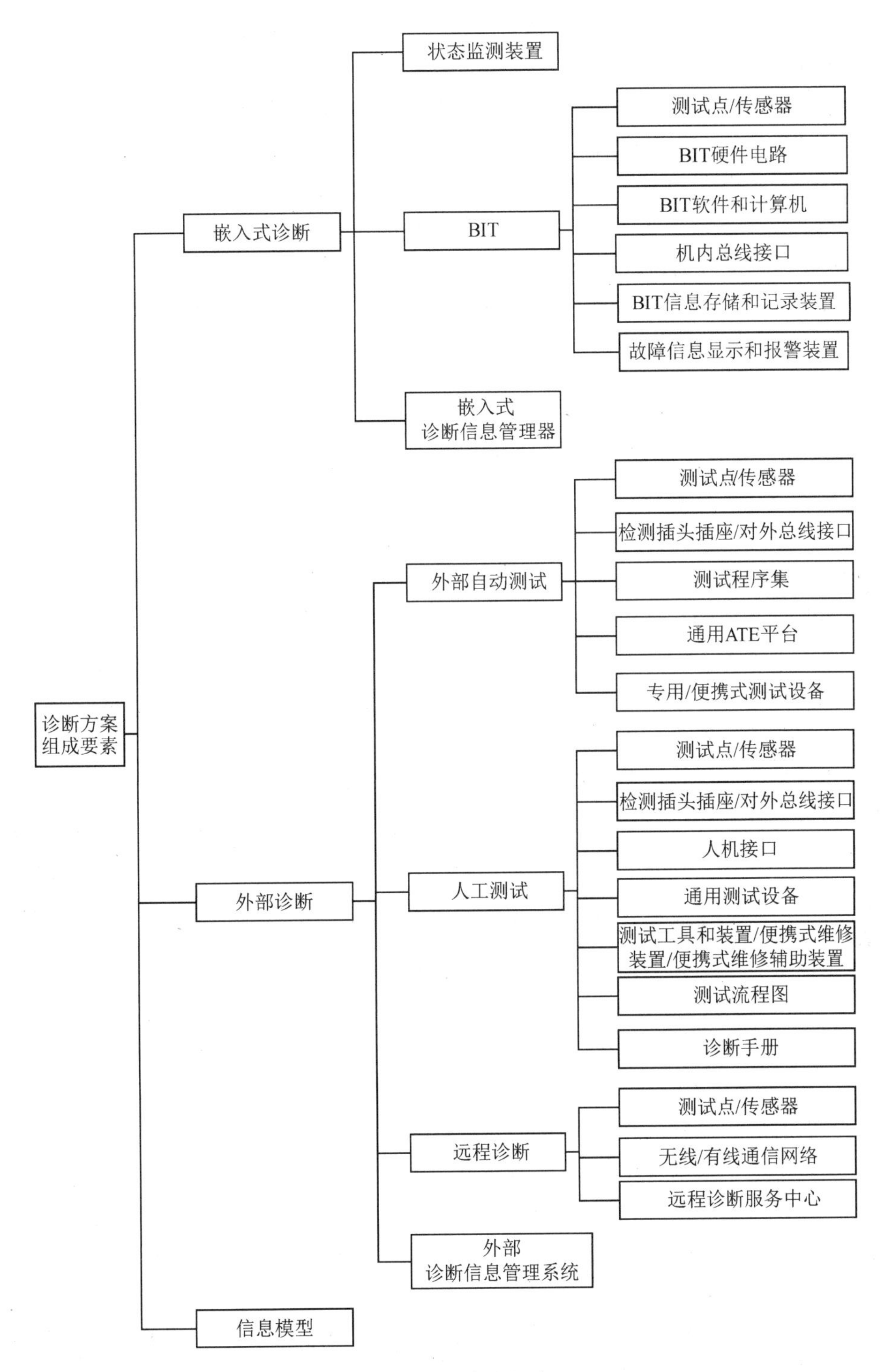

图 2－4　诊断方案组成要素

(ATE)完成的。ATE 是用于自动完成对 UUT 故障诊断、功能参数分析，以及评价性能下降的测试设备，通常是在计算机控制下完成分析评价并给出判断结果，使人员的介入减到最少。ATE 与 UUT 是分离的，主要是在中继级和基地级维修使用，把 UUT 送到有 ATE 之处，或者把ATE送到UUT集中维修的地方。设计良好的ATE可以用于故障诊断和性能评价,缩短维修时间,减少维修人员数量,从而增加系统可用性。实现ATE故障诊断的关键之一是测试程序集,包括在ATE上启动并对UUT进行测试所需要的测试程序、接口装置、操作顺序和指令等软/硬件及说明资料。

人工测试是指以维修人员为主进行的故障诊断测试,组成要素包括测试点/传感器、检测插头插座/对外总线接口、人机接口、通用测试设备、测试工具和装置/便携式维修装置(PMD)/便携式维修辅助装置(PMA)、测试流程图和诊断手册等。在进行人工测试时,只靠人的视觉和感觉器官来了解UUT状态信息是不够的,需要借用一些简单通用的仪器设备和工具,如测量电参数的电压/电流表、数字万用表,测量温度、压力、应力、振动等物理参数的传感器和测量设备等。对于较复杂的UUT,仅靠人的经验来决定检测顺序和步骤也是不够的,需要事先设计测试流程图或诊断手册等,按照规定的故障查找路径才能迅速地找出故障部件。当然,人工测试比自动测试费时费事,维修时间长,影响系统可用性。但是,BIT和ATE往往不能达到百分之百的故障检测与隔离能力,经常有些难于实现自动检测的故障模式或部件,需要人工测试。

远程诊断是指利用无线通信和现代网络技术在系统一定距离之外通过自动化或者人工交互进行的测试和故障诊断,其组成要素包括:测试点/传感器、无线/有线通信网络、远程诊断服务中心等。随着电子设备向大型化、自动化、智能化和复杂化发展,其故障诊断变得十分复杂,只利用现场的ATE和人工测试有一定的局限性,远程诊断可以整合更多可利用的诊断资源以增强其故障诊断能力。例如:可以利用嵌入式计算机、无线通信、网络通信以及数据库等技术建立装备远程故障诊断系统,用以实施监测其运行状况,并与远程诊断服务中心保持无线通信或网络通信连接,对其进行远程诊断技术支持。

外部诊断信息管理系统是位于装备之外的诊断信息管理系统,其基本功能与嵌入式诊断信息管理器相同,实现数据收集、存储和管理。此外,外部诊断信息管理系统还可以提供与嵌入式诊断信息融合管理器类似的功能,实现信息融合、增强诊断、预测、维修决策与健康管理。

信息模型是一种在系统测试和诊断领域内使用的严格、正规的信息规范。基于该信息模型,诊断信息可以由参与系统测试和诊断过程的所有人员共享。信息模型强调了诊断数据应该是什么样子。例如,一个BIT代码若没有支持信息是没有用的。诊断需要了解BIT代码代表的是什么(如故障的特性)和该BIT代码是由系统中哪个部件产生的,以及故障发生的时间或系统的状态等。这些信息视为诊断数据。

对于传统的三级维修体制,其组成诊断方案的典型要素示例如图2-5所示,大部分的飞机均采用这样的维修体制和相应的诊断要素。

2.3.2　权衡确定备选诊断方案

在诊断需求分析的基础上,进行诊断要素的权衡,确定备选诊断方案。典型的定性权衡分析包括:BIT与ETE/ATE的权衡,BIT模式的权衡,人工测试设备和ATE的权衡等。

2.3.2.1　BIT与ETE/ATE的权衡

1. BIT/BITE的特点

BIT/BITE主要用于系统或设备的初始故障检测,并可把故障隔离到设备的可更换单元。其最主要的优点是,能在执行任务环境中运行,因而可以实时对系统进行监控,具体特点有:

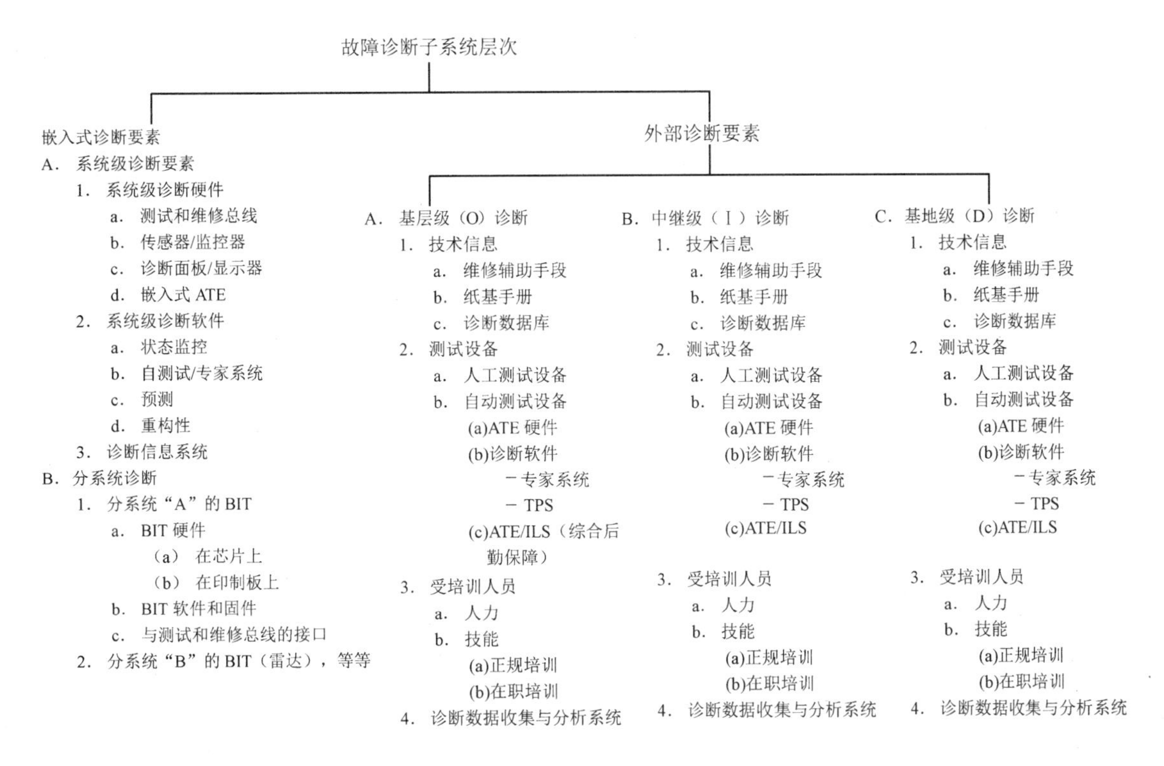

图 2－5　三级维修体制的组成诊断方案的典型要素

- 在系统工作的同时进行性能监控、故障指示和报警，减轻操作者负担；
- 能提供专门机内测试，如参与余度管理和失效预测等；
- 可存储、记录故障信息，迅速隔离故障，减轻维修人员负担；
- 减少在维修车间测试时间和测试设备的需求；
- 减少 UUT 与 ETE 之间接口装置的需求，减少与 ETE、接口装置有关的条例指令等的需求；
- 降低对维修人员技术水平的要求；
- 减少人工排故时的盲目拆换次数；
- 避免人工测试引起的失效；
- 减少系统总的 LCC；
- BITE 总要有故障和虚警，这会降低系统基本可靠性，并造成无效维修活动；
- 增加系统的重量、体积和功耗。

2. ETE/ATE 的特点

ETE/ATE 与 BIT 相比，可以提供更详细、更精确的测试能力，其主要用于系统内可更换单元（或配置项目）的故障检测，并能够将故障隔离到 UUT 内组件。ETE/ATE 的主要特点如下：

- 与 BIT 相比，具有更强的故障检测与隔离能力，可以对 LRU 和 SRU 进行测试；
- 增强了测量参数和输入激励信号的能力，可以更准确地判断 UUT 性能和检测 BIT 不能检测的故障；
- 允许对间歇故障进行更好地隔离；
- 可判断 BIT 虚警的原因；

- 与 BIT 相比,减少了系统(BITE)的初期硬件费用;
- 有可能选用已有测试设备,节省研制费;
- 不占用系统的重量、体积和功率;
- 不降低系统的可靠性;
- ETE 不能在机载系统或设备执行任务时进行测试,因而也就不具有实时监控性能;
- 增加了地面测试设备和有关的后勤保障需求。

3. 是选用 BIT 还是选用 ETE/ATE

要解决此问题,首先要识别在线测试的要求是什么,离线测试的要求是什么,然后结合 BIT 和 ETE/ATE 的特性,以及费用、进度、对系统设计的影响等因素进行综合分析。

(1) 识别在线测试需求

从分析原系统特性和任务要求入手,来决定在线监控要求。一般可以从以下几方面来分析:

- 重要的系统性能监控和显示;
- 冗余装置的功能和系统配置(如各通道和电源装置的状态等)的监控及显示;
- 重要外界环境因素(如损伤控制、电磁干扰、安全要素等)的监控;
- 从维修观点来看,如果可能的话,还要求具有飞行中检测和存储记录故障信息的功能。

这些都是需要由 BIT 或机上测试系统来完成的。从使用和维修的观点来看,在线监控和检测是最希望有的工作模式。需要考虑的因素是费用、对系统设计的影响和使用要求。

(2) 识别离线测试要求

离线测试要求将极大地依赖于规定的维修等级、地点和条件。在基层级维修中,为保障使用要求,在 BIT 不能完成必需的功能检验、故障检测与隔离要求时,就需要用 ATE 来完成。在中继级和基地修理厂级的维修测试中,将主要依赖 ATE 进行。

BIT 与 ATE 的区别在于:BIT 装入被测系统或分系统内部,二者成为一个整体;ATE 则不然,它必须运到测试产品处,或把测试产品运到 ATE 处。在 BIT 和 ATE 之间做出抉择时必须考虑如下因素:

- 维修人员的技能水平。一般来说,使用 ATE 的维修人员需要具有较高的技能水平,因为通常检测并不是简单的“通过”或“不通过”,维修人员必须会操作 ATE、使用选择的激励,可能还要会解释读出值。
- 物理因素。要使被测设备的重量和尺寸达到最小,必须使用 ATE,此点对机载系统更为重要。如果被测设备的可达性有限,则应考虑选用 BIT。
- 维修性和可靠性。在决策过程中必须考虑系统的这些属性,BIT 可能使已经相当复杂的系统再增加零件,这样就降低了整个系统的可靠性。既然系统中出现了 BIT,它就可能会增加系统的维修负担,也就是说,系统需停机接受 BIT 维修,这就降低了系统的可用性。另外,由于专用的 BIT 比多用途的 ATE 简单,因此,BIT 需要较少的维修,而且更加可靠。
- 后勤。大量使用专用的和通用的 BIT 将增加所需维修零件的数量,同时也增加了对使用和维修手册的需求,而把许多功能综合起来的集中式 ATE 将减少这部分的后勤负担。
- 应用次数。如果需要不断地进行测试以确定系统的战备完好率和状态,尤其是需要联机进行测试的,BIT 可能是最佳选择。ATE 存在不能立即可用、需要搬动和要求连接装置等缺陷,可能降低战备完好性。

- 费用。费用在 BIT 与 ATE 的任何权衡研究中都是一个需要考虑的因素。一般来说,专用诊断采用 BIT、通用诊断采用 ATE 将更有经济效益。

2.3.2.2 BIT 模式的权衡

在 BIT 设计中,通常有多种 BIT 工作模式和实现方法都可达到规定的 BIT 能力。要根据原系统特性和维修测试要求,进行比较分析,选出较好的 BIT 方案。需要权衡的问题有:

(1) 被动式 BIT 和主动式 BIT

被动式 BIT 适用于飞行中的性能监控,这种 BIT 是连续的或周期性的检测,也称为连续或周期 BIT。主动式 BIT 需要加入设定的激励信号后才能实施检测,有更强的检测能力,适用于启动时或维修时的检测。

(2) 集中式 BIT 和分布式 BIT

集中式 BIT 是指除信号采集以外的 BIT 功能(如信号处理、判别、诊断、显示、记录等)都集中在一处完成的 BIT 布局形式。它适合于大的系统,或多个较小的系统/设备联合测试的场合。分布式 BIT 是指各系统或设备各自完成自己的 BIT 功能。它适合于单个设备或各设备相互间联系比较少的情况。经验表明,集中式与分布式结合使用更为经济。

(3) 软件 BIT、微诊断程序和硬件 BIT

是否需要使用软件 BIT、微诊断程序和硬件 BIT,主要取决于系统特性。数字系统本身带有计算机,用软件 BIT 或微诊断程序比较方便。而模拟电路、机电系统在实现 BIT 时往往需要必要的电路和传感器,只能使用硬件 BIT。

(4) 设定的 BIT 和灵活的 BIT

在简单的情况下,BIT 电路、门限值、处理程序设计完后是不好改动的,这就给以后的改进(发现设计考虑不周或虚警太多时)造成了困难。所以希望设计的 BIT 是灵活的,便于以后改进。

(5) BIT 电路的检测问题

如果 BIT 电路比较复杂,或者是机上的专用测试设备,都应考虑自检测问题。

(6) BIT 工作模式的比较

BIT 工作模式可以有飞行中监控,即连续或周期 BIT;系统开始工作时的通电自检测,即启动 BIT;飞行后的维修检测,即维修 BIT。这 3 种模式可以根据使用和维修要求结合使用,然后对各 BIT 模式分配不同的故障检测与隔离故障能力。

2.3.2.3 人工测试设备和 ATE 的权衡

一般 BIT 不可能完成各维修等级上的测试功能,那样是很不经济的,所以总是需要外部测试设备。因此,应进行人工测试设备和 ATE 的权衡分析,以便为各级维修确定最佳的人工测试设备与 ATE 的组合,对用于性能检验和维修测试的设备类型做出判断。

① 进行人工测试设备和 ATE 权衡分析时,应以修理级别分析和整个维修方案为基础,考虑:

- 测试的复杂性;
- 功能验证测试时间;
- 故障隔离时间;

- 使用环境;
- 后勤保障要求;
- 操作者和维修人员的技术水平;
- 研制时间和费用。

② 在分析比较判断测试设备(TE)类型时,应考虑的因素有:

- 购买或研制 TE 的费用及对 LCC 的影响;
- 保障 TE 使用所需人员和人员的水平;
- TE 对系统设计改变时的适应性;
- TE 的编程要求和费用;
- 使用 TE 对 UUT 进行故障隔离和修理所需的时间;
- TE 的失效率、维修要求和修理时间;
- TE 满足系统测试要求的能力;
- TE 与 UUT 的接口要求;
- 能否满足原系统的可用性和维修性要求;
- 合同规定的其他有关要求。

③ 自动测试与人工测试的比较。

一般情况下,自动测试可以更快地检测与隔离故障、判断系统的状态,可以降低对维修人员技术水平的要求,但 ATE 的研制费用或购买费用较高。

人工测试用的是通用的、较简单的测试设备,价格相对要低得多,但检测与隔离故障、判断系统状态所需时间比自动测试要长得多,同时要求维修人员有较高的技术水平。

所以,在选用自动测试还是人工测试时要考虑:被测系统或设备测试的复杂性、故障检测与隔离时间(MTTR 组成部分)要求、维修人员技术水平、测试设备费用、被测系统数量和服役年限等因素。

2.3.3 备选诊断方案的费用分析

2.3.3.1 故障诊断子系统费用模型

在 MIL-STD-001591A 中给出的故障诊断系统(FDS)费用模型,考虑了研制、生产与辅助设备费用,以及相关的维修费用,可以用于优选诊断方案时计算所需费用,费用模型具体如下:

$$
\begin{aligned}
\text{FDS(总费用)} = {} & C_{\text{D}}\text{(研制费用)} + \\
& NC_{\text{P}}\text{(生产费用)} + \\
& C_{\text{aux}}\text{(辅助设备费用)} + \\
& ZC_{\text{maux}}\text{(辅助设备维修费用)} + \\
& (1-P_{\text{F}})[N_0\lambda_{\text{PE}}T_0Z(\text{MMH}_{\text{i}}+\text{MMH}_{\text{S}})]C_{\text{MH}}\text{(隔离故障的维修工时费用)} + \\
& P_{\text{F}}(N_0\lambda_{\text{PE}}T_0Z)(\text{MMH}_{\text{RP}}\times C_{\text{MH}})\text{(未隔离故障的维修工时费用)} + \\
& P_0(N_0\lambda_{\text{PE}}T_0Z)C_{\text{FD}}\text{(未检测故障的费用)} + \\
& N_{\text{F}}\lambda_1TZ(C_{\text{IFMA}}+C_{\text{IFMP}}C_{\text{MH}})\text{(FDS 修复性维修费用)} + \\
& \frac{N_{\text{F}}}{T_{\text{PM}}}TZ\,\text{MMH}_{\text{PM}}C_{\text{MH}}\text{(FDS 预防性维修费用)}
\end{aligned}
\tag{2-1}
$$

对上述模型中使用的符号说明如下：

（在下面的术语中，令 LRU_S^* 统一表示 LRU_S、印刷电路板、组合件、分组合件或部分元件。）

① C_D：FDS 的研制费用。

② N：FDS 的单元装置数或生产的 FDS 所包含的单元装置数。

③ C_P：FDS 的单元装置平均生产费用。

④ C_{aux}：支持或完成 FDS 的基本任务所要求的辅助测试或维修设备的总费用。

⑤ C_{maux}：所有辅助测试或维修设备一年的维修费用。

⑥ Z：系统/设备的服役年数（使用寿命）。

⑦ N_0：系统/设备的服役数量。

⑧ T_0：每个系统/设备一年中运行小时数。

⑨ λ_{PE}：系统/设备硬件的总故障率（它等于故障总数与总工作时间之比）。

⑩ P_F：系统/设备（LRU_S^*）的故障，不能用 FDS 隔离的比例。

⑪ MMH_i：由 FDS 隔离/检测故障所需平均维修工时（注：如果故障隔离/检测是完全自动的，则 $MMH_i=0$）。

⑫ MMH_S：当 FDS 识别的 LRU_S^* 包含不只一个 LRU 时，还要求进一步完全隔离所需的平均维修工时。MMH_S 值的估算取决于提供的检修/诊断故障的措施：

● 如果是用任意测试或置换 LRU_S^* 的办法来进行隔离，则

$$MMH_S=\frac{A}{2}MMH_{sa}$$

式中：MMH_{sa}——确定任意给定的 LRU_S^* 是否发生故障所需的维修工时；

A——FDS 隔离 LRU_S^* 的平均数，即模糊度（FDS 隔离是对 LRU 组做出的，A 即为各组中 LRU 个数的平均值）。

● 如果提供了检修故障顺序指南，则 MMH_S 值计算要考虑每一个检修步骤的平均工时，以及每个 LRU_S^* 故障的相对概率和检修顺序。

● 如果 FDS 被设计为隔离唯一的 LRU_S^*，则 $MMH_S=0$。

⑬ C_{MH}：费用/维修工时。

⑭ MMH_{RP}：FDS 不能完成隔离时人工检修隔离一个 LRU^* 所需的平均工时。

⑮ P_0：系统/设备的不可检测故障的比例。

⑯ C_{FD}：确定故障已发生的平均费用。在某些情况下，有的故障虽然不能被 FDS 检测到，但故障的发生是明显的，这时 $C_{FD}=0$。另一种极端情况是：直到造成任务夭折才查出故障，这时 C_{FD}＝任务夭折所造成的平均费用。

⑰ N_F：FDS 的单元装置平均数。

⑱ λ_1：FDS 的故障率。

⑲ T：每年每个 FDS 单元装置的工作小时数。

⑳ C_{IFMA}：每个 FDS 故障的平均费用（材料、备用零件等），不包括直接人力。

㉑ C_{IFMP}：修理 FDS 故障所需的平均工时。

㉒ T_{PM}：FDS 预防维修间隔时间。

㉓ MMH_{PM}：FDS 每次预防维修平均维修工时。

上述模型未考虑虚警率的影响,但FDS的虚警率会影响维修工时和费用,它与具体的FDS设计方案有关。根据过去的经验或工程判断,对每个所考虑的FDS方案的虚警做出估计,并把相关费用计入总费用中。

2.3.3.2　简单费用分析举例

1. 实例一

① 被监控的系统:电源系统。

② 被监控的功能:线接触器操作。

③ BIT所需的输入信号:线接触器位置、电机状态、电机驱动状态。

④ BIT软件需求:将线接触器位置信号与电机及电机驱动信号进行比较的计算机逻辑程序。

⑤ 对飞行员的输出:无。

⑥ 对维修人员的输出:线接触器故障。

⑦ 飞机机群数据:300架飞机,3 000飞行小时/架,机群共计900 000飞行小时。

⑧ BIT硬件需求:

硬件名称	部件			硬件总计	
	数量	重量	费用	重量	费用
电线		10 g	1美元	10 g	1美元

⑨ 每架飞机安装BIT的费用:1小时×20美元/小时=20美元。

⑩ 300架飞机安装BIT的费用:[⑧+⑨]×300=6 300美元。

⑪ BIT的研制费用:

(a) 电子和软件设计耗时:50小时;

(b) 每小时劳动力费用:30美元;

(c) 总计:⑪.(a)×⑪.(b)=1 500美元。

⑫ BIT修理费用:

(a) BIT故障率:0.000 02;

(b) 在机群寿命期BIT的故障数:⑫.(a)×⑦=18;

(c) 对外场级每次故障BIT的修理费用:2小时×20美元/小时=40美元;

(d) 在机群寿命期BIT的修理费用:⑫.(b)×⑫.(c)=720美元。

⑬ BIT费用总计:⑩+⑪.(c)+⑫.(d)=8 520美元。

⑭ BIT效益:

(a) 维修活动频率:0.000 18次/飞行小时;

(b) 采用BIT后节省的维修时间:0.666 6小时;

(c) 机群寿命期内节省的MMH:⑭.(a)×⑭.(b)×⑦=108小时;

(d) 节省的费用:⑭.(c)×20美元/小时=2 160美元;

(e) 地面保障设备的节省:无。

⑮ 结论:BIT所需费用超过BIT效益。

⑯ 建议:系统中无需安装BIT。

2. 实例二

① 被监控的系统:电源系统。

② 被监控的功能：GCU(发电机控制装置)操作。

③ BIT 所需的输入信号：GCU 内部信号。

④ BIT 软件需求：监控部件状态和决定何时显示故障数据的计算机逻辑程序。

⑤ 对飞行员的输出：无。

⑥ 对维修人员的输出：GCU 故障。

⑦ 飞机机群数据：300 架飞机，3 000 飞行小时/架，机群共计 900 000 飞行小时。

⑧ BIT 硬件需求：

	部件				硬件总计	
硬件名称	数量	重量	费用		重量	费用
多路转换器	1	16 g	20 美元		16g	20 美元
电线		6 g	忽略		6g	忽略
				合计	22g	20 美元

⑨ 每架飞机安装 BIT 的费用：2 小时×20 美元/小时＝40 美元。

⑩ 300 架飞机安装 BIT 的费用：[⑧＋⑨]×300＝18 000 美元。

⑪ BIT 的研制费用：

(a) 电子和软件设计耗时：60 小时；

(b) 包装及布线耗时：40 小时；

(c) 每小时劳动力费用：30 美元；

(d) 总计：[⑪.(a)×⑪.(b)]×⑪.(c)＝3 000 美元。

⑫ BIT 修理费用：

(a) BIT 故障率：0.000 02。

(b) 在机群寿命期 BIT 的故障数：⑫.(a)×⑦＝18。

(c) 对每次故障 BIT 的修理费用：

- 外场级：2 小时×20 美元/小时＝40 美元；
- 中间和内场级：(人力及备件)60 美元；
- 两项合计 100 美元。

(d) 在机群寿命期 BIT 的修理费用：⑫.(b)×⑫.(c)＝180 美元。

⑬ BIT 费用总计：⑩＋⑪.(d)＋⑫.(d)＝22 800 美元。

⑭ BIT 效益：

(a) 维修活动频率：0.003 3 次/飞行小时。

(b) 采用 BIT 后节省的维修时间：1.333 3 小时。

(c) 机群寿命期内节省的 MMH：⑭.(a)×⑭.(b)×⑦)＝3 960 小时。

(d) 节省的费用：⑭.(c)×20 美元/小时＝79 200 美元。

(e) 地面保障设备(GSE)节省的费用：18 000 美元(300 架飞机所需的 10 个测试器的费用)。

(f) 飞机保障周期内 GSE 维修：

(Ⅰ) 飞机寿命期：20 年；

(Ⅱ) 维修因子：0.1；

(Ⅲ) GSE 维修费用：⑭.(e)×(Ⅰ)×(Ⅱ)＝36 000 美元。

(g) BIT节省费用总计:⑭.(d)+⑭.(e)+⑭.(f)=133 000美元。

⑮ 结论:BIT效益超过BIT所需费用。

⑯ 建议:系统中应安装BIT。

2.3.4 备选诊断方案的诊断能力分析

对备选诊断方案应进行如下几方面的分析:

- 应实时监测的UUT功能或特性是否都进行了监测;
- UUT各个组成部件或功能是否全部可以检测了;
- UUT的故障是否能够隔离到规定的可更换单元;
- 估计该初步诊断方案的FDR和FIR是多少。

2.3.5 确定最佳诊断方案

最佳诊断方案的选择,应在各备选诊断方案的费用分析和诊断能力分析之后进行。选择最佳诊断方案一般可以根据三项原则,即最少费用、最大诊断能力和最佳效费比。

(1) 最少费用方案

在各候选方案的故障诊断能力满足要求的条件下,计算各个备选方案构成的FDS的有关研制和使用费用,其中费用最少的就是可用的最佳诊断方案。按此原则优选诊断方案需要有关被测系统的设计费用、生产费用和维修工时费用数据,以及生产数量和使用年限等数据。

(2) 最大诊断能力方案

在分析各备选诊断方案的研制生产费用不超过规定限额的条件下,尽可能准确地分析预计各备选方案的故障检测与隔离能力,选用其中诊断能力最大者为最佳诊断方案。

(3) 最佳效费比方案

用备选方案的诊断能力估计值代表备选方案的效能(暂且忽略检测和隔离时间等因素),用备选方案效能和备选方案费用的比值作为优选指标,选用该比值最大者为最佳诊断方案。按此原则优选诊断方案,在一定程度上可以淡化诊断能力估计和费用估计不准确带来的影响。

2.3.6 典型诊断方案

2.3.6.1 综合诊断方案

综合诊断的基本目标是利用装备内部及外部诊断能力的组合,以最少的虚警和错误拆卸来检测所有故障,并把这些故障隔离到单个外场可更换模块上。美国研制中的先进综合航空电分系统计划达到的综合诊断的基本目标是:在系统运行过程中,利用BIT和重构技术,对功能组件和外场可更换模块实现100%的故障检测和隔离;在基层级维修中,对功能组件和外场可更换模块实现100%故障检测和隔离;在基地级维修中,对元器件实现100%的故障检测和隔离。

综合诊断所考虑的诊断要素定义为任何明显的、单个的诊断能力,分为嵌入式、保障设备和人工三类。其中,嵌入式诊断要素包括连续BIT、启动BIT和接口等;保障设备诊断要素包括自动测试、半自动测试、人工测试,以及BITE、TPS和接口等;人工诊断要素包括培训、技术规范、信息系统等。这些诊断要素中,有的用于机内,有的用于机外,有的既可以用于机内也可以用于机外。

F-35的综合诊断方案包括：分系统诊断、诊断管理器、航线维修管理器、维修辅助设备、远程维修管理器、ATE、设计制造使用与保障数据库、诊断设计工具，如图2-6所示。这些要素构成了武器系统状态管理系统设计的“积木”。其目的是定义一组全面的状态管理功能，能提供一个通用结构，系统设计人员可以从中选择各自特定的应用场合的具体功能。航线维修管理器和航线辅助测试要素现已被合并成单一的远程维修管理器。之所以将这些要素合并起来，是为了描述功能/属性时减少重复，方便设计决策。

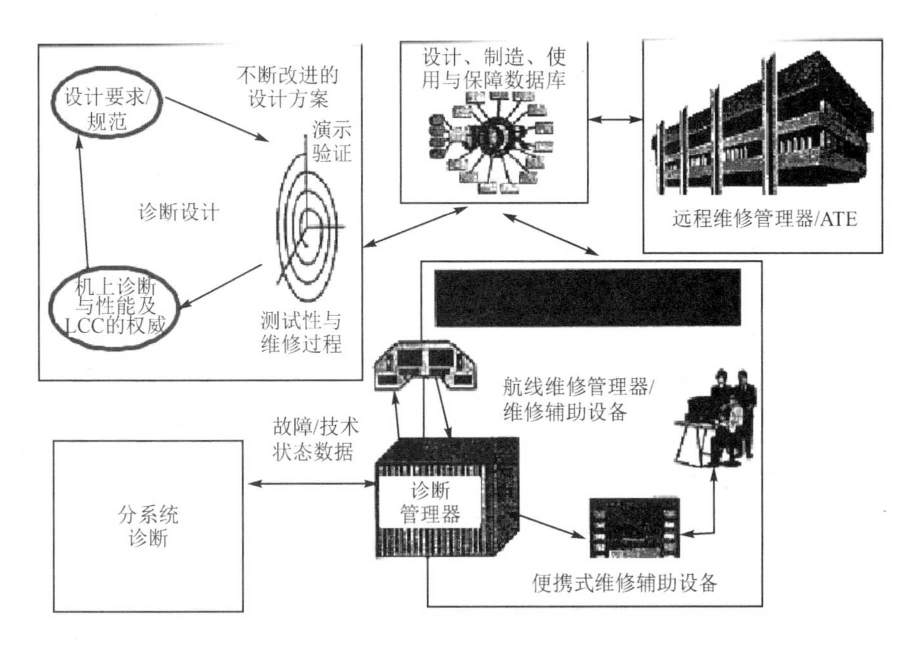

图2-6　F-35的综合诊断方案

在该诊断方案的机上部分，分系统诊断、诊断管理器、与飞行员接口合并的显示与控制共同配合完成机上诊断。在该诊断方案的机下部分，通过便携式维修辅助设备（PMA）辅助进行诊断，并可以将机上诊断管理器中的诊断数据传递到航线维修管理器中，以及传递到远程维修管理器或者ATE中。

2.3.6.2　预测与健康管理方案

预测与健康管理（PHM）是在综合诊断研究和应用的基础上，结合综合健康管理的理念，为F-35提出的健康管理方案。PHM包括三层含义：增强诊断、故障预测和健康管理。

F-35的PHM系统是由机上和机下部分构成的一体化系统，如图2-7所示，机上PHM系统常规组成如图2-8所示，机下PHM系统常规组成如图2-9所示。机上PHM系统与自主保障系统的结合可以提高飞机的出动架次率，降低保障资源需求。F-35采用的PHM系统是一种软件密集型系统，它在一定程度上涉及飞机的每一个要素。其结构特点是：采用分层智能推理结构，综合多个设计层次上的多种类型的推理及软件，便于从部件级到整个系统级综合应用故障诊断和预测技术。

F-35的机载PHM系统分3个层次：最底层是分布在飞机各分系统部件中的软、硬件监控程序（传感器或BIT/BITE）；中间层为区域管理器；顶层为飞机平台管理器。

机下PHM功能包括那些非飞行关键功能和那些正在进行的增强、成熟和更可控的功能。

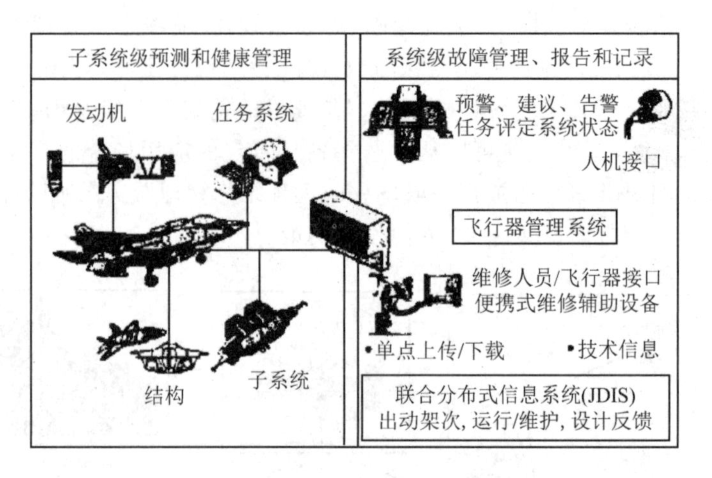

图 2-7　PHM 系统结构

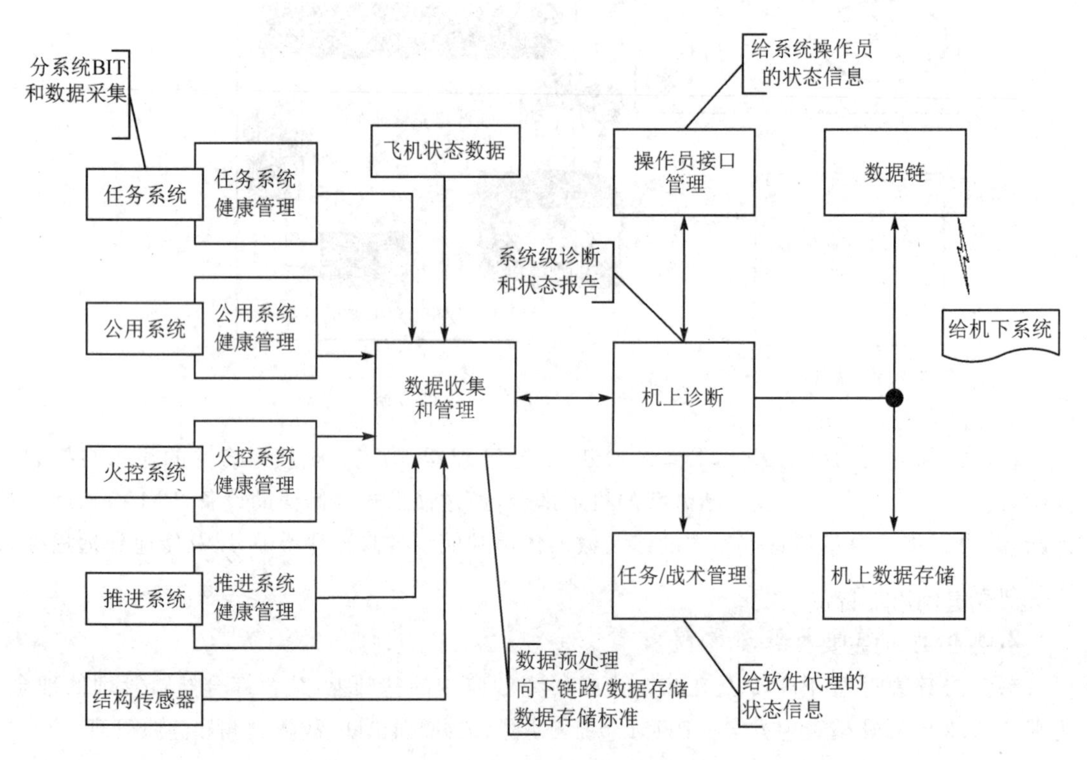

图 2-8　机上 PHM 系统常规组成

机下 PHM 功能可以分为以下几个基本类别:飞机健康管理,故障和异常解决,寿命管理,以及知识发现。这些系统紧密地集成到自主保障信息系统(ALIS)中。ALIS 是一个集成了工具和数据集、支持配置和维护飞机系统的平台;从 PHM 角度来看,一个最紧密的集成是结合维护管理功能来发出启动和结束的工作命令,用于飞机修理或换件。提供一个自然的、直观的接口,连接人和复杂(并且极大)的飞机健康数据集合,来保证组件、飞机、空军中队、飞行舰队的维护和管理能在比以往平台更少的变化、训练和例外的情况下顺利完成。ALIS 根据 PHM 数据来判断飞机的安全性,安排飞行任务,实施技术状态管理,更新飞机的状态记录,调整使用计划,生成维修工作项目,以及分析整个机群的状况。

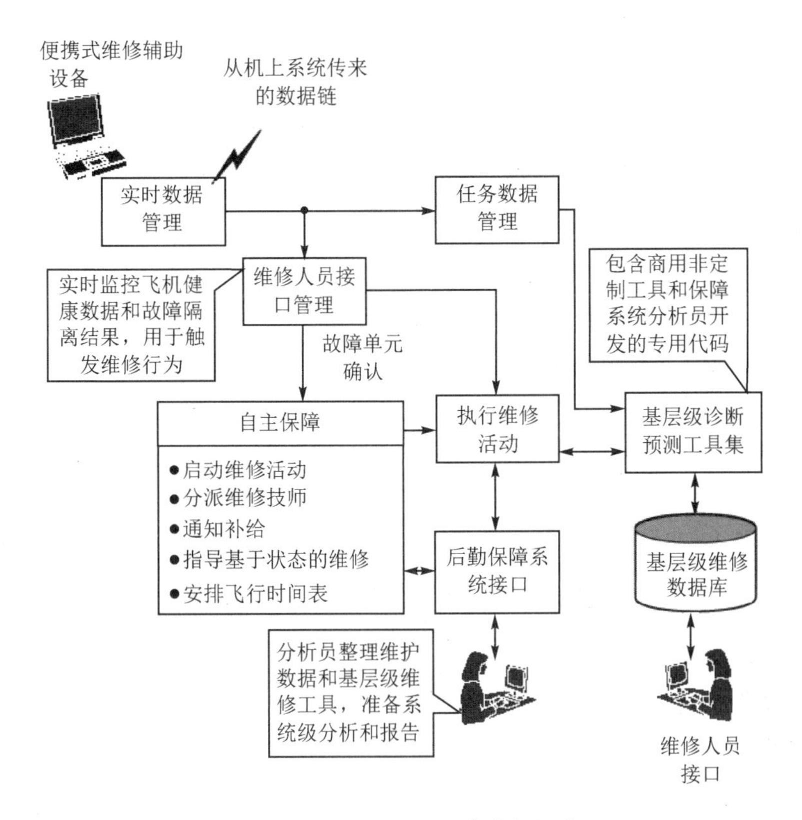

图 2-9　机下 PHM 系统常规组成

2.3.6.3　中央维护系统方案

为了保证民用飞机，特别是客运飞机的飞行安全，减少重大事故与损失，国际航空界很早就进行了机载维护方面的相关技术研究，从故障监测和故障检测到机内测试设备（BITE）和飞机状态监控系统（ACMS），再到中央维护系统（CMS）。其中，CMS 是用于收集、记录、分析来自飞机各分系统及航空电子设备的健康、故障、配置信息，将各部件的故障、状态信息通过机上显示系统提供给飞行员，并可下传到地面供外场维修和地面分析用。

使用 CMS 的主要目的可以归纳为三方面：①提高飞机安全性；②降低维修成本；③提高利用率。CMS 的主要功能可概括为：①监测；②故障诊断；③趋势分析；④故障预测；⑤显示/记录；⑥维修指南。CMS 的应用可以使飞行员/维修人员快速获取飞机健康/故障状态，为飞行员/维修人员提供行动指南，在飞机发生灾难性故障前进行早期预报，据此制定或修改维护计划，减少计划外维护工作和维修费用，减小飞机故障发生概率。

CMS 的基本结构如图 2-10 所示。

CMS 由三部分组成：

(1) 机上 CMS 系统（On-board CMS，OCS）

OCS 位于综合模块化航空电分系统（IMA）中，采用模块化开放式系统结构，按功能模块可划分为主处理机、控制显示单元（CDU）和数据传输单元（DTU）等部分。其中，主处理机负责完成信息的采集与监控处理；CDU 负责提供机上健康信息的显示，提供告警、注意、提示和建议等信息；DTU 负责完成数据加载与飞机健康信息的传输。OCS 中的各个功能模块共享

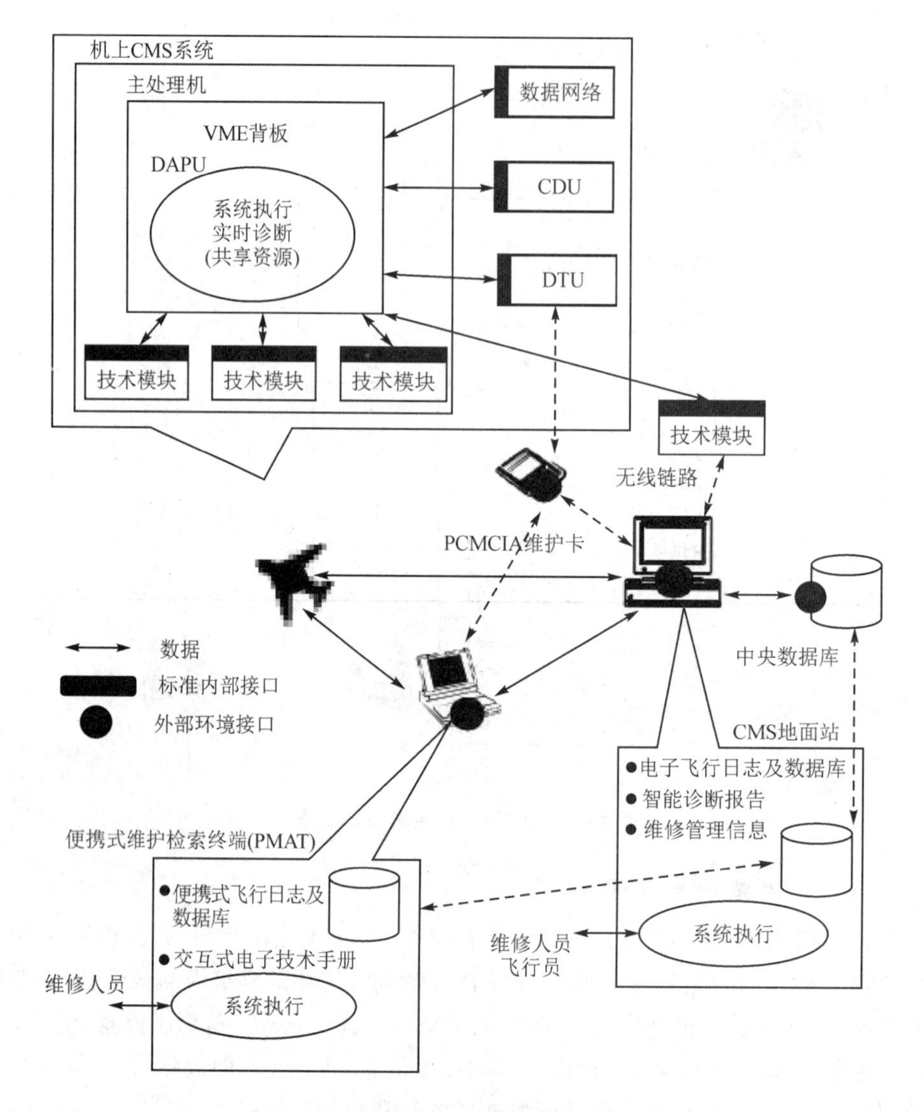

图 2-10 CMS 的基本结构

一个共用的处理器进行运算、一个共用的数据存储器存储数据,并且通过一个共用的数据下载中介向地面站传送数据。

(2) 便携式维护检索终端(PMAT)

PMAT 是为飞机维修人员配备的便携式维修助手。飞机着陆后,维修人员可将该次飞行的飞机健康信息下载到 PMAT 中进行检查。PMAT 中的软件具有对健康信息的辅助分析处理能力,为外场维修提供指南。

(3) CMS 地面站(CGS)

CGS 是飞机地面管理中心的一部分,负责对飞机健康信息进行综合管理,包括对飞机进行故障诊断、分析和预测,根据诊断和预测的信息制定下一步的维修方案和维修计划。另外,还可以根据维修中反馈的信息,修改诊断结果和补充维修要求,以保证飞机维修的质量。CMS 地面站必备要素应包括基于计算机工作站的专家系统和完善的中央数据库。专家系统是计算机辅助诊断技术、人工智能技术等的结合，该系统不仅要对飞机飞行时监测的健康/故障数据进行诊断和分析，还要对飞机的健康状态进行预测，确定其健康状态，制定维修计划。中央数据库包括数据库和知识库两大类，其中，数据库存储飞机维修工程所需的飞机部件设计数据、飞行日志、部件维修履历与健康信息、飞机维修技术资料以及维修计划等；知识库提供专家系统需要的关于飞机的健康模型、故障辞典、诊断知识与经验、维修方法/方案等方面的知识。此外，飞行重建模块技术的应用可将存储并下载的飞行数据进行 2D 和 3D 的图形化飞行重放，从而提高维修人员的飞行故障诊断能力。

2.3.6.4　综合系统健康管理方案

航天系统的综合系统健康管理（ISHM）是一个典型的先进诊断方案，其组成结构见图 2－11。

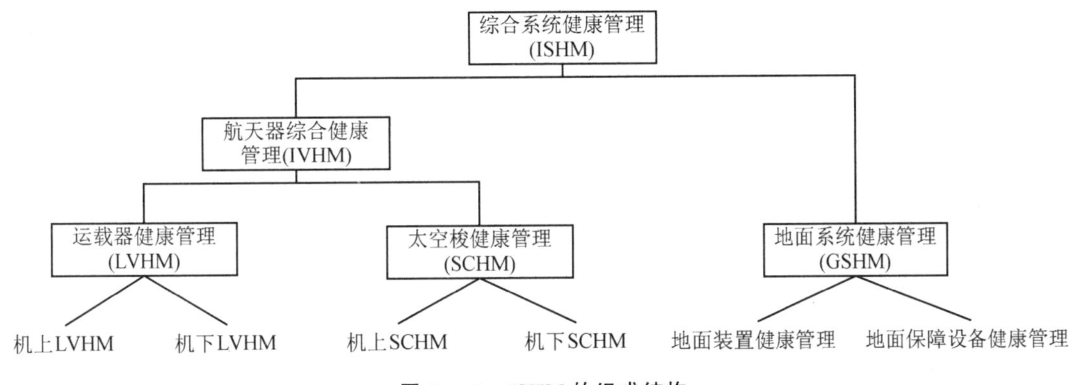

图 2－11　ISHM 的组成结构

ISHM 诊断要素包含机上和机下部分所有的、明显的、单个的诊断能力。ISHM 的机上要素涵盖分布在飞行器最底层各分系统部件中的软、硬件监控程序（传感器或 BIT/BITE），以及机上系统需要管理的全部各个层次。ISHM 的机下要素包括嵌入式诊断、ATE、远程诊断、维修保障设备、人员与培训、维修辅助装置和技术信息等诊断要素。

2.4　测试性要求分类

2.4.1　按定性定量分类及示例

2.4.1.1　测试性定性要求及示例

1. 测试性定性要求的分类方式

根据不同的分类方式，将测试性定性要求分为多种类别，具体如下：

（1）根据产品的结构层次进行分类

根据产品的结构层次，测试性定性要求可以如下分类：

- 装备总的测试性定性要求；
- 各系统/分系统的测试性定性要求；
- 设备/组件的测试性定性要求；
- 外场可更换模块（LRM）/外场可更换组件（LRC）的测试性定性要求；

- 元器件的测试性定性要求。

(2) 根据诊断功能的类别进行分类

根据诊断功能的类别,测试性定性要求可以如下分类:

- 状态监测要求;
- 故障检测要求;
- 故障隔离要求;
- 虚警抑制要求;
- 故障预测要求。

(3) 根据工作模式的差异进行分类

根据工作模式的差异,测试性定性要求可以如下分类:

- 装备运行中BIT、ATE、人工测试、远程诊断要求;
- 外场维修的BIT、ATE、人工测试、远程诊断要求。

(4) 根据健康管理支持的需求进行分类

根据健康管理支持的需求,测试性定性要求可以如下分类:

- 余度管理支持要求;
- 系统重构支持要求;
- 维修决策支持要求。

(5) 根据BIT数据的处理需求进行分类

根据BIT数据的处理需求,测试性定性要求可以如下分类:

- BIT数据格式要求;
- BIT数据存储方式要求;
- BIT数据导出方式要求;
- BIT报警方式要求。

(6) 根据应用的新技术进行分类

根据应用的新技术,测试性定性要求可以如下分类:

- 综合航电体系要求;
- 光纤测试性要求;
- 边界扫描技术要求;
- 智能诊断技术要求。

2. 测试性定性要求示例

测试性定性要求示例如表2-2所列。

表2-2 测试性定性要求示例

顺序号	测试性定性要求(一部分)	
1	划分	系统应以准确隔离故障的能力为基础进行功能和结构划分
2	测试点	系统中每个产品都应具备足够的测试点,以便测量或激励内部电路节点,从而使故障检测和隔离达到较高的水平

续表 2 - 2

顺序号	测试性定性要求(一部分)	
3	维修能力	在每个维修级别上应当综合 BIT、脱机自动测试和人工测试,以提供一种一致且完整的维修能力。测试自动化程度应与维修人员的技能以及修复性和预防性维修的要求相一致
4	BIT	BIT 应监控任务关键功能,设置的 BIT 容差要使故障检测和虚警具有最佳特性。应为操作人员和维修人员设计利用率最高的 BIT 指示器

国外新一代战斗机的测试性定性要求的示例如下:

- 电子器件应选择具有 BIST 的,用来执行测试向量生成和响应分析;
- 应该设计有 BIT,用来检测、诊断和隔离模块的故障;
- 应有一个 BIT 控制器(本地或远程),其中包含对该模块测试进行管理的诊断代码,包括对该模块内每个元件的 BIST 的启动;
- 应该采用 IEEE 1149.1 的边界扫描体系来检测元件之间的互连故障;
- BIST 设计需参考 IEEE 1149.1 (JTAG)标准,用以给新的复杂 IC 提供 JTAG 能力,这些 IC 包括微处理器、FPGA、总线接口、内存等;
- 模块的 BIT 控制器应该提供硬件测试能力,包括对 ASIC、FPGA 的边界扫描,对内存内容的模式测试,对 ROM 版本号代码的验证,以及验证数据总线是可工作的等;
- 要达到高 BIT 故障检测要求;
- 要进行测试性驱动的设计划分;
- 要将 BIST 设计到所有门阵列器件中;
- 要进行维修控制器的自测试。

2.4.1.2　测试性定量要求及示例

1. 测试性参数选择分析

根据测试性定性要求,确定的测试性定量要求应覆盖以下三方面的能力:

- 故障检测能力;
- 故障隔离能力;
- 虚警限制能力。

测试性参数包括:

(1) 故障检测能力参数

表征故障检测能力的重要且常用的参数是故障检测率(FDR),因此确定选择故障检测率来表达故障检测能力。另外,表征故障检测能力的其他重要参数还有严重故障检测率(CFDR)、故障覆盖率(FCR)和平均故障检测时间(MFDT)等。

(2) 故障隔离能力参数

表征故障隔离能力的重要且常用的参数是故障隔离率(FIR),因此确定选择故障隔离率来表达故障隔离能力。另外,表征故障隔离能力的其他重要参数还有平均故障隔离时间(MFIT)等。

(3) 虚警限制能力参数

目前,表征虚警限制能力的重要且常用的参数有两个:虚警率(FAR)和平均虚警间隔时间(MTBFA)。其中,虚警率是使用最多的参数。

MTBFA 比 FAR 更直接反映虚警限制能力的变化,在实际工程中应根据需要来确定选择 FAR 或 MTBFA 来表达虚警限制能力。

(4) 其他测试性参数

其他的测试性参数还有平均 BIT 运行时间(MBRT)、误拆率(FFP)、不能复现率(CNDR)、台检可工作率(BCS Rate)、重测合格率(RTOKR)和预测能力评价参数等。

2. 测试性定量要求框架制定

测试性定量要求框架的组成要素如图 2-12 所示。

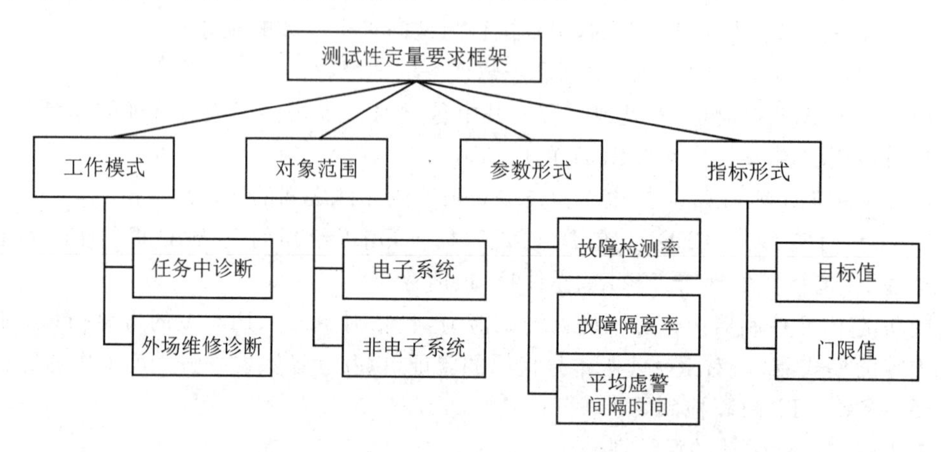

图 2-12　测试性定量要求框架的组成要素

测试性定量要求应该提供任务中诊断和外场维修诊断的定量要求,提供电子系统和非电子系统的定量要求,提供目标值和门限值。测试性定量要求框架示例如表 2-3 所列。

表 2-3　测试性定量要求框架示例

对　象	参　数	运行中诊断	外场维修诊断
任务系统	FDR(目标值/门限值)		
	FIR(目标值/门限值)		
	MFHBFA(目标值/门限值)		
飞管系统	FDR(目标值/门限值)		
	FIR(目标值/门限值)		
	MTBFA(目标值/门限值)		
安全关键	FDR(目标值/门限值)		
	MTBFA(目标值/门限值)		

3. 测试性定量要求示例

测试性定量要求示例如表 2-4 所列。

表 2-4　测试性定量要求示例

测试性参数	测试性指标
严重故障检测率/%	98～99
故障检测率(自动检测机载设备)/%	≥95
故障隔离率(电子设备,隔离到单个 LRU)/%	≥90
故障隔离率(非电子设备,隔离到单个 LRU)/%	≥70
故障隔离率(非电子设备,隔离到 3 个 LRU 以内)/%	≥90
推进系统单元体故障隔离率(隔离到单个单元体)/%	≥90%
平均虚警间隔时间	≥50(使用小时或飞行小时)
飞行安全非常关键设备的平均虚警间隔时间	≥450(使用小时或飞行小时)

2.4.2　按测试手段分类及示例

2.4.2.1　BIT 要求

① 关键任务功能和影响人员安全的功能的监测要求,即有关 BIT 的性能监控要求。

② 保障使用(约束条件)的 BIT 要求。

③ 处理与控制间歇故障和异常情况的 BIT 要求。

④ 支持保障系统置信度检查的 BIT 要求。

⑤ 主系统构成和特性对 BIT 提出的要求。

⑥ 订购方提供设备对 BIT 的约束。

⑦ 实现维修方案对 BIT 的要求,基于如下分析确定:

- 修理级别分析;
- 可用的人力和技术水平或要求的技术水平;
- 规定的维修目标;
- 修理时间(推导出故障隔离时间);
- 有关备件和报废方案(推导出故障隔离的产品层次);
- 标准化要求和目标(测试设备、人员资格)。

⑧ BIT 与外部诊断资源的结合与兼容要求。

⑨ BIT 的故障检测与故障隔离能力要求。

⑩ BIT 故障检测与隔离时间要求。

⑪ BIT/BITE 的故障率、体积、重量和功耗。

2.4.2.2　ATE 要求

① ATE 的尺寸和重量要求;

② ATE 诊断连接器,可控性与可观测性,与 UUT 的接口要求;

③ ATE 测试设备、兼容性要求;

④ ATE 故障显示、记录(存储)要求;

⑤ ATE 故障检测与隔离能力要求;

⑥ ATE 故障检测与隔离时间要求;

⑦ ATE的故障率、体积、重量要求；

⑧ ATE自检能力要求。

2.4.2.3 人工测试要求

① 可用的人力要求；

② 可用的或要求的人员技术水平要求；

③ 人工测试设备要求；

④ 人员培训要求；

⑤ 人工测试故障检测与隔离时间要求；

⑥ 人工测试的故障检测与故障隔离能力要求。

2.4.2.4 远程诊断要求

① 远程诊断系统故障检测与隔离能力要求；

② 远程诊断系统故障检测与隔离时间要求；

③ 远程诊断的网络通信能力要求；

④ 远程诊断的故障记录、存储要求。

2.4.3 按维修级别分类及示例

2.4.3.1 基层级(O级)测试性要求

① 诊断要素最佳接口要求和嵌入式诊断要素的利用。

② 确定满足O级维修工作的故障检测与故障隔离能力，依据下列因素(使用要求/约束和初步维修方案)来确定：

- 错误的(不必要的)拆卸次数限制；
- 机动性要求和可以利用的空间；
- 修理级别分析；
- 工作持续性(备件补充供应)；
- 可用的人力；
- 可用的或要求的人员技术水平；
- 修理时间；
- 备件供应方案；
- 标准化要求和目标。

③ O级维修技术信息。

④ O级测试设备：

- 人工测试设备；
- ATE；
- 便携式维修辅助设备。

⑤ 保障所需技术水平的O级培训要求：

- 在职培训；
- 正规学校培训。

⑥ O级数据采集与收集系统，数据管理。

⑦ 提出与中继级和/或基地级诊断要素结合及兼容性要求(纵向测试性)。

2.4.3.2　中继级(I 级)测试性要求

① 确定满足 I 级维修工作的故障检测与故障隔离功能,根据下列因素提出:

- 不必要的拆卸次数限制;
- 机动性要求与可利用的空间;
- 修理级别分析;
- 备件供应的持续能力;
- 可用的人力;
- 可用的或要求的人员技术水平;
- 修理时间;
- 有关报废和备件方案;
- 标准化要求和目标。

② I 级技术信息(包括维修辅助手段)。

③ I 级测试设备要求:

- 人工测试设备;
- ATE 和 TPS。

④ 保障 I 级维修人员技术水平的培训要求:

- 在职培训;
- 正规学校培训。

⑤ I 级数据采集、收集、管理、分析与处理的要求。

⑥ 提出与 D 级诊断要素结合和兼容要求(纵向测试性)。

2.4.3.3　基地级(D 级)测试性要求

① 确定满足 D 级维修工作的故障检测与故障隔离功能,基于下列因素:

- 修理级别分析;
- 备件供应的持续能力;
- 可用的人力;
- 可用的或要求的人员技术水平;
- 修理时间;
- 可更换单元报废和备件方案;
- 标准化要求和目标。

② D 级技术信息要求(包括维修辅助手段)。

③ D 级测试设备要求:

- 人工测试设备;
- 自动测试设备和测试程序集(TPS)。

④ 保障 D 级所需人员技术水平的培训要求:

- 在职培训;
- 正规学校培训。

⑤ D 级数据采集、收集、分析与处理要求。

⑥ D级获取和利用工厂测试资源、测试结果和数据的要求(纵向测试性、纵向诊断)。

以上是基层级、中继级和基地级的测试性要求。在三级维修体制中应包含上述全部要求;而在两级维修体制中只包含上述基层级和基地级的测试性要求,没有中继级的测试性要求。

2.5 确定测试性定量要求的方法

2.5.1 类比法确定测试性定量要求

找出与要设计的研制系统在使用要求、组成特性和技术水平等方面相近似的系统或设备,以其测试性指标为基准,参考当前测试性和诊断的一般要求值,并考虑本系统与类比系统的不同之处,稍作修正后确定出本系统的测试性指标。

使用类比法确定测试性指标,应充分调查研究,做好分析对比工作。下面将给出典型测试性要求,以供参考。

1. 一种歼击机火控系统的测试性参数及指标

该火控系统的BIT主要有3种形式:通电BIT(PUBIT)、启动BIT(IBIT)和周期BIT(PBIT)。PUBIT是在火控系统通电后,全系统自动进行的检测,目的是确认系统处于正常状态。检测需时3 min 30 s,其中雷达需时最长。IBIT是维修人员进行故障隔离或增强飞行员起飞前的信心而采用的。IBIT方式只能当飞机在地面上时才能进行。通过按下下视显示器(HDD)周边按钮开关BIT进入IBIT方式。进入后,除惯导系统(INS)外,所有子系统将同时开始检测。如果需要对INS进行IBIT操作,那么在HDD上按下BIT按钮后的15 s内,应从综合控制面板(ICP)上启动INS的IBIT方式。INS的IBIT方式需时14 min,检测后还需一次重新对准。PBIT是对系统进行连续监视和周期性检测,确认系统是否工作在容限范围内,这种检测不中断系统正常工作。

(1) 火控雷达

3种BIT均有火控雷达,该火控雷达与APG-66雷达的机内检测内容大体相同,只是增设了对与1553B总线接口的检测以及对增加的新频道的检测。

雷达机内检测的时间分配如下:

- 测试重复时间间隔:周期最短的约为20 ms,周期最长的约为90 s(正常空对空方式)。
- 机内检测完成的顺序:一个完整的测试需要时间210 s(其中,不辐射检测时间为180 s,辐射检测时间为30 s)。为了隔离故障还需增加180 s,所以从开始启动检测到明确故障位置总共需要时间390 s。

该雷达的维修性规范要求和设计指标如表2-5所列。

表2-5 雷达的维修性规范要求和设计指标

要求		规范要求	设计目标
FDR/%	PUBIT	94	95
	PBIT	94	94
	IBIT	94	94
FIR(对于IBIT检测到的故障)/%		—	95

续表 2－5

要　求	规范要求	设计目标
最大 BIT 时间	210/390 s	210/390 s
平均修复时间/min	60	＜30
最长修复时间/min	120	＜60
LRU 拆/装时间(天线座除外)/min	—	5

(2) 火控计算机

机内检测率估计可达 97.9%。检测过程中，为降低虚警率，在 3 次检测后，故障连续出现两次才被确认为故障。

(3) 备份控制和接口组件(BCIU)

由于 BCIU 的接口复杂，信号类型多，所以完善的 BIT 设计是十分重要的。BCIU 含有 PUBIT、PBIT 和 IBIT 三种检测方式，对离散的输出信号、直流模拟信号以及电源输出等进行全面的检测。BCIU 的维修性计划按 MIL－STD－470A 执行，MTTR＜1 h，故障检测率为 85%，拆装时间少于 30 min。

(4) 平视显示器

平视显示器包含 PBIT 和 IBIT 两种 BIT 检测方式。PBIT 能发现和报告 95%的故障和超出容限的工作情况，IBIT 能把所有发现故障的 95%隔离到 LRU。

(5) 惯导系统

通过自动的自检测可以发现 95%的故障，其中 98%的故障可以隔离到 LRU。一个维修人员拆卸和安装惯导装置时间不超过 1 min。在进行 SRU 设计时要保证有足够多的测试点用于 ATE 的测试，至少全部 SRU 故障中的 95%(争取 99%)可以被检测出来。其中 75%的故障可以隔离到一个部件中，85%的故障可以隔离到不超过 2 个部件中，而 95%的故障可以隔离到不超过 3 个部件中。

(6) 大气数据计算机

大气数据计算机共有 PUBIT、PBIT 和 IBIT 三种故障检测方式。平均故障隔离时间少于 3 min，最大故障隔离时间少于 6 min，平均修理时间少于 12 min。大气数据计算机的 95%的故障可以通过 PBIT 检测出来。

2. F－16 的测试性参数及指标

(1) 美国空军对承包商的要求

美国空军对 F－16 在三个维修等级的测试性要求见表 2－6。

(2) 承包商对转包商的要求

通用动力公司(F－16 承包商)根据空军的要求制定了一般要求和指标，见表 2－7。承包商对几个转包商的要求、转包商的预计及验证结果见表 2－8。

表 2-6　F-16 的测试性要求

外场级	野战级	后方级
γ_{FD}≥95%(94%); γ_{FI}(到 LRU)≥95%(98%); γ_{FA}≤5%; MTTR≤0.5 h(15 min 50 s); M_{CTmax}≤1.0 h(15 min 50 s); 不需要地面测试设备; 维修技术等级要求不超过 3 级	LRU 平均维修时间≤1.0 h(58 min); LRU 最大维修时间≤2.0 h(1 h 48 min 3 s); γ_{FI}(唯一性隔离)≥96%(96%); 技术等级要求不超过 5 级	γ_{FI}(≤1 个部件)≥80%; γ_{FI}(≤2 个部件)≥85%; γ_{FI}(≤3 个部件)≥90%

注:表中前两栏括号中的数字为使用后的验证值。

表 2-7　F-16 BIT 的参数和指标

系　统	FDR/%	FIR/%	FAR/%
火控雷达	95	95	<1
平视显示器	70	—	<1
火控计算机	95	—	—
电光显示器	95	—	<1
惯导系统	95	95	<1
飞行控制计算机	没有定量的 BIT 要求		

注:由于飞行控制计算机是四余度并监控所有的故障,所以没有规定定量的 BIT 要求。

表 2-8　转包商外场级 BIT 测试性要求和结果

承包商	项　目	要　求		预　计		验证结果		
		FDR/%	FIR/%	FDR/%	FIR/%	FDR/%	FIR/%	CNDR
韦斯汀豪斯	火控雷达	95	95	>96	>97	94	95	15(34%)
马可尼·埃里奥特	平视显示器	95	95	>95	>95	94	95	7%(79%)
德尔科	火控计算机	95	95	98	98	95	95	3%(65%)
通用动力	外挂物管理系统	95	95	—	—	95	95	—
凯泽	电光显示器	95	95	95	95	94	95	1%~17%(67%)
辛格·基尔福特	惯导系统	95	95	>95	95	95	95	1%~6%(22%)

注:CNDR 列中给出了两个 CNDR 值,括号外的是指由 BIT 造成的 CNDR,括号内的是指由所有因素造成的 CNDR。

3. F/A-18 的测试性参数及指标

F/A-18 是由麦克唐纳·道格拉斯公司和诺斯罗普公司共同研制的。F/A-18 航空电子设备机内测试技术要求包括飞机系统规范与电子设备规范两部分。

(1) 飞机系统规范

- 检测并隔离故障。
- 飞行前、后无需地面辅助设备。
- 机内测试线路故障不会引起操作故障。

- 与政府提供设备的机内测试功能综合起来。
- 机内测试性能：能检测出 95%的设备故障；能隔离 98%的已检测出的故障到故障的 LRU(唯一性隔离)；99%的故障指示都是实际的故障，即 FAR<1%。

(2) 电子设备规范

- 识别故障功能或模式；
- 启动机内测试可能干扰操作，但不影响相关设备；
- 以 90%的故障检测率执行周期性自检测；
- 设备可以作为检测显示器使用；
- 识别出机内测试的检测时间、频率、门限和时间延迟；
- 机内测试设计/研制数据分析。

表 2-9 所列为 F/A-18 的 AN/APG-65 雷达 BIT 要求，表 2-10 所列为 F/A-18 中航空电子设备使用机内测试得到的离位和原位检测结果的对照。

表 2-9　AN/APG-65 雷达 BIT 要求

要　求	PBIT	IBIT
FDR/%	90	98
FIR/%	90	99
FAR/%	1	1

表 2-10　F/A-18 离位和原位检测结果的对照

设　备	装配前(离位)			装置后(原位)		
	故　障		FDR/%	故　障		FDR/%
	模拟出现故障数	检测出的故障数		模拟出现故障数	检测出的故障数	
发动机监控显示器	112	112	100	30	30	100
机内通信装置	58	47	81	115	115	100
干扰抑制器	125	125	100	81	81	100
惯导装置	131	126	96	76	76	100
维修监控板	58	55	95	123	122	99
大气数据计算机	118	117	99	235	217	92

2.5.2　基于可用度权衡确定测试性定量要求

2.5.2.1　测试性与可用度的权衡分析解析模型

系统和设备的测试性、可靠性、维修性对可用性有重要影响，可以根据已确定的系统可用度、可靠度，通过权衡分析来确定故障检测率和故障隔离率要求。

故障检测率与可用度、可靠度之间的关系可用下式表示，可用性作为时间的函数如图 2-13 所示。

$$A(t_a)=R(t_m)+\gamma_{FD}M(t_r)[1-R(t_m)] \tag{2-2}$$

式中：$A(t_a)$——系统在时间 t_a 时的使用可用度；

$R(t_m)$——系统在任务时间 t_m 内无故障工作的概率(可靠度)；

γ_{FD}——系统发生故障在任务时间内或任务后检查时间内检测出的概率(检测率)；

$M(t_r)$——检测出的故障在时间 t_r 内修好并恢复到使用状态的概率(维修度)，$t_a=t_m+t_r$。

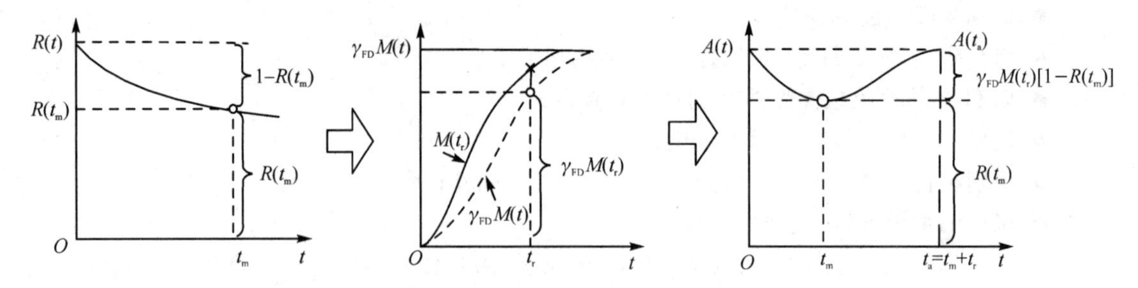

图 2-13　可用性作为时间的函数

初始的故障检测率、故障隔离率和虚警率要求值可按下述步骤求出：

(1) 由式(2-2)导出故障检测率和维修度的乘积

$$\gamma_{FD}M(t_r)=\frac{A(t_a)-R(t_m)}{1-R(t_m)} \tag{2-3}$$

根据使用要求，当确定 $A(t_a)$ 和 $R(t_m)$ 后，就可以得到要求的 $\gamma_{FD}M(t_r)$ 值。

(2) 根据求出的 $\gamma_{FD}M(t_r)$ 值，权衡分析确定 γ_{FD} 和 $M(t_r)$

$\gamma_{FD}M(t_r)$ 值是系统故障在规定时间内检测出并修好的(联合)概率。此值确定后，γ_{FD} 和 $M(t_r)$ 值可有不同的组合，要根据系统特点和维修要求进行适当的权衡分析。

假设某个系统的要求是：$t_m=8$ h，$t_r=0.5$ h，可靠度 $R(t_m)=0.80$，可用度 $A(t_a)=0.95$，则

$$\gamma_{FD}M(0.5)=\frac{A(8.5)-R(8)}{1-R(8)}=\frac{0.95-0.80}{1-0.80}=0.75$$

γ_{FD} 和 M(0.5)的取值范围如图 2-14 所示。如果取故障检测率 $\gamma_{FD}=0.90$，则维修度应为

$$M(0.5)=\frac{0.75}{0.90}\approx 0.83$$

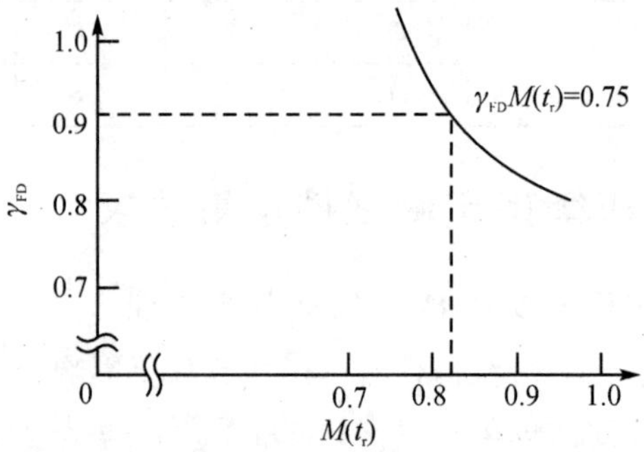

图 2-14　故障检测率与维修度之间的权衡

这就意味着在任务时间内或任务后检查时发现的系统故障，有 0.83 的概率在规定的 30 min

内修复。规定故障检测率为90%的含义为：系统发生的故障，以0.9的概率检测出来并转换为系统状态指示器的“NO GO”指示。

(3) 根据 $M(t_r)$值确定 $\overline{M}_{ct}$ 值

当维修概率密度分布函数为指数分布时，维修度可以表示为

$$M(t_r)=1-e^{-\frac{t_r}{\overline{M}_{ct}}} \tag{2-4}$$

所以，平均修复时间 $\overline{M}_{ct}$ 可用下式求出：

$$\overline{M}_{ct}=\frac{t_r}{-\ln(1-M(t_r))} \tag{2-5}$$

对于前面的例子，$t_r=30$ min，$M(t_r)=0.83$，代入式(2-5)得

$$\overline{M}_{ct}=\frac{30\ \text{min}}{-\ln(1-0.83)}=\frac{30\ \text{min}}{-(-1.77)}=17\ \text{min}$$

如果在前边规定条件下要求维修度 $M(t_{max})=0.95$，则对应的 t_r 的最大值为

$$t_{max}=-\overline{M}_{ct}\ln(1-M(t_r))=-17\ \text{min}\times\ln(1-0.95)=51\ \text{min}$$

(4) 根据 $\overline{M}_{ct}$ 值求故障隔离要求

平均修复时间 $\overline{M}_{ct}$ 通常由准备时间、故障定位隔离时间、拆卸更换时间、再安装时间、调整和检验时间组成，即

$$\overline{M}_{ct}=t_o+t_{IN}(1-\gamma_{FI}) \tag{2-6}$$

式中：t_{IN}——无 BIT 时故障定位与隔离时间；

t_o——除 t_{IN} 以外的其他时间之和；

γ_{FI}——故障隔离率。

时间 t_o 和 t_{IN} 可以根据类似产品凭经验估计，然后按式(2-6)即可求出要求的故障隔离率 γ_{FI}。

例如，某系统的 $\overline{M}_{ct}=17$ min，其各项维修活动时间如表 2-11 所列，求其 γ_{FI}。

表 2-11　维修活动时间估计

维修活动时间	平均时间/min	
	$\gamma_{FI}=0$	$\gamma_{FI}=1.0$
准备时间＋拆卸更换时间＋安装和调整时间＋检验时间＝t_o	15	15
无 BIT 时故障定位与隔离时间＝t_{IN}	25	0
总修复时间	40	15

全自动检测(如 BIT)时，故障隔离时间很短，与人工检测相比可近似认为是 0。

根据式(2-6)，则有

$$\gamma_{FI}=\frac{t_o+t_{TN}-\overline{M}_{ct}}{t_{IN}}=\frac{15+25-17}{25}=0.92$$

$\overline{M}_{ct}$ 与 γ_{FI} 的关系如图 2-15 所示。

在以上确定 γ_{FD} 和 γ_{FI} 的过程中，未考虑模糊隔离和虚警的影响。所以，在最后规定 γ_{FD} 和 γ_{FI} 指标时应留有余量。

(5) 虚警率要求的确定

系统的 BIT 虚警率 γ_{FA} 不仅与单位时间的虚警数 λ_{FA} 有关，还与系统的故障率 λ_s 和故障

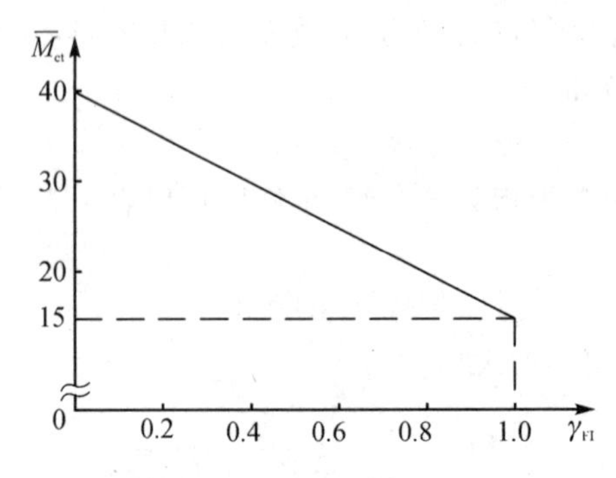

图 2-15 给定条件下 $\overline{M}_{ct}$ 与 γ_{FI} 关系

检测率 γ_{FD} 有关。可按下式初步确定 λ_{FA} 要求值：

$$\gamma_{FA}=\frac{\alpha}{\gamma_{FD}+\alpha} \tag{2-7}$$

式中：α——虚警率与故障频数比，即 $\alpha=\frac{\lambda_{FA}}{\lambda_s}$，其值可以在 0.01～0.04 范围内选取。

2.5.2.2 解析模型计算分析示例

某电子系统的 BIT 指标初定如下：

- $\gamma_{FD}=0.9$；
- $\gamma_{FI}=0.92$；
- $\gamma_{FA}=0.02$；
- 预计 BIT 的故障率占系统的 2%。

原系统(无 BIT 时)的 MTBF=50 h，MTTR=40 min；有 BIT 时 MTTR=15 min。考虑系统工作时间为 5 000 h，分析 BIT 对系统可用性的影响。

(1) 各类故障分析

5 000 h 内系统发生故障次数：$N_F=5\ 000\div 50=100$；

BIT 检测故障次数：$N_{FD}=\gamma_{FD}\times N_F=0.9\times 100=90$；

BIT 隔离故障次数：$N_{FI}=\gamma_{FI}\times N_{FD}=0.92\times 90\approx 83$；

BIT 发生故障次数：$N_F\times 2\%=100\times 2\%=2$。

根据虚警率定义，发生虚警次数 N_{FA} 为

$$N_{FA}=\frac{N_{FA}\cdot\gamma_{FA}}{1-\gamma_{FA}}=\frac{90\times 0.02}{1-0.02}=1.837\approx 2$$

对系统发生故障次数、BIT 发生故障次数、虚警次数求和，得到总故障次数为 104。

(2) 加入 BIT 后系统的 MTTR

BIT 隔离故障修复时间：83×15 min=1 245 min=20.75 h；

BIT 未隔离故障修复时间：(100−83)×40 min=680 min=11.33 h；

BIT 故障修复时间：2×40 min=80 min=1.33 h；

虚警修复时间：2×40 min=80 min=1.33 h；

对 BIT 隔离故障修复时间、BIT 未隔离故障修复时间、BIT 故障修复时间、虚警修复时间求和，得到总修复时间为 34.75 h。

加入 BIT 后的 MTTR 为

$$\mathrm{MTTR}=\frac{\text{总修复时间}}{\text{总故障次数}}=\frac{34.75\ \mathrm{h}}{104}=0.334\ \mathrm{h}\approx 20\ \mathrm{min}$$

加入 BIT 后，MTTR 从 40 min 减小到 20 min，比无 BIT 时缩短了 50%；

总修复时间比无 BIT 时节省(100×40 min/60)－34.75 h≈31.9 h。

(3) 加入 BIT 后系统的 MTBF

$$\mathrm{MTBF}=\frac{\text{总工作时间}}{\text{总故障次数}}=\frac{5\ 000\ \mathrm{h}}{104}\approx 48.08\ \mathrm{h}$$

加入 BIT 后，MTBF 从 50 h 减少到 48.08 h，比无 BIT 时减小 3.8%。

(4) 加入 BIT 后系统固有可用数 A_I

$$A_\mathrm{I}=\frac{\mathrm{MTBF}}{\mathrm{MTBF}+\mathrm{MTTR}}=\frac{48.08\ \mathrm{h}}{48.08\ \mathrm{h}+0.334\ \mathrm{h}}=0.993\ 1$$

按无 BIT 时 MTBF＝50 h，MTTR＝0.667 h 代入上式得到 $A_\mathrm{I}=0.986\ 8$。因此，加入 BIT 后 A_I 从 0.986 8 提高到 0.993 1，比无 BIT 时提高 0.64%。

通过上述计算发现，增加 BIT 可提高系统固有可用度，降低 MTTR，降低 MTBF。

2.5.2.3 仿真论证示例

1. 使用可用度与测试性参数的解析模型

(1) MTTR 修正模型

引入测试性参数之后的 MTTR 修正模型，包括不可检测故障、可检测故障的不同隔离情况以及虚警情况下的修复时间加权合成。修正后的平均修复性维修时间 T_{CM} 的计算公式如下：

$$\begin{aligned}T_{\mathrm{CM}}=[&\lambda_0(1-\gamma_{\mathrm{FD}})\cdot \mathrm{MTTR}_1+\lambda_0\cdot\gamma_{\mathrm{FD}}\cdot\gamma_{\mathrm{FI1}}\cdot \mathrm{MTTR}_2+\\&\lambda_0\cdot\gamma_{\mathrm{FD}}\cdot(\gamma_{\mathrm{FI2}}-\gamma_{\mathrm{FI1}})\cdot\mathrm{MTTR}_3+\lambda_0\cdot\gamma_{\mathrm{FD}}\cdot(\gamma_{\mathrm{FI3}}-\gamma_{\mathrm{FI2}})\cdot\mathrm{MTTR}_4+\\&\lambda_{\mathrm{FA}}\cdot\mathrm{MTTR}_5]/(\lambda_0+\lambda_{\mathrm{FA}})\end{aligned}\tag{2-8}$$

$$\lambda_{\mathrm{FA}}=\frac{\gamma_{\mathrm{FD}}\cdot\gamma_{\mathrm{FA}}}{1-\gamma_{\mathrm{FA}}}\cdot\lambda_0\tag{2-9}$$

式中：λ_0——故障率原值；

λ_{FA}——虚警次数；

γ_{FD}——故障检测率要求值；

γ_{FI1}——模糊度为 1 的故障隔离率要求值；

γ_{FI2}——模糊度为 2 的故障隔离率要求值；

γ_{FI3}——模糊度为 3 的故障隔离率要求值；

γ_{FA}——虚警率要求值；

MTTR_1——不可检测故障的修复时间；

MTTR_2——可检测故障的模糊度 1 隔离的修复时间；

MTTR_3——可检测故障的模糊度 2 隔离的修复时间；

MTTR_4——可检测故障的模糊度 3 隔离的修复时间；

MTTR_5——虚警的修复时间。

(2) 故障率修正模型

故障率修正模型中考虑了虚警次数，计算公式如下：

$$\lambda=\lambda_0+\lambda_{\mathrm{FA}}\tag{2-10}$$

(3) 不可使用时间模型

不可使用时间模型包含评估周期内的故障导致的修复性维修时间、后勤延误时间和预防

性维修时间,计算公式如下:

$$T_{CN}=T_{CM}N_F+T_{MLD}N_M+T_{PM}N_P \tag{2-11}$$

式中:N_F——故障次数;

T_{MLD}——平均后勤延误时间;

N_M——后勤延误次数;

T_{PM}——平均预防性维修时间;

N_P——预防性维修次数。

(4) 使用可用度计算模型

使用可用度计算模型包含评估周期时间和不可用时间,使用可用度 A_o 计算公式如下:

$$A_o=1-\frac{T_{CN}}{T_T} \tag{2-12}$$

式中:T_{CN}——评估周期内的总不可用时间;

T_T——评估周期时间。

为了获得评估周期内使用可用度的变化趋势,这里给出了使用可用度的抽样评估模型,计算公式如下:

$$A_o=1-\frac{M_{CN}}{M_T} \tag{2-13}$$

式中:M_{CN}——评估时刻由于维修引起的不可用产品的数量;

M_T——评估时刻产品的总数量。

2. 仿真案例

(1) 案例想定

某型飞机在2个外场驻点各部署8架执行巡航任务,每年执行任务的时间占比为60%。飞机出现故障后通过故障件更换或原位维修的方式进行修复,各外场驻点具备更换LRU的能力。各驻点拆换下的可修故障件送回修理站进行维修,剩余不可修件可送至修理厂进行维修。各驻点产生的备件需求由修理站进行供应,发生短缺时由修理站进行采购。主要的案例想定参数如表2-12所列。

表2-12 案例想定参数说明

项 目	想定参数说明
装备系统	• 每个驻点8架飞机; • 评估周期为1年
保障组织	• 2个外场驻点、1个修理站和1个修理厂。 • 驻点更换LRU,修理站修理LRU或SRU,修理厂维修修理站不能修复的单元。 • 从驻点C到修理站的运输时间是2天,从修理站到驻点的运输时间为1天;从驻点F到修理站的运输时间是4天,从修理站到驻点的运输时间为2天。 • 从修理站把故障产品送到修理厂维修的运输时间为2天。 • 当LRU出现故障时,订货策略是慢型,驻点F和驻点C向父级站点的订货策略为慢,修理站向修理厂的订货策略为快
运输剖面	• 修理站—修理厂每周一和周四12:00分别运输一次,一年运输52周; • 各驻点之间允许横向保障,运输时间为6 h

续表 2-12

项　目	想定参数说明
使用剖面	• 任务：每天 10:00 开始 6 架飞机进行日间巡航 10 h，最少 5 架启动任务；每天 0 点开始 6 架飞机进行夜间巡航 5 h，最少 5 架启动任务。 • 任务剖面：第 1 次巡航从每年第 60 天开始，持续 90 天；第 2 次巡航从每年第 180 天开始，持续 90 天；第 3 次巡航从每年第 300 天开始，持续 64 天，然后全年任务结束
维修活动	• 修复性维修：普通 LRU 和发动机的更换在驻点 C 和驻点 F 进行，发动机单元和发动机维修在修理站进行，其他单元部分可在修理站修理，不能修理的部分送至修理厂修理； • 预防性维修：发动机需进行大修，大修间隔为 4 800 使用小时，在驻点进行发动机更换，修理站进行发动机和发动机单元的大修
维修资源	• 修理站、修理厂和驻点都需要配置普通维修技术员若干； • 对引擎或引擎单元的维修需要配置引擎维修技术员 L2、引擎维修台 L2、引擎保障设施 L3 和引擎维修技术员 L3
库存资源	在修理站、驻点 C 和驻点 F 按照需求进行配置

(2) 仿真输入数据

仿真输入数据包括装备系统数据、保障组织数据、运输剖面数据、使用剖面数据、维修活动数据、维修资源数据和库存资源数据，飞机的可靠性数据归入装备系统数据管理，飞机的维修性和测试性数据归入维修活动数据管理。仿真涉及的可靠性和测试性参数如表 2-13 所示，其他数据略。

表 2-13　可靠性和测试性参数设置

编　号	产品名称			配套数量	故障率 /(10^{-6} · h^{-1})	γ_{FD} <1>	γ_{FI1} (故障隔离模糊度为 1)	γ_{FI2} (故障隔离模糊度为 2)	γ_{FI3} (故障隔离模糊度为 3)	γ_{FA} <0>
10		TBU02		4	15.9	0.905	0.9	0.92	0.9	0.025
11		TBU03		8	50.99	0.905	0.9	0.92	0.9	0.025
12		TBU04		40	46.6	0.905	0.9	0.92	0.9	0.025
13		TBU05		4	113.9	0.905	0.9	0.92	0.9	0.025
14			SBU05.1	2	25	0.911	0.9	0.92	0.9	0.025
15			SBU05.2	1	30	0.92	0.9	0.92	0.9	0.025
16			SBU05.3	1	20	0.89	0.9	0.92	0.9	0.025
17		TBU06		4	27	0.94	0.91	0.92	0.93	0.005
18		TBU07		1	68	0.93	0.91	0.92	0.93	0.005
19		TBU08		1	68	0.925	0.91	0.92	0.93	0.005
20		TBU09		4	73.7	0.95	0.91	0.92	0.93	0.005
21		TBU010		1	65.7	0.93	0.91	0.92	0.93	0.005

续表 2-13

编　号	产品名称			配套数量	故障率 /$(10^{-6}\cdot h^{-1})$	γ_{FD} <1>	γ_{FI1}（故障隔离模糊度为1）	γ_{FI2}（故障隔离模糊度为2）	γ_{FI3}（故障隔离模糊度为3）	γ_{FA} <0>
22		TBU011		4	8	0.94	0.91	0.92	0.93	0.005
23		TBU012		2	97.28	0.92	0.91	0.92	0.93	0.005
24			SBU12.1	4	7.2	0.92	0.91	0.92	0.93	0.005
25			SBU12.2	2	22	0.92	0.91	0.92	0.93	0.005
26			SBU12.3	1	10	0.92	0.91	0.92	0.93	0.005

(3) 仿真输出数据

仿真得到了上述测试性要求对应的可用度随时间的变化情况，如图2-16所示。

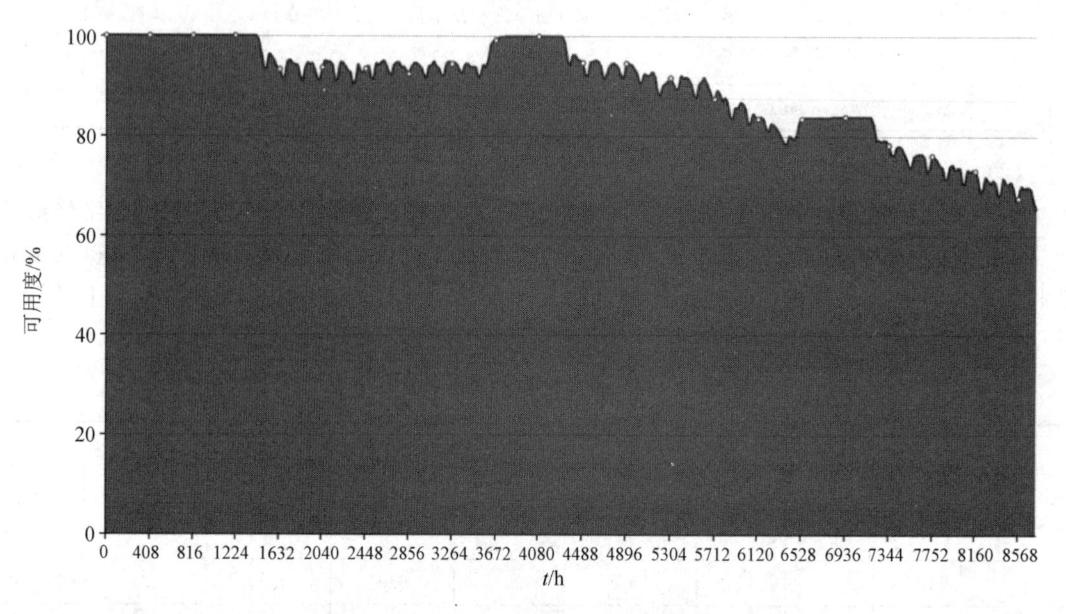

图2-16　可用度随时间的变化趋势

2.5.3　基于诊断效率确定测试性定量要求

2.5.3.1　确定过程

测试性要求确定的具体过程如下：

(1) 确定的需求

确定的需求包括要求和想定，主要反映使用需求和保障需求。使用需求，诸如系统安全性、出动架次率、任务完成成功率等；保障需求，诸如每飞行小时的维修工时、两/三级维修方案等。

(2) 转换确定测试性需求

根据确定的需求，可进一步转换确定如下三类测试性需求：决策、约束和功能。

● 确定决策需求：利用诊断提供的信息进行决策支持。应考虑所有的任务、安全性和维修决策，确保覆盖所有的诊断信息需求。任务决策可能有任务前、任务启动、任务过程、任务恢复等决策，安全性可能有任务中安全关键项目或者功能等决策，维修有任务前、任务后、计划维修、系统功能恢复等决策。

- 确定诊断约束：确定诊断是否存在确定的限制，如移动性、正确性、体积和重量等限制条件。
- 确定需要诊断的功能：确定哪些系统功能需要进行诊断，以提供匹配的诊断信息用于决策。

(3) 整合成为测试性要求

- 确定必需的测试性要求：对每个系统功能，确定其所需的具体诊断信息(诊断事件)，形成测试性要求。
- 裁减测试性要求来满足系统需求：对测试性要求进行准确的描述。测试性要求可以如下表示：每个功能和它的决策/事件组合形成一个单独的要求；每个功能的单独的测试性要求可以包括一组决策/事件清单，或者采用功能和事件列表交叉方式。

(4) 测试性要求的分配

- 确定测试性要素：确定用于获取诊断信息的资源，如 BIT、保障设备诊断、人工测试的测试性要素，确定这些要素在上层产品层次的配置。
- 将测试性要求向下传递：根据上层产品层次的配置，确定下层产品层次的测试性要求。
- 确定物理项目的测试性要求：建立具有诊断能力的项目的详细测试性要求。

2.5.3.2　F-22 测试性要求确定示例

F-22 测试性要求的确定程序如下：首先，明确 F-22 的使用需求；其次，将使用需求转换为测试性需求；随后，将测试性需求整合为测试性要求；接着，分配测试性要求，将 F-22 测试性要求分配给所有的产品层次和测试性要素；最后，形成一组相互协调的测试性要求。

1. 立项前——明确装备系统的使用需求

在 F-22 开始研制前，美国空军通过实施高可靠性战斗机计划为 F-22 确定了总体要求：F-22 能够在很简陋的机场自主运行 30 天(相当于 250 飞行小时)，需要小的维修或无需维修，即仅需要很少的人力和燃油及弹药的补充而无需大量的备件和保障设备。把保障性作为平时训练节省费用和战时提高系统效能的重要因素。

在需求说明中，美国空军对 F-22 提出如下需求："为了满足在 1990—2010 年间空对空、空对地(海)面战斗的任务要求，F-22 必须使性能与保障性取得平衡，并且能够在简陋机场跑道上起飞着陆，而且仅需少量保障，确保在很少的人力和备件保障条件下具有高的执行任务率。"

为此，美国空军组织专门的调研组，对现役战斗机 F-14、F-111、F-15 和 F-16 等进行全面调查研究，并对这些战斗机的可靠性、维修性和保障性设计问题进行分析后，提出了改进措施。

通过对现役飞机的调研，了解现役飞机的使用和保障问题，包括中继级维修保障设备(即自动测试设备)存在体积、重量及费用问题，特别是飞机的自身保障问题，针对飞机部署的机动性，提出了减少或取消中继维修方案，采用两面级维修的初步措施/保障方案。

2. 方案探索阶段——确定备选测试性方案和初始要求

(1) 将使用需求转换为测试性需求

在方案探索阶段,F-22的需求说明中确定的使用需求,反映了F-22必须提供的能力和如何实现这种能力,包括飞行安全、出动架次率和任务成功率和保障需求。例如,F-22的需求说明提出飞机出动架次率=4~5次/天、再次出动准备时间=15 min等使用需求,根据这些需求可以得到测试性需求。

美国空军对F-22进行了寿命周期费用分析,进一步对其性能、费用与保障性进行权衡,全面分析了其作战使用、费用、设计复杂性和技术风险等因素;同时为在世界范围内部署F-22,还要求大大减少飞机后勤保障规模,要采用超高速集成电路和模块化的综合航空电子技术、合适的航空电子和软件标准,从而确定了F-22的测试性要求。

测试性需求包括诊断决策/事件、诊断约束和需要提供诊断信息的功能。例如,在飞机飞行前对其进行检查时,维修人员发现发动机出现故障,此时需要进一步检查,决定更换哪个零部件可使发动机正常工作,才能使飞机安全飞行等诊断决策;在什么限制内提供所需的诊断能力,如诊断准确度、诊断时间以及体积和重量等诊断约束;应对飞机哪些系统功能(如摧毁坦克和通信等)进行诊断以提供进行决策所需的诊断信息。

(2) 将测试性需求整合为测试性要求

将需要诊断信息的那些功能与需要诊断信息时的那些事件和适用的约束、精度与参数建立联系。把测试性需求整合成为一组完整的测试性要求,包括初始的定性要求、定量指标和诊断方案,并对适当的设计层次进行相关的验证。

在方案探索中,战术空军司令部为满足总目标的要求,利用美国空军常用的仿真模型如后勤复合模型进行保障性分析,并通过对F-16的演示进一步明确F-22诊断的初始目标:"在系统运行过程中,利用BIT和重构技术,对功能组件和外场可更换模块实现100%的故障检测和隔离;在基层级维修中,对功能组件和外场可更换模块实现100%的故障检测和隔离;在基地级维修中,对元器件实现100%的故障检测和隔离。"诊断能力组合的选择考虑了机上的BIT、容错能力、状态监控、结构和功能划分以及测试点等设计技术;自动测试设备、人工测试设备、测试程序集等外部硬件和软件;技术手册、信息系统和操作人员显示器等技术信息;人员技术等级、正式的学校教育和在职培训等培训措施。

在方案探索阶段还提出了定性要求:记载诊断系统应具有极高的可靠性,能把故障隔离到电路板级;采用VHSIC/VLSI的航空电分系统应具有先进的BIT电路,不仅在基片级而且在分系统级故障要向维修处理机报告;故障的模块应直接送到修理厂修理。

(3) 分配测试性要求

分配的目的是合理实现由转换和整合活动获得的测试性要求。它通过分析、权衡并考虑更低设计层次的能力和在更高层次的诊断组合,以及受诊断能力或准确度影响的设计决策,决定诊断组合的每个要素对满足测试性要求应作出的贡献,以及决定应在什么设计层次,功能性的测试性要求得到实现,并转换成为物理设计要求。

方案探索阶段的分配通常把从需求说明得到的装备系统级的测试性要求分配给飞机(装备级)、保障系统和训练系统,并生产基本的诊断方法和诊断方案。以F-22为例,为了满足F-22(装备系统级)出动架次率(4~5次/天)和再次出动准备时间(15 min)等的要求,通过保障性分析和权衡分析以及根据相似机种的经验,分配给飞机(装备级)的测试性要求为:飞机采用 2 级维修方案，而且在诊断效率＝0.96 的情况下，MTTR 应为 20 min，参见表 2－14。

表 2－14　测试性要求的确定和示例

产品层次	测试性要求	参数示例	工程过程
立项前	需求说明	获得最大的出动架次率	用户要求
装备系统	总要求	• 出动架次率为 4～5 次/天； • 再次出动准备时间＝15 min	从需求说明导出
装备	飞机测试性要求	• 飞机采用 2 级维修； • MTTR＝20 min； • 诊断效率＝0.96 等	• 从使用要求文件导出； • 保障性分析； • 权衡分析； • 保障维修方案及规程； • 关键通路分析； • 出动架次分析； • 经验教训等
功能系统	航空电子、机械和结构等系统测试性要求	• 航空电分系统； • MTTR＝10 min； • MTTD＝5 min； • 诊断效率＝0.98 等	• 划分研究； • 权衡分析； • LCC 分析； • 测试性要求量化； • 剪裁指南； • 实施指南等
功能分系统	通信、导航等分系统测试性要求	• 通信分系统； • MTTR＝5 min； • 故障检测时间＝1 min； • 故障隔离到模块一级； • 使用保障设备等	• 规范制定； • 权衡分析； • LCC 分析； • 备件补给分析方案； • 仿真等
设备/组件级	无线电发射机、处理机等测试性要求	• 无线电发射机：MTTR＝5 min； • 模块 BIT 的 FDR 为 99%和 FIR 为 98%； • 使用便携式维修辅助装置等	• 可靠性、维修性、保障性分析； • FMECA； • 修理级别分析； • 故障仿真等
零部件	微处理器、VHSCI 器件等测试性要求	• 微处理器； • 单片机自测试的 FDR、FIR 要求都为 100%； • 模糊组＝3 等	• 实施指南； • 测试性分析； • 故障仿真等

接着，通过功能系统的划分研究、权衡分析、LCC 分析和测试性要求的量化等一系列分析，把装备级要求分配给各个功能系统。这时需要把飞机的测试性总要求进一步分解，例如对于航空电分系统，把 MTTR 进一步分解出平均诊断时间（MTTD），在诊断效率为 0.98 的情况下，得出航空电分系统的 MTTR＝10 min，MTTD＝5 min 等。

3. 验证与确认阶段——确定测试性和诊断的最终要求

本阶段的主要任务是制定详细的技术规范，以产生具有诊断能力的产品，例如产生 BIT 的算法和电路、保障设备的接口与测试程序集等。在整个验证与确认阶段，通过各种设计分析和大量综合权衡、试验与验证以及系统要求评审和系统设计评审等工作，把方案探索阶段形成的初始测试性要求进一步调整和细化,写入修改的使用要求文件中。

(1) 确定F-22的使用要求变化情况

经过设计分析以及确定使用需求产生的变化后,或者增加新的需求,如果发生了变化,应对方案探索阶段的结果进行修改或(和)补充。在验证与确认阶段,F-22的出动架次率和再次出动准备时间分别调整为无重大损坏连续出动12架次/天和18 min等。

(2) 在新的设计层次上分配测试性要求

在本阶段开始进行的设计层次,重复进行方案探索阶段的转换和整合活动,对在方案探索阶段确定的装备级(包括装备级和功能系统级)的要求重新进行评价,并把这些要求进一步分配到新设计的产品层次,例如分配给通信分系统。这时,通信分系统可以根据上一设计层次(航空电子分系统)的测试性要求、系统结构(模块式航空电子结构),通过进行LCC、权衡分析、仿真分析和备件供应分析等得出的诊断方法,然后基于模块化的设计方法,得到分配给通信分系统的MTTR=5 min。把诊断效率0.98转换成故障检测时间为1 min,以及确定故障隔离到模块级和使用保障设备等测试性要求。

(3) 把测试性要求分配到最低的设计层次

产品设计的最低层次(如组件级或零部件级)可能在本阶段开始设计或在工程研制与制造阶段才开始设计。通常根据可靠性、任务重要性和其他规则把功能分系统级的要求逐级分配到最低的设计层次。通过可靠性分析、维修性分析、保障性分析、FMECA、故障仿真和诊断权衡等活动,把通信分系统的测试性要求分配给无线电发射机和处理机等。例如,无线电发射机分配的要求为:MTTR=5 min,模块BIT的故障检测率(FDR)和故障隔离率(FIR)分别为99%和98%,使用便携式维修辅助装置。最后,通过测试性分析和故障仿真等活动把要求分配给最低设计层次(如微处理器、VHSCI器件等),例如微处理器。为了满足以上要求,微处理器设计采用基片诊断技术和规定故障隔离模糊度,微处理器的测试性要求为:单片机自测试的FDR、FIR要求为100%,模糊组=3等。

(4) 对各个诊断要素分配要求,形成一组相互协调的测试性要求

在对各个产品层次分配测试性和测试性要求的同时,对各个诊断要素分配,包括机载诊断系统的BIT、基层级维修的便携式维修辅助装置(PMA)和基地维修的自动测试设备(ATE)等。

在飞机上,F-22的嵌入式诊断通过采用各种诊断方法必须准确检测和分析99%的已知故障,并以最低的虚警率将故障隔离到外场可更换模块(LRM)。嵌入式诊断采用周期BIT(PBIT)和操作人员启动BIT(IBIT)。PBIT用于检测所有对任务和安全产生关键影响的故障,并向驾驶员发出告警;PBIT不中断系统的正常工作,保证飞机各系统的容错能力;操作人员通过IBIT检测所有故障,并将故障有效隔离到一个或一组LRM,故障隔离率分别为98%和100%。

在基层级维修中,外部诊断为弥补嵌入式诊断不能检测出所有故障的不足,通过采用PMA来扩大F-22的诊断能力,执行嵌入式诊断(BIT)不能完成的诊断,保证检测出100%的故障。

在基地级维修中,诊断主要利用自动测试设备来实现对元器件的100%故障检测和隔离。基地测试站的布局是一种分布式结构系统,它由多台可独立工作的测试设备构成,这些测试设备是根据各种具体被测单元的维修工作量设置的。

在完成所有的分配工作之后，把每一个设计层次的所有要求整合成一组相互协调的测试性要求。

习　题

1. 确定诊断方案和测试性要求时应该考虑哪些因素？
2. 什么是故障诊断方案？其包括哪些组成要素？
3. 选择最佳诊断方案的过程和步骤是什么？
4. BIT 和 ATE 各有什么特点(优点和缺点)？
5. 选择诊断方案时如何进行定性权衡分析？
6. 你认为在确定诊断方案时有必要进行费用分析吗？这在我国是否可行？
7. 飞机系统和设备一般采用什么样的诊断方案？
8. 测试性定性要求和定量要求一般包括哪些内容？
9. 目前航空装备的 FDR、FIR 和 FAR 要求值一般是多少？

第3章 测试性分配

3.1 概 述

3.1.1 目的和时机

系统的测试性设计指标(测试性定量要求)是由订购方提出的,承制方进行测试性设计时需要将系统的测试性设计指标逐级分配到规定的产品层次,如分系统、现场可更换单元/可更换组件(LRU/LRM)或车间可更换单元(SRU)等。测试性分配的目的就是明确各层次产品的测试性设计指标,并将分配的指标纳入相应的产品设计要求或设计规范,作为测试性设计和验收的依据。各层次产品的设计均达到分配的测试性设计指标,才能保证整个系统设计达到规定的测试性要求。

测试性分配工作主要是在方案和初步(初样)设计阶段进行,还可能需要有修正和迭代过程。

3.1.2 分配的内容和任务

测试性分配的主要内容包括:故障检测率(FDR)指标的分配、故障隔离率(FIR)指标的分配、虚警率(FAR)或平均虚警间隔时间(MTBFA)要求值的分配。故障检测时间一般是由设计者依据故障模式影响分析确定,影响使用安全性的关键的故障检测时间规定不应超过1 s,其他的不超过1 min等,所以故障检测时间不需要进行分配。故障隔离时间是故障平均修理时间(MTTR)的组成部分,维修性分配中已考虑,故不需要再另行分配。有关测试资源的配置,是依据诊断方案要求确定的,故这里不再考虑测试资源分配问题。

测试性分配工作的主要任务是选用适当的方法将系统的FDR和FIR指标,以及虚警的定量要求,分配给需要规定测试性设计指标的产品层次,纳入其设计规范,以便进行测试性设计的技术管理与评价。

3.1.3 测试性分配原则

产品分为多个层次,如系统、分系统、LRU、SRU等,测试性分配是从整体到局部、从上到下的指标分解过程。各层次产品之间的指标分配过程相同,分配工作可能需要有修正和迭代的过程,以使整体和部分协调一致,指标分配更合理。

进行测试性分配时应注意遵从以下分配原则:

分配原则一:选用适当方法将系统FDR、FIR指标分配给系统的各组成单元,其量值一般应大于0小于1,极值等于0或等于1。需要建立适用的分配模型,其函数关系为

$$\gamma_{ai}=f_1(\gamma_{Sr},k_i) \quad i=1,2,\cdots,n \tag{3-1}$$

$$0\leqslant\gamma_{ai}\leqslant 1 \tag{3-2}$$

式中：γ_{ai}——第 i 个组成单元的 FDR、FIR 分配指标；

γ_{Sr}——系统 FDR、FIR 要求指标；

k_i——分配时考虑的有关影响因素系数；

n——系统组成单元数。

分配原则二：进行 FDR、FIR 指标分配时一般应考虑有关影响因素，如故障率、故障影响（或重要度）、平均故障修复时间（MTTR）、实现自动测试的费用等。可以只考虑一种或两种影响因素，也可以综合考虑多种影响因素，应明确各影响因素与分配模型中影响系数 k_i 的关系：

$$k_i = f_2(\lambda, F, M, C) \tag{3-3}$$

式中：λ——故障率；

F——故障影响或重要度；

M——平均故障修复时间；

C——实现自动测试的费用。

分配原则三：依据分配给各组成单元的 FDR、FIR 指标综合后得到的系统的测试性指标，应大于（至少等于）原来要求的系统测试性指标。需要建立如下式所示的函数关系，以便检验分配结果是否符合要求：

$$\gamma_S = f_3(\gamma_{a1}, \gamma_{a2}, \cdots, \gamma_{an}) \tag{3-4}$$

$$\gamma_S \geqslant \gamma_{Sr} \tag{3-5}$$

式中：γ_S——依据分配结果综合后得到的系统的 FDR、FIR 指标；

γ_{ai}——第 i 个组成单元的 FDR、FIR 分配指标；

γ_{Sr}——原系统要求的 FDR、FIR 指标。

分配原则四：分配的是自动测试设计的 FDR 与 FIR 的指标，应用所有测试方法（包括人工测试）进行测试时，产品故障检测与隔离能力应达到 100%。

分配原则五：有关虚警定量要求分配问题，因为涉及不确定因素较多，在未有简单工程适用方法时，可以用等约束条件方法确定分配值，即参照系统级的指标，FAR 用等值分配法、MTBFA 等比值分配方法确定各组成单元的的指标。

3.2　检测与隔离要求的分配方法

故障检测与隔离能力要求用故障检测率和隔离率的量值表示，即 FDR 和 FIR 指标。进行指标分配时需要建立系统的功能层次图（明确分配指标的产品层次关系）和分配用的数学模型（上层产品与下层产品指标间的关系）。FDR 和 FIR 指标分配有几种较为实用的方法可以选用：如等值分配方法、故障率分配方法、考虑故障率和费用分配方法、综合加权分配方法、非线性分配方法、有部分老产品时的分配方法、考虑系统级测试的分配方法等。

3.2.1　等值分配方法

在系统各组成单元特性差别不大、没有故障率数据的情况下，可直接规定系统各组成单元的测试性指标等于系统要求指标，即所谓等值分配方法。

等值分配方法可以用下式简单表示：

$$\gamma_{ai}=\gamma_{Sr}\quad i=1,2,\cdots,n \tag{3-6}$$

式中：γ_{Sr}——规定的FDR、FIR系统指标；

γ_{ai}——第 i 个组成单元的FDR、FIR分配指标；

n——系统组成单元数。

例如，规定的系统FDR指标为 $\gamma_{FDS}=0.95$，分配给5个组成单元。用等值分配方法分的结果如下：

组成单元：	LRU_1	LRU_2	LRU_3	LRU_4	LRU_5
分配值 γ_{FDi}：	0.95	0.95	0.95	0.95	0.95

该方法未考虑与分配有关的各种影响因素和约束条件，直接规定系统各组成单元的指标 γ_{ai} 等于系统规定的指标 γ_{Sr} 即可，不需要做更多的分配工作。考虑到存在不确定因素，也可以适当提高一点BIT费用较低的组成单元的指标，以确保达到规定的系统测试性要求。

等值分配方法符合前面的分配原则一和分配原则三，因为各组成单元特性相似，有关影响因素差别不大，所以没有考虑分配原则二。

3.2.2　故障率分配方法

3.2.2.1　分配方法和步骤

故障率分配方法只考虑故障率影响，简单实用。具体分配方法和步骤如下：

① 画出系统功能构成层次图，说明系统指标分配的产品层次。

② 分析各层次产品的组成单元特性，取得故障率数据和系统规定的指标。

③ 用下面的数学模型计算各组成单元的FDR和FIR分配值。

$$\gamma_{FDi}=1-\frac{\lambda_s(1-\gamma_{FDS})}{n\lambda_i} \tag{3-7}$$

式中：γ_{FDi}——第 i 个组成单元的FDR分配值；

γ_{FDS}——系统FDR要求值；

λ_s——系统故障率；

λ_i——第 i 个组成单元的故障率；

n——系统组成单元数。

$$\gamma_{FIi}=1-\frac{\lambda_{DS}(1-\gamma_{FIS})}{n\lambda_{Di}} \tag{3-8}$$

式中：γ_{FIi}——第 i 个组成单元的FIR分配值；

γ_{FIS}——系统FIR要求值；

λ_{DS}——系统可检测的故障率（$\lambda_{DS}=\lambda_s\gamma_{FDS}$）；

λ_{Di}——第 i 个组成单元可检测的故障率（$\lambda_{Di}=\lambda_i\gamma_{FDi}$）；

n——系统组成单元数。

如果某个组成单元故障率 λ_k 特别低并满足下式，则表明不需要给此单元分配测试性指标。未分配指标的组成单元仍需要进行测试性设计，满足测试性定性设计要求。

$$\frac{\lambda_s}{\lambda_k}\leqslant\frac{n}{(1-\gamma_{FDS})} \tag{3-9}$$

④ 确定各组成单元的分配值。

测试性指标一般为两位百分数(××%)，而计算的分配值为多位小数，所以应将第三位小数进位，取两位即可。

⑤ 指标的调整与验算。

若考虑存在未考虑的影响因素、个别组成单元特殊要求和给系统设计留有余量，就需要对分配指标值进行必要的调整。这时要用以下两式进行验算，以保证依据各组成单元分配值进行综合后得到的系统的 FDR、FIR 参数值(γ_{FDS}、γ_{FIS})大于原要求值。

$$\gamma_{FDS}=\sum_{i=1}^{n}\lambda_i\gamma_{FDi}\Big/\sum_{i=1}^{n}\lambda_i \tag{3-10}$$

$$\gamma_{FIS}=\sum_{i=1}^{n}\lambda_{Di}\gamma_{FIi}\Big/\sum_{i=1}^{n}\lambda_{Di} \tag{3-11}$$

3.2.2.2　分配示例

某系统由 5 个 LRU 组成，其功能层次图如图 3-1 所示，图中各方框内所标注数据是第 i 个组成单元的故障率 λ_i(单位：10^{-6}/h)。要求的系统故障检测率 $\gamma_{FDS}=0.95$，要求的系统故障隔离率 $\gamma_{FIS}=0.98$。分配工作的任务是将系统要求指标分配给系统的 5 个组成单元。

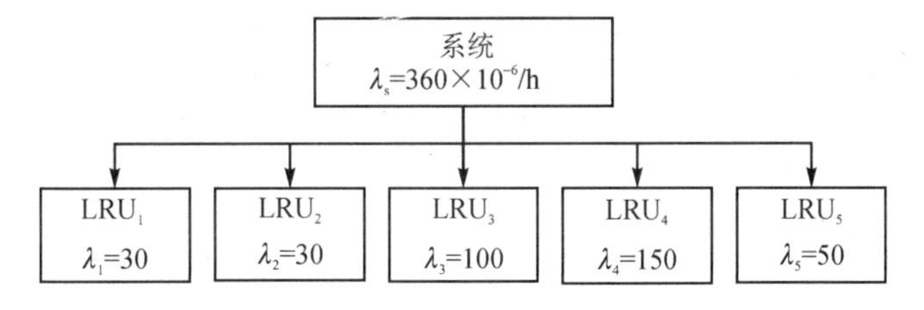

图 3-1　某系统的功能层次图(1)

1. FDR 指标的分配

要求的系统故障检测率 $\gamma_{FDS}=0.95$，单元数 $n=5$，已知故障率数据标注在功能层次图中。选用故障率分配方法，将有关数据 γ_{FDS}、n、λ_s 和 λ_i 等代入式(3-7)即可计算出分配结果。

例如：

LRU_1 的 FDR 分配值 $\gamma_{FD1}=1-\lambda_s(1-\gamma_{FDS})/n\lambda_1$

$=1-360(1-0.95)/(5\times30)=0.88$

LRU_2 的 FDR 分配值 $\gamma_{FD2}=0.88$

LRU_3 的 FDR 分配值 $\gamma_{FD3}=1-\lambda_s(1-\gamma_{FDS})/n\lambda_3$

$=1-360(1-0.95)/(5\times100)=0.964$

利用同样的方法可以得到 LRU_4 和 LRU_5 的分配值，分配结果如表 3-1 所列。

表 3-1　故障率分配方法示例(FDR)(1)

组成单元	数量 n	$\lambda_i/(10^{-6}\cdot h^{-1})$	γ_{FDi} 计算值	γ_{FDi} 调整值
LRU_1	1	30	0.88	0.88
LRU_2	1	30	0.88	0.88
LRU_3	1	100	0.964	0.97
LRU_4	1	150	0.976	0.98
LRU_5	1	50	0.928	0.93
合计	5	$\lambda_s=360$	$\gamma_{FDS}=0.950\ 0$	$\gamma_{FDS}=0.953\ 6$

由计算的分配值取两位小数,适当调整后即为分配的结果,列在表3-1的第5列。

使用式(3-10)进行计算,可以得到调整后的系统 $\gamma_{FDS}=0.9536$,大于要求值 $\gamma_{FDS}=0.95$,分配结果符合分配要求。

2. FIR指标的分配

要求的系统故障隔离率 $\gamma_{FIS}=0.98$,系统可检测的故障率 λ_{DS} 和第1个组成单元可检测的故障率 λ_{D1} 可用下式求出:

$$\lambda_{DS}=\lambda_s\gamma_{FDS}=360\times0.95=342$$

$$\lambda_{D1}=\lambda_1\gamma_{FD1}=30\times0.88=26.4$$

其他 λ_{Di} 值可用同样方法得出。

利用式(3-8)即可计算出第1个组成单元的FIR分配值,例如:

$$\gamma_{FIS}=1-342\times(1-0.98)/(5\times26.4)=0.94818$$

利用同样的方法可以计算出其他的 λ_{Di} 值和 γ_{FIi} 值。

指标分配的计算值、调整值以及验算结果列于表3-2中,由表中数据可知,分配结果符合要求。

表3-2　故障率分配方法示例(FIR)

组成单元	数量 n	$\lambda_{Di}/(10^{-6}\cdot h^{-1})$	γ_{FIS} 计算值	γ_{FIS} 调整值
LRU_1	1	26.4	0.948 18	0.95
LRU_2	1	26.4	0.948 18	0.95
LRU_3	1	96.4	0.985 81	0.99
LRU_4	1	146.4	0.990 66	0.99
LRU_5	1	46.4	0.970 52	0.97
合计	5	$\lambda_{DS}=342$	$\gamma_{FIS}=0.98000$	$\gamma_{FIS}=0.98111$

3. 缺少故障率数据时的分配

测试性分配时如果暂时得不到故障率数据,则可以用评分方法估计各组成单元的故障率的相对值,代替故障率数据进行分配,待有具体故障率数据后再进行调整。

依据工程经验和可靠性分析,给各组成单元评分,分数范围是1～10分。相对比较,故障率最低的1～2分,较低的3～4分,中等的5～6分,较高的7～8分,最高的9～10分。系统的故障率评分等于各组成单元的故障率评分之和。

将各组成单元的故障率评分和系统的故障率评分替代式(3-7)中的 λ_i 和 λ_s,即可求出各组成单元的FDR指标分配值。

如图3-1所示的系统,要求的系统故障检测率 $\gamma_{FDS}=0.95$,各组成单元 LRU_1～LRU_5 的故障率评分分别是2、2、8、10和6,系统的故障率评分是28。

例如 LRU_1 的FDR分配值:

$$\gamma_{FD1}=1-28\times(1-0.95)/(5\times2)=0.86$$

利用同样的方法可以设计出其他组成单元的FDR分配值。

计算值、调整值和检验值如表3-3所列,由表中数据可知,分配结果符合要求。

表 3－3　故障率评分分配方法示例(FDR)

组成单元	数量 n	λ_i 评分	γ_{FDi} 计算值	γ_{FDi} 调整值
LRU_1	1	2	0.86	0.86
LRU_2	1	2	0.86	0.86
LRU_3	1	8	0.965	0.97
LRU_4	1	10	0.972	0.98
LRU_5	1	6	0.953 33	0.96
合计	5	λ_s 评分=28	$\gamma_{FDS}=0.95$	$\gamma_{FDS}=0.954\ 3$

3.2.3　考虑故障率和费用分配方法

3.2.3.1　分配方法和步骤

系统各组成单元之间进行比较，故障率高的组成单元应分配较高的指标，实现测试的费用较低的组成单元应分配较高的指标；否则，应分配较低的指标。同时考虑故障率和费用两种因素进行分配时，其步骤和过程与故障率分配方法的相同，只是计算各组成单元分配值时使用如下分配模型：

$$\gamma_{FDi}=1-\frac{C_i\lambda_s(1-\gamma_{FDS})}{\lambda_i\sum_{i=1}^{n}C_i} \tag{3-12}$$

式中：γ_{FDS}——系统 FDR 要求值；

γ_{FDi}——第 i 个组成单元的 FDR 分配值；

λ_i——第 i 个组成单元的故障率；

C_i——第 i 个组成单元实现测试费用；

λ_s——系统故障率；

n——系统组成单元数。

$$\gamma_{FIi}=1-\frac{C_i\lambda_{DS}(1-\gamma_{FIS})}{\lambda_{Di}\sum_{i=1}^{n}C_i} \tag{3-13}$$

式中：γ_{FIS}——系统 FIR 的要求值；

γ_{FIi}——第 i 个组成单元的 FIR 分配值；

λ_{Di}——第 i 个组成单元可检测的故障率($\lambda_{Di}=\lambda_i\gamma_{FDi}$)；

C_i——第 i 个组成单元实现测试费用；

λ_{DS}——系统可检测的故障率($\lambda_{DS}=\lambda_s\gamma_{FDS}$)；

n——系统组成单元数。

3.2.3.2　分配示例

仍以图 3－1 所示的系统为例，将已知故障率数据和费用数据列入表 3－4 中。

① 用式(3－12)计算各组成单元的 FDR 指标分配值，如表 3－4 所列。

表 3-4 考虑故障率和费用分配方法示例(FDR)

组成单元	数量	$\lambda_i/(10^{-6}\cdot h^{-1})$	C_i/元	γ_{FDi} 计算值	γ_{FDi} 调整值
LRU_1	1	30	350	0.825	0.83
LRU_2	1	30	300	0.85	0.85
LRU_3	1	100	150	0.977 5	0.98
LRU_4	1	150	200	0.98	0.98
LRU_5	1	50	200	0.94	0.95
合计	5	$\lambda_s=360$	$\sum C_i=1\ 200$	0.95	0.952 5

② 调整和验算：调整值列在表 3-4 的最右边一列，符合分配要求。

③ 当缺少费用数据时，可以用评分方法(1～10 分)确定各组成单元相对费用等级，然后进行分配。

3.2.4 综合加权分配方法

综合加权分配方法是一种考虑多种影响因素的测试性分配方法，它要求分析多种影响分配的系统各组成单元特性，根据有关工程分析数据或专家评分，确定各个影响因素对各组成单元的影响系数和加权系数，然后按照有关数学模型计算出各组成单元的分配值。

3.2.4.1 分配方法和步骤

综合加权分配的方法和步骤如下：

1) 把系统划分为定义清楚的子系统、设备、LRU 和 SRU，画出系统功能层次图，层次图的详细程度取决于指标分配到哪一级。

2) 从可靠性、维修性设计与分析和有关资料中，获得有关测试性分配需要考虑的各影响因素的数据，如故障率、故障影响、平均故障修理时间和费用等数据。

3) 按照系统的构成情况和诊断方案要求等，通过工程分析、专家知识和以前类似产品的经验，确定各组成单元的影响系数，如故障率影响系数(k_λ)、故障影响系数(k_F)、平均故障修理时间(MTTR)、MTTR 影响系数(k_M)和费用影响系数(k_C)等。

4) 确定第 i 个组成单元的综合影响系数 K_i。

① 不考虑各影响因素的权重时，第 i 个组成单元的综合影响系数 K_i 用下式确定：

$$K_i = k_{\lambda i} + k_{Fi} + k_{Mi} + k_{Ci} \tag{3-14}$$

式中：$k_{\lambda i}$——第 i 个组成单元的故障率影响系数；

k_{Fi}——第 i 个组成单元的故障影响系数；

k_{Mi}——第 i 个组成单元的 MTTR 影响系数；

k_{Ci}——第 i 个组成单元的费用影响系数。

② 当考虑各影响因素的权重时，第 i 个组成单元的综合影响系数 K_i 用下式确定：

$$K_i = \alpha_\lambda k_{\lambda i} + \alpha_F k_{Fi} + \alpha_M k_{Mi} + \alpha_C k_{Ci} \tag{3-15}$$

式中：α_λ——故障率影响因素权值；

α_F——故障影响因素权值；

α_M——MTTR 影响因素权值；

α_C——费用影响因素权值。

各影响因素的加权值，由测试性分配者依据各影响因素的重要性确定，各影响因素权值之和应等于1。

当不考虑某项影响因素（如故障影响因素）时，可删去相应系数项。例如，只考虑一个故障率影响因素时，本方法就等同于前面的故障率分配方法。以上各影响系数的确定方法和取值范围详见3.2.4.2小节。

5）计算第 i 个组成单元的分配值。

第 i 个组成单元的分配值用如下数学模型计算：

$$\gamma_{FDi}=1-\frac{\lambda_s(1-\gamma_{FDS})}{K_i\sum_{i=1}^{n}\frac{\lambda_i}{K_i}} \tag{3-16}$$

$$\gamma_{FIi}=1-\frac{\lambda_{DS}(1-\gamma_{FIS})}{K_i\sum_{i=1}^{n}\frac{\lambda_{Di}}{K_i}} \tag{3-17}$$

式中：γ_{FDi}，γ_{FIi}——分别是第 i 个组成单元的FDR、FIR分配值；

γ_{FDS}，γ_{FIs}——分别是系统FDR、FIR的要求值；

K_i——第 i 个组成单元的综合影响系数；

λ_s——系统故障率；

λ_i——第 i 个组成单元的故障率；

λ_{DS}——系统可检测的故障率；

λ_{Di}——第 i 个组成单元可检测的故障率；

n——系统组成单元数。

6）调整和检验。

计算出来的各组成单元的分配值是多位小数，取两位即可。考虑到存在不确定因素，可进行必要的调整和验算，以保证综合后的系统指标大于原要求值。

综合加权分配方法在不考虑各影响因素权重时，是综合分配方法；只考虑一种影响因素时，如故障率，即成为故障率分配方法；也可以考虑两种影响因素，如故障率和费用，同样可以进行分配。

3.2.4.2　确定各影响系数的方法

1. 确定各影响系数的定量方法

将要考虑的各影响因素进行归一化处理并去掉量纲，以便综合统一考虑。

（1）故障率影响系数 k_λ

已知各组成单元的故障率 λ_i，故障率影响系数 k_λ 用下式确定：

$$k_\lambda=\lambda_i\Big/\sum\lambda_i \tag{3-18}$$

（2）故障影响系数 k_F

统计影响安全和任务的故障模式数，即按故障模式影响及危害度分析（FMECA）结果计算各组成单元Ⅰ类和Ⅱ类故障数 F_i，然后计算占系统故障模式总数的比例，来确定 k_F 值：

$$k_F=F_i\Big/\sum F_i \tag{3-19}$$

(3) MTTR影响系数 k_M

已知平均故障修复时间 M_i,它与分配值成反比。k_M 用下式确定:

$$k_M = a_i \Big/ \sum a_i \qquad (3-20)$$

式中:$a_i = 1/M_i$。

(4) 费用影响系数 k_C

已知设计实现自动测试的费用 C_i,它与分配值成反比。k_C 用下式确定:

$$k_C = b_i \Big/ \sum b_i \qquad (3-21)$$

式中:$b_i = 1/C_i$。

2. 确定各影响系数的评分方法

当没有各影响因素的具体数据时,可以采用评分方法确定各影响因素的系数。

k_λ:故障率影响系数,故障率较高的组成单元应取较大的 k_λ 值;

k_F:故障影响系数,对故障影响大的组成单元应取较大的 k_F 值;

k_M:MTTR影响系数,要求MTTR值小的组成单元应取较大的 k_M 值。

k_C:费用影响系数,实现故障检测与隔离费用较低的组成单元应取较大的 k_C 值。

依据系统特性分析结果,对各组成单元特性进行比较,参考表3-5对各影响因素进行评分。

表3-5　确定各影响系数的评分方法

影响评分/分	10～9	8～7	6～5	4～3	2～1
故障率影响系数(k_λ)	故障率最高	较高	中等	较低	最低
故障影响系数(k_F)	故障影响安全	可能影响安全	影响任务	可能影响任务	影响维修
MTTR影响系数(k_M)	最短	较短	中等	较长	最长
费用影响系数(k_C)	最少	较少	中等	较多	最多

3.2.4.3　分配示例

以图3-2所示的系统为例,所取得的数据列于图中(省略了量纲),分别用定量计算方法和评分方法确定各影响因素的影响系数,进行 $\gamma_{FDS}=0.95$ 的分配,暂不考虑各影响因素的权重。

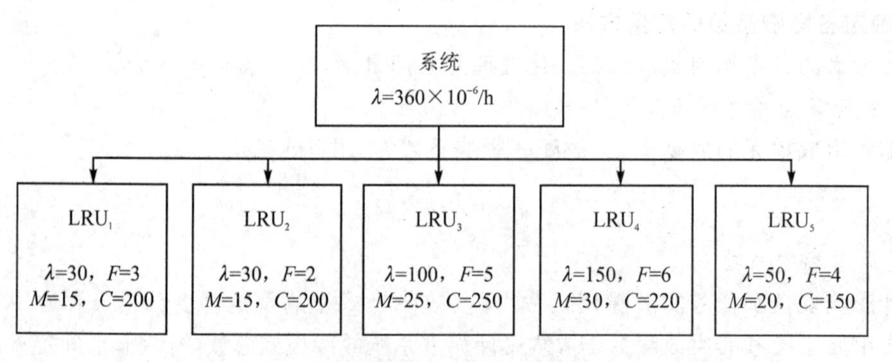

图3-2　某系统的功能层次图(2)

1. 用定量方法确定影响系数的分配

(1) 确定各影响因素的影响系数

取得各影响因素的有关数据，列入表3-6中。利用式(3-18)～式(3-21)计算各个组成单元的影响系数，结果列于表3-7中。

表3-6 各影响因素有关数据示例

组成单元	λ_i	F_i	M_i	$a_i=1/M_i$	C_i	$b_i=1/C_i$
LRU_1	30	3	15	0.066 7	200	0.005
LRU_2	30	2	15	0.066 7	200	0.005
LRU_3	100	5	25	0.04	250	0.004
LRU_4	150	6	30	0.033 3	220	0.004 5
LRU_5	50	4	20	0.05	150	0.006 7
合计	$\sum\lambda_i=360$	$\sum F_i=20$	—	$\sum a_i=0.256\ 7$	—	$\sum b_i=0.025\ 2$

表3-7 各影响因素的影响系数及分配结果

组成单元	$k_\lambda=\lambda_i/\sum\lambda_i$	$k_F=F_i/\sum F_i$	$k_M=a_i/\sum a_i$	$k_C=b_i/\sum b_i$	K_i	γ_{FDi} 计算值	γ_{FDi} 调整值
LRU_1	0.083 3	0.15	0.259 8	0.198 4	0.691 5	0.937 7	0.94
LRU_2	0.083 3	0.1	0.259 8	0.198 4	0.641 5	0.932 8	0.94
LRU_3	0.277 8	0.25	0.155 8	0.158 7	0.842 3	0.948 8	0.95
LRU_4	0.416 7	0.3	0.129 7	0.178 6	1.025	0.958 0	0.96
LRU_5	0.138 9	0.2	0.194 8	0.265 9	0.799 6	0.946 1	0.95
合计	—	—	—	—	—	$\gamma_{FDi}=0.95$	$\gamma_{FDi}=0.952\ 5$

(2) 计算各组成单元的分配值(未考虑各影响因素的权重)

利用式(3-16)计算各组成单元的分配值(未考虑各影响因素的权重)，各组成单元的分配值列入表3-7的第7列。

(3) 调整和验算

① 计算的分配指标检验。依据计算出的各组成单元的分配值，用式(3-10)综合计算系统指标 $\gamma_{FDS}=0.950\ 0$，等于原要求值，表明分配正确。

② 调整后的系统指标取两位小数，调整后的分配值列于表3-7中的第8列。用式(3-10)计算调整后的 $\gamma_{FDS}=0.952\ 5$，大于原要求值，符合分配要求。

2. 用评分方法确定影响系数的分配

假设没有各影响因素的具体数据，此例也可以用评分方法确定影响系数并进行分配。

(1) 确定各影响因素的影响系数

根据各组成单元特性分析，确定各影响因素的评分，各组成单元的综合影响系数是各影响因素的评分之和，结果列于表3-8中，暂不考虑各影响因素的权重。

表 3-8　FDR 指标综合分配示例

组成单元	k_λ	k_F	k_M	k_C	K_i	γ_{FDi} 计算值	γ_{FDi} 调整值
LRU_1	2	5	8	6	21	0.943 77	0.95
LRU_2	2	4	8	6	20	0.940 96	0.94
LRU_3	8	8	5	1	22	0.946 33	0.95
LRU_4	10	10	2	4	26	0.954 58	0.96
LRU_5	6	5	6	8	25	0.952 77	0.96
合计	28	32	29	25	—	$\gamma_{FDS}=0.95$	$\gamma_{FDS}=0.9547$

(2) 计算各组成单元的分配值

利用式(3-16)计算各组成单元的分配值,列入表 3-8 的第 7 列。

(3) 调整和验算

取两位小数,调整后的分配值列于表 3-8 的第 8 列,调整后系统指标大于原要求值,符合分配要求。

3.2.4.4　其他分配模型

1. 测试性分配模型

可以建立不同的系统故障检测率与隔离率指标分配模型,使用不同的分配模型得到的分配结果也不同。只要分配结果符合测试性分配原则和要求,即可在工程中试用。例如,可以选用的另一种测试性分配模型如下:

$$\gamma_{FDi}=\frac{\gamma_{FDi\max}-\gamma_{FDS}}{K_{i\max}-K_s}(K_i-K_s)+\gamma_{FDS} \tag{3-22}$$

$$K_s=\sum_{i=1}^{n}\lambda_i K_i\Big/\sum_{i=1}^{n}\lambda_i \tag{3-23}$$

式中:γ_{FDS}——系统 FDR 要求值;

K_i——第 i 个组成单元的综合影响系数,同式(3-14),其中最大者为 $K_{i\max}$;

γ_{FDi}——第 i 个组成单元的 FDR 分配值,其中对应于 $K_{i\max}$ 的组成单元分配给最大的可实现值 $\gamma_{FDi\max}$,该值由分配者给定;

K_s——系统的有关影响因素的系数;

λ_i——第 i 个组成单元的故障率;

n——系统组成单元数。

此分配模型同样可以用于考虑单一影响因素时的分配方法,也可以用于考虑多种影响因素的综合分配方法。

故障隔离率的分配模型形式与检测率的相同,只要用 λ_{Di} 代替 λ_i 即可。

2. 分配方法和步骤

用此分配模型进行分配时的方法和步骤与前面所述方法相同。

3. 分配示例

仍用图 3-1 所示的系统为例进行 $\gamma_{FDS}=0.95$ 的分配。

(1) 计算各组成单元的分配值

① 这里只考虑故障率影响,计算 $K_1=\lambda_1/\lambda_s=30/360=0.08333$,同样计算出 $K_2\sim K_5$ 的

值以及 K_s 值,并列于表 3-9 中。

② 选取对应最大 K_i 值的 FDR 值,需要高于要求值。此例中 LRU_4 的 $K_{i\max}=0.416\ 67$,所以选取 LRU_4 的 FDR 值 $\gamma_{FDi\max}=0.98$。

③ 计算各组成单元的分配值,结果列于表 3-9 中。

表 3-9　FDR 分配示例

组成单元	数量	$\lambda_i/(10^{-6}\cdot h^{-1})$	$K_i=\lambda_i/\lambda_s$	γ_{FDi} 计算值	γ_{FDi} 调整值
LRU_1	1	30	0.083 33	0.904 65	0.91
LRU_2	1	30	0.083 33	0.904 65	0.91
LRU_3	1	100	0.277 78	0.948 61	0.95
LRU_4	1	150	0.416 67	0.980 0	0.98
LRU_5	1	50	0.138 89	0.917 21	0.92
合计	5	$\lambda_s=360$	$K_s=0.283\ 95$	$\gamma_{FDS}=0.950\ 0$	$\gamma_{FDS}=0.951\ 7$

(2) 调整与验算

取两位小数,调整结果列于表 3-9 中的第 6 列。综合得出的系统的 $\gamma_{FDS}=0.951\ 7$,大于原要求值,符合分配要求。

3.2.5　非线性分配方法

3.2.5.1　分配方法和步骤

非线性分配的方法和步骤如下:

① 把系统划分为定义清楚的子系统、设备、LRU 和 SRU,画出系统功能层次图,层次图的详细程度取决于指标分配到哪一级。

② 从可靠性、维修性设计与分析和有关资料中,获得有关测试性分配需要考虑的各影响因素的数据,如故障率、故障影响、平均故障修理时间和费用等数据。

③ 按照系统的构成情况和诊断方案要求等,通过工程分析、专家知识和以前类似产品的经验以及综合加权分配方法确定形象系数的方法来确定各组成单元的影响系数,如故障率影响系数(k_λ)、故障影响系数(k_F)、MTTR 影响系数(k_M)和费用影响系数(k_C)等。

④ 确定第 i 个组成单元的综合影响系数 K_i。

第 i 个组成单元的综合影响系数 K_i 由式(3-15)确定。

⑤ 计算第 i 个组成单元的分配值。

第 i 个组成单元的指标分配值用如下数学模型计算:

$$\gamma_{FDi}=1-\frac{\lambda_s(1-\gamma_{FDS})}{f(K_i)\sum_{i=1}^{n}\frac{\lambda_i}{f(K_i)}} \tag{3-24}$$

$$\gamma_{FIi}=1-\frac{\lambda_{DS}(1-\gamma_{FIS})}{f(K_i)\sum_{i=1}^{n}\frac{\lambda_{Di}}{f(K_i)}} \tag{3-25}$$

式中:γ_{FDi}、γ_{FIi}——分别是第 i 个组成单元的 FDR、FIR 分配值;

γ_{FDS}、γ_{FIS}——分别是系统 FDR、FIR 的要求值;

K_i——第 i 个组成单元的综合影响系数；

λ_s——系统故障率；

λ_i——第 i 个组成单元的故障率；

λ_{DS}——系统可检测的故障率；

λ_{Di}——第 i 个组成单元可检测的故障率；

n——系统组成单元数。

其中，$f(K_i)$是综合影响系数的非线性函数，此处使用如下函数：

$$f(K_i)=\frac{1}{1+e^{-K_i}} \tag{3-26}$$

该函数能够保证计算值在0～1的范围内，可避免因组成单元之间综合影响系数差别较大而导致的不合理分配结果。

⑥ 调整和检验。

计算出来的各组成单元的分配值是多位小数，取两位即可。考虑存在不确定因素，可进行必要的调整和验算，以保证综合后的系统指标大于原要求值。

3.2.5.2 分配示例

以图3-2所示的系统为例，要求的系统故障检测率 $\gamma_{FDS}=0.95$，要求的系统故障隔离率 $\gamma_{FIS}=0.98$，分配工作的任务是将系统要求指标分配给系统的5个LRU。假定各个影响因素的权重相等，即 $\alpha_\lambda=\alpha_F=\alpha_M=\alpha_C=0.25$。

(1) 计算各影响因素的影响系数

利用式(3-18)～式(3-21)计算各影响因素的影响系数，结果如表3-10所列。

表3-10　各影响因素的影响系数

组成单元	$k_{\lambda i}=\lambda_i/\Sigma\lambda_i$	$k_{Fi}=F_i/\Sigma F_i$	$k_{Mi}=a_i/\Sigma a_i$	$k_{Ci}=b_i/\Sigma b_i$	K_i	$f(K_i)$
LRU_1	0.083 3	0.15	0.259 8	0.198 4	0.172 9	0.543 1
LRU_2	0.083 3	0.1	0.259 8	0.198 4	0.160 4	0.540 0
LRU_3	0.277 8	0.25	0.155 8	0.158 7	0.210 6	0.552 5
LRU_4	0.416 7	0.3	0.129 7	0.178 6	0.256 3	0.563 7
LRU_5	0.138 9	0.2	0.194 8	0.265 9	0.199 9	0.549 8

(2) 计算各组成单元的综合影响系数

利用式(3-15)及式(3-26)计算各组成单元的综合影响系数 K_i 及其非线性函数$f(K_i)$。例如，对于 LRU_1：

$$K_1=\alpha_\lambda k_{\lambda 1}+\alpha_F k_{F1}+\alpha_M k_{M1}+\alpha_C k_{C1}=0.25\times 0.083\,3+$$
$$0.25\times 0.15+0.25\times 0.259\,8+0.25\times 0.198\,4\approx 0.172\,9$$

$$f(K_1)=\frac{1}{1+e^{-K_1}}=\frac{1}{1+e^{-0.172\,9}}=0.543\,1$$

利用同样的方法可以计算出其他组成单元的综合影响系数，然后列入表3-10中。

(3) 计算各组成单元的测试性指标分配值

利用式(3-24)和式(3-25)计算各组成单元的测试性指标分配值 γ_{FDi} 和 γ_{FIi}，见表3-11。

表3-11　各组成单元的测试性指标分配值

组成单元	γ_{FDi} 计算值	γ_{FDi} 调整值	γ_{FIi} 计算值	γ_{FIi} 调整值
LRU_1	0.948 9	0.95	0.979 6	0.98
LRU_2	0.948 6	0.95	0.979 5	0.98
LRU_3	0.949 8	0.95	0.979 9	0.98
LRU_4	0.950 8	0.96	0.980 3	0.99
LRU_5	0.949 6	0.95	0.979 8	0.98
合计	$\gamma_{FDS}=0.95$	$\gamma_{FDS}=0.954\ 2$	$\gamma_{FIS}=0.98$	$\gamma_{FIS}=0.984\ 2$

(4) 调整和验算

由于调整后的系统指标 $\gamma_{FDS}=0.954\ 2$，$\gamma_{FIS}=0.984\ 2$，均大于原系统要求值，故符合分配要求。

3.2.6　有部分老产品时的分配方法

3.2.6.1　分配方法

当系统组成单元中有部分老的产品(货架产品，其测试性指标已确定)时，要首先求出新品部分的总指标 γ_N，然后再选用故障率分配方法或其他分配方法，将 γ_N 分配给各个新的组成单元。其余步骤和方法与前述分配方法相同。

假设系统由 n 个单元组成，其中新品为 k 个，则老品为 $n-k$ 个。新品部分总指标 γ_N 用如下数学模型求出：

$$\gamma_N=\left(\gamma_{FDS}\sum_{i=1}^{n}\lambda_i-\sum_{j=1}^{n-k}\lambda_j\gamma_{FDj}\right)\Big/\sum_{i=1}^{k}\lambda_i \tag{3-27}$$

式中：γ_{FDS}——系统FDR要求值；

n——系统组成单元数；

γ_N——新品部分总指标；

k——新品数；

λ_i——第 i 个新品的故障率；

γ_{FDj}——第 j 个老品的FDR分配值；

λ_j——第 j 个老品的故障率。

求出新品部分总指标值后，再选用故障率分配方法或综合加权分配方法求得新品各单元的分配值，需要时再进行调整。经过验算，满足整个系统(包括老产品)的指标分配要求即可。

3.2.6.2　分配示例

某系统组成单元数 $n=5$，LRU_1～LRU_5 的故障率如表3-12所列，其中 LRU_2 和 LRU_3 为老品，其FDR分配值分别为 $\gamma_{FD2}=0.85$，$\gamma_{FD3}=0.95$，新品数 $k=3$，系统故障检测率要求值 $\gamma_{FDS}=0.95$。分配工作的任务是求出 LRU_1、LRU_4 和 LRU_5 的FDR分配值应是多少。

具体分配工作如下：

① 用式(3-27)求出新品部分总指标：

$$\gamma_N=[0.95\times360-(30\times0.85+100\times0.95)]/230=0.963\ 04$$

② 选用故障率分配方法,按式(3-7)计算 LRU_1 的分配值:

$$\gamma_{FD1}=1-230(1-0.963\ 04)/(3\times 30)=0.905\ 5$$

利用同样的方法可以计算出 γ_{FD4} 和 γ_{FD5} 的值,结果列于表3-12中。

③ 取两位小数作为最后的调整值,列于表3-12的最右边一列。

④ 综合得出的系统指标为 $\gamma_{FDS}=0.955\ 0$,大于原要求值,满足要求。

表3-12　系统中有老产品时的分配示例

组成单元		$\lambda_i/(10^{-6}\cdot h^{-1})$	λ_{NS}	γ_N	γ_{FDi} 计算值	γ_{FDi} 调整值
老品	LRU_2	30		—	0.85	0.85
	LRU_3	100			0.95	0.95
新品	LRU_1	30	230	0.963 04	0.905 5	0.91
	LRU_4	150			0.981 1	0.99
	LRU_5	50			0.943 3	0.95
合计		$\lambda_s=360$			$\gamma_{FDS}=0.950\ 0$	$\gamma_{FDS}=0.950\ 0$

注:λ_{NS} 表示新品部分的系统故障率。

3.2.7　考虑系统级测试的分配方法

3.2.7.1　分配方法

上述的测试性分配方法是将系统的测试性定量要求直接分配到系统内的各单元上。当测试手段是BIT时,各单元的特殊故障(如断电、死机)多数情况下是无法通过单元自身BIT检测的,因此应考虑将这些故障交由系统级测试实现故障检测。

当需要考虑系统级测试(如系统级BIT)时,需要先从总指标中剔除系统级测试因素,得到待分配的新测试性指标,然后采用合适的测试性分配方法,将其分配给各个组成单元。

以故障率分配法为例,假设系统由 n 个单元组成,此外系统中还有 r 个故障是系统级测试要覆盖的,待分配的新测试性指标用 γ_P 表示,可得

$$\gamma_P=\left(\gamma_{FDS}\sum_{i=1}^{n}\lambda_i-\sum_{j=1}^{r}\lambda_j\right)\Big/\sum_{i=1}^{n}\lambda'_i \tag{3-28}$$

式中:γ_{FDS}——系统FDR要求值;

n——系统组成单元数;

λ_i——第 i 个组成单元的故障率;

r——系统级测试要覆盖的故障模式数量;

λ_j——系统级测试要覆盖的第 j 个故障模式的故障率;

λ'_i——第 i 个单元的去除系统级测试故障后的故障率。

3.2.7.2　分配示例

某系统由设备A和设备B两部分组成,采用BIT进行故障检测,系统的故障检测率 $\gamma_{FDS}=0.95$,系统总故障率 $\lambda_S=600\times 10^{-6}/h$,系统中各设备故障组成如表3-13所列。

表 3-13　系统的故障组成

设　备	故障分组	故障率/($10^{-6} \cdot h^{-1}$)
A 设备	电源故障	40
	CPU 故障	10
	其他故障	350
B 设备	电源故障	50
	CPU 故障	10
	其他故障	140

经分析，设备的电源故障和 CPU 故障会导致设备自身 BIT 不能运行，因此需要由系统级 BIT 进行检测，相应的故障检测率指标无需分配到设备上。去掉系统级 BIT 检测的故障率，系统的剩余故障率为 490，根据式(3-28)可得待分配的新测试性指标为

$$\gamma_P = \left(\gamma_{FDS}\sum_{i=1}^{n}\lambda_i - \sum_{j=1}^{r}\lambda_j\right) \Big/ \sum_{i=1}^{n}\lambda'_i = (0.95\times 600 - 110)/490 = 0.938\ 8$$

此时分配中要考虑的系统的故障组成数据如表 3-14 所列。

表 3-14　更新的系统的故障组成

设　备	故障分组	故障率/($10^{-6} \cdot h^{-1}$)
A 设备	其他故障	350
B 设备	其他故障	140

在此基础上，采用故障率分配方法，取系统故障率 $\lambda'_s=490$，得到设备的分配结果如下：

A 的分配值：

$$\gamma_{FDA} = 1 - \lambda'_s(1-\gamma_P)/n\lambda'_A = 1 - 490(1-0.938\ 8)/(2\times 350) = 0.957\ 2$$

B 的分配值：

$$\gamma_{FDB} = 1 - \lambda'_s(1-\gamma_P)/n\lambda'_B = 1 - 490(1-0.938\ 8)/(2\times 140) = 0.892\ 9$$

分配结果如表 3-15 所列。

表 3-15　故障率分配方法示例(FDR)(2)

BIT	覆盖故障范围	γ_{FDi} 计算值	γ_{FDi} 调整值
A 设备 BIT	除电源故障和 CPU 故障之外的其他故障	0.957 2	0.96
B 设备 BIT	除电源故障和 CPU 故障之外的其他故障	0.892 9	0.90
系统级 BIT	A、B 设备的电源故障和 CPU 故障	1.0	1.0
合计		$\gamma_{FDS}=0.95$	$\gamma_{FDS}=0.953\ 3$

最后，进行调整和验算。取两位小数，调整后的分配值列于表 3-15 的最右边一列，调整后为 $\gamma_{FDS}=0.953\ 3$，大于要求值 0.95，分配结果符合要求。

3.2.8 测试性分配方法比较

3.2.8.1 分配方法比较

前面介绍了7种故障检测与隔离指标的分配方法,各有特点和具体适用条件。有的分配方法比较简单,不考虑有关影响因素或只考虑一种影响因素;有的考虑影响因素多一些,相应工作量也大一些。

(1) 等值分配方法

使用等值分配方法的分配结果是,系统的指标和它的各组成单元的指标是一样的。未考虑与测试性分配有关的各种影响因素,如故障率、故障影响、平均故障修理时间要求和费用等。此方法适用于系统各组成单元的特性基本相同的情况。在方案论证阶段还不能取得有关数据,又要进行初步分配时,也可以使用等值分配方法。

(2) 故障率分配方法

故障率分配方法只考虑故障率一种影响因素,使用此分配方法的结果是,故障率较高的组成单元分配的指标也比较高,而故障率较低的组成单元分配的指标也比较低。这有利于用较少的自动测试资源达到较高的故障诊断能力,缩短平均故障修理时间。故障率分配方法是一种较为简单实用的分配方法,适用于各组成单元的故障率不相等并可以取得故障率数据的情况。

(3) 考虑故障率和费用分配方法

此分配方法同时考虑各组成单元的故障率和费用,故障率较高的组成单元分配的指标也比较高,费用较低的组成单元也分配较高的指标,反之则分配较低的指标。使系统尽可能达到较高的诊断能力的同时,实现自动测试的费用尽可能低。工作量介于故障率分配方法及综合加权分配方法之间。

(4) 综合加权分配方法

此分配方法考虑了与测试性分配有关的4种系统组成单元的特性(对应4种影响因素)及其权重,是一种考虑较为全面的综合加权分配方法。可以不考虑各影响因素权重,此时即成为综合分配方法;也可以只考虑一种影响因素,此时就成为故障率分配方法、MTTR分配方法或费用分配方法了。

但是,综合加权分配方法需要组成单元的特性数据较多,工作量也比较大,适用于系统各组成单元的有关数据齐全的情况。

(5) 非线性分配方法

此分配方法也考虑了与测试性分配有关的4种系统组成单元的特性(对应4种影响因素)及其权重。不同于综合加权分配方法,此方法采用S型函数建立了产品组成单元的分配值与单元的综合影响系数之间的非线性模型,解决了当不同单元的加权系数或者故障率的数值相差较大时,大故障率单元与小故障率单元的分配值异常问题。

(6) 有部分老产品时的分配方法

在装备研制中,不可能所有的产品都重新设计研制,会有不少的系统组成单元中有部分老的产品(货架产品,其测试性指标已确定),这时就需要用有部分老产品时的分配方法。将系统分成新品和老品两部分,首先求出新品部分的指标,然后再选用上述一种适用的分配方法进行分配。此法的关键是求新品部分的指标。

(7) 考虑系统级测试的分配方法

实际工程中,当系统使用 BIT 进行测试时,还存在导致单元 BIT 无法运行的特殊故障,这类故障需要由系统级 BIT 来实现故障检测,这时需要考虑系统级测试的分配方法。先将系统级 BIT 覆盖的故障和相应的指标剔除,然后采用合适的测试性分配方法,将其分配给各个组成单元。

各种分配方法的特点和适用条件如表 3-16 所列。

表 3-16 测试性分配方法的特点和适用条件

序 号	分配方法	特 点	适用条件
1	等值分配方法	系统指标与各组成单元指标相等,无需做具体分配工作	仅适用于系统各组成单元特性基本相同的情况
2	故障率分配方法	故障率高的组成单元分配较高的指标,有利于用较少的资源达到系统指标要求,分配工作较简单	适用于已知系统各组成单元的故障率数据且不相等的情况
3	考虑故障率和费用分配方法	考虑故障率和费用两种影响因素,有利于以较少的费用达到测试性要求,工作量介于故障率分配方法与综合加权分配方法之间	适用于已知系统各组成单元的故障率和费用数据且不相等的情况
4	综合加权分配方法	考虑到故障率、故障影响、MTTR 和费用等多个影响因素及其权值,分配工作量比较大	适用于系统各组成单元的有关数据齐全的情况
5	非线性分配方法	考虑到故障率、故障影响、MTTR 和费用等多个影响因素及其权值,进行非线性分配,分配工作量比较大	适用于不同单元的加权系数或者故障率的数值相差较大的情况
6	有部分老产品时的分配方法	考虑到系统中有部分老产品时的具体情况	仅适用于有部分老产品时的情况
7	考虑系统级测试的分配方法	考虑到存在使用系统级 BIT 才能检测的故障情况	仅适用于故障导致 BIT 不能运行的情况

3.2.8.2 分配工作程序

测试性指标分配的主要工作程序如下:

① 确定要分配测试性参数、分配到产品的哪个层次,最好画出功能层次图,以便清楚地表示指标分配层次关系、标注产品有关数据。

② 依据可取得有关数据的情况选定分配方法,分析产品特性,确定各有关影响因素系数和各组成单元的综合影响系数(等值分配方法除外)。

③ 按所选分配方法给出的数学模型,计算出各组成单元的指标分配值。

④ 计算出的指标分配值取两位小数,需要时可进行必要的调整,作为各组成单元的指标分配值。

⑤ 根据各组成单元的指标分配值,综合求出的系统指标应大于或等于要求值;否则,返回

第④步,直至满足分配要求。

⑥ 整理、编写出测试性分配报告。

测试性分配工作程序如图 3-3 所示。

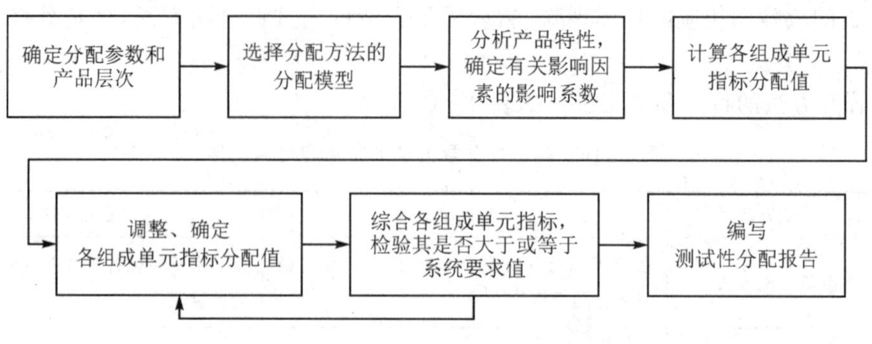

图 3-3 测试性分配工作程序

3.3 虚警定量要求的分配

3.3.1 虚警定量要求的特点

防止 BIT 虚警是测试性设计中的一项重要内容,应尽可能地使用各种有效方法预防虚警的发生。但是,依据现有工程实用技术方法还难以完全消灭虚警,所以只能希望虚警越少越好。为避免使用中发生过多的虚警,不得已提出有关虚警的限制性指标,它是测试性设计的约束条件。目前有两种规定虚警定量要求的方法:一个是虚警率(FAR)要求值,另一个是平均虚警间隔时间(MTBFA)要求值。

因为虚警问题在设计过程中很难准确分析、预计和控制, FAR 和 MTBFA 指标的演示验证比 FDR 和 FIR 更困难,所以给系统各组成单元分配虚警的指标,其实际意义主要是提醒设计者要重视虚警问题。至于哪个组成单元虚警的指标分配得高一点或低一点都问题不大,针对系统特点设计充分而必要的防虚警措施才是最重要的。

鉴于虚警的上述特点,作者建议可以规定 BIT 测试程序采取防止虚警措施的百分比,例如 90%以上,最好是 100%,即所有 BIT 测试程序都设计防止虚警的措施。

因为虚警问题涉及的有关因素比较多,其指标分配比较困难,也更不准确。这里依据“等约束条件”的思路给出工程上简单的试用方法。

3.3.2 FAR 指标的分配

FAR 要求值一般不大于 1%~5%, 即限制故障报警中的错误报警的比例,保证有 95%~99%的正确报警率。FAR 指标的分配涉及不确定因素较多,分配结果不易准确。工程上可以采用等值分配方法,即各组成单元的 FAR 要求等同于系统级的 FAR 要求。这与故障检测率和故障隔离率指标的等值分配方法相同。

3.3.3　MTBFA 指标的分配

3.3.3.1　均匀分配法

1. 基本思路

MTBFA 是按系统运行时间统计的，在此时间内系统发生的虚警次数等于系统各组成单元发生虚警次数之和。将系统要求的 MTBFA 值均匀地分配给各组成单元，考虑系统各组成单元的运行比不同，还应进行适当修正。

此方法简单易行，但未考虑虚警与可靠性的关系。

2. 分配模型

分配模型如下：

$$T_{\mathrm{BFA}i} = nD_i T_{\mathrm{BFAS}} \quad i=1,\ 2,\cdots,n \tag{3-29}$$

$$D_i = T_i / T_{\mathrm{S}} \tag{3-30}$$

式中：$T_{\mathrm{BFA}i}$——第 i 个单元的 MTBFA 分配值；

T_{BFAS}——系统的 MTBFA 要求值；

n——系统组成单元数；

D_i——第 i 个单元的运行比；

T_i——第 i 个单元的运行时间；

T_{S}——系统运行时间。

3. 分配示例

系统由 5 个 LRU 组成，系统工作时间为 5 000 h，LRU_5 的运行比为 0.5，其余的运行比为 1。系统的 MTBFA 要求是 200 h。求各 LRU 的 MTBFA 分配值是多少？

(1) 计算分配值

$$T_{\mathrm{BFA1}} = T_{\mathrm{BFA2}} = T_{\mathrm{BFA3}} = T_{\mathrm{BFA4}} = 5 \times 1 \times 200 = 1\ 000$$

$$T_{\mathrm{FA5}} = 5 \times 0.5 \times 200 = 500$$

有关分配数据见表 3-17。

表 3-17　MTBFA 均匀分配方法示例

组成单元	运行比 $D_i = T_i / T_{\mathrm{S}}$	MTBFA 分配值 $T_{\mathrm{BFA}i} = nD_i T_{\mathrm{BFAS}}$	运行时间 T_i/h	运行时间内发生虚警次数
LRU_1	1	1 000	5 000	5
LRU_2	1	1 000	5 000	5
LRU_3	1	1 000	5 000	5
LRU_4	1	1 000	5 000	5
LRU_5	0.5	500	2 500	5
系统	$n=5$	$T_{\mathrm{BFAS}}=200$	$T_{\mathrm{S}}=5\ 000$	25

(2) 检　验

① 依据系统指标，系统运行 5 000 h，应发生虚警次数为 5 000/200=25；

② 依据分配值，各 $\mathrm{LRU}_1 \sim \mathrm{LRU}_5$ 在运行时间内发生虚警次数之和：

$5\,000/1\,000+5\,000/1\,000+5\,000/1\,000+5\,000/1\,000+$
$0.5\times 5\,000/500=5+5+5+5+5=25$

③ 两者相等,表明分配结果可用。

3.3.3.2 等比值分配方法

1. 基本思路

BIT 虚警对被测对象的直接影响是降低了其基本可靠性,规定 MTBFA 要求值即约束了虚警对被测对象 MTBF 的影响。计算系统的 MTBFA 和 MTBF 两者的比值,按此比值确定系统各组成单元的 MTBFA 要求值。按同一比值进行 MTBFA 要求分配(等比值分配方法)可保证虚警对系统和对各 LRU 基本可靠性的影响程度相同。

2. 分配模型

$$T_{\mathrm{BFA}i}=B\times T_{\mathrm{BF}i}\quad i=1,\ 2,\cdots,\ n \tag{3-31}$$

$$B=T_{\mathrm{BFAS}}/T_{\mathrm{BFS}} \tag{3-32}$$

式中:$T_{\mathrm{BFA}i}$——第 i 个组成单元的 MTBFA 分配值;

$T_{\mathrm{BF}i}$——第 i 个组成单元的 MTBF 值;

B——等比值常数;

T_{BFAS}——系统的 MTBFA 要求值;

T_{BFS}——系统的 MTBF 值。

3. 分配示例

系统由 5 个 LRU 组成,系统工作时间为 5 000 h,已知系统和各 LRU 的 MTBF 值(列于表 3-18 的第 3 列中),系统 MTBFA 要求是 200 h。求各 LRU 的 MTBFA 分配值是多少?

(1) 计算分配值

$$B=T_{\mathrm{BFAS}}/T_{\mathrm{BFS}}=200/200=1$$

$$T_{\mathrm{FA1}}=1\times 1\,666.67=1\,666.67,\quad T_{\mathrm{FA2}}=1\times 1\,250=1\,250,\quad T_{\mathrm{FA3}}=1\times 1\,000=1\,000$$

$$T_{\mathrm{FA4}}=1\times 833.3=833.3,\quad T_{\mathrm{FA5}}=1\times 714.3$$

各 LRU 的分配值列于表 3-18 中。

表 3-18 等比值分配方法示例

组成单元	λ_i/ $(10^{-6}\cdot \mathrm{h}^{-1})$	MTBF 值 $T_{\mathrm{BF}i}$/h	等比常数 $B=T_{\mathrm{BFAS}}/T_{\mathrm{BFS}}$	MTBFA 分配值 $T_{\mathrm{BFA}i}=B\times T_{\mathrm{BF}i}$	5 000 h 发生虚警次数
LRU_1	600	1 666.67	1	1 666.67	3
LRU_2	800	1 250	1	1 250	4
LRU_3	1 000	1 000	1	1 000	5
LRU_4	1 200	833.3	1	833.3	6
LRU_5	1 400	714.3	1	714.3	7
系统	$\lambda_s=5\,000$	$T_{\mathrm{BFS}}=200$	—	$T_{\mathrm{BFAS}}=200$	25

(2) 验 算

① 依据系统指标,系统运行 5 000 h,应发生虚警次数为 5 000/200=25;

② 依据分配值,各 $\mathrm{LRU}_1\sim\mathrm{LRU}_5$ 在运行时间内发生虚警次数之和:

$$5\ 000/1\ 666.67 + 5\ 000/1\ 250 + 5\ 000/1\ 000 + 5\ 000/833.3 + 5\ 000/714.3 = 3 + 4 + 5 + 6 + 7 = 25$$

③ 两者相等，表明分配结果可用。

如果考虑运行比，则可以乘以运行比 D_i 对分配值进行修正，放宽运行比低的 LRU 的要求，同时虚警对其可靠性影响程度也会加大，但不影响系统的 MTBFA 要求。

习　题

1. 测试性分配的目的和作用是什么？

2. 进行测试性分配时应考虑哪些影响因素？其中最主要的是哪一个？

3. 故障率分配方法有何优缺点？所用计算公式是怎样得来的？

4. 综合加权分配方法是如何考虑各种影响因素的？此分配方法有哪些不足？

5. 综合加权分配方法是如何综合考虑各种影响因素和加权的？它有哪些优点？

6. 系统中有部分老产品时，如何进行测试性分配？

7. 测试性优化分配方法的优缺点是什么？

8. 结合本单位设计研制系统的具体情况，你选用哪种测试性分配方法？为什么？

9. 某系统由 2 个 LRU 组成。系统故障率 $\lambda_s = 100 \times 10^{-6}$/h。要求的系统故障检测率 $\gamma_{FDS} = 0.97$，要求的系统故障隔离率 $\gamma_{FIS} = 0.98$。已知 LRU_1 的故障率为 40×10^{-6}/h，LRU_2 的故障率为 60×10^{-6}/h，试进行故障检测率和故障隔离率的分配。

第4章 固有测试性与测试性设计准则

4.1 固有测试性

固有测试性是指仅取决于产品硬件设计，不依赖于测试激励和响应数据的测试性。它包括功能和结构的合理划分、初始化、测试可控性和可观测性、元器件选用以及与测试设备的兼容性等，即在系统和设备硬件设计上要保证其有方便测试的特性。它既支持 BIT 也支持外部测试，是达到测试性和诊断定量要求的基础。所以，在设计过程中应尽早进行固有测试性设计与分析评价。

4.1.1 划 分

设备越复杂，查找故障越困难，把复杂设备合理地划分为较简单的可单独测试的单元装置（UUT），可使得功能测试和故障隔离容易进行，也可以减少相关的费用。

划分的基本原则是：以功能的组成为基础，简化故障诊断和修理。

与划分有关的参数是 UUT 的数量、复杂性、重量、体积，以及 I/O 引脚数量和插头等，其影响如下：

- UUT 的数量：影响故障查找和修理简化；
- UUT 的复杂性：影响故障查找和修理简化；
- UUT 的重量：影响搬运工具和设备；
- UUT 的体积：影响搬运是否方便；
- I/O 引脚数量和插头：影响测试接口要求。

① 产品层次划分。根据确定的维修方案和设备特性，可以把复杂设备和系统分为多个层次，采用分层测试和更换的方法进行维修。通常将一个复杂系统划分为若干个子系统或设备，子系统再划分为若干个 LRU，LRU 再划分为若干个 SRU。

② 功能划分。功能划分是设计过程中的一个步骤，是结构划分和封装的基础，明确区分实现各个功能的电路和其他有关硬件。作为 UUT 的可更换单元，最好一个单元只实现一种功能。如果一个可更换单元包含两种以上功能，则应保证能对每种功能进行单独测试。

③ 结构划分。依据功能划分的情况，在结构安排和封装时把实现适当功能硬件划分为一个可更换单元。划分时应考虑各单元的重量与体积不应过大、复杂度适当、相互间连线尽可能少，以便于故障隔离、更换和搬运。

正确和不正确功能划分与封装的示例分别如图 4-1 和图 4-2 所示。

④ 电气划分。对于较复杂的可更换单元，应尽量利用阻塞门、三态器件或继电器把要测试的电路与暂不测试的电路隔离，以简化故障隔离和缩短测试时间。

⑤ 应尽量将功能不能明确区分的电路和元器件划分在一个可更换单元中。

⑥ 当反馈不能断开、信号扇出关系等不能做到唯一性隔离时，应尽量将属于同一个隔离

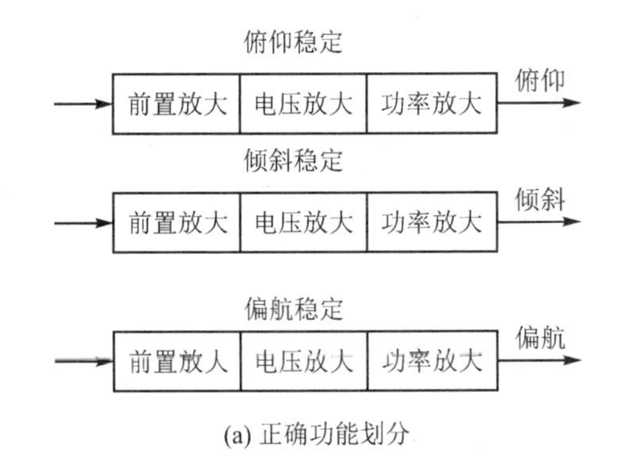

(a) 正确功能划分

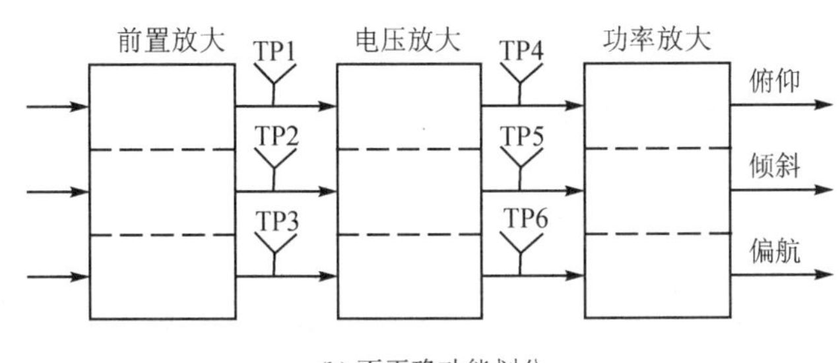

(b) 不正确功能划分

图 4-1　功能划分示例

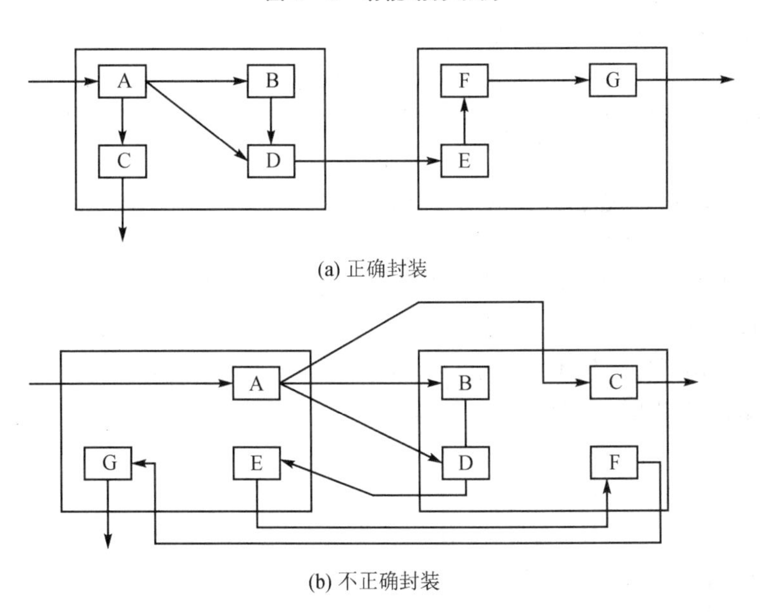

(a) 正确封装

(b) 不正确封装

图 4-2　结构封装示例

模糊组的电路和部件封装在同一个可更换单元中。

⑦ 如有可能,应尽量把数字电路、模拟电路、射频(RF)电路、高压电路分别划分为单独的可更换单元。

⑧ 如有可能,应按可靠性和费用进行划分,即把高故障率或高费用的电路和部件划分为一个可更换单元。

4.1.2 功能和结构设计

在产品的功能和结构具体设计时应充分注意为测试提供方便,以简化故障隔离和维修,例如:

① 产品应设计成更换某一个可更换单元后不需要进行调整和校准。

② 若有可能,在电子装置中只使用一种逻辑系列。在任何情况下,都应保持所用逻辑系列数最少。

③ 若有可能,应使每个较大的可更换单元(如LRU级)有独立的电源。

④ 产品及其可更换单元应有外部连接器,其引脚数量和编号应与推荐或选用的ATE/ETE接口能力一致。

⑤ 各元器件之间应留有人工探测用空间,以便于插入测试探针和测试夹子。

⑥ UUT和元部件应有清晰的标志。

4.1.3 初始化

初始化要求主要适用于数字系统和设备,初始化设计的目的是保证在功能测试和故障隔离过程的起始点建立一个唯一的初始状态。严格设计的初始化能力可降低BIT和ATE软件费用和外场测试费用。

1) 表示初始化设计的两个特性如下:

① 系统或设备应设计成具有一个严格定义的初始状态。从初始状态开始隔离故障,如果没有达到正确的初始状态,应把这种情况与足够的故障隔离特征数据一起告诉操作人员。

② 系统或设备能够预置到规定的初始状态,以便能够对给定故障进行重复多次测试,并得到多次测试响应。

2) 以下是推荐的一些逻辑部件的初始化技术:

① 使用外部控制连接的线"或"("与")作为逻辑部件初始化的手段,如图4-3所示。这种技术方法对于DTL电路和标准的低功率TTL电路是安全的,但对于大功率和肖特基TTL电路置低位超过1 s是不安全的。当集成电路(IC)的输出反馈到IC(如触发器、移位寄存器或计数器)的地方,使用线"或"技术时,输出也许能置低位。例如主-从触发器的"从"级可通过把Q置低位来初始化,但"主"级保持不变,见图4-4。

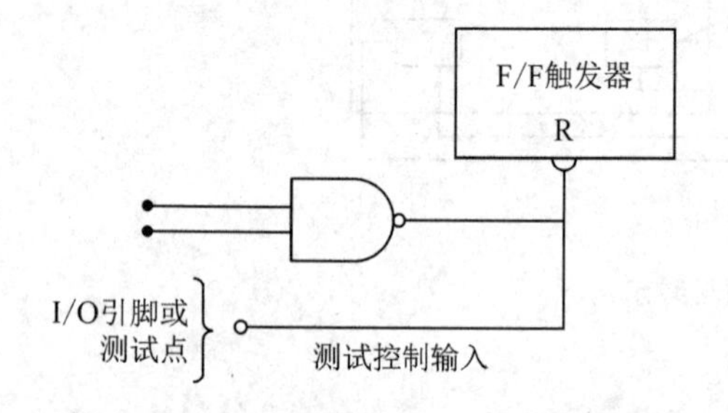

图4-3 用于测试控制输入的线"或"初始化

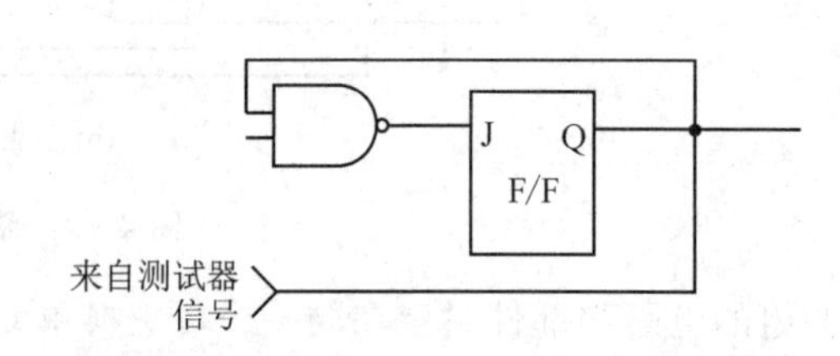

图4-4 反馈电路中的线"或"电路

② 把所有时序电路初始化到一个已知的初始状态,应使用尽可能短的序列,最好是1个转换,最多不能超过20个转换。

③ 利用I/O引脚或测试点提供所有时序逻辑部件初始化的方法,可用于触发器、计数器、

寄存器和存储器等,如图 4-5 所示。如果没有可用的引脚和测试点,则可通过"加电"实现初始化,如图 4-6 所示。但此种初始化方法加电后就不能控制了。

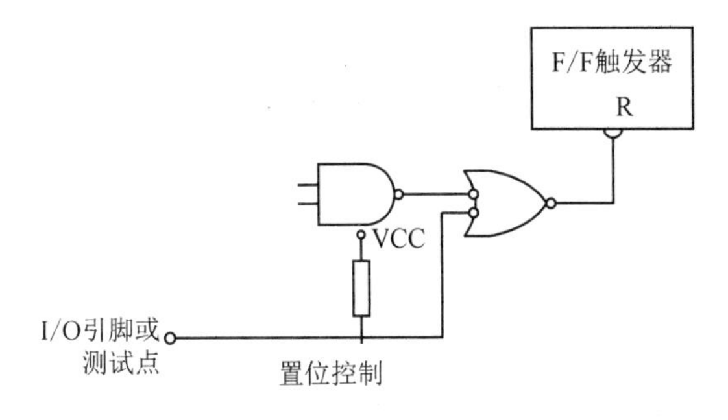

图 4-5　外部置位使触发器初始化图

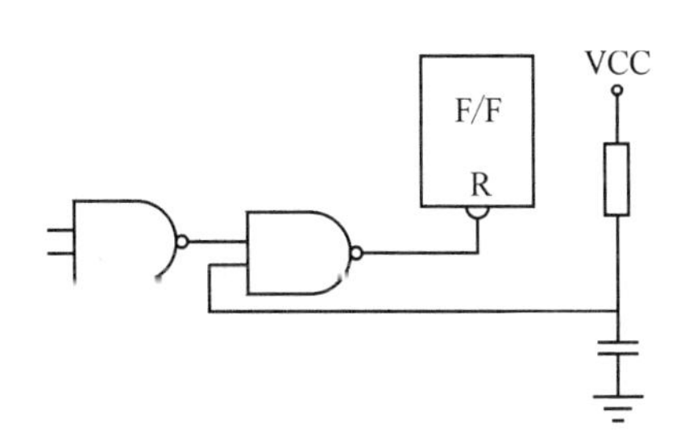

图 4-6　加电初始化

④ 相同的负载电阻可用于几个不同的存储元件置位或复位,如图 4-7 所示,可从外部控制置位或复位。

⑤ 如果置位/复位线直接连到电源 VCC 或接地,那么它就不能由测试者驱动了;如果所需逻辑高信号源从负载电阻得到,逻辑低信号源来自输入端为高电压的反相器,就可以由测试者方便控制了。

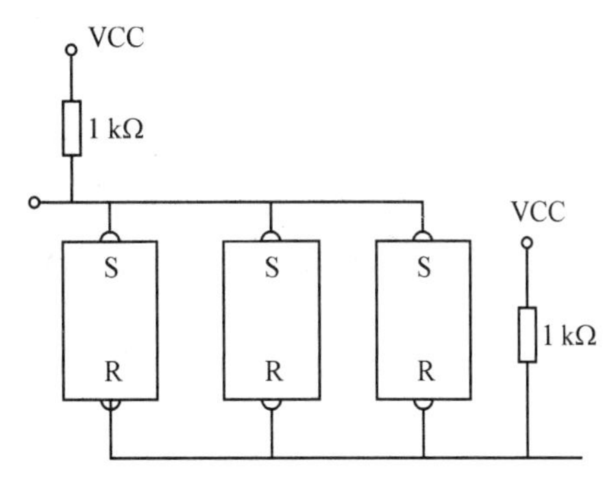

图 4-7　电阻用于多个置位或复位

⑥ 对包含时序逻辑的 UUT,只有当 ATE 将所有存储元件(触发器、反馈环和 RAM 等)预置到已知状态时才能预计其输出状态,现在通常是在测试程序的最前面加上一段初始化程序(测试序列)来实现这一点。为使测试序列尽可能短,置位线应尽可能接到空余的连接器插针上。图 4-8 所示为以最少的测试序列和最少的附加元件实现电路初始化的设计技术。

3) 因为直到测试性演示验证时初始化才能被充分确认,所以承制方内部应事前进行必要的初始化设计检查。在测试性验证时应验证所有的存储器、触发器、寄存器等都能被初始化到一个已知状态。

4.1.4　测试可控性(控制)

测试可控性是确定或描述系统和设备内部有关节点和信号可被控制程度的一种设计特性。可控性设计主要是在内部节点实现,附加必要的电路和数据通路,用于测试输入,使测试设备(BIT 或 ATE)能够控制 UUT 内部的元件工作,从而简化故障检测与隔离工作,减少测试设备和测试程序的复杂性。

1. 打开反馈环

反馈环应尽量避免与可更换单元交叉。反馈环越少,系统的测试性越好。在闭环状态下,环内任一单元的故障都可在环上所有的测试点(TP)观察到,故不可能将故障隔离到一个可更换单元上,所以应尽量避免闭环,参见图 4-9。

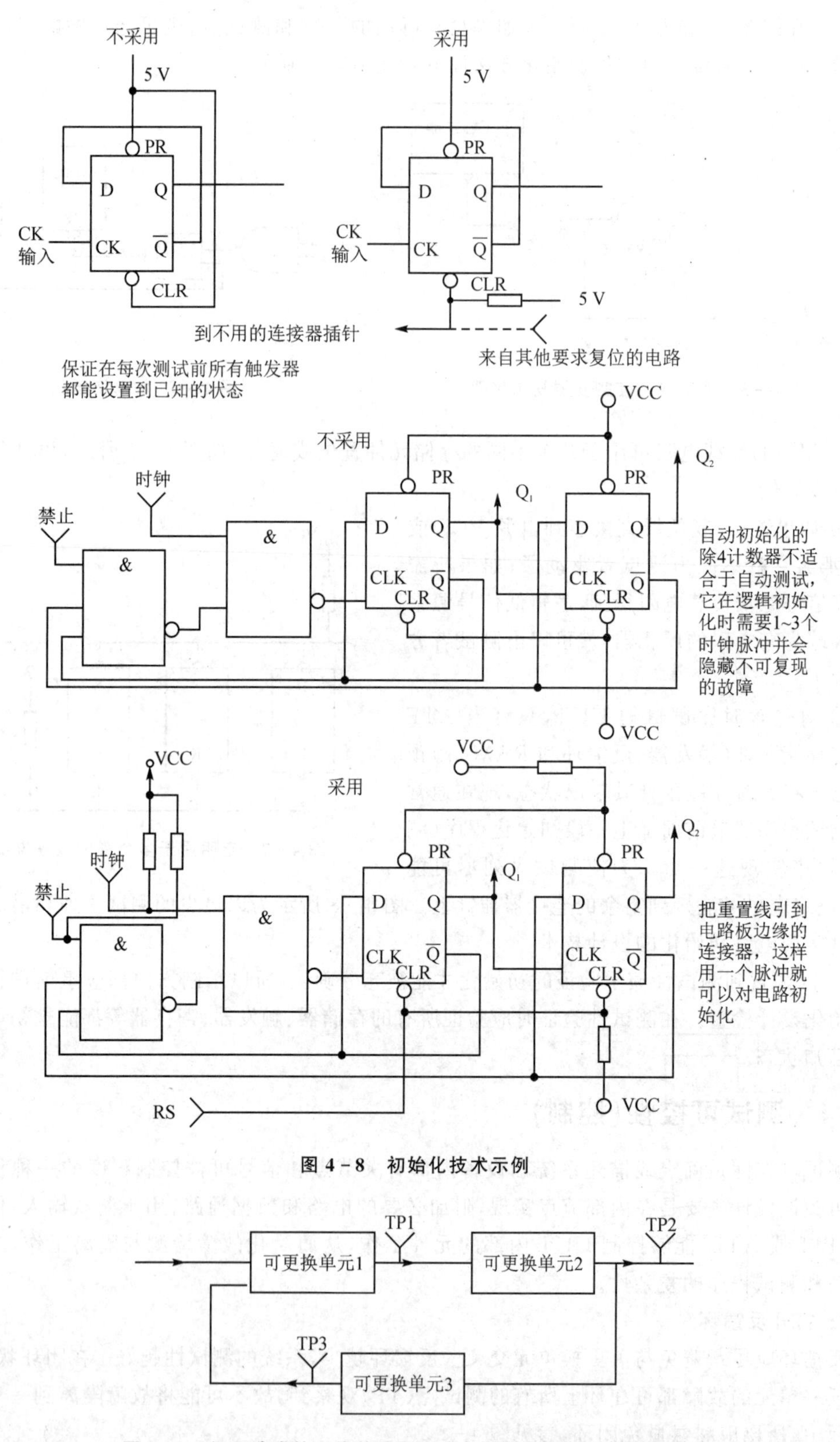

图 4-8 初始化技术示例

图 4-9 闭环造成的不能单独由测试点解决的模糊隔离问题示例

① 在反馈环必须与可更换单元交叉的地方，应为测试提供开环方法，如图4-10所示。如果可更换单元是LRU，故障隔离应在基层级维修时进行，则图4-10中附加的控制信号和测试点应连到BITE而不是ATE上，但开环造成不稳定的情况除外。

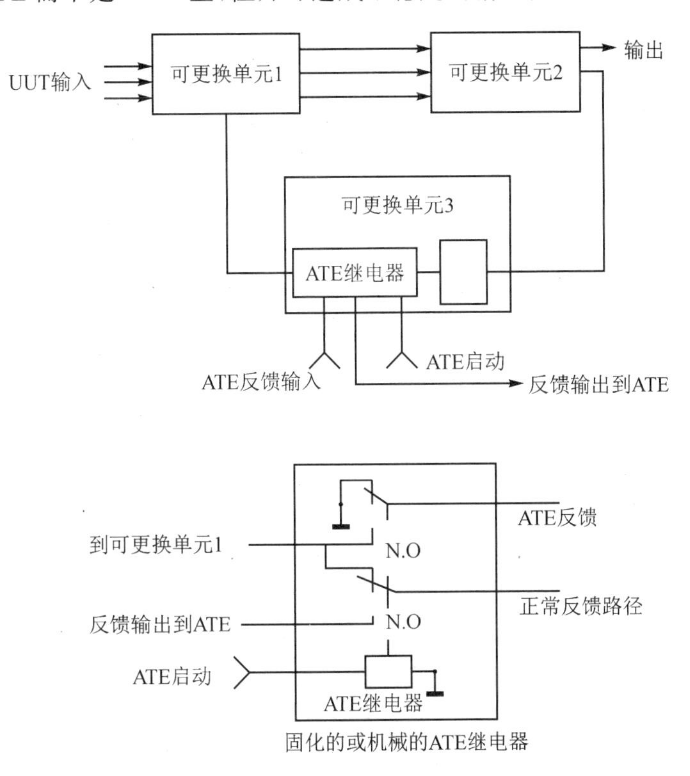

图4-10　打开反馈环示例

② 在反馈通道上插入一个门电路以中断反馈，这个门电路由测试设备传来的信号控制，如图4-11所示。

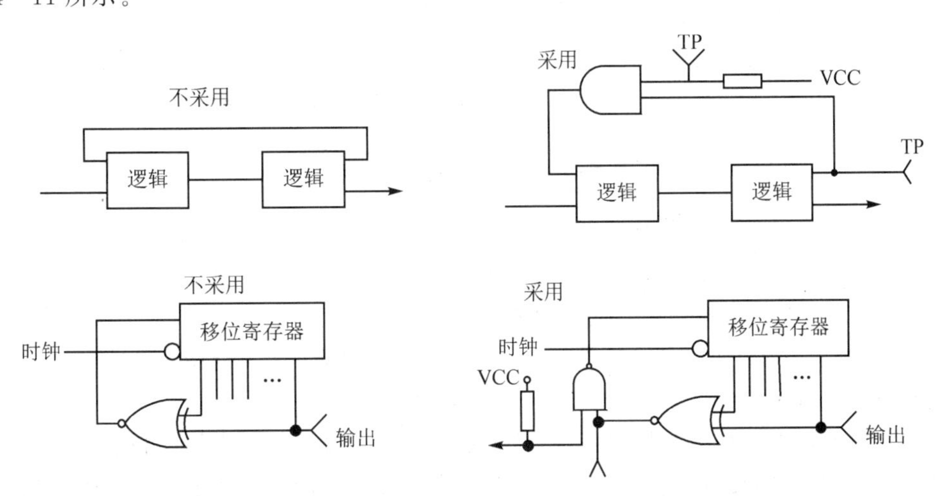

图4-11　附加逻辑元件控制反馈

③ 从结构上断开反馈回路并把两头都接到外部引脚上，正常工作时由跨接线短路此两个引脚。测试时取下跨接线便可打开反馈环，并可得到一个驱动点和一个测试点，如图4-12所

示。图 4-13 所示为控制反馈环设计的示例。

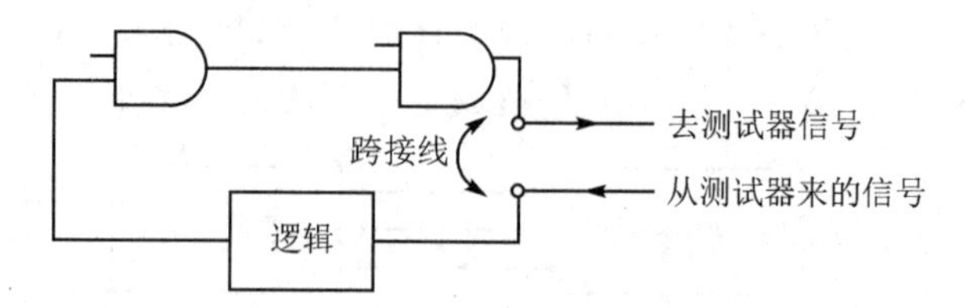

图 4-12　用跨接线控制反馈

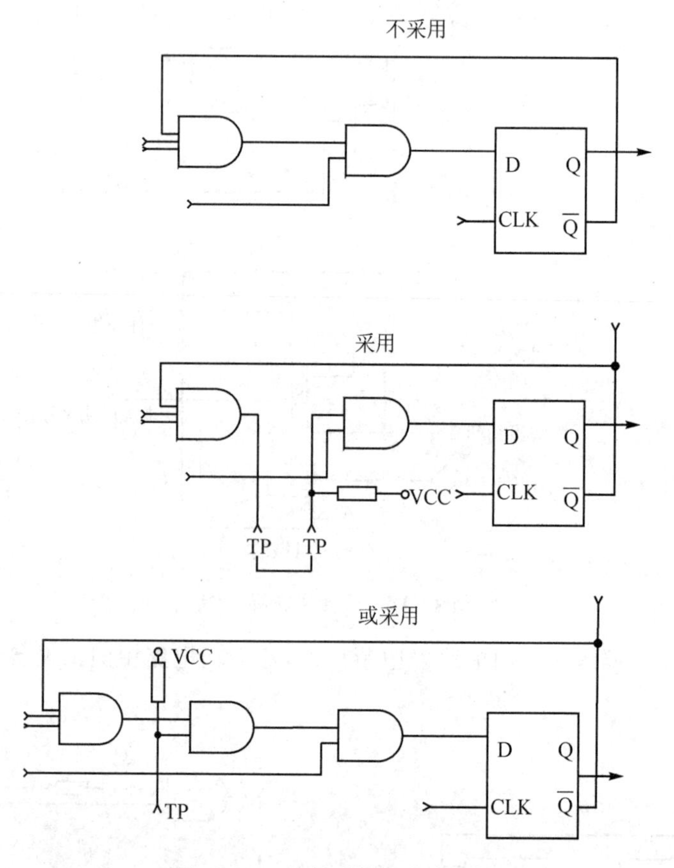

图 4-13　控制反馈环设计示例

2. 复杂时序电路的简化测试控制

为控制时序电路并对部分电路的工作进行测试，附加的元件可用于强制某一状态使测试易于进行。如锁存电路的附加输入允许由外部控制锁存器，见图 4-14。

电路中只要某一个点允许多状态，那么一个附加的输入就能从外部启用该点，如图 4-15 所示。

3. 计数器链测试控制

① 在计数器可直接加载的情况下，给长计数器链的直接加载线增加控制信号。

② 断开计数器级间的连接，使每一级用最少的时钟脉冲计数。如下技术可供使用：

- 附加一个驱动器使级间连线断开，但要小心以免计数器内部损坏。
- 插入一对测试点，从结构上断开级间连线。在正常工作时这对测试点用跨接线短路，如图 4-16 所示。

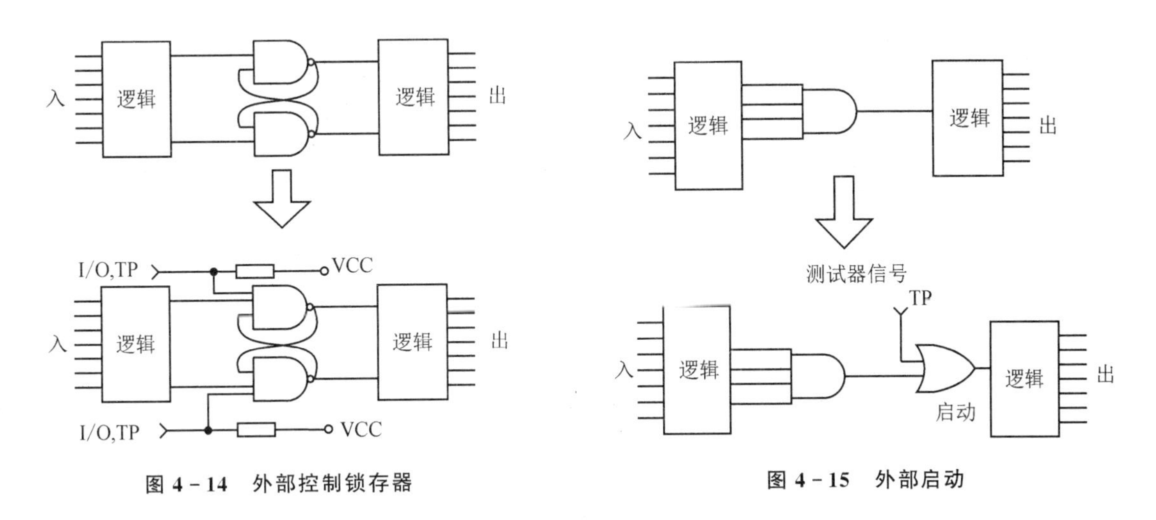

图 4-14　外部控制锁存器

图 4-15　外部启动

● 附加逻辑元件使计数器能不依赖前段的进位输出而独立计时。如图 4-17 所示，如果后段计数器在低位时是可工作的，则附加的“与”门将允许后段计数器独立工作。

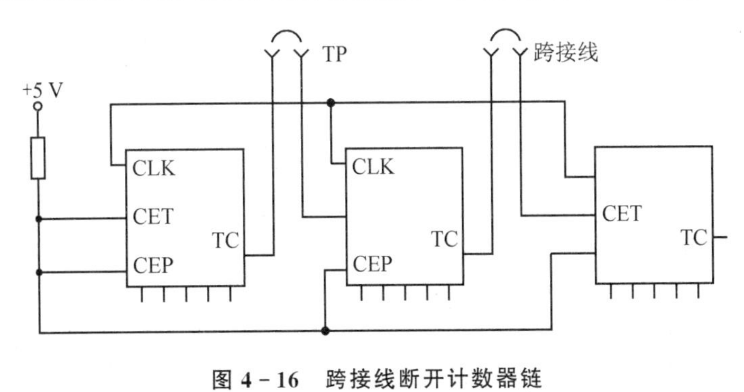

图 4-16　跨接线断开计数器链

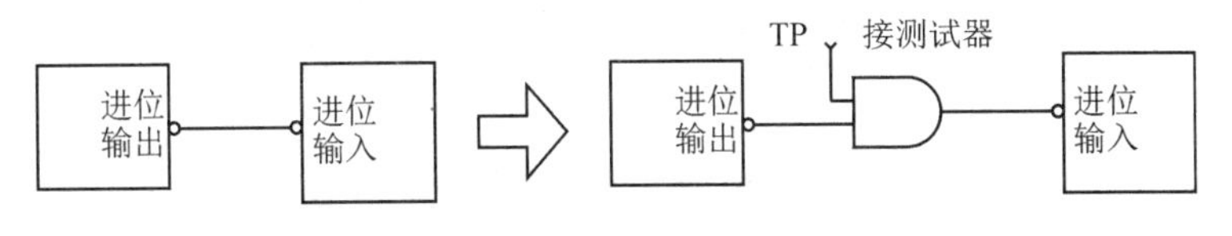

图 4-17　计数器控制

4.1.5　测试可观测性（观测）

可观测性是指确定或描述 UUT 有关信号可被观测程度的一种设计特性。要求提供测试点、数据通路和电路，使 BIT 或 ATE 能观测 UUT 内故障特征数据，便于故障检测与隔离。观测点/测试点的选择应足以准确地确定有关内部节点的数据。

① 使用空的 I/O 引脚提供到内部节点（即不可达的）的通道；

② 使用奇偶发生器取得数字印制电路板的高可观测性，而不用过分依赖于把电路板边缘连接器引脚作为测试点；

③ 选择测试点，使之最易接近内部节点，以准确地确定重要的内部节点的数据，如图 4-18 所示；

④ 利用印制电路板上的发光二极管来指示重要电路的工作正常，例如，供电电压正常，有

时钟或锁相回路锁闭等；

⑤ 所使用的故障指示和显示器应在测试通过时总是指示无故障，而有故障时总是指示一个故障状态，不管这个故障是由输入还是显示器本身有故障引起的；

⑥ 对关键的故障指示和显示器，应提供可选择的测试方法，如“按钮测试”，以有效验证其工作；

⑦ 使用多路转换器来减少故障隔离的边缘连接器输出端数、调整和测试点数；

⑧ 应尽量避免用线“与”或线“或”连接(会产生模糊隔离)，把线“与”连接分为较小的隔离模糊组，见图4-19；

⑨ 应尽量避免采用余度电路，因为从输出端不能区分余度故障，如果接头断开时电路的输出没有发生变化，那么电路中的该接头就是有余度的。

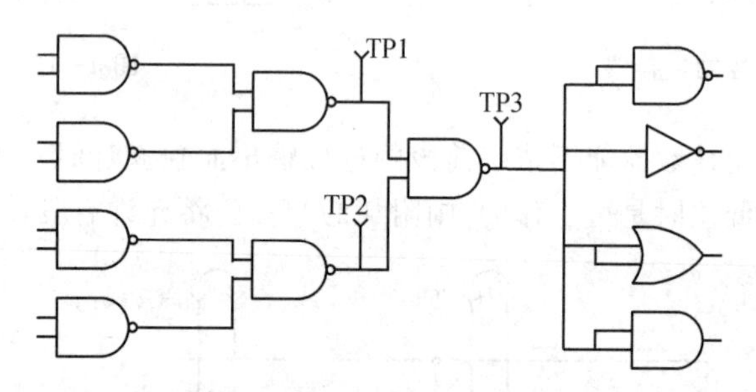

图4-18 测试点(TP)设在内部(大的扇入和扇出点)

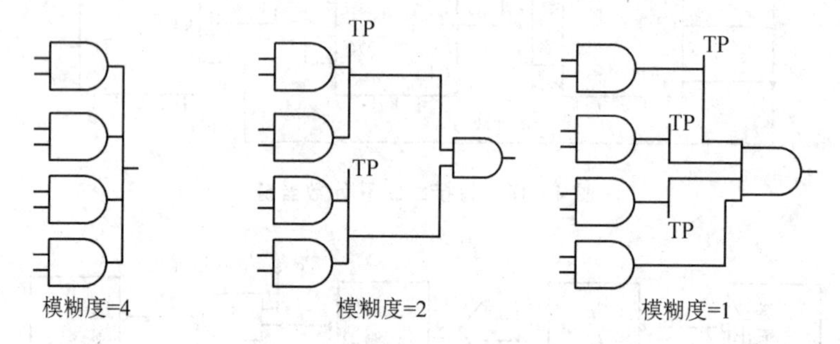

图4-19 减少隔离模糊度设计

4.1.6 元器件选用

① 在满足性能要求的前提下，优先选用具有好的测试性的元件和装配好的模块以及内部结构和故障模式已充分描述的集成电路。

② 如果性能要求允许，应采用使用标准件的结构化简单设计，而不采用使用非标准件的随机设计。在生成测试序列时，优先考虑常规的、系统化的测试，而不采用技术难度大的测试，尽管后者的测试序列短。

4.1.7 与测试设备的兼容性

兼容性是指被测单元(UUT)在功能、电气和机械上与期望的自动测试设备(ATE)接口配合的一种设计特性。它将保证诊断UUT所需要的信息能够畅通可靠地传递给ATE或其他外部测试设备(ETE)，有效地进行故障检测与隔离。当然要实现这一点，只有UUT的兼容性好还不够，还要有测试程序、接口装置及有关说明文件（即 TPS）的支持。

① 在中继级或基地级，用 ATE 测试的 UUT（包括 LRU、SRU 和 Sub－SRU）应设计为能够简便、快速地连接到 ATE 上，畅通地传递测试所需信息。

② 在 UUT 设计时，应分析明确是否需要新研 ATE（或 ETE），或者充分利用选定 ATE 的已有测试资源。测试过程中不需要别的 UUT 提供激励和进行人工干预，操作者的工作仅限于机械与电气连接，必要的指令输入和监视等。

③ 完成 UUT 与 ATE 的机械与电气连接后，执行规定的测试程序。该测试程序应能完成 UUT 的性能检测与故障隔离，并达到规定的要求指标。

④ 当需要在选用 ATE 的能力范围之外实现复杂的测试时，UUT 应设置足够的测试点，以便能够进行间接测试、分段测试或逐个功能测试。

4.2　测试性设计准则

4.2.1　测试性设计准则的作用和组成

测试性设计准则的目的是指导设计人员进行产品的测试性设计（固有测试性设计为主），主要作用如下：

① 落实测试性设计分析工作的项目要求；

② 进行测试性定性设计分析的重要依据；

③ 达到产品测试性要求的重要途径；

④ 规范设计人员的测试性设计工作；

⑤ 检查测试性设计符合性的基准。

测试性设计准则文件的类型及其划分见图 4－20，按产品层次分为以下三类：

① 型号测试性设计准则文件，由总师单位制定，面向整个型号；

② 系统级测试性设计准则文件，由配套系统研制单位参考测试性准则制定依据和型号的顶层测试性设计准则文件制定，用于自己的系统测试性设计；

③ 分系统/设备级测试性设计准则文件，由配套设备研制单位参考测试性准则制定依据和系统测试性设计准则文件制定，用于自己的分系统或设备测试性设计。

图 4－20　测试性设计准则文件类型

4.2.2　测试性设计准则的制定程序

测试性设计准则的制定程序见图 4－21。

型号测试性设计准则在方案阶段就应着手制定。初步（初样）设计评审时，应提供一份将要采用的测试性设计准则；随着设计的进展，不断改进和完善该准则，并在详细（正样）设计开

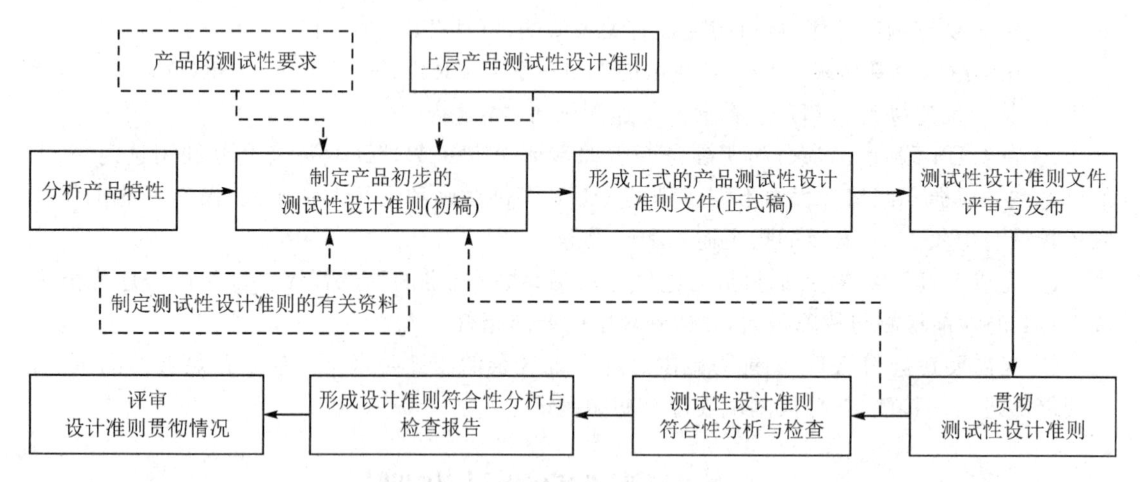

图4-21　测试性设计准则的制定程序

始之前最终确定其内容和说明。

(1) 分析产品特性

分析产品层次和结构特性，以及影响测试性的因素与问题，明确测试性设计准则针对的产品层次及类别。产品层次范围是指装备、系统、分系统、设备、组件等，不同层次产品的测试性设计准则是不同的；产品类别包括电子类产品、机械类产品、机电类产品，以及这些类别的各种组合等，不同类别产品的测试性设计准则也是不同的。

(2) 制定产品初步的测试性设计准则(初稿)

① 产品的测试性要求是制定测试性设计准则的重要依据，通过分析研制合同或者任务书中规定的产品测试性要求，尤其是测试性定性要求，可以明确测试性设计准则的范围，避免重要测试性设计条款的遗漏。在制定配套产品的测试性设计准则时，应参照“上层产品测试性设计准则”的要求进行剪裁。

② 测试性设计准则中包括通用和专用条款，通用条款对产品中各组成单元是普遍适用的；专用条款是针对产品中各组成单元的具体情况制定的，只适用于特定的组成单元。在制定测试性设计准则通用和专用条款时，可以收集并参考与测试性设计准则有关的标准、规范或手册，以及相似产品的测试性设计准则文件。其中，相似产品的测试性设计经验和教训是编制专用条款的重要依据。

(3) 形成正式的产品测试性设计准则文件(正式稿)

经有关人员(设计、测试、工艺、管理等人员)的讨论、修改后，形成正式的产品测试性设计准则文件(正式稿)。

(4) 测试性设计准则文件评审与发布

邀请专家对测试性设计准则文件进行评审，根据其意见进一步完善准则文件。最后经过型号总师批准，发布测试性设计准则文件。

(5) 贯彻测试性设计准则

产品设计人员依据发布的测试性设计准则文件，进行产品的测试性设计。反馈发现的问题，提出完善设计准则的建议。

(6) 测试性设计准则符合性分析与检查

根据规定的方法和表格将产品的测试性设计状态与测试性设计准则进行对比分析和评价。

(7) 形成设计准则符合性分析与检查报告

按规定的格式和要求，整理完成测试性设计准则符合性分析与检查报告。

(8) 评审设计准则贯彻情况

邀请专家对测试性设计准则符合性分析与检查报告进行评审。

4.2.3　通用测试性设计准则

通用测试性设计准则的条款分类见表 4－1，承制方以此为基础，可根据以往的经验和所研制型号和系统的特点，经过剪裁制定出具体系统和设备的测试性设计准则。

表 4－1　通用测试性设计准则的条款分类

类　别	系　统	分系统或设备	电　路
A. 测试要求和数据			
1. 测试要求	√	√	√
2. 诊断能力综合	√	√	×
3. 性能监控	√	√	×
4. 机械系统状态监控	√	√	×
5. 光电设备测试设计	√	√	×
6. 测试数据和资料	△	△	√
B. 固有测试性和兼容性			
7. 测试控制	√	√	√
8. 测试通路	√	√	√
9. 划分	√	√	√
10. 结构设计(电子功能的)	△	√	√
11. 初始化	√	√	△
12. 测试点	√	√	√
13. 传感器	√	√	×
14. 指示器	√	√	×
15. 连接器设计	√	√	×
16. 兼容性设计	√	√	×
C. BIT 设计			
17. BIT 设计	√	√	√
D. 电路及元器件测试性			
18. 模拟电路设计	×	×	√
19. 数字电路设计	×	×	√
20. 大规模集成电路设计等	×	×	√
21. 射频电路设计	×	√	√
22. 元器件测试特性	√	√	√
E. 系统测试性			
23. 电源	√	√	×
24. 计算机、控制器连接总线和软件	√	√	×
25. 机械设计	√	√	×
26. 系统安全性考虑	√	√	×
27. 其他测试性设计要求	√	√	×

注：√——适用；△——部分适用；×——不适用。

4.2.3.1　测试要求

① 在各维修级别上,对每个被测单元应确定如何使用BIT、ATE和通用电子测试设备来进行故障检测和故障隔离;

② 计划的测试自动化程度应与维修技术人员的能力相一致;

③ 对每个被测单元,测试性设计的水平应支持维修级别、测试手段组合及测试自动化的程度。

4.2.3.2　诊断能力综合

① 建立保证测试兼容性的方法,并写入相关文件;

② 在每一维修级别上,应确定保证测试资源与其他诊断资源(技术信息、人员和培训等)相兼容的方法;

③ 诊断策略(相关性图表、逻辑图)应写入相关文件。

4.2.3.3　性能监控

① 应根据FMEA确定要监控的系统性能和订购方要求监控的关键功能;

② 监控系统的输出显示应符合人机工程要求,以确保用最适用的形式为用户提供要求的信息;

③ 为保证来自被监控系统的数据传输与中央监控器兼容,应建立接口标准。

4.2.3.4　机械系统状态监控

① 机械系统状态监控及战斗损伤监控功能应与其他性能监控功能结合起来;

② 应设置预防性维修监控功能(燃油分析、减速器破裂等);

③ 应进行预防性维修分析,制定计划维修程序。

4.2.3.5　光电设备测试设计

① 应设有光分离器和光耦合器,以便无需进行较大分解就可以访问信号;

② 对光学系统应进行功能分配,以便对它们及其相关的驱动电子设备进行独立测试;

③ 预定用于脱机测试的测试装置应达到所要求的机械稳定性;

④ 应将温度稳定性纳入测试装置及UUT设计,以保证在整个正常工作环境中有一致的性能;

⑤ ATE系统、光源和监控系统应有足够的波长范围,以便适用于各种UUT;

⑥ 为获得准确的光学读数(对准),应有足够的机械稳定性和可控性;

⑦ 应能自动进行轴线校准或使之无需校准;

⑧ 应有适当的滤波措施以达到光线衰减要求;

⑨ 光源在整个工作范围内应提供足够的动态特性;

⑩ 监控器应具有足够的灵敏度,以适应广泛的光强度范围;

⑪ 所有调制模型均应能被仿真、激励和监控;

⑫ 测试程序和内部存储器应能测试灰色阴影的像素;

⑬ 不用较大的分解或重新排列,即可保证光学部件的可达性;

⑭ 为聚焦和小孔成像,目标应能自动控制;

⑮ 平行光管(准直仪)应能在它们整个运动范围内自动可调;

⑯ 平行光管应有足够的运动范围，以满足多种测试应用。

4.2.3.6　测试数据和资料

① 时序电路的状态图应能识别无效序列和不确定的输出；

② 如果使用计算机辅助设计，则计算机辅助设计的数据库应能有效地支持测试生成过程和测试评价过程；

③ 对设计中使用的大规模集成电路，应有足够的数据准确地对其进行模拟并产生高置信度的测试；

④ 对计算机辅助测试生成，软件应满足程序容量、故障模拟、部件库和测试响应数据处理的要求；

⑤ 应依据 GJB3966 要求为 UUT 编写测试性需求文件(TRD)；

⑥ 每个主要的测试均应包含测试流程图，且测试流程图应仅限于少数几张图表，图表之间的连接标志应清楚；

⑦ 被测单元每个信号的容差范围应是已知的；

⑧ 布局的更改应尽快通知测试人员。

4.2.3.7　测试控制(可控性)

① 应使用连接器的空余插针将测试激励和控制信号从测试设备引到电路内部的节点；

② 电路初始化应尽可能容易和简单(总清的初始化序列小于 N 个时钟周期)；

③ 设计应保证余度元件能进行独立测试；

④ 可利用测试设备的时钟信号断开印制电路板上的振荡器和驱动所有的逻辑电路；

⑤ 在测试模式下，应能将长的计数器链分成几段，每一段都能在测试设备控制下进行独立测试；

⑥ 测试设备应能将被测单元从电气方面将项目划分成几个较小的易于独立测试的部分(如将三态器件置于高阻抗状态)；

⑦ 应避免使用单稳触发电路，若不可避免，则应具有旁路措施；

⑧ 应采取措施保证可以将系统总线作为一个独立整体进行测试；

⑨ 反馈回路应能在测试设备控制下断开；

⑩ 在有微处理器的系统中，测试设备应能访问数据总线、地址总线和重要的控制线；

⑪ 在器件高扇入的节点(测试瓶颈)上应设置测试控制点；

⑫ 应为具有高驱动能力要求的控制信号设置输入缓冲器；

⑬ 应采用如多路转换器和移位寄存器之类的有源器件，使测试设备能利用现有的输入插针控制所需的内部节点；

⑭ 需要大驱动电流的有源测试点应有自己的驱动器级。

4.2.3.8　测试通路(观测性)

① 应使用连接器的备用插针将附加的内部节点数据传输给测试仪器；

② 信号线和测试点应设计成能驱动测试设备的容性负载；

③ 应提供使测试设备能监控印制电路板上的时钟并与之同步的测试点；

④ 电路的测试通路点应位于器件高扇出点上；

⑤ 应采用缓冲器和多路分配器保护那些因偶然短路而可能损坏的测试点；

⑥ 当测试点是锁存器且易受反射信号影响时,应采用缓冲器;

⑦ 应采用有源器件(如多路分配器和移位寄存器),以便利用现有的输入插针将需要的内部节点数据传输到测试设备上;

⑧ 为了与测试设备兼容,被测单元中的所有高电压在提供给测试通路前都应按比例降低;

⑨ 测试设备的测量精度应满足被测单元的容差要求。

4.2.3.9 划 分

① 每个需要测试功能的全部元器件应安装在同一块印制电路板上;

② 如果在一块印制电路板上设有一个以上的功能,那么它们应保证能够分别测试或独立测试;

③ 在混合功能中,数字和模拟电路应能分别进行测试;

④ 在一个功能中,每块被测电路的规模都应尽可能小,以便经济地进行故障检测和隔离;

⑤ 如果需要,上拉电阻应与驱动电路安装在同一块印制电路板上;

⑥ 为了易于与测试设备兼容,模拟电路应按频带划分;

⑦ 测试所需的电源类型和数目应与测试设备相一致;

⑧ 测试要求的激励源的类型和数目应与测试设备相一致;

⑨ 故障不能准确隔离的元(部)件组应放在相近的地方或同一封装内;

⑩ 系统和设备应按功能进行合理划分,并在结构安排上作为单独测试的可更换单元;

⑪ 对于较复杂的可更换单元,应尽量利用阻塞门、三态器件或继电器把要测试的电路与暂不测试的电路隔离,以简化故障隔离和缩短测试时间;

⑫ 尽量将功能不能明确区分的电路和元器件划分在同一个可更换单元中;

⑬ 当反馈不能断开、信号扇出关系等不能做到唯一性隔离时,应尽量将属于同一个隔离模糊组的电路和部件封装在同一个可更换单元中;

⑭ 如有可能,应尽量把数字电路、模拟电路、射频(RF)电路、高压电路分别划分为单独的可更换单元;

⑮ 如有可能,应按可靠性和费用进行划分,即把高故障率或高费用的电路和部件划分为一个可更换单元。

4.2.3.10 结构设计(用于电子功能)

① 为了便于识别,印制电路板上的元器件应按标准的坐标网格方式布置;

② 元器件之间应留有足够的空间,以便可以利用测试夹和测试探头进行测试;

③ 印制电路板上的所有元器件均应按同一方向排列(如插座的1号插针应处于相同方向);

④ 连接电源、接地、时钟、测试和其他公共信号的插针应布置在连接器的标准(固定)位置上;

⑤ 印制电路板连接器或电缆连接器上的输入和输出信号插针的数目应与所选择测试设备的输入和输出信号的能力相兼容;

⑥ 印制电路板的布局应支持导向探头测试;

⑦ 为改善ATE对表面安装器件的测试,应采取措施保证将测试用连接器纳入设计;

⑧ 为了减少所需的专用接口适配器的数目,在每块印制电路板上应尽可能使用可拆除的

短接端子或键式开关；

⑨ 无论何时，只要可能就要在输入/输出连接器和测试连接器上尽可能包括电源和接地线；

⑩ 在确定敷形涂覆时应考虑测试和修理的要求；

⑪ 设计时应避免采用会降低测试速度的特殊准备（如特殊冷却）的要求；

⑫ 项目的预热时间应尽可能短，以便使测试时间最短；

⑬ 每个 UUT 均应有清晰的标志。

4.2.3.11　初始化

① 系统或设备应设计成具有一个严格定义的初始状态。从初始状态开始隔离故障，如果没有达到正确的初始状态，则应把这种情况与足够的故障隔离特征数据一起告诉操作人员。

② 系统或设备能够预置到规定的初始状态，以便能够对给定故障进行重复多次测试，并可得到多次测试响应。

4.2.3.12　测试点

① 测试点的设计应作为 UUT 设计的一个组成部分，应设置必要的外部和内部测试点。测试点的数量以满足性能监控、故障检测与隔离要求为准。

② 所提供的测试点可用于定量测试、性能监控、故障隔离、校准或调整、输入激励等。测试点与新设计的或计划选用的自动测试设备兼容。

③ 除另有规定外，LRU 级产品应设置外部测试点，外部测试点应尽可能组合在一个检测插座中，并应备有与外壳相连的盖帽。

④ SRU 级产品的测试点应能把重要信号提供给外部测试设备，必要时提供测量输入激励的手段。

⑤ 测试点的测量值都以某公共的设备地为基准。

⑥ 选择的测试点应把模拟电路和数字电路分开，以便独立测试。

⑦ 高电压和大电流的测量点，在结构上要与低电平信号的测试点隔离，应符合安全要求。

⑧ 测试点与 ATE 间采取电气隔离措施，保证不会因设备连到 ATE 上而降低设备的性能。

⑨ 测试点的选择应适当考虑合理的 ATE 测量精度要求、频率要求。

⑩ 测试点应有与维修手册规定一致的明显标记，如编号、字母或颜色。

⑪ 对系统测试来讲，I/O 或读出电路的测试点应相互靠近，以便于一个测试人员可以在监控读出电路的同时，执行测试。

⑫ 提供具有防污染盖的测试点，以防止由于测试点受污染造成功能失效，从而降低整个系统的测试性水平。

⑬ 测试点的设计应保证不干扰系统综合期间所测试的信号，在测试点应施加标准的阻抗值，以便可以在无需附加电路的情况下直接访问测试点。

4.2.3.13　传感器

① 传感器是指把特定参量（非电量）转换为便于测试分析形式（电量）的一种装置，应尽可能少用或不用；

② 只要有可能，应优先使用无源传感器而不使用有源传感器，如果必须使用有源传感器，

则应使其对电路与传感器组合的可靠性影响最小;

③ 应避免使用需要校准(初始校准或其他校准)的传感器;

④ 选用经过良好设计的传感器,必要时采用滤波器或屏蔽,使电磁辐射造成的干扰最小;

⑤ 传感器的灵敏度对系统分辨率必须是适当的,信号输出形式应适应测试系统要求,并且有足够的频率响应;

⑥ 负载影响和失真最小,物理特性能适应满足使用要求;

⑦ 传感器的测量范围应满足测试系统要求;

⑧ 传感器的可靠性、维修性方面应满足规定要求;

⑨ 为获得宽频带动态数据,压力传感器的放置应靠近压力敏感点;

⑩ 传感器的选择应考虑传感器的工作环境条件;

⑪ 应考虑测试介质和敏感元件之间的热惯性(滞后);

⑫ 应制定校准敏感装置的程序。

4.2.3.14 指示器

① 所选指示器应便于使用和维修人员监视和理解。

② 在电子系统准备状态显示面板上,可以把各分系统和设备的指示器集中在一起,以便综合显示多种系统信息。

③ 驾驶人员用的系统状态和警告或警戒指示器的设计应符合驾驶人员使用要求,系统状态指示器应提供系统准备或功能良好和不好的指示。

④ 故障指示器应能连续显示故障信号,BIT 信息应能激发位于 LRU 中的 GO/NO GO 指示。当电源中断或移去时,LRU 等级的故障指示器应能保持最近的测试结果。当产品处于正常安装位置时,维修人员应能看到所有故障指示器。

4.2.3.15 连接器设计

1. 器件连接器

① 器件连接器的触点布局应采用标准形式,电源电压、数字与模拟信号的触点的安排应与集成电路中的类似,如针 8 为接地,针 16 为电源电压。

② 如果必须使用一个以上的测试连接器,则信号应被合理地收集。模拟和数字信号均需要激励和测量时,应各自仅送到一个连接器中。

③ 高压或高频信号应优先安排在中间,以便使电磁干扰最小。

④ 对相同类型的连接器应进行编号,以避免错误连接或损坏。

⑤ 对敏感或高频信号应采用同轴线连接,以便最大程度地避免外部电磁干扰。

⑥ 连接器的机械结构应允许快速更换插针,因为常见的故障是由于不适当地处理或拆卸电缆所造成的触点断开。

⑦ 连接器应安装在可达的地方,以便进行更换和修理,如果仅需要更换一个连接器,最好不要拆下整个单元,因为经验表明,组装可能会引起新的故障和降低该单元的可靠性。

⑧ 如果可能,则应使用零插拔力连接器,即在插、拔连接器时所需的力最小。

⑨ 为了保证测试目标与测试设备的适配更简单和有效,器件连接器数量应尽可能得少。

⑩ 应避免使用专用的插、拔工具。

2. 模块连接器

① 在同一类设备中,组件块和模块应尽量采用相同类型的连接器,这样可以减少备件的

类型和数量，从而降低费用。

② 模块连接器中的所有功能触点，包括电源电压、接地连接和所有测试触点均应以与连接器相同的方式进行布局。

③ 连接器应用机械的方法进行编码，以防止无意中将一个模块连接到其他接受同一类型连接器的功能中。

④ 连接器的选择应保证仅用微小的力就可以装或拆，以防止连接器承受高机械应力。

⑤ 在修理费用比插件板还贵的情况下，应考虑使用标准插件板。

⑥ 如果功能连接器不能提供足够的内部测试点，那么在组件块内应考虑使用测试连接器，如 IC 插座。

⑦ 在与自动测试设备一起使用时，应避免通过中断机械连接或利用接线柱存取测试点的数据。因为这两种方法均要求在测试过程中进行人工干预，从而可能引入错误，类似的问题也会出现在使用人工导向探针时。

⑧ 通常，用于引出印制电路板或模块内测试点数据的方法的优先顺序如下：

第一，使用功能连接器；

第二，在插件板的边缘增加测试连接器；

第三，在模块中加入附加测试连接器（如集成电路插座）；

第四，使用钉床，仅适用于印制电路板没有密封的情况；

第五，使用集成电路插件板；

第六，拆卸机械连接；

第七，使用探头、测试插件板。

3. 系统和分系统的连接器

① 通过使用 VLSI 器件和光缆可以减少互连的数量，从而降低整个系统的故障概率。通过将传送的数据串行化可以减少互连的数量。由于光缆具有较高的带宽，所以与传统的电缆相比，光缆可串行更多的数据。

② 连接器和导线类型应标准化以改善测试和保障条件。航空电子系统和地面系统通常采用的连接器均是标准的，问题是要保证连接器的类型最少。

③ 提供有效的连接器锁销、彩色编码和标志以防止错误连接，在 LRU 连接器上采用键式开关可减少 ATE 所需的专用接口适配器的数量。

④ 在连接器周围提供足够的间隙，以便在 3 min 或更短时间内连接或断开电缆以及对连接器作适当的校准。

⑤ 在导线或电缆上加上标志（最好是彩色）以便对其进行跟踪。

⑥ 对于电源、接地和其他常用的信号连接器中插针的位置应标准化。

⑦ 所有 LRU 及分系统的关键节点（或测试点）应保证从连接器上即可存取信息，以防止需要内部 LRU 探针或通道。

⑧ 避免采用隐藏电缆（即一个电缆在另一个电缆或 LRU 等的后面）。

⑨ 在所有多电线电缆中至少应提供 10％的备用电线。这对连接相距数英尺的 LRU 的隔板间的电缆尤其正确，这样在任何连接器断开后，都可以在每个 LRU 的终端进行快速重新布线，而无需将很长的电缆拉出。

⑩ 避免采用直角连接器外壳。如果不可避免，则应特别注意每根电缆的位置以防磨损。

4.2.3.16 兼容性设计

① 在所有装配和拆卸层次的可更换单元的功能应尽可能都模块化(功能模块化);

② 测试LRU或SRU时,最好不用其他LRU或SRU的激励和模拟(功能独立性);

③ 为进行无模糊的故障隔离和监控余度电路、BIT电路,应提供足够的测试点(测试点的充分性);

④ 在输入、输出或在测试连接器上应有性能检测和故障隔离所需测试点,该测试点应能通过外部连接器可达(测试点可达性);

⑤ 测试点应有足够的接口能力(如适应3 m长连接电缆的阻抗),适应ATE的测量装置,测量信号不失真,不影响UUT的正常工作(测试点接口能力);

⑥ 测试点电压在300~500 V(rms)时应设置隔离措施,并设警告标志,当电压大于500 V时,应采取降压措施(测试点安全性);

⑦ UUT在ATE上测试时,应尽可能减少所需的调整工作(如可调元器件的调整、平衡调节、调谐、对准等),应尽可能减少需要外部设备产生激励或监控响应信号;

⑧ LRU或SRU在ATE上测试时,应尽可能减少需要特殊的环境,如真空室、油槽、振动台、恒温箱、冷气和屏蔽室等;

⑨ 对于激励信号和测量信号的测量,应有足够的精度(保证高置信度测试)。

4.2.3.17 BIT设计

① 每个UUT内的BIT都应能在测试设备的控制下执行;

② TPS应设计成能够利用BIT能力;

③ UUT上的重要功能应采用BIT指示器,BIT指示器的设计应保证在BIT出现故障时给出故障指示;

④ BIT应采用积木式(即在测试一个功能之前应对该功能的所有输入进行检查);

⑤ 积木式BIT应充分利用功能电路;

⑥ 组成BIT的硬件、软件和固件的配置应是最佳的;

⑦ UUT上的只读存储器(ROM)应包含自测试子程序;

⑧ 自测试电路应设计成可测试的;

⑨ 应有识别是硬件还是软件导致故障指示的方法;

⑩ BIT应具有保存联机测试数据的能力,以便分析维修环境中不能复现的间歇故障和运行故障;

⑪ 预计的BIT电路的故障率、附加重量与体积、功耗增加等应在规定的范围内;

⑫ 应按故障率和功能重要程度给每个UUT分配适当的BIT能力;

⑬ 存储在软件或固件中的BIT门限值,应便于根据使用经验进行必要的修改;

⑭ 为了尽量减少虚警数,BIT传感器数据应进行滤波和处理;

⑮ BIT提供的数据应满足系统使用和维修人员的不同需要;

⑯ 应为置信度测试和诊断软件留有足够的存储空间;

⑰ 任务软件应具有足够的检测硬件错误的能力;

⑱ BIT的故障检测时间应与被监控功能的关键性相一致;

⑲ 在确定每个参数的BIT门限值时,应考虑每个参数的统计分布特性、BIT测量误差,以

及最佳的故障检测和虚警特性；

⑳ BIT 的设计应保证其不会干扰主系统功能。

4.2.3.18　模拟电路设计

① 每一级的有源电路都应至少引出一个测试点到连接器上；

② 每个测试点都应经过适当的缓冲或与主信号隔离，以避免干扰；

③ 应避免对产品进行多次、有互相影响的调整；

④ 应保证在不用借助其他被测单元上的偏置电路或负载电路的情况下，电路的功能仍是完整的；

⑤ 与多相位有关的或与时间相关的激励源的数量应最少；

⑥ 对相位和时间测量的次数应最少；

⑦ 复杂调制测试或专用定时测试的数量应最少；

⑧ 激励信号的频率应与测试设备能力相一致；

⑨ 激励信号的上升时间或脉冲宽度应与测试设备能力相一致；

⑩ 测量的响应信号的频率应与测试设备能力相一致；

⑪ 测量的响应信号的上升时间或脉冲宽度应与测试设备能力相兼容；

⑫ 激励信号的幅值应在测试设备的能力范围之内；

⑬ 测量的响应信号的幅值应在测试设备的能力范围之内；

⑭ 应避免使用外部反馈回路；

⑮ 应避免使用温度敏感元件或保证可对这些元器件进行补偿；

⑯ 应尽可能允许在没有散热条件下进行测试；

⑰ 应尽量使用标准连接器；

⑱ 放大器和反馈电路结构应尽可能简单；

⑲ 在一个器件中功能完整的电路不应要求任何附加的缓冲器；

⑳ 输入和输出插针应从结构上分开；

㉑ 如果电压电平是关键，那么所有超出 1 A 的输出都应设有多个输出插件，以便允许对模拟输出采用开尔文(Kelvin)型连接，并可将电压读出且反馈到 UUT 中的电流控制电路，从而开尔文型连接允许在 UUT 输出端维持一规定的电压；

㉒ 电路的中间各级应可通过利用输入/输出(I/O)连接器切断信号的方法进行独立测试；

㉓ 模拟电路所有级的输出(通过隔离电阻)应适用于模块插针；

㉔ 带有复杂反馈电路的模块应具有断开反馈的能力，以便对反馈电路和(或)元器件进行独立测试；

㉕ 所有内部产生的参考电压都应引到模块插针；

㉖ 所有参数控制功能都应能独立测试。

4.2.3.19　数字电路设计

① 数字电路应设计成主要以同步逻辑电路为基础的电路。

② 所有不同相位和频率的时钟都应来自单一主时钟。

③ 所有存储器都应用主时钟导出的时钟信号来定时(避免使用其他部件信号定时)。

④ 设计应避免使用阻容单稳触发电路和避免依靠逻辑延时电路产生定时脉冲。

⑤ 数字电路应设计成便于“位片”测试。

⑥ 在重要接口设计中应提供数据环绕电路。

⑦ 所有总线在没有选中时都应设置默认值。

⑧ 对于多层印制电路板,每个主要总线的布局都应便于电流探头或其他技术在节点外进行故障隔离。

⑨ 只读存储器中的每个字都应确切地规定一个已知输出。

⑩ 选择了不用的地址时,应产生一个明确规定的错误状态。

⑪ 每个内部电路的扇出数都应低于一个预定值。

⑫ 每块电路板输出的扇出数都应低于一个预定值。

⑬ 在测试设备输入端时滞可能成为问题的情况下,电路板的输入端应设有锁存器。

⑭ 设计上应避免“线或”逻辑。

⑮ 设计上应采用限流器以防止发生“多米诺”效应。

⑯ 如果采用了结构化测试性设计技术(如扫描通路、信号特征分析等),那么应满足所有的设计规则要求。

⑰ 电路应初始化到一种明确的状态,以便确定测试的方式。

⑱ 时钟和数据应是独立的。

⑲ 所有存储单元都必须能变换两种逻辑状态(即状态0/1),而且对于给定的一组规定条件的输出状态必须是可预计的。其必须为存储电路提供直接数据输入(即预置输入),以便对带有初始测试数据的存储单元加载。

⑳ 计数器中测试覆盖率的损失与所加约束的程度成正比,应在设计上保证计数器高位字节输入是可观察的,这种设计能少量提高测试性。

㉑ 不应从计数器或移位寄存器中消除模式控制。

㉒ 计数器的负载或时钟线不应被同一计数器的存储输出激励。

㉓ 所有只读存储器和随机存取存储器(RAM)的输入必须可在模块I/O连接器上观察。所有只读存储器和随机存取存储器的芯片选择线在允许主动操作的逻辑极性上,不要固定,随机存取存储器应允许测试人员进行控制以执行存储测试。

㉔ 可在不损失测试性的情况下,利用单脉冲激励存储块的时钟线。如果单脉冲激励组合电路,则测试性会大大降低。

㉕ 较多的顺序逻辑应借助门电路断开和再连接。

㉖ 大的反馈回路应借助门电路断开和再连接。

㉗ 对大量存储块来讲,应利用多条复位线代替一条共用的复位线。

㉘ 所有奇偶发生和校验器必须都能变换成两种输出逻辑状态。

㉙ 所有模拟信号和地线都必须与数字逻辑分开。

㉚ 没有可预计输出的所有器件必须与所有数字线分开。

㉛ 来源于5个或更多不同位置的连线或信号必须分成几个小组。

㉜ 模块设计和IC类型应最少。

㉝ 模块特性(功能、插针数、时钟频率等)应与所计划的ATE资源相兼容。

㉞ 改错功能必须具有禁止能力,以便主电路可以对故障进行独立测试。

4.2.3.20　大规模集成电路(LSI)、超大规模集成电路(VLSI)和微处理机

① 应最大限度地保证LSI、VLSI和微处理机可直接并行存取。驱动LSI、VLSI和微处理机输入的保证电路应是三稳态的,以便测试人员可以直接驱动输入。

② 应采取措施保证测试人员可以控制三态启动线和三态器件的输出。

③ 如果在微处理机模块设计中使用双向总线驱动器,那么这些驱动器应布置在处理机/控制器及其任一支撑芯片之间。微处理机I/O插针中的双向缓冲器控制器应易于控制,最好是在无需辨认每一模式中插针,是输入还是输出由微处理机自动控制。

④ 应使用信号中断器存取各种数据总线和控制线内的信号,如果因I/O插针限制不能采用信号中断器,那么应考虑采用扫描输入和扫描输出以及多路转换电路。

⑤ 应选择特性(内部结构、器件功能、故障模式、可控性和可观测性等)已知的部件。

⑥ 应为测试设备留出总线,数据总线应具有最高优先级。尽管监控能力有助于分辨故障,但测试设备的总线控制仍是最希望的特性。

⑦ 含有其他复杂逻辑器件的模块中的微处理机也应作为一种测试资源。对于有这种情况的模块,有必要在设计中引入利用这一资源所需的特性。

⑧ 应通过相关技术或独立的插针输出控制ATE时钟。

⑨ 如果可能,应提供"单步"动态微处理机或器件。

⑩ 应利用三态总线改进电路划分,从而将模块测试降低为一系列器件功能块的测试。

⑪ 三态器件应利用上拉电阻控制浮动水平,以避免模拟器在生成自动测试向量期间将未知状态引入电路。

⑫ 自激时钟和加电复位功能在它们不能禁止和独立测试时,不应直接连接到LSI/VLSI/微处理机中。

⑬ LSI、VLSI或两者混合,或微处理机中的所有BITE,都应通过模块I/O连接器提供可控性和可观察性。

4.2.3.21　射频(RF)电路设计

① 发射机(变送器)输出端应有定向耦合器或类似的信号敏感/衰减技术,以用于BIT或脱机测试监控(或者两种兼用)。

② 如果射频发射机使用脱机ATE测试,则应在适当的地点安装测试(微波暗室、屏蔽室),以便在规定的频率和功率范围内准确地测试所有项目。

③ 为准确模拟要测试的所有RF信号负载要求,在脱机ATE或者BIT电路中应使用适当的终端负载装置。

④ 在脱机ATE内应提供转换测试射频被测单元所需的全部激励和响应信号。

⑤ 为补偿测量数据中的开关和电缆导致的误差,脱机ATE或BIT的诊断软件应提供调整UUT输入功率(激励)和补偿UUT输出功率(响应)的能力。

⑥ 射频的UUT使用的信号频率和功率不应超出ATE激励/测量能力,如果超过,ATE内应使用信号变换器,以使ATE与UUT兼容。

⑦ RF测试I/O接口部分,在机械上应与脱机ATE的I/O部分兼容。

⑧ UUT与ATE的RF接口设计,应保证系统操作者不用专门工具就可迅速且容易地连接和断开UUT。

⑨ RF类UUT设计应保证无需分解就能完成任何组件或分组件的修理或更换。

⑩ 应提供充分的校准UUT的测试性措施(可控性和可观测性)。

⑪ 应建立RF补偿程序和数据库,以便用于校准使用的所有激励信号和通过BIT或脱机ATE到UUT接口测量的所有响应信号。

⑫ 在RF类UUT接口处每个要测试的RF激励/响应信号均应明确规定。

4.2.3.22 元器件测试特性

① 在满足性能要求的条件下,应优先选择具有良好测试性的元件和模块,以及内部结构和故障模式已充分了解的集成电路。

② 元器件如有独立刷新要求,测试时,应有足够的时钟周期保障动态器件的刷新。

③ 被测单元使用的元器件应属于同一逻辑系列,如果不是,相互连接时应使用通用的信号电平。

④ 使用元器件的品种和类型应尽可能地少。

⑤ 如果性能要求允许,应使用标准件而不使用非标准件。在生成测试序列时,应优先考虑常规的、系统化的测试而不采用技术难度大的测试,尽管后者的测试序列短。

4.2.3.23 电 源

① 电源通常应符合有关标准,对于航空电子系统,其电源也应按有关标准执行。

② 在电子系统中应使用标准电源,以便易于与标准的ATE互连,从而缩短测试时间和减少由于需要设计功能适配电路而造成的浪费。

③ 应保证测试人员检测时的安全,通常在测试时应断开高压电源。

④ 系统设计应保证当主系统电源出现故障时,可以快速地断开电缆,并利用外部电源进行信号连接。

4.2.3.24 计算机、控制器连接总线和软件

① 应能在任何时刻通过遥控或复位开关或按钮将系统复位。

② 应提供直接存取地址/数据总线,以便ATE可以直接从系统和各个部件读取数据。

③ 在系统、分系统和LRU之间应采用标准通信信号,以便不相似的系统和具有1553B能力的所有ATE可以在没有适配器的情况下连接在一起。

④ 应将系统软件按系统功能分成通用的软件模块/结构,以改善软件和硬件各个功能的测试性。

⑤ 应采用高级指令语言,以易于系统综合、测试和调试。

⑥ 应尽量使用标准的通信和故障报告系统进行诊断和维修,尽量少用用户定制的ATE。

⑦ 对于余度电路,必须保证可以对余度单元进行独立测试。

4.2.3.25 机械设计

① 设计的系统应保证可在30 min内无需利用专用工具完成更换。

② 应避免在系统级进行人工调整。

③ 应采用模块化系统设计,每个模块都设计成功能独立的模块。

④ 应清楚标志所有分系统级LRU,否则,当系统中包括多个LRU或分系统且它们没有加以标识时,在系统综合、测试、调试和修理时就可能带来各种问题。

4.2.3.26　系统安全性考虑

系统操作人员和测试人员的安全是系统测试性设计期间需要特别注意的问题，它比其他测试性要求更重要。

① 当测试或执行任务前需要将系统盖打开时，应对危险的系统或会产生危险的系统明确标志。

② 应提供火警、烟雾及危险探测器，这些系统与灭火系统一起不仅可以保护系统本身，而且可以在综合、测试和调试期间保障测试人员的安全。

③ 应为安全和保险装置提供目视报警信号、音响报警信号以及单个开关保险，这对导弹系统来讲尤其重要。

④ 应为所有自动的操作员监控器提供目视或音响报警信号，复杂系统应包括"操作员监控器"，以便在警报发出一定时间内操作人员未能改正错误的情况下采取其他措施。

⑤ 应为保安短路器提供音响或目视报警信号，通常系统要包括一个保安短路器开关，以便在系统内部出现问题(可能导致着火或爆炸)的情况下保证系统连续工作。

⑥ 任何引爆电路应包括用于启动电路的一个编码序列和在其被偶然启动的情况下用于保险的开关。

4.2.3.27　其他测试性设计要求

① 测试时间较长(大于 10 min)通常会造成系统过热，因此在没有辅助测试监控器和冷却设备时应避免这种情况。此外，如果每次系统由于各种原因中断均需要 10 min 预热，那么测试时间会大大增加。

② 对于布置在"远处"的系统，应提供工厂"样机"系统，因为不可达系统所出现的故障在没有对工厂内相同的"非工作"系统进行访问时不可能诊断出来。非工作系统可用于模拟错误，以便维修人员找出消除故障的措施。

③ 应提供易于接近分系统、LRU 底板的方法。

④ 应提供可以快速接近可更换产品的方法，以缩短总的测试时间。

⑤ 当可用商用设备(如电源、控制器等)时，应尽量避免新研制系统。

⑥ 应为系统测试提供地面终端，以便准确了解触点的好坏。

⑦ 应避免在系统内填入胶滞体、惰性气体或高压气体，以防止系统综合、测试、调试和修理时间过长。

⑧ 应避免测试时要求清洁的房间，因为这样会大大增加系统综合、测试、调试等的时间和复杂性。

⑨ 应避免要求采用高技术的 ATE，最好使用现有的商用 ATE，以节省费用。

⑩ 对所有故障应提供良好的故障检测率和隔离率，至少不应小于 90%。

⑪ 应提供联机的"专家诊断系统"。

⑫ 应提供可中断所有反馈回路的方法。

⑬ 对关键功能应提供余度电路，以便在不中断系统主功能的情况下对脱机部分进行测试。

⑭ 应提供可以访问到任何采用扫描技术电路的方法。

⑮ 应为系统提供自校准能力。

⑯ 应为系统测试提供所需的文件和规范。

4.2.4 测试性设计准则的剪裁

上面给出的测试性通用设计准则的内容和条目很多,几乎包括测试性设计要考虑的全部范围,许多条目可能对特定的UUT不适用,而且通用准则也可能未包括特定UUT的特殊设计要求。所以,通用准则要经过剪裁才能得出适合于具体系统或设备的测试性设计准则。

通用准则的剪裁原则:

① 选用适用于具体系统设计的准则条目,例如,测试控制、测试观测、功能与结构划分等部分中的许多条目都适用于系统、分系统、LRU及电路板级。

② 去掉不适用于具体系统设计的准则条目。例如,模拟电路设计及数字电路设计就不适用于系统和分系统级产品,故障信息存储和指示器一般也不适用于电路设计。

③ 选用经适当修改后适用于具体系统设计的准则条目。例如,BIT部分中有些条目也适用于机械类产品测试,但需要将“BIT”一词改用其他适当的词。

④ 增加通用准则中没有而具体系统设计又需要的准则条目。

⑤ 如可能,还可以在具体系统测试性设计准则中指出订购方规定为必须遵守的准则条目,对于这些条目,设计者必须百分之百地执行,不属于设计权衡的内容,并应单独评价。

4.3 测试性设计准则的符合性检查

在系统和设备研制过程中应对其测试性设计准则的符合情况进行分析与检查(也称固有测试性评价),以便确定硬件设计是否有利于测试并确定存在的问题,尽早采取改进措施。

4.3.1 符合性检查要求与过程

(1) 符合性分析与检查要求

① 在研制过程中应对测试性设计准则贯彻情况进行分析,确定产品测试性设计是否符合各条设计准则的要求,并确定存在的问题,尽早采取改进措施;

② 将设计准则贯彻情况的分析/评价结果写成测试性设计准则符合性分析与检查报告,作为测试性评审资料之一;

③ 应由符合性检查小组完成测试性设计准则的符合性分析与检查工作。

(2) 符合性分析与检查过程

系统或设备的测试性设计准则符合性检查应使用固有测试性核对表,按下述步骤进行评价:

① 根据系统特点,采取恰当的符合性检查方法,进行系统和设备的符合性分析与检查;

② 将符合性评价结果写成测试性设计准则符合性分析与检查报告。

4.3.2 符合性检查方法

1. 加权评分方法

国军标GJB 2547和美军标MIL-STD-2165中给出的固有测试性评价方法是加权评分方法。对于每一条准则,依据其贯彻执行情况确定基本得分;再乘以它的加权系数,可得到各条准则的得分；系统或设备的固有测试性总评分等于各条设计准则得分的加权均值，总评分应大于最低要求值（一般为 85～95 分），如果是 100 分，则表示各条准则都很好地贯彻执行了。

(1) 加权原则

各条设计准则对系统或设备测试性的贡献或重要度是不一样的，通过赋予不同的权值来考虑这种影响。根据各条准则对测试的相对重要程度，分别确定 1～10 的权值，一般原则如下：

① 对满足测试性要求是关键的设计准则，分配的加权系数为 8～10；

② 对满足测试性要求是很重要的但不是关键的设计准则，规定的加权系数为 5～7；

③ 对测试性有益，但对满足测试性要求不是很重要的设计准则，规定的加权系数为 1～4。

此外，也可参考表 4-2 来确定各条准则的权值。

表 4-2　加权系数参考表

对测试性的重要性	加权系数	说　明	示　例
关键性的	8～10	获得费用有效的测试所需要的项目	结构与功能划分，测试文件
很重要的	5～7	获得可接受的综合测试水平所需要的项目	控制和观测点的选择
重要的	3～4	对适应自动测试所需要的项目	与 ATE 接口的考虑
有关测试时间的	2	影响测试时间要求的项目	UUT 预热时间
有关便于测试的	1	为测试提供方便的项目	提供外部设备测点

(2) 固有测试性要求的分值

订购方应确定用于固有测试性分析评价的最低要求值。鉴于评价对象的广泛性，无法推荐单一的“最合理的”最低要求值。具体系统的测试性设计准则的加权系数确定之后，最后评分为 100 分时表示双方一致同意的测试性设计准则已经全部结合到设计中了。目标应该是保证设计能百分之百地符合规定的测试性设计准则，对于具体系统或设备应根据实际情况和可能性对这个目标进行调整，不能都要求达到 100 分。

在进行固有测试性评价时，最低要求值一般为 85～95 分。通常要经过一个协商过程才能最后确定固有测试性最低要求值，往往不是由于设计技术上的限制，还要考虑费用、进度、对其他专业工程的影响等。

(3) 加权评分的步骤

① 建立具体系统或设备的固有测试性核对表（由通用准则剪裁而成），格式如表 4-3 所列，其中第 1 列的各条准则建议改成问句形式。

② 确定每条准则的加权系数 W_i，并填入表 4-3 中，$1 \leqslant W_i \leqslant 10$。

③ 确定采用的记分办法，即 0～100 分，其中，100 分代表测试性准则全部贯彻执行了，0 分表示没有考虑测试性设计。

④ 确定固有测试性最低要求分值。

⑤ ①～④的内容应经订购方同意。

⑥ 分析统计每条设计准则适用的设计属性（分析对象）数 N，并填入表 4-3 中（例如电路板中的节点总数 N）。

⑦ 根据设计资料确定符合每条设计准则的设计属性（分析对象）数 N_T，并填入表 4-3 中（如测试器可达的电路板的节点数 N_T）。

⑧ 根据记分方法计算每条设计准则的得分 S_i，这里用的方法是：

- 对于可统计的适用的设计属性(分析对象)数的准则：

$$S_i = \frac{N_T}{N} \times 100$$

- 对于只回答“是(符合准则)”或“否(不符合准则)”的准则：回答“是”时 $S_i = 100$，回答“否”时 $S_i = 0$。

⑨ 计算总的固有测试性评分：

$$T_1 = \sum_{i=1}^{N} W_i S_i \Big/ \sum_{i=1}^{N} W_i \tag{4-1}$$

把上述计算结果填入表4-3中。

表4-3 测试性设计准则的符合性检查表(固有测试性核对表)

测试性设计准则	加权系数 W_i	适用的设计属性数或分析对象数 N	符合准则的设计属性数或分析对象数 N_T	得分 $S_i = \frac{N_T}{N} \times 100$	加权得分 $S_{wi} = W_i S_i$
准则1的内容 准则2的内容 ⋮ 准则 n 的内容					
总评分	$T_1 = \sum_{i=1}^{N} W_i S_i \Big/ \sum_{i=1}^{N} W_i =$				

⑩ 结果分析：

- 如果固有测试性评分 T_1 值大于或等于最低要求值，并且由订购方规定的必须遵守的准则条目为100分，可通过评审。
- 如果总评分 T_1 值低于最低要求值，则承制方应说明原因。若理由充分合理，测试性定量指标又可达到，亦可通过评审；否则，应改进设计。

(4) 举　例

这里仅用7条设计准则作为例子来说明具体评分方法，有关加权系数适用的设计属性数和符合准则的设计属性数是随意指定的。评分结果列于表4-4中。

表4-4 测试性设计准则符合性检查表示例(加权评分方法)

测试性准则	加权系数 W_i	适用的设计属性数 N	符合准则的设计属性数 N_T	得分 S_i	加权得分
1. 元器件或单元间是否留有放置测试探头的空间	6	5	4	80.0	480.0
2. 所有元件是否按相同方向排列	6	5	4	80.0	480.0
3. 连接器插脚的排列是否能使相邻引脚短路造成的损坏程度最小	8	6	5	83.3	666.7
4. 每个元件是否都有清晰的标记	8	5	4	80.0	640.0

续表 4-4

测试性准则	加权系数 W_i	适用的设计属性数 N	符合准则的设计属性数 N_T	得分 S_i	加权得分
5. 一个待测功能的组成部件是否全放在同一块板上	9	8	6	75.0	675.0
6. 如果在一块板上实现一个以上的功能，各功能能否单独测试	9	8	7	87.5	787.5
7. 需要时，作为驱动部件的上拉电阻是否与被驱动电路装在同一块板上	7	6	4	66.7	466.7
固有测试性评分	$T_1=79.17$				

2. 定性分析方法

当难以使用 GJB 2547 规定的固有测试性评价方法时，经订购方同意可选用定性分析方法。

① 对每一条测试性设计准则的贯彻情况进行分析：

- 对于符合基本要求的准则条款，说明贯彻情况和符合程度；
- 对于不符合要求（未贯彻）的准则条款，说明原因。

② 将分析结果填入符合性检查表（见表 4-5）。

③ 统计符合与基本符合要求的准则条款占准则总条款数的百分比。

表 4-5　测试性设计准则符合性检查表示例（定性分析）

测试性准则	贯彻情况说明	符合程度	备注
1. 元器件间应留有放置测试探头的空间			
2. 所有元器件应按相同方向排列			
3. 印制电路板的布局应支持导向探头测试			
4. 每个元件都应有清晰的标记			
5. 一个待测功能的组成部件应全放在同一块板上			
6. 如果在一块板上实现一个以上的功能，各功能应能单独测试			
7. 需要时，作为驱动部件的上拉电阻应与被驱动电路装在同一块板上			
符合与基本符合的准则条款占准则总条款的百分比			

该分析方法仅对照具体系统测试性设计准则逐条分析检查，判定其是否贯彻到产品设计中了。统计未贯彻的条数 K 和准则总条数 N，则固有测试性评分 T_1 为

$$T_1=\frac{N-K}{N} \tag{4-2}$$

这种简单分析方法未考虑各条设计准则的重要程度和贯彻执行程度的不同，仅判定“是”或“否”。

未贯彻的条数 K 中如果包含由订购方规定的必须遵守的条目，则应改进设计；如果检查结果未达到 1，则应分析原因并分析是否能达到定量测试性要求值，根据具体情况确定是否通

过测试性设计准则的符合性检查(固有测试性评价)。

4.3.3 符合性检查报告

完成准则各条款的符合性分析与检查之后,应编写测试性设计准则符合性分析与检查报告,主要内容包括:

① 产品功能描述;

② 符合性分析与检查表,内容及格式参见4.2.3小节;

③ 符合性分析与检查结论;

④ 符合性分析与检查小组成员签字。

4.3.4 印制电路板的固有测试性评价示例

评价对象是印制电路板(PCB)的测试难易程度,而非测试性设计准则的符合性。

4.3.4.1 概　述

PCB测评性评价方法规定了34个评价因素,其中,4个基本测试性评价因素得正分,评分范围是0～100%,其代表接近最佳测试性设计的程度;另外30个测试性评价因素是测试性设计不良的表现,其评分为负值,是设计不良应付的代价。所有基本因素评分之和减去负的测试性因素评分之和即为PCB的测试性总评分,它是PCB测试性设计优劣的度量。

具体评价过程是:

① 依据设计资料逐条分析评价基本因素,将分析结果和实际评分值填入PCB测试性评分表中,并求出正的总评分;

② 分析评价各条负的测试性因素,把结果和评分填入表中,并计算负的总评分;

③ 求得两个总分之和即为PCB的测试性评分。

PCB评分及其测试难易程度的关系如表4-6所列,PCB测试性评分表如表4-7所列。

表4-6　PCB评分及其测试难易程度

PCB评分	测试难易程度
81%～100%	很容易
66%～80%	容易
46%～65%	比较容易
31%～45%	较难
11%～30%	困难
1%～10%	很困难
-100%～0%	没有很大代价,不可能测试

表 4-7　PCB 测试性评分表

代　号	评价因素	可能得分	分析结果	实际评分	注　释
B1	可达节点百分数	30%			
B2	适当的设计资料	25%			
B3	时序电路百分比	25%			
B4	PCB 复杂性计数	20%			
总计		100%			
N1	单稳态电路	每例%			
N2	计数器级	每例%			
⋮	⋮	⋮			
N30	图上符号	−5%			
总计					
PCB 总评分					

4.3.4.2　测试性评价因素及其评分

1. 基本因素(正的)

(1) B1——可达节点百分数

可达的导线节点是连接到外部连接器插针上的点，未连接到外部连接器上的内部导线接合点是不可达节点。分析计算可达节点占节点总数的比值，如表 4-8 所列。

表 4-8　评分表

可达节点百分数/%	实际评分/%
91～100	30
81～90	27
71～80	24
61～70	21
51～60	18
41～50	15
31～40	12
21～30	8
11～20	4
0～10	0

(2) B2——适当的设计资料

必须具备并遵循下列有关设计资料和文件：

① 提供的原理图/逻辑图；

② 提供的元部件表；

③ 所有集成电路(IC)器件的等效逻辑图；

④ 全部文件资料必须是清楚易读的；

⑤ 原理图/部件组的配置必须叙述清楚。

资料评分表如表 4-9 所列。

表 4-9 资料评分表

评定项目	实际评分/%
提供的逻辑图或原理图(所有部件的)是整个电路板的或者是各个部件的	4
提供了带有 I/O 信号容差的详细性能说明	8
每类数字 IC 的真值表按原理图或详细部件图提供	3
在原理图上,功能的规定应显示出邻接的所有逻辑封装件的每个引脚号	5
在原理图上有单独位置显示电源电路并标明电压	3
原理图显示出相关联的组件板和高一级组件的编号	2

(3) B3——时序电路百分比

在原理图上的每个 IC 封装,不管其复杂性如何,都作为单个时序电路或组合电路计数。计算时序电路所占的百分比,如表 4-10 所列。

表 4-10 时序电路评分表

时序电路百分比/%	实际评分/%
<15	25
≥15 但<25	20
≥25 但<40	10
≥40 但<50	5
≥50	0

(4) B4——PCB 复杂性计数

PCB 复杂性计数只对时序电路进行,忽略组合 IC。按下面规定的各类电路基本计数规则,计算 PCB 的复杂性计数,如表 4-11 所列。复杂性评分表如表 4-12 所列。

表 4-11 复杂性计数表

器件类型	复杂性计数
触发器	7
销存器	7
4 位移位寄存器	35
存储器芯片	2^n(n 为输入数)
微处理器	1 000
VISI 芯片	1 000
其他时序 IC	见注 1 和注 2

注 1:对于有时序部分的复杂 IC,把内部组合门电路和反相器的计数加到总数中,即

- 门电路=输入引线数+1;
- 反相器=3。

注 2:其他时序 IC 的总计数由每个内部门电路的计数与上述逻辑类型的计数之和来决定。

表 4-12　复杂性评分表

PCB 复杂性计数	实际评分/%
＜300	20
301～500	16
501～800	12
801～1 200	8
1 201～1 800	4
≥1 801	0

2. 负的评价因素(N1～N30)

(1) N1——单稳态电路

每个单稳态电路分为三类,并确定适当的评分,见表 4-13。

表 4-13　单稳态电路评分表

评分因素	实际评分/%
用模拟技术测试而不要求数字 ATG(自动测试生成)处理	每例(−1)
可达的单稳态电路输出驱动时序电路	每例(−2)
不可达的单稳态电路输出驱动时序电路	每例(−5)

(2) N2——2^n 序贯计数器

如果信号直接输入计数器,则认为计数器是可达到的。从直接输入点开始计算级数直到可达的最后一级或者直到注入另外的输入可达点为止(如果计数内部有检测点,代价将减少)。评分因素等于 IC 封装数乘以内部级数,2^n 序贯计数器评分表如表 4-14 所列。

表 4-14　2^n 序贯计数器评分表

评分因素	实际评分/%
5～10 级仅有监测引线	每例(−2)
5～10 级是不可达的	每例(−3)
≥10 级仅有监测引线	每例 $-4+[-0.05(N-10)]$
≥10 级是不可达的	每例 $-5+[-0.1(N-10)]$

注:N 为级数。

(3) N3——每个不可达节点的最大功能块数

计算连接到不可达节点的最大功能块(电路封装)数目,它表明故障隔离困难的内部高扇出电路存在。不可达节点评分表如表 4-15 所列。

表 4-15　不可达节点评分表

评分因素	实际评分/%
不可达节点的最大功能块数 4 个	每例(−0.1)
不可达节点的最大功能块数 5 个	每例(−0.2)

续表 4-15

评分因素	实际评分/%
不可达节点的最大功能块数6个	每例(-0.5)
不可达节点的最大功能块数7个	每例(-1.0)
不可达节点的最大功能块数8个	每例(-1.3)
不可达节点的最大功能块数9个	每例(-1.7)
不可达节点的最大功能块数≥10个	每例(-2.0)

(4) N4——每个可达节点的最大功能块数

此过程同N3,但代价要小些。可达节点评分表如表4-16所列。

表 4-16 可达节点评分表

评分因素	实际评分/%
可达节点的最大功能块数5个	每例(-0.1)
可达节点的最大功能块数6个	每例(-0.2)
可达节点的最大功能块数7个	每例(-0.5)
可达节点的最大功能块数8个	每例(-0.6)
可达节点的最大功能块数9个	每例(-0.8)
可达节点的最大功能块数≥10个	每例(-1.0)

(5) N5——供电顺序要求

供电顺序评分表如表4-17所列。

表 4-17 供电顺序评分表

评分因素	实际评分/%
PCB供电电源≥2种并且有加电和(或)断电顺序要求	每例(-10)

(6) N6——不可拆卸存储器(I/O引线可达的)

任何类型的存储器均永久地连接到PCB上,用所有I/O引线可达。永久存储器评分表如表4-18所列。

表 4-18 永久存储器评分表

评分因素	实际评分/%
存储器规模≥100 Kbit	每例(-10)
存储器规模32～99 Kbit	每例(-6)
存储器规模8～31 Kbit	每例(-4)
存储器规模1～7 Kbit	每例(-2)

(7) N7——不可拆卸埋入存储器

存储器永久地接到PCB上,有1个或更多的引脚未连接到I/O引线上。埋入存储器评分表如表4-19所列。

表 4－19　埋入存储器评分表

评分因素	实际评分/%
存储器规模<1 Kbit	每例(－5)
存储器规模≥1 Kbit	每例(－10)

(8) N8——可拆卸复杂部件

如果部件安装在插座或类似装置上，在测试时可以拔出。可拆卸复杂部件评分表如表 4－20 所列。

表 4－20　可拆卸复杂部件评分表

评分因素	实际评分/%
测试之前必须拔出的	每例(－1)
所有引脚都连到 I/O 插针	每例(－3)
有 1 个或更多引脚未连到 I/O 插件	每例(－10)

(9) N9——不可拆卸微处理器、VLSI 芯片或其他复杂部件

不可拆卸复杂部件评分表如表 4－21 所列。

表 4－21　不可拆卸复杂部件评分表

评分因素	实际评分/%
所有引脚到 I/O 插针是可达的	每例(－3)
1 个或更多引脚未接到 I/O 插针	每例(－10)

(10) N10——时序电路的初始化

时序电路应能够以两种途径初始化：用直接的置位/复位输入信号和用数字激励输入信号，且两种途径都少于 16 个，否则应评定其代价。时序电路的初始化评分表如表 4－22 所列。

表 4－22　时序电路的初始化评分表

评分因素	实际评分/%
直接置位并且复位模式<16	无代价
直接置位但无复位模式	每例(－0.05)
无直接置位但复位模式<16	每例(－0.1)
无直接置位并且复位模式≥16	每例(－2.0)

(11) N11——外加负载要求

为了进行测试，必须附加部件(如上拉电阻等)到接口装置(ID)上。外加负载评分表如表 4－23 所列。

表 4－23　外加负载评分表

评分因素	实际评分/%
10 个负载电阻	－2
≥50 个负载电阻	－3
>5 个感性负载	－5

(12) N12——IC类型数目

IC类型数目评分表如表4-24所列。

表4-24 IC类型数目评分表

评分因素	实际评分/%
7类	无代价
10类	−1
>10类	每增3类加(−1)

(13) N13——埋入时序逻辑(有≥1个引脚未连到I/O端口)

计算相互直接连接的埋入的时序逻辑个数,但不计埋入的 2^n 计数器。时序逻辑评分表如表4-25所列。

表4-25 时序逻辑评分表

评分因素	实际评分/%
3或4个时序逻辑连在一起	−0.1
≥5个时序逻辑连在一起	每例 $-0.2[1+(N-5)]$

注:N 为时序逻辑的数量。

(14) N14——输入与输出插针的区分

电路图上的输入与输出插针区分开,可使得跟踪信号通路较容易。输入与输出插针评分表如表4-26所列。

表4-26 输入与输出插针评分表

评分因素	实际评分/%
输入与输出指示箭头无区别	−3

(15) N15——过长的预热时间

插件板稳定工作所需时间不应超过3 min。预热时间评分表如表4-27所列。

表4-27 预热时间评分表

评分因素	实际评分/%
预热时间超过3 min	−3

(16) N16——容差(需要知道测试设备有关信息)

容差评分表如表4-28所列。

表4-28 容差评分表

评分因素	实际评分/%
测量精度至少10倍于PCB精度要求	无代价
测量精度3倍于PCB精度要求	每例(−2)
测量精度高于PCB的精度要求但低于其3倍的	每例(−5)

(17) N17——高功率

高功率评分表如表 4-29 所列。

表 4-29　高功率评分表

评分因素	实际评分/%
要求的电流>5 A	每例(-5)
电压>300V_{PP}	每例(-2)
因电流大需要多路插针并联	每例(-1)

(18) N18——临界(转折)频率

临界频率评分表如表 4-30 所列。

表 4-30　临界频率评分表

评分因素	实际评分/%
在接口装置内要求使用同轴电缆	-5
临界频率超过 10 MHz	-3
临界频率超过 4 MHz	-2
临界频率超过 1 MHz	-1

(19) N19——时钟线

时钟线评分表如表 4-31 所列。

表 4-31　时钟线评分表

评分因素	实际评分/%
一个时钟线,外部可控制	-1
多相位,外部可控制	-2
单一时钟,仅可监测	-3
多时钟,仅可监测	-5
不可达的自由运行时钟	-20

(20) N20——外部测试设备(不是包含在 ATE 内的测试设备)

外部测试设备评分表如表 4-32 所列。

表 4-32　外部测试设备评分表

评分因素	实际评分/%
两个电源或更多	-2
示波器	-2
函数发生器	-4

(21) N21——环境(测试要求专门的容器、房间或场地)

环境评分表如表 4-33 所列。

表 4-33　环境评分表

评分因素	实际评分/%
环绕的或冷却的加压空气	−2
加热、高度、EMI(房间)	−10

(22) N22——调整校准(调整电位计,易变的盖、帽等)

调整校准评分表如表 4-34 所列。

表 4-34　调整校准评分表

评分因素	实际评分/%
调整校准无互相影响的	每例(−2)
调整校准互相影响的	每例(−4)

(23) N23——复杂的信号输入/输出(应用了复杂的或非周期波形的信号需要测试操作者解释判断)

输入/输出评分表如表 4-35 所列。

表 4-35　输入/输出评分表

评分因素	实际评分/%
2 个重叠的异常波形	每例(−5)
1 个异常波形	每例(−2)

(24) N24——冗余逻辑(并联逻辑不便隔离和检测,如 BIT 可隔离冗余元件故障则无代价)

冗余逻辑评分表如表 4-36 所列。

表 4-36　冗余逻辑评分表

评分因素	实际评分/%
2 个并联逻辑功能是不可分离的	每例(−2)
≥3 个并联逻辑功能是不可分离的	每例(−3)

(25) N25——逻辑电平数目

逻辑电平数目评分表如表 4-37 所列。

表 4-37　逻辑电平数目评分表

评分因素	实际评分/%
4 种逻辑电平	无代价不扣分
>4 种逻辑电平	每增加 1 个电平(−1)

(26) N26——电源数目(由测试台/站提供的供电电源数)

电源数目评分表如表 4-38 所列。

表 4-38　电源数目评分表

评分因素	实际评分/%
3 种电源	无代价
>3 种电源	每增加 1 种(-1)

(27) N27——原理图/逻辑图的连接关系

原理图/逻辑图应便于测试工程师工作，不增加负担。图的连接评分表如表 4-39 所列。

表 4-39　图的连接评分表

评分因素	实际评分/%
完整的图放在一页上	无代价
如果图在多页上，则应用数字清楚地注明各页之间的连线关系	无代价
上述两条都不满足	-20

(28) N28——原理图上的 I/O 引脚

I/O 引脚位于电路板中心位置会给测试设计者增加负担。I/O 引脚评分表如表 4-40 所列。

表 4-40　I/O 引脚评分表

评分因素	实际评分/%
所有 I/O 引脚没有引到原理图边缘或公共点/线	-5

(29) N29——对偶 I/O 引脚名称

对偶 I/O 引脚评分表如表 4-41 所列。

表 4-41　对偶 I/O 引脚评分表

评分因素	实际评分/%
I/O 引脚的对偶名称在电路板的不同区域而没有相互关照	每例(-3)

(30) N30——原理图上的逻辑符号

描述具体的硬件部件应只用一种逻辑符号，同类部件用多种符号将会使检查 ATG bit 传播和设计辅助测试的关键手工模式很困难。逻辑符号评分表如表 4-42 所列。

表 4-42　逻辑符号评分表

评分因素	实际评分/%
使用了不同的 IC 逻辑符号	-5

习　题

1. 为什么要进行固有测试性设计？
2. 固有测试性设计的主要内容包括哪几方面？
3. 测试性设计准则与固有测试性设计之间的关系是什么？
4. 如何制定具体产品的测试性设计准则？
5. 你认为贯彻测试性设计准则的难点是什么？
6. 阐述两种符合性检查方法的优缺点。

第 5 章 故障检测初步设计

5.1 确定自动化检测应覆盖的故障模式集

5.1.1 自动化检测的量化控制要求

根据百分百诊断的测试性设计理念，产品的所有故障都应该能够进行检测，可采用的测试手段包括 BIT、外部自动测试或者人工测试等。为了缩短维修时间和提高战备完好性，装备的测试性设计普遍采用以 BIT、外部自动测试为主的自动化手段实现故障检测，而人工测试作为补充手段，主要用于解决无法实现自动化检测的故障，以满足百分百诊断原则。因此，故障检测的设计重点是自动化故障检测，相应的定量要求也都是针对自动化手段提出的，指标值不再是 100%。此外，为了提高任务成功性和可靠性，装备的重要组成和功能都采用余度和故障重构设计，存在许多必须经由 BIT 检测的故障，因此在自动化检测的量化控制中也要予以考虑。

目前针对故障检测提出的量化参数是故障检测率，基于故障检测率进行测试性设计控制需要使用故障模式以及故障率等可靠性基础数据；而在研制初期的功能 FMEA 工作无法提供故障率数据，因此在研制初期无法使用故障检测率对测试性的设计提供量化控制。

故障覆盖率是近年来新提出的参数，它的计算不要求故障率数据，因此更适合在研制初期仅具有功能 FMEA 数据的情况下，对测试性设计提供量化控制。

考虑到目前在工程型号研制中，并没有将故障覆盖率作为测试性要求单独给出，因此需要根据故障检测率要求转换得到故障覆盖率要求。

5.1.1.1 转换的限定条件

故障检测率关注的是故障次数的检测比例，故障覆盖率关注的是故障模式的检测比例，因此存在如下转换限定条件：

① 当故障检测率为 0 时，表明没有任何故障模式可以被检测到，因此故障覆盖率也为 0；

② 当故障检测率为 100%时，表明全部故障模式都可以被检测到，因此故障覆盖率也为 100%；

③ 当所有故障模式的故障率都相同时，故障检测率与故障覆盖率的计算结果完全相同。

考虑到实际产品的故障检测率并不为 0 或者 100%，而且故障模式的故障率数值也并不相同，因此需要给定故障检测率向故障覆盖率的转换模型。

5.1.1.2 三阶多项式回归模型

根据工程经验数据，通过多项式回归，得到的故障检测率与故障覆盖率转换三阶多项式回归模型如下：

$$\gamma_{FC}=1.396\gamma_{FD}^{3}-2.086\gamma_{FD}^{2}+1.715\gamma_{FD}-0.016\ 56 \tag{5-1}$$

式中：γ_{FC}——故障覆盖率；

γ_{FD}——故障检测率。

式(5-1)中,在保证单调性的条件下,当 $\gamma_{FD}=0$ 和 $\gamma_{FD}=100\%$时故障覆盖率的估值偏差最小。在应用中,针对此两种特殊情况,可直接令 $\gamma_{FC}=0$ 和 $\gamma_{FC}=100\%$。

根据上述模型和限定条件,确定的故障检测率与故障覆盖率的转换数据表如表 5-1 所列。

表 5-1　故障检测率与故障覆盖率的转换数据表

故障检测率/%	故障覆盖率/%	故障检测率/%	故障覆盖率/%
50	49.39	76	69.45
51	50.06	77	70.42
52	50.74	78	71.42
53	51.42	79	72.44
54	52.10	80	73.48
55	52.78	81	74.55
56	53.47	82	75.65
57	54.17	83	76.77
58	54.87	84	77.92
59	55.57	85	79.10
60	56.29	86	80.30
61	57.01	87	81.55
62	57.74	88	82.82
63	58.49	89	84.12
64	59.34	90	85.45
65	60.01	91	86.82
66	60.78	92	88.22
67	61.58	93	89.66
68	62.38	94	91.13
69	63.20	95	92.65
70	64.04	96	94.19
71	64.90	97	95.78
72	65.77	98	97.41
73	66.66	99	99.08
74	67.57	100	100
75	68.50		

例如,某设备的 BIT 故障检测率要求为 90%,ATE 故障检测率要求为 95%,按表 5-1 查询可知,相应的 BIT 故障覆盖率要求为 85.45%,ATE 故障覆盖率要求为 92.65%。

5.1.2 确定自动化检测应覆盖的故障模式数量

根据故障覆盖率要求,可以进一步确定自动化检测应该覆盖的故障模式数量,计算公式如下:

$$N_{M}=N_{FM}\cdot\gamma_{FC} \tag{5-2}$$

$$N_{FC}=\max\{N_{M},N_{B}\} \tag{5-3}$$

式中:N_{FM}——故障模式总数;

N_{M}——基于故障覆盖率要求直接确定的应覆盖故障模式数量,有小数部分的,直接进位取整;

N_{B}——根据任务可靠性等需求确定的必须进行BIT测试的故障模式数量;

N_{FC}——综合确定的应覆盖故障模式数量。

这里的N_{FM}可以采用功能FMEA中的故障模式数量,或者其他途径确定的故障模式数量,N_{B}是指为了支持任务可靠性、余度管理、故障重构等设计需求确定的必须进行BIT测试的故障模式数量。

例如,某设备的BIT故障覆盖率要求为85.45%,ATE故障覆盖率为92.65%,功能FMEA中的故障模式数量为316个,没有任务可靠性需求必须进行BIT测试的故障模式。根据式(5-1)和式(5-2),得到BIT应覆盖故障模式数量为271,ATE应覆盖故障模式数量为293。

5.1.3 确定BIT应覆盖的故障模式集

当自动化检测技术是BIT时,可按如下步骤确定自动化检测应覆盖的故障模式集。

步骤1:将全部必须进行BIT测试的故障列入应覆盖故障模式集合

当存在因为支持任务可靠性、余度管理、故障重构等设计需求确定的必须进行BIT测试的故障模式时,就将其全部列入自动化检测应覆盖故障模式集合。

统计去除必须进行BIT测试的故障模式数量后的应覆盖故障模式剩余数量,如果剩余数量不为零,则继续下一步,否则结束。

步骤2:增补Ⅰ类故障模式

统计必须进行BIT测试之外的严酷度为Ⅰ类的故障模式数量,如果其为零则跳到下一步,否则:

① 如果Ⅰ类故障模式数量大于应覆盖故障模式剩余数量,则从这些Ⅰ类的故障模式中随机抽取剩余数量的故障模式,然后增补到自动化检测应覆盖故障模式集合中并结束。

② 如果Ⅰ类故障模式数量小于应覆盖故障模式剩余数量,则这些Ⅰ类的故障模式将全部列入自动化检测应覆盖故障模式集合中。统计应覆盖故障模式剩余数量,如果该剩余数量不为零,则继续下一步,否则结束。

步骤3:增补Ⅱ类故障模式

统计必须进行BIT测试之外的严酷度为Ⅱ类的故障模式数量,如果其为零则跳到下一步,否则:

① 如果Ⅱ类故障模式数量大于应覆盖故障模式剩余数量,则从这些Ⅱ类的故障模式中随机抽取剩余数量的故障模式,然后增补到自动化检测应覆盖故障模式集合中并结束。

② 如果Ⅱ类故障模式数量小于应覆盖故障模式剩余数量，则这些Ⅱ类的故障模式将全部列入自动化检测应覆盖故障模式集合中。统计应覆盖故障模式剩余数量，如果该剩余数量不为零，则继续下一步，否则结束。

步骤4：增补Ⅲ类故障模式

统计必须进行BIT测试之外的严酷度为Ⅲ类的故障模式数量，如果其为零则跳到下一步，否则：

① 如果Ⅲ类故障模式数量大于应覆盖故障模式剩余数量，则从这些Ⅲ类的故障模式中随机抽取剩余数量的故障模式，然后增补到自动化检测应覆盖故障模式集合中并结束。

② 如果Ⅲ类故障模式数量小于应覆盖故障模式剩余数量，则这些Ⅲ类的故障模式将全部列入自动化检测应覆盖故障模式集合中。统计应覆盖故障模式剩余数量，如果该剩余数量不为零，则继续下一步，否则结束。

步骤5：增补Ⅳ类故障模式

统计必须进行BIT测试之外的严酷度为Ⅳ类的故障模式，从中随机抽取剩余数量的故障模式，然后将其增补到自动化检测应覆盖故障模式集合中。

例如，某设备确定BIT应覆盖故障模式数量为271，通过上述步骤确定了BIT应覆盖故障模式集合，部分故障模式见表5-2。

表5-2　BIT应覆盖故障模式示例

序　号	故障模式编号(标识)	故障名称	严酷度
1	F1101	VCC_3.3VD电源(3.3 V)无输出	Ⅲ
2	F1102	VCC_1VD0电源(1.0 V)无输出	Ⅲ
3	F1103	VCC_1VD3电源(1.0 V)无输出	Ⅲ
4	F1104	VCC_1VD2电源(1.0 V)无输出	Ⅲ
5	F1105	VCC_1VD1电源(1.0 V)无输出	Ⅲ
6	F1106	VCC_1VD1电源(1.0 V)输出超出0.95～1.05 V正常范围	Ⅲ
7	F1107	VCC_1VD3电源(1.0 V)输出超出0.95～1.05 V正常范围	Ⅲ
8	F1108	VCC_1VD0电源(1.0 V)输出超出0.95～1.05 V正常范围	Ⅲ

5.1.4　确定外部自动测试应覆盖的故障模式集

当自动化手段只有外部自动测试时，可参考5.1.3小节中的步骤确定应覆盖的故障模式集合，由于没有必须进行BIT测试的故障，故去掉第一步即可。

若自动化手段同时包括BIT和外部自动测试，又分为以下两种情况：

第一种情况是外部自动测试直接获取BIT测试结果，对BIT测试的故障不再进行单独测试，仅对BIT未覆盖的部分故障进行测试。此时在BIT应覆盖故障模式集合基础上，可参考5.1.3小节中的步骤，确定外部自动测试需要增补的覆盖的故障即可。

第二种情况是外部自动测试与BIT测试无关。此时可以按5.1.3小节步骤1到步骤5操作，并将BIT替换为外部自动测试，确定外部自动测试需要覆盖的故障。

5.2　扩展 FMECA

5.2.1　目　的

故障检测设计的目的是使产品的各种故障都能有方法被及时地检测出来,尤其是要满足自动化故障检测方法的定量要求,因此从产品的故障模式出发,分析确定可以采取的测试方法是开展故障检测设计的重要环节。

故障模式影响及危害性分析(FMECA)是可靠性设计分析中的重要工作,通过功能 FMEA 可以得到产品设计方案中存在的故障模式和严酷度信息,通过硬件 FMECA 可以得到产品硬件的故障模式、故障率、严酷度和危害度信息。FMECA 工作虽然提供了产品的故障模式信息,但针对测试性设计需求还存在以下不足:

① FMECA 不包含故障模式的演变特征分析,不能筛查与区分突变故障和渐变故障。突变故障通常只需要故障检测设计,而渐变故障除了故障检测设计之外,可能还需要早期异常检测设计和(或)故障预测设计。

② FMECA 没有强调将故障模式的影响落实到具体的信号参量上,不能指导故障检测设计中传感器的选择或者监测信号、参数的选择,以及不能帮助确定量化的故障检测判据。

为此,这里提出的扩展 FMECA 就是在现有的 FMECA 数据基础上,开展进一步的故障模式特征分析、测试技术分析,确定故障检测的监测参数与检测判据,完成故障检测的初步设计,包括基于 FMEA 数据的扩展分析,以及基于 FMECA 数据的扩展分析,统称为扩展 FMECA。

当故障检测设计的重点是自动化故障检测设计时,可以仅针对 5.1 节介绍的方法所确定的自动化检测应覆盖的故障模式集合实施扩展 FMECA。

5.2.2　扩展分析因素

5.2.2.1　故障演变特性

虽然在 1.1 节中故障被分类为 4 种情况,但 FMECA 工作仅涉及确定性故障,因此根据确定性故障发生后的演变特点,将故障分类为突变故障(或者二值故障)和渐变故障(或者退化故障)两种,其示意图如图 5-1 所示。

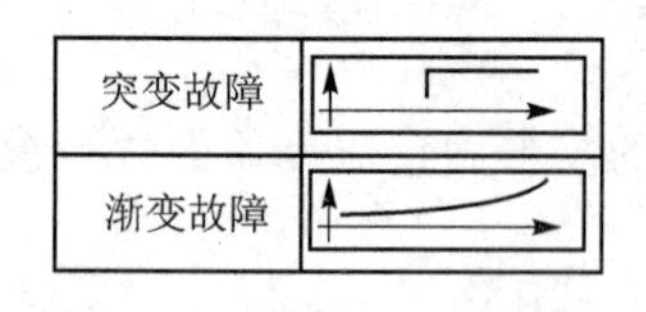

图 5-1　确定性故障的形式

突变故障,也称为二值故障,是指性能参量在故障发生前基本稳定,在故障发生后出现突然的显著改变的情形。对于突变故障使用客观存在的检测门限进行故障检测,但不能预测。渐变故障,也称为退化故障,是指性能参量逐渐衰退而故障程度逐渐加深的情形。对于渐变故障使用人为给定的检测门限进行故障检测,也可以使用给定的异常门限进行早期异常检测。

对于渐变故障,除了故障检测设计之外,还可以开展故障预测设计。通过故障演变特性分类,可以筛查出故障模式中的渐变故障,为故障预测设计提供基础。

5.2.2.2 故障症状

故障症状是指通过人们观察和测量得到的对故障的感性认识,它可以指示具有一定概率的一种或多种故障的存在,可以通过故障症状进行故障的检测。传统FMECA中的故障影响包括局部影响和上一层影响,二者都可以看作是对故障症状的描述。

在扩展FMECA中,更关注故障症状的定量影响或表现。定量影响或表现一般是通过表征故障现象或者影响的性能参数、状态参数和接口参数来表达,具体因素示例如表5-3所列。

表5-3 描述症状的因素

参数	类型	示例
性能参数	原始信号参数; 特征提取后的信号参数	工作电压<10 V; 纹波系数>0.2
状态参数	原始信号参数	开关位置=开; 到位信号=未到位; 状态标志=逻辑1; 寄存器=0xAA; 工况=100%功率
接口参数	原始信号参数	+5 V端口输出0 V; RS-422端口数据发送错误; 控制端口为低电平; 接收数据与发送数据不等; 读出数据与写入数据不等; 指令计算结果与预测值不等

表5-4列举了定量表述中的常见参数。

表5-4 定量表述中的常见参数

性能	机械的	电气的	油分析、产品质量和其他
• 功率损耗; • 效率; • 温度; • 红外辐射热成像; • 压力; • 流量	• 热膨胀; • 位置; • 液面; • 振动位移; • 振动速度; • 振动加速度; • 可听见的噪声; • 超声波	• 电流; • 电压; • 电阻; • 电感 ; • 电容; • 磁场; • 绝缘电阻; • 局部放电	• 油分析。 • 铁谱磨屑分析。 • 产品尺寸。 • 产品物理性质。 • 产品化学性质: - 颜色; - 视觉; - 嗅觉; - 其他无损测试

在方案设计阶段实施扩展FMECA,通常难以确定功能故障模式在状态参数或者接口参数上的症状,因此主要针对性能参数进行症状分析。

5.2.2.3 特征参数

故障症状的细化描述需要使用产品的性能参数、状态参数和接口参数,这些参数统称为特征参数。

考虑到在 FMECA 中的故障影响包括局部影响和上一层影响,以及降低分析的难度,在扩展 FMECA 中对特征参数只考虑两个层级:故障所在局部单元层、局部单元的上一层。

特征参数与故障模式、故障影响、故障症状之间的关系如图 5-2 所示。在扩展 FMECA 中,局部特征参数是将故障模式局部影响转化为局部故障症状的表征参数,上一层特征参数是将故障模式上一层影响转化为上一层故障症状的表征参数。

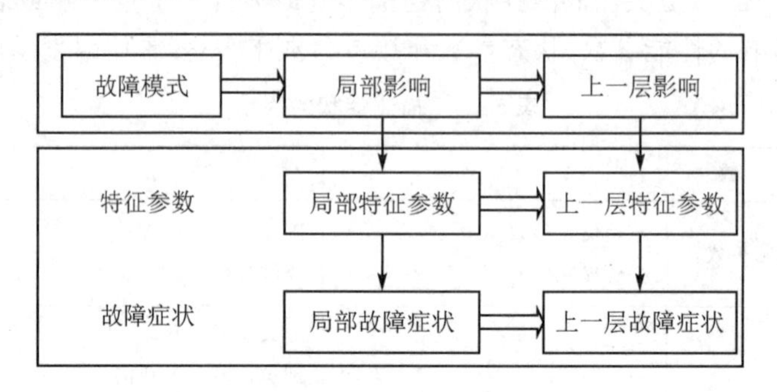

图 5-2 交联链路关系

在方案设计阶段,可以基于功能分解结构,分析确定故障模式所在功能的性能参数以及上一层功能的性能参数。

在初步设计阶段,可以根据产品的硬件设计确定局部单元和上一层单元的特征参数,包括可能存在的性能参数、状态参数和接口参数等。

5.2.2.4 备选测试参数

通常一个故障模式在相应的交联链路特征参数下具有相应的定量故障症状,因此这些交联链路特征参数可以作为故障检测的备选测试参数,简称备选测试。

对于电子产品,这些参数通常是电压、电流等电信号,需要明确测取电信号的位置(有时还需要增加信号调理电路),即确定测试点。对于非电子产品,这些参数通常是非电类物理量,需要采用传感器进行变换,因此需要确定采用哪些传感器和传感器放置的具体位置。表 5-5 给出了主要的传感器种类。

表 5-5 主要的传感器种类

种　类	说　明
温度传感器	进行温度变换的传感器,如电阻测温器、热敏电阻、热电偶以及半导体面结型二极管等
电传感器	进行电压、电流、磁场、功率、频率测量的传感器,如电感电压传感器、温度电压传感器、电容电压传感器、霍尔效应传感器、频率计数器等
机械传感器	将机械参数转换到其他能量领域,然后直接进行传感或测量的传感器,如超音传感器、压力传感器、电容传感器等
湿度传感器	进行湿度变换的传感器,如电容式湿度传感器、电阻式湿度传感器、热导式湿度传感器等
生物传感器	用于检测包含生物组件和物化探组件的分析物的传感器,如光学生物传感器、电气化学生物传感器、压电生物传感器等
化学传感器	用于识别特殊物质的存在及其成分和浓度的传感器,如金属氧化物传感器、固体电解质传感器、电位传感器、电导传感器、电流传感器、基于热敏电阻的化学传感器、量热式传感器、热传导传感器、光传感器、质量湿度传感器等

续表 5-5

种 类	说 明
光学传感器	对光或辐射进行变换的传感器,如光纤微弯传感器、渐逝或耦合波导管传感器、移动光纤水听器、光栅传感器、偏振传感器以及全内反射型传感器
磁传感器	通过磁光效应、磁致伸缩效应等对位置、运动和流量等物理量进行传感的传感器,如霍尔效应传感器、磁致伸缩传感器、磁力计、磁控晶体管、磁敏二极管以及磁光传感器

一般情况下,每一个具有故障症状的交联链路特征参数都构成一个备选测试参数,如果参数的测取在技术上存在较大难度,可以不作为备选测试参数。

对于备选测试参数,还要明确采用的测试类型,以便于后续开展测试的软硬件具体实现。典型的测试类型包括 BIT、外部自动测试、远程自动测试和人工测试等,说明见表 5-6。

表 5-6 典型的测试类型

测试类型	说 明
BIT	在系统或设备内的测试硬件和软件,在运行中进行故障检测和输出报警,如连续 BIT、周期 BIT、启动 BIT、通电 BIT、维修 BIT 等
外部自动测试	利用外部的自动测试设备(ATE)或自动测试系统,在离线状态下对系统或设备进行自动测试和故障诊断
远程自动测试	在系统运行中利用有线或者无线网络,将监测信息传送到远程服务器进行自动或者人工判别;或者阶段性将监测信息传送到远程服务器进行自动或者人工判别
人工测试	以维修人员为主进行故障诊断测试。对于难于实现自动检测的故障模式或部件,需要采用人工测试。人工测试可以使用通用仪器设备工具和/或专用外部测试设备

5.2.2.5 故障检测判据

故障检测判据是针对备选测试的测试结果判别是否发生故障的依据,通常包括如下几类:

① 单一测试判别:基于一个测试,判别是否发生故障。简单情况下只需确定进行故障判别的测试参数的一个或者几个阈值门限,也存在需要对几种不同阈值条件进行逻辑组合判别的情况,最复杂的是需要使用特征提取算法先提取出特征再进行判别。

② 多测试组合判别:基于多项测试结果,判别是否发生故障。通常需要进行逻辑组合判别,或者基于智能算法的分类判别。

5.2.3 扩展分析流程与表格

5.2.3.1 扩展 FMECA 流程

扩展 FMECA 的实施流程如图 5-3 所示,扩展 FMECA 的主要步骤如下:

(1) 确定对象的功能/硬件分解结构

梳理并明确对象的功能分解结构或者硬件分解结构。在方案设计阶段,建立对象的功能分解结构;在初步设计阶段,建立对象的硬件分解结构。

(2) 确定故障模式基本信息

确定故障模式名称、故障模式编码和严酷度等级等基本信息。

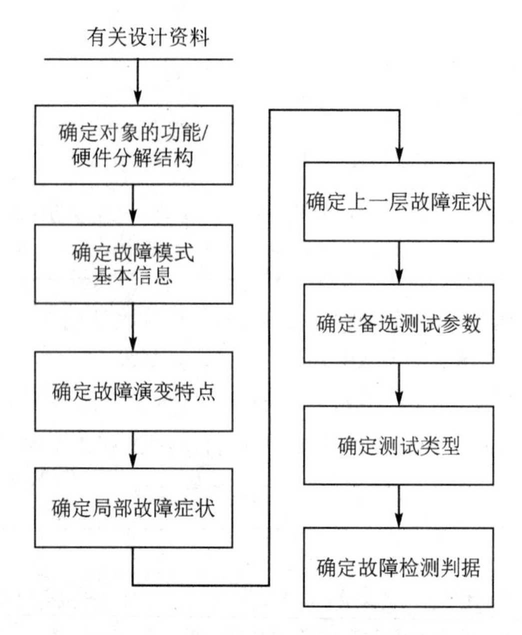

图 5-3 扩展 FMECA 的实施流程

(3) 确定故障演变特点

根据经验数据或者故障表现,确定每个故障模式的演变特点,将故障模式分为突变故障、渐变故障。

(4) 确定局部故障症状

结合 FME/CA 报告中的局部影响以及局部特征参数,确定故障模式影响的局部参数以及变化情况。

(5) 确定上一层故障症状

结合 FME/CA 报告中的上一层影响以及上一层特征参数,确定故障模式会影响的上一层参数以及变化情况。

(6) 确定备选测试参数

根据局部故障症状和上一层故障症状,确定可用于故障检测的参数或者组合参数作为备选测试。对于属于自动化检测应覆盖的故障模式,必须选定至少一个备选测试参数。

(7) 确定测试类型

明确实现备选测试的测试类型,包括 BIT、外部自动测试、远程自动测试、人工测试等。对于属于自动化检测应覆盖的故障模式,必须选择相应的自动化测试手段。

(8) 确定故障检测判据

对每个备选测试,都应该确定具体的故障检测判据。

5.2.3.2 扩展 FMECA 表格

扩展 FMECA 表格样式如表 5-7 所列,分析项主要包括:故障基本信息、故障演变特点、故障症状、故障检测设计等。

5.2.4 扩展分析示例

表 5-8 和表 5-9 给出了两个产品部分扩展 FMECA 表格的示例。

表5-7　扩展FMECA表格样式

功能/单元编号	功能/单元名称	故障基本信息			故障演变特点	故障症状			故障检测设计		
		故障模式编码	故障模式名称	严酷度等级		参数类型	参数名称	参数变化	备选测试参数	测试类型	故障检测判据
在方案设计阶段分析填写功能编号；在初步设计阶段分析填写单元编号	在方案设计阶段分析填写功能名称；在初步设计阶段分析填写单元名称	填写故障模式编码	填写故障模式名称	填写故障模式的严酷度等级	填写“突变故障”或者“渐变故障”	填写“局部”或者“上一层”	在方案设计阶段分析填写故障模式会影响的功能的性能参数；在初步设计阶段，填写故障模式会影响的单元的性能参数、状态参数和接口参数	填写故障模式发生后的参数量值变化情况	根据故障症状，选择可以作为备选测试的参数	填写应采用的测试类型，包括BIT、任务执行成败测试、外部自动测试、远程自动测试、人工测试等	填写故障检测判据

表 5-8 扩展 FMECA 表格示例一

单元名称	故障基本信息			故障演变特点	故障症状			故障检测设计		
	故障编码	故障模式	严酷度等级		参数类型	参数名称	参数变化	备选测试参数	测试类型	故障检测判据
电源电路	F1101	VCC_3.3VD电源(3.3 V)无输出	Ⅲ	突变	局部	VCC_3.3VD	0	VCC_3.3VD	启动 BIT	VCC_3.3VD 电源电压值为 0 V,判为故障
					上一层	通信状态寄存器	0xO	通信状态寄存器	周期 BIT	通信状态寄存器为 0xO,判为故障
	F1102	VCC_1VD0 电源(1.0 V)无输出	Ⅲ	突变	局部	VCC_1VD0	0	VCC_1VD0	启动 BIT	VCC_1VD0 电源电压值为 0 V,判为故障
					上一层	通信状态寄存器	0xO	通信状态寄存器	周期 BIT	通信状态寄存器为 0xO,判为故障
	F1103	VCC_1VD3 电源(1.0 V)无输出	Ⅲ	突变	局部	VCC_1VD3	0	VCC_1VD3	启动 BIT	VCC_1VD3 电源电压值为 0 V,判为故障
					上一层	通信状态寄存器	0xO	通信状态寄存器	周期 BIT	通信状态寄存器为 0xO,判为故障
	F1105	VCC_1VD1 电源(1.0 V)无输出	Ⅲ	突变	局部	VCC_1VD1	0	VCC_1VD1	启动 BIT	VCC_1VD1 电源电压值为 0 V,判为故障
					上一层	通信状态寄存器	0xO	通信状态寄存器	周期 BIT	通信状态寄存器为 0xO,判为故障
	F1106	VCC_1VD1 电源(1.0 V)输出超出(0.95～1.05 V)正常范围	Ⅲ	突变	局部	VCC_1VD1	<0.95 V >1.05 V	VCC_1VD1	周期 BIT	VCC_1VD1 电源电压值高于 1.05 V 或低于 0.95 V,判为故障
					上一层	—	—			

表 5-9 扩展 FMECA 表格示例二

单元名称	故障基本信息			故障演变特点	故障症状			故障检测设计		
	故障编码	故障模式	严酷度等级		参数类型	参数名称	参数变化	备选测试参数	测试类型	故障检测判据
调节阀	F01	不能调节流量	Ⅲ	突变	局部	—	—	—	—	—
					上一层	支路流量	不受调节而改变	支路流量	启动 BIT	发送阀调整指令，流量无变化，判为故障
	F02	最大限位无作用	Ⅲ	突变	局部	最大限位信号	低电平	最大限位信号	启动 BIT	发送超大限调节指令，最大限位信号为低电平，判为故障
					上一层	—	—	—	—	—
	F03	最小限位无作用	Ⅲ	突变	局部	最小限位信号	低电平	最小限位信号	启动 BIT	发送超小限调节指令，最小限位信号为低电平，判为故障
					上一层	—	—	—	—	—

5.2.5 扩展分析输出

除了扩展 FMECA 表格之外,扩展 FMECA 输出的主要内容还包括:

① 故障检测设计清单,包括测试类型、备选测试参数以及故障检测判据等。

② 渐变故障清单,包括故障编码、故障模式和严酷度等级等。

习 题

1. 论述故障检测率、故障覆盖率在控制故障检测设计方面的优缺点。

2. 在抽样确定应覆盖故障模式集合时,重复抽样的结果并不相同,试论述可能的处理方法。

3. 扩展 FMECA 新增加的分析因素有哪些?

4. 在一个备选测试参数存在多个故障检测判据时,应该采取哪些处理措施?

第 6 章　机内测试设计

6.1　概　述

6.1.1　BIT 实现途径

根据 BIT 的规模大小，实现 BIT 的途径可以分为两类：机内测试设备(BITE)和机内测试系统(BITS)。其中，BITE 是指完成 BIT 功能的装置(包括 BIT 专用的以及与系统功能共用的硬件和软件)；BITS 是指由多个 BITE 构成的测试系统。

根据 BIT 的发展历史，BITS 的类别主要有：分立式、集中指示式、雏形中央测试系统、成熟中央测试系统和健康管理系统等。

(1) 分立式

分立式 BITS 是指系统中的各 BITE 独立工作，独立进行故障指示，彼此之间没有关联。

(2) 集中指示式

集中指示式 BITS 是在分立形式的基础上，将各个 BITE 的输出进行汇总指示，提供 BIT 故障指示的集中位置，方便人员查看。

(3) 雏形中央测试系统

在集中指示式的基础上，设置了中央显示控制接口，不仅可以将各 BITE 的输出归并到统一位置进行指示，还可以根据需要对各 BITE 进行交互，即形成了雏形中央测试系统。

(4) 成熟中央测试系统

在雏形中央测试系统的基础上，将中央显示接口扩展为具有故障诊断功能的中央维修单元，可以进一步提高诊断能力，降低虚警，还可以将故障与维修手册进行关联，为故障修理提供方便，即形成了成熟中央测试系统。有的中央测试系统还进一步增加了状态监测功能。

(5) 健康管理系统

在成熟中央测试系统的基础上，将中央维护单元升级，进一步扩展了故障预测和健康管理功能，形成了具有健康管理能力的中央管理器；同时，为了提高处理速度，装备应用中常把单一的中央管理器分解为多个不同级别的测试管理器，来完成综合管理。

6.1.2　BIT 设计要求

BIT 的设计要求包括定量和定性两方面。

(1) 定量要求

BIT 的定量要求参数通常包括：故障检测率(FDR)、故障隔离率(FIR)、虚警率(FAR)或平均虚警间隔时间(MTBFA)。

不同类型的产品，其 FDR、FIR、FAR、MTBFA 指标要求范围差异明显，一般在产品的研制要求中应提出明确的 BIT 性能指标要求。

(2) 定性要求

BIT定性要求的内容一般包括:

① 应明确如何处理BIT的信息,确定是否要求对BIT信息进行记录存储、指示报警和数据导出。

② 应明确BIT工作模式的组成和要求。

③ 应明确BIT诊断测试功能的组成和要求。

④ 应明确对BIT运行时间的要求。

⑤ 应明确BIT的可靠性要求。一般要求BIT的平均故障间隔时间是UUT平均故障间隔时间的10倍以上。

6.1.3 BIT设计内容

BIT设计内容分为BITS总体设计、中央管理器设计、成品BIT设计三大部分,如图6-1所示。

BITS总体设计是指站在整个系统的角度,考虑总体的功能、工作模式、结构布局和信息处理等方面的设计;中央管理器是指对BITS中的多个成品BIT进行综合管理,实际应用的中央管理器常分解为多个不同级别的测试管理器进行设计;成品BIT设计就是进行BIT详细设计。

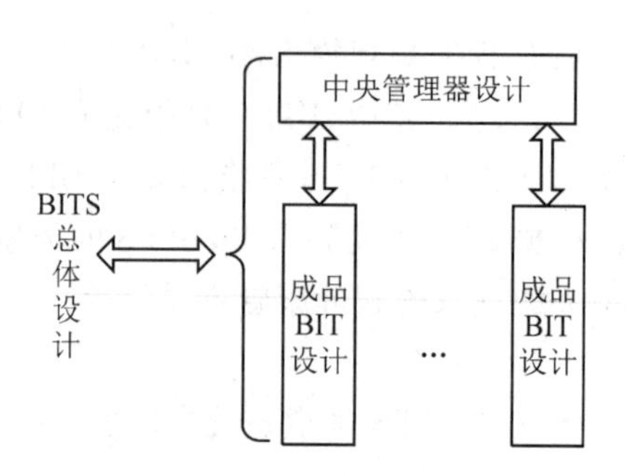

图6-1 BIT设计三大部分关系图

各设计部分包含的设计内容如表6-1所列。

表6-1 BIT设计内容

设计内容＼分类	BITS总体设计	中央管理器设计	成品BIT设计
测试对象分析	×	×	√
功能设计	√	√	√
工作模式设计	√	√	√
结构布局设计	√	△	×
测试流程设计	×	×	√
诊断策略设计	×	√	√
软/硬件设计	×	√	√
防虚警设计	×	×	√
信息处理设计	√	△	△

注:√——适用;△——有选择地应用;×——不适用。

6.1.4 BIT设计流程

在明确BIT设计的定性和定量要求的基础上,根据表6-1所列的各类设计的设计内容,进行BITS总体设计、测试管理器设计和成品BIT设计,设计流程如图6-2所示。

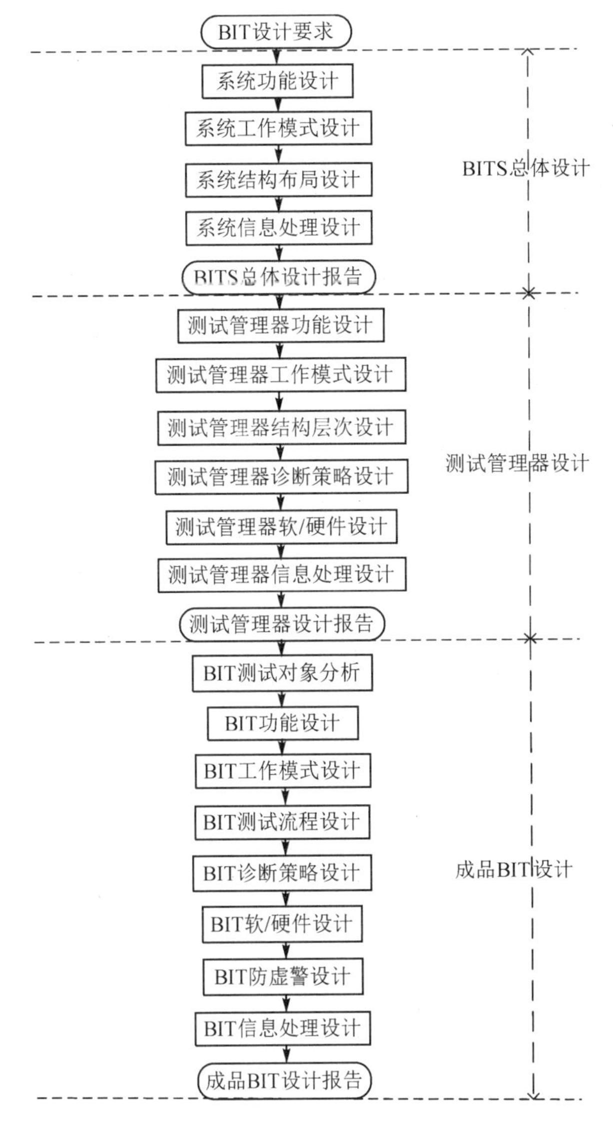

图 6-2　BIT 设计流程图

6.2　机内测试系统总体设计

BITS 总体设计的设计内容包括：系统功能设计、系统工作模式设计、系统结构布局设计和系统信息处理设计，并完成 BITS 总体设计报告。

6.2.1　系统功能设计

系统功能设计主要是使产品具有状态监测、故障检测、故障隔离、增强诊断、故障预测及健康管理等功能。

- 状态监测功能：通过状态监测对产品关键特性参数进行实时监测，是确保产品正常运行以及任务可靠性、安全性的重要手段；

- 故障检测功能:通过故障检测可以及时发现产品发生的故障,是确保产品任务可靠性和安全性的重要手段;
- 故障隔离功能:通过故障隔离可以快速地将系统故障定位在更换单元上,是提高产品维修效率、缩短维修时间的重要手段;
- 增强诊断功能:通过增强诊断可以确定组件执行规定功能状态的过程,是提高产品故障检测和隔离能力、降低虚警率的重要手段;
- 故障预测功能:通过故障预测可以在故障发生之前预测到故障将要发生的时刻,是产品实现任务可靠性和安全性及自主保障的重要手段;
- 健康管理功能:通过健康管理可以根据诊断/预测信息、可用的资源和运行要求,对维修和后勤活动进行智能的、有信息的、适当的判决,是减少测试设备、简化使用和维修训练的重要手段。

在系统功能设计阶段,产品应满足以下设计原则:

① 根据BIT的定性要求,选择确定BIT应具备的诊断测试功能;

② 当BIT定性要求无明确规定时,简单的BITE一般应具备状态监测或者故障检测功能;

③ 复杂的BITE一般应具备状态监测、故障检测和故障隔离功能;

④ 一般的BITS应具备状态监测、故障检测、故障隔离和故障预测等功能;

⑤ 对于具有更高系统要求的BITS,还可以具有增强诊断和健康管理功能。

6.2.2 系统工作模式设计

根据运行阶段的不同,BIT工作模式可分为:任务前BIT、任务中BIT和任务后BIT。

- 任务前BIT:在系统执行任务前的准备过程中工作的BIT,用于任务执行前的测试,也称为"运行前BIT";
- 任务中BIT:在系统执行任务过程中工作的BIT,用于任务执行中的测试,也称为"运行中BIT";
- 任务后BIT:在系统任务完成后工作的BIT,用于任务完成后的测试与管理,也称为"运行后BIT"或"维修BIT"。

在系统工作模式设计阶段,产品应满足以下设计原则:

① 根据BIT定性要求选择确定BIT应具备的工作模式。

② BIT的工作模式必须包括任务前BIT。

③ 在任务执行阶段存在状态监控和任务安全要求时,BIT的工作模式应包括任务中BIT。

④ 在任务结束后需要维修时,BIT的工作模式应包括任务后BIT。

⑤ 任务前BIT在启动后只运行一次就自动停止,属于单次BIT,可以采用加电BIT或启动BIT实现;任务前BIT可以采用主动式BIT设计,也可以采用被动式BIT设计;任务前BIT的运行时间应满足要求。

⑥ 任务中BIT在启动后持续运行,可以采用周期BIT或连续BIT实现;任务中BIT不能中断系统任务的运行,应选择被动式BIT设计;任务中BIT的运行时间应满足要求。

⑦ 任务后BIT应可以启动全部的任务前BIT和任务中BIT,同时还可以调取BIT的记

录数据。

6.2.3　系统结构布局设计

系统结构布局设计包括 BIT 结构层次设计和 BIT 分布形式设计。

6.2.3.1　BIT 结构层次设计

BIT 包括系统 BIT/中央管理器、分系统 BIT/测试管理器、LRU BIT/LRM BIT、SRU BIT/SRM BIT 和元器件 BIT 等层次。

- 系统 BIT/中央管理器：在系统级设有 BIT，对系统进行测试；
- 分系统 BIT/测试管理器：在分系统级设有 BIT，对分系统进行测试；
- LRU BIT/LRM BIT：在 LRU/LRM 级设有 BIT，对 LRU/LRM 进行测试；
- SRU BIT/SRM BIT：在 SRU/SRM 级设有 BIT，对 SRU/SRM 进行测试；
- 元器件 BIT：在元器件级设有 BIT，对元器件自身进行测试。

在 BIT 测试层次设计阶段，产品应满足以下设计原则：

① BIT 可以应用到不同的产品层次上，如系统/中央管理器、分系统/测试管理器、LRU/LRM、SRU/SRM、元器件。根据需要，选择在指定的某个层次或多个层次上设置 BIT。

② 产品层次越高，相应级别 BIT 的诊断测试功能应越完备。

③ 系统 BIT/中央管理器和分系统 BIT/测试管理器应具有状态监测、故障隔离、增强诊断和健康管理功能。

④ LRU BIT/LRM BIT 应具有状态监测、故障检测功能。

⑤ SRU BIT/SRM BIT、元器件 BIT 应具有故障检测功能。

⑥ 应优先考虑采用高层次 BIT 设计，以提供更完备的诊断测试功能。

⑦ 上层 BIT 应能够启动下层 BIT。

⑧ 在下层产品没有 BIT 时，应由上层产品 BIT 提供相应的诊断测试功能。

6.2.3.2　BIT 分布形式设计

BIT 分布形式分为分布式、集中式和分布-集中式等形式。在 BIT 分布形式设计阶段，产品应满足以下设计原则：

① 电子系统应采用分布式或者分布-集中式 BIT，并优先考虑采用分布-集中式 BIT。

② 非电子系统应采用集中式或者分布-集中式 BIT，并优先考虑采用分布-集中式 BIT。

③ 在 BIT 测试层次多于 2 层时，各相邻层次可以采用分布式、集中式和分布-集中式 BIT 的各种复合形式。

④ 分布式 BIT 应提供简单的 BIT 汇总设计。

⑤ 分布-集中式 BIT 应优先采用专用总线进行 BIT 通信。

⑥ BIT 可以共用产品的功能通路或者设置专用装置，构成 BITE，各 BITE 联合可以构成 BITS。

下面给出 BIT 分布式、集中式和分布-集中式的典型示例。

(1) 分布式

在分布式的 BIT 设计中，产品的各组成单元都具有 BIT，各 BIT 相互独立，根据各 BIT 测试结果来判断产品是否正常。

分布式 BIT 的示例如图 6-3 所示。每个分系统在模块(电路板)级进行测试，具有模块级故障隔离功能,并由各个模块BIT测试结果利用归纳法来判断系统是否正常。这种BIT方式可以降低故障隔离的模糊度,消除A故障误报B故障这类虚警。图中F1是备用模块,可以通过微处理器控制其从故障模块转换到备用模块工作,以便修复分系统故障。

图6-3所示的3个分系统中都有各自的微程序和微诊断,如果这些功能都包含在一台微处理器中,通过微处理器对模块进行访问,然后对监测信号和(或)激励响应信号进行分析评价,那么各分系统就是集中式的BIT。模块BIT它给出的是其所属模块的状态信息;而系统给出的是整个系统的故障指示,可以由任一模块的故障信号所触发。在计算机控制的系统中采用集中式BIT的优点是:计算机能较好地在系统运行时进行交叉测试,而且所需要的测试硬件较少;此外,还可以进行必要的系统级测试信息分析处理工作。而分布式BIT的优点是:可降低隔离的模糊度和减少隔离错误;各分系统BIT可脱机运行,与其他分系统隔离;各分系

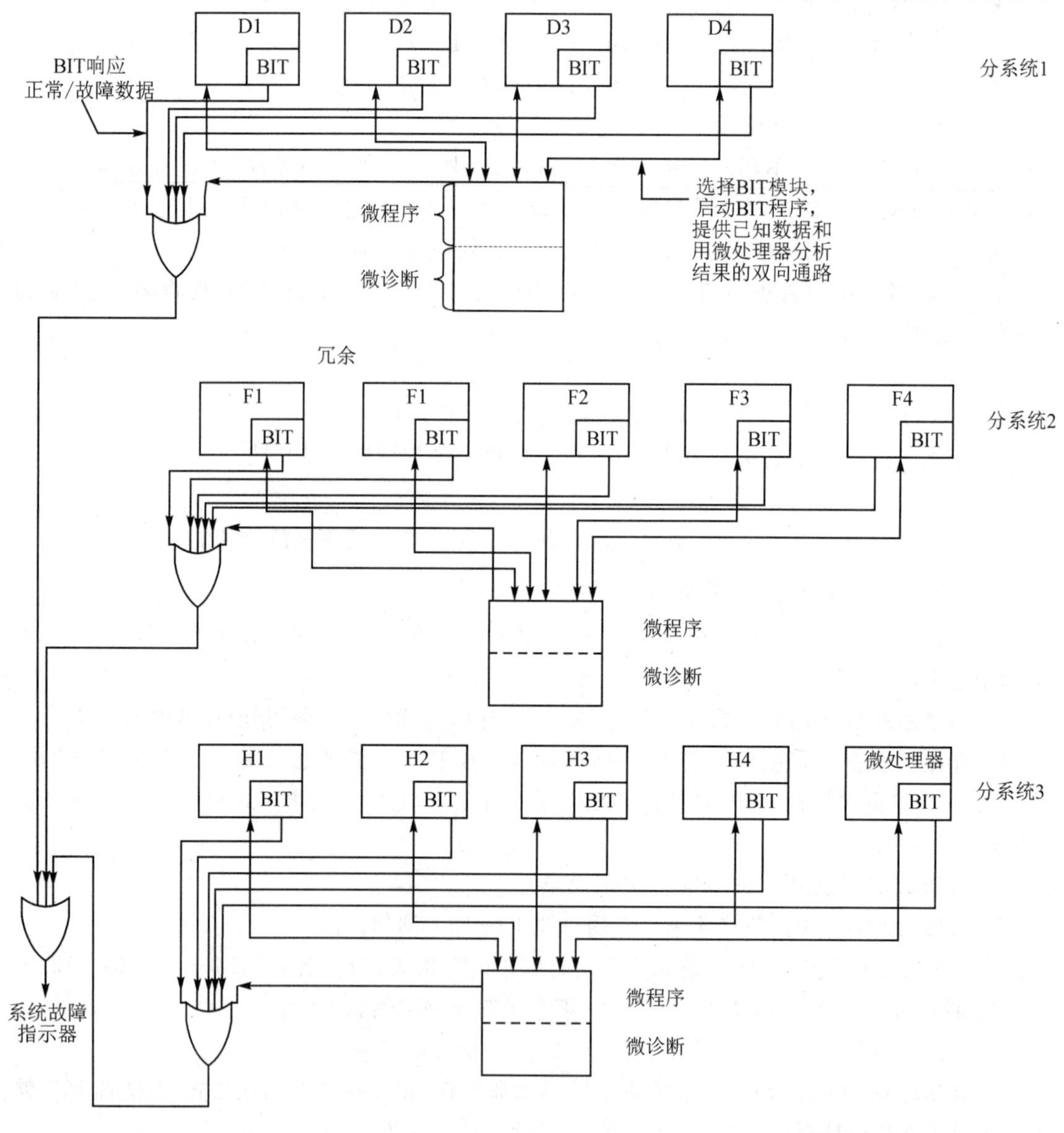

图6-3　分布式BIT

统 BIT 能力强，可以与分系统功能保持某种形式的同步；当然，也可以与中央计算机联合，构成分布与集中相结合的 BIT 方式。

(2) 集中式

在集中式的 BIT 设计中，产品各组成单元中仅特定单元具有 BIT，或者特定单元为 BIT 专用单元，其他单元没有 BIT，然后利用该 BIT 完成产品的测试。

集中式 BIT 的示例如图 6-4 所示。该方案只在 LRU_1（一般是具有数字计算处理能力的单元）设置了 BIT，负责 $\mathrm{LRU}_1 \sim \mathrm{LRU}_4$ 的全部故障检测和隔离。

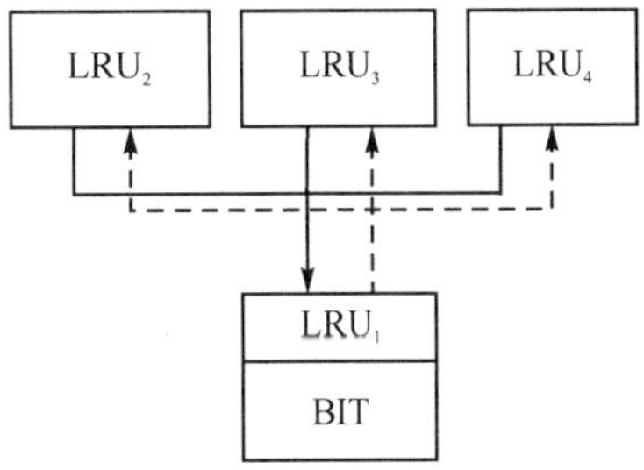

图 6-4　集中式 BIT 示例

(3) 分布-集中式

分布-集中式的 BIT 是分布式 BIT 与集中式 BIT 的综合，在分布-集中式的 BIT 设计中，产品各单元的 BIT 配合 BITS 共同完成测试。

分布-集中式 BIT 的示例如图 6-5 所示。每个分系统都具有各自的 BIT，BIT 信息通过集中故障显示接口装置进行综合处理。采用分布-集中式 BIT 配置方案时，可以利用专用的测试总线进行 BIT 信息的通信。分布-集中式 BIT 配置方案综合了分布式 BIT 与集中式 BIT 的优点，并且得到了大量应用。

6.2.4　系统信息处理设计

一般可以将信息处理功能分为信息记录和存储、信息指示与报警和信息导出三类。各类系统和设备的特性和使用要求不同，对 BIT 的信息处理设计要求也不同。有的系统要求高，设计的 BIT 功能强，测试内容范围广且详细，能存储大量诊断信息，这样的系统级 BIT 就可以提供丰富的故障检测、隔离及相关信息。有的系统或设备要求不高，或者由于当前技术水平、体积重量、经费等条件限制，设计实现的 BIT 功能比较简单，所提供的 BIT 信息内容也就较简单。但是，最简单的 BIT 和监测电路都提供了被测对象的状态显示或故障指示。

在系统信息处理设计阶段，产品应满足以下设计原则：

1) 根据 BIT 定性设计要求确定 BIT 信息处理功能。

2) 信息记录和存储功能设计应考虑：

① 记录和存储的信息内容，如故障检测信息、故障隔离信息、故障发生时间等；

② 存储位置，如各 BITE 独立存储、特定 BITE 统一存储等。

3) 信息指示与报警功能设计应考虑：

① 指示位置，如各 BITE 本地指示、统一位置指示；

② 报警形式，如灯光报警、声响报警、文字（或编号）闪烁报警、图像报警或者组合形式等；

③ 报警指示器：如指示灯、仪表板、数码显示、显示器或者组合形式等；

④ 报警级别：设置不同的报警级别，故障信息至少分为通知给驾驶员和通知给维修人员两类，对通知给驾驶员的故障信息还需要设置更细的报警级别。

4) 信息导出功能设计应考虑：

① 导出位置：如各 BITE 本地导出、统一位置导出；

② 导出方式：如打印方式、磁盘转存方式、接口通信方式，不推荐采用人工填表方式导出信息。

5) 分布式 BIT 的信息存储、导出应由各 BITE 本地处理。

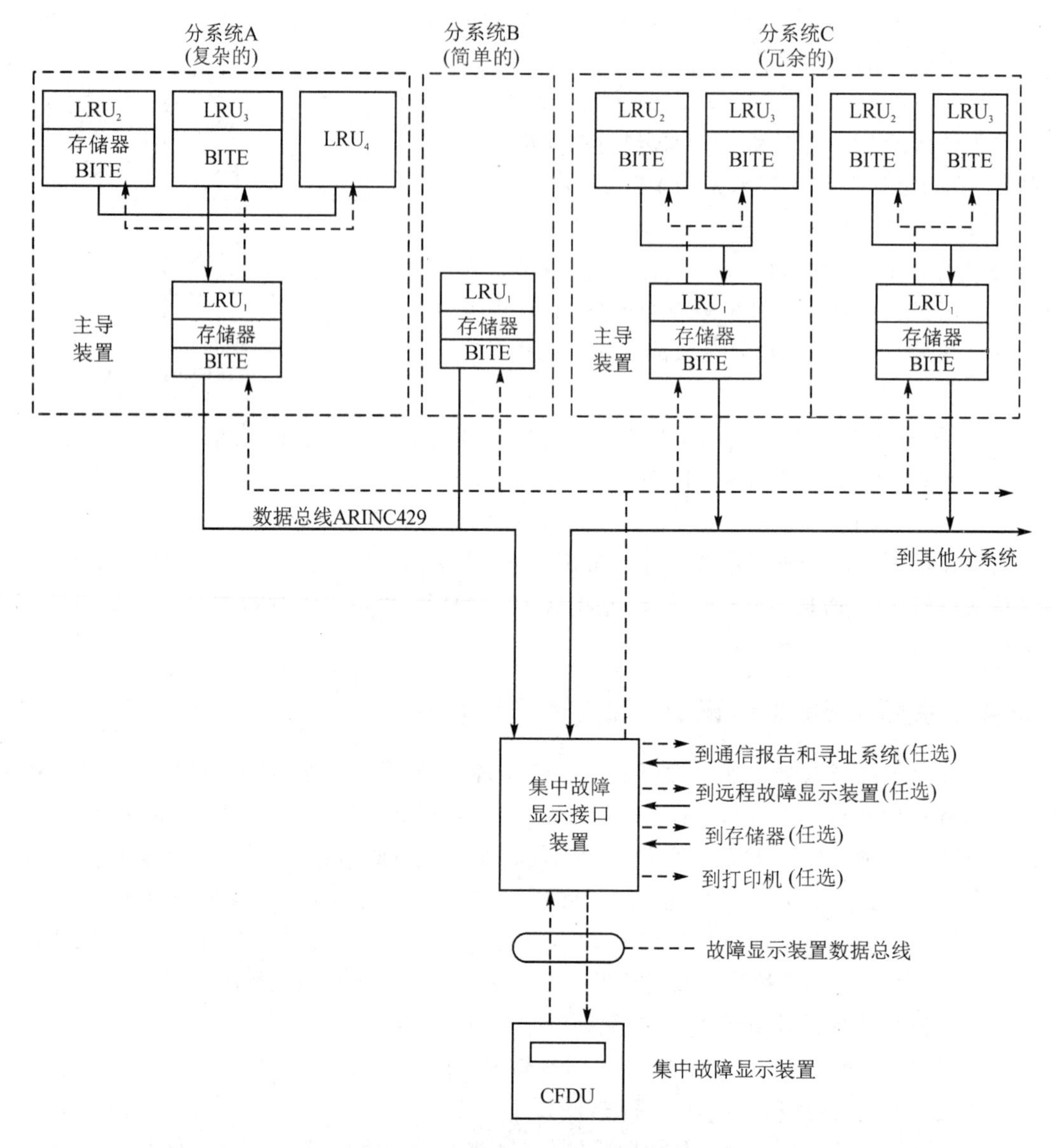

图6-5　分布-集中式BIT示例

6）分布-集中式BIT的信息存储、指示、导出应优先由集中BITE统一处理。

6.3　成品机内测试设计

成品BIT的设计内容包括:BIT测试对象分析、BIT功能设计、BIT工作模式设计、BIT测试流程设计、BIT诊断策略设计、BIT软/硬件设计和BIT信息处理设计,并完成成品BIT设计报告。

6.3.1　BIT测试对象分析

对于每个BIT,需要明确它的测试对象类别。测试对象包括电子产品和非电子产品两类,电子产品和非电子产品的 BIT 设计特点如下：

① 对于电子产品，当采用 BIT 进行测试时，需要设置电路测试点；一般仅能测试产品的电子类故障，不能测试产品的非电子类故障。

② 对于非电子产品，当采用 BIT 进行测试时，需要设置足够和有效的传感器。

在对测试对象进行故障分析时，根据测试对象的可靠性设计分析资料和经验，确定测试对象的所有故障，并分析确定需要 BIT 诊断的故障集合。

6.3.2　BIT 功能设计

成品 BIT 的功能设计应根据 BITS 的系统功能设计进行。可能的功能包括状态监测、故障检测、故障隔离和故障预测等。

一般简单的 BIT 应具备状态监测或者故障检测功能；规模大于 LRU 的 BIT，除了应具备状态监测和故障检测功能外，还要考虑故障隔离功能，但是 2 级和 3 级维修的故障隔离率不同。复杂的 BIT 可以具备状态监测、故障检测、故障隔离和故障预测等全部功能。

6.3.3　BIT 工作模式设计

由系统工作模式设计可知，BIT 工作模式根据运行阶段分为任务前 BIT、任务中 BIT 和任务后 BIT。

常用的 BIT 有 3 种：加电 BIT、周期 BIT 和维修 BIT。加电 BIT 用于任务执行前，周期 BIT 用于任务执行中，维修 BIT 用于任务完成后。这 3 种 BIT 用于同一特定的系统中将会提高故障检测和隔离能力。

(1) 加电 BIT

加电 BIT 在系统通电后立即开始工作，通常只运行一次。它将进行规定范围的测试，包括对在系统正常运行时无法验证的重要参数进行测试，且无需操作人员的介入。在这种状态下，系统只进行自检测。

(2) 周期 BIT

周期 BIT 在系统运行的整个过程中都在不间断地工作，从系统启动的时刻开始直到电源关闭之前都将运行。

(3) 维修 BIT

维修 BIT 在系统完成任务后进行维修、检查和校验工作。它可以启动运行系统所具有的任一种 BIT，属于启动 BIT 类型。

BIT 工作模式设计应根据系统工作模式设计进行，一般 BIT 的工作模式必须包括任务前 BIT；如果任务执行阶段存在状态监控和任务安全要求，则 BIT 的工作模式应包括任务中 BIT；如果任务结束后需要维护，则 BIT 的工作模式还应包括任务后 BIT。

6.3.4　BIT 测试流程设计

BIT 的测试流程设计包括状态监测、故障检测、故障隔离和故障预测等测试流程的设计。

6.3.4.1　状态监测流程

状态监测功能应实时监测成品中关键的性能或功能特性参数，并随时报告给操作者。完善的监控 BIT 还需要记录并存储大量数据，以分析并判断性能是否下降以及预测即将发生的故障。状态监测的参考测试流程见图6-6,其中虚框内容可以根据需求选择在成品中实现,或者在成品外的其他单元实现。

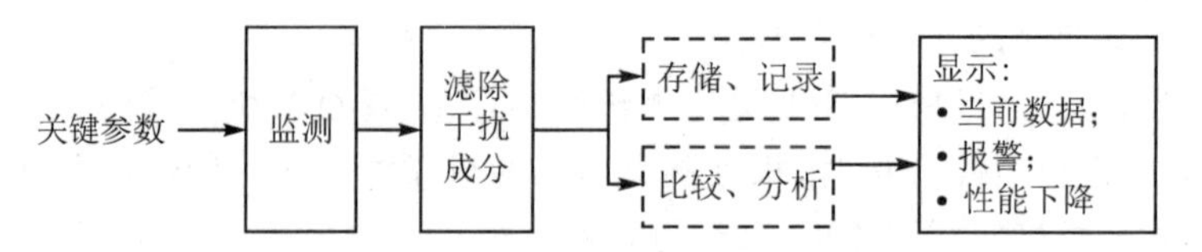

图6-6　状态监测的参考测试流程

6.3.4.2　故障检测流程

故障检测功能应检查成品功能是否正常,检测到故障时给出相应的指示或报警。故障检测设计有两种方式:被动式和主动式。

在成品运行过程中的故障检测应采用被动式设计,检测流程如图6-7(a)所示,直接根据系统工作产生的测试数据判断是否发生故障,并特别注意防止虚警。

在成品运行前、后的故障检测可以采用主动式,检测流程如图6-7(b)所示,需要加入测试激励信号,然后获得测试响应信号,判定是否发生故障。此时虚警问题不像运行中那么严重,因此可以不考虑防虚警问题。

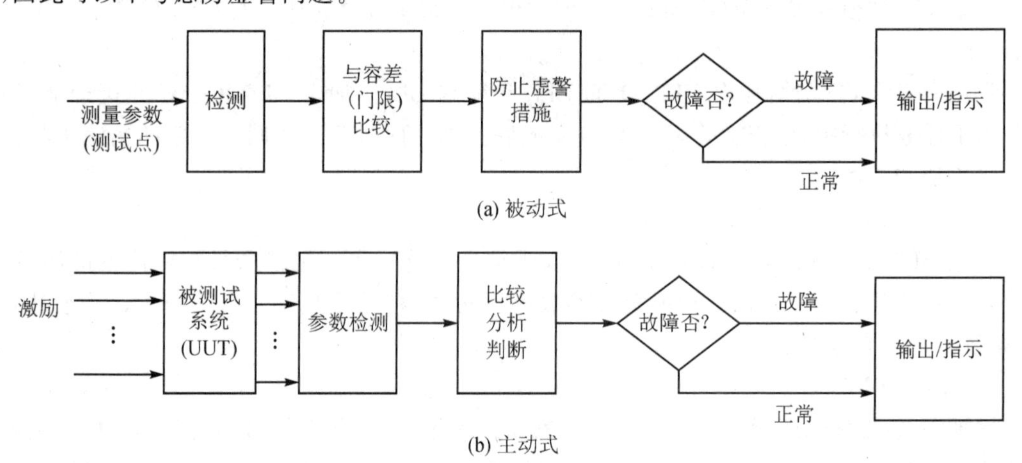

图6-7　故障检测流程

6.3.4.3　故障隔离流程

在检测到故障后才启动故障隔离程序。用BIT进行故障隔离一般需要测量被测对象内部更多的参数,通过分析判断才能把故障隔离到存在故障的组成单元。故障隔离的参考测试流程设计见图6-8。

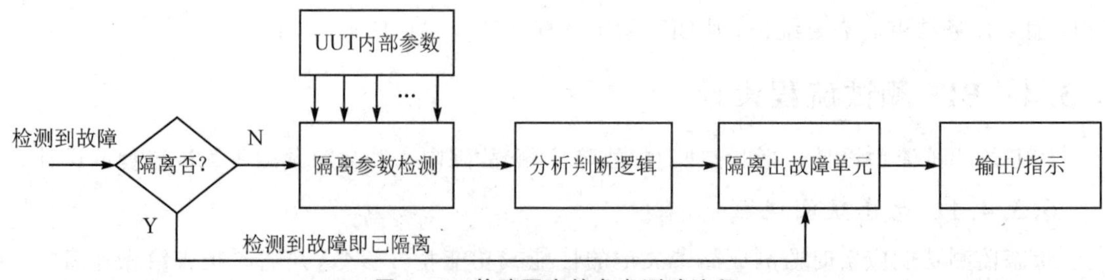

图6-8　故障隔离的参考测试流程

6.3.4.4　故障预测流程

非电子类产品的故障多具有渐变特性，在发生功能故障之前存在着可以识别的潜在故障表现，据此可以实现提前的故障预测。采用 BIT 实现故障预测需要处理复杂的推理计算，其参考测试流程见图 6-9，其中虚框内容可以根据需求选择在成品中实现，或者在成品外的其他单元实现。

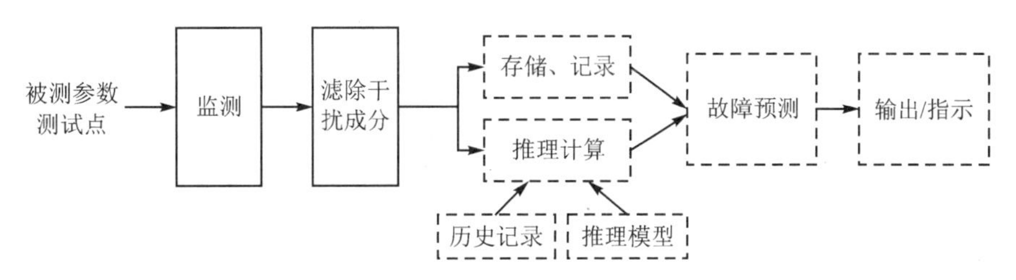

图 6-9　故障预测的参考测试流程

6.3.5　BIT 诊断策略设计

BIT 的诊断策略设计包括测试点(传感器)位置的布局和优选、建立诊断树和故障字典等内容。

6.3.5.1　测试点位置的布局和优选

测试点的选择与设计是测试性设计的一项重要工作，测试点设置得适当与否直接关系到 UUT 的测试性水平、诊断测试时间和费用。系统/分系统、LRU 和 SRU 作为不同维修级别的 UUT 都应进行测试点的优选工作，选出自己的故障检测与隔离测试点。一般说来，UUT 的输入和输出或有关的功能特性测试接口是故障检测用的测试点，而 UUT 各组成单元的输入/输出或功能特性测试接口是故障隔离用测试点。这些隔离测试点也是 UUT 组成单元(下一级测试对象)的检测用测试点，所以应注意各级维修测试点之间的协调。

UUT 测试点位置布局的总要求包括两方面：一方面是必须满足故障检测与隔离、性能测试、调整和校准的测试要求；另一方面是必须保证 UUT 与 ATE/ETE 的测试兼容性要求相一致。

测试点优选的具体方法和步骤见 8.2.4 小节。

6.3.5.2　建立诊断树和故障字典

建立诊断树是以测试点的优选结果为基础，先检测后隔离，以测试点选出的先后顺序制定诊断策略。在优选出测试点之后，UUT 无故障时在各测试点的测试结果与有故障时不一样，不同的故障其测试结果也不同。把 UUT 的各种故障与其在各测试点上的测试结果列成表格就是故障字典。

诊断树和故障字典的具体建立方法和步骤见 8.2.5 小节。

6.3.6　BIT 软/硬件设计

当系统计算机或控制器可以与 BIT 分享时，采用软件 BIT 可以使费用降到最少，而硬件 BIT 在信号变换(如 A/D 和 D/A 变换)方面又是非常有用和必要的。进行 BIT 软/硬件设计，就是通过权衡 BIT 软件和硬件进行设计，且符合软件、硬件及通信总线设计原则。

6.3.6.1 BIT软件与硬件权衡

BIT可以用软件、硬件或二者的结合来实现,在BIT软/硬件设计阶段,应考虑软件与硬件的权衡,原则如下:

1)当UUT没有微处理器时,应采用硬件BIT设计。

2)当UUT具有微处理器时,可以采用软件BIT来取代部分硬件BIT。

3)结合以下因素进行权衡,确定BIT中软件与硬件的比例:

① 软件BIT的优点:

- 在系统改型时,可以通过重新编程得到不同的BIT;
- 将BIT门限、测试容差存储在存储器中,易于用软件修改;
- 可以对功能区进行故障隔离;
- 可以方便地输入激励和监控UUT输出;
- 综合测试程度大,硬件需求少。

② 硬件BIT的适用之处:

- 不能由计算机控制的区域,如电源检测;
- 有计算机,但存储容量不足以满足故障检测和隔离需求的情况;
- 信号变换(如A/D和D/A变换)电路。

6.3.6.2 BIT软件、硬件及通信总线设计原则

1. BIT软件设计原则

① 应明确由软件部分实现的BIT功能。

② BIT的软件设计中应尽量采用系统的功能软件,以减小BIT专用软件比例。

③ BIT软件设计需要完成以下内容:

- BIT软件的需求分析;
- BIT软件的详细设计;
- BIT软件的编码和测试。

④ BIT软件设计应考虑BIT设计准则要求。

2. BIT硬件设计原则

① 应明确由硬件部分实现的BIT功能。

② BIT的硬件设计中应尽量采用系统的功能硬件,以减小BIT专用硬件比例。

③ BIT硬件设计需要完成以下内容:

- 建立BIT电路的原理图;
- 推荐采用电路仿真软件对BIT电路进行仿真分析,确认BIT电路能够达到预期的作用;
- 在BIT电路图的基础上,结合产品研制流程,来完成BIT硬件的实现。

④ BIT硬件设计应考虑BIT设计准则要求。

3. BIT通信总线设计原则

① BIT之间优先采用总线方式进行BIT数据交互;

② 当系统总线通信容量未饱和时,可以采用系统总线传递BIT数据;

③ 当系统总线不能满足BIT通信要求时,应采用专用总线(如MTM总线)传递BIT数据。

6.3.6.3 BIT技术分类

BIT技术的分类方法很多，按实现手段的不同，可以分为扫描技术、环绕技术、模拟技术、并行技术和特征分析技术等。为了方便读者使用，这里将BIT技术划分为数字BIT、模拟BIT、环绕BIT和冗余BIT等技术，如表6-2所列。

表6-2 BIT技术

类别	BIT技术
数字BIT	板内ROM式BIT、微处理器BIT、微诊断法、内置逻辑块观测器法、错误检测与校正码法、扫描通道BIT、边界扫描BIT、随机存取存储器的测试、只读存储器的测试、定时器监控测试
模拟BIT	比较器BIT、电压求和BIT
环绕BIT	数字环绕BIT、模拟/数字混合环绕BIT
冗余BIT	冗余电路BIT、余度系统BIT

1. 数字BIT

数字电路种类繁多，相应的BIT实现方法也迥然不同。这里主要介绍微处理器BIT、边界扫描BIT、随机存取存储器的测试和只读存储器的测试等BIT技术。

(1) 微处理器BIT

微处理器BIT是使用功能故障模型来实现的，该模型可以对微处理器进行全面有效的测试。该方法可能会需要额外的测试程序存储器。此外，由于被测电路的类型不同，还可能需要使用外部测试模块。该外部测试模块是一个由中央处理单元(CPU)控制的电路，用于控制和初始化位于微处理器模块内的外围控制器件。

微处理器BIT是分阶段完成的，每个后续阶段都以前一个阶段的成功完成为基础。这些阶段是按如下规定的顺序执行的：核心指令测试、读寄存器指令测试、内存测试、寻址模式测试、指令执行测试、指令时序测试、I/O外围控制器测试。

除了微处理器之外，还可能使用外部测试模块辅助进行测试。该模块可以按如下方式使用：验证CPU工作正确性，设置片内外围控制器为外部控制模式，使用外部测试模块建立片内外围控制器的外部请求，使片内外围控制器返回到运算模式。

1) 电路及其工作原理

微处理器BIT的简化通用电路如图6-10所示。

在该电路中，额外的ROM是27C256，它存储BIT软件，通过测试初始化信号激活并运行该软件。BIT软件在执行时，首先将“通过/不通过”输出信号设置为“通过”状态，然后调用一系列检验程序。首先验证MOVE、COMPARE和BRANCH等核心指令，如果发现错误，则将“通过/不通过”输出信号设置为“不通过”状态，并终止测试。在核心指令操作正常后，再进行寄存器读/写操作，如果发现错误，同样将“通过/不通过”输出信号设置为“不通过”状态，并终止测试。在指令操作正常后，再依次如前进行存储器测试、各种寻址模式下寄存器的正确调用测试、程序代码执行及其结果对比测试、各种指令成对组合执行测试，以验证是否存在非数据相关故障和成对指令时序相关故障。最后，执行I/O外围控制测试。在进行I/O外围控制器测试时，假设了如下故障模型：外围器件中的寄存器存在的固定型故障会导致该器件功能的不正常执行或不能执行；解码器的故障会导致对外围器件的选择不正确甚至不能选择；控制逻辑

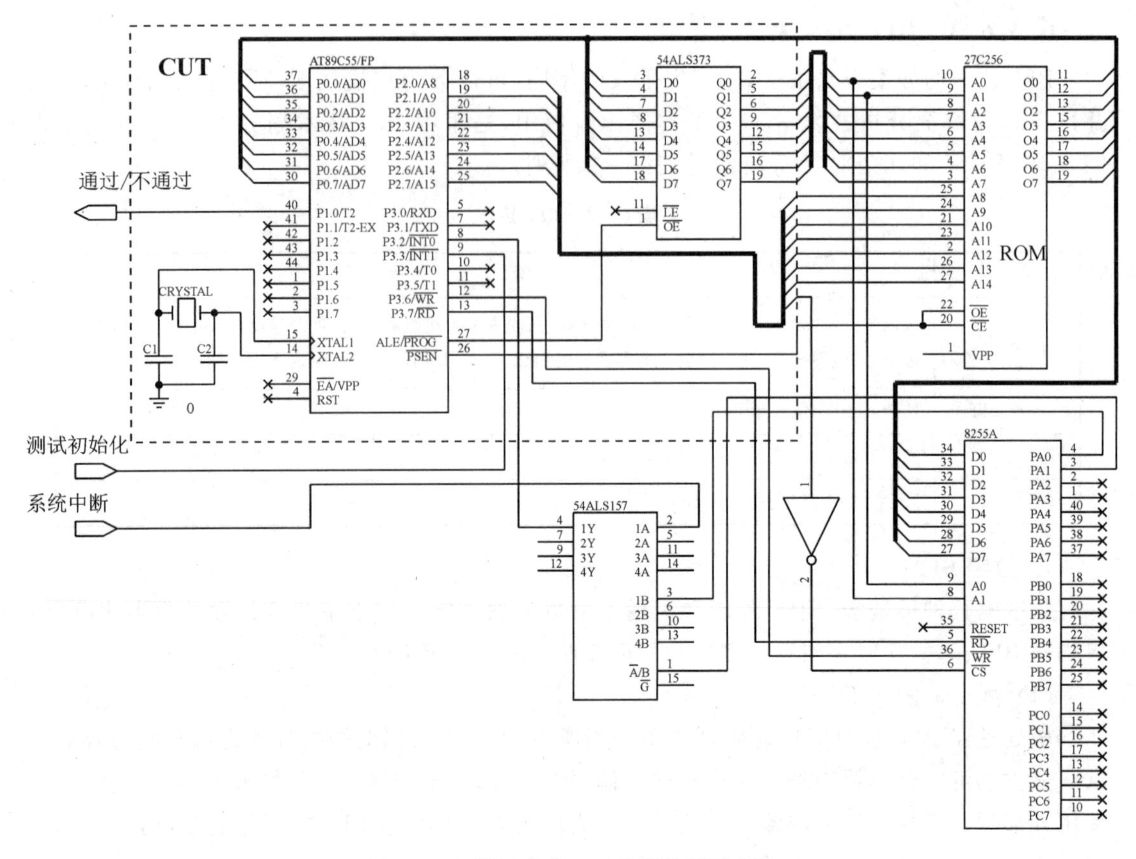

图 6-10　微处理器 BIT 的简化通用电路

的故障会导致控制功能的不正确执行或不能执行；微处理器片内的外围接口故障可以通过可读寄存器检测。

此外，图 6-10 中电路的外部测试模块由并行接口 8255A 和选择器 54ALS157 等组成。在正常运行时，系统中断信号经由选择器 54ALS157 送达微处理器的 P3.2 引脚上。在软件控制下，8255A 可以通过选择器 54ALS157 将自身的一个输出信号发送到微处理器的中断输入引脚 P3.2 上，因此允许 BIT 软件使用该端口以确定它是否能正常工作。端口测试完毕，BIT 软件再将其恢复到正常运行时的连接配置。

2）特　点

微处理器 BIT 属于并行测试技术，为了确保不影响系统的正常运行，该 BIT 在微处理器的正常运算过程中只能周期运行。在不需要额外 ROM 和外部测试模块时，该方法不要求修改被测电路的内部设计。

微处理器 BIT 技术具有如下优点：

① 硬件空间消耗很小，该技术基本上只需要一个 ROM 的位置，而常规的设计中都会留有一些空缺的 ROM 位置。即使使用了外部测试模块，硬件空间消耗也只有轻微的增加。

② 绝大多数的测试都在微处理器运算速度下执行。

③ 微处理器自身可以执行对测试结果的监控。

微处理器 BIT 技术具有如下不足：

① 测试存储器的需求量可能非常大，这取决于微处理器的特性、测试的完整程度、测试代

码的优化程度。

② 绝大多数的测试代码需要使用汇编语言或者机器码编写，因此可读性不高。

(2) 边界扫描 BIT

对于 VLSI 集成电路，无法从外部访问到其内部的逻辑单元，因此在集成电路本身的设计中必须提供测试的手段。目前，在 VLSI 集成电路中普遍应用边界扫描技术，它是通过减少外部测试电路的要求来改善测试性。

边界扫描技术是一种扩展的 BIT 技术，它在测试时不需要其他的辅助电路，不仅可以测试芯片或者 PCB 的逻辑功能，还可以测试 IC 之间或者 PCB 之间的连接是否存在故障。边界扫描 BIT 技术已经成为 VLSI 芯片可测性设计的主流，IEEE 已于 1990 年确定了有关的标准，即 IEEE1149.1。

1) 电路及其工作原理

边界扫描 BIT 的电路原理框图如图 6－11 所示，在 CUT 的输入和输出端添加触发器(FF)，并由这些触发器构成一个移位寄存器。可以通过 5 个信号端口，即测试数据输入 TDI、测试方式选择 TMS、测试时钟 TCK、测试复位 TRST 和测试数据输出 TDO，在测试控制电路的控制下完成 BIT 测试。

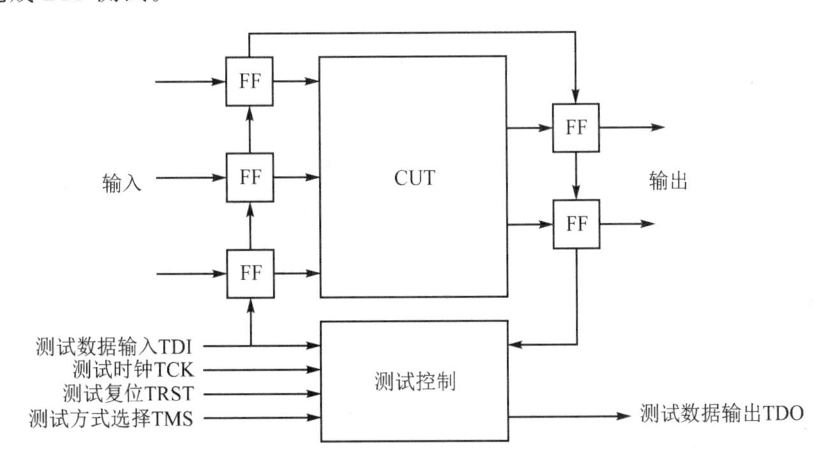

图 6－11　边界扫描 BIT 的电路原理框图

测试控制电路还可以细分为测试存取端口 TAP 和 BIT 控制器两个部分。BIT 控制器通过 TAP 接收 TMS 信号，来确定整个电路的工作方式。在测试方式下，通过 BIT 控制器，可以由触发器构成的移位寄存器间接访问 CUT 的各个输入/输出端口，因此任何测试数据都可以施加到 CUT 的输入端，而 CUT 的输出也可以观测到。

对于每个具有边界扫描功能的芯片，可以将它们的 TDI 端和 TDO 端互相串联构成一个更大的扫描链，实现各个芯片 BIT 的互连，如图 6－12 所示。

2) 特　点

边界扫描 BIT 是一种非并行的测试技术，它具有如下优点：

① 由于 BIT 电路位于芯片内部，因此基本上不再需要额外的硬件；

② 通过寄存器的移位控制，可以将测试数据施加到芯片的输入端，并在输出端得到响应，实现对芯片核心逻辑的测试；

③ 通过寄存器的移位控制，可以对具有边界扫描功能的芯片之间或者 PCB 上的连线完

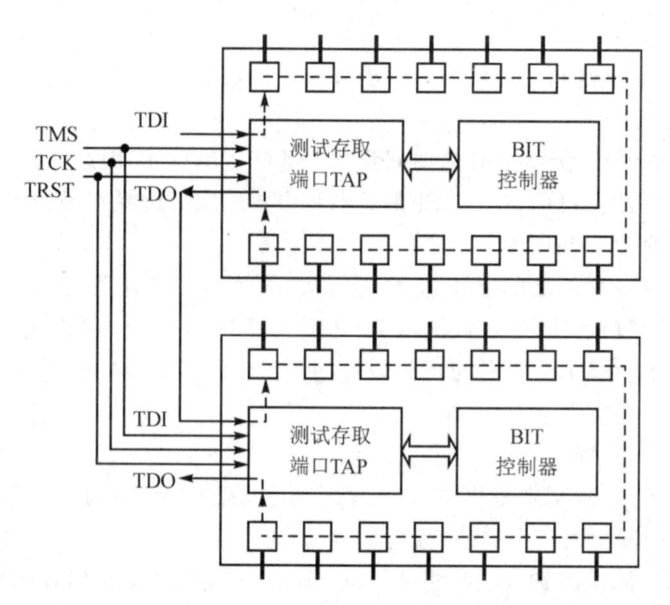

图6-12 边界扫描BIT的互连

成故障检测；

④ 可以将系统中的所有边界扫描链连接成一个系统级的扫描链，这大大降低了测试端子的数量。

此外，边界扫描BIT也带来了一定的不便之处：

① BIT电路位于芯片内部，这不仅增加了芯片的体积和成本，而且增加了芯片的设计和制作难度；

② 边界扫描的时间开销随着扫描链的增大而成倍增长，测试模式也越加复杂；

③ 需要编写复杂的接口软件来控制边界扫描的运行。

(3) 随机存取存储器的测试

随机存取存储器(RAM)的测试方法有很多种，此处仅介绍两种简单的软件比较测试方法：0-1走查法和寻址检测法。

1) 0-1走查法

首先将0逐一写入RAM的各个单元，紧接着再逐一读出，判断是否为0；对指定的单元置1，并将其他单元的数据读出，如果读出的数据全部为0，则说明写入操作时单元之间无干扰；将该指定的单元恢复置0后，再对其他各单元重复这一操作。

将1逐一写入RAM的各个单元，紧接着再逐一读出，判断是否为1；对指定的单元置0，并将其他单元的数据读出，如果再写入时单元之间无干扰，则读出的数据应该全部为1；将该指定的单元恢复置1后，再对其他各单元重复这一操作。

采用这种测试可以检测出RAM置1和置0是否存在故障，存储单元是否存在开路和短路故障，读/写逻辑通道上是否存在开路和短路故障，各单元之间是否存在互相干扰故障。

2) 寻址检测法

寻址检测法可以对RAM的写入恢复功能和读数时间是否存在故障进行检测。该方法对RAM的每个寻址单元在写入1或者0之后，立刻执行读操作，通过检查读出之数是否正确来检测写入恢复功能是否存在故障。而寻址规则依据下面两种情况：

① 地址从原码转换到反码，此时地址寄存器和译码器中的每一位都发生变化，因此所需的转换时间最长；

② 地址变换时只有一位发生变化，此时地址寄存器和译码器中只有一位发生变化，因此所需的转换时间最短。

在这种地址转换最坏情况下的读/写检测可以确定 RAM 是否存在读数时间故障。

(4) 只读存储器的测试

目前常用只读存储器（ROM）的测试方法有校验和法、奇偶校验法和循环冗余校验法（CRC），这里仅简单介绍校验和法的工作原理，其他两种方法可以参考有关文献。

校验和法是一种比较方法，它需要将 ROM 中所有单元的数据相加求和。由于 ROM 中保存的内容是程序代码和常数数据，因此求和之后的数值是一个不变的常数。在测试时，将求和之后的数值与这个已知的常数相比较，如果总和不等于常数，就说明存储器有故障或差错。

校验和法会因为产生补偿而将错误掩盖。一种补救的措施是把整个存储器空间分成若干组，每组中最后一个（如第 n 个）单元存储预定和值。在校验时，将各组前面 $n-1$ 个单元逐个读出求和，再与第 n 个单元比较，相同即通过，否则存在故障。

2. 模拟 BIT

模拟 BIT 技术包括两种最常用的方法，即比较器 BIT 和电压求和 BIT。这里主要介绍电压求和 BIT。

电压求和 BIT 是一种并行模拟 BIT 技术，它使用运算放大器将多个电压电平叠加起来，然后将求和结果反馈到窗口比较器并与参考信号相比较，再根据比较器的输出生成“通过/不通过”信号。这种技术特别适用于监测一组电源的供电电压。

电压求和 BIT 通常都与比较器 BIT 联合使用，对具有多个输出通道的电路进行测试。此外，该技术还可以与冗余 BIT 技术联合使用。

(1) 电路及其工作原理

电压求和 BIT 的电路包括电压求和运算放大器网络、窗口比较器和“通过/不通过”触发器等，如图 6-13 所示。通过选择合适的求和电阻阻值，确保在 CUT 的输出电压符合规定时，运算放大器 OP-07 的输出电压为正常水平。求和之后的电压送入比较器电路，如果该电压超出窗口电压范围，比较器电路输出低电压，并通过触发器输出“不通过”信号；否则，触发器一直输出“通过”信号。

(2) 特　点

电压求和 BIT 是一种并行测试技术，其优点如下：

① 与比较器 BIT 相比，电压求和 BIT 所需的元器件数目更少，电路板尺寸和电源消耗更小；

② 由于并行测试，因此不占用系统的运行时间，并且在正常操作的任何时刻都可以进行故障检测；

③ 运算放大器具有很高的输入阻抗，从而大大降低了 BIT 电路对 CUT 负载的影响。

电压求和 BIT 的缺点如下：

① 由于采用电压求和监控，因此对单个电压是否符合规范要求的检验能力有所降低；

② 必须为窗口比较器提供参考电压，并确保它的精确性；

③ 只适用于监测静态信号；

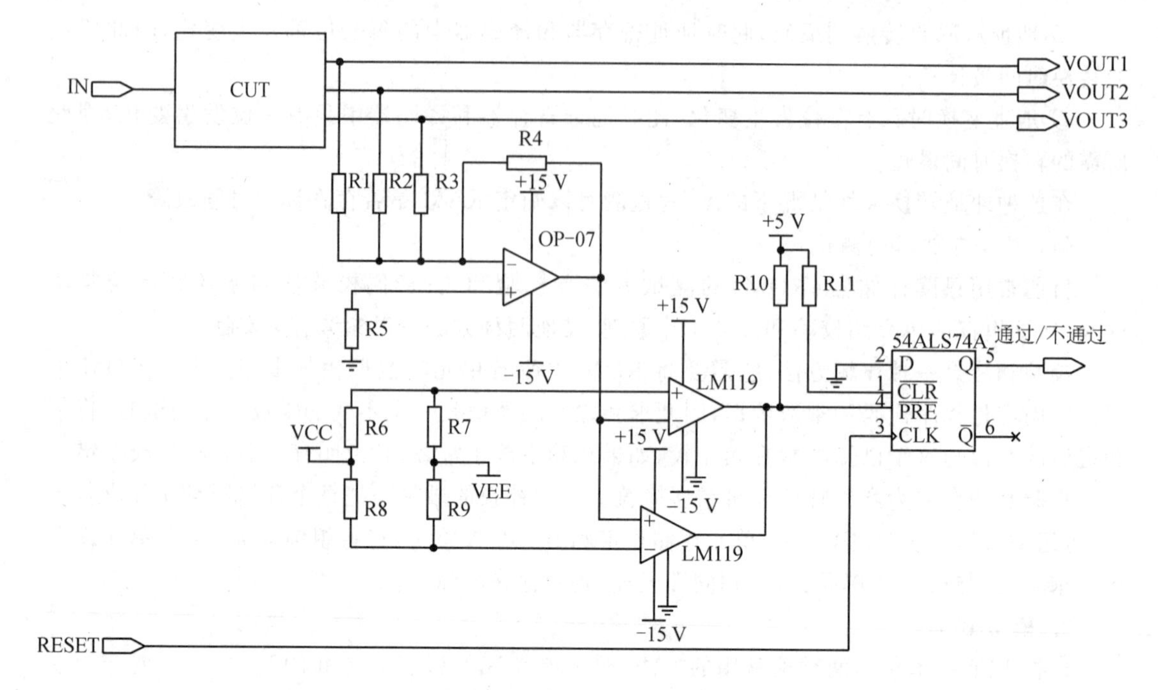

图 6-13　电压求和 BIT 电路

④ 确定精确的电阻值导致准备时间延长；

⑤ 必须认真选择运算放大器，以提供精确和稳定的结果；

⑥ 通道越多，所要求的精度越高。

3. 环绕 BIT

环绕 BIT 可以采用数字环绕 BIT、数字/模拟混合环绕 BIT 两种不同的方法实现。

(1) 数字环绕 BIT

数字环绕 BIT 是一种非并行的 BIT 技术，它本身不仅包括硬件和软件(保存在 ROM 内)，还特别需要被测电路提供微处理器和相应的数字输入/输出器件。该技术增加了必要的线路，即增加了数字开关将输出环绕到输入，以便在 BIT 初始化之后，将离开数字输出器件的数据发送回位于现场可更换模块上的数字输入器件。在 ROM 中保存着相应的 BIT 环绕路线信息，以及控制传输的测试数据和与接收到的数据进行比较的测试数据。如果比较结果不匹配，则表示存在故障。

前面提到的微处理器 BIT 技术是对微处理器系统的内部组件进行校验，与此相比，数字环绕 BIT 可以看作在微处理器 BIT 的基础上扩展了对 I/O 接口的校验。

1) 电路及其工作原理

数字环绕 BIT 的一个简化电路如图 6-14 所示。

由图 6-14 可知，该 BIT 在被测电路的输入和输出总线上增加了 3 个芯片 54ALS244，构成了输入缓存、输出缓存和相应的数字开关。微处理器在接收到测试初始化信号后，通过端口 P1.6 接通数字开关，同时断开输入和输出缓存；然后向输出器件施加一系列测试模式，并从输入器件中读取相应的数据，与存储器中保存的期望数据相比较，如果不匹配，则给出测试不通过信号；测试完毕，通过控制断开数字开关并接通输入和输出缓存进行正常的操作。

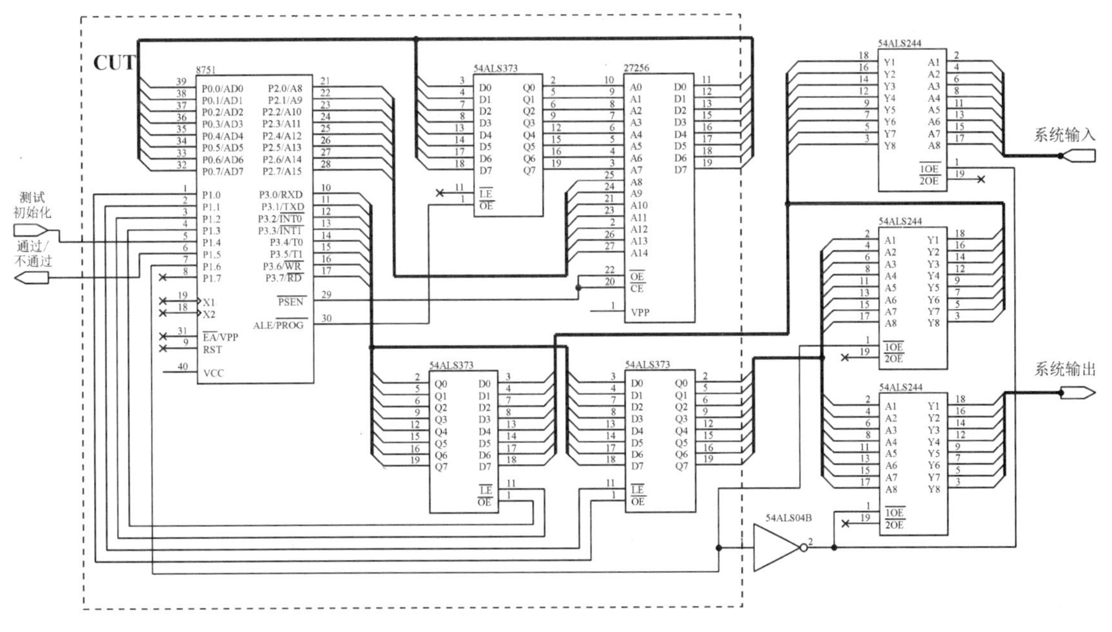

图 6－14　数字环绕 BIT 的简化电路

2）特　点

数字环绕的优点：只需要很少的硬件，而且所需硬件是现成的成品器件，因此方便实现；该技术可以和微处理器 BIT 联合使用。

数字环绕 BIT 的缺点：该技术仅仅校验了少量接口；如果接口复杂（如 1553B 接口），则测试模式数量很大，将需要大量的 ROM 来保存测试数据，相反，如果接口简单，则测试模式数量很小，将会有大量的 ROM 空间剩余。

（2）模拟/数字混合环绕 BIT

对于模拟/数字混合系统，一般都具有模拟输入/输出的控制结构，如伺服控制器、自动驾驶仪收发器、双向通信线路等。因此，常常使用模拟环绕来实现系统的 BIT。

模拟环绕技术在结构上不仅包括硬件，还需要 ROM 存储的测试模式等固件。此外，模拟环绕技术要求被测电路 CUT 中具有微处理器和输出设备 D/A 转换器、输入设备 A/D 转换器等。该技术在电路中增加了 BIT 初始化线路、将 D/A 输出的模拟信号连接到 A/D 输入设备的线路（也可以使用模拟开关），并在 ROM 中保存着 BIT 的各个检测线路信息和相应的发送、比较数据。若比较结果不匹配，则表示存在故障。模拟环绕 BIT 的框图如图 6－15 所示。

采用模拟环绕 BIT 技术可以测试外部模拟接口的所有测试/响应对，如果再扩充采用微处理器 BIT 技术，就可以同时对微处理器系统的内部组件进行校验。

1）电路及其工作原理

模拟环绕 BIT 的简化电路如图 6－16 所示，被测电路中包含 8751 微处理器、A/D 转换器 ADC0848 和 D/A 转换器 SE5018 等输入/输出接口器件。由于 8751 微处理器带有 128 B 的 RAM 和 4 KB 的 EPROM，因此不需要额外的 RAM、ROM 及其接口。

BIT 电路包括环绕模拟开关 DG509A 和输入/输出缓存放大器等，在系统正常操作期间，通过寻址选择模拟开关的 S2 通道，模拟输入信号通过 S2A 端口进入模拟开关，并由 DA 端口送入 CUT，CUT 的模拟输出信号经由 DB 端口进入模拟开关，并由 S2B 端口输出。在进行测

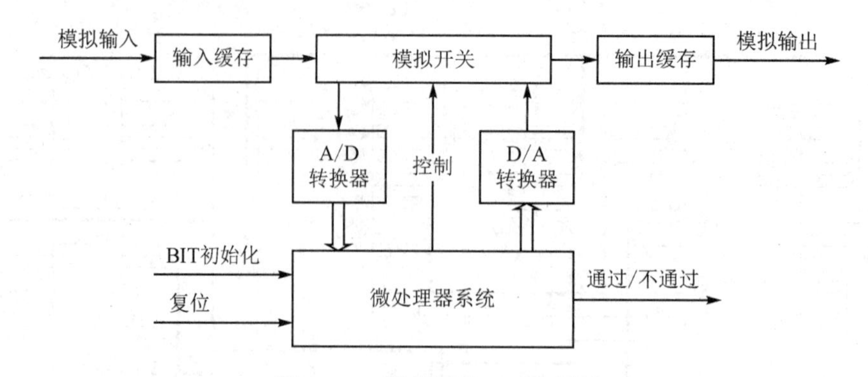

图6-15 模拟环绕BIT的框图

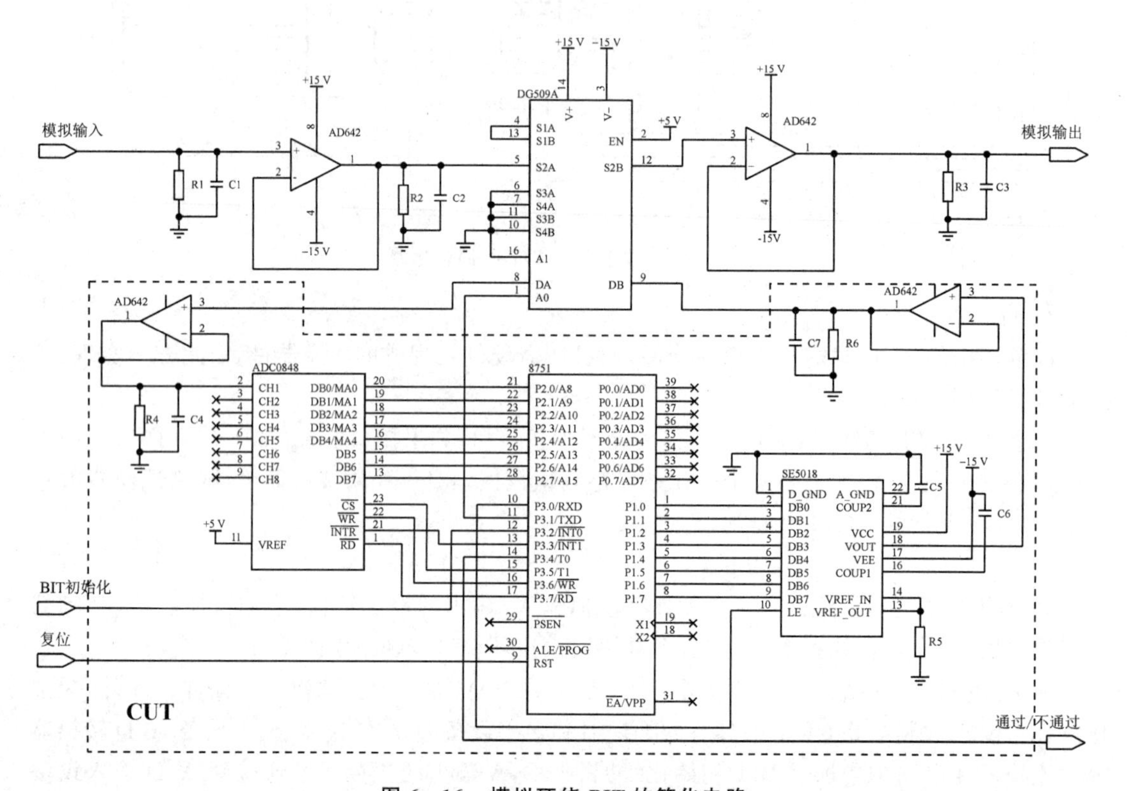

图6-16 模拟环绕BIT的简化电路

试时,通过寻址选择模拟开关的S1通道,外部模拟输入/输出信号被隔离,而内部的模拟输入/输出信号连通,并在微处理器的控制下施加测试数据。

2) 特 点

模拟环绕BIT是一种非并行测试技术,在测试时必须中断系统的正常操作。其优点如下:

① 只需要很少的硬件,因而简单直观、便于实现;

② 可以与微处理器BIT技术联合使用,以扩展校验的范围;

③ 能够为A/D和D/A转换器接口在动态范围、模拟精确度和转换时间等方面提供严格的测试;

④ 测试模式可以采用阶跃响应、波形合成等实际应用指令。

模拟环绕 BIT 的缺点主要有:可检测的接口范围小;如果被测系统包含很多 A/D 或者 D/A 转换器,则需要更多的模拟开关,这增加了对成本和固件的要求,并有可能需要额外的 ROM 来保存过多的测试模式。

4. 冗余 BIT

冗余 BIT 包括冗余电路 BIT 和余度系统 BIT 两种方法,这里主要介绍余度系统 BIT。

在余度系统中,通过比较表决技术可以对各个余度信号进行比较,实现余度通道的故障在线监控。

(1) 余度管理中比较表决策略

在四余度情况下,首先将采样得到的各个余度信号按从小到大的顺序排列:最大(S_{max})、次大(S_{max-})、次小(S_{min+})、最小(S_{min})。用 ε 表示比较的门限值,采用三次比较就可以实现故障监控,如表 6-3 所列。

表 6-3 四余度时比较表决策略

次大—次小 $\lvert S_{max-}-S_{min+}\rvert$	最大—次大 $\lvert S_{max}-S_{max-}\rvert$	次小—最小 $\lvert S_{min+}-S_{min}\rvert$	故障情况
$>\varepsilon$	$<\varepsilon$	$<\varepsilon$	2:2,不能定位故障
		$>\varepsilon$	S_{min+}、S_{min} 故障
	$>\varepsilon$	$<\varepsilon$	S_{max}、S_{max-} 故障
		$>\varepsilon$	4个全部故障
$<\varepsilon$	$<\varepsilon$	$<\varepsilon$	无故障
		$>\varepsilon$	S_{min} 故障
	$>\varepsilon$	$<\varepsilon$	S_{max} 故障
		$>\varepsilon$	S_{max}、S_{min} 故障

在三余度情况下,把各个余度信号排序为:最大(S_{max})、中值(S_{mid})、最小(S_{min})。采用中值比较可以实现故障监控,如表 6-4 所列。

表 6-4 三余度时比较表决策略

最大—中值 $\lvert S_{max}-S_{mid}\rvert$	中值—最小 $\lvert S_{mid}-S_{min}\rvert$	故障情况
$>\varepsilon$	$<\varepsilon$	S_{max} 故障
	$>\varepsilon$	全部故障
$<\varepsilon$	$<\varepsilon$	无故障
	$>\varepsilon$	S_{min} 故障

在二余度情况下,采用双通道比较实现故障监控。如果各个余度通道均具有自检功能,则在两两比较发现故障后可以进一步确定是 S_1 还是 S_2 故障,如表 6-5 所列。

表 6-5 二余度时比较表决策略

双通道比较 $\lvert S_1-S_2\rvert$	故障情况
$>\varepsilon$	存在故障
$<\varepsilon$	无故障

以上所述判断故障的策略采用计算机软件实现最为方便。采用硬件实现时可以使用交叉通道比较监控技术或者跨表决器比较监控技术,这两种技术的原理分别如图 6-17 和图 6-18 所示。

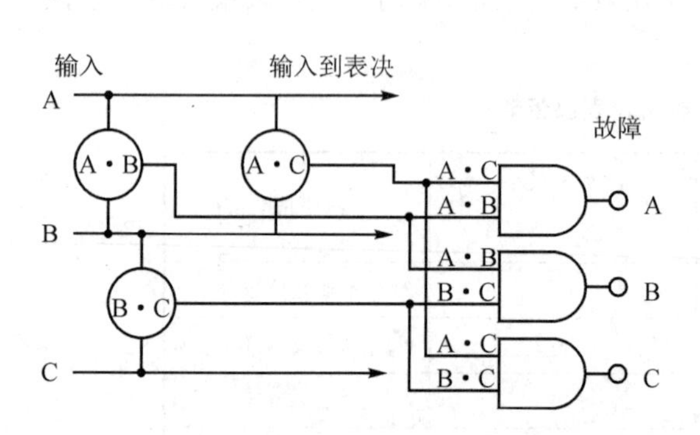

图 6-17 交叉通道比较监控技术的原理图

图 6-18 跨表决器比较监控技术的原理图

交叉通道比较监控技术把所有余度通道的输入都进行两两比较,当其差值超过规定的门限时,即有信号送入与门电路。跨表决器比较监控技术将信号输入分别与表决输出进行比较,当差值超过门限时,表明该通道存在故障。

(2) 二余度比较监控应用实例

BAe-146 飞机检测襟翼开关位置的 BIT 是典型的二余度信号比较监控方法。该 BIT 分别检测两个襟翼的 0°、18°、30°转角信号,然后进行两两比较,其中对应 0°状态的 BIT 电路如图 6-19 所示。

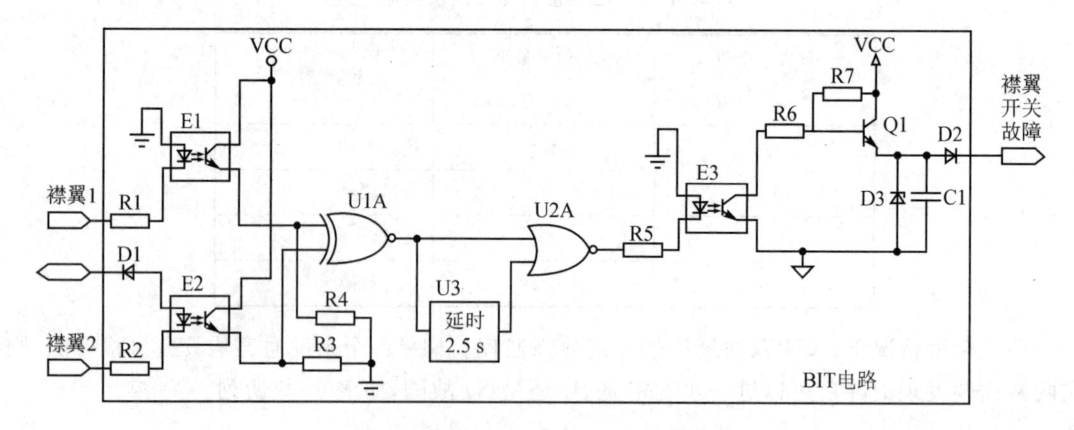

图 6-19 对应 0°状态的 BIT 电路

由两个襟翼传输来的位置信号经过光电隔离后,输入到"异或"门 U1A。在左右襟翼正常时，它们的位置状态相同，“异或”门输出为高电平；如果左右襟翼位置状态不一致（出现故障），则“异或”门会输出低电平。延时 2.5 s 后，故障仍然存在，则“或”门 U2A 的两个输入就都处于低电平，因此输出高电平驱动光电隔离器件 ISO3，送出襟翼开关故障信号。

6.3.6.4 典型模块的 BIT 设计

1. 电源模块

电源模块是航电设备中的基础模块之一，为航电设备提供 1.9 V、2.5 V、3.3 V、5 V、±10 V、±12 V、±15 V、±24 V、28 V 等各种直流电源。电源模块常用的 BIT 设计有四类：

① 指示灯：在电源模块的面板上设置电源指示灯，通过灯的亮灭给出故障的本地指示。

② 比较器判别：将电源模块的输出通过必要的分压后，送入比较器电路，比较器输出的高、低电平分别表示正常和故障，并将其接入离散量接口进行采集。

③ AD 采集判别：将电源模块的输出通过必要的分压后，送入 A/D 电路，并将采集到的电压值，或者连续多次采样（如 5 次采样）的平均值，与合格范围进行比较判别；对容易受工作状态影响而波动的情况，可增加延时处理，当超限的时长大于给定值时判断为故障。

④ 利用负载电路判别：利用电源输出对应的负载电路能否正常工作，或者负载电路自检功能是否执行等进行判别。

2. CPU 模块

CPU 模块执行核心处理功能，一般包括 CPU、SDRAM、NVRAM、定时器、中断控制器、看门狗定时器、FLASH、计数器和 A/D 转换等组件，采用的 BIT 设计如下：

(1) CPU

执行加、减、乘、除、逻辑与移位运算，浮点运算，定点运算，大于、小于、等于分支跳转计算等各种组合，判断结果与预期是否一致，测试 CPU 运算控制功能和寻址方式的正确性。

(2) SDRAM

数据线测试：选定一个地址，写入 0x1，读出后与 0x1 比较，判断第一根数据线是否可置为 1；写入 0x2，读出后与 0x2 比较，判断第二根数据线是否可置为 1；依次类推，覆盖所有数据线。

地址线测试：在每个地址写入该地址值，然后读出与该地址值比较。

数据存储测试：采用布码测试，如采用 0x0，0x55555555，0xAAAAAAAA，0xFFFFFFFF 等数值进行读/写测试。

(3) NVRAM

读/写正确性测试：对于 NVRAM 可测试区，采用检测数据块读/写正确性测试，或者采用布码测试。

数据保持能力测试：对于 NVRAM 断电与重新加电，进行数据保持能力测试。

(4) 定时器

设置标志位，启动定时器，延时后判断标志位是否在定时器中断中清除。

(5) 中断控制器

利用定时器产生中断请求，对中断控制器状态及每个中断源及中断响应过程进行测试。

(6) 看门狗定时器

测试看门狗定时“喂狗”时不产生中断；设置标志位，停止“喂狗”，延时后判断标志位是否在看门狗中断中清除。

(7) FLASH

对于FLASH可写区,采用检测数据块读/写正确性测试方法。

对于FLASH程序区,采用校验和测试方法进行测试,判断程序校验和与存储值是否一致。

(8) 计数器

增加控制电路,可以选择内部的定时器或者外部输入信号作为计数器的输入。在进行BIT操作时,利用内部定时器提供自检脉冲信号,进行计数结果测试。

(9) A/D 转换

利用多路转换设计,形成自检回路,在测试时,先写入数据,然后读出A/D转换值,进行比较判别。

3. 通信总线

航电中的通信总线包括:RS232、RS422、ARINC429(HB6096)、ARINC659、1553B(GJB289A)、FC-AE总线、PCIe总线、VME总线、AFDX总线、1394B总线等,采用的BIT设计如下:

(1) 内回绕测试

针对支持自发自收功能的总线协议芯片,在总线协议芯片内部进行自发自收,对协议芯片进行测试。

(2) 外回绕测试

使用多路开关将总线的发送线路与接收线路连接在一起,通过判断收到的数据与发送的数据是否一致来进行故障检测。

(3) 超时测试

通过接收总线消息是否超时,或者连续 N 个周期是否接收不到特定消息(如自检结果、通信包、握手信号),来判断总线是否存在通信故障。

(4) 状态信息测试

对于PCIe总线,使用初始化接口函数调用的返回值、配置信息或者链路的链接状态指示信号来判断总线是否正常。

(5) 访问测试

对于PCIe总线,对总线设备进行访问,获取设备号,然后与基础数据进行比较,判断是否存在总线故障。

(6) 读/写测试

对于VME总线,通过向特定模块存储器写入数据和读出数据的比较判别,来确定总线是否存在故障。

(7) 通信子卡自检

FC-AE总线、1394B总线等都配置专用接口子卡,通过子卡集成的自检功能来完成测试。

4. I/O接口

这里的I/O接口是指标准总线接口之外的输入/输出接口,包括离散量输入、离散量输出、地/开输出、地/开输入、模拟量输入、电阻输入、电流输入、电流输出等,采用的BIT设计如下:

(1) 附加激励测试

针对离散量输入和地/开输入接口,通过多选开关将高电平和地信号分别接入离散量输入端口,并进行采集判别,如不符合预期则有故障。

针对模拟量输入、电阻输入、电流输入接口,采用叠加偏置激励的方式进行检测。

(2) 回绕测试

将施加的离散量输出,经过光耦隔离后送入离散量输入接口,实现回路检测。

针对继电器离散量输出接口,通过继电器的多余触点提供回绕测试,采集触点状态,与控制指令比较,判断是否存在故障。

(3) 通道比较测试

对具有关联关系的离散量信号,可以在特定时间范围限定条件下进行通道比较,来判断离散量信号是否一致。

(4) 采样电阻测试

对于地/开输出、电流输出接口,通过设置采样电阻来进行采样和比较判断。

6.3.7　BIT 信息处理设计

BIT 信息处理设计包括故障归类分析和故障指示与记录。

根据 BIT 诊断策略设计,确定 BIT 可以检测和隔离的故障。根据产品的使用与维护需求,对可检测和可隔离故障进行归类,确定应指示的故障名称。

故障指示与记录数据至少应包括:故障单元名称或标识、故障名称或标识和故障发生时间。各成品 BIT 的数据存储容量至少应保证能够存储一次任务执行过程中的全部 BIT 信息,当存储容量饱和时,应丢弃最早记录的信息,以确保当前的 BIT 信息能被记录。

6.4　测试管理器设计

测试管理器的设计内容包括:测试管理器功能设计、测试管理器工作模式设计、测试管理器结构层次设计、测试管理器诊断策略设计、测试管理器软/硬件设计和测试管理器信息处理设计,并完成测试管理器设计报告。

6.4.1　测试管理器功能设计

测试管理器用于整个系统充分利用各个成品下级 BIT 与性能监测的信息,借助各种算法和智能模型,进行分析、处理与综合,提供更丰富、更准确的诊断、预测和维修信息。

整个 BITS 包含的功能可能有状态监测、故障检测、故障隔离、增强诊断、故障预测和健康管理等。测试管理器在 BITS 中的作用是对各个成品 BIT 进行综合管理,在功能设计上着重于状态监测、故障隔离、增强诊断、故障预测和健康管理。

6.4.2　测试管理器工作模式设计

测试管理器作为整个 BITS 的核心,应能对各工作模式的 BIT,如加电 BIT、周期 BIT 和维修 BIT 等进行综合管理,以实现任务前、任务中和任务后的诊断任务。

6.4.3 测试管理器结构层次设计

根据装备的具体需求,对测试管理器的结构层次进行设计。测试管理器可以只设置单一的中央管理器,也可以设置多层次的管理器协同完成测试管理。

当设置多层次的测试管理器时,应注意合理设计各测试管理器的任务分工和接口关系。

6.4.4 测试管理器诊断策略设计

测试管理器对下层提交的有关信息进行分析、处理与综合,借助各种智能推理算法(如模糊逻辑、专家系统、神经网络、数据融合、物理模型等)来诊断系统自身的状态,并在系统故障发生前对故障进行预测,结合各种可利用的资源信息启动一系列的维修保障措施。

测试管理器的典型诊断策略包括如下3种推理。

(1) 诊断推理

诊断推理是指对监控的结果和其他输入进行评估,确定所报告故障的原因和影响。诊断推理由一套算法组成,采用模型对故障的输入信息进行评估。这些模型可确定故障模式、监控信息和故障影响之间的关系。

(2) 预测推理

预测推理是指确定监测对象正朝某种故障状态发展及相关的潜在影响。在技术能力不成熟时,测试管理器可以仅完成数据收集和处理的操作,而趋势分析和预测推理由外部系统完成。

(3) 异常推理

异常推理是指通过识别原来未预料到的情况,帮助改进诊断和预测设计。在技术能力不成熟时,测试管理器可以仅检测异常情况和收集相关数据,由外部系统判断发现的异常是已知的故障状态还是需要研究的新情况。

6.4.5 测试管理器软/硬件设计

测试管理器的基本结构组成包括两大部分:硬件和软件。

测试管理器的硬件组成通常包括测试管理器运行的计算机平台、提供故障指示报警和人机交互操作的显示控制接口。硬件设计中首先要确定测试管理器是采用专用的硬件,还是共用装备内的系统资源。若采用专用硬件,则应考虑可靠性因素,采取必要的余度设计,并考虑增加专用硬件对装备造成的不利影响;若采用共用资源,则应考虑系统资源的容量约束,以及是否会干扰系统的正常工作,以合理地分配资源。

测试管理器的软件组成通常包括执行测试管理功能的软件以及相应的数据库。软件设计中应包括用于诊断推理、预测推理、异常推理、BIT管理、故障指示、状态监测处理的子模块,数据库设计中应包括诊断知识模型、预测模型、BIT报告指示的故障数据、性能监测数据、资源状态数据等。

6.4.6 测试管理器信息处理设计

测试管理器信息处理设计包括信息存储、信息指示和信息导出方式的设计。

(1) 信息存储

信息存储设计中应规定故障数据、性能监测数据、资源状态数据的信息格式,并进行存储。

存储方式应考虑按历史数据和当前数据的分类形式进行存储处理。

（2）信息指示

测试管理器应对故障数据、性能监测数据、资源状态数据提供分级的指示和报警处理。将上述信息至少分为通知给操作人员和维修人员两类，对通知给操作人员的信息还可以设置更细的报警级别，如警告、注意、提示等。信息的指示方式包括灯光报警、声响报警、文字（或编号）闪烁报警、图像报警或者组合形式等。

（3）信息导出

测试管理器应支持信息的导出操作，可以考虑的导出方式包括：打印方式、磁盘转存方式、有线接口通信方式、无线接口通信方式。不推荐采用人工填表方式导出信息。

6.5　BIT防虚警设计

BIT虚警问题是随着BIT技术的发展和应用而产生的。而且，BIT故障检测与隔离的能力越高，BIT设计得越充分（测试系统部件或故障模式百分比大），发生的虚警可能越多，虚警率也越高。特别是在用于BIT的资源受到限制、防止虚警措施考虑不周时更是如此。为减少虚警，从事测试性/BIT研究与设计的人员先后提出了不少降低BIT虚警率的方法和有效措施。

BIT防虚警设计的方法可以归纳为表6-6所列的5大类18种方法，在BIT设计时可以从中选择一种或者多种方法进行应用。

表6-6　降低BIT虚警方法

类　别	方　法	特　点
测试容差设置	• 确定合理测试容差； • 延迟加入门限值； • 自适应门限	• 需要直接引入到BIT设计中； • 原理简单，容易实现； • 普遍适用
故障指示与报警条件限制	• 重复测试法； • 表决方法； • 延时方法； • 过滤方法	• 需要直接引入到BIT设计中； • 原理简单，容易实现； • 普遍适用
提高BIT的工作可靠性	• 联锁条件； • BIT检验； • 重叠BIT	• 需要直接引入到BIT设计中； • 原理简单，容易实现； • 根据具体需求应用
智能BIT	• 灵巧BIT； • 自适应BIT； • 暂存监控BIT； • 环境应力的测量与应用； • 灵巧BIT与TSMD综合	• 需要直接引入到BIT设计中； • 原理复杂，实现难度较大； • 根据具体需求应用

续表 6-6

类　别	方　法	特　点
其他方法	• 分布式 BIT • 设计指南 • 试验分析改进	• 原理简单，容易实现； • 普遍适用

6.5.1　确定合理的测试容差

这里说的测试容差(或门限值)指的是被测参数的最大允许偏差量，超过此量值产品不能正常工作，表明发生了故障。合理地确定测试容差对 BIT 设计来说是非常重要的，如果测试容差范围太宽，可能把不能正常工作的产品判为合格，则会发生漏检，即有故障不报的情况；如果测试容差太严，又会发生把合格产品判为故障而产生虚警的情况。所以，确定合适的测试容差是降低虚警率的重要方法之一。

6.5.1.1　确定测试容差的方法

确定参数的测试容差时应考虑产品特性及环境条件等多种因素的影响，一般是先给出一个较小的容差，然后根据实验及在实际使用条件下的 BIT 运行结果分析进行修正。

(1) 最坏情况分析法

该方法是通过分析各影响因素在最坏情况下对被测参数的影响大小来确定测试容差的。如元件发生故障、产品在极限状态下，通过灵敏度分析、试验和经验数据来找出被测参数的偏差量，依据最坏情况下偏差值的大小确定初步的测试容差。

最坏情况分析法是比较容易进行的，但是当检测通过时并不能保证产品各组成元件都能满足设计要求。

(2) 统计分析法

该方法是统计影响被测参数的各个因素引起的被测参数变化量，然后采用平方求和后再取平方根(RMS)的方法来确定测试容差。

(3) 对容差的要求

根据使用 BIT 的具体目的来确定 BIT 测试容差。当 BIT 用于指示产品性能降低时，测试容差应足够大，以便当灾难性故障发生时给出“不通过”(NO GO)警告。各级维修测试的容差值不应相同。容差应是倒圆锥形的，如图 6-20 所示。

从基层级测试、中继级测试到基地级测试，容差是逐级减小的，这样可以避免过多的不能复现(CND)和重测合格(RTOK)问题。在任何情况下，BIT 的测试容差都要比较高维修级别(中断级和基地级)或验收试验程序所要求的测试容差宽。

6.5.1.2　延迟加入门限值

有些系统工作过程中的操作指令会导致系统特性发生较大的瞬态变化或其他已知的扰动，但未发生故障。这时如果仍然用系统稳态工作时的测试容差(或门限值)进行检测，就会发生虚警。为了避免这种情况发生，可以在瞬态变化或扰动衰减以后再插入测试门限值，这样既可以观察到技术人员感兴趣的瞬态响应，又不影响稳态工作后的故障检测，也不会导致虚警。

例如电池的电压，在供电指令前后其高低不同，在接通供电瞬间由空载变为负载时，电压会有瞬态变化过程，而供电电压测试门限值可在瞬态过后再加入，这样即可避免因供电指令导

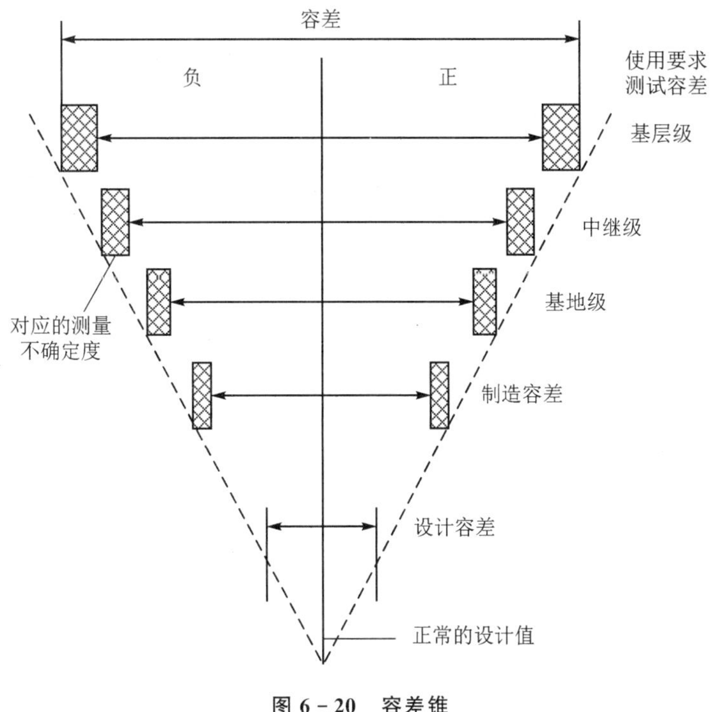

图 6-20 容差锥

致的虚警，如图 6-21 所示。

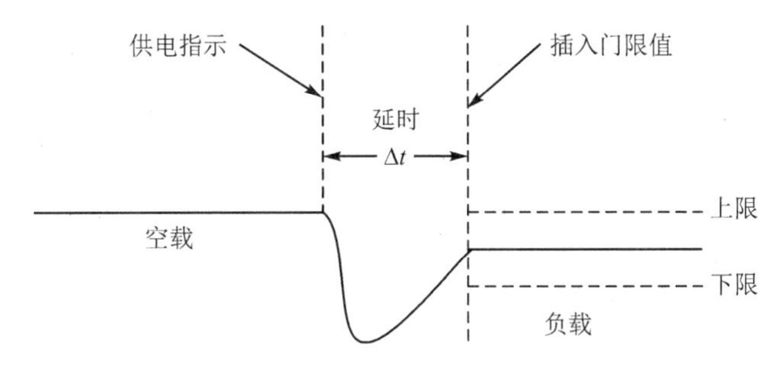

图 6-21 延迟加入门限值示意图

6.5.1.3 自适应门限值

有的被测对象有不同的工作模式，模态改变时其状态会有较大的变化，这时如果发生故障，则其状态参数也会变化较大；而稳态工作时，发生故障产生的偏离和漂移较小。前者称为硬故障，后者称为软故障。

显然，对于瞬态工作时的硬故障和稳态工作时的软故障采用相同的门限值是不合理的。适合于稳态工作时的故障检测门限值，对于瞬态工作来说就严了，会产生虚警；反之，适合于瞬态情况的门限值，对于稳态情况又太宽了，会发生漏检。所以，应适时地改变门限值大小，以适应被测对象的不同工作状态。

例如，美国国家航空和空间管理局路易斯(Lewis)研究中心在发动机传感器故障检测隔离算法的实时评价研究中，对硬故障和软故障检测与隔离时采用了自适应门限值方法。在对硬故障进行检测与隔离时，用残差向量中每个元素的绝对值与其自己的门限值比较，如果残差绝对值大于门限值,则对应于残差元素的传感器故障就被检测与隔离了。起初根据传感器的噪声干扰的标准差确定门限值大小,然后再按调节滤波器模拟误差来增加这些标准差幅值,以改善门限值。硬故障检测门限值为这些调节标准差幅值的2倍,如表6-7所列。

表6-7　硬故障检测门限值设置示例

传感器	序号 i	调节标准差 σ	检测门限值 λ_H
风扇转数 N_1	1	300 r/min	600 r/min
压缩机转数 N_2	2	400 r/min	800 r/min
燃烧室压力 PT_4	3	30 psi	60 psi
排气喷口压力 PT_6	4	5 psi	10 psi
涡轮风扇进气口温度 FTIT	5	250 °R(兰氏度)	500 °R(兰氏度)

注:1 psi=6.894 757 kPa

软故障检测与隔离门限值,起初是在设定虚警和漏检的置信水平下,通过卡方分布的标准统计分析确定的,然后根据模拟误差计算来调整该门限值。但是,经过研究很快发现,在确定固定的门限值中瞬态模拟误差是主要成分。很明显,这样的门限值对于希望的稳态工作来说太大了,所以结合进了自适应门限值。

自适应门限由内部的指示瞬态工作的控制系统变量 Mt 来触发,通过实验调节触发模型参数,得到的门限值减小到其原值的40%。

功率杆转角脉冲瞬态的自适应门限逻辑如图6-22所示。

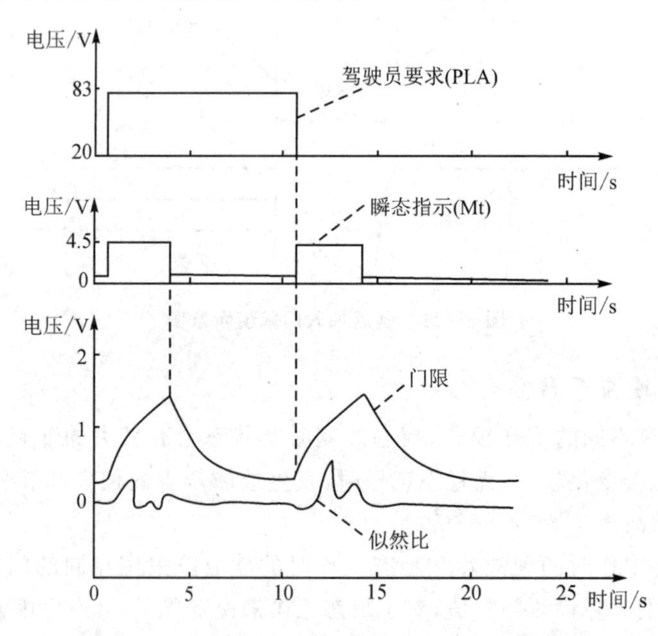

图6-22　功率杆转角脉冲瞬态的自适应门限逻辑

6.5.2　确定合理的故障指示与报警条件

由于合理的、恰当的测试容差(门限)是很难确定的,再加上被测参数的瞬态和分散性特点，所以进行BIT测试时按容差判断故障是不能完全避免错判的。所以在故障指示、报警条件上加以限制就成为减少虚警的有效措施之一。具体方法是：在BIT检测为“不通过”（不正常）时要经过重复测试、滤波和延时处理后再给出故障指示或报警。这样可以避免瞬态、干扰、参数分散性等因素导致的虚警，提高BIT报警、故障指示的准确性。

6.5.2.1　重复测试方法

（1）APG－63

APG－63是一种脉冲多普勒火控雷达，于1974年装备F－15战斗机。该雷达BIT运行期间发现的故障存储于故障数据软件矩阵（BIT矩阵）中。BIT矩阵中指示的所有故障都是经过3次测试不通过后才确定的，即只有当连续3次检测到故障时才在BIT矩阵中对应的二进制数字位置位，记录为故障。例如，该雷达中的数字信号处理机（041单元）是个复杂的LRU，它具有对所有重要功能进行全面测试的能力。测试是借助一个内部BIT数字目标产生器来实现的，该目标产生器能够模拟所有要求的信号特征。在测试时，正常输入中断，用BIT数字目标产生的模拟信号取代，接着使用专门的测试顺序或数字模式进行测试，其最终输出由081单元（共用数据处理机）评定。由于测试过程全是数字化的，所以在任何时候都可以准确预计测试结果。在输出中的单位数字错误被认为是测试中的一次故障，只有当连续出现3次故障时才给出“不通过”（NO GO）指示。

该雷达发射机（011单元）进行自测试时，先是产生一个模拟故障进行保护电路测试，之后接通011单元并由峰值功率检测器连续监控。如果装有音频调制器，则接着进行音频调制器的离散信号测试。来自081单元的调制指令信号会使调制器工作，如果在音频调制器的测试中接连发生3次故障，便对BIT矩阵06字11位置位，即确认检测到了调制器故障。

（2）F－15

F－15的中央计算机的BIT，在其多路总线测试中的故障判据是：只有连续8次“不通过”（NO GO）后才使多路总线被锁存，确认其故障。

（3）B－1A

B－1A飞机的机载中央综合测试系统（CITS）连续监测2 600个参数，执行4 000个以上的测试。只有当被测系统发生故障且持续3个相继的计算机循环时，CITS才将故障显示给机组人员，并将故障隔离到外场可更换单元，从而可以对故障情况进行评价，并允许驾驶员作出面向任务的决定。

6.5.2.2　表决方法

表决方法是根据多次测试结果的一致性程度来确定测试结果的正确性的。如果n次测试的结果多数为通过，则确认被测参数正常，即滤除了少数“不正常”的测试结果，也就是说，用“滤波”方法消除虚警；如果n次测试结果多数为不通过，则确认被测参数不正常，给出故障指示。

如果把n次测试中有m次（$n>m>n/2$）“不通过”定为报警或给出故障指示的条件（表决方案或滤波方案为m/n），则故障指示判断过程如图6－23所示。

6.5.2.3　延时方法

延时方法的报警条件是：

● 被测参数超过门限值；

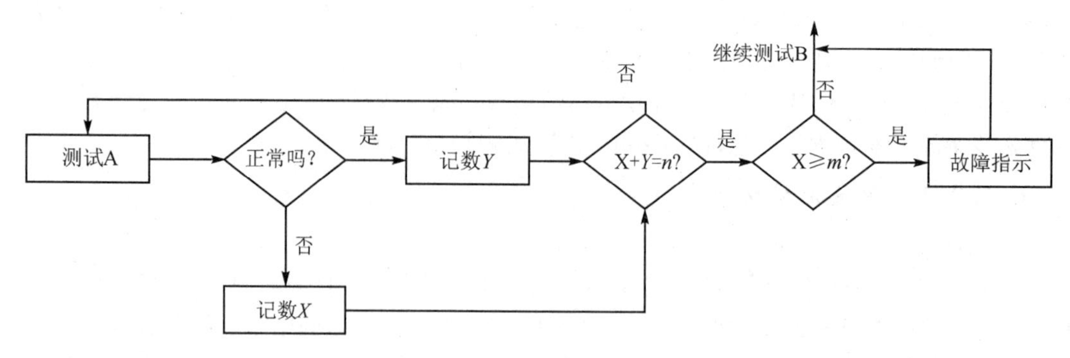

图 6-23　m/n 滤波方法

● 保持超门限值时间大于规定延迟时间。

(1) 武器控制装置的例子

F-15飞机武器控制装置控制着导弹控制系统和轰炸控制系统的功能运行。导弹控制系统提供发射前准备、状态显示、导弹选择、内部电源、导弹挂装信息,以及提供发射投放信号或抛弃投放信号等。轰炸控制系统提供空对地武器和油箱的挂装、投放外挂点的选择、投放方式与顺序等信息。飞机武器控制装置配有自动BIT和启动BIT,检测到的故障除有飞机武器控制装置指示灯显示外,还在航空电子设备状态板(前轮舱左侧)中显示,如图6-24所示。指示灯亮之前经过3.5 ms的延时,以提高报警可信度,减少虚警。

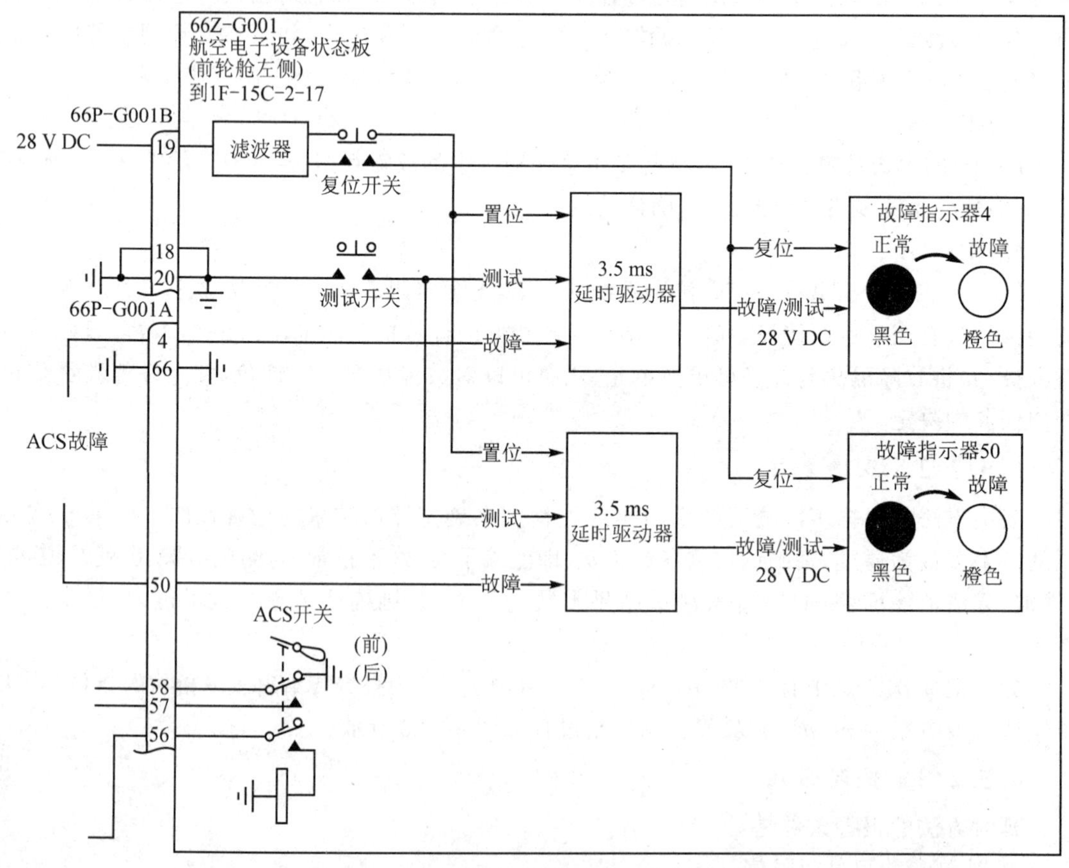

图 6-24　飞机武器控制装置 BIT 延时故障显示

(2) BAe146 飞机失速告警系统 BIT 的延时

BAe146 飞机失速告警系统 BIT 可以给出失速故障、襟翼开关故障、攻角传感器故障、速度传感器故障、速度比较器故障等。其中襟翼开关故障延时指示的示意图如图 6-25 所示。

左右两个襟翼位置信号(0°、18°～24°、30°～33°三挡)经电阻阵列 R26 到光隔离器 U13～U15,缓冲后输出给“异或”门 U11 的 a、b、c,仅当“异或”门 U11 的两个输入中有一个为“1”时其输出才为“1”。如果左、右襟翼位置信号不一致,U11 就会有一个高电平信号输出给“或”门 U12 的 a,然后 a 的输出(高电平)送到 U11 的 d,变为低电平,并经延时电路延时 2.5 s。延时前、后的信号再加到“或非”门 U9 的 a 上,仅当其两个输入均为低电平时,其输出才为高电平。此高电平用于启动襟翼开关故障指示和失速故障指示。

同样,速度比较器故障指示也有 2.5 s 的延时。

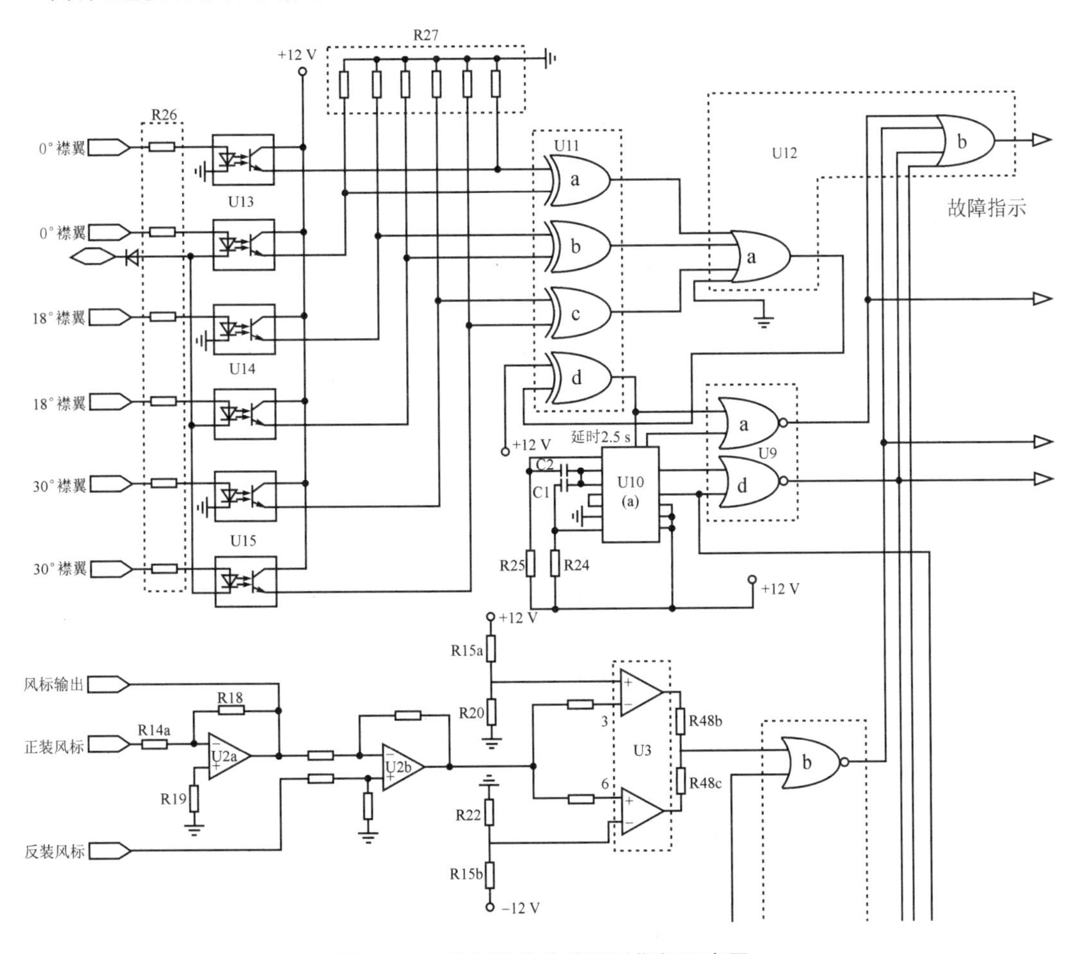

图 6-25　襟翼开关故障延时指标示意图

6.5.3　提高 BIT 的工作可靠性

BIT 虚警率高还与 BIT 的工作可靠性有关,如 BIT 发生了故障或在非设计条件下运行测试,也会发生检测错误和虚警。所以采取适应措施提高 BIT 的工作可靠性,也是减少虚警、提高 BIT 报警准确度的有效方法。例如:

- 加必要的联锁条件,限定 BIT 在设计条件下工作;
- 进行 BIT 检验,避免 BIT 带故障工作;
- 重叠 BIT,每个单元都有两个以上 BIT 测试,提高判断准确性。

6.5.3.1 联锁条件

有些系统的 BIT 测试项目是在设定条件下工作的,不是在系统所有工作模态下都进行测试。如果在不满足规定条件时运行该项 BIT,就会出错或发生虚警。为避免这种情况发生,可给这种 BIT 运行加上联锁条件,使得不满足规定条件时禁止 BIT 运行。

例如,BAe146 飞机失速告警系统中两个风标转角传感器的 BIT 电路,就加上了"速度必须大于 125 节(1 节=1.853 2 km/h)"才能启动报警电路的联锁条件,如图 6-26 所示。因为风标转角传感器在一定速度条件下才能正常工作,在地面或飞机速度太低时均不能正常工作。当正装风标传感器与反装风标传感器的转角相差大于 80°(发生故障了)时,其检测电路的输出 U1 才为低电位(否则为高电位)。而只有当飞机速度大于 125 节时,速度检测电路的输出 U2 才为低电位。当两个条件同时满足时,才能启动相应的故障指示或报警电路。这样,在速度低于 125 节或在地面通电时,既使转角差大于 80°也不会误报警。

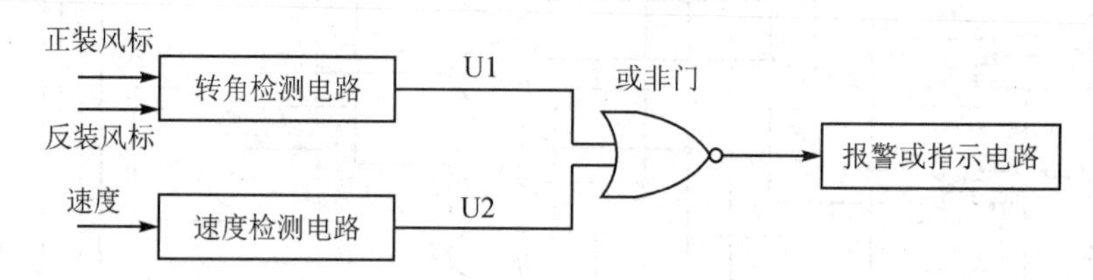

图 6-26　报警电路的联锁条件

再如,某飞行控制系统的飞行前 BIT,其检测内容比较多,有的还要加入测试激励信号。飞行前 BIT 只能在地面进行,在正常飞行中是不允许启动的。所以,设置了 3 个联锁条件:当操作者按飞行前 BIT 按钮、机轮速度小于 10 节和机轮在地上(有轮载)时,才能启动 BIT 测试;而退出飞行前 BIT 的连锁条件是:操作者再次按飞行前 BIT 按钮,或机轮速度大于 40 节,或机轮离开地面时,才能退出飞行前 BIT,逻辑关系如图 6-27 所示。

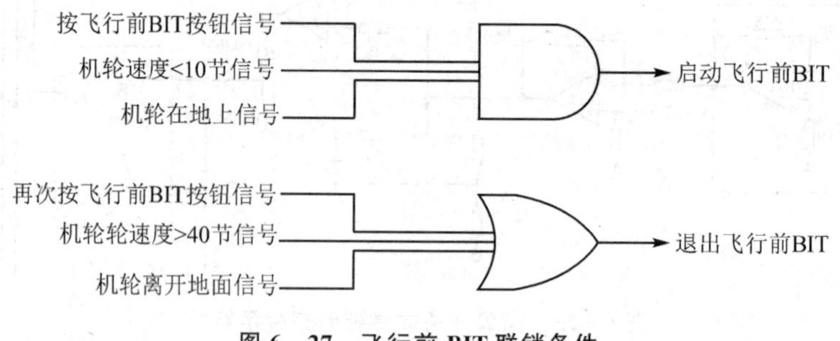

图 6-27　飞行前 BIT 联锁条件

6.5.3.2 BIT 检验

这种方法的实质是设计适当的 BIT 检验手段,在系统投入工作之前检查其 BIT 是否可以正常工作。通常可以利用故障注入技术来实现,即在 BIT 测试期间,BIT 系统产生某种模拟的系统故障模式,然后运行相应的 BIT 程序,如果检测到这种模拟故障,表明 BIT 工作是正确的;如果没有检测到这种模拟故障,就表明 BIT 工作不正常。这种技术可以用于现场条件下的 BIT 自检验。

(1) 注入系统故障模式检验 BIT

注入系统的故障模式常常用软件方法来模拟。简单的硬件方法也能把故障直接注入被测系统，如图 6-28 所示。这个触发器/多路转换器装置可以安装在电路内的几个地方。

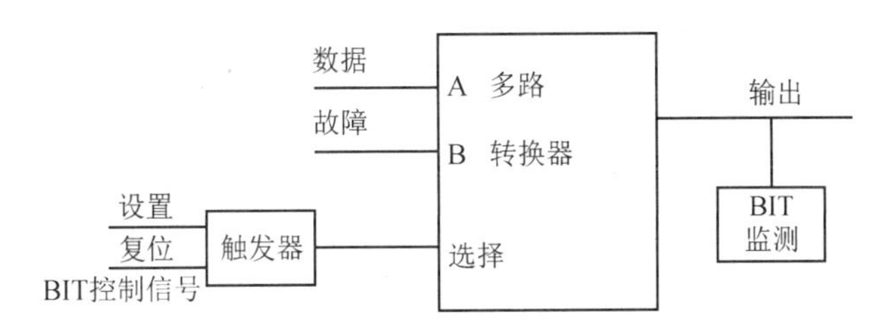

图 6-28　注入故障装置

在模拟电路中也可用类似的方法实现故障注入。例如，如果 BIT 的功能是测量判定电源输出电压是否在规定电压值范围之内，则可以设计故障注入电路产生规定范围之外的电压，然后注入该超范围电压故障，看 BIT 能否检出，从而检验 BIT 是否工作正常。

采用这种方式实现的故障注入所需开销较小，主要是附加一些产生和转换注入故障的电路和控制 BIT 检验测试的电路。当然，附加这些检验电路不应影响 BIT 电路。

(2) 注入激励信号检验 BIT

简单的注入激励信号的方法如图 6-29 所示。当满足测试条件时，开关接通特定的 BIT 激励信号到差动放大器，检测 BIT 可否正常工作。当不满足联锁条件时，开关切断 BIT 激励信号。放大器与正常工作的输入信号接通，即可恢复 BIT 正常的工作状态。

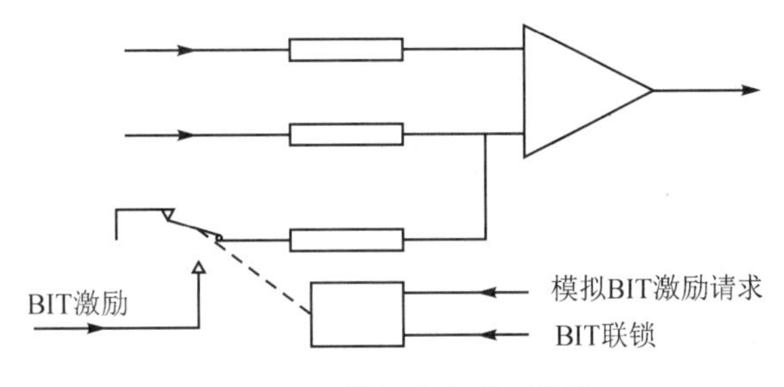

图 6-29　模拟注入激励信号

(3) 用软件检验 BIT 硬件

用软件检验 BIT 硬件的典型例子是对监视计时器的测试。监视计时器也称为看门狗(Watch-Dog Timer，WDT)，主要用于监测计算机服务周期或程序执行速率的正确性，检测程序死循环或执行不正常等有关故障，实现这种 BIT 的硬件就是定时器。计算机程序的组织和编排方式是一帧接一帧地按顺序执行，每帧的执行时间是一定的，例如 15 ms。计算机每执行完 1 帧就通过状态寄存器发出一个信号，使 WDT 复位，计时器回零。如果在规定时间间隔内(例如 3 帧 45 ms)得不到复位信号，就说明程序运行出了故障。

对 WDT 的检验方法(见图 6-30)是：由计算机产生激励信号(定时 WDT 复位信号)，当时间在规定范围((45±15) ms)内时，WDT 不应给出故障信号；当复位信号延时超过了规定范围时，WDT 应输出故障指示信号。

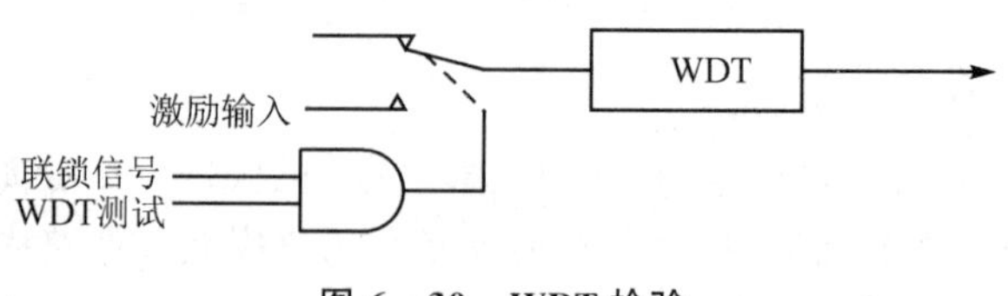

图 6-30　WDT 检验

6.5.3.3　重叠 BIT 方法

在重叠 BIT 方法中，被测系统划分为若干部分，所用 BIT 子系统也由多组测试构成，称为 BIT1，BIT2，……。被测系统的每个组成部分都用两个以上的 BIT 测试，当某一个组成部分发生故障时，多个 BIT 内会产生故障信息。如果仅一个 BIT 有故障指示信息，则表明此 BIT 有故障，而被测系统状态未知。这个方法可隔离故障到单个系统组成单元或故障的 BIT。重叠 BIT 的假设条件是单故障假设，或者同时发生多故障的概率极低。

重叠 BIT 的构成原理见图 6-31 和表 6-8，被测系统划分为四部分，即 P1～P4，每一部分都有两个 BIT 测试，如 BIT1 测试 P1 和 P4，BIT2 测试 P1 和 P2，等等。每个 BIT 输出一个信号状态位(bit)，如果检测到故障，信号位为“1”；如果未检测到故障，信号位为“0”。4 个 BIT 输出形成诊断码，当有两个“1”出现时，表示系统组成单元出现故障；当仅有孤立的一个“1”时，表示对应的 BIT 出现故障。

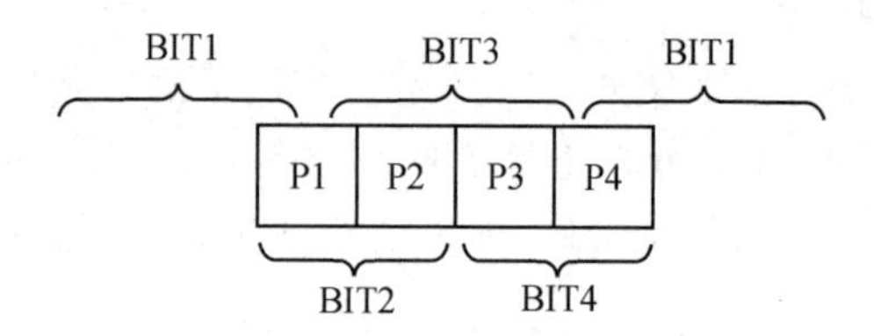

图 6-31　重叠 BIT 的构成原理

表 6-8　重叠 BIT 的编码

系统状态	BIT1	BIT2	BIT3	BIT4
P1 故障	1	1	0	0
P2 故障	0	1	1	0
P3 故障	0	0	1	1
P4 故障	1	0	0	1
无故障	0	0	0	0

重叠 BIT 应用的例子如图 6-32 所示，四余度的数据总线用四个 BIT 测试，每个 BIT 分别连接到一对总线上。每个 BIT 都由比较器和门限判断电路组成，任一数据总线不正常均可引起两个 BIT 产生故障信号位，从而实现重叠 BIT 方案。

重叠 BIT 方法的实质是多 BIT 互相验证测试结果，同时每个被测单元都用两个以上的 BIT 测试，相当于有了测试余度。所以，重叠 BIT 方法可提高 BIT 工作的可靠性，减少虚警。

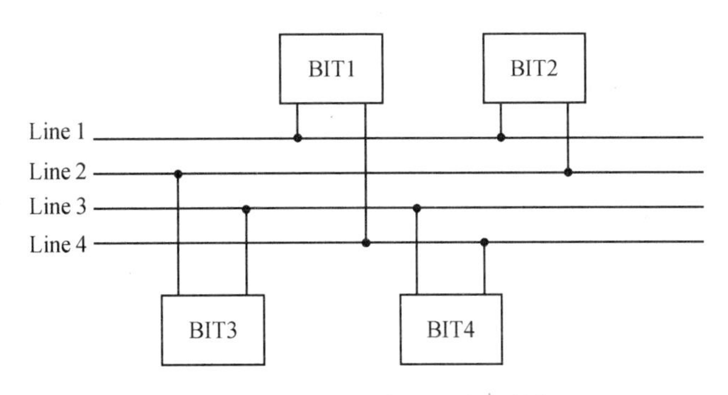

图 6－32　四总线重叠 BIT 应用的例子

6.5.4　智能 BIT

6.5.4.1　灵巧 BIT

灵巧 BIT 主要有如下 4 种形式：

(1) 综合 BIT

综合 BIT 是指由若干分系统得到的 BIT 报告被传递到更高一级的 BIT 系统进行分析，其分析结果再返回低一级的分系统。它可进一步分成如下两类：

- 集中式综合 BIT：各 BIT 系统与一个中央 BIT 分析器通信；
- 分层 BIT：BIT 分系统与高一级系统通信。

(2) 信息增强 BIT

BIT 的决断不仅依据被测单元的内部信息，而且依据外部提供的信息，如环境信息、状态信息等，从而使决断更加准确。

(3) 改进决断 BIT

BIT 采用更可靠的决断规则做出决断。这些规则包括：

- 动态门限值：BIT 系统根据外部信息实时改变门限值；
- 暂存监控：采用多次反复决断而不是瞬时决断；
- 验证假设：实时验证电源稳定性及其他环境因素对 BIT 的影响。

(4) 维修经历 BIT

维修经历 BIT 更好地利用了被测单元的维修历史数据以及在执行任务期间 BIT 报告的顺序等信息。通过对每个被测单元和整个机队的单元的历史数据进行分析，便可确定该单元的实际问题，从而更有效地确定间歇故障以及区分出间歇故障和虚警。

6.5.4.2　自适应 BIT

自适应 BIT 是从维修经历 BIT 和信息增强 BIT 派生出来的，其可采用两种不同的途径来实现：一是神经网络法，二是 K 个最近相邻特性法。

图 6－33 所示为典型的神经网络。其中，隐含层的神经元 h 与输入层的神经元 x 全连接，输出层的神经元 y 与隐含层的神经元 h 全连接。从数学上讲，神经网络是利用训练数据在输入空间里定义了一个超平面，实现对数据类型的划分。

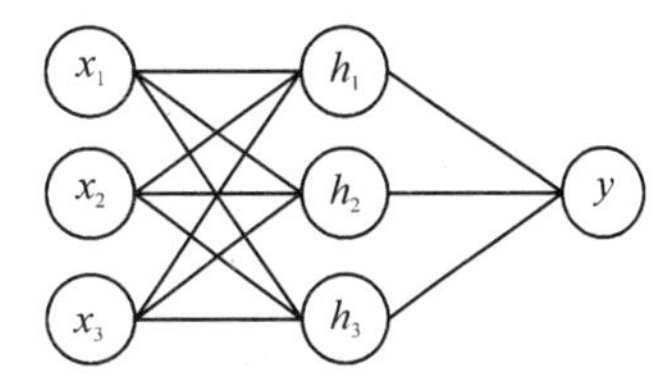

图 6－33　神经网络

图6-34所示为某数据空间，以 X_0(温度)为横坐标，X_1(振动)为纵坐标。在该空间中，按照过去的经验，用小方块表示正常特征，小圆点表示间歇特征，黑点表示新的未知特征。

当用神经网络法解决BIT的间歇故障问题时(见图6-35)，该网络使用正常特征和间歇特征数据进行训练，训练过程中不断调整模型权重，改变分类线(超平面)位置和方向，最终可实现对正常特征区和间歇特征区的分割。训练完毕的模型可以对新的未知特征进行分类。

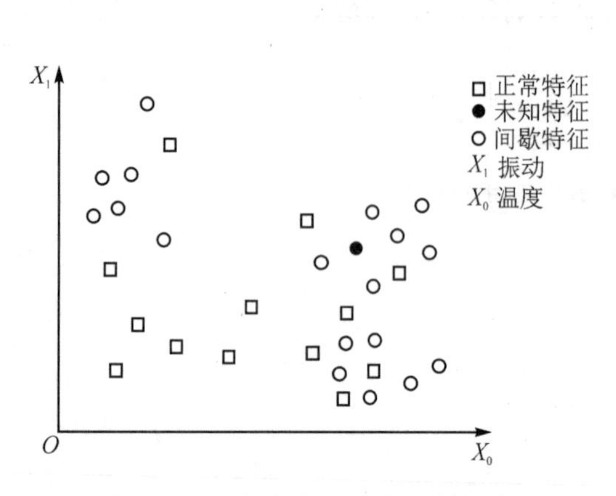

图6-34　自适应BIT的问题空间

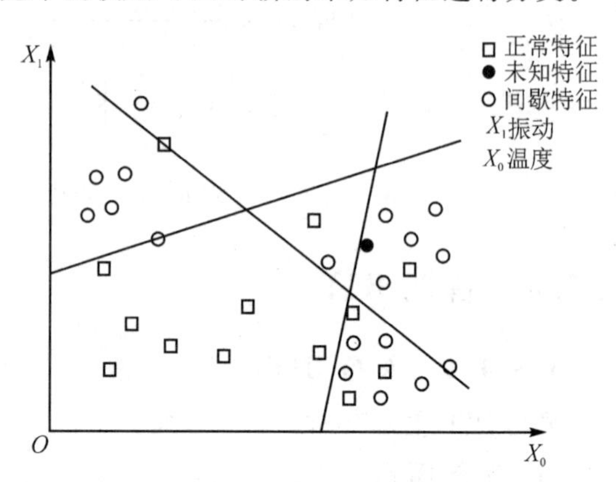

图6-35　自适应BIT神经网络法

实现自适应BIT的另一种方法是 K 个最近相邻特性法。图6-36中未知特征(●)与最相邻的特征比较，通过多数表决来决定其特征类别。本例中 $K=5$，利用该算法决定与未知特征最相近的5个点的特性，其中4个点是间歇特征，1个点是正常特征，于是未知点的特征为间歇特征，即确定BIT检测的是间歇故障。

6.5.4.3　暂存监控BIT

暂存监控BIT与自适应BIT互为独立且并行工作。它利用图6-37所示的中间特性的马尔科夫模型。暂存监控器不是及时指示确定故障，而是转移到中间状态并及时监控被测单元。利用伯劳利随机变量实时估计转移概率 P_0、P_1 和参数 θ 动态估计值，作为向“良好”或“确实故障”转移的判据。

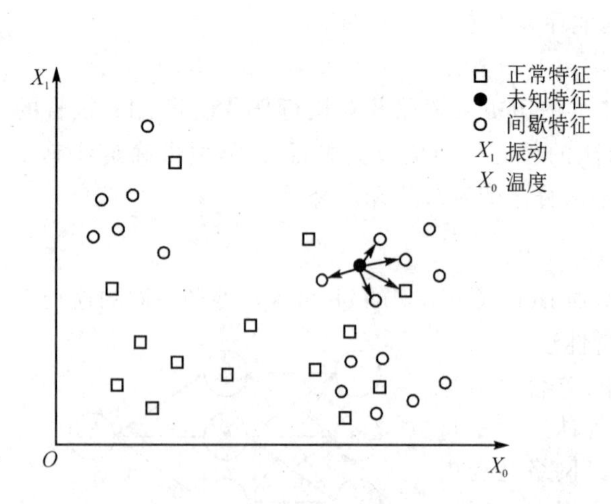

图6-36　K 个最近相邻特性法

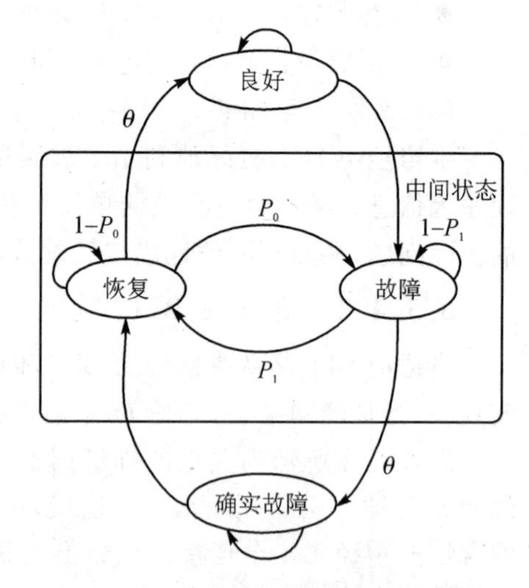

图6-37　中间特性的马尔科夫模型

上述的暂存监控 BIT 及自适应 BIT 已在 F-111 飞机航空电子系统现代化计划的标准式中央大气数据计算机中进行验证。常规 BIT 利用其内部的信息指出被测单元的“故障”或“良好”状态，而灵巧 BIT 利用附加信息(被测单元输出及环境传感器输入等)指出中间状态以及这些状态的转移概率。

从上面的介绍可以看出，灵巧 BIT 比常规 BIT 更不受外界干扰，它使 BIT 本身能适应被测单元的特性变化，及时对被测单元进行分析，能有效地检测间歇故障，消除虚警。

6.5.4.4 环境应力的测量与应用

系统的工作环境条件及应力变化是导致 BIT 虚警率高的重要原因之一，所以将获取的环境应力数据与 BIT 数据结合起来进行趋势分析，再造失效环境，呈现“最可能的故障”，可以提高 BIT 故障检测与隔离的准确性，了解间歇失效的真正原因，减少虚警。因此，开发时间应力测量装置(TSMD)及有关数据分析工具就成为降低虚警率的重要方法之一。

研究这种技术方法的例子有罗姆实验室发起的“利用微型 TSMD 故障记录系统”和“智能 BIT 与应力测量(iBITSM)”。前者主要是开发 TSMD 系统采集环境应力数据并使之与 BIT 数据关联起来；后者主要是致力于用应力数据扩展先进 BIT 方案，以便了解间歇的和恶性的事件本质。

1. 微型 TSMD 故障记录系统

B-1B 飞机的雷达信号处理机的重测合格(RTOK)率高达 40%~47%，为减小 RTOK 率以及减少虚警，开发了 TSMD 及有关系统，用于连续监测环境应力，收集带时标的数据，进行信息处理和趋势分析。如图 6-38 所示，这个利用微型 TSMD 故障记录系统由 3 个子系统组成：

- TSMD 接口子系统(机上部分)：时间应力测量装置已结合进雷达信号处理机，装于备用插槽内，并与有关设备接口；

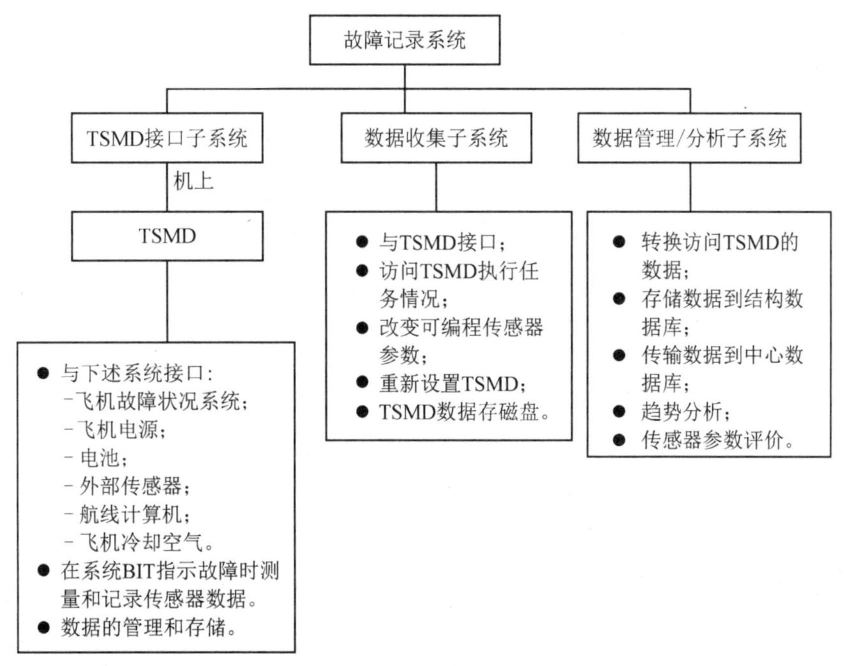

图 6-38 利用微型 TSMD 故障记录系统的功能图

- 数据收集子系统：由手提式维修设备构成，包括手提PC、接口电缆和TSMD电源；
- 数据管理/分析子系统：由适用的信息传输、数据库的管理和分析工具等组成。

(1) TSMD接口子系统

B-1B雷达系统中的TSMD接口子系统由TSMD电路板组件和雷达信号处理机的BIT接口电路组成，用于测量和记录电路板和LRU级的环境应力数据。其中，TSMD是大小为1.70 in×1.80 in 1 in=25.4 mm的多芯片组合体，如图6-39所示，包括CPU、采样管理ASIC、A/D转换器、信号调节、存储器、实时时钟等，可记录一个月的环境应力数据。TSMD还能够访问16 MB的外部存储器。雷达TSMD子系统的构成如图6-40所示。TSMD用于雷达系统级和LRM级时提供4种功能：测试和维修串行通信、诊断监测、故障记录和BIT控制。在雷达系统级，主TSMD作为每个LRM TSMD和系统BIT计算机之间的通信控制器。在LRM级，每个TSMD都是自主采样数据系统。输入给TSMD的传感器信号有：压力、温度、加速度和电压瞬态检测信号等。可获得的监测参数包括：

- 故障时温度实时变化率；
- 振动功率谱密度；
- 冲击幅值和发生时间；
- 电压瞬态和发生时间；
- 电压水平；
- 故障时的差动气压值；
- 三路A/D转换输入(备用)。

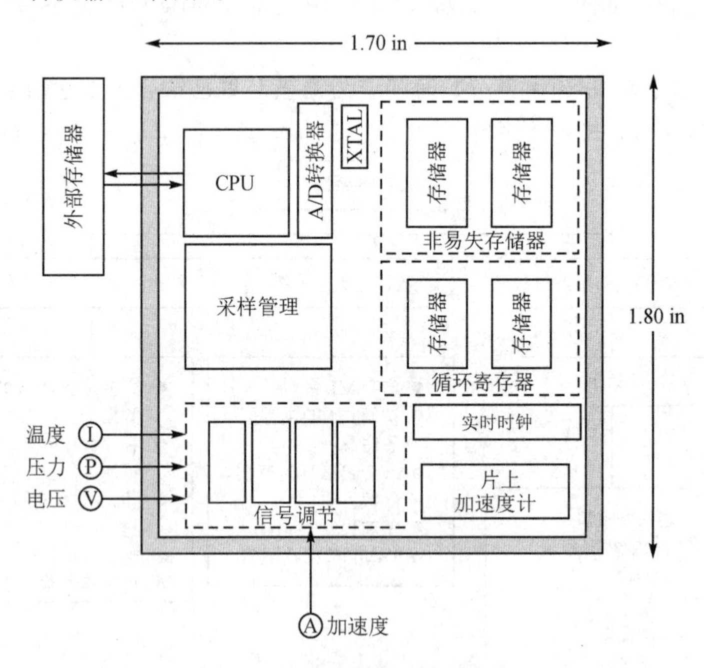

图6-39 TSMD多芯片组合体

这些环境应力数据在TSMD内分为4种数据结构存放：最新应力数据、历史应力数据、峰值应力数据和故障特征数据。

最新应力数据结构是最大的，在这个结构内可保持2 h的环境应力信息，内容包括：由两

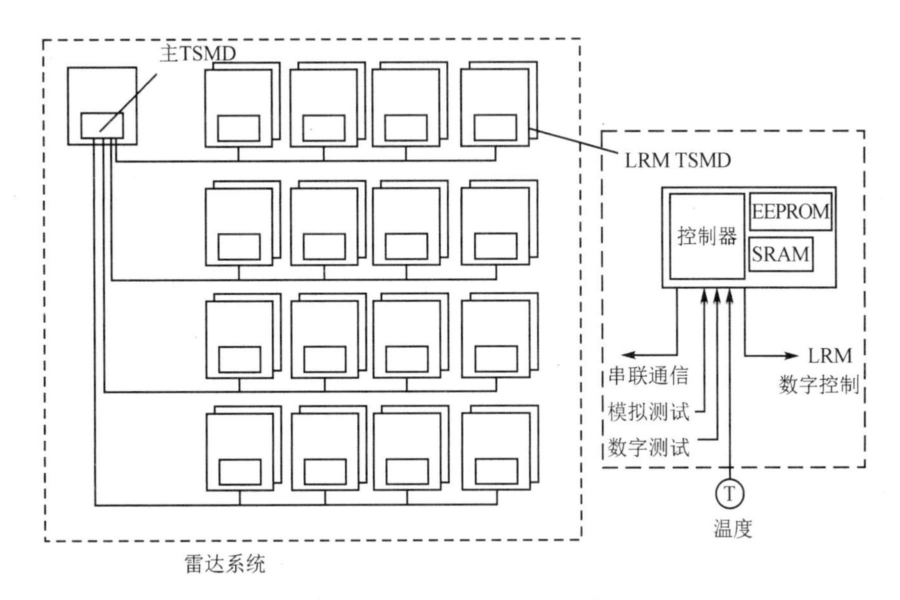

图 6-40　雷达 TSMD 子系统

个温度传感器传来的温度数据，采样率为 1 次/s；电压数据，采样率为 1 次/s；振动数据产生的 FFT 信息；冲击和电压瞬态信息；电压通/断事件，以及这些数据的相关时间信息等。

历史应力数据存储在非易失存储器中，由最新应力数据压缩而成。所开发的 TSMD 可积累和存储超过 30 天的数据。

峰值应力数据是保存的感兴趣的应力参数值，如温度、电压值、电压瞬态、冲击峰值和振动的峰值功率度量等。这些数据值作为带有时间标记的事件保存在非易失存储器中。

故障特征数据是指在故障或超应力事件发生时，以及发生前后的有时间标记的环境应力数据。此故障特征数据由几个数据结构组成，共用时间标记作为索引，存放在非易失存储器中。环境应力采样数据以 1～8 000 次/s 的速率放入循环寄存器内。当 BIT 检测到故障或超出设置的门限时，处理器反向计数 N 个寻址位置，并把循环寄存器的 N 个字节数据放在非易失存储器内；在故障发生后，顺向作同样处理，即可形成故障特征数据。循环寄存器的可调窗口范围为 30 s～5 min。

(2) 数据收集子系统

研制的数据收集子系统应使外场维修活动最少，并满足下述要求：

- TSMD 软件修正；
- 数据保密不丢失；
- TSMD 的周期性测试/校准；
- 参数调整；
- 接口到中心数据库。

数据收集子系统是机上 TSMD 与数据分析子系统之间的联系桥梁，由手提式 PC、接口电缆和电源组成。6.6 lb(1 lb=0.453 592 37 kg)的 PC 在 DOS 下使用 RS-232 串口，通过专用电缆连接访问 TSMD 执行任务的情况。开发的程序有菜单显示，不需要使用者有多少经验。在数据收集工作模式下，有 TSMD 编程、加载、查询、读取、检验和维修等子模式。每种模式互不干扰，通过按 PC 键盘字符启动。

在访问 TSMD 执行任务的情况后,手提 PC 与台式 PC 之间通过串行连接可下载数据到转移文件中。未处理的 TSMD 数据被转换为数据库形式,在把现场数据送回到中心数据分析设备之前,将对信息进行审查,以便确定 TSMD 参数是否正确以及是否有危急的系统问题。

(3) 数据管理/分析子系统

分析处理的数据包括:从 TSMD 收集来的定量数据和现有维修报告以电子装置提供的数据。保持两个单独的数据库:一个数据库用于跟踪 TSMD 数据文件,另一个数据库由解除压缩的 TSMD 数据记录组成。这些数据通过计算机的统计分析,在故障记录程序接近结束时,用于分析确定故障和环境参数之间的关系,这样整个使用数据就变成容易理解的了。

2. 智能 BIT 和应力测量(iBITSM)

近年来,对人工智能技术在航空电子 BIT 中的应用已经进行了不少研究,那么用智能技术与 TSMD 相结合来提高 BIT 的故障检测与隔离准确度、减少虚警和减小 RTOK 率就是顺理成章的事了。罗姆实验室与有关公司已在 B-1B 飞机雷达上进行了这种技术研究,即研制 iBITSM 系统并结合进 B-1B 雷达系统中。

图 6-41 所示为 iBITSM 与已有 3 种 BIT 相结合的功能流程图。启动 BIT 在系统加电和复位时进行测试和校准雷达;周期 BIT 在雷达工作过程中进行周期性测试,不影响雷达正常工作;中断 BIT 主要用于周期 BIT 检测到故障后的故障隔离测试。通过使用 iBITSM 可以:

- 加强 BIT 的信任(置信度)测试,减少故障隔离模糊组;
- 增加系统判断规则,提供基于 BIT 和环境应力输入的在线趋势分析。

iBITSM 处理器提供独立于雷达计算机的处理、编程和数据存储能力。人工智能系统数据库中包括雷达系统故障及相关环境应力的实测数据与经验知识,该数据库可以使 iBITSM 处理器有尽可能高的执行速度来编辑和优化。iBITSM 实时获取环境应力数据和 BIT 数据,处理过程独立运行,与雷达 BIT 并行。当 BIT 检测到某个异常时,它可能是故障也可能不是故障,这时 iBITSM 处理器会产生一个"故障特征",并用已制订的判别规则来确定是由环境引起的异常还是间歇性的异常。在中断 BIT 过程中,这些信息将送到飞机一级 BIT 作为辅助分析数据。

加强 BIT 的置信度测试和趋势分析工具用于防止 RTOK。iBITSM 的目标是建立一种处理过程,减少 LRU 级模糊组,防止好的 LRU 从飞机上拆卸下来。

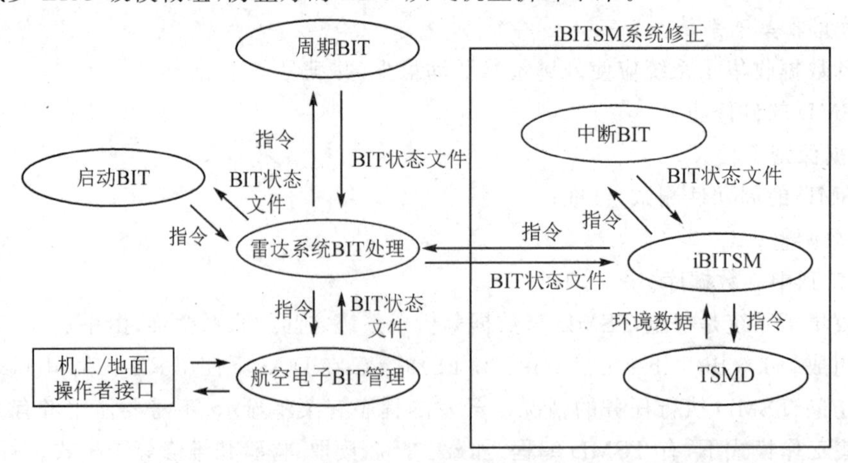

图 6-41　iBITSM 与已有 3 种 BIT 相结合的功能流程图

6.5.4.5　灵巧 BIT 与 TSMD 综合系统

最初，灵巧 BIT 和 TSMD 技术是被各自独立研究与开发的，约在 1989 年罗姆实验室决定进行这两项技术的综合研究。灵巧 BIT 与 TSMD 集成于一个系统中，将两者综合可大大提高识别虚警和故障的判定能力。为此，罗姆实验室开发研制了灵巧 BIT 与 TSMD 综合系统。

该系统实际为一个试验台，利用工业用微型计算机实现灵巧 BIT 和 TSMD 功能并提供有代表性的数据仿真技术。系统主要由 4 个分系统组成：UUT 计算机、LRU BIT 组合、TSMD 计算机和灵巧 BIT 计算机。灵巧 BIT 与 TSMD 综合系统如图 6－42 所示。

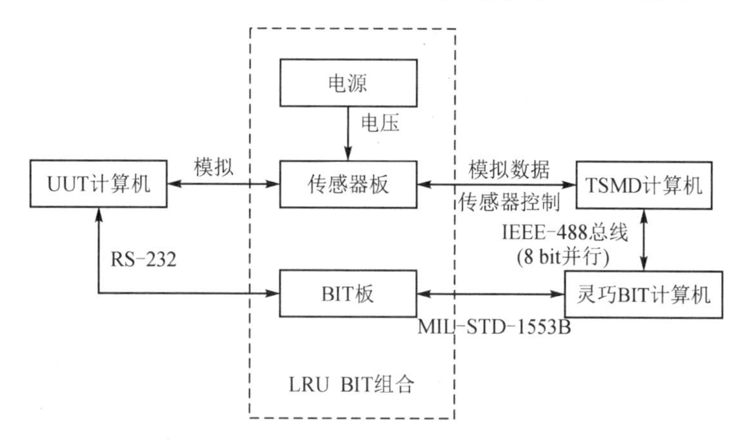

图 6－42　灵巧 BIT 与 TSMD 综合系统

LRU BIT 组合（简称 LRU BIT 计算机）有自己的供电装置，并且承包商为其开发了传感器板，能够模拟 BIT 数据和传送信息。LRU BIT 计算机用于模拟 LRU，并且可用 TSMD 传感器（加速度计和温度传感器）来修正，同时可用相应的温度和（或）加速度的变化模拟故障，以便重现虚警和间歇的 BIT 失效报告。UUT 计算机发送指令到 LRU BIT 计算机的 BIT，指示 OK（正常）或故障状态，并且模拟传感器信号。传感器板调节传感器数据，以便 TSMD 计算机进一步进行数据分析、数据压缩和数据记录。灵巧 BIT 计算机周期地询问 LRU BIT 计算机和 TSMD 计算机，然后分析这两类数据（即 BIT 信号和传感器信息），并应用人工智能技术确定 UUT 的真实状态（正常、间歇故障、硬故障）。在保持灵巧 BIT 和 TSMD 技术各自独立性的同时，研究重点将放在这两种技术的综合上。为对灵巧 BIT 和（或）TSMD 进行评价，试验的操作者根据 UUT 计算机选择“状况样本”，该样本仿真环境应力和（或）BIT 报告，并在“状况样本”运行时检验 TSMD 和 BIT 计算机的输出。

灵巧 BIT 与 TSMD 综合系统的数据流程图和部件连接图见图 6－43 和图 6－44。

该试验台可以用于灵巧 BIT 和 TSMD 技术的集成研究，然后把这些技术从实验室转移到现场应用。试验台还可以用于进行灵巧 BIT 和 TSMD 技术的进一步开发，包括：

- 用于数据处理和压缩的不同的 TSMD 算法；
- 为进一步有效分析来组合现有的灵巧 BIT 技术；
- 灵活地连续综合 TSMD 和灵巧 BIT 的各种特性。

开发的灵巧 BIT/TSMD 综合系统可以仿真环境应力或引入实际传感器，或将两者都用于试验中；能够仿真任何有 1553B 总线的 LRU，不限于单个航空电子 LRU；不需要外部支持就可以修改软件，所用开发工具已驻留在系统内。

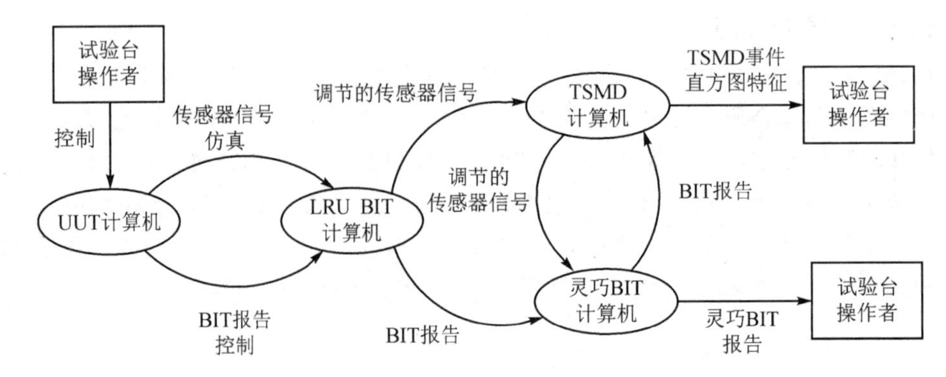

图 6-43 灵巧 BIT 与 TSMD 综合系统的数据流程图

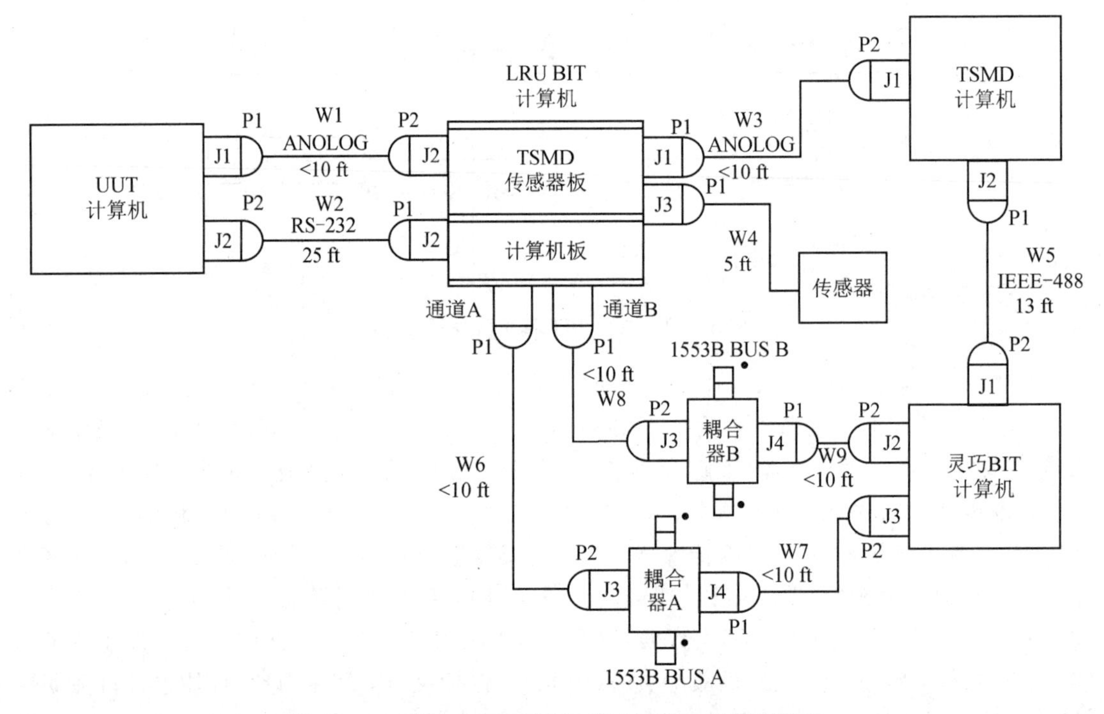

图 6-44 灵巧 BIT 与 TSMD 综合系统的部件连接图

这项研究结果证明,人工智能技术能够应用于 BIT 中来识别虚警。然而,这些研究是在实验室条件下,用先进的计算机和高级软件工具进行的,最后还要进行应用研究,以满足机上航空电子设备的技术先进性和复杂性需求。

6.5.5 其他方法

1. 分布式 BIT

分布式 BIT 方案也称为联合式 BIT,即除在系统级进行必要的测试外,在外场可更换单元级(LRU——外场故障隔离的产品层次)都设置 BIT。这样,当 BIT 给出 NO GO 指示时,就可以直接把故障定位到故障的 LRU,这样可避免用系统级测试经过逻辑分析来推断发生故障的 LRU 时,可能发生的故障隔离错误。所以,分布式 BIT 方案可以减少 Ⅰ 类虚警(错报)。

对于 LRU 级设备来说,其 BIT 可用于故障检测,验证 LRU 级设备功能是否正常。如果有故障要隔离到车间可更换单元(SRU),则需要 SRU 级设计必要的 BIT 功能或测试点。这样,可以减少对 SRU 级的故障隔离错误。

2. 设计指南

减少虚警问题是 BIT 设计的难点,现在还没有一种简单通用的防止虚警的设计方法。但是,国外已有不少的 BIT 实际使用经验,国内外对 BIT 虚警的原因和防止方法也有所分析和建议。所以,总结、归纳有关 BIT 虚警问题的设计指导思想、基本方法和注意事项等,制定减少 BIT 虚警的设计指南或设计准则,在系统 BIT 设计过程中将起到指导作用。把防止虚警措施设计进去,可使 BIT 设计得更合理,从而起到降低虚警率的作用。

目前在一些 BIT 设计指南、准则中,关于防止虚警的内容还很少,国外现有的资料中提了几条,但不够充分,减少虚警的设计指南尚待进一步研究。

3. 试验分析改进

前面讲的多数均为减少虚警的设计方法,大多数 BIT 和诊断测试设备不管设计得多么好,都需要有一个鉴别缺陷、分析原因、实施修正的过程,经过一定时间的试验、试用、发现问题、分析并改进,才能达到规定的性能水平。这是一个与可靠性增长相似的测试性增长和诊断成熟的过程,这个成熟过程同样适用于 BIT 和脱机测试。在确定用于测试模拟参数——BIT 测试容差时更是如此,通常要经过较长的试验过程才能设定合理的容差,以达到故障检测和虚警最佳平衡状态。

(1) 地面试验分析改进

BIT 成熟过程从实验室的试验开始,利用各种试验过程发现 BIT 的问题,然后随时分析并改进。国内某型飞控系统在试验过程中发现了很多 BIT 误报、乱报故障的问题,进而采取了改进措施,因此在试飞中未发现严重虚警问题。装机联合试验也是一个重要环节,通过该环节可以发现各系统间的相互影响、干扰给 BIT 造成的问题。

(2) 使用或飞行试验分析改进

初期的试用、试飞和使用是对 BIT 的真正考验,在武器系统实际使用环境下,各种应力、瞬态等导致虚警的因素都会产生,如果防止虚警设计和试验分析的改进不够,就会发生严重虚警问题。国外的经验表明,试飞和初期使用阶段是重要的 BIT 成熟时期,此阶段的测试性数据收集、分析和改进工作,对减少虚警、提高 BIT 有效性有极其重要的作用。

例如:B-1 飞机配有中央综合测试系统(CITS),可输出显示 1 250 个不同的故障。开始时的 60 次飞行所得到的数据表明,每次飞行发生虚警 3~28 次,其中有 2 次飞行因设备出问题未记录数据,58 次飞行平均每次发生虚警 13.7 次。该飞机的诊断成熟过程中,原计划飞行 468 架次,而实际上飞行了 1 069 架次才达到可接受的水平。该飞机 1985 年投入使用,可用户反映直到 1997 年才达到完全成熟状态。

再如 F-15 飞机在试飞初期,BIT 存在严重的虚警问题,每次飞行都出现几次虚警。经过采取各种纠正措施之后,虚警显著减少,在后期试飞过程中,每次飞行的虚警数量降低到少于一次。

6.5.6　防虚警设计方法选用原则

BIT 设计时可以从中选择一种或者多种方法进行防虚警设计,设计方法选用原则如下:

① 每个 BIT 在设计中都必须采用一种或者多种防虚警方法;

② 软件 BIT 的防虚警设计可以采用自适应门限、故障指示与报警条件限制以及提高 BIT 的工作可靠性和灵巧 BIT 类防虚警方法；

③ 硬件 BIT 的防虚警设计可以采用确定合理测试容差、延迟加入门限值、延时、联锁条件、BIT 检验、重叠 BIT 等防虚警方法；

④ 测试容差设置类防虚警方法只适用于测试模拟信号的 BIT；

⑤ 对于延迟加入门限值、自适应门限、延时等防虚警方法，只需选择一种即可；

⑥ 对于重复测试法、表决方法等防虚警方法，只需选择一种即可。

6.6　BIT 信息的显示与输出

6.6.1　BIT 信息的内容及特点

各类系统和设备的特性和使用要求不同，对 BIT 的设计要求也不同。有的系统要求高，设计的 BIT 功能强，测试内容范围广且详细，能存储大量诊断信息，这样的系统级 BIT 就可以提供丰富的故障检测、隔离及相关信息；有的系统或设备要求不高，或者由于当前技术水平、体积、重量、经费等条件限制，设计实现的 BIT 功能比较简单，所提供的 BIT 信息内容也就较简单，但是最简单的 BIT 和监测电路也都提供了被测对象的状态显示或故障指示。

1. BIT 信息的内容

按当前的技术水平，先进的 BIT 及机载测试/维修系统可以提供的 BIT 信息的内容包括：

- 是否发生了故障(状态监测故障检测信息)；
- 何处发生了故障(故障隔离信息)；
- 何时发生了故障(故障时间信息)；
- 发生故障的次数；
- 故障历史；
- 故障的影响级别；
- 特征参数的监测信息；
- 与发生故障有关的其他信息。

(1) 状态监测/故障检测信息

在系统运行过程中，BIT 和其他监测电路监测系统健康状况，并给出有关特性参数的显示，当特性参数超过允许值时，还可以给出告警信息；或者当检测到故障时存储有关数据和/或给出告警信息。有的简单监测电路只监测一个参数并给出指示，并不能自动判断是否发生故障和是否告警。如某型飞机环控系统的区域温度指示装置，只由温度传感器和指示仪表组成，给出的信息是当时的温度指示。有的系统监测参数多，可提供较多的信息，如 B757/767 飞机的发动机指示和空勤人员告警系统(EICAS)，它的计算机可接收监测发动机和飞机系统的敏感元件传送来的 400 多个信号或参数，能自动记录飞行故障和发生故障时的实时状态数据；EICAS 的显示器可用 8 种不同的颜色准确、快速地显示发动机的主要和次要数据，如发动机的压力比、转速、排气温度和燃油流量、滑油压力、滑油温度、滑油量、振动等。

(2) 故障隔离信息

现在设计的系统级 BIT 都具有故障隔离能力，能够给出发生故障的单元或部位信息。一般电子系统的故障隔离能力为95%以上，即可把95%以上的检出故障隔离到LRU，并给出相应的故障隔离信息。例如某型飞机火控系统的BIT可把95%的检出故障隔离到LRU，而飞控系统可把99%的检出故障隔离到LRU。目前计算机系统的BIT一般都可以把故障隔离到SRU，并给出相应的故障隔离信息。把故障隔离到LRU还是SRU，取决于使用、维修要求和BIT实现的可能性。当实施两级维修且BIT较容易实现时，可要求BIT把故障隔离到SRU，并给出是哪个SRU发生故障的信息；否则，就要求把故障隔离到LRU，并给出LRU故障信息。

(3) 故障时间信息

一般系统或设备级BIT由计算机完成测试信息的分析处理功能，因此它可以提供故障发生时间或第一次出现故障(首次发生)时间。如AN/APG-66雷达的BIT显示器可以显示故障第一次出现时间，国产某型飞机火控系统也可以提供故障首发时间信息。

(4) 发生故障的次数和故障历史信息

能够提供故障首发时间的BIT，一般也能提供故障发生次数的信息，如AN/APG-66雷达和国产某型飞机火控系统均可提供故障发生次数的信息。有些功能强大的机载测试系统还能提供故障历史信息，如B747-400飞机的中央维修计算机系统(CMCS)能存储以前各飞行段中发生的故障，以供查询。中央维修计算机系统能在非易失存储器中存储多达500条的故障信息，只有当飞行段记录数目超过99时，故障记录信息才从存储器中抹除。

(5) 故障的影响级别信息

F-16飞机电子系统及国产某型飞机火控系统的BIT都提供发生故障的严重等级信息，并可按规定给出警告、注意(告诫)、提醒(提示)等告警信息。例如，B757飞机的发动机指示和空勤人员告警系统(EICAS)可显示147条告警信息，其中与发动机有关的有37条。

警告(warning)信息：表示要求立刻采取修正或补偿措施的工作情况。此类信息是告警信息中最严重的情况，例如发动机着火等故障，用红色文字或灯显示。

注意/告诫(caution)信息：表示要求驾驶员立即了解并需要采取补偿措施的工作情况。其严重程度较警告信息低，例如发动机超温故障，用琥珀色表示。

提醒/提示(advisory)信息：只为驾驶员提供某些异常工作情况的信息，以便在适当的时候予以纠正，例如航向阻尼器出了故障等。

(6) 特征参数的监测信息

一般机上综合测试/监控系统可以连续地或周期地监测某些系统或设备以及发动机的重要参数。根据这些特征参数的变化信息，可以预测即将发生的故障，以便在发生功能故障之前采取维修措施。例如，B757飞机的EICAS可以监测发动机的振动、温度、转速等参数。V-22旋翼机的中央综合监测系统可以记录机身、发动机和相关信息，以便及时诊断出可能发生的故障。通过记录发生事故前的发动机、机身和系统状态、飞行数据和导航信息，以及语音通信内容，可以辅助分析确定事故原因，并为避免类似事故提供建议。

(7) 其他有关信息

除上述几类信息外，BIT和机载测试/维修系统还可能提供某些其他有关信息，为使用信息和分析故障提供方便。例如，F-16飞机的BIT可提供维修故障清单(MFL)和飞行员故障清单(PFL)。MFL包含报告的所有故障的详细信息；而PFL只包含飞行员感兴趣的那些故障的信息。再例如，B747-400飞机的中央维修系统(CMS)还可以提供相关飞行段号与驾驶舱效应对应的故障维修信息。

此外,飞机上还装有飞行数据记录器,虽然它不属于 BIT,但它也是监测记录飞机有关参数的设备,能为分析事故和查找故障原因提供有用参考信息。

我国对军用飞机的机载飞行数据记录器的要求有专门的军用标准规定(GJB 2883—97),要求记录的参数很多。

国外有的飞机已把状态数据记录,显示告警提示和咨询信息,以及视情监控功能结合在一起,提供的信息可用于分析事故原因,驾驶员采取应急措施避免危险事故发生,以及在故障发生前预先诊断出问题。例如,V-22 旋翼机的中央综合监测系统就具备这种性能。

2. BIT 信息的特点

依据前面对 BIT、机载测试/维修系统的功用、特点以及所能提供信息内容的分析结果,可知 BIT 信息与人工收集的可靠性信息相比,具有实时、准确、完整的特点,还可以反映某些特征参数的变化情况、记录有关伴随信息等。这些信息还可以自动化采集,便于保存。

(1) 实时性

BITE 和机载测试系统作为被测系统的组成部分,可以在其工作过程中随时检测和隔离故障,存储、显示和报告故障信息。据此,可使操作者及时掌握系统的健康状况。此外,BIT 能及时检测到故障是余度系统实现余度管理的必要条件;只有 BIT 能及时显示报告故障,才能使驾驶员采取补偿措施以减少损失。所以,BIT 信息的实时性对提高系统任务可靠性非常重要。而采用外部测试设备或依靠维修人员收集故障信息时,绝对做不到故障信息的实时性。

(2) 准确性

BITE 和机载测试系统随被测系统一起工作,自动进行故障检测与隔离。故障信息的存储、显示、报告也是按设计要求自动进行的。故障只要被检测到就会准确存储到非易失存储器中,不会漏掉。而 BIT 故障检测能力可以达到 95%~98%,即可以检测到全部重要的功能故障;只有 2%~5%故障不能检测到,这部分故障通常是不重要的且影响很小。各分系统和设备自己设有的 BITE,又有中央综合测试系统进行逻辑分析,所以可以指出故障的分设备或 LRU,故障信息收集错误可以减少到最低限度。这比现行的依靠操作者和维修人员故障报告清单收集到的故障信息要准确得多,对于完全依靠人工收集故障信息的方法,丢失信息较多,准确性低,通常信息丢失率可达 15%。

(3) 完整性

依靠系统发生故障后,维修时填写的故障报告清单所得到的信息一般不够完整,没有故障发生的准确时间及次数信息,更不能得到故障发生时环境条件、系统状态的准确信息,也得不到使用中的瞬时或间歇故障信息。而一般 BIT 系统均可提供与发生故障有关的较为全面、完整的信息,如故障的单元(分系统、LRU 或 SRU)、故障影响级别、故障首发时间、故障次数等信息。此外,功能齐全、存储量大的 BIT 系统还可记录故障历史数据,以便分析瞬时故障和间歇故障。

(4) 提供伴随信息

配有飞行数据记录器的飞机,还可以提供当时飞行状况的有关数据,以便分析故障或事故的原因。设计先进的 BIT 系统还配有应力测量装置以提高诊断能力、减少虚警,它所提供的环境应力参数,对分析故障原因是极为有用的。

(5) 提供特性参数变化信息

BITS 的状态监控功能可以监测并显示某些被测对象的特性参数,反映其变化情况。有的还可以连续存储记录有关特性参数的变化情况，依据其变化趋势分析可以预测即将发生的故障，提前采取措施，减小损失。这也是进行可靠性监控的重要任务之一。

(6) 信息的自动化采集

一般情况下，BIT 信息除通过指示灯、仪表、显示器、告警系统维修监控板等途径报告给驾驶员和维修人员以外，还把故障信息存储在非易失存储或其他介质中，可以方便地用外部接口设备转录下来。有的系统配备专门的数据传输设备；有的系统配备打印机，可以打印出需要的故障信息。

由于各类武器系统的具体使用要求和特点不同，设计的 BIT、机载测试/维修系统也不一样，提供 BIT 信息的途径、方法各有特色。有的简单直观，有的可用多种方法提供全面的 BIT 信息，虽然其设计目的多是直接为驾驶员和维修人员服务，但同时也为采集可靠性数据提供了方便。综合起来，有如下一些输出 BIT 信息的途径：

- 指示器、显示板；
- BIT 结果读出器、维修监控板、显示器；
- 中央维修计算机系统/综合监控系统；
- 打印机、磁带/磁盘、ACARS(飞机通信询问和报告系统)；
- 外部测试设备。

6.6.2　通过指示器、显示板输出 BIT 信息

早期简单监控装置或电路是通过指示灯、指示仪表给出监测信息的。如 B747SP 飞机的温度控制系统，其输气温度、出口温度、区域温度等就是用传感器和指示仪表来监测的，座舱的温度监控是用逻辑电路和扬声器来告警的。这样的监测装置作为最早、最简单的 BITE，只能提供单个参数的量值或是否超过规定值等信息。

较完善的 BIT 配有指示灯、状态显示板和显示器等，可以提供更多的 BIT 信息。例如，F-15 飞机的雷达系统(APG-63)共有 9 个 LRU，其连续 BIT 和启动 BIT 检测到的故障都被存入公用数据存储器中。雷达系统的故障指示由告警灯显示板、BIT 控制板(BCP)、航电状态板(ASP)、单元故障指示器和多指示器控制(MICP)显示器组等提供。

- 告警灯显示板：集中管理航空电子设备 BIT 的指示灯，灯亮表示有某个子系统发生故障。
- BCP：如图 6-45 所示，位于右操纵台上，用于航空电子设备 BIT 的控制、座舱指示和液压系统指示。航空电子设备的故障通过 BCP 上的指示器向驾驶员报告。例如，雷达或垂直情况显示器(VSD)指示灯亮，表示雷达或显示器组某一子系统故障。
- ASP：ASP 设在前轮舱中，执行 BIT 所监测到的故障在 ASP 上被相应的设备故障指示器锁存，用于证实已发生的故障并确定故障单元的位置。例如，信号处理机故障，其故障单元的位置在 6L 舱，ASP 上对应为 4 号指示器。
- 单元故障指示器：雷达的每个单元都有一个故障指示器，用于指示该单元“通过”或“不通过”的状态。
- MICP 显示器组：已发生故障的各单元可通过启动 BIT 矩阵读数确定，雷达 BIT 矩阵显示在 MICP 显示器组的 BIT 窗口中。公用数据处理机中保存两个独立的故障数据软件矩阵，称 BIT 矩阵。一个 I-BIT 矩阵存储地面或机上启动 BIT 的测试结果；另

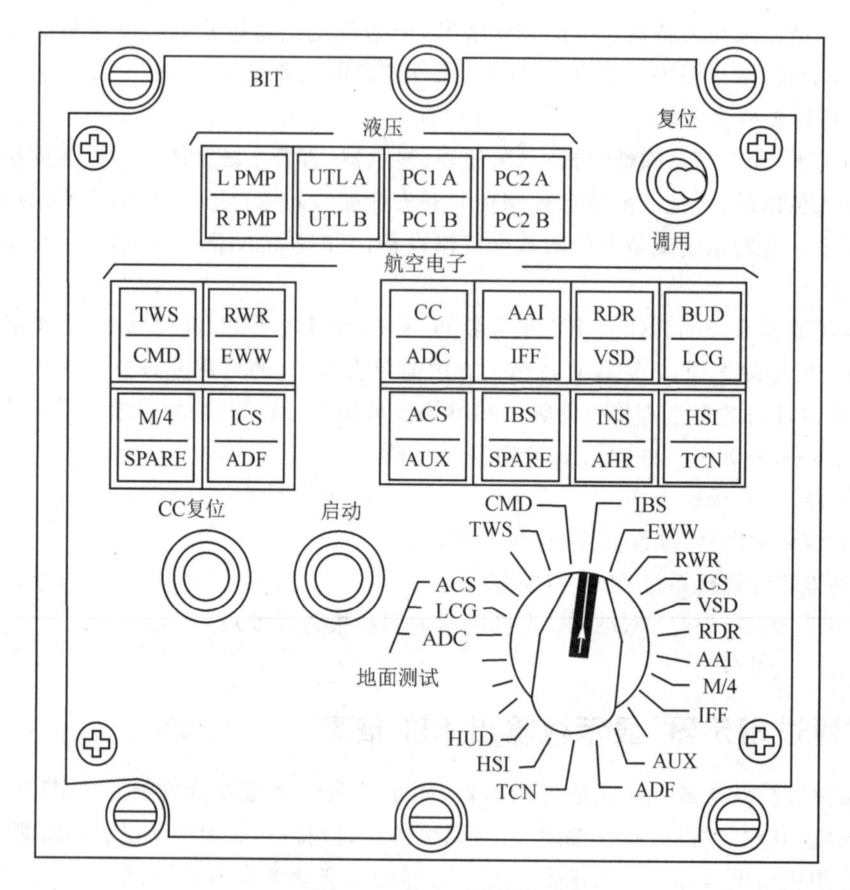

图 6-45 BIT 控制板

一个 CM-BIT 矩阵存储所有连续监控 BIT 的测试结果。

6.6.3 通过 BIT 结果读出器、维修监控板、显示器输出信息

1. 结果读出器

F-16 飞机航空电子系统要求 BIT 信息存储在非易失存储器中(以便在地面或维修车间随时访问),在驾驶舱显示 BIT 结果,飞行员或维修人员可以调出重新显示。为了减轻飞行员的工作负荷,同时为故障分析提供充足的信息,提供了两类故障报告方案:维修故障清单(MFL)和飞行员故障清单(PFL)。MFL 包含全部报告故障的详细信息,PFL 只包含飞行员感兴趣的那些故障信息。可见,PFL 仅为 MFL 的一个子集。F-16 的 BIT 信息与人员接口的控制和显示组由主报警灯、专用告警信号盘和飞控导航面板组成。主报警灯和告警信号盘负责指示所有飞控故障和灾难性的航空电子设备故障,飞控导航面板负责指示处于故障状态的功能区域。F-16 ST/BIT 结果读出器如图 6-46 所示。

航空电子设备故障由飞控计算机(FCC)和飞控导航面板(FCNP)以字母数字读出显示。这种数字式显示有助于飞行员确定 12 种航空电子分系统的性能降级。FCNP 显示每个故障的下列信息:

- 被检出的分系统故障;
- 故障的严重等级;

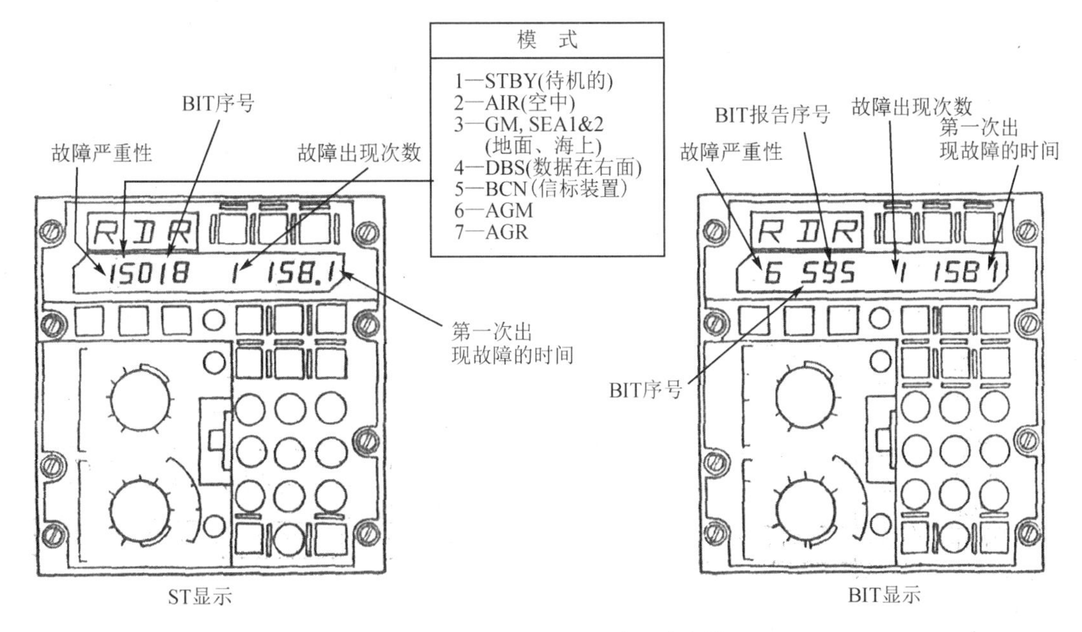

图 6-46　F-16 ST/BIT 结果读出器

- 具体的发生故障的分系统数目；
- 故障发生次数；
- 飞控计算机接通后第一次出现故障的时间。

2. 维修监控板/维修控制显示板

F/A-18A 飞机中有 41 个武器可更换组件(WRA)包含有 BIT，而在 F/A-18B 飞机中有 58 个(其中有 2 个可拆卸的货舱)WRA 包含有 BIT。故障既在 WRA 本身显示，又在前轮舱的维修监控板上显示。

F/A-18A 状态监控接口主要针对训练目的的 19 个空对地和 13 个空对空战术参数，及用于度量应力和性能趋势分析的某些机体与发动机参数进行监控。航空电子设备(非多路总线)的 BIT 接口，通过通信系统控制器(CSC)与任务计算机(MC)以及直接与 MC 相连的航空电子设备多路总线兼容设备连接，对飞行员的显示是实时的，对间歇故障也可以实时指出。前轮机舱内的维修监控板可以存储供地面维修人员查询的 4 位 BIT 代码。

在 F/A-18A/B 中利用状态监控系统和显示器就可以将各种注意事项、建议和 BIT 信息显示给驾驶员，显示器还可以作为启动 BIT、维修 BIT 和存储器检查的控制板。前轮舱中的维修监控板在任一时刻都可以处理 990 个不同的故障代码和存储 62 个故障代码。目前，故障代码通常只有 300 个。使用时，只要按下显示按钮，即可对所触发的故障代码进行显示(显示 1.5 s)，释放按钮后显示还可以持续 10 s。对于 F-18 战斗机型，故障代码有 41 个，代表 41 个黑盒子；对于 F-18 攻击机型，故障代码有 58 个。

下面以 B757/767 飞机的维修控制显示板为例进行说明。该机维修监控系统(MMS)执行飞行故障存储和地面检测操作，监控对象包括驾驶仪系统、推力管理系统和飞行管理计算机系统。维修监控系统中的维修控制显示板(MCDP)直接与 3 台飞行控制计算机、2 台飞行管理计算机和推力管理计算机连接。

MCDP 在飞机的飞行中是关闭的，仅在着陆后工作。在飞机着陆后 MCDP 会自动接通，从飞行控制计算机和推力管理计算机中读出故障数据,并将这些数据存储在非易失存储器中,然后断开。维修人员可以根据空勤人员的详细记录,向MCDP询问故障信息,包括航线段号、驾驶舱效应及故障最严重的装置。

此维修监控系统可检测自动驾驶仪系统、飞行管理计算机系统、推力管理系统及其他有关装置的MCDP接口系统。接口系统包括两级:主级接口系统和次级接口系统。

① 主级接口系统——直接与MCDP相连接的系统的接口,包括飞行控制、飞行管理和推力管理的6台计算机接口,以及EICAS(发动机指示和空勤人员警告系统)接口和MCDP遥控面板接口。主级接口采用ARINC429总线和模拟信号导线传送故障数据和地面检测控制信息。

② 次级接口系统——间接与MCDP相连接的系统的接口。间接相连接的系统包括:

- 自动飞行控制系统模式面板——通过ARINC429总线向连接的6台计算机提供控制信号,并接收状态数据;
- 伺服机构——各个控制面伺服机构接收相应计算机提供的模拟信号,并反馈伺服位置模拟信号;
- 惯性基准部件和大气数据计算机——每台飞行控制计算机都通过ARINC429总线接收相应惯性部件和大气数据计算机的感应数据;
- 推力选择面板——通过ARINC429总线向推力管理计算机传送控制信号;
- 油门伺服马达——接收推力管理计算机提供的模拟信号,并反馈伺服位置模拟信号。

MCDP还有地面检测接口,在执行地面检测功能时供MCDP监控主、次级系统。

MCDP接口系统如图6-47所示,其中括号中的数字表示余度套数。

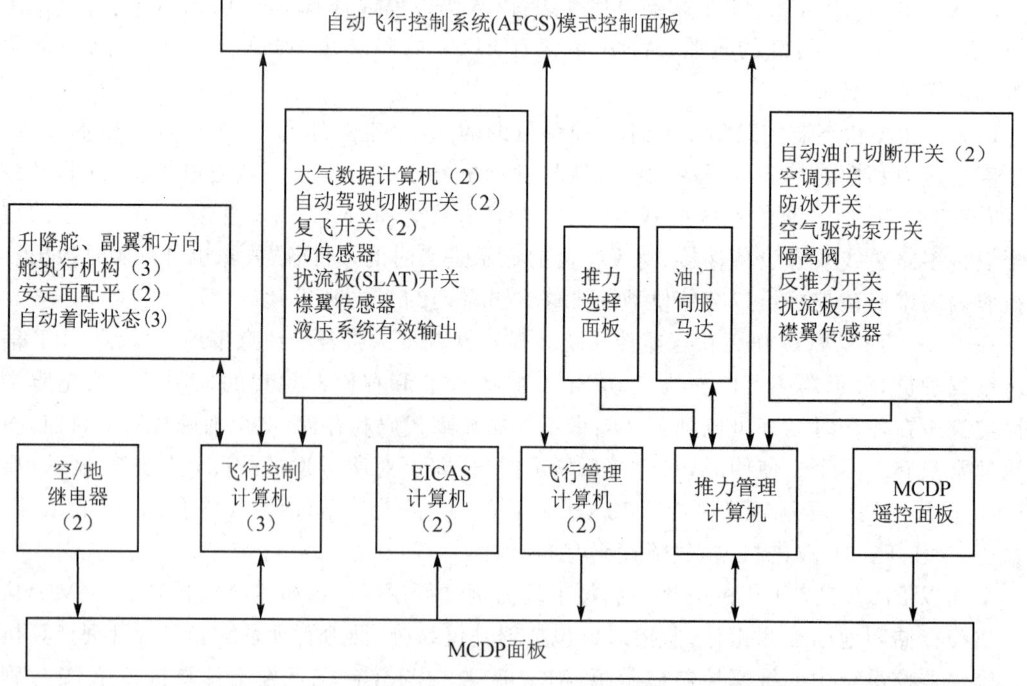

图6-47 MCDP接口系统

3. 先进的显示器方案

美国在空军 F－16 飞机多阶段改进项目计划中，对发电系统进行了重新设计，使其可靠性及维修性更好。发电系统增加了一个 10 kV・A 的备份系统，由于 10 kV・A 的发电机控制装置(GCU)是以微处理器为基础设计的，所以可利用 GCU 多余的计算能力作为系统级的 BIT 监控器，而 BIT 信息存储到永久性存储器中。与维修人员的接口是借助维修信号器面板来完成的，飞行中的故障按发生的先后次序记录下来，地勤人员可以读取这些 BIT 数据。BIT 监控器可以直接指出发生故障的 LRU，地勤人员在隔离电源系统故障时不必查阅维修手册或使用外部测试设备。

此外，美国还对机内测试数据显示进行了研究，目标是为电气系统提供一个显示控制器，以一种容易理解的方式表示实时系统信息和 BIT 信息。显示器采用彩色图像终端，以 10 kV・A GCU 作为主计算机。GCU 与图像显示间的接口借助一个波特率为 9 600 的 RS－232C 串行数据连接，使用现有的 GCU 连接器输出，后来又增设了一个光纤连接接口。目前该电气系统已有几种合适的数据连接，如 MIL－STD－1553B(1)或 ARINC－429(2)。

6.6.4　通过中央维修系统/综合监控系统输出 BIT 信息

6.6.4.1　B747－400 飞机中央维修系统(CMS)

CMCS 的综合显示系统(IDS)包括电子飞行仪表系统(EFIS)、发动机指示与机组报警系统(EICAS)、EFIS/EICAS 接口设备，共有 6 个 8 in×8 in 的彩色 CRT 显示器。EFIS 包括 2 个主飞行显示器(PFD)和 2 个导航显示器(ND)，EICAS 也有 2 个显示器，如图 6－48 所示。

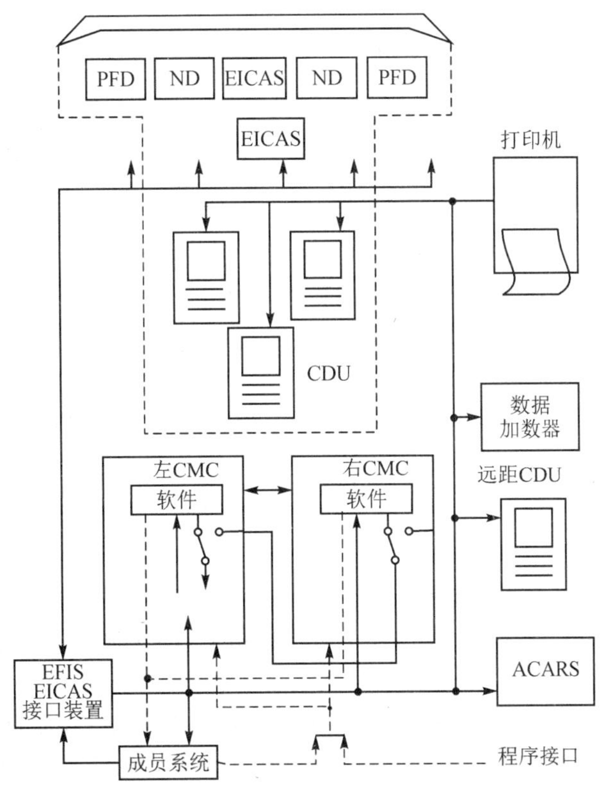

图 6－48　CMCS 方框图

CMS中配有2台相同的中央维修计算机(CMC),以提供功能余度。2台CMC以主从关系工作,通常由左CMC完成有关系统控制和数据输出,当其发生故障时,自动转由右CMC控制。CMS有一个控制显示装置(CDU)装在设备舱内,主要是为了方便维修人员在更换LRU时使用,避免维修人员机上、机下往返走动。CMS的4个CDU具有相同的功能,可同时执行不同的任务。

有70个成员系统(即机载系统)与CMC接口。每个成员系统的BITE负责连续监控系统本身及其接口,如有部件失效或故障,分散的BITE就向CMC报告有关信息。大多数成员系统通过综合显示系统的接口装置与CMC接口,有些成员系统如飞控计算机(FCC)、无线电系统、模块化航空电子报警电气组件、飞机状态监控系统、交通管制模式系统和气象雷达等直接与CMC接口。

每个成员系统都把检测到的故障根据维修需要分成以下两类:

① 与车间维修有关的故障:即隔离到LRU内部的组件或部件(SRU)的故障。故障数据存储在非易失存储器中,以便以后在机上或车间读出;同时归并产生与外场维修有关的故障。

② 与外场维修有关的故障:即需要外场维修人员修复排除的故障。这类故障由成员系统及时输入到CMC,进行故障归并处理,并与机组报警相关联。

IDS完成EFIS和EICAS功能,并把结果分别显示在有关的6个显示器上。6个显示器从3个EFIS/EICAS接口单元(EIU)上接收成员系统的数据。EIU提供信号输入接口、数据管理、信号输出和系统监控;还完成主报警驱动功能,以提供告警灯和声响报警驱动信号。每一个EIU都能支持6个显示器所需的输入信号。

EIU把数据传输给6个显示器的同时,也传输给2台CMC。这样,CMS通过EIU间接地接收成员系统的数据。IDS将这些系统的飞行面板效应(驾驶舱效应)报告给CMS,CMS隔离出有故障的LRU或接口,从而使它们与飞行面板效应对应起来。

另外有几个成员系统直接把数据传给CMC,而不传给IDS。CMC将监控并隔离这些系统的故障,但不能把它们与飞行面板效应关联起来。

CMS的控制和显示通过任一个CDU来启动。按下CDU上的菜单键(MENU),可得到CDU菜单;再接着按行选择键“4L”,就会出现CMC主菜单,此菜单有两页,可用CDU行选择键选择所需的维修信息或功能。CDU菜单和CMC菜单如图6-49所示。

通过CMC菜单,可以查阅以下数据。

(1) 当前飞行段故障

当前飞行段故障是指本次飞行中发生的故障。查询显示这类故障是为了帮助外场维修人员找出驾驶员报告的飞行中报警现象的原因。飞行段(航程)是指从飞机处于地面第一台发动机启动至飞机下一次处于地面第一台发动机启动的时间间隔。CMS将当前飞行段编号为00,倒数前一次为-01,再往前为-02,-03等。

出现CMC主菜单后,按行选择键“1L”,即可得到当前飞行段故障菜单,显示出驾驶舱效应及相关故障信息。如果选择查询第一个故障维修信息,按其对应靠近的行选择键即可。

(2) 现有故障

现有故障是指目前仍存在的故障,不管这些故障是何时发生的。在CMC主菜单的第2页上,按“1L”键就能得到现有故障系统的菜单。这些系统按ATA规定的章节编号顺序列出。如果列出的章节数量多于5个,则延续到下一页显示。选取需要询问的系统,按其对应的行选择

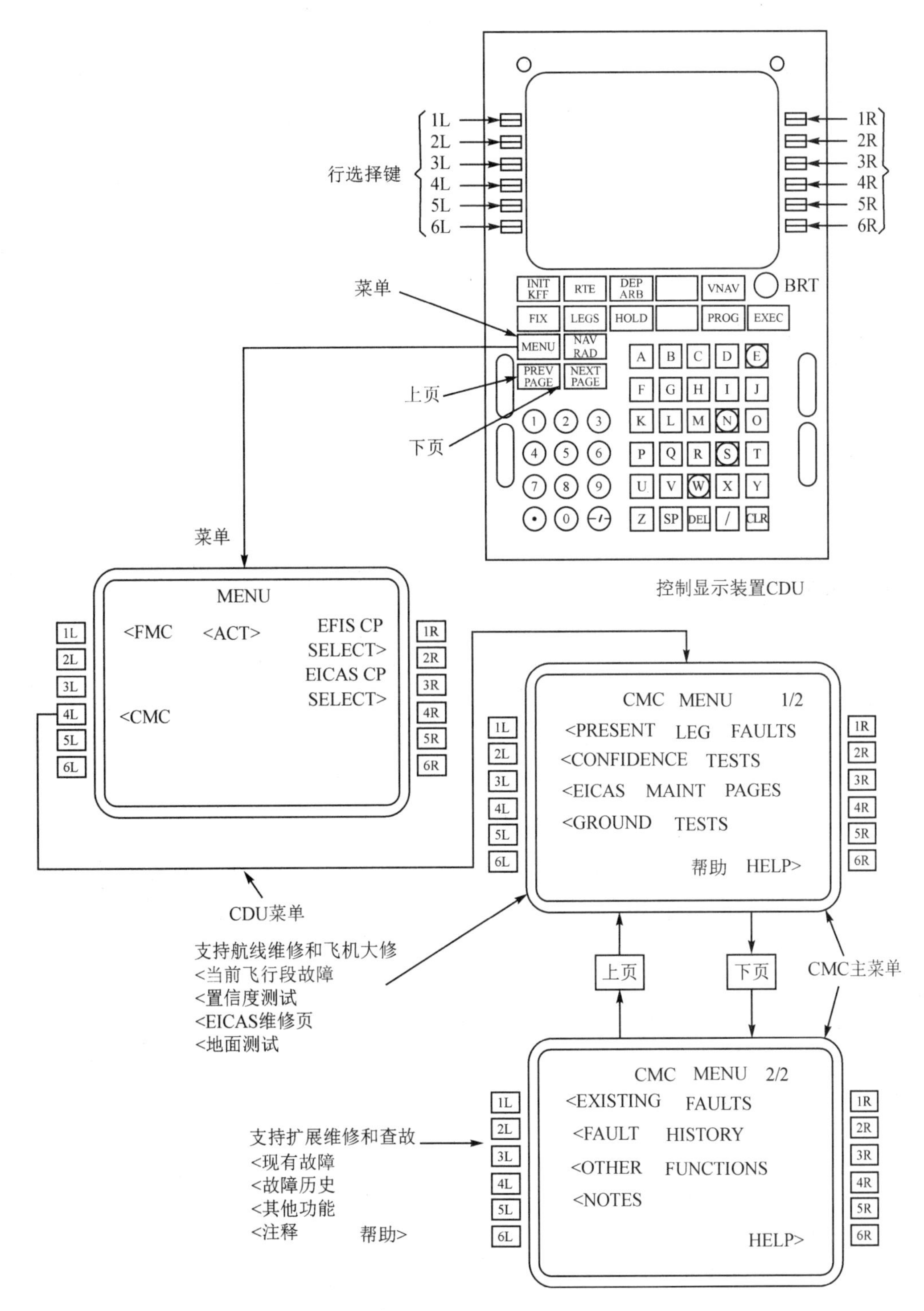

图 6-49　CDU 菜单和 CMC 菜单

键，即可得该系统进一步的维修信息，或快照或输出信息报告。其过程与当前飞行段故障类似。

(3) 故障历史

故障历史存储的是以前飞行段中发生的故障,以供查询。CMS能在非易失存储器中存储多达500条故障信息。当飞行段记数超过99时,故障将从存储器中抹除。

两台CMC能自动保持相同的故障历史,如果左、右CMC的故障历史有任何不一致的地方,都会在CMC菜单上通告出来。如果有一台CMC被更换,则可自动或手动从另一台CMC上安装故障历史。

获取故障历史显示的过程与现有故障类似。故障历史菜单提供了有故障历史记录的系统表,按ATA章节编号排列;还可显示故障历史小结,并增加了飞行航段号用以显示。对每个发生的故障最多记录16次,并可显示是硬故障还是间歇故障。最后,可得到被选故障较详细的维修信息或快照。

(4) EICAS维修页

IDS的EICAS连续监测11个系统,并可给出有关参数的实时显示和历史数据的快速显示(快照),这些显示称为EICAS维修页。

由EICAS显示的参数的11个系统或项目分别是:环境控制系统、电气系统、飞行控制系统、燃油系统、液压系统、IDS配置、起落架、辅助动力装置、发动机性能、发动机超限、电子式推进控制系统。

EICAS维修页的选择与显示也通过CDU控制。在显示CMC菜单的第1页后,按“3L”键即可得到有关系统的名称表。选定要查询的系统,按下其对应的行选择键,即可在EICAS上显示该系统的内容清单;再按下要显示内容对应的行选择键,即可在辅助EIACS上显示出所需要的内容,如实时维修页、实时维修页快照、实时维修页数据及其输出、人工快照数据菜单、自动快照数据菜单等。

6.6.4.2 A320飞机综合监控系统

在A320飞机上,空中客车公司首次采用了飞机综合监控系统(AIMS)来管理、运用飞机各系统中所产生的信息,尤其是有关的维修信息。该系统由4部分组成,即飞机综合数据系统(AIDS)、数字式飞行数据记录系统(DFDRS)、中央故障显示系统(CFDS)和飞机通信询问与报告系统(ACARS)。

AIDS用于飞机的长期监控,其中的主要数据管理装置是使用和维修保障的重要工具。它主要负责监控与其相连的飞机系统的各种数据,并随时打印或记录在记录器(DAR)上,或者借助于ACARS将信息传送到地面。

DFDRS是一台记录飞机实际状态的记录器,它通常不用于维修,但飞机在地面上停留时,借助CFDS,它也可以帮助维修人员存取BIT信息及综合检查结果。

CFDS分为联合式和集中式两类。前者依赖于连接的各子系统,由它们自己作出决策,这对所用的中央存取设备的运算速度要求不高;而后者则将智能引入中央存取设备,子系统仅负责发送数据。A320中采用了联合式的CFDS,其基本组成部分如下:

① 电子系统的所有BITE部分;

② 装在驾驶舱内,用于显示BITE数据的两个ARINC739 MCDU(多功能控制与显示装置);

③ 安装在航空电子设备舱中的一个双通道接口装置CFDIU(中央故障显示接口装置)。

联合式CFDS的组成和显示菜单分别如图6-50和图6-51所示。

采用CFDS的目的是简化操作,并不要求快速响应。所以,在A320飞机上的多功能控制

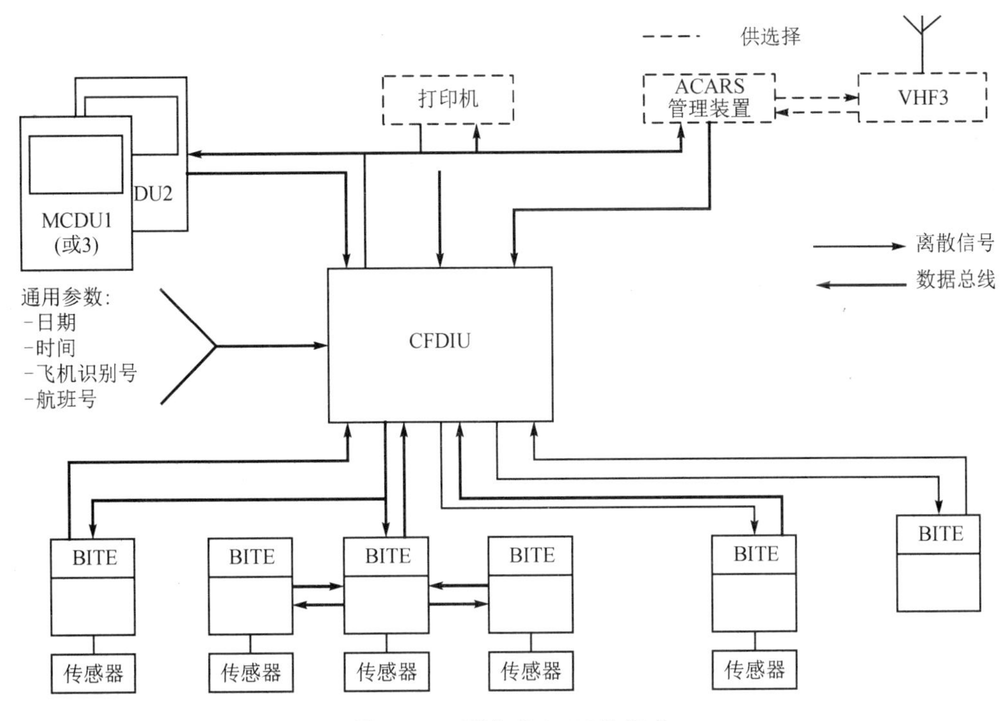

图6-50　联合式CFDS的组成

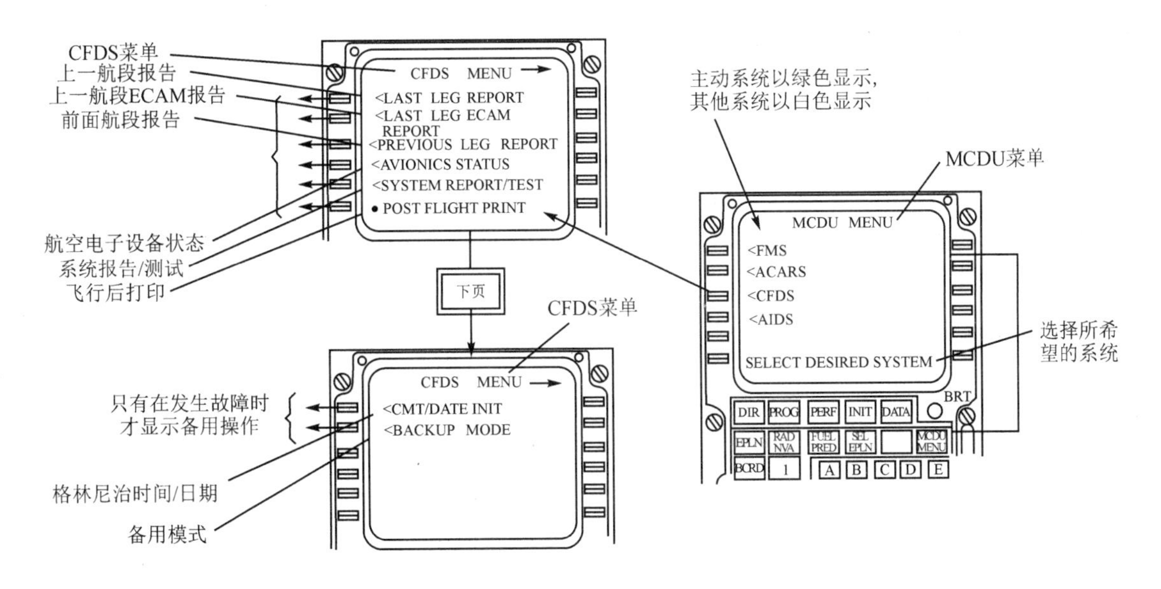

图6-51　联合式CFDS的显示菜单

与显示装置(MCDU)采用一种菜单驱动设计,维修人员利用行键“2L”即可选择所需要的功能,得到所需要的信息。MCDU菜单中有4个选择,即FMS、ACARS、CFDS和AIDS。当操作人员按下CFDS键时,屏幕上会显示出CFDS菜单。根据不同的菜单,操作人员就可得到所需要的信息。

对于车间维修来讲,维修人员通常仅利用CFDS菜单中的1、2、4、6项即可。在A320飞机上,由于采取了下列措施,操作更加简便:

- 将故障分为三类,仅将前两类故障报告给驾驶员。这三类故障分别是:一类故障可能影响正常飞行或下一次飞机的出勤,需要立刻通过其正常提示/告警系统通知机组人员;二类故障不会影响正常飞行或出勤,但要求及时纠正,它们通常在飞机降落后显示给机组人员,但需要时也可随时显示;三类故障可以推迟到定期维修时纠正,通常不向机组人员报告,也可随时调用。
- 利用清楚的英语作为显示语言。
- 把故障数据与驾驶员报告联系起来。
- 清楚地确定故障的 LRU 名称、部件号和功能识别号。
- 确定相关故障。
- 外场维修人员只需飞行后报告即可得到所需要的所有信息。
- 在驾驶舱即可打印出所有维修人员所需要的报告。
- 根据航空电子设备状态的监控结果更换的 LRU,在大多数情况下会自动进行测试,如果测试通过,那么该系统的名称将从测试清单中消失。

如果需要人工测试,则可通过 CFDS 菜单中的"系统报告/测试"选项进行。

对于航线级维修,也通过 MCDU 在座舱内完成测试,只是此时需要由技术水平更高的人员来执行。

在基地级,除了需要了解上述航线维修时所需的信息外,还需要清楚下列几方面的情况:

- "历史记录"报告中后 63 条飞行记录所涉及的故障设备的背景(CFDIU 最高可存储 63 条记录或 200 个故障)。
- 与各故障有关的查故数据。这些数据构成故障发生时系统环境的一个快照(如飞机技术状态、阀门位置等)。这些信息可从 MCDU 上的"系统报告/测试"上获得。
- 第三类故障数据。第三类故障存在与否可从"航空电子设备状态"上知道,其详细信息可在"系统报告/测试"上得到。

对于基地级维修,不能利用 CFDS 和(或)MCDU 获取相关信息。在基地级,这类工作只能通过万用测试仪进行。

6.6.5 通过打印、磁带/磁盘、ACARS 输出 BIT 信息

前面介绍的几种 BIT 信息采集方法要通过驾驶员或维修人员读取、记录,才能得到可靠性分析所需要的信息。在大型武器系统上可自带打印机、磁带记录器或软盘驱动器等,这样就可以直接完成 BIT 信息的记录了。

1. B-1 飞机中央综合测试系统(CITS)的打印机和磁带记录器

CITS 的数据传播由控制显示板、机载打印机及磁带记录器完成,每个设备都提供一种专用数据。

控制显示板向机组人员提供有关工作分系统的信息,以及向维修人员提供测试信号值并帮助他们确定发生故障的设备。这些信息利用 50 个分屏视图开关器、124 个发光指示器和 1 个 20 字符宽白炽灯字母显示器给出。

机载打印机为维修人员提供一个故障事件的硬拷贝及故障事件的时间信息,为维修人员确定发生故障的设备提供支持。此外,还可在飞行前和飞行后人工插入数据。打印机数据在计算机控制下被格式化并传送给以"请求"方式工作的打印机。

磁带记录器用于记录飞机发生的重大事件，如故障或飞行模式更改时的故障事件和测试信号值。它为进行下述工作提供与地面处理相兼容的计算机格式：发动机趋势分析，太复杂以致无法利用机上设备进行隔离的故障分析，计算机产生的维修工作指令和后勤管理数据。该记录器的数据在计算机控制下被格式化并传送到以"请求"方式工作的记录器中。

由CITS所检测的所有故障数据（故障系统、故障LRU、故障时间和有关信息）打印在纸带上，并记录在磁带记录器中，以便为维修人员指明要求维修的区域和可能要求采取的改进措施。3个相继存储器抽点打印（每个抽点打印有3 000个字长），从故障时刻开始以30 s的时间间隔记录在磁带记录器中，这种程序对每个故障都重复进行。飞机着陆后，机长将CITS打印结果和维修记录器磁带装置取下，然后再装上一个新的维修记录器磁带装置，所拆下来的维修记录器磁带装置送到地面处理站进行处理，这项工作可在30 min内完成。

此外，B747－400、B777、A310、A320、A330/A340等飞机都设有机载打印机或打印机接口，用于打印所需要的BIT信息。

2. A330/A340飞机所装的磁盘驱动器

A330/A340飞机状态监控系统（ACMS）还装有一个多功能磁盘驱动装置，其主要作用是帮助数据管理装置（DMU）和地面PC之间通过3.5 in软盘传送数据和提供各种DMU功能。DMU内部装了灵巧的记录器，它是一个3 MB、带后备电池的随机存取存储器。在A330/A340中有47条ARINC429数据总线与ACMS相连。所以，它可以：

- 采集3 300个ARINC429数据字，12 900个参数（数字的和离散的）；
- 在多功能控制显示装置上显示参数、显示打印；
- 产生17种标准的打印报告；
- 将记录器数据和各种报告数据转存到软盘上。

3. 飞机通信询问与报告系统（ACARS）

ACARS是空地信息传输系统，可有效地将BITE信息在飞机落地之前就传输给地面维修人员，以便其尽早了解飞机的故障情况，提前进行维修准备，提高飞机出勤率。

由于各航空公司对ACARS要求不尽相同，因此空中客车公司为A320飞机制定了一种工业安装标准（ARINC724B），以便客户利用自己的ACARS装置对与该标准要求相一致的中央故障显示系统（CFDS）和其他信息进行格式化处理。

如果在某架飞机上装有ACARS，那么其MCDU通常会有所改变，以便机组人员向地面发送故障信息。

发送故障信息通常包括下面几种情况：

① 在飞行中，实时地将CFDS所记录的故障信息传送给地面，这种传送是自动的，通常不会给机组人员增加负担。

② 在飞行结束时，传送"飞行后报告"。这种传送通常由机组人员手动控制，但当第2台发动机停车时，这种传送会自动进行。这种传送便于航空公司维修部门自动记录各飞行记录中的故障。

③ 在飞行结束后，传送个别"系统"报告。这种传送常借助于MCDU菜单中的"系统报告/测试"进行人工传送，这对解决维修中出现的难题是非常有用的。例如，如果机上维修人员发现一种故障很难查找，那么他可以通过ACARS将数据传送给维修基地以寻求帮助。

对于以上3种传递方式，各航空公司可以根据自己的情况选择使用。此外，B747－400飞机、A330/A340 飞机也设有 ACARS。

6.6.6 利用维修辅助装置输出和采集 BIT 信息

对于歼击机等有效载荷不大的武器系统,设置机载打印机或磁盘驱动器存在困难,一般都把 BIT 信息存储在非易失存储器中,这时就需要用以计算机为基础的外部维修测试设备来采集 BIT 信息。

例如某型飞机的飞行控制系统,设有专用地面维修辅助装置,如图 6-52 所示,其主要功用如下:

- 启动 MBIT,实现维修人员与飞控系统之间的接口;
- 显示故障信息;
- 打印或转存(复制)故障信息;
- 飞控系统存储内容的擦除、变量跟踪与显示;
- 进行飞行前测试以及传感器、作动器、开关等的交互测试;
- 其他专用功能。

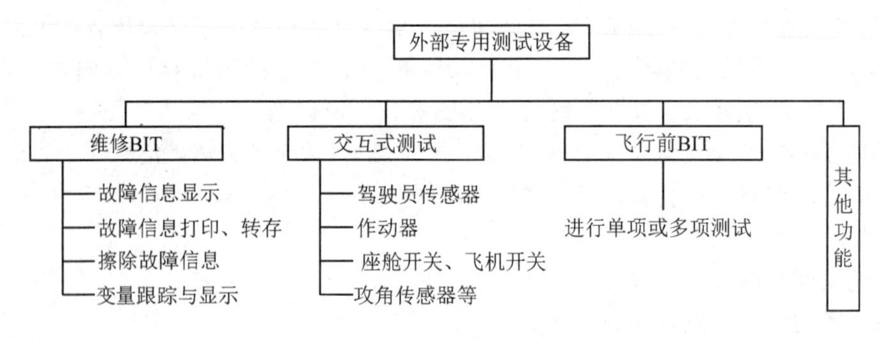

图 6-52 飞控系统的测试设备

6.7 机内测试系统应用实例

BIT 在工程上应用于各种系统中,本节将从模拟系统、非电子系统、F-16 战斗机、F/A-18 战斗机、"狂风"战斗机、B-1A 轰炸机、F-35 战斗机、A320 客机、B747-400 客机、B777 客机和航天器等方面,对机内测试系统(BITS)进行介绍。

6.7.1 模拟系统的 BITS

模拟电路组成的系统本身没有微处理器和微型计算机,不像数字系统那样可以方便地利用系统本身的计算处理能力设计 BIT。模拟系统的传统测试方法是设计硬件监测电路和测试点,用状态监控板(包括指示灯、仪表或测量器等)和外部测试设备进行诊断,如图 6-53(a)所示。这种方法一般是半自动故障检测、人工故障隔离,要求有技术手册和较高水平的维修人员,测试重复性和兼容性低。模拟系统的现代测试方法如图 6-53(b)所示,系统内部设置了 BIT 专用微处理器和 A/D 变换等接口电路,外部与中央控制计算机相连。这种方法可以自动检测与隔离故障,对维修人员技术水平要求较低,测试重复性与兼容性高,并且可以支持远程维修。

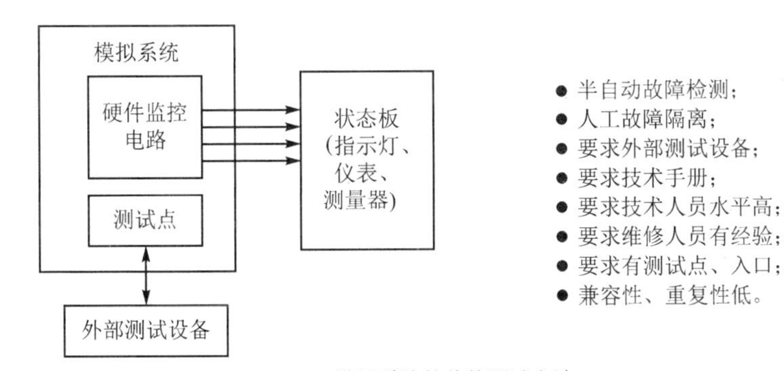

(a) 模拟系统的传统测试方法

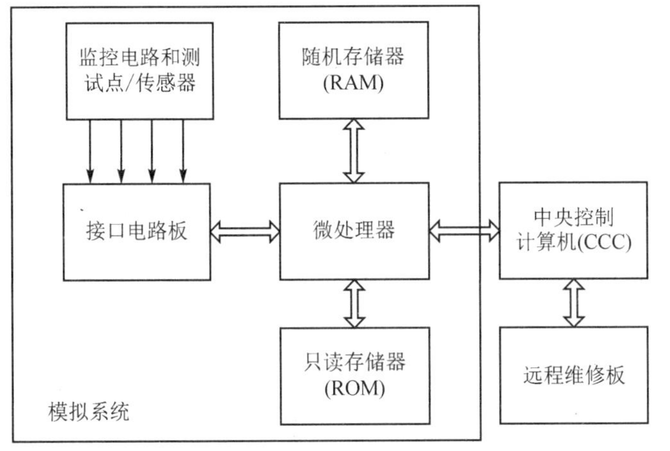

- 自动故障检测；
- 自动故障隔离；
- 自装独立的测试算法和硬件；
- 对技术人员水平要求较低；
- 兼容性、重复性高；
- 支持远距离维修。

(b) 模拟系统的现代测试方法

图 6-53　模拟系统和设备的 BITS

6.7.2　非电子系统的 BITS

非电子系统包括燃油控制系统、油量测量系统、液压系统、环控系统、电源系统、应急动力系统等。这些系统的第一个特点是都包含机械、液压、机电等组成部分，其功能和特性参数要通过传感器获取并变成电信号才能进行分析判断和显示。第二个特点是多数系统不具有微处理器，部分有少量电路或微处理器；其处理能力有限，故障检测与隔离的分析判断需要公用监控计算机的支持。

所以，非电子系统的 BITS 方案是：各个要测试的分系统和设备设置机内测试设备(BITE)，如传感器、测试点、监测电路、信号变换电路、简单诊断程序(有微处理器的分系统)等；另外，还要设置公用监控计算机、多功能显示器和数据记录/存储装置。公用计算机负责接收各分系统送来的 BIT 信息，完成必要的分析和处理后再送去显示和记录。

图 6-54 所示为国外某型军机非航空电子系统的 BITS 构成方案，其中有的分系统(如环控系统)还设有关键特性的告警灯，有的分系统还有数据记录装置，有的分系统只需监控处理机传输信息，而有的分系统可能还需要监控处理机分析判断故障，这取决于各分系统的特性及其 BITE 能力。

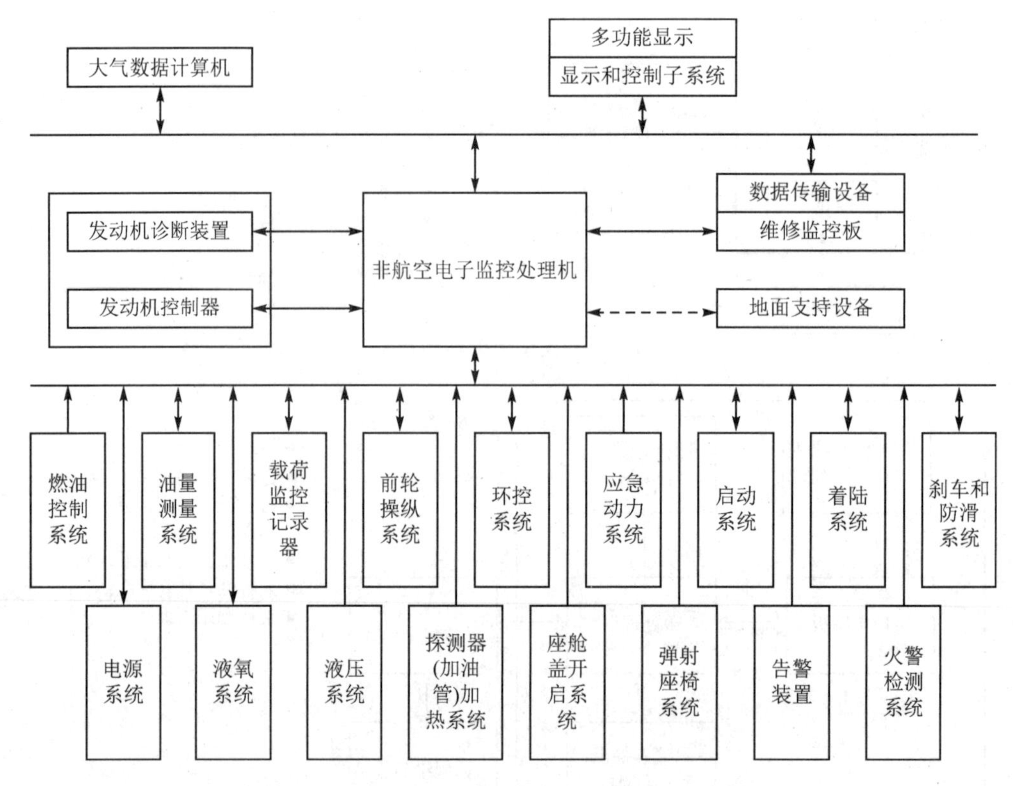

图6-54 国外某型军机非航空电子系统的BITS构成方案

6.7.3 F-16战斗机的BITS

F-16战斗机在航空电子系统和飞控系统的设计中都应用了BIT技术,以实现飞行中和外场维修的故障诊断。本小节以F-16战斗机的飞控系统为例,介绍其BITS的构成。

F-16战斗机飞控系统的BITS结构组成如6-55所示,主要包括飞控计算机(FLCC)、飞行控制板(FLCP)和电子组件(ECA)。

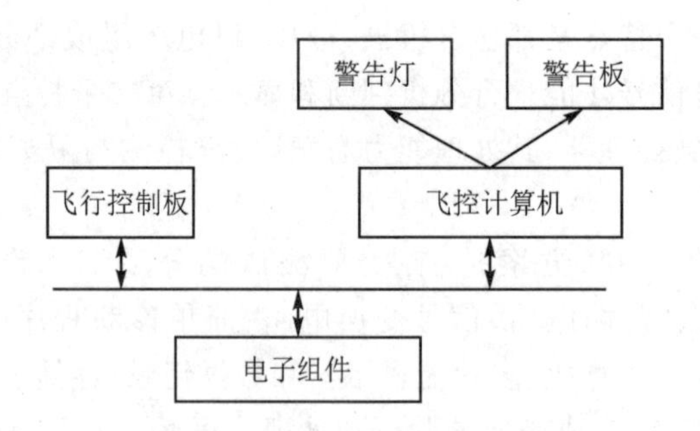

图6-55 F-16战斗机飞控系统的BITS结构组成

(1) 飞控计算机

飞控计算机是飞控系统的主要部件,由接收输入信号的电子设备组成。这些输入信号来自基本的飞行员命令、配平命令、自动驾驶仪命令、惯性系统传感器和大气数据传感器。

在飞控计算机表面有一个故障指示器面板,该面板包含警告灯和警告板,用于指示飞控系统相应通道出现的故障。

(2) 飞行控制板

飞行控制板装于驾驶舱的左侧,包括控制开关和指示器,可以检测和补偿某个飞控系统故障,完成并监视飞行前自测试。

(3) 电子组件

电子组件位于左前设备舱中,其中的信号监控用于检测三层传感器信号中的单一或双重故障,并点亮驾驶舱中的告诫和(或)告警灯。在双重故障情况下自动将增益逻辑与飞控计算机接通,并将前缘襟翼定位。前缘襟翼的单一故障命令点亮告警灯并关闭故障命令。前缘襟翼的双重故障命令关闭两个故障命令并将前缘襟翼锁定在其现在的位置上。

电子组件包含一个微处理器、一个工作存储器和一个非易失性存储器,用于记录飞控系统状态。电子组件内的存储器电路系统与飞控计算机内的存储器电路系统具有类似功能。电子组件将在起飞时存储数据,在飞行过程中继续存储数据,当存储器溢出时具有改写能力。

6.7.4　F/A-18 战斗机的 BITS

F/A-18 战斗机在设计初期就对 BIT 设计提出了明确的目标和设计要求,其 BITS 框图如图 6-56 所示,具体包括:武器可更换组件(WRA)BIT、维修监控板、状态监控系统、任务计算机(MC)和显示器。

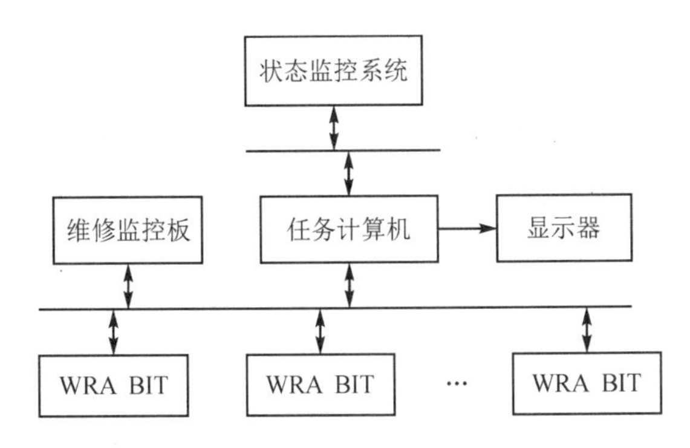

图 6-56　F/A-18 战斗机的 BITS 结构框图

(1) WRA BIT

F/A-18A 战斗机中有 41 个 WRA 包含 BIT,而在 F/A-18B 战斗机中有 58 个 WRA 包含 BIT。故障既在 WRA 本身显示,又在前轮舱的维修监控板上显示。

(2) 维修监控板

前轮舱中的维修监控板在任一时刻可以处理 990 个不同的故障代码和存储 62 个故障代码。使用时,只要按下显示按钮,即可对所触发的故障代码进行显示。

(3) 状态监控系统

状态监控系统主要针对训练目的的 19 个空对地和 13 个空对空战术参数,及用于度量应力和性能趋势分析的某些机体与发动机参数进行监控,并对飞行员进行实时显示。

(4) 任务计算机和显示器

通过任务计算机和显示器,可以向飞行员实时显示故障信息。在 F/A-18A/B 战斗机中,利用状态监控系统和显示器就可以将各种注意事项、建议和 BIT 信息显示给驾驶员;另外,显示器还可以作为启动BIT、维修BIT和存储器检查的控制板。

6.7.5 “狂风”战斗机的BITS

“狂风”战斗机的BITS功能是可以通过飞机检查和监控(OCAM)系统实现的。飞机检查和监控系统能对机载航空电子系统和某些非航空电子系统进行故障检测和隔离,能将故障隔离到LRU或分系统,并显示和存储有关故障数据,利用BIT对各分系统、各分系统间的接口以及整个系统进行检查。整个OCAM系统由BIT、中央维修控制板(CMP)、中央告警系统(CWS)和事故记录器等部分组成,如图6-57所示。

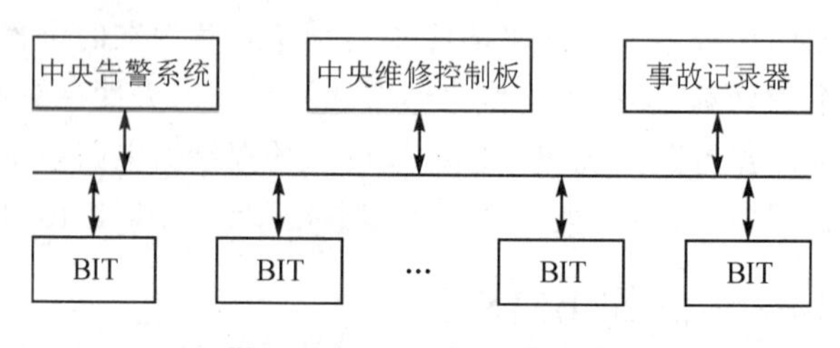

图6-57　OCAM系统框图

(1) BIT

BIT是与航空电子设备和某些非航空电子设备组成一体的自检测设备,具有连续BIT(C-BIT)的能力。C-BIT能连续监控被测设备的性能,并显示(光与声音警告)被发现的故障。

(2) 中央维修控制板

无论是航空电子设备还是非航空电子设备的LRU,它的工作状态信息都要存储在中央维修控制板上。当某一LRU发生故障后,中央维修控制板将使显示器对故障作出说明并进行锁存,以便维修人员对被检测到的故障采取纠正措施。中央维修控制板还显示飞行操纵系统和增稳系统BIT的信息,准确指示有故障的LRU。

(3) 中央告警系统

中央告警系统通过平视仪显示器上的显示、音响警告以及前后座舱的中央告警板上的警告灯等方式向驾驶员发出警告。

(4) 事故记录器

事故记录器是一台数字式记录设备,可将飞机和航空电子设备的参数存储在磁带上,并有一个通道来记录驾驶员的声音,以用于地面的事故征候分析。

6.7.6 B-1A轰炸机的BITS

B-1A轰炸机的BITS为机载中央综合测试系统(CITS)。CITS是一个与飞机航空电子系统和非航空电子系统相连,但又完全独立的测试系统,它是通过一个机载数字计算机和一个存储的实时软件来对飞机实施测试的。

图6-58给出了B-1A轰炸机的CITS系统框图,其组成主要包括:CITS计算机、5个数据采集装置(DAV)、控制和显示板(CCD)、机载打印机(AP)和维修记录器(CMR)。

(1) CITS计算机

CITS计算机控制所有CITS功能的执行,CITS所使用的测试信号在计算机控制下分别

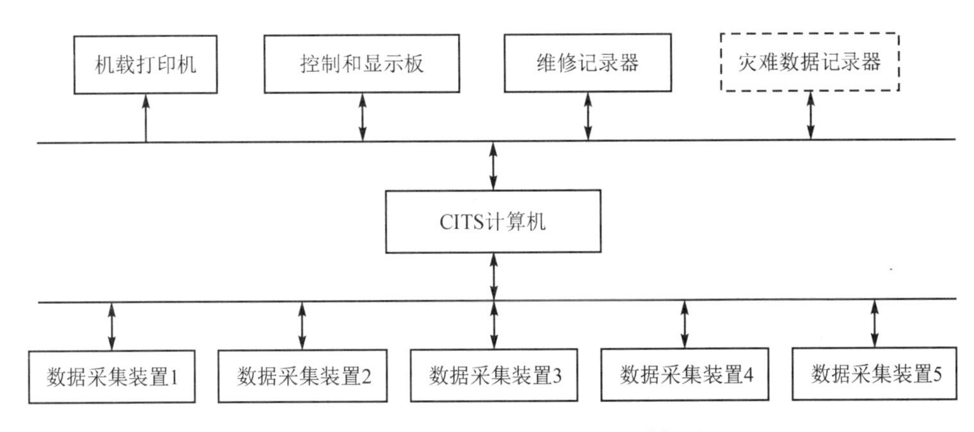

图 6-58　B-1A 轰炸机的 CITS 系统框图

获得。

(2) 数据采集装置

数据采集装置是 CITS 与 B-1A 轰炸机分系统间的基本接口，主要提供采集和生成计算机存储器所接收的数据所需的基本测试信号寻址和转换。

(3) 控制和显示板

CITS 控制和显示板向机组人员提供有关工作分系统的信息，以及向维修人员提供测试信号值并帮助他们确定出现故障的设备。

(4) 机载打印机

机载打印机为维修人员提供一个故障事件的硬拷贝及故障事件的时间，并为维修人员确定出现故障的设备提供支持。此外，也可以在飞行前和飞行后人工地插入数据。打印机数据在计算机控制下被格式化并传送给以“请求”为基础的打印机。

(5) 维修记录器

维修记录器用于记录飞机发生的重大事件，如出现故障或飞行模式更改时的故障事件和测试信号值。

6.7.7　F-35 战斗机的 BITS

F-35 战斗机的 BITS 采用机载 PHM 系统实现。如图 6-59 所示，机载 PHM 系统分 3 个层次：最底层是分布在飞机各分系统部件中的软、硬件监控程序(传感器或 BIT/BITE)；中间层为区域管理器；顶层为飞机平台管理器。

(1) 最底层的软、硬件监控程序

最底层作为识别故障的信息源，借助传感器、BIT/BITE、模型等检测故障，将有关信息直接提交给中间层的区域管理器。

(2) 中间层的各区域管理器

各区域管理器具有信号处理、信息融合和区域推理机的功能，是连续监控飞机相应分系统运行状况的实时执行机构。F-35 战斗机的机载 PHM 系统包括飞机子系统、任务子系统、结构、推进子系统等几种 PHM 区域管理器软件模块。

(3) 顶层的飞机平台管理器

飞机平台管理器宿驻在 ICP 中，通过对所有系统的故障信息的相互关联，确认并隔离故障,最终形成维修信息和供飞行员使用的知识信息,传给地面的ALIS;ALIS据此来判断飞机的安全性,安排飞行任务,实施技术状态管理,更新飞机的状态记录,调整使用计划,生成维修工作项目,以及分析整个机群的状况。

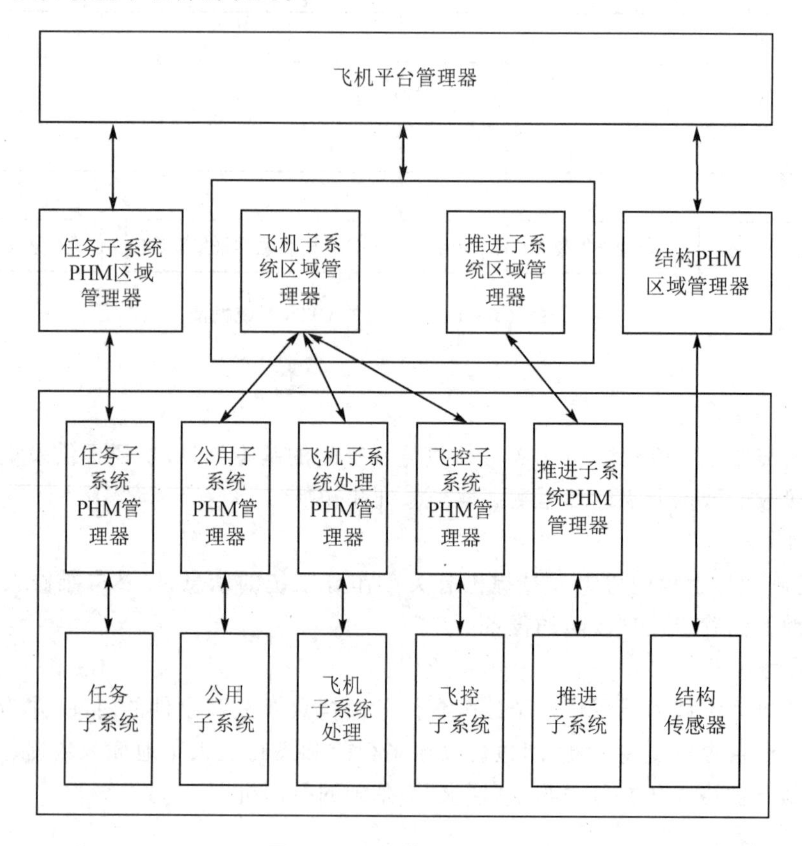

图6-59 机载PHM系统

6.7.8 A320客机的BITS

A320飞机的BITS是通过机载测试/维修系统实现的,机载测试维修系统由各功能系统的BITE、多功能控制显示装置(MCDU)、中央故障显示接口装置(CFDIU)和备选接口装置组成。其构成原理如图6-60所示。

机上各功能系统内设有BITE,负责本系统的故障检测与隔离。BITE与CFDIU相连接。1型系统用ARINC429总线与CFDIU交换输入/输出信息;2型系统由PRINC429总线输出,输入信号是离散型的,如启动测试等;3型系统不用总线,而是用离散的输入/输出线与CFDIR交换信息。

CFDIU是一台中央计算机,装在电子设备舱中,通过双向总线等与各航空电子设备的MCDU相连,传输控制指令和各个BITE给出的信息。

MCDU是各系统BITE与维修人员之间的接口装置,有键盘控制器和至少具有12行24个字符的显示器。维修人员利用它可以调用故障及相关数据,按选项菜单进行测试。MCDU通常装在座舱内,也可以装在设备舱内。MCDU项目菜单的典型排列顺序如下:

① 初始项目单——当系统接通时提供下列备选内容:

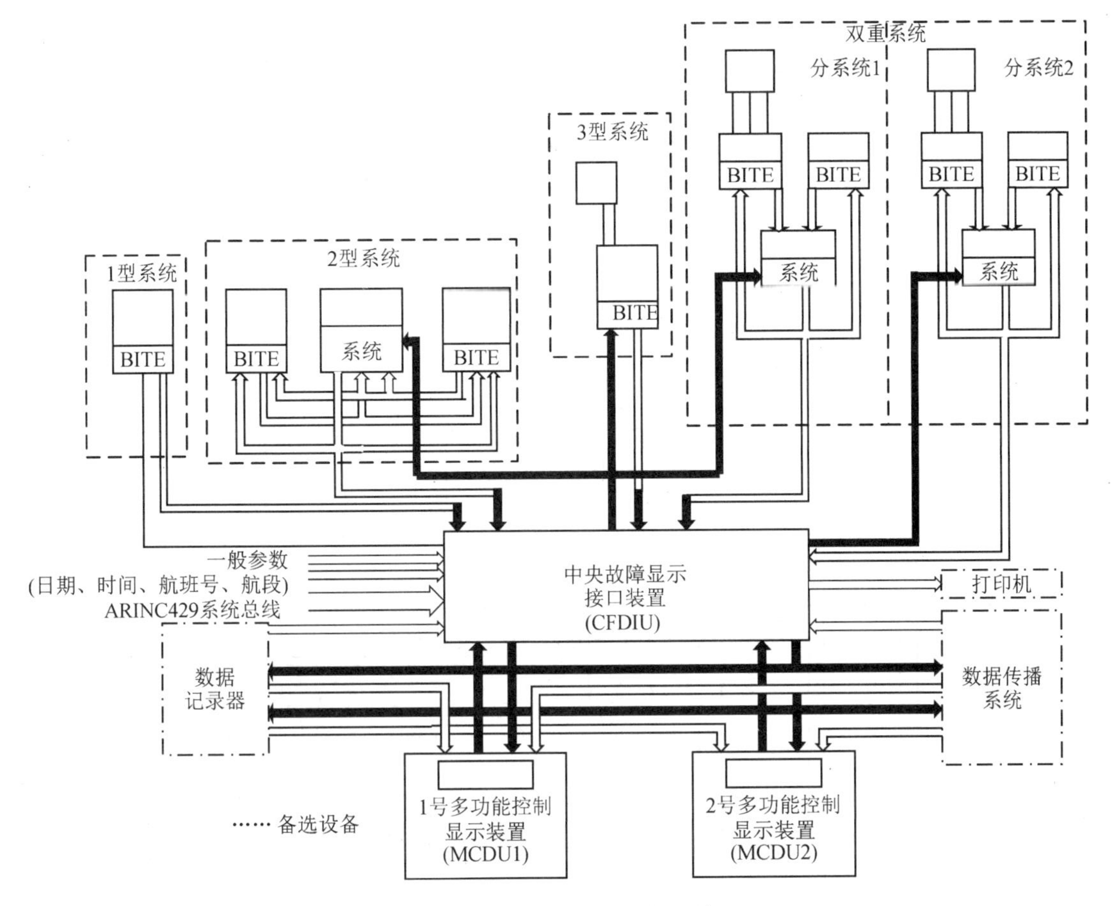

图 6-60 机载测试/维修系统

- 连接到该系统的所有 LRU；
- 最后一个航段报告有故障的所有 LRU；
- 与某一座舱反应相关的所有故障报告；
- 已报告但未再出现的间歇故障；
- 在最初几个航段报告有故障的所有 LRU。

② LRU 询问——在报告有故障的 LRU 中，操作人员可以选某一个 LRU 进一步仔细查询如下内容：

- 最后一个航段的故障状态；
- 前几个航段的故障状态；
- 通电或重新测试；
- 装置验证测试；
- 系统性能测试；
- 读出详细数据。

③ LRU 测试或显示——从 LRU 询问菜单中选择所要求的测试或数据显示。中央计算机向 LRU 发送命令，执行相应的动作并将测试结果或数据送给显示器以显示给操作人员。另外，A320 飞机的 BITS 还有备选的接口装置，如打印机、数据记录器、飞机通信询问与报告

系统(ACARS)等。

6.7.9 B747-400客机的BITS

B747-400客机的BITS设计特点是各机载系统都配有BITE,并采用中央维护系统(CMS)完成故障信息处理与存储功能。CMS由中央维修计算机(CMC)、综合显示系统(IDS)、控制显示单元(CDU)、接口装置(EIU)、各机载系统BITE、输入/输出设备等组成。

B747-400的机上系统构成及与CMC接口的关系如图6-61所示。

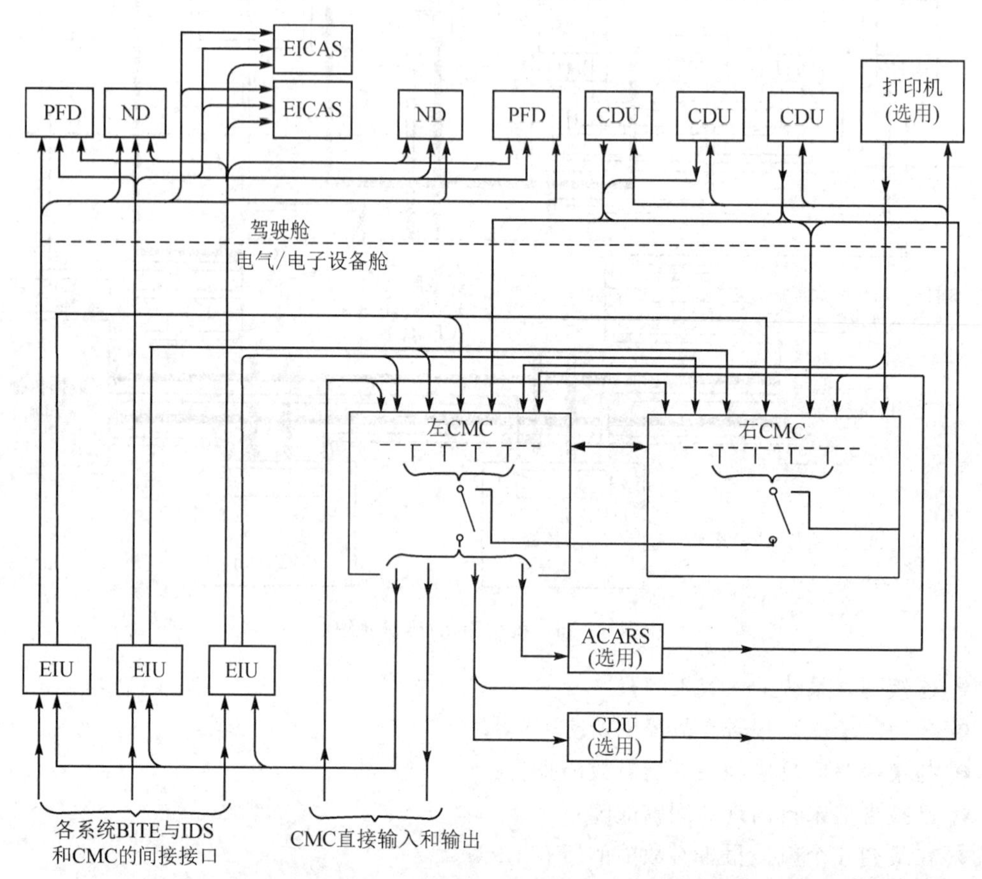

CMC—中央维修计算机(2台);CDU—控制显示单元(3~4个);EIU—接口装置;ACARS—飞机通信询问与报告系统;ND—导航显示器(2个);IDS—综合显示系统(包括6个CRT显示器);EICAS—发动机指示与机组报警系统(2个);PFD—主飞行显示器(2个)

图6-61 B747-400的机上系统构成及与CMC接口的关系

CMS中有70个机载系统的140多个LRU与CMC接口,各BITE监测各系统自身及其接口信息,不断地由CMC处理与评估。CMC要处理约6500个预定的逻辑方程,把众多的原始检测信息变换为简单的维修信息,主要手段是:

① 去掉关联故障。例如,汇流条发生故障会引起几个系统不工作,CMC分析逻辑能防止把问题错误地归咎于不工作的系统。

② 把起源于同一故障的数个报告归并成系统级单一故障信息。例如惯性基准系统故障时,与其接口的数个系统中的每个系统都会报告故障信息,CMC的分析逻辑会将这些报告归并为单个惯性基准系统故障信息。

③ 将 LRU 故障与适当的机组报警（飞行面板效应）关联起来。例如惯性基准系统故障产生数个飞行面板效应，CMC 逻辑会将单个惯性基准系统故障与它引起的机组报警关联起来。

CMC 分析处理的结果分为 3 种：隔离到具体 LRU 的故障；隔离到 LRU 间接口的故障；机载系统出现的异常状态，如液压系统溢出。信息处理结束后就产生由每个故障及有关信息组成的数据库，分为当前故障、当前航段故障和故障历史。可以通过控制显示单元（CDU）菜单的提示，查询上述三类故障信息。每个成员系统把检测到的故障根据维修需要分成两类：

① 与车间维修有关的故障，即隔离到 LRU 内部的组件或部件（SRU）的故障。故障数据存储在非易失存储器中，以便以后在机上或车间读出；同时归并产生与外场维修有关的故障。

② 与外场维修有关的故障，即需要外场维修人员修复排除的故障。这类故障由成员系统及时输入到 CMC，进行故障归并处理，并与机组报警相关联。

6.7.10　B777 客机的 BITS

新型双发宽体客机 B777 的 BITS 称为机载维修系统（OMS），是在 B747 – 400 飞机的 CMS 基础上发展而成的。它由各机载系统的 BITE、中央维修计算机（CMC）、维修存取终端（MAT）和几个其他接口系统和设备组成，如图 6 – 62 所示。能够与 CMC 接口的系统和设备有：电子图书馆系统、驾驶舱打印机、数据输入器/数据检索器、驾驶舱事件按钮、驾驶舱效应监控和数据链路装置等 OMS 支持设备。飞机状态监控系统作为 OMS 的一部分，主要负责收集、处理、输出非电子系统的数据，是保障 OMS 功能和良好工作的不可缺少的组成部分。

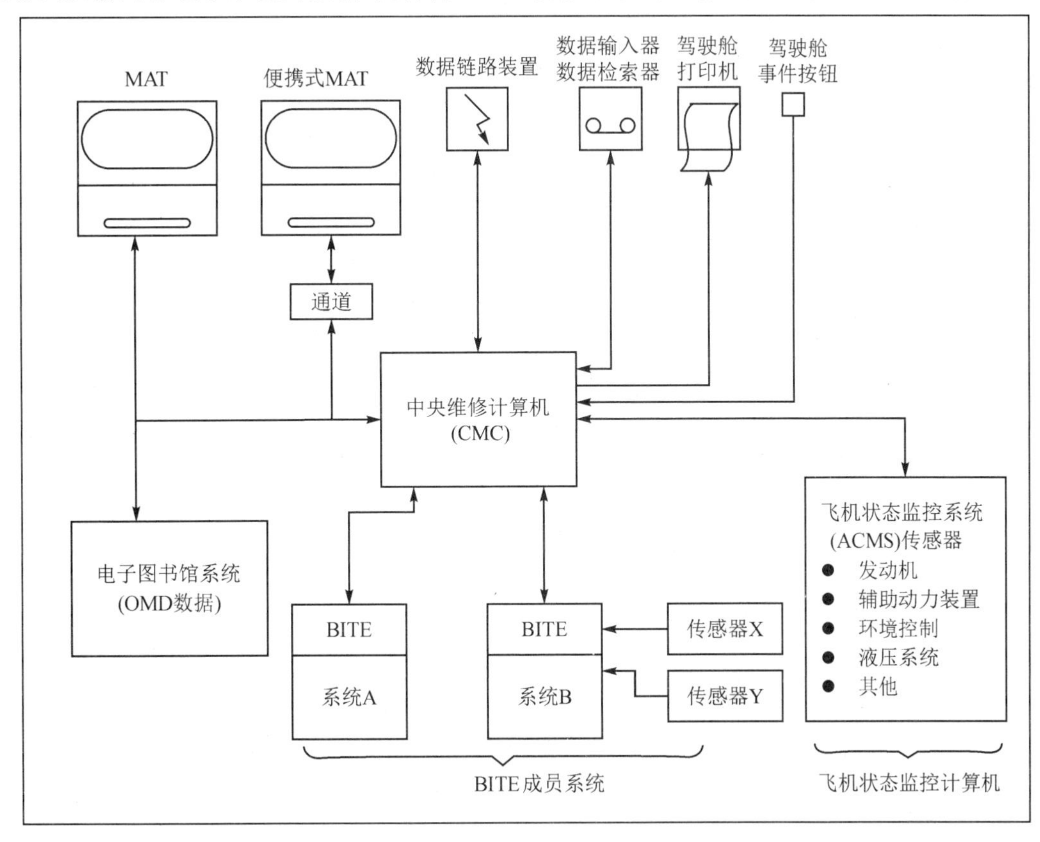

图 6 – 62　B777 客机的 OMS

各个机载系统(成员系统)LRU的BITE只检测LRU级故障,不检测系统级故障及性能测试。各BITE将检测得到的信息分别发送给EICAS和CMC,EICAS产生飞机异常的告警信息,CMC负责产生维修信息。CMC收集、处理、存储的信息涉及87个系统200个LRU,经过分析处理后用于:①建立BITE与维修人员之间的联系;②建立维修信息及其与EICAS之间的联系;③分析LRU故障,产生故障文本供维修人员使用。维修人员通过MAT屏幕、鼠标或键盘与CMC进行人机对话,显示菜单采用分层结构,如图6-63所示。除了固定连接的MAT外,在前起落架、主起落架、电子设备舱、驾驶舱仪表板、安定面舱等部位还设有供便携式MAT用的电缆插座,为维修人员提供最大的方便。此外,从飞机操纵侧面的显示器上也可以访问维修数据信息,还可以通过机上无线通信系统自动向地面工作站报告维修信息。

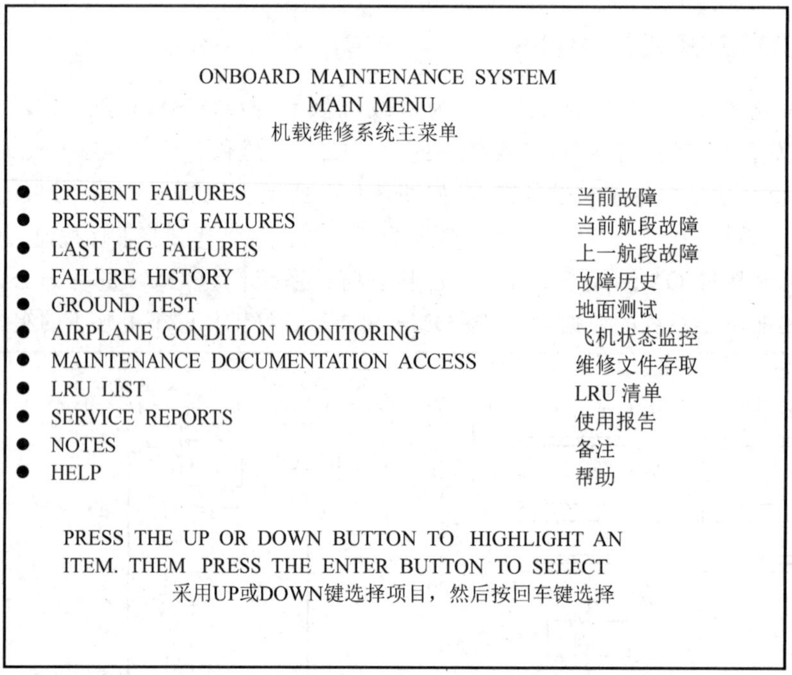

ONBOARD MAINTENANCE SYSTEM
MAIN MENU
机载维修系统主菜单

● PRESENT FAILURES	当前故障
● PRESENT LEG FAILURES	当前航段故障
● LAST LEG FAILURES	上一航段故障
● FAILURE HISTORY	故障历史
● GROUND TEST	地面测试
● AIRPLANE CONDITION MONITORING	飞机状态监控
● MAINTENANCE DOCUMENTATION ACCESS	维修文件存取
● LRU LIST	LRU清单
● SERVICE REPORTS	使用报告
● NOTES	备注
● HELP	帮助

PRESS THE UP OR DOWN BUTTON TO HIGHLIGHT AN ITEM. THEM PRESS THE ENTER BUTTON TO SELECT
采用UP或DOWN键选择项目，然后按回车键选择

图6-63　B777客机的OMS主菜单

6.7.11　航天器的BITS

航天器的BITS采用航天器综合健康管理(IVHM)实现,IVHM的通用结构层次如图6-64所示。

IVHM系统主要由运载器健康管理(LVHM)和太空梭健康管理(SCHM)组成,每个系统都有对应的机载系统,二者的详细组成相同,包括放弃管理,故障检测、隔离和修复,机组人员状态告警功能,地面状态告警仪器等。

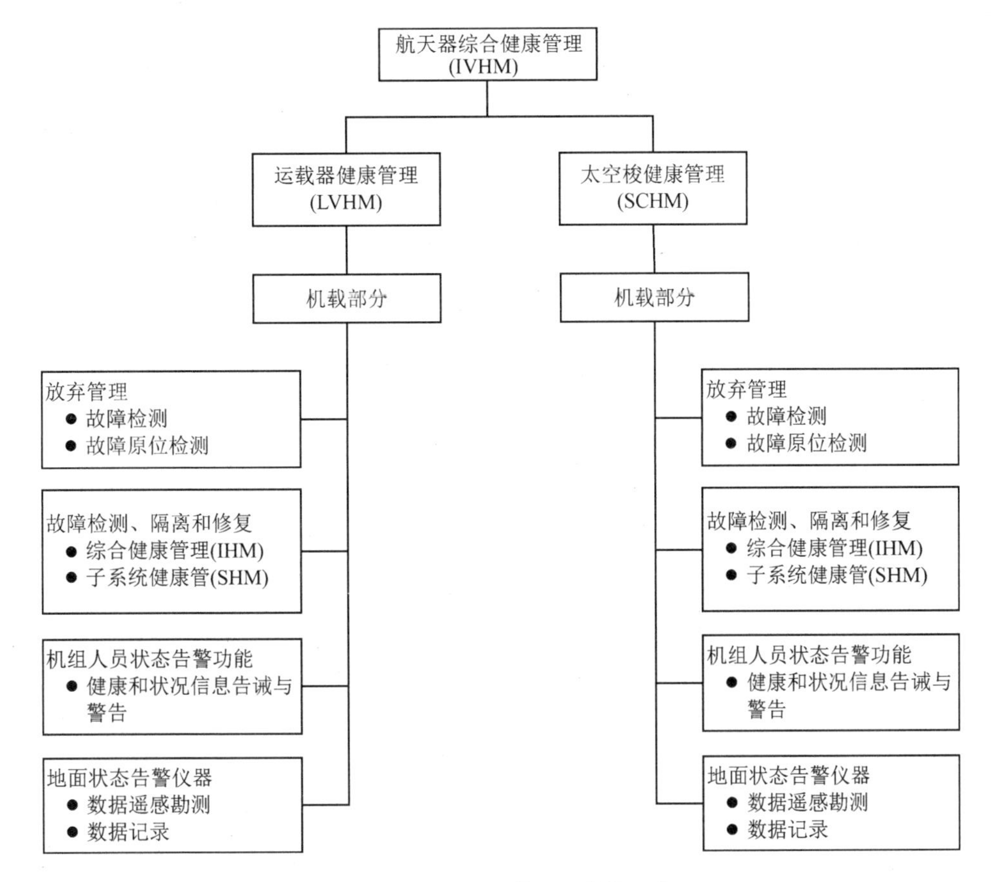

图 6-64　IVHM 的通用结构层次

习　题

1. BITS 的类型有哪些？各有何特点？
2. BIT 设计包括哪些内容？
3. BIT 总体设计中应考虑的功能包括什么？
4. BIT 用于状态监测、故障检测、故障隔离、故障预测时，其测试流程有何不同？
5. 常用的 BIT 技术有哪些？各有什么特点？又有哪些共同点？
6. 有哪些减少虚警的措施和方法？你认为较为实用和有效的是哪几种方法？
7. BIT 信息内容具有哪些特点？
8. BIT 信息输出方式主要有哪些途径？

第7章　外部测试设计

7.1　外部测试的分类

外部测试是指在系统外部通过测试仪器、工具和设备进行的故障检测和隔离的测试，包括外部自动测试、人工测试和远程测试。

(1) 外部自动测试

外部自动测试通常是借助自动测试设备(ATE)完成的故障诊断测试。ATE是用于自动完成对被测单元(UUT)故障诊断、功能参数分析以及性能下降评价的测试设备，通常是在计算机控制下完成分析、评价并给出判断结果，使人员的介入减到最少。ATE与UUT是分离的，主要在中继级和基地级维修使用，把UUT送到有ATE之处，或者把ATE送到UUT集中维修的地方。实现ATE故障诊断的关键之一是测试程序集(TPS)，包括在ATE上启动并对UUT进行测试所需要的测试性程序软件、接口适配器硬件，以及操作顺序和指令等说明资料。

(2) 人工测试

人工测试是指以维修人员为主进行的故障诊断测试。BIT和ATE往往不能达到百分之百的故障检测与隔离能力，经常有些难于实现自动检测的故障模式或部件，需要人工测试方法进行准确的检测和隔离。人工测试通常需要使用故障隔离手册(或故障处理手册)指导开展排故工作。

(3) 远程测试

远程测试是指利用无线通信和现代网络技术将被测系统的信息传送到远程服务中心或者终端上执行的故障诊断测试，包括全自动化的测试判别、半自动化的人工介入测试判别以及非自动化的人工监测与判别等。

实现上述外部测试的重要基础是被测系统设置了足够的测试点，提供了诊断判别所需的各种信号。本章重点介绍测试点设计、外部自动测试的测试程序集设计和兼容性设计，以及人工测试的故障隔离手册设计。

7.2　测试点的选择和设置

测试点(TP)是测试UUT用的电气连接点，包括信号测量、输入测试激励和控制信号的各种连接点。

要想知道UUT的工作是否正常，只要检测其功能和输出特性即可。而当UUT存在故障时，要检测其各组成单元的输出特性和功能才能隔离/定位故障。所以，初选测量参数和对应测试点时，应将代表UUT功能和特性的输出选作故障检测用的测量参数和测试点，而UUT内各组成单元的功能和特性输出选为故障隔离用的测试参数和测试点。当复杂系统和设备分为三级维修时,三级维修对应测试产品的 3 个层次。中继级测试对象为 LRU,其检测用测试点一般是系统级隔离用测试点的一部分,而其隔离用测试点往往又是所属 SRU 的检测用测试点。所以三级 UUT 之间的测试点应注意统筹考虑,不要重叠设置过多的测试点。对于某一级 UUT 而言,按上述思路初选的测试点中可能包括不必要的测试点,这主要取决于 UUT 的结构和诊断测试顺序,因此,初选测试点之后还要进行测试点的优选工作。

测试点是故障检测和隔离的基础,应根据使用需要适当地选择、设置测试点。

7.2.1　测试点的类型

根据设置的位置和用途不同,测试点可以分为:外部测试点和内部测试点,无源测试点和有源测试点等。

(1) 外部测试点

外部测试点是指引到 UUT(例如 LRU 级产品)外部并可与 ATE/ETE 连接的测试点,用于测量 UUT 输入/输出参数、加入外部激励或控制信号,进行性能测试、调整和校准。利用外部测试点可以检测 UUT 故障,并把故障隔离到 UUT 的组成单元。一般将这些测试点引到专用检测插座上或 I/O 连接器上。

(2) 内部测试点

UUT 内部测试点是指设置在 UUT 内组成单元(如 LRU 的 SUR)上的测试点。当外部测试点模糊隔离、达不到 100%的故障隔离时,可利用内部测试点做进一步的测试;此外,SRU 作为下一级维修测试的 UUT,其测试点即可用作外部测试点。SRU 的测试点可设在 SRU 边缘、内部规定位置和 I/O 连接器上。

(3) 无源测试点(测量)

无源测试点是指用于测量 UUT 功能特性参数和内部情况的一些电路节点,这类测试点用于观测时不能影响 UUT 内部和外部特性。例如 UUT 各功能块之间的连接点、余度电路中信号分支和综合点、扇出或扇入节点等均是无源的测量用测试点。

(4) 有源测试点(激励、控制)

有源测试点是指测试时用于加入激励或测试控制信号的电路节点或输入点,这类测试点允许在测试过程中对电路内部过程产生影响和进行控制。有源测试点主要用于:

① 数字电路初始化,即产生确定状态(例如重置计数器和移位寄存器等);

② 引入激励,如模拟信号、测试矢量等;

③ 中断反馈回路;

④ 中断内部时钟,以便从外部施加时钟信号。

(5) 无源/有源测试点

这种测试点主要用于数字总线结构中,在测试过程中可以用作有源或无源测试点。设备作为一个总线器件连接到总线本身,在有源状态,它是一个对话器或控制器;在无源状态,它是一个接收器。

7.2.2　测试点的要求

UUT 测试点设置的总要求包括两方面:一方面是必须满足故障检测与隔离、性能测试、调整和校准的测试要求;另一方面是必须保证 UUT 与 ATE/ETE 的测试兼容性要求相一致。

具体说来,选择与设置的测试点应有如下特性和功用:

① 能够确认 UUT 是否存在故障,或性能参数是否有不允许的变化。

② 当 UUT 有故障时,用于确定发生故障的组成单元、组件或部件。

③ 可对 UUT 进行功能测试,以保证故障或性能参数的超差已消除,UUT 可以重新使用。

④ 利用 ATE/ETE 对 UUT 进行测试时,应保证性能不降低,信号不失真;加入激励或控制信号时,应保证不损坏 UUT。

⑤ 功能/性能参数测试点设在 UUT 的 I/O 连接器上,正常传送输入和输出信号。除此之外的维修测试点设在专用检测插座上,传送 UUT 内部特征信号。印制电路板上可设置用测试探针、传感头等进行人工测试的测试点,主要用于模块、元件和组件的故障定位,这类测试点应保证便于从外部可达。

⑥ 设置的测试点还应有作为测量信号参考基准的公共点,如设备的地线。

⑦ 数字电路的测试点与模拟电路的测试点应分开,以便于独立测试。

⑧ 高电压或大电流的测试点,应与低电平信号的测试点在结构上隔离,并注意符合安全要求。

⑨ 测试点上的信号(测量或激励)的特性、频率和精度要求,应与预定使用的 ETE/ATE 兼容。

⑩ 设置的测试点在相关资料和产品上应有清楚的定义和标记。

7.2.3 测试点的选择

测试点的选择与设计是测试性设计的一项重要工作,测试点设置的适当与否直接关系到 UUT 的测试水平、诊断测试时间和费用。系统/分系统、LRU 和 SRU 作为不同维修级别的 UUT 都应进行测试点的优选工作,选出自己的故障检测与隔离测试点。一般说来,UUT 的输入/输出或有关的功能特性测试接口是故障检测用的测试点,而 UUT 各组成单元的输入/输出或功能特性测试接口是故障隔离用测试点。这些隔离测试点也是 UUT 组成单元(下一级维修测试对象)的检测用测试点,所以应注意各级维修测试点之间的协调。

选择某一级维修 UUT 的测试点时,应进行的具体工作和步骤如下:

① 仔细分析 UUT 的构成、工作原理、功能划分情况和诊断要求,画出功能框图,表示清楚各组成单元的输入/输出关系,弄清相互影响。对于印制电路板级(SRU)UUT,可能需要电路原理图和元器件表等有关资料。

② 进行故障模式及影响分析(FMEA)并取得有关故障率数据。开始可用功能法进行故障模式及影响分析,由上而下进行。待有详细设计资料时,再用硬件法进行故障模式及影响分析,用以修正和补充功能法故障模式及影响分析的不足。每次分析都应填写故障模式及影响分析表格。

③ 在上述工作基础上初选故障检测与隔离用测试点。一般是根据 UUT 及其组成单元输入/输出信号及功能特性分析确定要测量的参数与测量位置或电路节点。其中,要特别注意故障影响严重的故障模式或故障率高的单元的检测问题。

④ 根据各测量参量的检测需要,选择确定测试激励和控制信号及其输入点。

⑤ 依据故障率、测试时间或费用优选测试点。选出测试点后应进行初步的诊断能力分

析，如果预计的 FDR 和 FIR 值不满足要求，还要采取改进措施。

⑥ 合理安排 UUT 状态信号的测量位置以及测试激励与控制信号的加入位置。一般 BIT 用的测试点设在 UUT 内部，不必引出来，而原位检测用测试点需要引到外部专用检测插座上，其余的测试点可引到 I/O 插座上。印制电路板的测试点可放在边缘连接器上或板上可达的节点上。

⑦ 为实现有效测试，还需要进一步完成的详细设计工作如下：

- 各测试信号如何耦合或隔离；
- 对噪声敏感的信号采用何种屏蔽或接地；
- 激励和控制用的有源信号如何选择与设计以及采用何种加入方法；
- 引出线数量有限制时，采用何种多路传输方法；
- 非电参量测量用传感器如何选择以及如何设计信号变换；
- 各测试点与测试设备接口适配器如何连接。

7.2.4　测试点的设置举例

(1) 可更换单元(RU)间的测试点

如图 7－1 所示，除测试输入/输出能检测故障之外，如果去掉测试点 TP1 或 TP3，就不能把故障准确定位到单个 RU 上了。

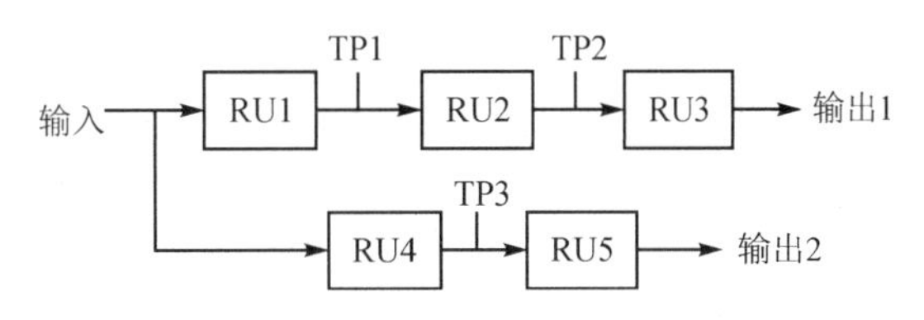

图 7－1　可更换单元或功能块间的测试点

(2) 余度电路的测试点

如图 7－2 所示，设置 TP1 或 TP2 可确定哪个余度支路发生故障。

(3) 混合电路的测试点

如图 7－3 所示，数字部分与模拟部分各自分开测试，这有利于故障隔离。

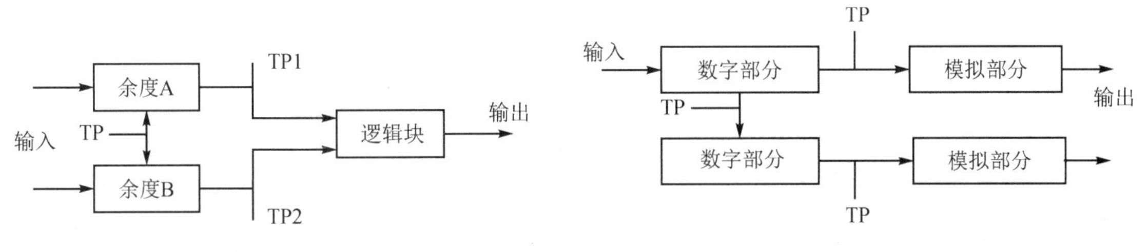

图 7－2　余度电路的测试点　　**图 7－3　混合电路的测试点**

(4) RAM 和 ROM 的测试点

如图 7－4 所示，测试点应位于 RAM 的地址、输入、输出和写启动线上，位于 ROM 的地址和输出线上。

(5) 优先选用提供有用信息多的测试点

如图 7－5 所示的电路，TP2 直接与 VCC 相连，得不到电路故障信息。TP1 通过电阻与 VCC 相连，所提供信息很少，不能用于判断三极管是否可工作，它只能反映三级管处于接通或关闭状态，TP1 也不能判断电容的另一输入端是否发生故障。所以，应去掉 TP1 和 TP2。TP3 可用于确定指示灯状态和三极管是否可工作，与电阻、电容相比，三极管的故障率比较

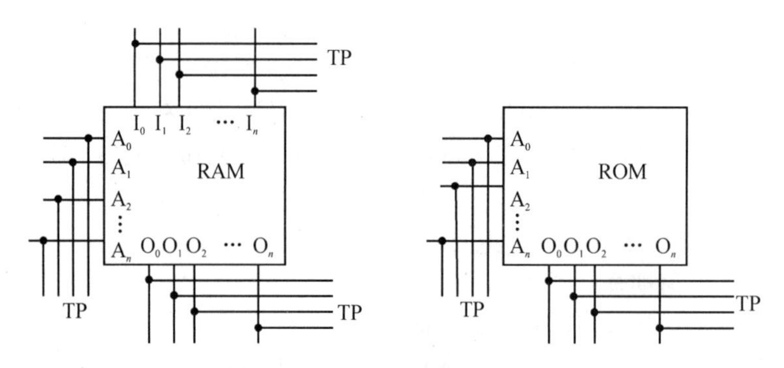

图 7-4　RAM 和 ROM 的测试点

高,应优先检测。

(6) 缓冲器设计

如图 7-6 所示,在信号对负载噪声敏感的情况下,应利用电阻或缓冲器把测试点与电路隔开,以避免影响电路的性能。

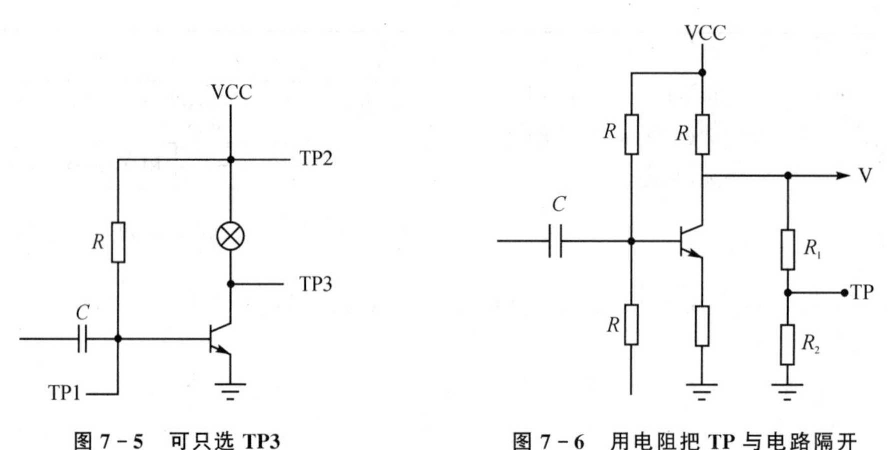

图 7-5　可只选 TP3　　　　图 7-6　用电阻把 TP 与电路隔开

(7) 时钟电路的控制测试点

实际的被测电路时钟通常很难与 ATE 的振荡器同步,为方便进行自动测试,需引入外部时钟信号,断开原振荡器。如图 7-7 所示,对于振荡频率小于 2 MHz 的振荡器,可用背面跨接线方法。对于振荡频率大于 2 MHz 的振荡器,可用两个“与非”门(A 和 B)插入振荡器路径中,并设置两个测试点。当 TP1 为低电平时,禁止振荡器信号,此时可用 TP2 引入外部时钟信号,对计数器进行测试。

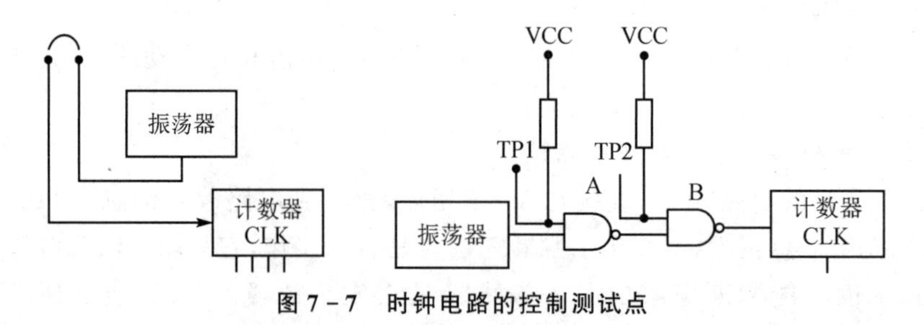

图 7-7　时钟电路的控制测试点

(8) 反馈环的控制测试点

反馈环应尽量避免与可更换单元交叉。反馈环越少，系统的测试性越好。在闭环状态下，环内任一单元的故障都可在环上所有的测试点(TP)观察到，故不可能将故障隔离到一个可更换单元上。所以，应尽量避免闭环，如图 7-8 所示。

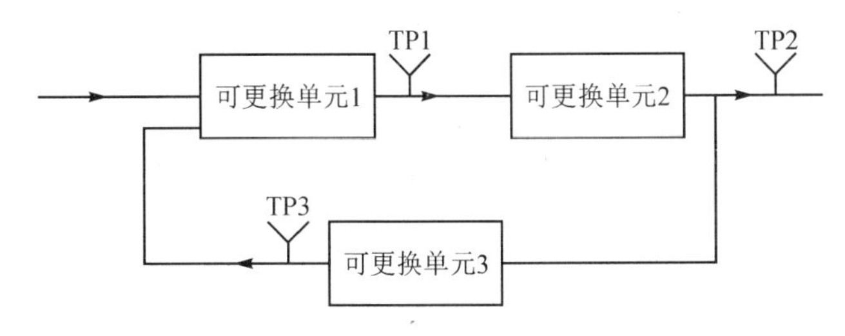

图 7-8　闭环造成的不能单独由测试点解决的模糊隔离问题示例

① 在反馈环必须与可更换单元交叉的地方，应为测试提供开环方法，如图 7-9 所示。如果可更换单元是 LRU，故障隔离应在基层级维修时进行，则图 7-9 中附加的控制信号和测试点应连接到 BITE 而不是 ATE 上。但是，开环造成的不稳定的情况除外。

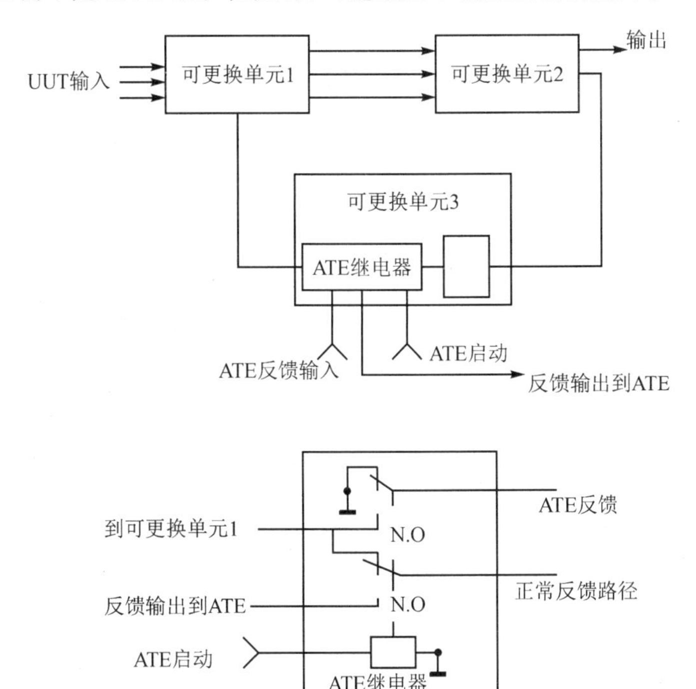

图 7-9　打开反馈环示例

② 在反馈通道上插入一个门电路以中断反馈，这个门电路由测试设备传来的信号控制，如图 7-10 所示。

③ 从结构上断开反馈环并把两头都接到外部引脚上，正常工作时由跨接线短路此两个引脚。测试时取下跨接线便可打开反馈环，并可得到一个驱动点和一个测试点，如图 7-11 所示。图 7-12 所示为控制反馈环设计示例。

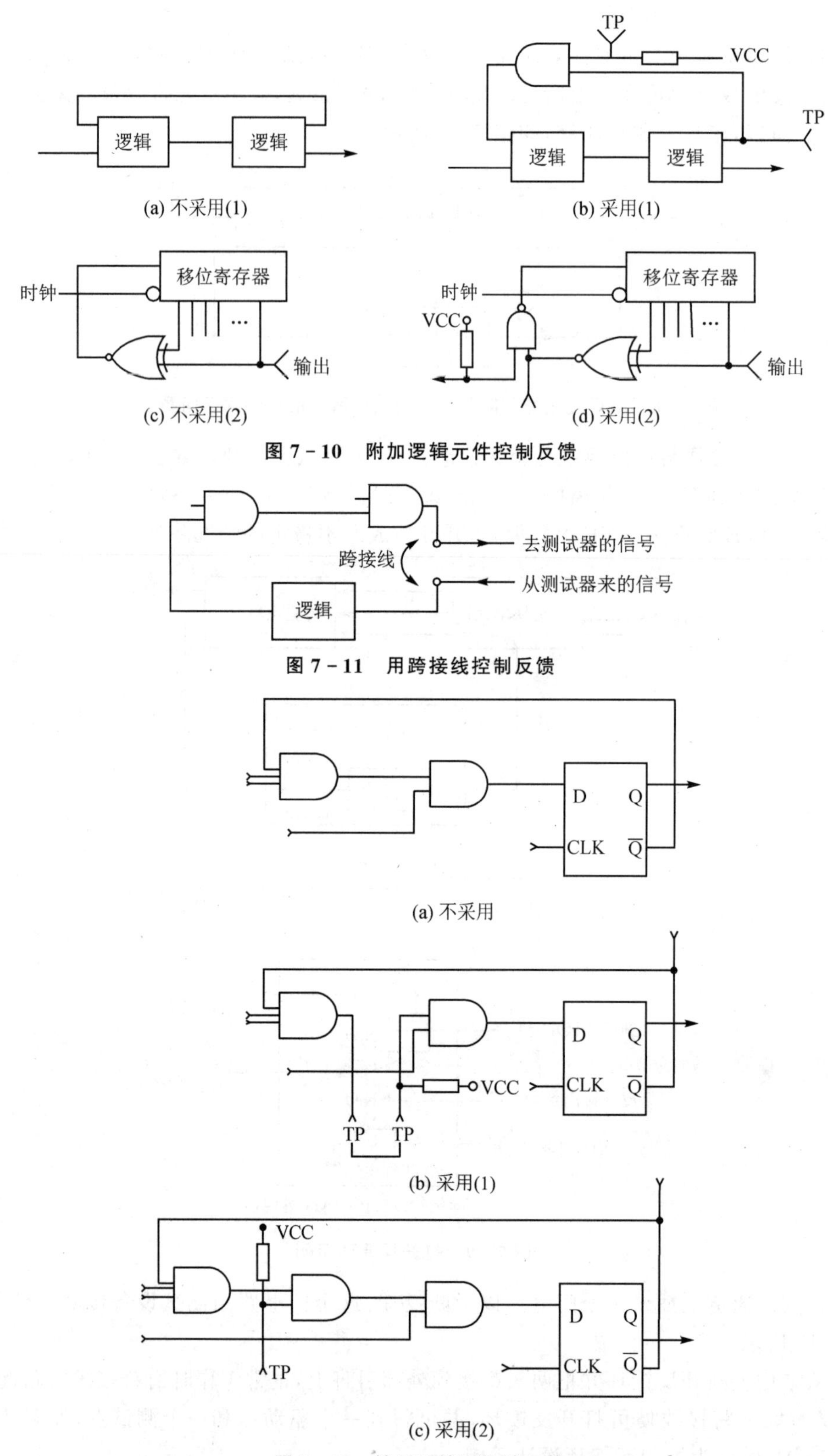

(a) 不采用(1)

(b) 采用(1)

(c) 不采用(2)

(d) 采用(2)

图 7-10 附加逻辑元件控制反馈

图 7-11 用跨接线控制反馈

(a) 不采用

(b) 采用(1)

(c) 采用(2)

图 7-12 控制反馈环设计示例

(9) 初始化用测试点

初始化要求主要适用于数字系统和设备，初始化设计的目的是保证在功能测试和故障隔离过程的起始点建立一个唯一的初始状态。严格设计的初始化能力可降低 BIT 和 ATE 的软件费用和外场测试费用。

表示初始化设计的两个特性是：

① 系统或设备应设计成具有一个严格定义的初始状态。从初始状态开始隔离故障，如果没有达到正确的初始状态，应把这种情况与足够的故障隔离特征数据一起告诉操作人员。

② 系统或设备能够预置到规定的初始状态，以便能够对给定故障进行重复多次测试，并可得到多次测试响应。

以下是推荐的一些逻辑部件的初始化技术：

① 使用外部控制连接的线"与"("或")作为逻辑部件初始化的方法。其中，线"或"设计示例如图 7-13 所示。这种技术方法对于 DTL 电路和标准的低功率 TTL 电路是安全的，但对于大功率和肖特基 TTL 电路，置低位超过 1 s 是不安全的。当集成电路(IC)的输出反馈到 IC (如触发器、移位寄存器或计数器)时，若使用线"或"技术，输出也许能置低位。例如，主-从触发器的"从"级可通过把 Q 置低位来初始化，但"主"级保持不变，见图 7-14。

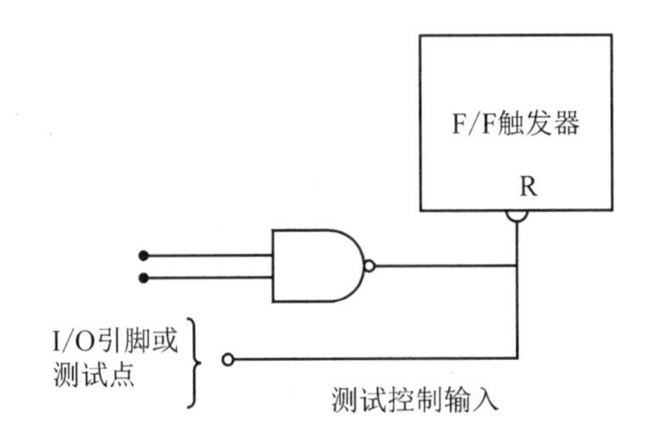

图 7-13　用于测试控制输入的线"或"初始化

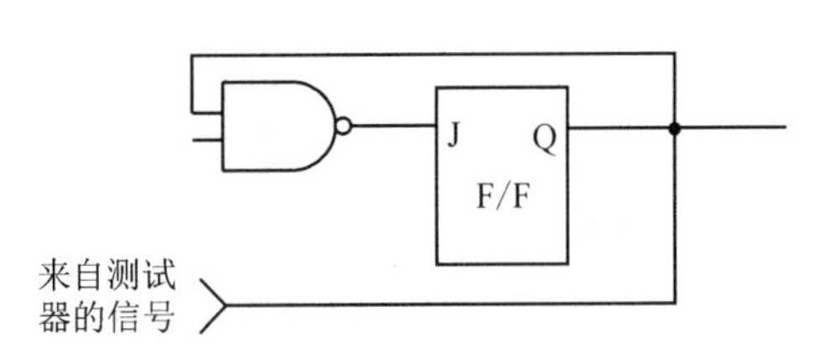

图 7-14　反馈电路中的线"或"电路

② 把所有时序电路初始化到一个已知的初始状态，应使用尽可能短的序列，最好是 1 个转换，最多不能超过 20 个转换。

③ 利用 I/O 引脚或测试点提供所有时序逻辑部件初始化的方法，这可用于触发器、计数器、寄存器、存储器等，如图 7-15 所示。如果没有可用的引脚和测试点，可以通过"加电"实现初始化，如图 7-16 所示。但此种初始化方法加电后就不能控制了。

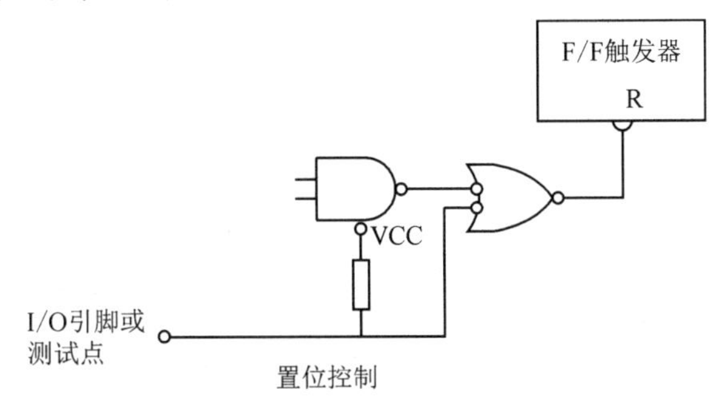

图 7-15　外部置位使触发器初始化

④ 相同的负载电阻可用于几个不同的存储元件置位或复位，如图7-17所示，可从外部控制置位或复位。

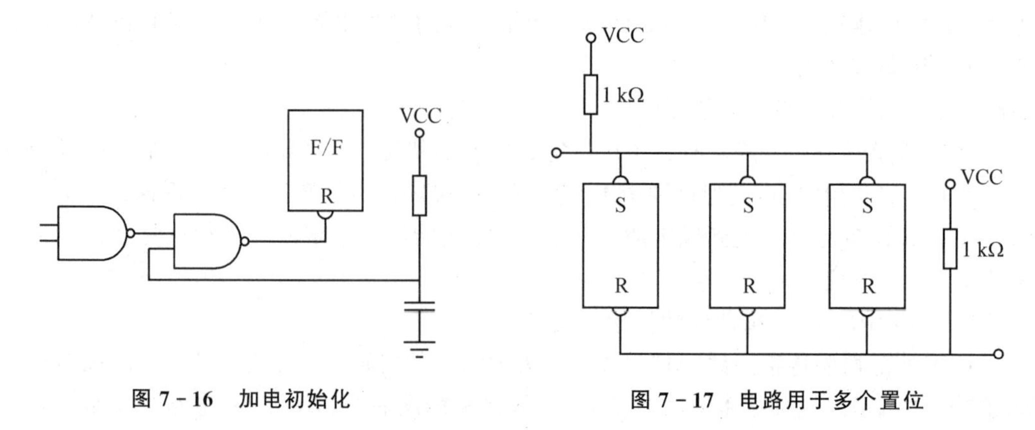

图7-16　加电初始化

图7-17　电路用于多个置位

⑤ 如果置位/复位线直接连到电源VCC或接地，那么它就不能由测试者驱动了。如果所需逻辑高信号源从负载电阻得到，逻辑低信号源来自输入端为高电压的反相器，那么它就能被测试者方便控制了。

⑥ 对于包含时序逻辑的UUT，只有当ATE可将所有存储元件(触发器、反馈环和RAM等)预置到已知状态时才能预计其输出状态。现在通常是在测试程序的最前面加上一段初始化程序(测试序列)来做到这一点。为使测试序列尽可能短，置位线应尽可能地接到空余的连接器插针上。图7-18示出了以最短的测试序列和最少的附加元件实现电路初始化的设计技术。

因为直到测试性演示验证时初始化才能被充分确认，所以承制方内部应事前进行必要的初始化设计检查。在测试性验证时，应验证所有的存储器、触发器、寄存器等都能被初始化到一个已知状态。

一些主要电路的初始化、有源测试点(激励、控制)、无源测试点(观测)如表7-1所列。

表7-1　重要电路的测试点

电　路	测试点		
	初始化	有源测试点(控制、激励)	无源测试点(观测)
时钟脉冲发生器	无需初始化	不能受外部影响	可以监控主时钟以及所有驱动时钟的频率
单稳态调谐振荡器	无需初始化	如果延迟时间过长，以致测试时间受到消极的影响，那么振荡器就应提供附加的触发信号	一个测试点，用于决定延时
总线结构	无需初始化	应可访问所有控制、数据和地址线	为了观察数据信息量，应保证可访问所有控制、数据和地址线
反馈电路	反馈不允许初始化	反馈环应能用一个有源测试点中断，此外，应可以从外部将信号反馈到这些测试点	反馈环应在所有电路节点设置无源测试点

续表 7-1

电　路	测试点		
	初始化	有源测试点(控制、激励)	无源测试点(观测)
组合逻辑电路	组合逻辑电路不允许初始化	在电路的所有输入端应设置有源测试点	在所有逻辑输出、扇出和扇入节点应设置观测点
触发器	触发器应能够设置到某已知状态	应装有触发信号,以便确定数据输入	应设置用于观察输出的测试点
锁存器	同触发器	应设置有源测试点以控制输入端的测试数据	在所有数据输入和输出端应提供无源测试点
移位寄存器与计数器	应可进行初始化以便达到预先确定的初始状态	在所有输入端应提供有源测试点,以便控制输入数据	在所有数据输入和输出端应提供无源测试点
只读存储器	不能初始化	应为地址线的选择提供有源测试点	应用数据线提供观测点
随机存取存储器	每个存储位置可以自由设置并写入或消除,应预先决定是否要装入用于测试的已知的测试模式	在地址和控制线上应提供有源测试点	应为数据线提供观测点
微处理机与接口	应提供用于初始化的测试点	在地址和控制线上应提供有源测试点	在地址和数据结构中以及所有输出控制线上应提供无源测试点
微型计算机	通过测试提供初始设施,包括寄存器和固件	在所有控制线上和数据输入端应提供有源测试点	在所有数据、地址和控制线上应提供无源测试点
数字/模拟变换器	仅在复位输入	在所有数字电路输入端应提供有源测试点	在模拟输出和参考输入端应提供无源测试点
模拟/数字变换器	通过复位输入	在模拟电路输入端应提供有源测试点	在数字输出和参考输入端应提供无源测试点
模拟电路	不可能	在所有功能块的输入端应提供有源测试点	在所有功能块中提供测试输出,如果可能,只要不影响主功能,就应在内部节点提供无源测试点
电压调节器	不可能	不要求	仅在输出端提供观测点
电源	不可能	不要求	仅在输出端提供观测点

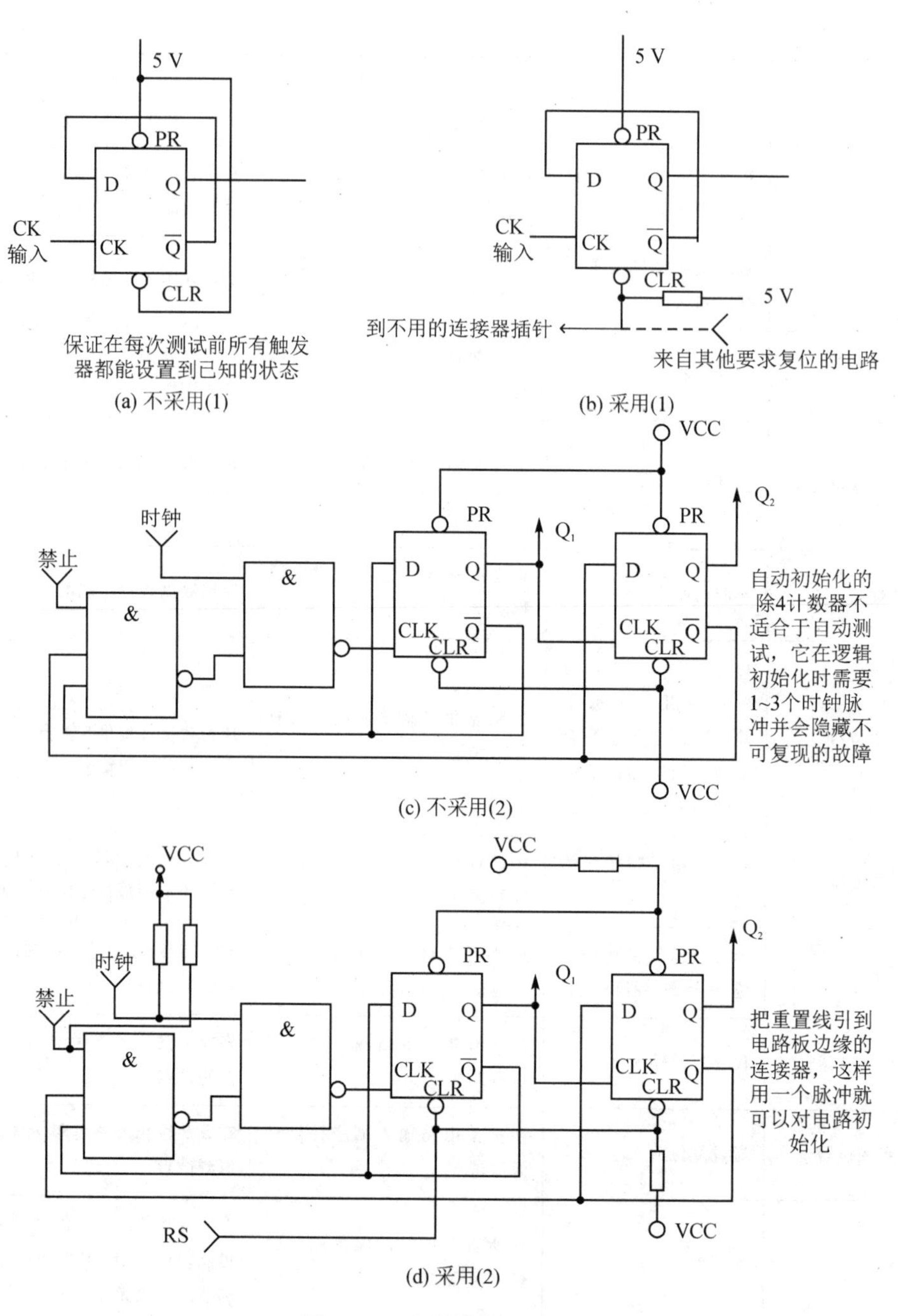

图7-18 初始化技术示例

7.3 测试程序集设计

测试程序集(TPS)虽然不属于产品本身测试性设计的内容，但TPS设计结果对实现测试性的外部测试要求有很大影响。考虑到TPS设计主要是由产品研制方负责，因此测试性设计人员了解和掌握TPS的设计内容，并在测试性设计中采取积极的应对措施，是对综合诊断理念的贯彻和体现,这对提高诊断效率具有重要作用。

7.3.1 测试程序集要求

7.3.1.1 一般要求

1. TPS 组成

应为每一个 UUT 设计研制 TPS,包括一个测试程序、一个或几个接口适配器和一个 TPS 文件。其中 TPS 文件包括测试程序说明(TPI)和辅助数据资料;接口适配器可以多个 UUT 共用,而测试程序和 TPS 文件对 UUT 是唯一的。

2. 精度要求

测试精度比(TAR)定义为测试 UUT 需要的激励/测量精度对由 ATE 误差引入的激励/测量的精度之比。例如,如果 UUT 输出要求的精度是 5%,而 ATE/TPS 测量此参数的精度是 0.01%,则 TAR 是 500∶1。

为了保证测试程序相对 UUT 容差有足够的精度,以及测试结果的可靠性和可重复性,要求设计的 TPS 应满足 TAR 为 10∶1的设计目标,最低可接受值为 3∶1。当不能达到 TAR 等于或大于 3∶1时,应对 TAR 进行详细分析,提出解决问题和/或权衡考虑的建议。

当规定的 TAR 不能满足要求时,在 UUT 的"测试精度比分析"报告评审之后,应考虑使用比 ATE 测试精度高的辅助测试设备。

3. 安全性

安全性要求是头等重要的,所设计的 TPS 应对使用者的危害性最小。

测试程序应通过 ATE 系统的显示或打印输出等方式把危险通报给操作者,报警信息优先于对 UUT 加电,也优先于可能出现危害的所有测试步骤。进一步,测试程序应使操作者与危险的 UUT 接触机会减到最小。实际上,探测高电压时,应先去掉电源,使用带夹子的测试头接触 UUT,操作者先离开,恢复供电后再进行测试。

接口适配器在自身设计上应使出现危险的可能性减到最小,并保护使用者不受 UUT 危害。在适用的地方,接口适配器应有警示图例或符号以及隔绝或防护有危害的 UUT。

TPI 部分应提供如何安全地进行有危险性测试的详细说明。

7.3.1.2 详细要求

1. 测试程序的详细要求

由 ATE 执行的测试程序能够自动地确定 UUT 工作状态和完成故障隔离,并应满足如下要求:

1) 适当的自动测试生成(ATG)可以用于开发所有数字测试程序。

2) 在测试程序运行期间要求的操作活动的所有指示应输出到 ATE 显示器上或打印装置上,当不能实现这种输出时,TPI 应予以说明,操作者将把它作为测试或诊断程序的一个组成部分。

3) 不管是识别出故障还是成功执行完程序,一旦测试执行完毕,所有的电源、激励和测量装置的连接都应在程序控制下与 UUT 和 ATE 接口断开。

4) 如果 UUT 包含有 BIT 和(或)BITE 电路,测试时应充分利用它们,这种要求并不排除对 BIT/BITE 电路的测试,以确保它们是可正常工作的。

5）所有开发的测试程序都应使用订购方规定的测试语言。

6）测试程序的内容一般可以包括下列组成要素(具体测试程序的内容取决于UUT测试要求和ATE能力要求)：

① 程序标题和识别标志；
② UUT和接口适配器鉴别检查；
③ 自测试观测；
④ 安全接通测试保障；
⑤ 电源使用要求；
⑥ 告诫和报警；
⑦ BIT/BITE利用；
⑧ 性能检测子程序(端-端测试)；
⑨ 故障隔离子程序(包括激活接口适配器)；
⑩ 调节/对准、补偿子程序；
⑪ 程序进入点；
⑫ 测试程序注释。

2. TPS文件的详细要求

TPS文件由测试程序说明(TPI)和辅助数据资料组成，辅助数据资料包括执行UUT测试和测试结果异常时查找故障所需要的信息。TPS文件的辅助数据部分包括如下要素：

① UUT原理图；
② UUT零部件表；
③ UUT部件位置图；
④ 接口适配器数据资料；
⑤ 特别处理操作数据；
⑥ 测试图；
⑦ 功能流程图；
⑧ 诊断流程图；
⑨ 测试程序表(如不能从ATE得到时)；
⑩ 数据资料交叉引证对照表；
⑪ 测试程序交叉引证对照表。

7.3.2 测试程序集研制

TPS设计研制过程如图7-19所示，各阶段内容如下：

1. 测试要求分析

测试要求分析确定了每个项目功能(性能)的端-端测试要求和故障隔离测试要求。分析过程的输入是技术状态项目和UUT的设计资料，包括图纸(原理图、逻辑图、元件清单等)、故障数据、性能规范、工作原理、机械和电子接口定义及测试性分析数据。测试要求分析为TPS研制提供了基础。

2. 测试程序规范

该阶段首先要制定测试程序规范，从测试用功能流程图开始，直到写出测试计划结束。测

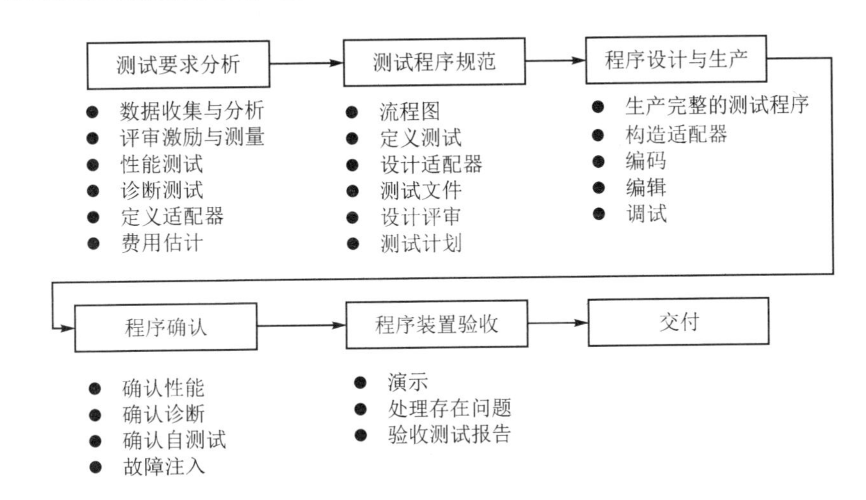

图 7－19　TPS 设计研制过程

试文件包括以下内容：

① 所有正常通路测试的简要叙述性说明；

② 表示正常通路和不正常通路的流程图(确定所有激励和测量功能区)；

③ 所有 ATE 使用说明书的陈述；

④ 测试适配器的具体识别和确定。

在此规范阶段应识别并确定所有激励、测量、有关计算及其适当的容差；确定所有正常通路测试和调准测试；确定不正常通路及其有关不适用(应处理)的组件或零件。

在测试程序规范阶段，进行一次包括用户和制造厂人员在内的设计评审是合适的，评审目的如下：

① 检验测试方法的有效性；

② 回答 TPS 设计者的问题；

③ 建立选择用于程序确认中的 UUT 故障的基本规则。

3. 程序设计与生产

在此阶段把功能测试扩展到其相应的详细测试，包括激励和测量技术，以生成一个完整的测试程序。

在此阶段，已经知道所有的测试用连接适配器的数据，应制造测试适配器、接口适配器。

对前面生成的详细测试，用合适的高级语言编码，将这些编码输入到操作系统进行汇编，经过编辑并生成与基线测试程序流程图相对应的清单。测试流程、测试适配器说明和此清单的组合就形成了测试文件。

4. 程序确认

① 把测试适配器连接到 ATE 上，使用“确认”工作模式，在没有连接 UUT 的情况下执行测试程序，这样做是为验证激励是否出现在指定的接口点，以便保护 UUT。然后把 UUT 连接到 ATE 上，执行每个正常通路测试，直到证明测试程序是正确的为止。按以下内容完成验证：

- 性能限制范围；
- 时间；

● 操作指令;
● 校准程序。

在"确认"的这一模式下,当需要时,可以提出在初始测试文件中未包括,但明显有必要的新要求。当正常通路测试得到完全确认,并且把好的UUT接到ATE上以后,再利用"系统确认"工作模式,强迫测试程序通过每个不正常通路,以便验证编码、互相作用和打印输出。由于此时UUT无故障,所以测试诊断能力并没有得到确认。

② 故障注入。尽管这是一种以试验为基础的经验方法,但这仍是保证程序质量的最重要的方法。这种方法是:每次都把一个故障引入UUT中,每引入一个故障后就执行一次测试程序,确定程序的诊断结果。每当程序正确地隔离了注入的故障或者没有检测到故障时,都应进一步进行分析。在所有情况下,都必须确定注入的故障真的使一个或多个UUT工作参数超出了规定的容差。

5. 程序装置验收与交付

通常按以下步骤进行TPS验收:

① 提交给用户一个最终的测试文件,并留有足够的时间,用于评审程序和选择验收测试用的故障;

② 对好的UUT进行测试,以表明该程序能识别在规定容差内正常工作的UUT;

③ 每次都把一个用户代表所选择的故障引入UUT中,执行测试程序;

④ 如果故障未被正确隔离,则应修改程序并重新运行;

⑤ 当验收测试成功完成之后,将测试记录保存起来并由参试人员作证。

在验收测试后30天或其他规定时间,进行TPS最后交付。交付的内容应包括:

① 验收测试报告;

② 源程序和目标程序;

③ 最终测试附件,如适配器、接口适配器等;

④ 最终测试文件等。

7.3.3 接口适配器设计

接口适配器是为ATE和UUT之间提供机械与电气连接和信号调节的任何装置。现代工程实践强调把接口适配器作为UUT与ATE之间的接口要求。实际上,即使UUT的测试设备不是ATE,也需要有接口设计,只是其范围和规模比ATE要求的小。

1. 接口适配器设计的输入

接口适配器应提供ATE和UUT之间的机械和电气连接,需要时还要提供信号调节。在进行接口适配器设计之前,需要提供以下资料:

(1) UUT机械接口的连接器和固定架资料

① 标出连接器名称和承制方件号,以及配对连接器的制造厂名和制造厂件号,以便在图样中标注所有连接器和插针的名称;

② 提供安装、紧固和支撑架的说明性资料;

③ 标注固定架尺寸,并规定固定架所用的专用材料(如非磁性材料)。如果可以,应避免使用专用测试设备。

(2) UUT 电气接口的资料

① 配对连接导线的最小直径；

② 配对连接导线的最大长度；

③ 配对连接导线或同轴电缆的型别；

④ 配对连接导线的屏蔽要求；

⑤ 信号特性(包括允许的容差)；

⑥ 配对连接的接地要求；

⑦ 配对连接的双股缠绕或多股缠绕要求；

⑧ 阻抗匹配/负载要求，包括允许的电压驻波比；

⑨ 其他。

2. 接口适配器的设计要求

① 接口适配器设计应符合电子设备通用设计要求和人-机工程设计准则，应使接口适配器的复杂性、所需的调节和校准处理降低到最少。

② 接口适配器设计应优化，以便能像许多 UUT 那样，借助相同的基本接口适配器组件就能进行费用有效的测试，减少接口适配器储备要求。

③ 接口适配器电缆应设计成完全可修理的，使用的工具应为标准工具或为接口适配器组提供的专用工具。

④ 接口适配器应设计有 10%的扩展能力，包括导线数、附加功能和(或)分组件等。

⑤ 每个接口适配器的平均故障间隔时间(MTBF)的最小设计预计值为 1 000 h。

⑥ 接口适配器应按照 GJB 2547 要求进行测试性设计，提供自动故障检测和故障部件的隔离。另外，希望能以测试典型 UUT 相同的方式在 ATE 上进行接口适配器测试，并且不考虑使用测试电缆和短路插头。

⑦ 接口适配器所有要素都应有识别标志。

⑧ 接口适配器必须包含允许测试程序识别它的电路。如果接口适配器不能进行高置信度电气识别，则应告诉操作者进行目视检查鉴别并说明方法。

⑨ 如果存在危害 UUT、接口适配器或 ATE 的可能性，接口适配器设计应提供安全接通测试保障。这种测试不限于电源线、信号线测试，还必须考虑测试应在 ATE 能力极限之内。

⑩ 如可能，接口适配器应设计为借助相连接的 UUT 测试程序即可实现自测试。如果由于接口适配器的性能和复杂性而需要使用短路插头和/或测试电缆，则将接口适配器作为典型的 UUT 对待。

⑪ 接口适配器在设计上应提供修理和查找故障的入口通路，必要时还应提供测试点，以便保证接口适配器维修性和/或测试性要求。

⑫ 当 BIT/BITE 是保证接口适配器维修性和测试性最适当的方法时，BIT/BITE 应当作为接口适配器设计的组成部分。

⑬ 机械上的考虑：

- 每个接口适配器都应足够小，以便利用 ATE 在物理上支撑接口适配器和 UUT，接口适配器(包括电缆)固定到 ATE 上的部分重量不超过 40 lb(18.144 kg)；
- 除接口适配器之外，当 UUT 需要安装夹具时，安装夹具应作为 TPS 的一部分提供。

7.4 兼容性设计

兼容性是指被测单元(UUT)在功能、电气和机械上与期望的自动测试设备(ATE)接口配合的一种设计特性。它将保证诊断UUT所需要的信息能够快速可靠地传递给ATE或其他外部测试设备(ETE),有效地进行故障检测与隔离。当然要实现这一点,只有UUT的兼容性好还不够,还要有测试程序、接口适配器及有关说明文件(即TPS)的支持。

兼容性设计的目的是识别不兼容问题并采取必要措施,减少专用接口适配器设计工作,确定特殊的测试及接口要求,使UUT与ATE或ETE完全兼容。

电子设备的脱机ATE应是一个集中式的自动测试(保障)系统,提供UUT所需要的激励、控制和测量能力。

7.4.1 兼容性一般要求

① 在中继级或基地级,用ATE测试的UUT(包括LRU、SRU和Sub-SRU)应设计为能够简便、快速地连接到ATE上,快速地传递测试所需信息。

② 在UUT设计时,应明确对新研ATE(或ETE)的要求,或者充分利用选定ATE的已有测试资源。测试过程中不需要别的UUT提供激励和进行人工干预,操作者的工作仅限于机械与电气连接,必要的指令输入和监视等。

③ 完成UUT与ATE的机械与电气连接后,执行规定的测试程序。该测试程序应能完成UUT的性能检测与故障隔离,并达到规定的要求指标。

④ 当需要在选用ATE的能力范围之外实现复杂的测试时,UUT应设置足够的测试点,以便能够进行间接测试、分段测试或逐个功能测试。

7.4.2 兼容性详细要求

1. UUT外部测试特性

① UUT设计应尽可能提高功能模块化程度和功能独立性,以便ATE能控制UUT划分,对各电路或功能进行独立测试或分段测试。

② 分析UUT性能参数和故障特征,明确测量方法和参数容差等要求,并确定是否在ATE能力范围之内。

③ UUT应为被测信号、激励信号、ATE同步控制信号提供接口通路。

④ UUT所要求的激励和测量信号应能按增量形式编程控制,其精度和容差要求在ATE检测能力范围之内是可以达到的。

⑤ UUT设计应强调最大限度地利用ATE能力,使UUT与ATE之间接口简单,手工操作应减到最少。

⑥ 应保证UUT与ATE的电源兼容性,使用统一标准或兼容的插头与插座。

⑦ UUT应能够利用ATE提供的激励和测量能力直接进行测试,而不必采用接口适配器中的有源电路。为匹配ATE检测所需要的电路、软件应包含在UUT内。

⑧ 应尽量降低UUT测试时所需的调整、预热和特殊环境(如真空室、恒温箱、屏蔽室、油槽和振动台等)要求。

2. UUT 外部测试点

① UUT 应设有性能检测与故障隔离所需测试点，测试点的配置应能满足 UUT 故障诊断要求；

② 测试点应该是通过外部连接器可达的，功能测试点一般设在传输正常工作 I/O 信号的连接器中，故障隔离与维修用测试点一般设在检测连接器中，有的也可能设在 I/O 功能连接器中；

③ 测试点应有足够的接口能力，以适应 UUT 与 ATE 之间至少 3 m 长电缆的输入阻抗，所设计的接口应匹配 ATE 中的测量装置，不会造成被测信号失真，影响 UUT 正常工作；

④ 任何测试点与地之间短路时，不应损坏 UUT；

⑤ 测试点的测量值应以设备的公共地为基准；

⑥ 测试点电压在 300～500 V(有效值)时，应设计隔离措施和警告标志，对有高频辐射的 UUT 进行测试时应有安全措施；

⑦ 高电压或大电流的测试点应在结构上同低电平信号测试点隔离；

⑧ 数字电路与模拟电路应分别设置测试点，以便于独立测试。

3. UUT 测试文件

(1) UUT 输入和输出说明

承制方应提供对 UUT 的输入/输出(I/O)参数的描述，以便于对 UUT 兼容性进行评价。

(2) 测试要求文件(TRD)

承制方应编写并提供 UUT 的测试要求文件(TRD)或测试规范。TRD 是对 UUT 进行全面测试所需要的有关文件和资料，它包括性能特性要求、接口要求、测试要求、测试条件、激励值以及有关响应等。TRD 用于：

① 明确 UUT 正常或不正常状态的标准；

② 检测、确定超差和故障状态；

③ 调整和校准 UUT；

④ 把每个故障或超差状态隔离到约定的产品层次，并满足模糊度要求。

7.4.3 兼容性偏离的处理

当 UUT 与 ATE 兼容性存在未能满足规定要求的问题，或存在潜在问题时，应向订购方提供兼容性问题报告(或偏离申请报告)，以便评价任何不兼容问题的影响。兼容性问题(偏离)报告应包括以下信息：

① UUT 名称；

② 所使用连接器名称及插针号；

③ 不兼容(偏离)问题、潜在问题的技术说明；

④ 推荐并详细说明解决办法或备选方案。

可供订购方考虑的解决问题的备选方案包括：

① 可用目测或开关控制时，在执行测试期间由操作者人工干预；

② 利用 ATE 的备选能力进行测量；

③ 提供 ATE 需要的能力；

④ 提供接口适配器需要的能力；

⑤ 利用外部激励或测量设备。

7.4.4　兼容性评价

1. 评价步骤

UUT与ATE的兼容性可以利用下述定量评估方法进行评价：

① 结合兼容性设计要求确定的评价内容，可参考后面给出的条目，并作适当的增加或减少；确定出分析评价内容后应得到订购方认可。

② 由兼容性评价小组评定UUT各条兼容性要求(设计准则)得分。

③ 计算UUT兼容性评分值：

$$兼容性评分=\frac{各条兼容性特性得分之和}{各条兼容性特性最高分之和}\times 100\% \tag{7-1}$$

④ 兼容性评分值应大于或等于70%，至少应达到满分的70%，小于70%时应改进设计。

⑤ 当任何一条兼容性特性得分为“0”时，应说明理由并交订购方审查批准。

2. UUT兼容性评价内容和评分方法

(1) 与ATE兼容性检查表

① 功能模块化。

确定LRU在所有的装配/拆卸层次上是否符合功能模块化的要求，如表7-2所列。

表7-2　功能模块化

分析确定	得　分
LRU的每个功能均包含在单一SRU内，而且SRU的每个功能均包含在一个SSRU中	4
LRU功能是模块化的，但一些SRU功能不是模块化的	3
LRU的几个功能包含在多个SRU内，或大部分SRU功能不是模块化的	2
LRU的大部分功能包含在一个以上的SRU中	0

② 功能独立性。

确定LRU及其SRU测试时是否需要其他LRU或SRU提供激励，是否需要其他LRU或SRU进行配合模拟，如表7-3所列。

表7-3　功能独立性

分析确定	得　分
LRU和SRU在功能上独立，不需要其他LRU或SRU提供激励和模拟	4
一些SRU要求接口适配器利用无源和/或简单有源单元模拟	2
要求其他激励或复杂模拟	0

③ 调整。

确定使用ATE测试时是否必须进行调整(如微调等)，如表7-4所列。

表 7-4　调　整

分析确定	得　分
LRU 及其 SRU 不需要调整或重新校准	4
要求少量简单的非相互影响的调整	3
一个或二个 SRU 要求复杂调整或重校	2
LRU 或二个以上的 SRU 要求复杂调整或重校	0

④ 外部测试设备。

确定是否要求用外部设备来产生激励或监控响应信号，如表 7-5 所列。

表 7-5　外部测试设备

分析确定	得　分
所有激励生成和响应监控能用目标 ATE 完成	4
接口适配器要求信号生成、同步或整形电路	2
需要附加外部测试设备	0

⑤ 环境。

确定在 ATE 上测试时，是否要考虑特殊环境，如真空室等，如表 7-6 所列。

表 7-6　环　境

分析确定	得　分
没有特殊的环境要求	4
要求强迫式空气冷却或电磁屏蔽机壳	2
要求其他特殊环境条件	0

⑥ 激励及测量不确定度。

确定高置信度测试所要求的激励和测量不确定度，如表 7-7 所列。

表 7-7　激励及测量不确定度

分析确定	得　分
所有测试均能在 ATE 上以高置信度完成，测量不确定度至少是 UUT 容差范围的 1/10	4
测量不确定度是 UUT 容差范围的 1/3～1/10	3
测量不确定度大于 UUT 容差范围的 1/3，但至多与其相等	1
激励或测量不确定度不合要求（精度不够）	0

⑦ 测试点的充分性。

确定为非模糊性故障隔离、余度电路和 BIT 电路的监控所设置的测试点是否足够，如表 7-8 所列。

表 7-8　测试点的充分性

分析确定	得　分
余度和BIT电路能充分测试,且每一输出端的测试点均可直接进行非模糊性的故障隔离	4
需要间接地(无信号跟踪)查找故障和/或进行模糊性故障隔离	3
余度和BIT电路不能测试,或有过大的模糊性	0

⑧ 测试点特性。

确定测试点的阻抗和电压值,如表7-9所列。

表 7-9　测试点特性

分析确定	得　分
电压小于350 V(有效值),阻抗与ATE接口相匹配	4
接口适配器要求有电压驱动器和/或无源的或简单的有源阻抗变换	2
要求波形生成或信号变换	0

⑨ 测试点隔离。

确定任一测试点和地之间短路是否会损坏UUT,或外加宽带噪声是否会降低UUT性能,如表7-10所列。

表 7-10　测试点隔离

分析确定	得　分
测试点对外部干扰不敏感,且不会由于对地短路而损坏UUT	4
测试点对外部干扰敏感,但不会由于对地短路而损坏UUT	2
测试点短路将损坏UUT	0

⑩ 功率及负载要求。

确定驱动LRU所要求的电源电压,以及吸收LRU的输出功率所要求的负载,如表7-11所列。

表 7-11　功率及负载要求

分析确定	得　分
ATE能满足UUT功率和负载要求	4
负载可接在简单的或不太复杂的接口适配器上	3
负载量大,要用复杂的接口适配器或其他电源	0

⑪ 预热。

确定LRU或SRU是否要求在ATE上预热,以确保精确的测试,如表7-12所列。

表 7-12　预　热

分析确定	得　分
不需要预热	4
预热时间小于 5 min	2
预热时间小于 15 min	1
预热时间大于 15min	0

⑫ 连接器标准化。

确定 LRU 和 SRU 上使用不同型号和尺寸的连接器的数量，如表 7-13 所列。

表 7-13　连接器标准化

分析确定	得　分
在 LRU 上使用标准连接器，所有 SRU 均使用相同型号的连接器	4
在 LRU 上使用非标准连接器，所有 SRU 均使用相同型号的连接器	3
在 LRU 上使用快卸式连接器，但在 SRU 上使用型号各异的连接器	2
连接器采用多种型号或非快卸式，SRU 不是插入式	0

⑬ 连接器键控及可达性。

确定 LRU 连接器是否键控（排他性），以防任一插头插进错误的插座，而且要确定是否迅速可达，如表 7-14 所列。

表 7-14　连接器键控及可达性

分析确定	得　分
连接器键控并迅速可达	4
连接器键控但不能迅速可达	2
连接器不键控且不能迅速可达	0

⑭ 标识。

确定与维修检测有关的单元是否已标识，如表 7-15 所列。

表 7-15　标　识

分析确定	得　分
所有单元均已充分标识，并清晰可见	4
所有单元均已充分标识，但一些标识不可见	2
所有标识均可见，但一些单元标识不充分	2
一些标识不可见，而且一些单元标识不充分	0

⑮ 人员安全。

确定维修检测时，是否要求人员在危险的条件下工作，如表 7-16 所列。

表 7-16 人员安全

分析确定	得 分
检测时没有危险环境,且不需预防措施	4
检测时需要采取防护措施	2
检测时要有特殊防护措施	0

⑯ 检查通路。

确定内部通路对作目视检查和手工作业是否有影响,如表 7-17 所列。

表 7-17 检查通路

分析确定	得 分
内部结构和部件位置,对目视检查及手工作业无影响	4
不影响目视检查,但影响手工作业	2
不影响手工作业,但影响目视检查	2
影响目视检查和手工作业	0

⑰ 封装。

在组件范围内,确定元件或部件的可达性,如表 7-18 所列。

表 7-18 封 装

分析确定	得 分
不作机械分解,在 1 min 之内可接近元件或部件	4
要求小分解(小于 3 min)	2
要求大分解(大于 3 min)	0

⑱ 已失效元件的易换性。

确定在维修中组件拆除或更换的方法,如表 7-19 所列。

表 7-19 已失效元件的易换性

分析确定	得 分
组件或部件是插入式的,并保持机构简单	4
组件或部件是插入式的,但不是快速断开式的	2
组件是焊接式的,拆卸时要求部件终端脱焊	1
组件是焊接式的并且是机械固定的	0

⑲ 插销及紧固件。

确定单元内的插销或紧固件是否需用专用工具,如表 7-20 所列。

表7-20 插销及紧固件

分析确定	得 分
插销和紧固件符合三条要求:是系留式的,不需要特殊工具,仅要求松开一圈的一部分	4
插销和紧固件符合上述三条要求中的两条	2
插销和紧固件符合上述三条要求中的一条	1
插销和紧固件均不符合上述三条要求	0

以上19条,满分共76分,要求UUT兼容性评分值应不低于53分,即高于满分的70%;否则,应改进设计。

(2) 设计信息检查表

1) 一般信息要求

① UUT的位置和环境与测试结果无关;

② 所有调整点与调整参数都清晰表明;

③ 在测试单元时,没有电磁干扰或射频干扰问题;

④ 要有高压警告或其他安全预防措施;

⑤ 测试前无特殊处理或操作要求;

⑥ 要有故障率资料及故障模式分析。

2) 电气接口和参数

① 所有功能连接及测试点均已作清晰的标识;

② 所有接地、屏蔽及信号返回线均已有标记;

③ 参数的容差和范围符合各级维修测试兼容性的要求;

④ 说明输出阻抗;

⑤ 确定特殊负载要求;

⑥ 确定对有关测量的特殊时间要求;

⑦ 清楚地指示电源要求,包括允许的电压和频率最大可变值;

⑧ 确定接通或断开电源的顺序;

⑨ 完整地定义每个输入信号;

⑩ 完整地定义每个输出信号;

⑪ 完整地定义每个测试点信号;

⑫ 高频线长是不关键的;

⑬ 可以利用由ATE/ETE提供的触发或同步输入。

以上19条可进行符合性检查,符合的条数应超过总条数的80%。

7.4.5 兼容性验证

UUT与ATE的兼容性试验验证应与测试性验证一起进行,兼容性验证的内容包括:信号有效传输、接口能力、负载与驱动能力、测量精度等。

7.5 故障隔离手册设计

7.5.1 故障隔离手册的作用

故障隔离手册用于给民机维护人员提供充分的依据,使其尽可能快速、准确地隔离飞机系统发生的故障和/或失灵现象。其范围限于更换外场可更换件和/或修理线路,以消除这些故障,定期或计划维护不包括在故障隔离范围内。

下面以波音737飞机的故障隔离手册为例,简要介绍故障隔离手册的组成和要素。

波音737飞机配有故障隔离手册(FIM)和故障报告手册(FRM),共同为飞机操作人员报告和修复飞机系统故障提供一种结构化的方法。其中,故障报告手册中包含按字母顺序给出的观测故障和客舱故障清单,用于机组人员确定故障代码;故障隔离手册包含全部故障清单,以及每个故障的隔离程序,用于维护人员进行人工排故。

在使用故障隔离手册排故过程中,还可能使用到飞机维修手册、系统原理图手册、走线图手册等辅助资料。

7.5.2 故障隔离手册的组成

波音737飞机故障隔离手册包括如下部分:

① 扉页,包括:

- 介绍/保留页说明;
- 观测故障清单;
- 客舱故障清单;
- 客舱故障代码索引。

② 数字化章节,分章节给出飞机各系统的故障隔离手册,每个章节都包括:

- 有效页清单;
- 如何使用故障隔离手册;
- 故障代码索引;
- 维修消息索引;
- 故障隔离任务;
- 任务支持(选项)。

7.5.3 故障隔离手册的要素

7.5.3.1 故障清单

故障清单是指故障隔离手册中包含的、需要隔离的各个故障。故障清单中的故障主要分为三类:观测故障、客舱故障和维修消息。

(1) 观测故障

观测故障是指通过人为观察或测试发现的故障。观测故障的分类如下:

- 飞行员面板和显示器给出的故障,如故障灯、失效和告警标志、告警消息、不正常的指示数值等。
- 机组巡查发现的故障;

- 服务人员发现的故障；
- 地面维护人员发现的故障。

每个观测故障在描述上均包括 3 个要素：故障描述、故障代码和对应的故障隔离任务索引，描述示例见表 7－21。

表 7－21　观测故障描述示例

故障描述	故障代码	故障隔离任务索引
A/P 琥珀色告警灯亮 • 闪亮，自动驾驶进入 CWS 模式	221 020 00	22－11 任务 801
A/P 红色告警灯亮 • 常亮	221 010 00	22－11 任务 801
A/T 琥珀色告警灯亮 • 闪亮	223 120 00	22－32 任务 801
自动油门推力模式显示器上显示 A/T 限制指示	223 220 00	22－32 任务 815

（2）客舱故障

客舱故障是指客舱系统和设备发生的故障。其与观测故障相同，采用 3 个要素进行描述，示例见表 7－22。

表 7－22　客舱故障描述示例

故障描述	故障代码 （--- 位置号）	故障隔离任务索引
客舱窗户——破裂	D11 15 ---	航空公司方法
客舱窗户——肮脏	D11 17 ---	航空公司方法
客舱窗户——窗格玻璃之间起雾/潮湿	D11 24 ---	航空公司方法
客舱窗户——漏气	D11 36 ---	航空公司方法
客舱窗户——噪声	D11 42 ---	航空公司方法
客舱窗户——划痕	D11 51 ---	航空公司方法

（3）维修消息

维修消息是飞机上系统或设备 BITE 给出的故障指示，如特定灯光闪烁、代码、一组英文单词等。多数 BITE 位于电子设备的前面板上，驾驶舱中的控制显示单元（CDU）通常可以访问很多设备的 BITE。

维修消息在描述上包括 3 个要素：所在单元、维修消息和对应的故障隔离任务索引，示例见表 7－23。

表 7－23　维修消息描述示例

所在单元	维修消息	故障隔离任务索引
应急定位收发器	LED 没有准确闪烁 3 次	23－24 任务 805
应急定位收发器	LED 闪烁 1 次	23－24 任务 802

续表 7-23

所在单元	维修消息	故障隔离任务索引
应急定位收发器	LED 闪烁 7 次	23-24 任务 804
高频收发器	控制输入失效	23-11 任务 802
高频收发器	耦合器失效	23-11 任务 804
高频收发器	外部输入失效	23-11 任务 802

7.5.3.2 故障隔离

针对某个或某一组相关联的故障和问题，定义一个故障隔离任务，所有故障隔离任务都按系统划分进行安排。每个故障隔离任务通常包括说明、可能原因、电路断路器、关联数据、初步评估、故障隔离程序等环节。

(1) 说 明

说明部分给出了可能导致故障的条件信息，包括故障的逻辑、条件和输入等。

(2) 可能原因

可能原因部分给出了可能原因清单，按可能性由大到小排序，以便快速查看故障隔离程序包含的故障原因。如果使用航空公司的维护记录来查看故障是否在以前发生过，则可以找到故障隔离任务中哪些步骤是在过去完成的，并防止重复相同的维护操作。

(3) 电路断路器

电路断路器部分给出了问题电路中的断路器，断路器的名称与面板上的名称一致。

(4) 关联数据

关联数据部分给出了适用于该问题的参数资料，如故障隔离手册中的任务支持部分、系统原理图手册和走线图手册等。

(5) 初步评估

多数故障隔离任务都有初步评估环节。初步评估的目的是在开始故障隔离程序之前确认故障状况依旧存在。如果初步评估未能确认存在故障，则后面的故障隔离程序就不能隔离该故障。这种情况看作是发生了间歇故障，并采取如下处理措施：

① 遵循航空公司的间隙故障处理策略进行处置；

② 根据自己的判断和航空公司维修记录确定应采取的措施；

③ 监测飞机，看看是否在后续航班中相同故障再次出现；

④ 如果后续航班相同故障再次出现，则根据自己的判断确定需要采取的维修措施。

对于所有观测故障的故障隔离，因为故障现象明显或者故障现象难以进行地面确认，所以都没有安排初步评估环节。部分初步评估环节还为后续的故障隔离程序设置了初始状况。

(6) 故障隔离程序

每个故障隔离任务都使用如下假设条件：

① 外电源已经接通；

② 液压源已经关闭；

③ 气压源已经关闭；

④ 发动机已经关闭；

⑤ 系统的所有电路断路器都闭合；

⑥ 系统中没有停用的设备；

⑦ 故障是由单个失效导致的，而不是由多重失效导致的。

故障隔离程序是一种步骤序列，提供了隔离故障的多种路径。如果在程序的开始是为故障隔离而准备飞机或者系统，则在程序的最后是将飞机或者系统恢复到正常状态。在程序的开始部分，会有很多快速检查，以实现较短时间消耗的故障隔离。快速检查之后的步骤是针对可能故障原因的专业检查，针对线路问题还会安排电气检查。

故障隔离任务的示例见图 7-20。

802. HF 收发器控制输入故障(CONTROL INPUT FAIL)问题-故障隔离

A. 说明

(1)本任务用于如下维修信息：

(a)控制输入失效(CONTROL INPUT FAIL)；

(b)外部输入失效(EXTERNAL INPUT FAIL)。

(2)HF 收发器不能收到来自 HF 控制面板的输入。

(3)HF 收发器不能收到来自无线电调谐面板的输入。

B. 可能原因

(1)HF 控制面板，P8-11 或者 P8-12；

(2)无线电调谐面板，P8-71 或者 P8-72；

(3)线路问题；

(4)HF 收发器，M226。

C. 电路断路器

(1)CAPT 电气系统面板，P18-2：

(a)D11C00165，通信 VHF1；

(b)E111C00839，通信 HF1。

(2)F/O 电气系统面板，P16-1：

(a)C3C00166，通信 VHF2；

(b)D2C00857，通信 HF2。

D. 关联数据

(1)SSM 23-11-11，23-11-21；

(2)WDM 23-11-11，23-11-21。

E. 初步评估

(1)执行任务：HF 通信系统 BITE 程序，23-11 任务 801：

(a)如果收发器前面板没有显示该维修消息，则是间歇故障；

(b)如果收发器前面板显示该维修消息，则继续。

(2)在电子面板 P8 的 HF 控制面板 P8-11(HF-1)上执行如下步骤：

(a)设置模式选择开关为 AM 或者 USB 位置；

(b)设置 HF 频率显示为允许测试 HF 频率；

(c)确认频率显示给出设置的频率。

F. 故障隔离程序——未显示频率

(1)检查 HF 控制面板的 115 V AC：

(a)拆除 HF 控制面板 P8-11(HF-1)或者 P8-12(HF-2)。可参考任务：HF 控制面板——拆除，AMM 任务 23-11-31-000-801。

(b)闭合电路断路器：F/O 电气系统面板 P6-1 的 D2C00857，通信 HF2。

(c)检查连接器 D419(HF-1)或者 D773(HF-2)引脚 3 与结构地之间的 115 V AC。

(d)断开电路断路器：F/O 电气系统面板 P6-1 的 D2C00857，通信 HF2。

(e)如果连接器 D419(HF-1)或者 D773(HF-2)引脚 3 与结构地之间的 115 V AC 存在，则执行如下步骤：

①安装新的 HF 控制面板 P8-11(HF-1)或者 P8-12(HF-2)。可参考任务：HF 控制面板——安装，AMM 任务 23-11-31-400-801。

②执行任务：HF 通信系统-BITE 程序，23-11 任务 801，如果收发器前面板上不显示维修消息外部输入失效，则故障已修复。

(f)如果连接器 D419(HF-1)或者 D773(HF-2)引脚 3 与结构地之间的 115 V AC 不存在，则继续。

(2)检查电路断路器的 115 V AC：

(略)

图 7-20　故障隔离任务示例

习 题

1. 外部测试包括哪些类型?
2. 外部测试与 BIT 之间是什么关系?
3. 测试点的类型有哪些?其主要用途是什么?
4. 阐述 TPS 的组成和特点。
5. 什么是测试精度比?典型的测试精度比要求是多少?
6. 兼容性设计的因素主要有哪些?
7. 故障隔离手册中的故障类型有哪些?
8. 试论述产品的哪些可靠性和测试性设计分析工作结果可用于支持故障隔离程序设计。

第8章 相关性建模分析

8.1 相关性模型的基本概念

8.1.1 基本假设与定义

1. 假 设

相关性建模理论自身需要引入一定的假设条件，才能实现相关性模型的建立和推理，这些假设说明如下：

(1) 布尔假设

布尔假设的含义是：模型中的故障要么发生，要么没有发生；或者说对象只有两种状态，正常或者某个确定的故障。

这种假设对相关性建模的限定主要体现在如下两点：

- 如果要分析一个对象所具有的不同行为表现或者不同程度的故障的传递与检测效果，应该分别具体化为不同的故障模式，而不应只定义成一个故障；如果只定义一个故障，则认为这个故障代表的对象行为是唯一和确定的。
- 故障发生的概率大小对故障与测试的相关性没有影响。

(2) 单故障假设

单故障假设是指在对象的所有故障中，只有一个故障发生。即使相关性模型中包含大量的故障，在分析时也是只考虑每个故障单独发生的情况。这种处理方式与可靠性分析中的故障模式影响分析（FMEA）中的单因素分析相似，而与故障树分析（FTA）中的组合因素分析不同。

(3) 测量有效性相同假设

测量有效性相同假设的含义是：当某个故障发生时，在相关性模型的信息流（有向连线）可达的各个测试点上，测试的结果都是异常的。该假设说明，在相关性模型中，故障是否可以被测试发现仅取决于故障与测试点在信息流上的前后位置差异。

这种假设在本质上是正确的，但在实际建模中信息流是人为建立的，往往存在着信息流简单化处理的情况，导致出现多个信息流合并为一个信息流的问题。例如，实际产品中的一组物理信号线本身就传递多个信息，但在建模时只按一组物理信号线建立一个信息流，而不是按实际传递的信息建立多个信息流。这会使不同的故障、不同的测试汇集到同一个信息流上，此时测量有效性相同假设容易造成故障与测试相关性结果的错误，使无关的故障与测试变成相关的。

对此处理的方法有两种：一种是尽可能按实际需求建立多个信息流有向连线，而不是只有一个信息流；另一种是在一个信息流有向连线上虚拟定义多个不同的信号，并使信息流上的故障、测试分别与不同的虚拟信号关联，以等效建立多个信息流。这种允许定义虚拟信号的相关性模型也称为多信号流模型,可以实现在无需显式增加有向连线的情况下,更精准地落实测量有效性相同的假设条件。

相关性模型和多信号流模型在本质上没有不同,多信号流模型可以通过将虚拟信号变为显式的有向连线转化为常规的相关性模型。因此在后面的论述中,不再区分相关性模型和多信号流模型,而是统一采用相关性模型来代表这两种模型。

2. 定　义

① 测试和测试点:为确定被测对象的状态并隔离故障所进行的测量与观测的过程称为测试。测试过程中可能需要有激励和控制,观测其响应,如果其响应是所期望的,则认为正常,否则认为发生故障。进行测试时,可以获得所需状态信息的任何物理位置称为测试点。一个测试可以利用一个和数个测试点,一个测试点可被一个或多个测试利用。为便于理解,开始时可以认为一个测试就使用一个测试点,则测试点就代表测试,用 T_i(或 t_i)表示测试或测试点。

② 被测对象组成单元和故障类:被测对象的组成部件,不论其大小还是复杂程度,只要是故障隔离的对象,修复时要更换的,就称为组成单元。实际上,诊断分析真正关心的是组成单元发生的故障,所以组成单元可以用它所有的故障来代表,它们具有相同或相近的表现特征,称为故障类。为便于理解,在以后测试点选择和诊断顺序分析中用 F_i 表示组成单元、组成部件或组成单元的故障类。

③ 相关性:相关性是被测对象的组成单元和测试点之间、两个组成单元之间或两个测试点之间存在的逻辑关系。例如,测试点 T_j 依赖于组成单元 F_i,则 F_i 发生故障,就意味着 T_j 测试结果应是不正常的。反过来,如果 T_j 测试通过了,则证明 F_i 是正常的。这就表明 T_j 与 F_i 是相关的。仅仅表明某一个测试点与其输入组成单元(1 个或 n 个)以及直接输入该组成单元的任何测试点(1 个或几个)的逻辑关系,称为一阶相关性。表明被测对象的各个测试点与各个组成单元之间的逻辑关系,称为高阶相关性。

8.1.2　相关性图示模型

相关性图示模型表达了产品的组成单元或者故障与测试点或者测试之间的相关性逻辑关系图,简称为相关性模型。相关性模型的表示方法是在 UUT 功能和结构合理划分之后,在功能框图的基础上,清楚标明功能信息流方向和各组成部件相互连接关系,并标注清楚初选测试点的位置和编号,以此表明各组成部件与各测试点的相关性关系,如图 8-1 所示。其中,方框代表各个功能单元,圆圈代表测试点,箭头表明功能信息传递的方向。在工程中,相关性模型常常被直接称为测试性模型。

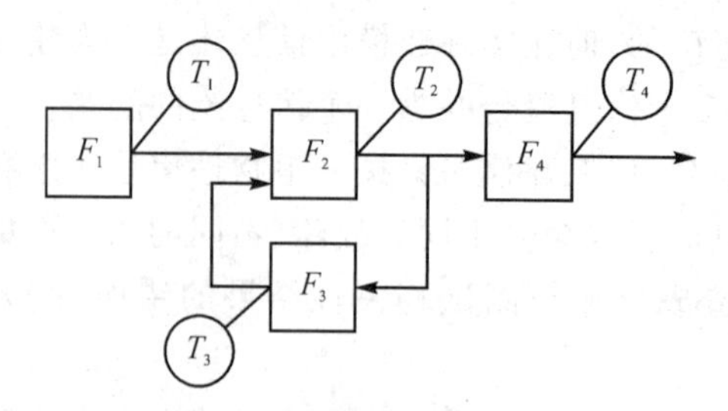

图 8-1　相关性图示模型

8.1.3　相关性数学模型

UUT 的相关性数学模型可以用下述矩阵来表示：

$$\boldsymbol{D}_{m\times n}=\begin{bmatrix} d_{11} & d_{12} & \cdots & d_{1n} \\ d_{21} & d_{22} & \cdots & d_{2n} \\ \vdots & \vdots & & \vdots \\ d_{m1} & d_{m2} & \cdots & d_{mn} \end{bmatrix} \tag{8-1}$$

其中第 i 行矩阵

$$\boldsymbol{F}_i=[d_{i1} \quad d_{i2} \quad \cdots \quad d_{in}] \tag{8-2}$$

表示第 i 个组成单元（或部件）的故障在各测试点上的反映信息，它表明 F_i 和各个测试点 $T_j(j=1,\ 2,\ \cdots,\ n)$的相关性。而第 j 列矩阵

$$\boldsymbol{T}_j=[d_{1j} \quad d_{2j} \quad \cdots \quad d_{mj}]^{\mathrm{T}} \tag{8-3}$$

表示第 j 个测试点可测得的各组成部件的故障信息，它表明 T_j 与各组部件 $F_i(i=1,\ 2,\ \cdots,\ m)$的相关性。其中，

$$d_{ij}=\begin{cases}1, & \text{当 } T_j \text{ 可测得 } F_i \text{ 故障信息时}(T_j \text{ 与 } F_i \text{ 相关}) \\ 0, & \text{当 } T_j \text{ 不能测得 } F_i \text{ 故障信息时}(T_j \text{ 与 } F_i \text{ 不相关})\end{cases} \tag{8-4}$$

UUT 的相关性数学模型也称为 D 矩阵模型。相关性数学模型的示例如图 8－2 所示。

8.1.4　诊断树和故障字典

$$\begin{array}{c} \\ F_1 \\ F_2 \\ F_3 \\ F_4 \end{array}\begin{array}{c} T_1 \ T_2 \ T_3 \ T_4 \\ \begin{bmatrix} 1 & 1 & 1 & 1 \\ 0 & 1 & 1 & 1 \\ 0 & 1 & 1 & 1 \\ 0 & 0 & 0 & 1 \end{bmatrix} \end{array}$$

图 8－2　相关性数学模型

1. 诊断树

诊断树是对 UUT 进行故障检测和故障隔离的测试顺序和诊断分支的组合表示，其组成一般包括测试（或测试点）及测试执行次序、测试结论、系统的单元（或单元故障）及对应的诊断结论、诊断输出等。

诊断树有如下 4 种表现形式：图形形式、表格形式、IEEE 1232 标准形式和 XML 文件形式。

（1）图形形式的诊断树

图形形式的诊断树有多种表述方式，为了便于读者对测试过程和故障诊断中间结果相互关系的理解，这里给出包含故障诊断中间结果的诊断树形式。

图形形式的诊断树在组成上包括方框、测试标志、连线、数字 0/1 等。方框表示基于单元（或单元故障）的故障诊断中间结果和故障诊断最终结果；测试标志表示所用的测试（或测试点）；连线表示测试执行次序或者测试跳转关系；数字 0/1 为测试结果标志，0 表示测试结果正常，1 表示测试结果不正常。

图形形式的诊断树示例如图 8－3 所示。其中，带方框的“F”“$F_1\ F_2$”是故障诊断中间结果，带方框的“F_1”“F_2”“无故障”是故障诊断最终结果；“T_1”“T_2”是测试标志，代表两个不同的测试。

图形形式的诊断树具有表达直观、便于理解的优点，但对于大型系统，存在图形过大导致的不便于文档处理的缺点。

（2）表格形式的诊断树

表格形式的诊断树在组成上，包括测试步骤、上一测试步骤、测试内容或诊断结果、测试结

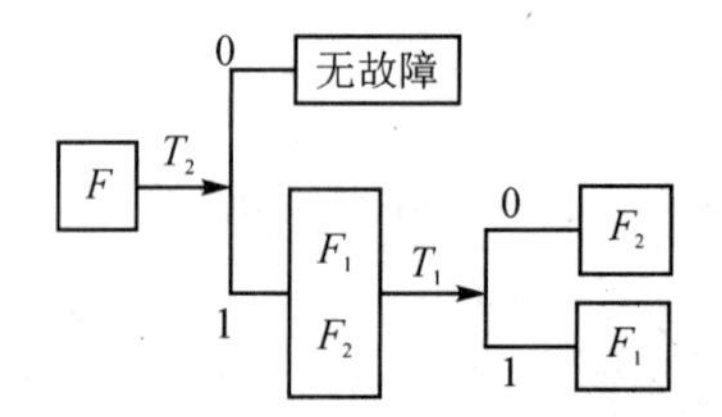

图 8-3　图形形式的诊断树

果及下一测试步骤等。表格形式的诊断树示例如表 8-1 所列。

表 8-1　表格形式的诊断树

测试步骤	上一测试步骤	测试内容或诊断结果	测试结果	下一测试步骤
1	—	T_2	正常	2
			不正常	3
2	1	系统正常		结束
3	1	T_1	正常	4
			不正常	5
4	3	维修或更换 F_2		结束
5	3	维修或更换 F_1		结束
结束	诊断结束			

表格形式的诊断树的直观性比图形形式的诊断树的略差，但便于进行文档处理。

(3) IEEE 1232 标准形式的诊断树

IEEE 1232 标准形式的诊断树由诊断树模型实体、诊断树步骤实体和测试结果实体等组成。IEEE 1232 标准形式的诊断树示例如程序清单 8-1 所示。

程序清单 8-1　IEEE 1232 标准形式的诊断树示例

```
SCHEMA_DATA fault_tree_model;
fault_tree = fault_tree_model{
    SubOf(@model1);
    fault_tree ->@Step1;
};
Step1 = fault_tree_step{
    test_step ->@_T2;
    result ->(@_S1_Result_Yes, @_S1_Result_No);
};
_S1_Result_Yes = test_result{
    test_outcome ->T2_Yes;
    next_step ->?;
    current_diagnosis ->(@no_fault);
};
_S1_Result_No = test_result{
    test_outcome ->T2_No;
```

```
    next_step ->@Step3;
    current_diagnosis ->();
};
Step3 = fault_tree_step{
    test_step ->@_T1;
    result ->(@_S3_Result_Yes, @_S3_Result_No);
};
_S3_Result_Yes = test_result{
    test_outcome ->T1_Yes;
    next_step ->?;
    current_diagnosis ->(_F2_diag);
};
_S3_Result_No = test_result{
    test_outcome ->T1_No;
    next_step ->?;
    current_diagnosis ->(_F1_diag);
};
END_SCHEMA_DATA;
```

其中,fault_tree_model 为诊断树模型实体,包括诊断模型描述和诊断模型入口点;fault_tree_step 为诊断树步骤实体,包括测试步骤和测试结果;test_result 为测试结果实体,包括测试输出、下一步和诊断结果。

IEEE 1232 标准形式的诊断树,与图形形式的诊断树和表格形式的诊断树相比,直观性较差,不便于理解,但方便计算机的自动化处理操作。

(4) XML 文件形式的诊断树

XML 文件形式的诊断树由 XML 元素和属性组成。XML 文件形式的诊断树示例如程序清单 8-2 所示。

程序清单 8-2　XML 文件形式的诊断树示例

```
<TREE>
    <NODE LABEL = "1" TYPE = "TEST">
        <TEST NAME = "T2">
            <NOTES> <![CDATA[T2]]> </NOTES>
        </TEST>
        <OUTCOME LEG = "Yes" ACTION = "2" />
        <OUTCOME LEG = "No" ACTION = "3" />
    </NODE>
    <NODE LABEL = "2" TYPE = "LEAF" PARENT = "1">
        <MODULE ID = "ASG">
            <PARA> System is OK. No Action needed. </PARA>
        </MODULE>
    </NODE>
    <NODE LABEL = "3" TYPE = "TEST" PARENT = "1">
```

```
        < TEST NAME = "T1" >
            < NOTES >  < ! [CDATA[ T1]]>  < /NOTES >
        < /TEST >
        < OUTCOME LEG = "Yes" ACTION = "4" / >
        < OUTCOME LEG = "No" ACTION = "5" / >
    < /NODE >
    < NODE LABEL = "4" TYPE = "LEAF" PARENT = "3" >
        < MODULE NAME = "F2" >
            < REMOVE_REPLACE >  < ! [CDATA[ F2 ]]>  < /REMOVE_REPLACE >
        < /MODULE >
    < /NODE >
    < NODE LABEL = "5" TYPE = "LEAF" PARENT = "3" >
        < MODULE NAME = "F1" >
            < REMOVE_REPLACE >  < ! [CDATA[ F1]]>  < /REMOVE_REPLACE >
        < /MODULE >
    < /NODE >
< /TREE >
```

其中,NODE、TEST、OUTCOME、MODULE 等为 XML 元素,一个 NODE 元素表示一条记录,TEST 元素表示测试内容,OUTCOME 元素表示跳转信息,MODULE 元素表示诊断结果;LABEL、PARENT、TYPE、NAME、LEG、ACTION 等为属性,LABEL 属性表示测试步骤,PARENT 属性表示上一步骤,TYPE 属性为标记符号,当 TYPE 为 TEST 时,NAME 属性表示建议的测试内容,当 TYPE 为 LEAF 时,NAME 属性表示诊断输出。

XML 文件形式的诊断树,基本上不具有直观性,但结构化很强,更方便计算机的自动化处理操作。

诊断树采用分步测试方式来完成 UUT 的故障检测和故障隔离,既可用于 UUT 的 BIT 设计,也可以用于外部的 TPS 设计、人工排故设计。

2. 故障字典

故障字典是以表格形式表示的故障、正常状态与选用测试之间的相关关系,示例如表 8-2 所列。

表 8-2　故障字典

F	T_1	T_2
F_1	1	1
F_2	0	1
无故障	0	0

其中,一行代表一个对应关系,F 列为产品的每一个故障(包括无故障的情况);T_1 和 T_2 列为相应的故障特征;数字 0/1 表示测试的不同结果,其中 0 表示测试结果正常,1 表示测试结果不正常。

故障字典可以看作 D 矩阵模型的一种变形形式。故障字典采用查表方式完成 UUT 的故障检测和故障隔离,既可用于 UUT 的 BIT 设计,也可用于外部的 TPS 设计、人工排故设计。

8.1.5　IEEE 1232 模型

IEEE 1232 模型给出了一组形式化的应用诊断知识和数据表达规范,方便诊断知识和数据的共享与移植。其包含共用元素模型(CEM)、动态上下文模型、诊断推理模型和诊断树模型,下面将介绍诊断推理模型和诊断树模型。

1. 诊断推理模型

在诊断推理模型中,定义了五类实体:诊断推理模型、推理、诊断推理、测试推理、输出推理。其含义如表 8-3 所列。

表 8-3 诊断推理模型各类实体的含义

实 体	含 义
诊断推理模型	该实体表示推理模型的组成结构,同时它也对模型所需的资源进行标识
推理	该实体是诊断推理和测试推理的父型。推理要么是测试推理,要么是诊断推理,但不能同时是两者
诊断推理	该实体继承自推理实体,表示从特定测试输出推出的诊断推论的型别(正常或者候选)
测试推理	该实体表示从测试输出作出的关于测试的推论,由推理实体继承过来,置信度属性用于指定该推论的不确定性
输出推理	该实体使一特定测试的某一结果与一组以结合的或分离的形式表示的推理相配对。此组中的每一个推理实体都是单一的,测试推理或诊断推理。由于推理是具体于诊断推理模型而言的,所以有必要指定推理对应的 CEM 诊断推理模型中的标准测试输出

诊断推理模型的实体关系如图 8-4 所示。图中,诊断推理模型是 CEM 诊断推理模型的子类型。一个诊断推理模型至少包含两个“推理”属性,用于描述“输出推理”(至少有系统正常/系统故障两个推理)。各“输出推理”以“关联的测试输出”进行区别,因此必须设置“关联的测试输出”属性。“输出推理”还可以根据需要设置“与”关系属性或者“或”关系属性,二者都是对“推理”的描述。“推理”可以是单个的“测试推理”或“诊断推理”,也可以是多个“测试推理”和/或“诊断推理”的“与”组合、“或”组合形式。“诊断推理”和“测试推理”都可以根据需要设置

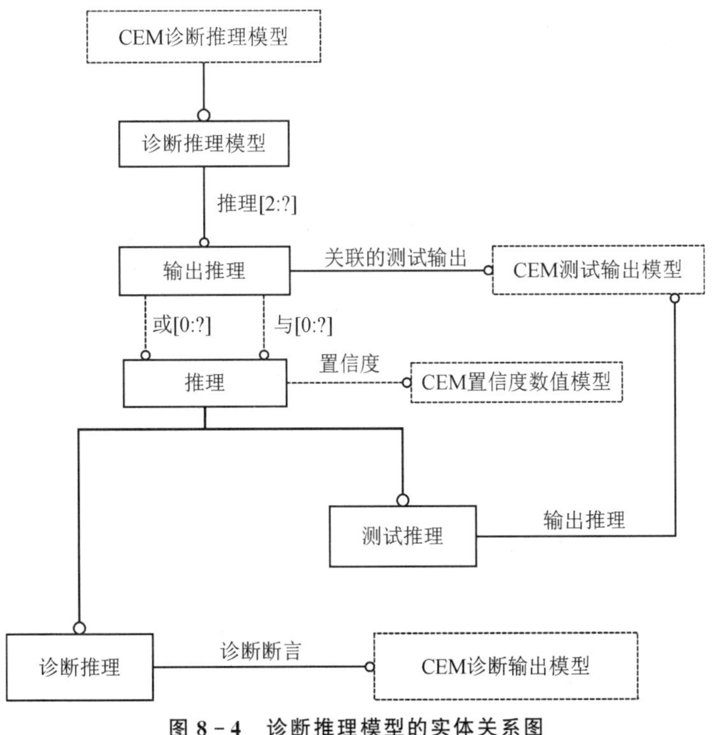

图 8-4 诊断推理模型的实体关系图

“置信度”属性，用于描述推理的置信度数值。“测试推理”必须有“输出推理”属性，用于描述“测试输出”；“诊断推理”必须有“诊断断言”属性，用于描述“诊断输出”。

此模型的优点是：表达规范、统一；可以保存为文本文档；便于计算机读入处理。此模型的缺点是：不如相关性图形或者一阶相关性表直观，不便于理解和审查；不便于人工调整、更新、测试点优选分析计算；不是最优诊断设计，存在测试点、测试步骤的浪费；应用中需要现场推理计算，时间消耗较多；不方便进行故障检测率和故障隔离率计算。

2. 诊断树模型

在诊断树模型中，定义了四大实体：诊断树模型、诊断树步骤、测试结果和结果输出，其含义如表8-4所列。

表8-4　诊断树模型各实体的含义

实　体	含　义
诊断树模型	定义诊断模型描述及故障树的入口点(步骤)
诊断树步骤	表示诊断树表的一行，即一次测试步骤。它的入口定义此步骤要进行的测试，还有紧接着的测试结果或行动。该属性使用CEM中的测试模型
测试结果	提供与一个测试相联系的结果，指示诊断树中的下一步，或可得出的诊断结论
结果输出	获得一组测试结果并返回相应的测试结果，以确保列出的结果等于诊断树步骤中已有的结果

诊断树模型的实体关系如图8-5所示。图中，诊断树模型是CEM诊断模型的子类型。诊断树模型具有“入口点”属性，用于描述“诊断树步骤”。“诊断树步骤”必须有“测试步骤”属性，用于描述“测试”，还至少包含两个“结果”属性，用于描述“测试结果”。“测试结果”必须有“测试输出”属性，用于描述“测试输出”；并可根据需要设置“下一步”属性，用于描述“诊断树步骤”；还必须有“当前诊断输出”属性，用于描述“诊断输出”。

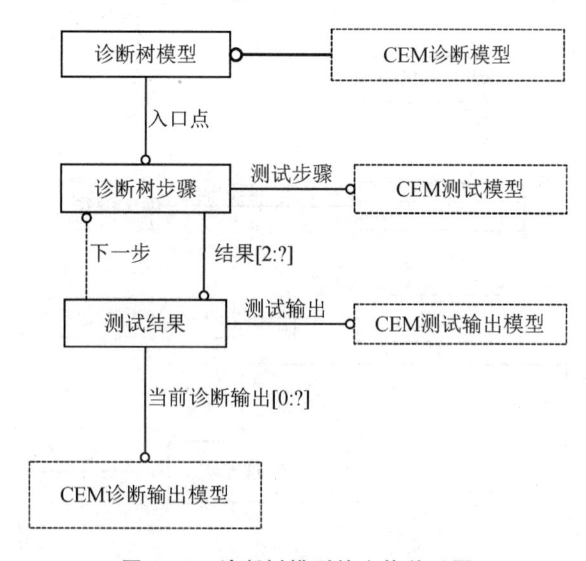

图8-5　诊断树模型的实体关系图

此模型的优点是：表达规范、统一；可以保存为文本文档；便于计算机读入处理。此模型的缺点是：不如诊断树图形直观，不便于理解和审查；不方便进行故障检测率和故障隔离率计算。

8.2　相关性建模分析方法

8.2.1　相关性建模分析流程

相关性建模分析流程如图 8－6 所示。首先对产品进行 FMECA 操作，即通过系统分析，确定元器件、零部件、设备、软件在设计和制造过程中所有可能的故障模式，以及每个故障模式的原因及影响。在进行 FMECA 操作后，即得到按照可能发生的概率等级与严酷度等级排序的每个故障模式。据此对 UUT 功能和结构进行划分，结合可用测试点建立相关性图示模型，进而建立一阶相关性关系、D 矩阵模型，也可由相关性图示模型直接建立 D 矩阵模型。在建立了 D 矩阵模型后，可进行测试点优选计算，建立诊断树及故障字典，此时可利用生成的诊断策略来预计故障检测率和故障隔离率。

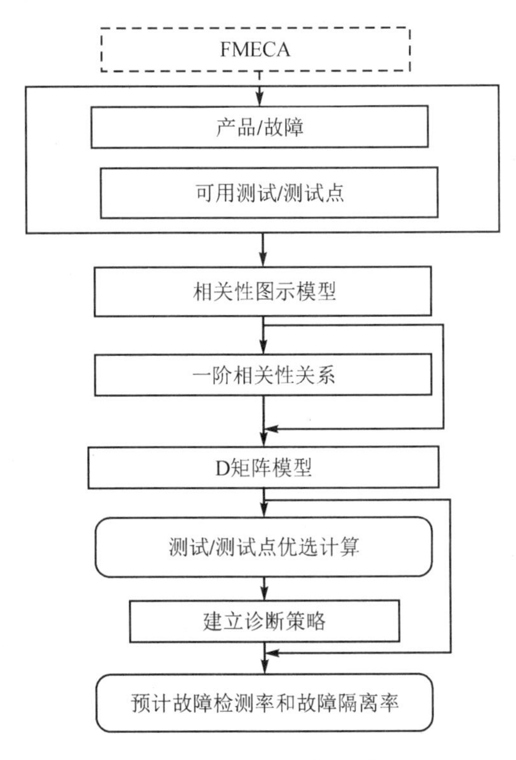

图 8－6　相关性建模分析流程

8.2.2　相关性图示模型的构建

相关性图示模型是建立 D 矩阵模型的基础，此模型是在功能框图的基础上建立的。图 8－7 所示为简单 UUT 的功能框图，根据此功能框图，结合可用测试点，即可直接绘制出相关性图示模型，此模型可直接用于测试性分析。

8.2.3　D 矩阵模型的生成

建立 D 矩阵模型的途径有测试性框图直接分析法和通过一阶相关性求解的方法。

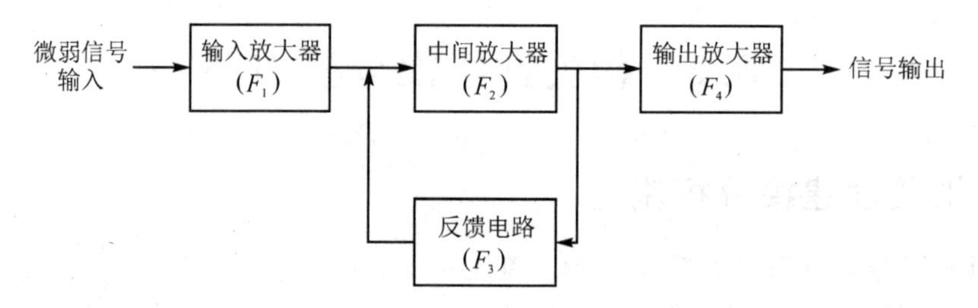

图 8-7 简单 UUT 的功能框图

1. 直接分析法

此方法适用于 UUT 组成部件和初选测试点数量不多(即 m 和 n 值较小)的情况。如图 8-8(a)所示的 UUT,根据功能信息流方向,逐个分析各组成部件 F_i 的故障信息在多测试点 T_j 上的反映,即可得到对应的 D 矩阵模型(见图 8-8(b))。

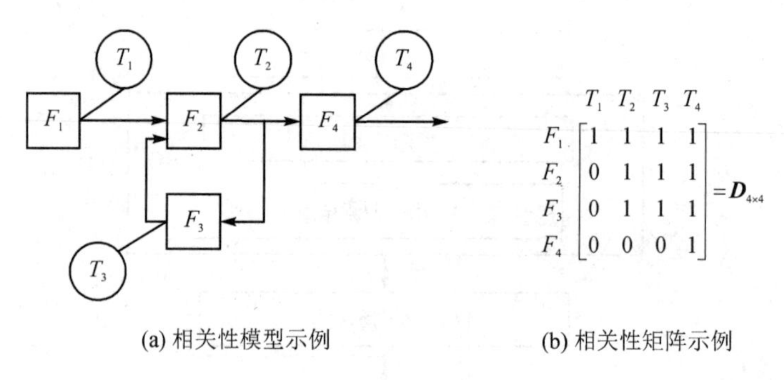

$$
\begin{matrix} & T_1 & T_2 & T_3 & T_4 \end{matrix}
$$
$$
\begin{matrix} F_1 \\ F_2 \\ F_3 \\ F_4 \end{matrix}
\begin{bmatrix} 1 & 1 & 1 & 1 \\ 0 & 1 & 1 & 1 \\ 0 & 1 & 1 & 1 \\ 0 & 0 & 0 & 1 \end{bmatrix} = \boldsymbol{D}_{4\times4}
$$

(a) 相关性模型示例 (b) 相关性矩阵示例

图 8-8 相关性图示模型

2. 列矢量法

此方法是首先分析各测试点的一阶相关性,列出一阶相关性表格,然后分别求各测试点所对应的列,最后组合成 D 矩阵模型。例如:对某一测试点 T_j 的一阶相关性中如还有另外的测试点,则该点用与其相关的组成部件代替,这样就可找出与 T_j 相关的各个部件。在列矩阵 $\boldsymbol{T}_j$ 中,与 T_j 相关的部件位置用"1"表示,不相关的部件位置用"0"表示,即可得到列矩阵 $\boldsymbol{T}_j$。所有的测试点($j=1, 2, \cdots, n$)都这样分析一遍,即得到各个列矩阵,从而组成 UUT 的 D 矩阵模型 $\boldsymbol{D}_{m\times n}$。

图 8-8(a)所示的 UUT,通过各测试点的一阶相关性分析,可列出一阶相关性表,见表 8-5。其中,T_1 只与 F_1 相关,所以其列矩阵为

$$
\boldsymbol{T}_1 = [1 \quad 0 \quad 0 \quad 0]^{\mathrm{T}}
$$

T_2 与 F_2、T_1、T_3 相关,其中 T_1 用其相关的 F_1 代替,T_3 用其相关的 F_3 代替,则可知 T_2 与 F_2、F_1 和 F_3 相关,与 F_4 不相关。所以,T_2 对应的列矩阵为

$$
\boldsymbol{T}_2 = [1 \quad 1 \quad 1 \quad 0]^{\mathrm{T}}
$$

一阶相关性表中,T_3 与 F_3、T_2 相关,其中 T_2 用其相关的 F_2、T_1 代替,T_1 再用 F_1 代替,可得到列矩阵:

$$
\boldsymbol{T}_3 = [1 \quad 1 \quad 1 \quad 0]^{\mathrm{T}}
$$

同样,T_4 与 F_4、T_2 相关,T_2 用 F_2、T_1、T_3 代替,其中,T_1 用 F_1 代替,T_3 用 F_3 代替,可

得列矩阵：

$$\boldsymbol{T}_4 = [1 \quad 1 \quad 1 \quad 1]^{\mathrm{T}}$$

综合列矩阵 $\boldsymbol{T}_1$、$\boldsymbol{T}_2$、$\boldsymbol{T}_3$、$\boldsymbol{T}_4$，即可得出 D 矩阵模型，见表 8-6。其结果与直接分析得出的 D 矩阵模型一样。

表 8-5　一阶相关性

测试点	一阶相关性
T_1	F_1
T_2	F_2, T_1, T_3
T_3	F_3, T_2
T_4	F_4, T_2

表 8-6　D 矩阵模型

F \ T	T_1	T_2	T_3	T_4
F_1	1	1	1	1
F_2	0	1	1	1
F_3	0	1	1	1
F_4	0	0	0	1

3. 行矢量法

此方法同样是先根据测试性框图分析一阶相关性，列出各测试点一阶相关性逻辑方程式；然后求解一阶相关性方程组，得到 D 矩阵模型。一阶相关性逻辑方程的形式如下：

$$T_j = F_x + T_k + F_y + T_l + \cdots, \quad j = 1, 2, \cdots, n \tag{8-5}$$

方程式(8-5)等号的右边是与测试点相关的组成部件和测试点，“+”表示逻辑“或”，下标 x 或 y 取小于或等于 m 的正整数，k 和 l 取小于或等于 n 的正整数，且不等于 j。

令 $F_i=1$，其余 $F_x=0\ (x \neq i)$，求解方程组可得到各个 d_{ij} 的值(1 或 0)，从而求得相关矩阵的第 i 行：

$$\boldsymbol{F}_i = [d_{i1}, d_{i2}, \cdots, d_{in}] \tag{8-6}$$

取 $i=1,2,\cdots,m$，重复上述计算过程，即可求得 m 个行矢量，综合起来得到矩阵 $\boldsymbol{D}_{m \times n}$。

这里还以图 8-7 给出的 UUT 为例，可列出一阶相关性方程组，如下：

$$\begin{cases} T_1 = F_1 \\ T_2 = F_2 + T_1 + T_3 \\ T_3 = F_3 + T_2 \\ T_4 = F_4 + T_2 \end{cases} \tag{8-7}$$

令 $F_1=1, F_1=F_3=F_4=0$，代入方程组(8-7)，求得 $T_1=1, T_2=1, T_3=1$ 和 $T_4=1$，从而得到矩阵的第 1 行：

$$\boldsymbol{F}_1 = [1 \quad 1 \quad 1 \quad 1]$$

再令 $F_2=1, F_1=F_3=F_4=0$，代入方程组(8-7)，求得 $T_1=0, T_2=1, T_3=1, T_4=1$，从而得到：

$$\boldsymbol{F}_2 = [0 \quad 1 \quad 1 \quad 1]$$

利用同样的方法可求得：

$$\boldsymbol{F}_3 = [0 \quad 1 \quad 1 \quad 1]$$

$$\boldsymbol{F}_4 = [0 \quad 0 \quad 0 \quad 1]$$

综合行矢量 $\boldsymbol{F}_1$、$\boldsymbol{F}_2$、$\boldsymbol{F}_3$ 和 $\boldsymbol{F}_4$，即可得 UUT 的 D 矩阵模型，结果与前两种方法得到的模型相同。

8.2.4 测试点优选

8.2.4.1 直接优选方法

在建立了UUT的D矩阵模型之后,就可以优选故障检测(FD)用测试点、故障隔离(FI)用测试点了。

1. 简化D矩阵模型识别模糊组

为了简化以后的计算工作量,并识别冗余测试点和故障隔离的模糊组,在建立了UUT的D矩阵模型之后,应首先进行简化。

① 比较D矩阵模型中的各列,如果有$T_k=T_l$,且$k\neq l$,则对应的测试点T_k和T_l是互为冗余的,只选用其中容易实现的和测试费用低的一个即可,并在D矩阵模型中去掉未选测试点对应的列。

② 比较D矩阵模型中的各行,如果有$F_x=F_y$且$x\neq y$,则其对应的故障类(或可更换的组成部件)是不可区分的,可作为一个故障隔离模糊组处理,并在D矩阵模型中合并这些相等的行为一行。如表8-6所列的矩阵,T_2、T_3是冗余的,F_2和F_3是一个模糊组。

这样就得到了简化后的D矩阵模型,也得到了故障隔离的模糊组。出现冗余测试点和模糊组的原因是UUT的测试性框图中存在着多于一个输出的组成单元和(或)存在着反馈回路。

2. 选择检测用测试点

假设UUT简化后的D矩阵模型为$\boldsymbol{D}=[d_{ij}]_{m\times n}$,则第$j$个测试点的故障检测权值(表示提供检测有用信息多少的相对度量)W_{FD}可用下式计算:

$$W_{\mathrm{FD}j}=\sum_{i=1}^{m}d_{ij} \tag{8-8}$$

计算出各测试点的W_{FD}之后,选用其中W_{FD}值最大者为第一个检测用测试点。其对应的列矩阵为

$$\boldsymbol{T}_j=[d_{1j}\quad d_{2j}\quad \cdots\quad d_{mj}]^{\mathrm{T}} \tag{8-9}$$

用$\boldsymbol{T}_j$把矩阵$\boldsymbol{D}$一分为二,得到两个子矩阵:

$$\boldsymbol{D}_p^0=[d_{ij}]_{a\times n} \tag{8-10}$$

$$\boldsymbol{D}_p^1=[d_{ij}]_{(m-a)\times n} \tag{8-11}$$

式中:$\boldsymbol{D}_p^0$——$\boldsymbol{T}_j$中等于0的元素所对应的行构成的子矩阵;

$\boldsymbol{D}_p^1$——$\boldsymbol{T}_j$中等于1的元素所对应的行构成的子矩阵;

a——$\boldsymbol{T}_j$中等于0的元素的个数;

p——下标,为选用测试点的序号。

选出第一个检测用测试点后,$p=1$。如果$\boldsymbol{D}_1^0$的行数不等于零($a\neq 0$),则对$\boldsymbol{D}_1^0$再计算各测点的W_{FD}值,选其中W_{FD}最大者为第二个检测用测试点,并再次用其对应的列矩阵分割$\boldsymbol{D}_1^0$。重复上述过程,直到选用检测用测试点对应的列矩阵中不再有为"0"的元素为止。有为"0"的元素存在,就意味着其对应的UUT组成单元(或故障类)还未检测到;没有为"0"的元素存在,就表明所有组成单元都可检测到,故障检测用测试点的选择过程完成。

如果在选择检测用测试点的过程中出现W_{FD}最大值对应多个测试点的情况,则可从中选

择一个容易实现的测试点。

例如图 8-9(a)所示的 UUT,初选的测试点为①、②、③、④,其 D 矩阵模型很容易建立,如图 8-9(b)所示。计算各测试点的 W_{FD} 值,列于矩阵的下部,很明显,测试点③的 W_{FD} 值最大,首先选③。用 $\boldsymbol{T}_3=[1\quad 1\quad 1\quad 0]^{\mathrm{T}}$ 分割 D 矩阵模型后得到:

$$\boldsymbol{D}_1^0=[0\quad 0\quad 0\quad 1]$$

$\boldsymbol{D}_1^0$ 只有一行了。再选④为第二个检测用测试点,就可检测到所有的 UUT 组成单元。

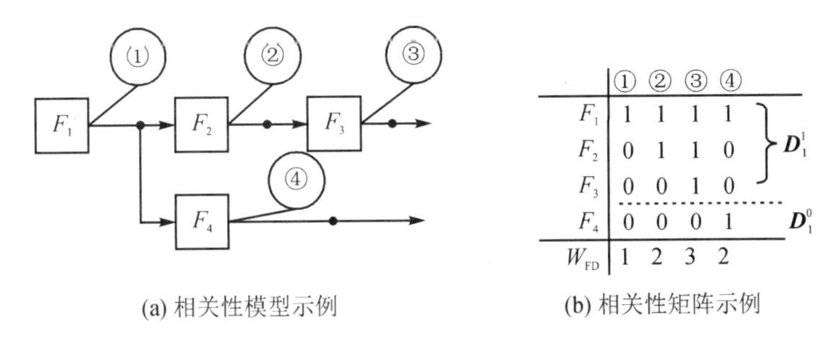

(a) 相关性模型示例　　(b) 相关性矩阵示例

图 8-9　检测用测试点的确定示例

3. 选择故障隔离用测试点

仍假设 UUT 简化后的 D 矩阵模型为 $\boldsymbol{D}=[d_{ij}]_{m\times n}$,则第 j 个测试点的故障隔离权值(提供故障隔离有用信息的相对度量)W_{FI} 可用下式计算:

$$W_{\mathrm{FI}j}=\sum_{k=1}^{Z}(N_j^1\quad N_j^0)_k \tag{8-12}$$

式中:N_j^1——列矩阵 $\boldsymbol{T}_j$ 中元素为 1 的个数;

N_j^0——列矩阵 $\boldsymbol{T}_j$ 中元素为 0 的个数;

Z——矩阵数,$Z\leqslant 2^P$,P 是已选为故障隔离用测试点数。

计算出各测试点的 W_{FI} 之后,选用 W_{FI} 值最大者对应的测试点 T_j 为故障隔离用测试点。其对应的列矩阵为

$$\boldsymbol{T}_j=[d_{1j}\quad d_{2j}\quad \cdots\quad d_{mj}]^{\mathrm{T}} \tag{8-13}$$

用 $\boldsymbol{T}_j$ 把矩阵 $\boldsymbol{D}$ 一分为二,得

$$\boldsymbol{D}_p^0=[d_{ij}]_{a\times n} \tag{8-14}$$

$$\boldsymbol{D}_p^1=[d_{ij}]_{(m-a)\times n} \tag{8-15}$$

式中:$\boldsymbol{D}_p^0$——$\boldsymbol{T}_j$ 中等于 0 的元素对应行所构成的子矩阵,p 为所选测试点序号;

$\boldsymbol{D}_p^1$——$\boldsymbol{T}_j$ 中等于 1 的元素对应行所构成的子矩阵;

a——$\boldsymbol{T}_j$ 中等于 0 的元素的个数。

开始时只有一个矩阵,当选出第一个故障隔离用测试点后,$p=1$,分割矩阵后 $Z=2$。对矩阵 $\boldsymbol{D}_1^0$ 和 $\boldsymbol{D}_1^1$ 计算各测试点的 W_{FI} 值,选用 W_{FI} 值最大者为第二个故障隔离用测试点,再分割子矩阵,这时 $p=2$,子矩阵数 $Z=2^2=4$。重复上述过程,直到各子矩阵变为只有一行为止,就完成了故障隔离用测试点的选择过程。

当出现 W_{FI} 最大值对应不止一个测试点的情况时,应优先选用故障检测已选用、测试时间短或费用低的测试点。

可以证明,已知正数 A 与 B 之和为 C,只有当 $A=B=C/2$ 时,A 与 B 之积最大。所以用

W_{FI} 值最大的测试点分割D矩阵模型,符合串联系统中的对半分割思路,可以尽快地隔离出故障部件。也就是说,把原来只适用单一串联系统中对半分割的诊断方法,引申扩展到用于复杂系统的故障诊断。

另外,根据信息理论可知,在UUT中各组成单元故障概率相等的条件下,可用下式近似计算各测试点提供的故障隔离的信息量 $I(t_j)$:

$$I(t_j) = -\sum_{k=1}^{Z}\left(\frac{N_j^1}{m}\log_2\frac{N_j^1}{m} + \frac{N_j^0}{m}\log_2\frac{N_j^0}{m}\right)_k \tag{8-16}$$

式中:m——UUT D矩阵模型的行数;

N_j^1, N_j^0——测试点 T_j 对应列中1的个数和0的个数。

用 $I(t_j)$ 值代替 W_{FIj} 值,选择FI用TP,其结果应该一样。

仍以图8-9中的模型为例,已经选出检测用测试点为③和④两点。检测时,如果 F_4 有故障,则通过两步测试就可隔离出 F_4,即用测试点③已经把相关矩阵分割一次了,$\boldsymbol{D}_1^0$ 已成为单行了。在此基础上可继续选择隔离用测试点。计算 W_{FIj} 或 $I(t_j)$ 值并将其列于图8-10(a)所示的矩阵下部,因为点④已选为检测用测试点,为尽量减少测试数量,所以选用点④为隔离测试点。用它对应的 $\boldsymbol{T}_4 = [1 \quad 0 \quad 0]^T$ 分割子矩阵得到 $\boldsymbol{D}_2^0$ 和 $\boldsymbol{D}_2^1$,如图8-10(a)所示。其中,$\boldsymbol{D}_2^1$ 已为单行,$\boldsymbol{D}_2^0$ 也仅有两行,很明显用点②就分割为单行了。所以,隔离用测试点选用③、④、②就可以了。

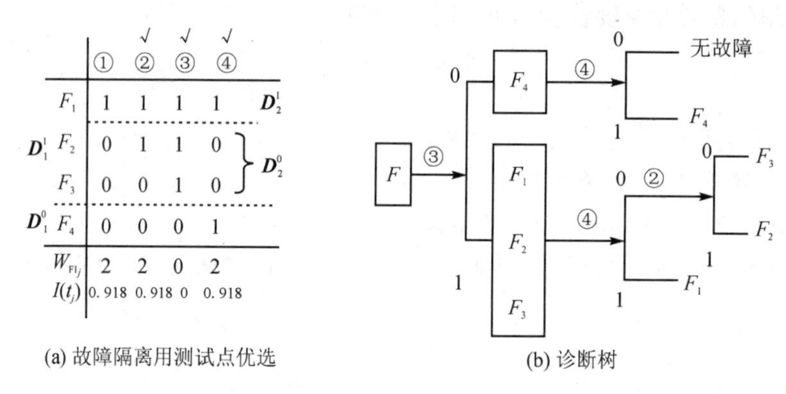

图8-10 故障隔离用测试点选择示例

8.2.4.2 考虑可靠性和费用的优选方法

前面8.2.4.1小节在介绍优选测试点、制定诊断策略、计算平均诊断测试步骤时,都没有考虑UUT各组成单元的可靠性影响和设置测试点进行测试的费用影响,或者说,认为各组成单元的可靠性是一样的,测试点及其相关费用是相等的,可暂不考虑可靠性和费用影响。但实际上这是不真实的,只要有可能就应尽量考虑有关影响。

1. 可靠性影响

一般情况下,UUT各组成单元的可靠性是不会完全相同的,可靠性低的组成单元发生故障的可能性较大,应优先检测,赋予较大的检测与隔离权值。UUT及其各组成单元的可靠性数据(故障率或故障概率)可从可靠性设计分析资料中获得。优选测试点和制定诊断策略时,计算故障检测与隔离权值(W_{FD} 和 W_{FI})除基于相关性之外,还要考虑相对故障率的高低或故障概率的大小。

(1) 检测与隔离权值的计算

各测试点的故障检测权值可用下式计算：

$$W_{FDj}=\sum_{i=1}^{m}\alpha_i d_{ij},\quad j=1,2,\cdots,n \tag{8-17}$$

$$\alpha_i=\lambda_i\Big/\sum_{i=1}^{m}\lambda_i \tag{8-18}$$

式中：W_{FDj}——第 j 个测试点的检测权值；

α_i——第 i 个组成单元的故障发生频数比；

d_{ij}——UUT D 矩阵模型中第 i 行第 j 列元素；

λ_i——第 i 个组成单元的故障率；

m——待分析的相关矩阵行数。

各测试点的故障隔离权值可用下式计算：

$$W_{FIj}=\sum_{k=1}^{Z}\left\{\left(\sum_{i=1}^{m}\alpha_i d_{ij}\right)_k\left[\sum_{i=1}^{m}\alpha_i(1-d_{ij})\right]_k\right\} \tag{8-19}$$

式中：W_{FIj}——第 j 个测试点的故障隔离权值；

Z——分析的矩阵数。

(2) 诊断信息量的计算

在 D 矩阵模型中加入代表 UUT 无故障的一行，这时矩阵的行数就是故障诊断要区分的 UUT 状态数，包括无故障状态和各故障状态。检测与隔离用测试点的选择可以一起考虑，优先选用提供诊断信息量大的测试点分割 D 矩阵模型，制定诊断策略。测试点的诊断信息量用下式计算：

$$I(t_j)=-\sum_{k=1}^{Z}P_k(A\log_2 A+B\log_2 B)_k \tag{8-20}$$

$$\begin{cases}P_k=\sum_{i=1}^{m}p_i\\ A=\sum_{i=1}^{m}p_i d_{ij}/P_k\\ B=\sum_{i=1}^{m}p_i(1-d_{ij})/P_k\end{cases} \tag{8-21}$$

式中：$I(t_j)$——第 j 个测试点的信息量；

p_i——UUT D 矩阵模型中各状态发生的概率；

d_{ij}——UUT D 矩阵模型中第 i 行 j 列元素；

m——UUT D 矩阵模型的行数；

Z——矩阵数。

在实际工程应用中计算 W_{FIj} 和 $I(t_j)$时，为简化分析，可以省去公式中的第一个求和符号。这样选用的测试点可能会有所不同，但影响不是太大。

(3) 故障诊断平均测试步数与检测能力

故障诊断平均测试步数 N_D 为

$$N_D = \sum_{i=1}^{m_0} p_i k_i \tag{8-22}$$

式中：k_i——诊断树第 i 个分支节点数；

m_0——诊断树分支数；

p_i——UUT 第 i 个状态(诊断树的树叶)发生的概率。

故障检测率 γ_{FD} 和隔离率 γ_{FI} 用下式计算：

$$\gamma_{FD} = \sum \lambda_{FDi} \Big/ \sum \lambda_i \tag{8-23}$$

$$\gamma_{FI} = \sum \lambda_{FIi} \Big/ \sum \lambda_{FDi} \tag{8-24}$$

式中：λ_{FDi}——第 i 个检测的组成单元的故障率；

λ_{FIi}——第 i 个隔离的组成单元的故障率。

2. 费用影响

与测试相关的费用有测试点设计费用、研制费用和实施测试费用等。对于测试点的选用顺序，在其他条件相同的情况下，应优先选用综合费用少的测试点。所以，在计算测试点的权值 W_{FD} 和 W_{FI} 时应考虑与综合费用成反比的影响因素。

如果用 C_j 表示第 j 个测试点的各项相关费用之和，则第 j 个测试点的检测权值和隔离权值可用下式计算：

$$W_{FDj} = \frac{1}{\alpha_{Cj}} \sum_{i=1}^{m} \alpha_i d_{ij} \tag{8-25}$$

$$W_{FIj} = \frac{1}{\alpha_{Cj}} \left(\sum_{i=1}^{m} \alpha_i d_{ij} \right) \left[\sum_{i=1}^{m} \alpha_i (1 - d_{ij}) \right] \tag{8-26}$$

$$I(t_j) = \frac{1}{\alpha_{Cj}} P_k (A \log_2 A + B \log_2 B) \tag{8-27}$$

$$\alpha_{Cj} = C_j \Big/ \sum_{j=1}^{n} C_j \tag{8-28}$$

式中：C_j——第 j 个测试点的相关费用之和；

α_{Cj}——第 j 个测试点的相对费用比；

n——候选测试点个数。

故障诊断平均测试步数 N_D 是评价诊断树的参数之一，N_D 越小越好。同样，诊断树的平均测试费用也是其评价参数。诊断树的平均测试费用可用下式计算：

$$C_D = \sum_{i=1}^{m_0} P_i \left(\sum_{j=1}^{K_i} C_j \right)_i \tag{8-29}$$

式中：C_D——UUT 诊断树的平均测试费用；

P_i——诊断树各树叶(即诊断输出)发生的概率，对应“无故障”分支为 UUT 无故障概率，其他为故障概率；

m_0——诊断树分支数；

C_j——第 i 个分支上第 j 个节点测试费用；

K_i——第 i 个分支的节点数。

也就是说，诊断树的平均测试费用等于各分支费用之和，而各分支费用等于其各节点测试费用之和乘以对应“树叶”发生的概率。

另外的费用计算公式是：

$$C_{\mathrm{D}}=\sum_{j=1}^{K}C_{j}\left(\sum_{i=1}^{m_j}P_{i}\right)_{j} \tag{8-30}$$

式中：K——诊断树节点总数(包括根节点)；

m_j——第 j 个节点所包含的树叶(待分割的)数目。

也就是说，诊断树的平均测试费用等于各节点测试费用乘以该节点要分割的树叶发生概率之和的总和。式(8-29)和式(8-30)这两个诊断树平均测试费用计算公式是等效的。例如，图 8-11 所示诊断树的平均测试费用用上述两个公式计算的结果是一样的，即

$$\begin{aligned}C_{\mathrm{D}}&=\sum_{i=0}^{3}P_{i}\left(\sum C_{j}\right)_{i}=P_{0}(C_{1}+C_{6})+P_{3}(C_{1}+C_{6})+P_{2}(C_{5}+C_{6})+P_{1}(C_{5}+C_{6})\\&=C_{6}(P_{0}+P_{3}+P_{2}+P_{1})+C_{1}(P_{0}+P_{3})+C_{5}(P_{2}+P_{1})\\&=\sum_{j=1}^{3}C_{j}\left(\sum P_{i}\right)_{j}\end{aligned}$$

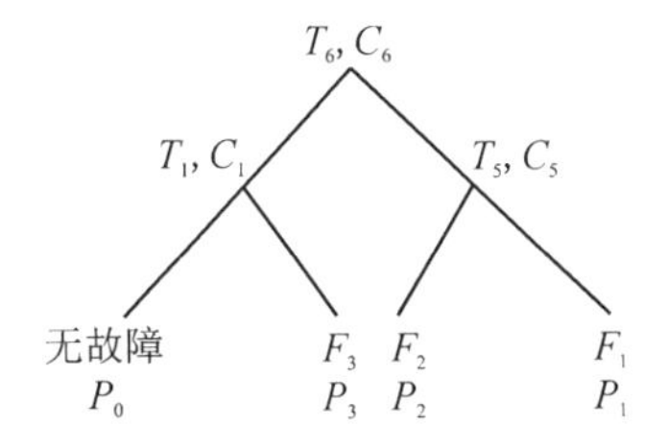

图 8-11　诊断树的平均测试费用示例

8.2.5　诊断策略的生成

8.2.5.1　诊断树的生成

诊断树即故障检测和隔离时的测试顺序的树状表示，它是 UUT 测试性/BIT 详细设计分析的基础，同时也为 UUT 外部诊断测试提供技术支持。它既可用于产品设计阶段，也可用于使用阶段维修时的故障诊断。

建立诊断树以测试点的优选结果为基础，先检测后隔离，以测试点选出的先后顺序制定诊断树。具体方法是：根据测试点优选结果，用选出的测试点进行测试，按测试结果是正常或不正常来确定下一步测试。过程如下：

(1) 故障检测顺序

① 用第 1 个故障检测用测试点测试 UUT，分割其 D 矩阵模型 $\boldsymbol{D}$：

- 如果结果正常，且“0”元素对应的子矩阵 $\boldsymbol{D}_1^0$ 不存在，则无故障；
- 如果结果为正常，且“0”元素对应的子矩阵 $\boldsymbol{D}_1^0$ 存在，则需用第 2 个故障检测用测试点来继续测试 $\boldsymbol{D}_1^0$。

② 用第 2 个故障检测用测试点测试 $\boldsymbol{D}_1^0$：

- 如果结果正常且 $\boldsymbol{D}_2^0$ 不存在，则无故障；
- 如果结果正常且 $\boldsymbol{D}_2^0$ 存在，则需用下一个测试点测试。

③ 选用下一个故障检测用测试点测试，直到 $\boldsymbol{D}_p^0$ 不存在为止(所选出的故障检测用测试点测试完)。

④ 如果任一步检测结果均为不正常，则应转至故障隔离程序。

(2) 故障隔离顺序

① 用第1个故障隔离用测试点测试UUT，按其结果(正常或不正常)把UUT的D矩阵模型 $\boldsymbol{D}$ 划分成两部分 $\boldsymbol{D}_1^0$ 和 $\boldsymbol{D}_1^1$：

- 如果测试结果正常，则可判定 $\boldsymbol{D}_1^1$ 无故障，故障在 $\boldsymbol{D}_1^0$ 中，需要用第2个故障隔离用测试点测试 $\boldsymbol{D}_1^0$；
- 如果测试结果不正常，则可判定 $\boldsymbol{D}_1^0$ 无故障，而 $\boldsymbol{D}_1^1$ 存在故障，需要用第2个故障隔离用测试点测试 $\boldsymbol{D}_1^1$。

② 用第2个故障隔离用测试点测试剩余有故障部分(有故障的子矩阵)，将D矩阵模型 $\boldsymbol{D}$ 再次划分为两部分 $\boldsymbol{D}_2^0$ 和 $\boldsymbol{D}_2^1$：

- 如果测试结果正常，则故障在 $\boldsymbol{D}_2^0$ 中，需用下一个故障隔离用测试点继续测试 $\boldsymbol{D}_2^0$。
- 如果测试结果不正常，则故障在 $\boldsymbol{D}_2^1$ 中，需用下一个故障隔离用测试点继续测试 $\boldsymbol{D}_2^1$。

③ 用下一个FI用TP测试有故障的子矩阵 $\boldsymbol{D}_p^0$(或 $\boldsymbol{D}_p^1$)，并把它一分为二，重复上述过程直到划分后的子矩阵成为单行(对应UUT的一个组成单元或一个模糊组)为止。

④ 在测试过程中，任何一步隔离测试均把原矩阵分割成两个子矩阵，如果某个子矩阵已成为单一行，则对该子矩阵就不用测试了。对另一个不是单行的子矩阵应继续测试。

(3) 建立故障诊断树

上述故障检测与隔离顺序的分析结果，可以用简单形象的图形表示出来。从第一个故障检测用测试点开始，按其测试结果“正常”和“不正常”画出两个分支：

① 正常(以0表示)分支，继续用第二个故障检测用测试点测试，再画出两个分支，其中不正常分支用FI用TP测试，转入隔离分支；正常分支继续用故障检测用测试点测试，直到用完故障检测用测试点，判定UUT有无故障，这样就画出了检测顺序图。

② 不正常(用1表示)分支，用第一个故障隔离用测试点测试，按其结果为0和为1画出两个分支。再分别用第二个故障隔离用测试点测试，画出两个分支。这样连续地画分支，直到用完所选出的故障隔离用测试点，各分支末端为UUT单个组成单元或模糊组为止。这样就画出了隔离顺序图。

检测与隔离顺图画在一起，第一个测试点为根，引出的两个分支为树杈；接着每个分支再用第二个测试点，各自再引出两个分支。这样，直到树杈末端为无故障、单一组成单元或模糊组(即树叶)为止。这样就构成了UUT的故障诊断树。

例如，图8-10所示的UUT，根据其故障检测用测试点和故障隔离用测试点选择结果(见图8-10(a))，很容易画出其诊断树，如图8-10(b)所示。

如果已知此UUT有故障，可直进行故障隔离，也可按上述方法直接优选故障隔离用测试点，制定出隔离顺序，画出故障隔离树。对于图8-10给出的UUT，其故障隔离用测试点优选和单独隔离树如图8-12所示。

8.2.5.2 故障字典的生成

在优选出测试点之后，UUT无故障时在各测试点的测试结果与有故障时不一样，不同的

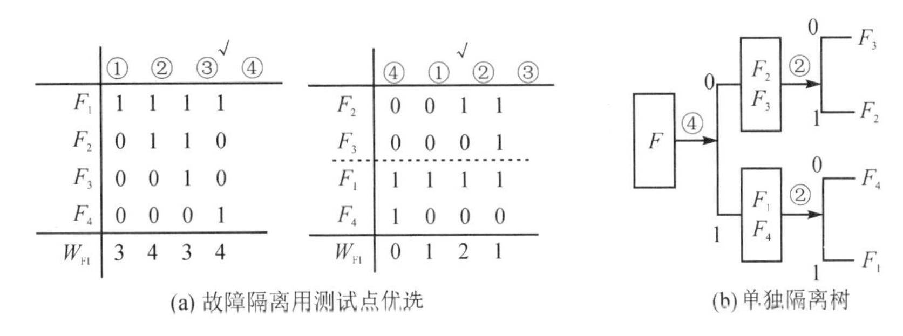

(a) 故障隔离用测试点优选　　(b) 单独隔离树

图 8－12　故障隔离顺序

故障其测试结果也不同。把 UUT 的各种故障与其在各测试点上的测试结果列成表格就是故障字典。使用前面介绍的测试点优选方法很容易建立故障字典，即在 UUT D 矩阵模型(简化后)中，去掉未选用测试点所对应的列就成为该 UUT 的故障字典。为了便于故障检测，有时加上“无故障”时所对应的测试结果。

例如图 8－10，优选出的测试点为②、③、④三点，构成的故障字典如图 8－13(a)所示。另外，依据诊断树也可以很方便地构成故障字典，只要按照各树叶分析，把其对应分支节点上的 1 或 0 列成表格即可。缺位时，表示不需要此值就可以区别故障，也可以用 0 补齐空缺位，如图 8－13(b)所示。

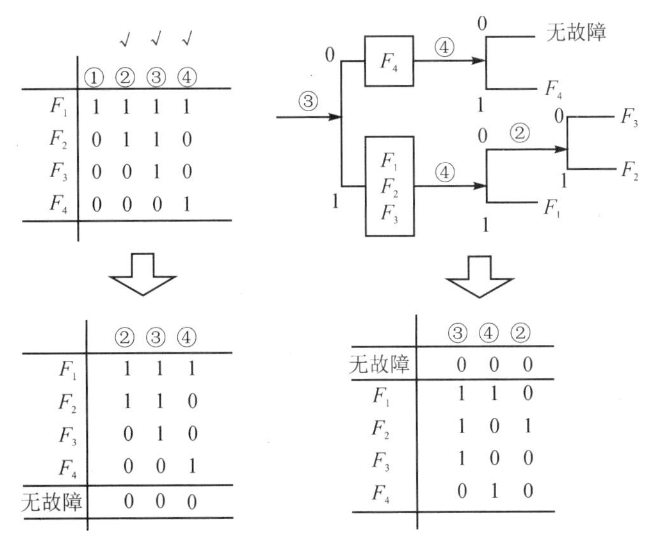

(a) 基于D矩阵模型确定故障字典　　(b) 基于诊断数确定故障字典

图 8－13　故障字典

诊断树用于分步测试检测和隔离故障；而故障字典用于在采集各测试点信息后，综合判断 UUT 是否有故障或哪个组成单元发生故障。

8.2.6　测试性指标计算

根据测试点优选结果和画出的诊断树，可统计分析得出的测试性参数有：选用测试点数、模糊组、故障检测率、故障隔离率、故障诊断平均测试步数等，这也属于初步的测试性预计。

(1) 选用测试点数和模糊组

根据测试点优选过程和D矩阵模型,很容易统计出故障检测和隔离用测试点数量,以及相比初选结果节省了多少测试点。如图8-9所示的UUT,共选用3个测试点,比初选结果节省了1个。若没有模糊组,则可隔离到单个组成单元。

(2) 故障检测率 γ_{FD}、故障隔离率 γ_{FI}(未考虑可靠性因素,实为组成单元覆盖率)

$$\gamma_{FD} = \frac{U_{FD}}{U_T} \times 100\%$$

$$\gamma_{FI} = \frac{U_{FI}}{U_{FD}} \times 100\%$$

式中:U_{FD}——选用测试点能检测的UUT组成单元数;

U_{FI}——选用测试点能隔离的UUT组成单元数;

U_T——UUT组成单元总数。

如图8-9和图8-10所示,可知其故障检测率与故障隔离率分别为

$$\gamma_{FD} = 4/4 \times 100\% = 100\%$$

$$\gamma_{FI} = 4/4 \times 100\% = 100\%$$

(3) 故障诊断平均测试步数

故障诊断(包括检测与隔离)平均测试步数的计算以诊断树为基础。树中的测试点为节点,从树根到树叶为分支,各个分支上的节点数就代表找到对应树叶(无故障、部件或模糊组故障)时所需测试步数。所以,不考虑故障概率,UUT的故障诊断平均测试步数可用下式计算:

$$N_D = \frac{1}{m_0} \sum_{i=1}^{m_0} k_i \tag{8-31}$$

式中:N_D——故障诊断平均测试步数;

k_i——第 i 个分支上的节点数;

m_0——诊断树的分支数目。

根据诊断树可以分别计算故障检测平均测试步数和故障隔离平均测试步数。

例如,对于图8-10(b)所示的诊断树,可计算出其故障诊断平均测试步数 N_D、故障检测平均测试步数 N_{FD} 和故障隔离平均测试步数 N_{FI}(未考虑故障概率):

$$N_D = \frac{1}{5}(3 \times 2 + 2 \times 3) = 2.4$$

$$N_{FD} = \frac{1}{3}(2 + 2 + 1) = 1.67$$

$$N_{FI} = \frac{1}{4}(2 \times 2 + 2 \times 3) = 2.5$$

对于图8-12(b)所示的隔离树,计算其故障隔离平均测试步数,即

$$N_{FI} = \frac{1}{4}(2 \times 4) = 2$$

8.2.7 应用算例

某系统经过功能、结构划分等初步设计之后,已知其由7个单元部件组成,如图8-14所示。现在以此系统为例说明优选测试点和制定诊断策略的过程。

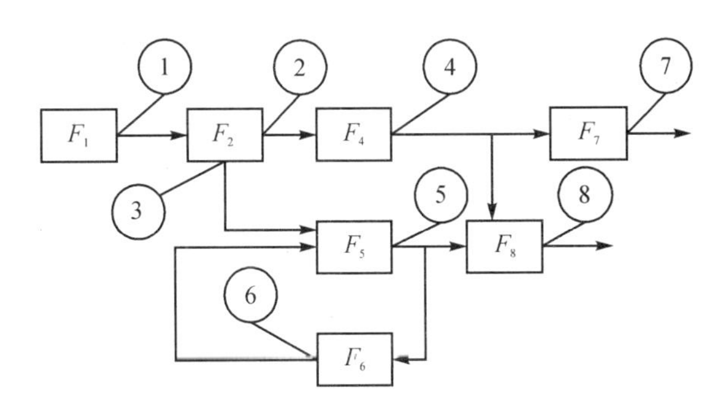

图 8-14　系统测试性框图

8.2.7.1　不考虑可靠性和费用影响

1. 建立相关性图示模型

图 8-14 所示的系统框图中已划出各组成单元之间的连接关系和信号传输方向。在系统两个输出端上设置故障检测用测试点，在系统各组成单元的输出端设置隔离用测试点。将各测试点标注在框图上，即得到系统的相关性图示模型（测试性框图）。

2. 建立 D 矩阵模型并简化

此系统组成单元不多，可以通过对相关性图示模型的直接分析建立 D 矩阵模型，如表 8-7 所列。

表 8-7　D 矩阵模型(1)

F \ T	T_1	T_2	T_3	T_4	T_5	T_6	T_7	T_8
F_1	1	1	1	1	1	1	1	1
F_2	0	1	1	1	1	1	1	1
F_4	0	0	0	1	0	0	1	1
F_5	0	0	0	0	1	1	0	1
F_6	0	0	0	0	1	1	0	1
F_7	0	0	0	0	0	0	1	1
F_8	0	0	0	0	0	0	0	1

合并矩阵中相同的行 F_5 和 F_6，合并相同的列 T_2 和 T_3 及 T_5 和 T_6，就得到了简化后的 D 矩阵模型，如表 8-8 所列。测试点 3 和 6 是多余的可以去掉，F_5 和 F_6 在一个反馈回路内是一个模糊组，在此条件下不能区分 F_5 和 F_6 的故障。

表 8-8　简化矩阵

F \ T	T_1	$T_{2(3)}$	T_4	$T_{5(6)}$	T_7	T_8
F_1	1	1	1	1	1	1
F_2	0	1	1	1	1	1
F_4	0	0	1	0	1	1
$F_{5,6}$	0	0	0	1	0	1

续表 8-8

F \ T	T_1	$T_{2(3)}$	T_4	$T_{5(6)}$	T_7	T_8
F_7	0	0	0	0	1	0
F_8	0	0	0	0	0	1
W_{FD}	1	2	3	3	4	5

当然，建立D矩阵模型也可以用列矢量法，这时应首先根据相关性图示模型列出各测试点的一阶相关性表：

$$T_1 = F_1$$
$$T_2 = F_2 + T_1$$
$$T_3 = F_2 + T_1$$
$$T_4 = F_3 + T_2$$
$$T_5 = F_5 + T_3 + T_6$$
$$T_6 = F_6 + T_5$$
$$T_7 = F_7 + T_4$$
$$T_8 = F_8 + T_5 + T_4$$

可见，测试点 T_1 只与组成单元 F_1 相关，所以对应列矢量为

$$\boldsymbol{T}_1 = [1 \quad 0 \quad 0 \quad 0 \quad 0 \quad 0 \quad 0]^{\mathrm{T}}$$

而测试点 T_2 和 T_3 相同，除与 F_2 相关外，还与测试点 T_1 相关，用 T_1 相关的 F_1 代替可得列矢量 $\boldsymbol{T}_2$ 和 $\boldsymbol{T}_3$：

$$\boldsymbol{T}_2 = \boldsymbol{T}_3 = [1 \quad 1 \quad 0 \quad 0 \quad 0 \quad 0 \quad 0]^{\mathrm{T}}$$

用类似方法可求得 $\boldsymbol{T}_4, \boldsymbol{T}_5, \cdots, \boldsymbol{T}_8$ 各列矢量。综合后可得UUT的D矩阵模型，与表8-7相同。

3. 优选测试点

(1) 选择故障检测用测试点

暂不考虑可靠性和费用影响，用下面的公式计算各测试点的故障检测权值 W_{FDj}，结果列于表8-8的最后一行。

$$W_{FDj} = \sum_{i=1}^{m} d_{ij}, \quad m = 6, \quad j = 1, 2, \cdots, 6$$

首先选用 W_{FD} 值最大的测试点 T_8 为第一个检测点，分割矩阵后，$\boldsymbol{D}_1^0 = \boldsymbol{F}_7$ 只有一行了。很明显，再选用 T_7 就检测到所有组成单元了。进行故障检测时，首先测 T_8，可判断除 F_7 以外的部分是否有故障；再测 T_7，可判定 F_7 是否有故障。如果两点测试结果都正常，就表明系统无故障。

(2) 选择隔离用测试点

同样，在单故障假设下不考虑可靠性和费用影响。需注意，检测后 F_7 已成单行，不用考虑。用下面的公式计算各测试点的故障隔离权值 W_{FIj}，结果列于表8-9的下部。

$$W_{FIj} = \sum_{k=1}^{Z} (N_j^1 N_j^0)_k, \quad Z = 1, \quad j = 1, 2, \cdots, 6$$

表8-9　D矩阵模型(2)

T / F		$T_1^{\surd}$	T_2	T_4	$T_5^{\surd}$	$T_7^{\surd}$	T_8
$\boldsymbol{D}_1^1$	F_1	1	1	1	1	1	1
	F_2	0	1	1	1	1	1
	F_4	0	0	1	0	1	1
$\boldsymbol{D}_1^0$	$F_{5,6}$	0	0	0	1	0	1
	F_8	0	0	0	0	0	1
	F_7	0	0	0	0	1	0
	$W_{FI}^{(1)}$	4	6	6	6	6	0
	$W_{FI}^{(2)}$	2	2	0	3	0	0

由表8-9可知，有四个最大的W_{FIj}值(见$W_{FI}^{(1)}$行)，首先用检测已选用的T_7作为第一个故障隔离用测试点，用它分割表8-9所列的矩阵$\boldsymbol{D}_1^1$和$\boldsymbol{D}_1^0$，再针对表8-9计算各W_{FI}值，结果列在该表的最下面(见$W_{FI}^{(2)}$行)。选用最大值对应的测试点T_5为第二个故障隔离用测试点，用它分割$\boldsymbol{D}_1^1$和$\boldsymbol{D}_1^0$后，$\boldsymbol{F}_4$、$\boldsymbol{F}_5$和$\boldsymbol{F}_8$已是单行，另一子矩阵也只有两行。很明显，T_1就可把$\boldsymbol{F}_1$、$\boldsymbol{F}_2$分割为单行子矩阵。所以，T_7、T_5、T_1为选用的故障隔离用测试点(表8-9中标注"√"的测试点)。

4. 建立诊断树和故障字典

根据表8-8所列矩阵和故障检测用测试点选择结果分析，进行故障检测与隔离时，首先测T_8。如果测试结果正常(用0表示)再测T_7，如果结果还正常，则系统无故障；如果结果不正常(用1表示)，则F_7有故障。如果T_8测试结果不正常，则故障出在除F_7以外的剩余部分。用图形表示出来就是诊断树的"无故障"分支。

根据表8-9所列矩阵和故障隔离用测试点优选结果分析，如果T_8测试结果为1，则故障发生在F_1、F_2、$F_{5,6}$、F_4和F_8中。再用T_7测试，如果结果为1，则故障发生在F_1、F_2和F_4中。再用T_5测试，如果结果为0，则F_4有故障；如果结果为1，则故障发生在F_1和F_2中。再用T_1测试，如果结果为1，则F_1有故障；如果结果为0，则F_2有故障。

如果T_7测试结果为0，则故障发生在$F_{5,6}$和F_8中。再用T_5测试，如果结果为1，则$F_{5,6}$有故障；如果结果为0，则F_8有故障。

把上述分析结果用图形表示出来，就是图8-15所示的诊断树。

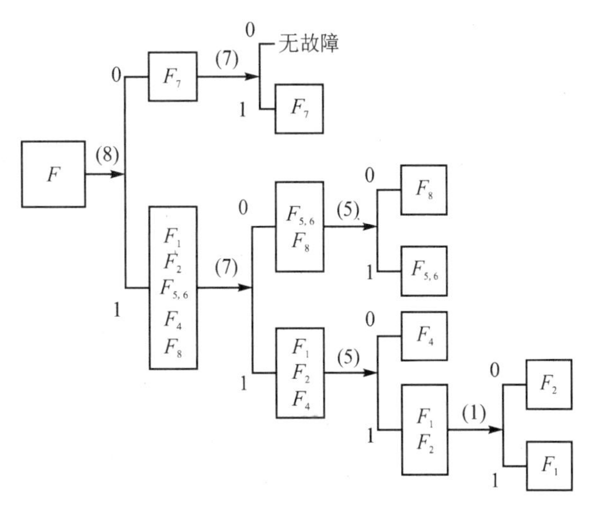

图8-15　诊断树

在表8-8所列的矩阵中，去掉未选用测试(T_2、T_4)所对应的列，就成为该系统的故障字典。系统无故障时对应的字典各位全是0,如表8-10所列。如果检测时按T_1、T_5、T_7、T_8的顺序测试采集信息并判断结果为0或1,则可根据故障字典查出哪个组成单元发生了故障。

表8-10 故障字典

F \ T	T_1	T_5	T_7	T_8
F_1	1	1	1	1
F_2	0	1	1	1
F_4	0	0	1	1
F_{56}	0	1	0	1
F_7	0	0	1	0
F_8	0	0	0	1
无故障	0	0	0	0

5. 诊断能力计算

(1) 选用测试点数和模糊组

该系统最后选用4个测试点,比初选测试点少了4个。存在一个模糊组,为F_5、F_6。如要解决此模糊隔离问题,就需要增加控制点来打开反馈回路。

(2) 诊断能力(未考虑故障率)

当$\gamma_{FD}=100\%$时,可检测出所有组成单元的功能故障;

当$\gamma_{FI_1}=5/7\times100\%=71.4\%$时,隔离到单个组成单元;

当$\gamma_{FI_2}=2/7\times100\%=28.6\%$时,隔离到两个组成单元。

(3) 故障诊断平均测试步数

$$N_D=\frac{1}{m}\sum_{i=1}^{m}K_i=\frac{1}{7}(2+2+3+3+3+4+4)=3$$

$$N_{FI}=\frac{1}{6}(2+3+3+3+4+4)=3.17$$

8.2.7.2 考虑可靠性影响

可靠性和费用不影响D矩阵模型,所以仍用表8-8所列简化矩阵进行分析。

假设已知系统各组成单元的故障率λ_i,各α_i计算结果列于表8-11的最右侧一列。重复优选测试点和确定诊断策略的过程,但这时要分别计算W_{FD}值和W_{FI}值。W_{FD}值和W_{FI}值的计算结果列于表8-11的下部。

表8-11 D矩阵模型(3)

F \ T	T_1	T_2	T_4	T_5	T_7	T_8	$\lambda_i\times10^{-2}$/h	α_i
F_1	1	1	1	1	1	1	2.0	0.1
F_2	0	1	1	1	1	1	1.0	0.05
F_4	0	0	1	0	1	1	3.0	0.15

续表 8-11

T / F	T_1	T_2	T_4	T_5	T_7	T_8	$\lambda_i \times 10^{-2}$/h	α_i
F_6	0	0	0	1	0	1	5.0	0.25
F_8	0	0	0	0	0	1	4.0	0.20
F_7	0	0	0	0	1	0	5.0	0.25
W_{FD}	0.1	0.15	0.3	0.4	0.55	0.75	20.0	1.0
W_{FI}	0.065	0.09	0.135	0.14	0.135	0		

根据 W_{FDj} 可知检测用测试点仍选 T_8、T_7，并可隔离出 F_7。根据 W_{FIj} 值首先选 T_5 分割矩阵。由表 8-12 可知，再选 T_7 和 T_1 即分割成单行矩阵。根据测试点优选过程可画出诊断树，如图 8-16 所示。

表 8-12　D 矩阵模型(4)

T / F	T_5	T_1	T_2	T_4	T_7	T_8
F_1	1	1	1	1	1	1
F_2	1	0	1	1	1	1
$F_{5,6}$	1	0	0	0	0	1
F_4	0	0	0	1	1	1
F_8	0	0	0	0	0	1
W_{FI}	0	0.03	0.375	0.067 5	0.067 5	0

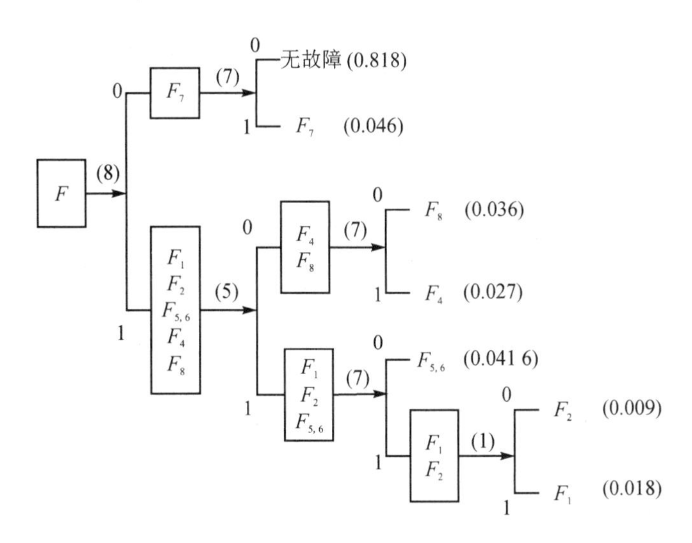

图 8-16　考虑可靠性影响的诊断树

有关测试性的数据计算结果如下：

$$\gamma_{FD} = \lambda_{FD}/\lambda_T \times 100\% = 20/20 \times 100\% = 100\%$$

$$\gamma_{\mathrm{FI}_1}=\lambda_{\mathrm{FI}_1}/\lambda_{\mathrm{FD}}\times 100\%=15/20\times 100\%=75\%$$

$$\gamma_{\mathrm{FI}_2}=\lambda_{\mathrm{FI}_2}/\lambda_{\mathrm{FD}}\times 100\%=5/20\times 100\%=25\%$$

$$N_{\mathrm{FI}}=\sum\alpha_i K_i=0.25\times 2+(0.2+0.15+0.25)\times 3+(0.1+0.05)\times 4=2.9$$

如果已知诊断树各树叶的发生概率(如图 8-16 中的括号内所注明的),则故障诊断平均测试步数为

$$N_D=\sum P_i K_i=(0.818+0.046)\times 2+(0.036+0.027+0.0416)\times 3+(0.018+0.009)\times 4=2.15$$

8.2.7.3 同时考虑可靠性和费用影响

除已知系统各组成单元的故障率数据之外,还知道各测试点的相关费用 C_j 数据,见表 8-13。计算的各测点的 W_{FD} 值和 W_{FI} 值列于表 8-13 的下部。

表 8-13 D矩阵模型(5)

T \ F	30	60	20	40	30	20	C_j/元
	0.15	0.3	0.1	0.2	0.15	0.1	α_C
	T_1	T_2	$T_4^{\surd}$	T_5	T_7	T_8	
F_1	1	1	1	1	1	1	$\boldsymbol{D}^1$
F_2	0	1	1	1	1	1	
F_4	0	0	1	0	1	1	
$F_{5,6}$	0	0	0	1	0	1	$\boldsymbol{D}^0$
F_8	0	0	0	0	0	1	
F_7	0	0	0	0	1	0	
W_{FD}	0.67	0.5	3	2	3.67	7.5	—
$W_{\mathrm{FI}}^{(1)}$	0.43	0.3	1.35	0.7	0.9	0	—
$W_{\mathrm{FI}}^{(2)}$	0.133	0.075	0	0.36	0		—

由 W_{FD} 值可知,检测用 T_8、T_7,并可隔离出 F_7。依据 W_{FI} 值(见 $W_{\mathrm{FI}}^{(1)}$ 行)选 T_4 为第一个故障隔离用测试点,分割矩阵后,再选用 T_5 和 T_1 就将子矩阵分割为单行了。同样可画出诊断树,如图 8-17 所示。与图 8-16 所示的诊断树比较,多用了一个测试点,其他数据相同,但诊断费用会下降。

8.2.7.4 只考虑费用影响

对于此例,当考虑费用影响而不考虑可靠性影响时,选用的测试点及诊断树与图 8-16 相同,这里不再重述。

8.2.7.5 比较分析

针对上述 4 种情况:不考虑可靠性和费用影响,只考虑可靠性影响,考虑可靠性和费用影响,以及只考虑费用影响,分别计算平均诊断测试费用,如下:

$$C_{\mathrm{D1}}=\frac{1}{m}\sum_{i=1}^{m}\left(\sum_{j=1}^{k}C_j\right)_i=\frac{1}{7}[(20+30)\times 2+(20+30+40)\times 3+$$

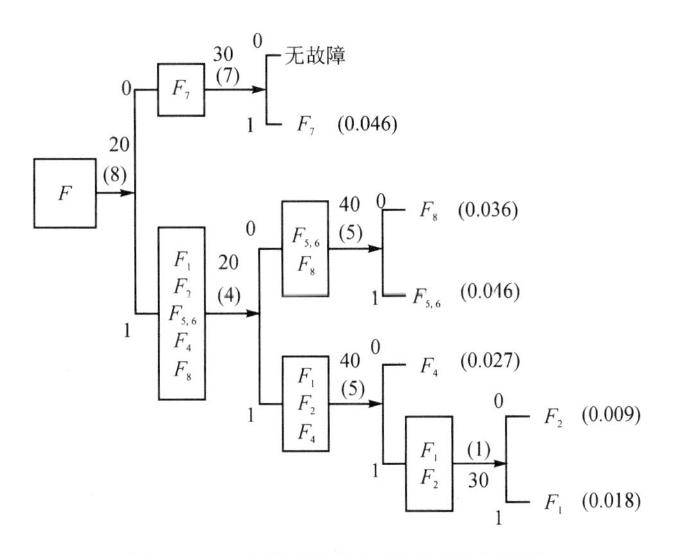

图 8-17 考虑可靠性(R)和费用(C)影响

$(20+30+40+30)\times 2]$ 元 $=87.14$ 元

$$C_{D2}=\sum_{i=1}^{m}P_i\left(\sum_{j=1}^{k_i}C_j\right)_i=[0.818\times(20+30)+0.046\times(20+30)+$$

$$(0.036+0.027+0.046)\times 0.90+(0.018+0.009)\times 120]\text{元}=56.25\text{元}$$

$$C_{D3}=[0.818\times 50+0.046\times 50+(0.036+0.027+0.046)\times 80+$$

$$(0.018+0.009)\times 110]\text{元}=54.89\text{元}$$

$$C_{D4}=\left[\frac{1}{7}(50\times 2+80\times 3+110\times 2)\right]\text{元}=80\text{元}$$

为了便于比较，把本例的有关测试性初步分析结果列于表 8-14 中。比较 4 种情况下的数据可知：

- 诊断树的结构相同，但选用的测试点顺序和数量不同；
- 一般情况下，考虑可靠性时 γ_{FI} 和 γ_{FD} 值会变大，此例中 γ_{FD} 已达 100%，所以 4 种情况相同。
- 考虑可靠性时，N_{FI} 和 N_D 值变小；
- 考虑可靠性和费用时，C_D 值变小。

表 8-14 测试性初步分析结果

参　数	①不考虑可靠性和费用	②只考虑可靠性	③考虑可靠性和费用	④只考虑费用
测试点数	4	4	5	5
模糊组数	1	1	1	1
诊断树的分支数/节点数	2/2，3/3，2/4	同① TP 顺序不同	同① TP 个数不同	同① TP 个数不同
γ_{FD}/%	100	100	100	100
γ_{FI_1}/%	71.4	75	75	71.4

续表 8-14

参数	①不考虑可靠性和费用	②只考虑可靠性	③考虑可靠性和费用	④只考虑费用
$\gamma_{FI_2}/\%$	28.6	25	25	28.6
N_{FI}	3.17	2.9	2.9	3.17
N_D	3	2.17	2.17	3
C_D	87.14	56.25	54.89	80

因此,在优选测试点制定诊断策略时,应考虑可靠性和费用的影响;可以只考虑可靠性影响,但不能只考虑费用影响。

8.3 扩展相关性建模分析方法

8.3.1 考虑激励测试的扩展相关性建模方法

8.3.1.1 激励测试分析

航电系统有一种激励响应法,它在设备正常工作的情况下,以一定的方式向设备输入端输入一个模拟信号,对其作直通测试,以监视有无故障发生。其基本原理如图 8-18 所示。

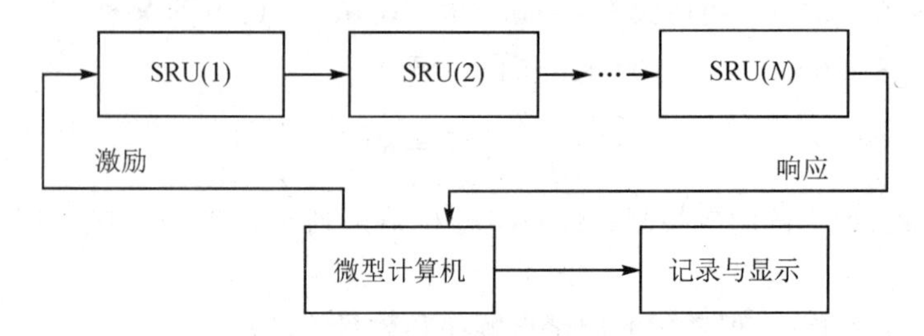

图 8-18 激励测试基本原理

该种类型的 BIT 常见解决方案如图 8-19 所示。

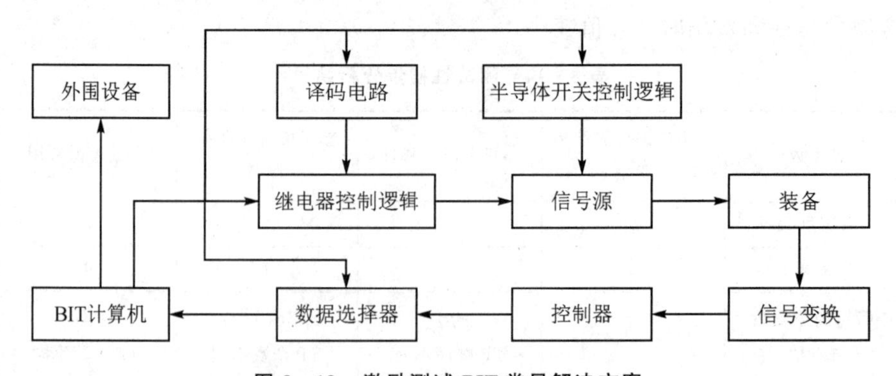

图 8-19 激励测试 BIT 常见解决方案

该解决方案中:计算机存储各种测试、比较、判断、顺序执行的程序,通过译码电路和继电器控制逻辑、半导体开关进行逻辑控制,将需要的信号输入到装备的各个 SRU 中。在监控电路控制下，顺序采集各模块的响应，并通过数据选择器进入计算机，由计算机完成测试点信号评价和故障隔离的逻辑运算，然后通过外围设备给出各种显示并记录打印。

在传统测试性建模的过程中，故障信号是能够沿着信号线一直传递，并被该传递路径上的所有测试点接收到的。按照现有的建模方法与信号搜索原理，容易出现某一模块的测试能检测到很多其他模块故障的情况，该测试的检测能力被多倍放大。然而实际系统中，测试的检测能力有限，通常是针对特种类型的故障设计相应的针对性测试。这种主动输入激励信号，并通过观测输入信号与输出信号的差异来判断系统故障状态的测试称为激励测试。

8.3.1.2 激励测试扩展模型

1. 激励测试的基本特点

激励测试与传统测试的区别在于，激励测试需要有一个激励源作为输入，它将传统测试性模型中的测试点能力做了一定的弱化与限制。为合理地表示激励测试，需要在模型中新增图形符号以表示激励源。激励源是激励信号的起始端，且激励源与对应测试之间需要有物理信号连接关系。

由上述分析可知，含有测试激励的扩展模型的图形元素包括如下组成部分：

(1) 被测对象组成单元

被测对象组成单元是指产品的各个模块、各个组件或部件、元件等，组成单元集合用 F 表示，$F=\{f_1,f_2,f_3,\cdots,f_m\}$，其中 m 表示产品组成单元总数。

(2) 测　试

传统测试是检测与隔离被测对象的检测过程，包括人工测试、机内测试、自动测试设备等，可用测试集合 T 表示，$T=\{t_1,t_2,t_3,\cdots,t_n\}$，其中 n 表示测试总数。由于存在故障对测试的阻断因素，所以 t_i 有两种可能的状态，即 $t_i\in\{0,1\}$，分别表示正常、故障状态。

(3) 激励源

激励源是激励信号的起始点，使用 E 表示，$E=\{e_1,e_2,e_3,\cdots,e_n\}$，其中 n 表示激励源的数量。

(4) 连　接

连接是指被测对象组成单元之间的有向边。从物理意义上分析，激励测试扩展模型中存在两种不同类型的连接线：表示信号传递路径的真实连接和表示测试与激励源对应关系的虚拟连接。

2. 激励测试扩展模型的数学定义

综合以上分析，定义激励测试扩展模型的数学表达形式，如下：

$$G=<V,L> \tag{8-32}$$

$$V=<F,T,E> \tag{8-33}$$

$$L=<(f,f)\cdots(f,t)\cdots(e,f)\cdots(e,t)> \tag{8-34}$$

$$d^+(t)=0,\quad d^-(e)=0 \tag{8-35}$$

其中：G 表示有向图，即激励测试扩展模型；V 为有向图的节点，即模型元素，它包括 F(故障源)、T(测试)和 E(激励源)三类；L 为有向图的边，表示信号传递/关联关系，包括故障之间的信号关系(f,f)、故障与测试之间的信号关系(f,t)、激励源与故障之间的信号关系(e,f)以及激励与测试之间的从属关系(e,t)；$d^+(t)=0$ 的含义为测试节点的出度为零，即不存在以测试节点为输出端的有向边；$d^{-}(e)=0$ 的含义为激励源的入度为零，即不存在以激励源为输入端的有向边。

3. 激励测试扩展模型的图形设计

在上文给出的数学定义与约束的基础上，进行实例化应用，给出如图 8-20 所示的一种扩展建模图形。

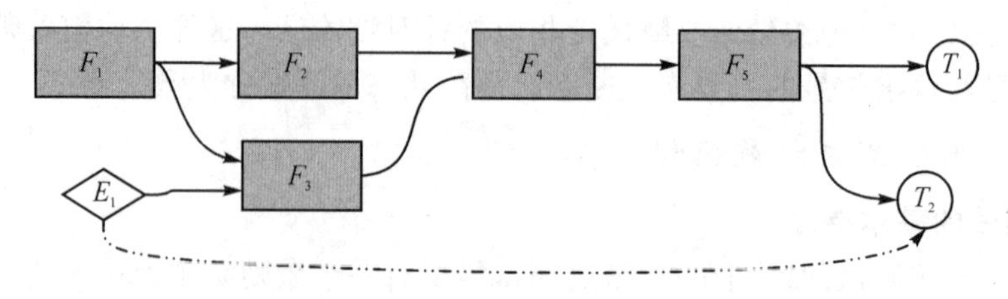

图 8-20　激励测试扩展建模图形

图 8-20 中，以菱形图标表示激励测试的激励源信号起始位置，并且使用虚点线来表示激励源与测试之间的对应关系。归纳激励测试扩展模型的元素组成如表 8-15 所列。

表 8-15　激励测试扩展模型的元素组成

序　号	图形元素	含　义
1	F	图形组成单元 U
2	T	图形测试 T
3	E	激励源 E
4	⟶	物理信号传播路径
5	- - -→	激励与测试对应关系

8.3.1.3　含激励测试的诊断矩阵生成

1. 基本关系矩阵的定义

为分析激励测试对诊断策略的影响，将激励测试拆分为激励源和普通测试两部分。这样，存在激励测试的测试性模型中存在三类关系：故障与测试之间的关系、激励与故障之间的关系、激励与测试之间的关系。假定系统中共有 m 个故障源、n 个测试、k 个激励源，分别建立这三种关系的相关性矩阵 $\boldsymbol{D}_{m\times n}$、$\mathbf{ET}_{k\times n}$、$\mathbf{FE}_{m\times k}$：

(1) 原始相关性矩阵

原始相关性矩阵是不考虑激励关系的测试与故障之间的相关性矩阵，其基本结构如下：

$$\boldsymbol{D}_{m\times n}=\begin{matrix} & T_1 & T_2 & \cdots & T_n \\ F_1 & d_{11} & d_{12} & \cdots & d_{1n} \\ F_2 & d_{21} & d_{22} & \cdots & d_{2n} \\ \vdots & \vdots & \vdots & & \vdots \\ F_m & d_{m1} & d_{m2} & \cdots & d_{mn} \end{matrix} \tag{8-36}$$

其中，d_{ij} 有两种取值：0 与 1，$d_{ij}=0$ 表示测试能检测到相应故障，$d_{ij}=1$ 表示测试不能检测到相应故障。

(2) 激励源-测试相关性矩阵

激励源-测试相关性矩阵是指激励与测试之间的对应关系。一个激励源发出的信号可以被多个测试接收，一个测试可以接收多个激励源传播的信号。其基本结构如下：

$$\mathbf{ET}_{k\times n}=\begin{matrix} & T_1 & T_2 & \cdots & T_n \\ E_1 & \mathrm{et}_{11} & \mathrm{et}_{12} & \cdots & \mathrm{et}_{1n} \\ E_2 & \mathrm{et}_{21} & \mathrm{et}_{22} & \cdots & \mathrm{et}_{2n} \\ \vdots & \vdots & \vdots & & \vdots \\ E_k & \mathrm{et}_{k1} & \mathrm{et}_{k2} & \cdots & \mathrm{et}_{kn} \end{matrix} \tag{8-37}$$

其中，et_{ij} 有两种取值：0 与 1，$\mathrm{et}_{ij}=1$ 表示该测试能接收到对应的激励源信号，$\mathrm{et}_{ij}=0$ 则相反。

(3) 激励源-故障相关性矩阵

为表示从激励源发出的激励信号与故障源的传播关系，提出激励源-故障相关性矩阵。其基本结构如下：

$$\mathbf{FE}_{m\times k}=\begin{matrix} & E_1 & E_2 & \cdots & E_k \\ F_1 & \mathrm{fe}_{11} & \mathrm{fe}_{12} & \cdots & \mathrm{fe}_{1k} \\ F_2 & \mathrm{fe}_{21} & \mathrm{fe}_{22} & \cdots & \mathrm{fe}_{2k} \\ \vdots & \vdots & \vdots & & \vdots \\ F_m & \mathrm{fe}_{m1} & \mathrm{fe}_{m2} & \cdots & \mathrm{fe}_{mk} \end{matrix} \tag{8-38}$$

其中，fe_{ij} 有两种取值：0 与 1，$\mathrm{fe}_{ij}=1$ 表示该激励信号的故障能传递到对应故障源，$\mathrm{fe}_{ij}=0$ 则相反。

2. 考虑激励测试的诊断矩阵获取

激励测试的扩展模型中存在三类关系及对应相关性矩阵，对含激励测试的系统进行故障诊断，需将上述三类相关性矩阵进行融合，得到可用于实际诊断的融合矩阵，其基本算法如下：

首先将 $\mathbf{FE}_{m\times k}$ 与 $\mathbf{ET}_{k\times n}$ 相乘，得到中转矩阵 $\mathbf{Z}_{m\times n}$：

$$\begin{aligned}\mathbf{Z}_{m\times n}=\mathbf{FE}_{m\times k}\cdot\mathbf{ET}_{k\times n}&=\begin{bmatrix}\mathrm{fe}_{11} & \mathrm{fe}_{12} & \cdots & \mathrm{fe}_{1k} \\ \mathrm{fe}_{21} & \mathrm{fe}_{22} & \cdots & \mathrm{fe}_{2k} \\ \vdots & \vdots & & \vdots \\ \mathrm{fe}_{m1} & \mathrm{fe}_{m2} & \cdots & \mathrm{fe}_{mk}\end{bmatrix}\cdot\begin{bmatrix}\mathrm{et}_{11} & \mathrm{et}_{12} & \cdots & \mathrm{et}_{1n} \\ \mathrm{et}_{21} & \mathrm{et}_{22} & \cdots & \mathrm{et}_{2n} \\ \vdots & \vdots & & \vdots \\ \mathrm{et}_{k1} & \mathrm{et}_{k2} & \cdots & \mathrm{et}_{kn}\end{bmatrix} \\ &=\begin{bmatrix}z_{11} & z_{12} & \cdots & z_{1n} \\ z_{21} & z_{22} & \cdots & z_{2n} \\ \vdots & \vdots & & \vdots \\ z_{m1} & z_{m2} & \cdots & z_{mn}\end{bmatrix}\end{aligned} \tag{8-39}$$

式中：

$$z_{ij}=\sum_{x=1}^{k}\mathrm{fe}_{ix}\times\mathrm{et}_{xj} \tag{8-40}$$

得到中转矩阵 $\mathbf{Z}_{m\times n}$ 后，将 $\mathbf{Z}_{m\times n}$ 与 $\mathbf{D}_{m\times n}$ 作运算即可得到能正确表示该系统的故障与测试关系的性能矩阵 $\mathbf{RM}_{m\times n}$：

$$\mathbf{RM}_{m\times n}=\begin{bmatrix}\mathrm{rm}_{11} & \mathrm{rm}_{12} & \cdots & \mathrm{rm}_{1n}\\ \mathrm{rm}_{21} & \mathrm{rm}_{22} & \cdots & \mathrm{rm}_{2n}\\ \vdots & \vdots & & \vdots\\ \mathrm{rm}_{m1} & \mathrm{rm}_{m2} & \cdots & \mathrm{rm}_{mn}\end{bmatrix} \tag{8-41}$$

式中:

$$\mathrm{rm}_{ij}=\begin{cases} z_{ij}\times d_{ij}, & \sum\limits_{x=1}^{k}\mathrm{et}_{xj}\neq 0\\ d_{ij}, & \sum\limits_{x=1}^{k}\mathrm{et}_{xj}=0\end{cases} \tag{8-42}$$

性能矩阵 $\mathbf{RM}_{m\times n}$ 中的交叉值 rm_{ij} 可能是 0 或 1,也可能是大于 1 的整数。当系统中的一个测试点对应多个激励源时,有可能出现 $\mathrm{rm}_{ij}>1$ 的情况,表示系统从不同激励源发出的信号经过了同一个故障源,且被同一个测试检测到,系统对该故障有更高的检出率。

由于性能矩阵 $\mathbf{RM}_{m\times n}$ 中可能存在 $\mathrm{rm}_{ij}>1$ 的多值情况,不便于诊断推理,因此,将性能矩阵 $\mathbf{RM}_{m\times n}$ 转换为只包含 0、1 值的最终诊断矩阵 $\mathbf{Dex}_{m\times n}$,即

$$\mathbf{Dex}_{m\times n}=\begin{bmatrix}\mathrm{dex}_{11} & \mathrm{dex}_{12} & \cdots & \mathrm{dex}_{1n}\\ \mathrm{dex}_{21} & \mathrm{dex}_{22} & \cdots & \mathrm{dex}_{2n}\\ \vdots & \vdots & & \vdots\\ \mathrm{dex}_{m1} & \mathrm{dex}_{m2} & \cdots & \mathrm{dex}_{mn}\end{bmatrix} \tag{8-43}$$

式中:

$$\mathrm{dex}_{ij}=\begin{cases}1, & \mathrm{rm}_{ij}\geqslant 1\\ 0, & \mathrm{rm}_{ij}=0\end{cases} \tag{8-44}$$

8.3.1.4 应用算例

为更好地说明涉及激励测试的测试性模型中诊断矩阵的获取过程,以图 8-21 所示作为示例进行演示。

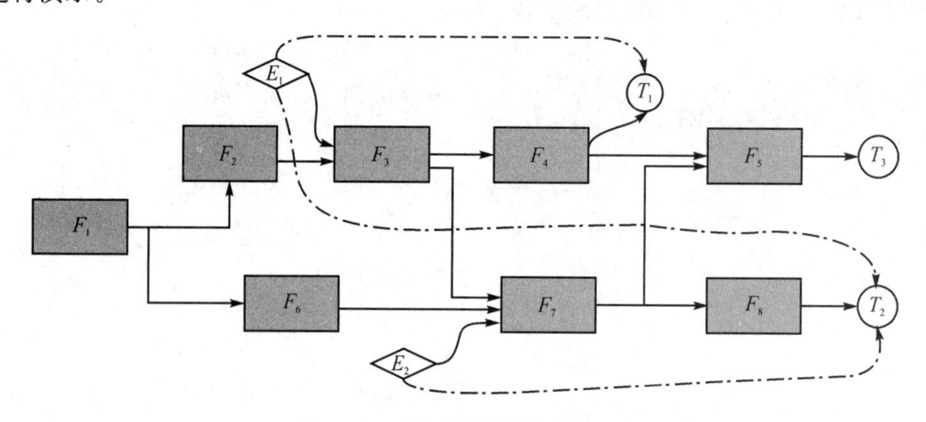

图 8-21 激励测试扩展建模示例

该模型中,E_1、E_2 为激励源,T_1、T_2、T_3 为测试点。E_1 的激励源与 T_1、T_2 相关,E_2 的激励源只与 T_2 相关。

首先获取三类基本关系矩阵,如下:

$$
\boldsymbol{D}_{8\times3}=\begin{array}{c} \\ F_1\\F_2\\F_3\\F_4\\F_5\\F_6\\F_7\\F_8\end{array}\begin{array}{c}\begin{array}{ccc}T_1&T_2&T_3\end{array}\\\begin{bmatrix}1&1&1\\1&1&1\\1&1&1\\1&0&1\\0&0&1\\0&1&1\\0&1&1\\0&1&0\end{bmatrix}\end{array},\quad \mathbf{ET}_{2\times3}=\begin{array}{c} \\ E_1\\E_2\end{array}\begin{array}{c}\begin{array}{ccc}T_1&T_2&T_3\end{array}\\\begin{bmatrix}1&1&0\\0&1&0\end{bmatrix}\end{array},\quad \mathbf{FE}_{8\times2}=\begin{array}{c} \\ F_1\\F_2\\F_3\\F_4\\F_5\\F_6\\F_7\\F_8\end{array}\begin{array}{c}\begin{array}{cc}E_1&E_2\end{array}\\\begin{bmatrix}0&0\\0&0\\1&0\\1&0\\1&1\\0&0\\1&1\\1&1\end{bmatrix}\end{array}
$$

将 $\mathbf{FE}_{8\times2}$ 与 $\mathbf{ET}_{2\times3}$ 相乘得到中转矩阵

$$
\boldsymbol{Z}_{8\times3}=\begin{bmatrix}0&0&0\\0&0&0\\1&1&0\\1&1&0\\1&2&0\\0&0&0\\1&2&0\\1&2&0\end{bmatrix}
$$

将获得的中转矩阵 $\boldsymbol{Z}_{8\times3}$ 与原始相关性矩阵

$$
\boldsymbol{D}_{8\times3}=\begin{array}{c} \\ F_1\\F_2\\F_3\\F_4\\F_5\\F_6\\F_7\\F_8\end{array}\begin{array}{c}\begin{array}{ccc}T_1&T_2&T_3\end{array}\\\begin{bmatrix}1&1&1\\1&1&1\\1&1&1\\1&0&1\\0&0&1\\0&1&1\\0&1&1\\0&1&0\end{bmatrix}\end{array}
$$

进行合成,得到性能矩阵

$$
\mathbf{RM}_{8\times3}=\begin{array}{c} \\ F_1\\F_2\\F_3\\F_4\\F_5\\F_6\\F_7\\F_8\end{array}\begin{array}{c}\begin{array}{ccc}T_1&T_2&T_3\end{array}\\\begin{bmatrix}0&0&1\\0&0&1\\1&1&1\\1&0&1\\0&0&1\\0&0&1\\0&2&1\\0&2&0\end{bmatrix}\end{array}
$$

最后得到实际诊断矩阵

$$
\mathbf{Dex}_{8\times 3}=\begin{matrix} \\ F_1 \\ F_2 \\ F_3 \\ F_4 \\ F_5 \\ F_6 \\ F_7 \\ F_8 \end{matrix}\begin{matrix} T_1 \quad T_2 \quad T_3 \\ \begin{bmatrix} 0 & 0 & 1 \\ 0 & 0 & 1 \\ 1 & 1 & 1 \\ 1 & 0 & 1 \\ 0 & 0 & 1 \\ 0 & 0 & 1 \\ 0 & 1 & 1 \\ 0 & 1 & 0 \end{bmatrix} \end{matrix}
$$

8.3.2 考虑综合测试的扩展相关性建模方法

8.3.2.1 综合测试分析

按照传统测试性建模的规则约束，当系统发生故障时，测试会及时给出系统故障报警与提示。这样的假设对于简单序贯实验较为适用，能够快速排除正确单元，找出故障原因。然而，在实际系统，尤其是航空航天系统中，存在一类测试，它是在其他测试信息的基础上进行综合与提取的，当满足一定条件时才触发故障报警功能。我们将这样的测试称为综合测试(comprehensive test)。综合测试的激发条件多种多样，较为常见的有表决系统、单点触发系统等。

8.3.2.2 综合测试扩展模型

1. 综合测试的基本特点

与传统测试点相比，综合测试存在以下两个特殊性：

① 信号输入端。传统测试点的信号输入来源为故障源信号，而综合测试的信号输入来源是普通测试点。它不能与普通故障源进行连接，只能继承一般测试点的信号输出。

② 故障报警条件。传统测试点只要对应故障发生，就给出报警提示；而综合测试采集普通测试点的信号输出状态，并进行综合处理，然后给出是否报警的判断，且综合测试根据报警触发条件的差异具有不同的类型。不同类型的综合测试对于故障诊断的影响也不同。

综合测试扩展模型的图形元素包括如下几部分：

(1) 被测对象组成单元

被测对象组成单元是指产品的各个模块、各个组件或部件、元件等，组成单元集合用 U 表示，$F=\{f_1,f_2,f_3,\cdots,f_m\}$，其中 m 表示产品组成单元总数。

(2) 一般测试

一般测试类似于传统测试，它接收故障源传递的信号，可用测试集合 T 表示，$T=\{t_1,t_2,t_3,\cdots,t_n\}$，其中 n 表示测试的总数。由于存在故障对测试的阻断因素，所以 t_i 有两种可能的取值，即 $t_i\in\{0,1\}$，分别表示正常、故障状态。

一般测试可以有信号输出端，也可以没有信号输出端，有信号输出端的测试则为综合测试的从属测试点。

(3) 综合测试

综合测试 $\mathrm{CT}=\{\mathrm{ct}_1,\mathrm{ct}_2,\mathrm{ct}_3,\cdots,\mathrm{ct}_n\}$ 是有别于传统测试的测试，它接收传统测试点传送的信号，并进行逻辑判断，然后给出正常/故障提示。对综合测试建模需要设定其逻辑判决条件。

(4) 连　接

连接是指被测对象组成单元之间的有向边。考虑综合测试的扩展模型中存在两种不同类型的连接线:表示一般信号传递路径的信号关系连接和表示普通测试与综合测试对应关系的测试关系连接。

2. 综合测试扩展模型的数学定义

综合测试扩展模型的数学表述形式如下:

$$G = < V, L > \tag{8-45}$$

$$V = < F, T, \mathrm{CT} > \tag{8-46}$$

$$L = < (f, f) \cdots (f, t) \cdots (t, \mathrm{ct}) > \tag{8-47}$$

$$d^{+}(\mathrm{ct}) = 0 \tag{8-48}$$

其中,G 表示有向图,即综合测试扩展模型;V 为有向图的节点,即模型元素,它包括 F(故障源)、T(测试)和 CT(综合测试)三类;L 为有向图的边,表示信号传递/关联关系,包括故障之间的信号关系(f,f)、故障与测试之间的信号关系(f,t),以及一般测试与综合测试之间的信号关系(t,ct);$d^{+}(\mathrm{ct})=0$ 的含义为综合测试的出度为零,即不存在以综合测试为输出端的有向边。

3. 综合测试扩展模型的图形设计

综合测试扩展模型的图形设计示例如图 8-22 所示。

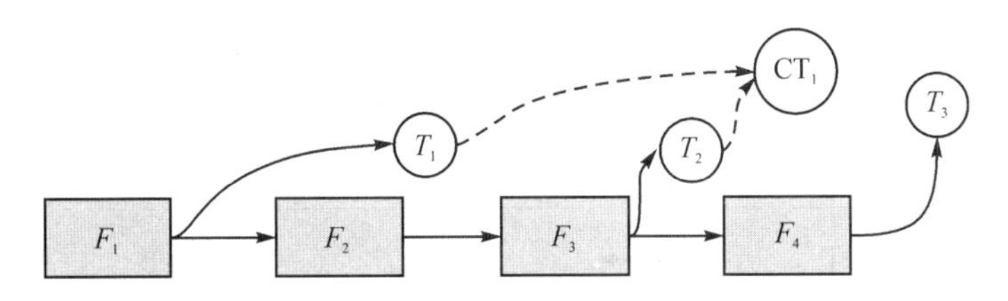

图 8-22　综合测试扩展模型的图形设计示例

图 8-22 中,一般测试到综合测试之间的信号传播关系用虚线表示,CT 表示综合测试。其中,综合测试 CT_1 根据逻辑计算类型的不同具有不同的类型,常见的逻辑计算类型有逻辑"与"、逻辑"或"、表决系统等。

(1) 逻辑"与"

$$\mathrm{ct} = t_1 \cap t_2 \cdots \cap t_n \tag{8-49}$$

该种类型的综合测试会降低系统的故障检测能力。

(2) 逻辑"或"

$$\mathrm{ct} = t_1 \cup t_2 \cdots \cup t_n \tag{8-50}$$

该种类型的综合测试对系统的故障检测能力没有影响。

(3) 表决系统

$$\mathrm{ct} = \begin{cases} 0, & \sum_{i=1}^{n} t_i < k \\ 1, & \sum_{i=1}^{n} t_i \geqslant k \end{cases} \tag{8-51}$$

其图形表示如图8-23所示。

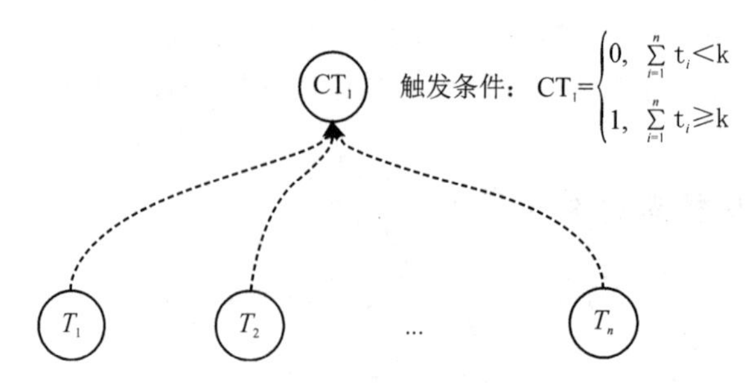

图8-23 表决型综合测试扩展模型

表决型综合测试的触发条件为：一般测试 $T_1 \sim T_n$ 中，有大于 k 个的一般测试都检测到某故障的情况下才会给出对应故障的报警提示，其中 k 为表决参数。对于其他类型的综合测试，其图形表示类似，但触发条件根据设计的差异而不同。

从上述分析中可以总结含综合测试扩展模型的元素组成，如表8-16所列。

表8-16 含综合测试扩展模型的元素组成

序　号	图形元素	含　义
1	F（灰色矩形）	图形组成单元 U
2	T（圆形）	图形测试 T
3	CT（圆形）	综合测试 CT
4	——→	一般信号连接
5	----→	综合测试信号线

8.3.2.3 含综合测试的诊断矩阵生成

含综合测试的相关性模型中存在两种关系：一般测试与故障之间的依赖关系以及综合测试与故障之间的隶属关系。为便于分析，给出如下所示扩展相关性矩阵：

$$
\begin{array}{c} \\ \mathbf{D}_{m\times n}= \end{array}
\begin{array}{c|ccccc:cccc}
 & T_1 & T_2 & \cdots & T_n & CT_1 & CT_2 & \cdots & CT_n \\
F_1 & d_{11} & d_{12} & \cdots & d_{1n} & c_{11} & c_{12} & \cdots & c_{1q} \\
F_2 & d_{21} & d_{22} & \cdots & d_{2n} & c_{21} & c_{22} & \cdots & c_{2q} \\
\vdots & \vdots & \vdots & & \vdots & \vdots & \vdots & & \vdots \\
F_m & d_{m1} & d_{m2} & \cdots & d_{mn} & c_{m1} & c_{m2} & \cdots & c_{mq}
\end{array}
\tag{8-52}
$$

式中：d_{ik}——一般测试与故障之间的相关性值；

c_{il}——综合测试与故障之间的相关性值。

以表决系统为例，c_{il} 值的获取方式如下：

$$
c_{il}=\begin{cases}0, & d_{ix_1}+d_{ix_2}+\cdots+d_{ix_r}<k \\ 1, & d_{ix_1}+d_{ix_2}+\cdots+d_{ix_r}\geqslant k\end{cases} \tag{8-53}
$$

式中：$d_{ix_1}, d_{ix_2}, \cdots, d_{ix_r}$——综合测试 CT_l 的信号传递来源；

k——该表决系统的表决门限。

式(8－53)的含义为：在传递到综合测试 CT_l 的所有一般测试中，如果其中多于 k 个测试能测到某故障的发生，则相应的综合才会将该故障上报，对应 c_{il} 的取值为 1；否则，系统将忽略该故障的发生。

对于其他类型的综合测试，根据触发条件的不同，其意义也不同。

在对含综合测试的系统进行故障诊断时，实际用到的矩阵为剔除有从属关系的一般测试后得到的改进矩阵 $\mathbf{Dco}_{m\times x}$：

$$\mathbf{Dco}_{m\times x} = \begin{bmatrix} \mathrm{dco}_{11} & \mathrm{dco}_{12} & \cdots & \mathrm{dco}_{1x} \\ \mathrm{dco}_{21} & \mathrm{dco}_{22} & \cdots & \mathrm{dco}_{2x} \\ \vdots & \vdots & & \vdots \\ \mathrm{dco}_{m1} & \mathrm{dco}_{m2} & \cdots & \mathrm{dco}_{mx} \end{bmatrix} \tag{8-54}$$

该矩阵共有 m 行，列数 x 为综合测试的数量 q 与没有隶属关系的一般测试数量 p 之和。

8.3.2.4　应用算例

现以图 8－24 所示的系统说明综合测试与传统相关性模型在故障诊断中存在的差异。

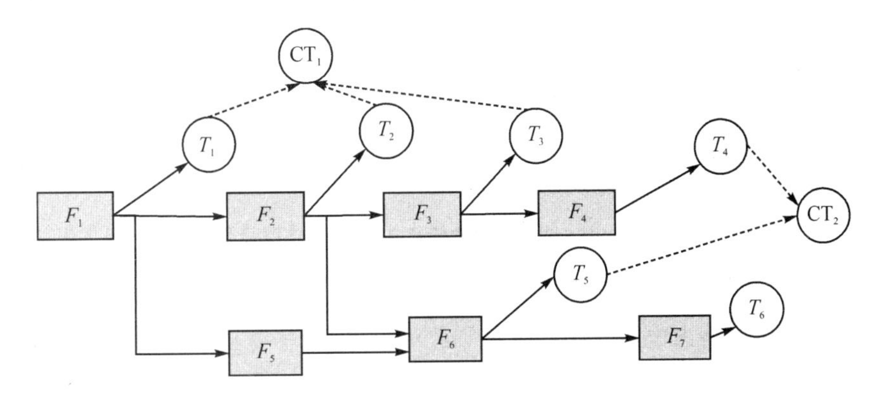

图 8－24　含综合测试的扩展模型示例

假定系统中，CT_1 与 CT_2 均为表决型综合测试。表决参数为 2，即当综合测试所属测试与某一故障相关性参数和大于或等于 2 时，该综合测试与故障之间存在相关性。由此得到相应的扩展相关性矩阵 $\boldsymbol{D}_{7\times 8}$ 和用于实际诊断的相关性矩阵 $\mathbf{Dco}_{7\times 3}$：

$$\boldsymbol{D}_{7\times 8}= \begin{array}{c} \\ F_1 \\ F_2 \\ F_3 \\ F_4 \\ F_5 \\ F_6 \\ F_7 \end{array} \begin{array}{cccccc:cc} T_1 & T_2 & T_3 & T_4 & T_5 & T_6 & \mathrm{CT}_1 & \mathrm{CT}_2 \\ 1 & 1 & 1 & 1 & 1 & 1 & 1 & 1 \\ 0 & 1 & 1 & 1 & 1 & 1 & 1 & 1 \\ 0 & 0 & 1 & 1 & 0 & 0 & 0 & 0 \\ 0 & 0 & 0 & 1 & 0 & 0 & 0 & 0 \\ 0 & 0 & 0 & 0 & 1 & 1 & 0 & 0 \\ 0 & 0 & 0 & 0 & 1 & 1 & 0 & 0 \\ 0 & 0 & 0 & 0 & 0 & 1 & 0 & 0 \end{array} \Rightarrow \mathbf{Dco}_{7\times 3}= \begin{array}{c} \\ F_1 \\ F_2 \\ F_3 \\ F_4 \\ F_5 \\ F_6 \\ F_7 \end{array} \begin{array}{ccc} T_6 & \mathrm{CT}_1 & \mathrm{CT}_2 \\ 1 & 1 & 1 \\ 1 & 1 & 1 \\ 0 & 0 & 0 \\ 0 & 0 & 0 \\ 1 & 0 & 0 \\ 1 & 0 & 0 \\ 1 & 0 & 0 \end{array} \tag{8-55}$$

考虑综合测试后，系统将无法检测 F_3、F_4 故障。可见，综合测试对系统故障检测能力有一定的影响。“与”门形式、表决系数大于 1 的表决型综合测试，会减少系统报警维修的次数，这样的综合测试可用于多冗余、高可靠性系统,使维修人员能够更多地关注系统重要故障或其他薄弱环节的故障检测与维修工作。

8.3.3　考虑使能关系的扩展相关性建模方法

8.3.3.1　故障-测试的使能关系分析

传统的测试性模型中,测试点本身没有故障概率的说法,它所指示的状态也只有0(正常)和1(故障)。在实际的航电系统中,通常BIT的可靠性比被测电路高一个数量级,但是这并不能保证BIT不会失效,尤其对于需要统一电源供电的BIT来说。图8-25所示为一电压求和BIT,该BIT的作用是对模拟电平进行确认,通过将来自CUT的三路模拟电平经运放相加,并且与门限 V_H 和 V_L 相比较而实现的。通常,该种类型的BIT用来监控电源的输出信号。

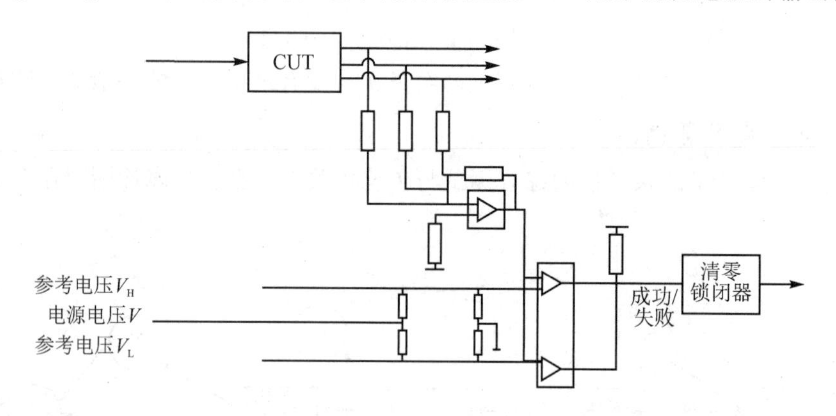

图8-25　故障-测试使能关系BIT电路示例

该电路中,BIT电路检测电源信号,同时电源信号又供给BIT电路需要的电压。在该种类型的电路中,当电源输出电压发生如开路等故障时,BIT本身也会出现故障症状,无法给出报警/正常提示。我们将该种情况称为故障对测试的使能作用,它们之间的关系简称为故障-测试使能关系(Fault-Test Enable Relationship,FTER)。

8.3.3.2　故障-测试使能关系扩展模型

1. 故障-测试使能关系的特点

故障-测试使能关系扩展模型中,存在以下两个假设和一个约束。

① 第三态假设。第三态假设是指测试因故障而无法工作,这不同于传统正常或故障状态的第三态。在传统的相关性模型中,测试给出的测试结果只有0、1两种状态:0代表被测单元正常,1代表被测单元有故障。现使用符号"×"来表示故障使测试失效。但需要说明的是,"×"状态在测试点可观测状态上有可能依然表现为0或者1状态。

② 多交联假设。多交联假设是指一个故障可以与多个测试建立使能关系,一个测试也可以与多个故障建立使能关系,这根据系统的设计而定。

③ 物理约束。从使能关系的定义可知,不是任意一个测试与故障之间都会存在使能关系,只有在物理上有信号传递关系的测试点与故障源之间才可能存在使能关系;使能关系的根本还是一种信号关系,这是使能关系扩展建模的物理约束条件。

故障-测试使能关系扩展模型包括如几成部分：

(1) 被测对象组成单元

被测对象组成单元是指产品的各个模块、各个组件或部件、元件等，组成单元集合用 F 表示，$F=\{f_1,f_2,f_3,\cdots,f_m\}$，其中 m 表示产品组成单元总数。

(2) 测　试

测试是指用于检测与隔离被测对象的检测过程，包括人工测试、机内测试、自动测试设备等，可用测试集合 T 表示，$T=\{t_1,t_2,t_3,\cdots,t_n\}$，其中 n 表示测试的总数。测试 t_i 有3种可能的输出结果，$t_i\in\{0,1,\times\}$，分别表示正常、故障和测试失效3种状态。

(3) 连　接

连接是指被测对象组成单元之间的有向边。考虑故障测试使能关系的扩展模型中存在两种不同类型的连接关系：一般信号关系连接与使能关系连接。

2. 故障-测试使能关系扩展模型的数学定义

故障-测试使能关系扩展模型的数学表述形式如下：

$$G=<V,L> \tag{8-56}$$

$$V=<F,T> \tag{8-57}$$

$$L=<(f,f)\cdots(f,t)\cdots(f_{\text{en}},t)> \tag{8-58}$$

$$d^+(t)=0 \tag{8-59}$$

$$\{L:(f_{\text{en}},t_i)\}\rightarrow\{d_{\text{fen},t_i}=1\} \tag{8-60}$$

其中：G 表示有向图，即故障-测试使能关系扩展模型，它由图元节点 V 和有向边 L 组成；V 为有向图的节点，即模型元素，它包括 F(故障源)、T(一般测试)；L 为有向图的边，表示信号传递/关联关系，包括故障之间的信号关系(f,f)、故障与测试之间的信号关系(f,t)以及故障与测试之间的使能信号关系(f_{en},t)；$d^+(t)=0$ 的含义为测试的出度为零，即不存在以测试为输出端的有向边；$d_{\text{fen},t_i}=1$ 表示使能故障源与测试之间有物理信号连接，$\{L:(f_{\text{en}},t_i)\}\rightarrow\{d_{\text{fen},t_i}=1\}$ 表示只有在物理上有信号传递关系的测试点与故障源之间才可能存在使能关系。

3. 故障-测试使能关系扩展模型设计

故障-测试使能关系扩展模型示例如图8-26所示。

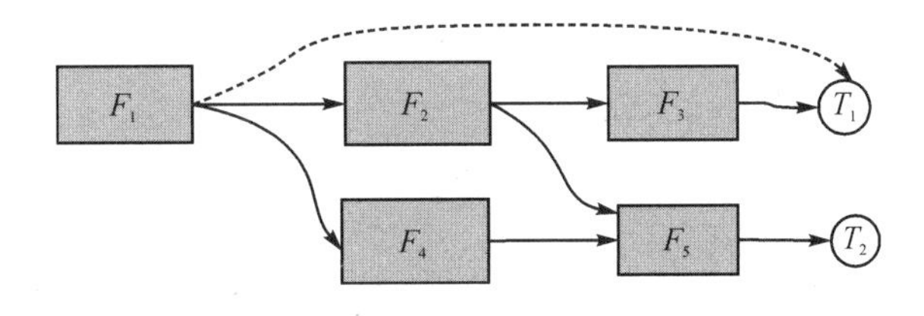

图8-26　故障-测试使能关系扩展模型示例

故障-测试使能关系扩展模型中存在表示使能关系的使能信号连线，其图形元素如表8-17所列。

表 8-17 故障-测试使能关系扩展模型的图形元素

序 号	图形元素	含 义
1	F（灰色方框）	图形组成单元
2	T（圆圈）	图形测试
3	——→	一般信号连接
4	- - -→	使能信号连接

8.3.3.3 考虑故障-测试使能关系的诊断矩阵生成

1. 基本关系矩阵的定义

考虑故障-测试使能关系的扩展模型中存在两类基本关系：故障与测试之间的相关性关系、故障与测试之间的使能关系。

对于故障与测试之间的相关性关系，可用传统的相关性矩阵 $\boldsymbol{D}_{m\times n}$ 表达：

$$\boldsymbol{D}_{m\times n}=\begin{array}{c} \\ F_1 \\ F_2 \\ \vdots \\ F_m \end{array}\begin{array}{c} \begin{array}{cccc} T_1 & T_2 & \cdots & T_n \end{array} \\ \begin{bmatrix} d_{11} & d_{12} & \cdots & d_{1n} \\ d_{21} & d_{22} & \cdots & d_{2n} \\ \vdots & \vdots & & \vdots \\ d_{m1} & d_{m2} & \cdots & d_{mn} \end{bmatrix} \end{array} \tag{8-61}$$

对于故障与测试之间的使能关系，定义使能关系矩阵 $\mathbf{En}_{m\times n}$：

$$\mathbf{En}_{m\times n}=\begin{array}{c} \\ F_1 \\ F_2 \\ \vdots \\ F_m \end{array}\begin{array}{c} \begin{array}{cccc} T_1 & T_2 & \cdots & T_n \end{array} \\ \begin{bmatrix} \mathrm{en}_{11} & \mathrm{en}_{12} & \cdots & \mathrm{en}_{1n} \\ \mathrm{en}_{21} & \mathrm{en}_{22} & \cdots & \mathrm{en}_{2n} \\ \vdots & \vdots & & \vdots \\ \mathrm{en}_{m1} & \mathrm{en}_{m2} & \cdots & \mathrm{en}_{mn} \end{bmatrix} \end{array} \tag{8-62}$$

其中，en_{ij} 有两种取值：0 与 1，$\mathrm{en}_{ij}=1$ 表示故障与测试之间存在使能关系，而 $\mathrm{en}_{ij}=0$ 则相反。

2. 使能融合矩阵的获取

考虑故障-测试使能关系的扩展模型诊断分析需要将上述两种关系进行融合，得到使能融合矩阵 $\mathbf{Den}_{m\times n}$：

$$\mathbf{Den}_{m\times n}=\begin{array}{c} \\ F_1 \\ F_2 \\ \vdots \\ F_m \end{array}\begin{array}{c} \begin{array}{cccc} T_1 & T_2 & \cdots & T_n \end{array} \\ \begin{bmatrix} \mathrm{den}_{11} & \mathrm{den}_{12} & \cdots & \mathrm{den}_{1n} \\ \mathrm{den}_{21} & \mathrm{den}_{22} & \cdots & \mathrm{den}_{2n} \\ \vdots & \vdots & & \vdots \\ \mathrm{den}_{m1} & \mathrm{den}_{m2} & \cdots & \mathrm{den}_{mn} \end{bmatrix} \end{array} \tag{8-63}$$

根据使能关系的三态假设，den_{ij} 有 3 种可能的取值，如表 8-18 所列。

表 8-18　使能关系融合矩阵交叉元素的含义

den_{ij}	含　义
0	测试不能测到故障
1	测试能够测到故障
×	故障使得测试失效

具体融合规则如表 8-19 所列。

表 8-19　相关性矩阵 $\boldsymbol{D}$ 与使能关系矩阵融合规则

d_{ij}	en_{ij}	den_{ij}
$d_{ij}=0$	$en_{ij}=0$	$den_{ij}=0$
	$en_{ij}=1$	$den_{ij}=\varnothing$
$d_{ij}=1$	$en_{ij}=0$	$den_{ij}=1$
	$en_{ij}=1$	$den_{ij}=\times$

注：$den_{ij}=\varnothing$，表示在实际融合过程中不会出现该种情况。

8.3.3.4　应用算例

以图 8-27 所示的模型为例简要说明使能融合矩阵的获取过程。

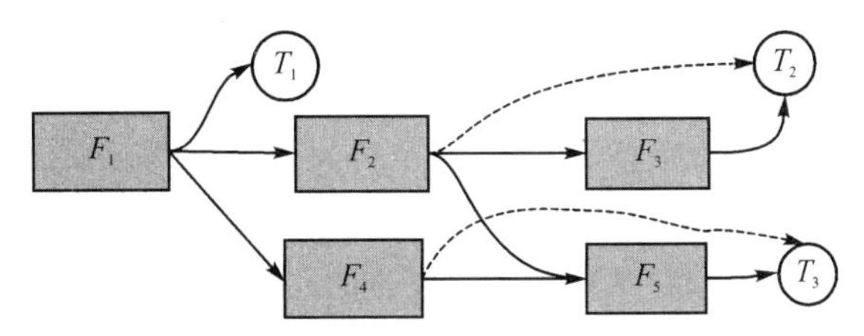

图 8-27　简单故障-测试使能关系示例模型

$$
\boldsymbol{D}_{5\times3}=\begin{array}{c} \\ F_1 \\ F_2 \\ F_3 \\ F_4 \\ F_5 \end{array}\begin{array}{c} \begin{array}{ccc} T_1 & T_2 & T_3 \end{array} \\ \begin{bmatrix} 1 & 1 & 1 \\ 0 & 1 & 1 \\ 0 & 1 & 0 \\ 0 & 0 & 1 \\ 0 & 0 & 1 \end{bmatrix} \end{array},\quad \mathbf{En}_{5\times3}=\begin{array}{c} \\ F_1 \\ F_2 \\ F_3 \\ F_4 \\ F_5 \end{array}\begin{array}{c} \begin{array}{ccc} T_1 & T_2 & T_3 \end{array} \\ \begin{bmatrix} 0 & 0 & 0 \\ 0 & 1 & 0 \\ 0 & 0 & 0 \\ 0 & 0 & 1 \\ 0 & 0 & 0 \end{bmatrix} \end{array}
$$

$$
\boldsymbol{D}_{5\times3}\otimes\mathbf{En}_{5\times3}=\mathbf{Den}_{5\times3}=\begin{array}{c} \\ F_1 \\ F_2 \\ F_3 \\ F_4 \\ F_5 \end{array}\begin{array}{c} \begin{array}{ccc} T_1 & T_2 & T_3 \end{array} \\ \begin{bmatrix} 1 & 1 & 1 \\ 0 & \times & 1 \\ 0 & 1 & 0 \\ 0 & 0 & \times \\ 0 & 0 & 1 \end{bmatrix} \end{array} \tag{8-64}
$$

式中：$\boldsymbol{D}_{5\times3}$——不考虑故障测试使能关系的传统相关性矩阵；

$\mathbf{En}_{5\times3}$——使能关系矩阵；

$\mathbf{Den}_{5\times3}$——使能融合矩阵。

8.3.4 考虑阻断关系的扩展相关性建模方法

8.3.4.1 故障-测试的阻断关系分析

依托传统测试性模型进行的故障诊断方法，存在一个必要前提：测试的状态能够被维修人员快速准确地识别。然而，在实际系统中，这并不是一个简单的过程。

现代航电系统的BIT通常分为3个层次：分系统级BIT、LRU(LRM)级BIT和SRU级BIT。现代BIT系统普遍采用层次化结构和分布式机制，包括分布式BIT和分布-集中式BIT。

1. 分布式BIT

在分布式的BIT设计中，产品的各组成单元都具有BIT，各BIT相互独立，根据各BIT测试结果来判断产品是否正常。

分布式BIT的示例参见图6-3。每个分系统在模块(电路板)级进行测试，具有模块级故障隔离功能，并由各个模块BIT测试结果利用归纳法来判断系统是否正常。这种BIT方式可以减小故障隔离的模糊度，消除A故障误报B故障这类虚警。

2. 分布-集中式BIT

分布-集中式BIT是分布式与集中式的综合，在分布-集中式BIT设计中产品各单元的BIT配合系统BIT共同完成测试。

分布-集中式BIT的示例参见图6-5。每个分系统具有各自的BIT，BIT信息通过集中故障显示接口装置进行综合处理。采用分布-集中式BIT配置方案时，可以利用专用的测试总线进行BIT信息的通信。分布-集中式BIT配置方案综合了分布式BIT与集中式BIT的优点，在工程中得到了大量应用。

从以上所述的BIT系统结构可知：不论是分布式BIT还是分布-集中式BIT，BIT信息都有一个从低层次向高层次上报，再呈现到故障显示装置的过程，维修人员并不是简单地就可以获得BIT状态信息。

在实际系统中，如果BIT信息上报所必需的总线或者接口等发生故障，那么维修人员将不能准确地获取系统的真实状况，我们将这种情况称为故障-测试阻断关系(Fault-Test Block Relationship，FTBR)。

8.3.4.2 故障-测试阻断关系扩展模型

1. 故障-测试阻断关系的特点

故障-测试阻断关系模型存在以下三个假定和一个约束条件：

① 测试传递假设。测试传递假设是指传递到测试点的信号能够继续以测试点为中继点向下传递。传统测试性模型中，测试点为信号传递的终点——传递到测试点的信号不会再继续向后传递。这样的假设虽然简化了模型的复杂度，使得测试性建模更容易，但随之而来的代价是建立的模型与实际系统之间的差异较大，很多系统的内部交联关系无法表示。

② 显示端假设。显示端假设与测试传递假设相呼应，测试信号的传递必须有一个终点，

否则这样的传递就没有意义。因此,假定从测试点传递出的信号,最后汇总到测试显示端,显示端可以是真实的显示器件,也可以是核心 CPU 等,它是一个抽象的概念。一个系统中可以有一个或者多个测试显示端口,测试端与显示端之间的对应关系也多种多样。

③ 第三态假设。与故障-测试之间的使能关系类似,在测试信号被阻断的情况下,测试点状态也处于一种特殊的状态,使用“◎”表示此时测试的反应情况。同样,“◎”状态下的测试可观测状态也可能表现为 0 或 1 状态。

④ 物理约束条件。故障-测试之间的阻断关系同样有物理约束条件:测试信息被故障阻断而无法传递到显示端,这要求从测试到显示端之间最少具有一条信号通路。

与传统的相关性模型不同,考虑故障-测试阻断关系的扩展模型中,测试的信号能够沿着信号线继续传递,直至相应的显示端。因此在扩展模型设计中,除了给出信号传递的路径外,还需要标记出测试点与处理端之间的对应关系。

故障-测试阻断关系扩展模型的图形元素包括如下几部分:

(1) 被测对象组成单元

被测对象组成单元是指产品的各个模块、各个组件或部件、元件等,组成单元集合用 F 表示,$F=\{f_1,f_2,f_3,\cdots,f_m\}$,其中 m 表示产品组成单元总数。

(2) 测　试

传统测试是指用于检测与隔离被测对象的检测过程,包括人工测试、机内测试、自动测试设备等,可用测试集合 T 表示,$T=\{t_1,t_2\cdots t_n\}$,其中 n 表示测试的总数。由于存在故障对测试的阻断因素,所以,t_i 有 3 种可能的输出结果,即 $t_i=\{0,1,◎\}$,分别表示正常、故障和故障对测试的阻断。

(3) 显示端

显示端是测试信号传递的终点,可以为显示屏、报警器等其他显示工具。可使用 P 表示,$P=\{p_1,p_2,\cdots,p_k\}$,其中 k 表示显示端的数量。

(4) 连　接

连接是指被测对象组成单元之间的有向边。考虑故障-测试阻断关系的扩展模型中存在两种不同类型的连接线:表示一般信号传递路径的信号关系连接和表示测试与显示端之间对应关系的连接。

2. 故障-测试阻断关系扩展模型的数学定义

故障-测试阻断关系扩展模型的数学表述形式如下:

$$G=<V,L> \tag{8-65}$$

$$V=<F,T,P> \tag{8-66}$$

$$L=<(f,f)\cdots(f,t)\cdots(t,f)\cdots(f,p)\cdots(t,p)> \tag{8-67}$$

$$d^{+}(p)=0 \tag{8-68}$$

$$\{L:(t_i,p_j)\}\rightarrow\{d_{t_i,p_j}=1\} \tag{8-69}$$

其中:G 表示有向图,即故障-测试阻断关系扩展模型,它由图元节点 V 和有向边 L 组成;V 为有向图的节点,即模型元素,它包括 F(故障源)、T(测试)、P(显示端);L 为有向图的边,表示信号传递/关联关系,包括故障之间的信号关系(f,f)、故障与测试之间的信号关系(f,t)、测试与故障之间的信号关系(t,f)、故障与显示端之间的信号关系(f,p),以及测试与显示端之间的对应关系(t,p);$d^{+}(p)=0$ 的含义为显示端的出度为零,即不存在以测试为输出端的有向边;$d_{t_i,p_j}=1$ 表示测试与显示端之间存在物理信号连接,$\{L:(t_i,p_j)\}\rightarrow\{d_{t_i,p_j}=1\}$ 表示被阻断测试与显示端之间最少具有一条信号通路。

3. 故障-测试阻断关系扩展模型的设计

根据测试端与显示端之间的数量对应关系,可将故障-测试阻断关系扩展模型分为三类:1对1(1∶1)模型、1对多(1∶N)模型和多对1(N∶1)模型。多对多模型可由1对多与多对1模型组合而成。

(1) 1∶1模型

1∶1模型比较简单,是指一个测试只对应一个显示端。图8-28中 T_1 的显示端为 P_1,而可能会对 T_1 产生阻断的模块为 F_2 和 F_3。

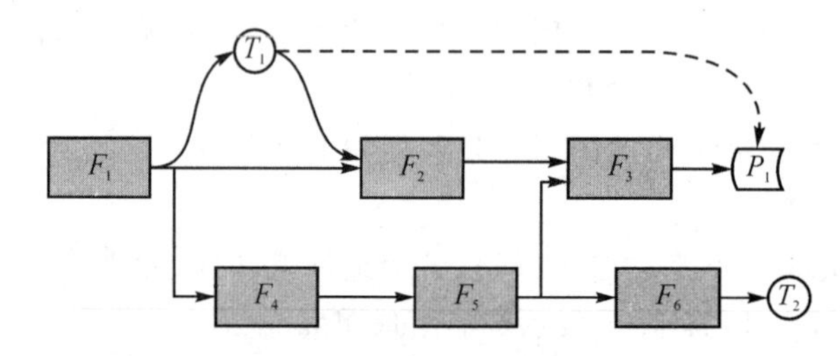

图8-28　故障-测试阻断关系扩展模型(1∶1)

(2) N∶1模型

N∶1模型是指多个测试会对应1个显示端,这类模型常见于大系统。图8-29中,T_1 与 T_2 均对应显示端 P_1。会对 T_1 信号产生阻断的模块为 F_2 和 F_3,会对 T_2 产生阻断的模块为 F_3 和 F_5。

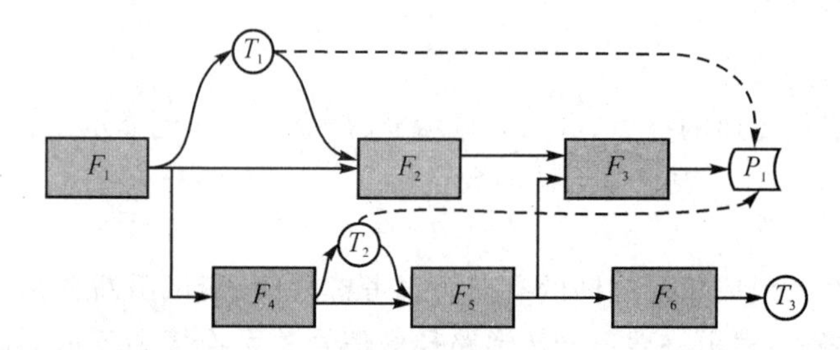

图8-29　故障-测试阻断关系扩展模型(N∶1)

(3) 1∶N 模型

1∶N 模型是指一个测试会对应多个显示端的模型,该类模型是一种高度可靠的模型。在图8-30所示的系统中,T_1 采集的信号通过不同的路径传递到显示端 P_1 处进行处理:第一条路径(T_1—F_2—F_3—P_1)中对 T_1 信号可能产生阻断的模块有 F_2、F_3,第二条路径(T_1—F_2—F_7—P_2)中对 T_1 信号可能产生阻断的模块有 F_2、F_7。在单故障假设的前提下,可能对 T_1 信

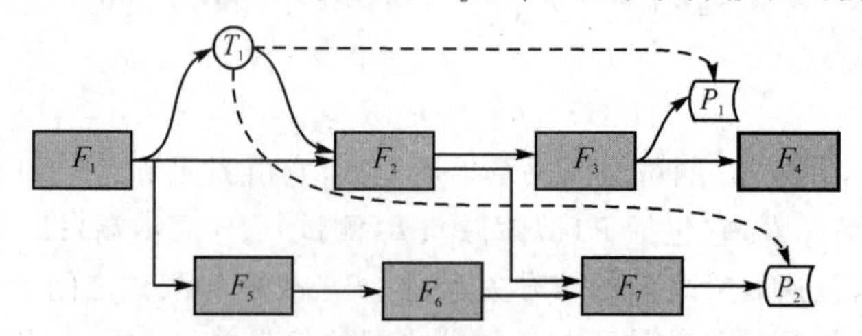

图8-30　故障-测试阻断关系扩展模型(1∶N)

号产生阻断的模块为两条路径中的模块集合的交集，即 F_2 模块。因为 F_3、F_7 中任意一个模块发生故障，T_1 信号都能够通过另外一条路径传递到显示端，从而不会影响到 T_1 信号的准确性。

故障-测试阻断关系扩展模型的图形元素如表 8-20 所列。

表 8-20　故障-测试阻断关系扩展模型的图形元素

序　号	图形元素	含　义
1	F	图形组成单元
2	T	图形测试
3	P	显示端
4	⟶	一般信号连接
5	- - -▶	阻断信号连接

8.3.4.3　考虑故障-测试阻断关系的扩展相关性矩阵

1. 基本关系分析与矩阵的定义

(1) 矩阵的定义

故障-测试阻断关系扩展模型中存在两种交联关系：故障与测试之间的一般相关性关系、故障与测试的阻断关系。其中，一般相关性关系可以使用传统 D 矩阵表示；而故障与测试之间的阻断关系可以用阻断关系矩阵 $\mathbf{Bl}_{m\times n}$ 表示：

$$\mathbf{Bl}_{m\times n}=\begin{matrix} \\ F_1 \\ F_2 \\ \vdots \\ F_m \end{matrix}\begin{matrix} T_1 & T_2 & \cdots & T_n \\ \begin{bmatrix} \mathrm{bl}_{11} & \mathrm{bl}_{12} & \cdots & \mathrm{bl}_{1n} \\ \mathrm{bl}_{21} & \mathrm{bl}_{22} & \cdots & \mathrm{bl}_{2n} \\ \vdots & \vdots & & \vdots \\ \mathrm{bl}_{m1} & \mathrm{bl}_{m2} & \cdots & \mathrm{bl}_{mn} \end{bmatrix}\end{matrix} \tag{8-70}$$

其中，bl_{ij} 有两种取值：0 和 1，$\mathrm{bl}_{ij}=1$ 表示出现故障 F_i 时，测试 T_j 的信号传播会被阻断；而 $\mathrm{bl}_{ij}=0$ 的含义则相反。

(2) 阻断矩阵的获取方法

根据测试与显示端之间的交联关系，将故障-测试阻断关系模型分成三类，最终对阻断矩阵的形成起作用的是单个测试与各显示端之间的信号传递路径个数 N。因此，根据路径数是否单一，可以将故障-测试阻断模型分为两类：单处理路径（$N=1$）和多处理路径（$N>1$）。

下面以两个简单的例子简要说明阻断关系矩阵 $\mathbf{Bl}_{m\times n}$ 的获取方法。

① 单处理路径。

图 8-31 所示为故障-测试阻断关系单处理路径示例。

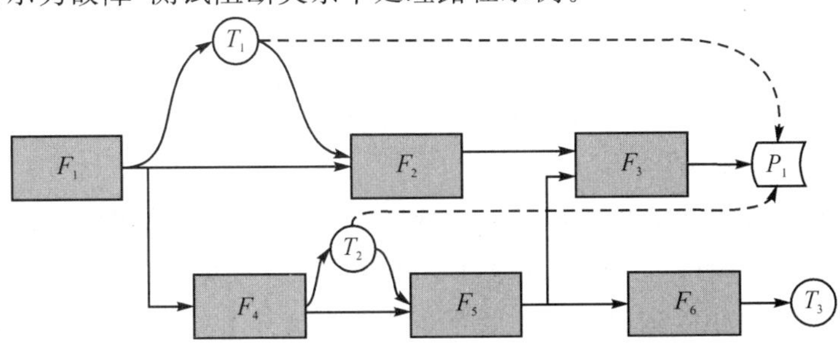

图 8-31　故障-测试阻断关系单处理路径示例

图 8-31 中，测试 T_1 的信号通过 F_2、F_3 传递到 P_1，测试 T_2 的信号通过 F_5、F_3 传递到 P_1。所以，可能对 T_1 产生阻断的模块为 F_2、F_3，可能对 T_2 产生阻断的模块为 F_5、F_6。得到的相应阻断关系矩阵如下：

$$\mathbf{Bl}_{6\times3}=\begin{matrix} F_1\\F_2\\F_3\\F_4\\F_5\\F_6\end{matrix}\overset{\begin{matrix}T_1 & T_2 & T_3\end{matrix}}{\begin{bmatrix}0&0&0\\1&0&0\\1&1&0\\0&0&0\\0&1&0\\0&0&0\end{bmatrix}} \tag{8-71}$$

② 多处理路径。

图 8-32 所示为故障-测试阻断关系多处理路径示例。

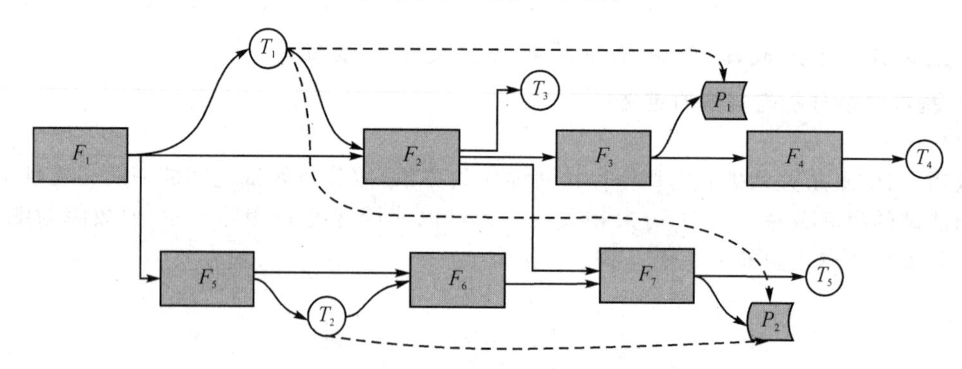

图 8-32　故障-测试阻断关系多处理路径示例

图 8-32 中，T_1 的信号通过 T_1—F_2—F_3—P_1 和 T_1—F_2—F_7—P_2 这两条路径分别传递到不同的显示端。第一条路径中对 T_1 信号可能产生阻断的模块有 F_2、F_3，第二条路径中对 T_1 信号可能产生阻断的模块有 F_2、F_7。所以，对 T_1 信号可能产生阻断的模块为 F_2 模块。得到的阻断关系矩阵如下：

$$\mathbf{Bl}_{7\times5}=\begin{matrix} F_1\\F_2\\F_3\\F_4\\F_5\\F_6\\F_7\end{matrix}\overset{\begin{matrix}T_1 & T_2 & T_3 & T_4 & T_5\end{matrix}}{\begin{bmatrix}0&0&0&0&0\\1&0&0&0&0\\0&0&0&0&0\\0&0&0&0&0\\0&0&0&0&0\\0&1&0&0&0\\0&1&0&0&0\end{bmatrix}} \tag{8-72}$$

2. 阻断融合矩阵的获取

在对含故障-测试阻断关系的扩展模型进行故障诊断时，需要将阻断关系矩阵 $\mathbf{Bl}_{m\times n}$ 与一般相关性矩阵 $\boldsymbol{D}_{m\times n}$ 进行融合，得到阻断融合矩阵 $\mathbf{Dbl}_{m\times n}$。根据故障-测试阻断关系扩展模型的第三态假设，阻断融合矩阵的交叉项可能有 3 种取值：0、1 和◎。

阻断融合矩阵的基本形式如下：

$$\mathbf{Dbl}_{m\times n}=\begin{matrix} & T_1 & T_2 & \cdots & T_n \\ F_1 & \mathrm{dbl}_{11} & \mathrm{dbl}_{12} & \cdots & \mathrm{dbl}_{1n} \\ F_2 & \mathrm{dbl}_{21} & \mathrm{dbl}_{22} & \cdots & \mathrm{dbl}_{2n} \\ \vdots & \vdots & \vdots & & \vdots \\ F_m & \mathrm{dbl}_{m1} & \mathrm{dbl}_{m2} & \cdots & \mathrm{dbl}_{mn} \end{matrix} \tag{8-73}$$

阻断融合矩阵的三态取值的含义如表 8－21 所列。

其中，原始 $\boldsymbol{D}_{m\times n}$ 矩阵与阻断关系矩阵 $\mathbf{Bl}_{m\times n}$ 得到阻断融合矩阵 $\mathbf{Dbl}_{m\times n}$ 的融合规则如表 8－22 所列。

表 8－21　阻断融合矩阵的三态取值的含义

dbl_{ij}	含　义
0	测试不能测到故障
1	测试能够测到故障
◎	故障阻断测试的信号传递

表 8－22　$\boldsymbol{D}_{m\times n}$ 矩阵与阻断关系矩阵的融合规则

d_{ij}	bl_{ij}	dbl_{ij}
$d_{ij}=0$	$\mathrm{bl}_{ij}=0$	$\mathrm{dbl}_{ij}=0$
	$\mathrm{bl}_{ij}=$◎	$\mathrm{dbl}_{ij}=$◎
$d_{ij}=1$	$\mathrm{bl}_{ij}=0$	$\mathrm{dbl}_{ij}=1$
	$\mathrm{bl}_{ij}=$◎	$\mathrm{dbl}_{ij}=\varnothing$

注：$\mathrm{dbl}_{ij}=\varnothing$，表示在实际融合过程中不会出现该种情况。

基于上述分析可以得到阻断融合矩阵的获取流程，如图 8－33 所示。

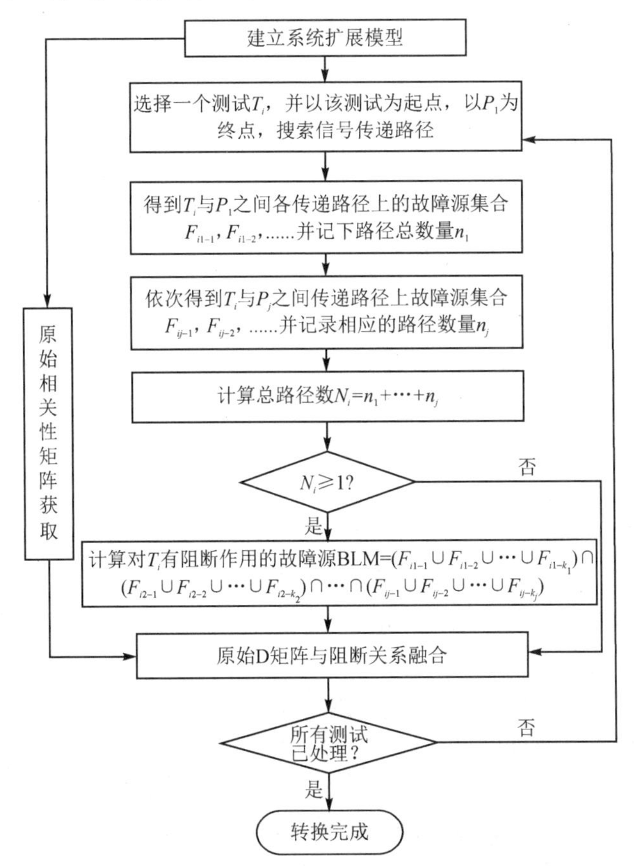

图 8－33　阻断融合矩阵的获取流程

8.4　相关性建模工程化方法

8.4.1　相关性建模的工程化操作流程

相关性建模评估应该考虑到工程实际的建模工作需求，确保建立准确的相关性模型，给出准确的评估结果。相关性建模评估的工程化操作流程见图8－34，包括建模数据准备、相关性模型建立、模型正确性确认与更正、测试性评估以及设计缺陷分析等主要环节。相关性建模评估的输入是建模数据准备报告，输出是建模评估报告。

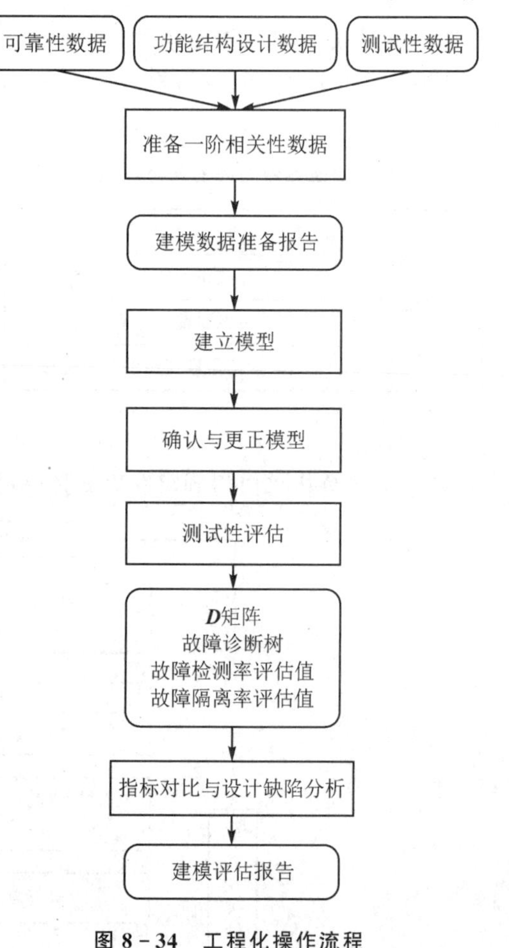

图8－34　工程化操作流程

8.4.2　相关性建模数据准备

简单的对象可以直接建立相关性模型，无需专门开展建模数据准备工作。复杂对象的多层级相关性建模是建立一种复杂的高阶相关性模型，需要的数据包括对象的结构组成、端口组成、链接关系、故障模式、故障率、严酷度、测试组成、特殊虚拟信号等，这些数据分布在产品的功能性能设计报告、可靠性设计报告和测试性设计报告中。如果没有开展建模数据准备的梳理工作，常常会遗失数据，这将直接导致相关性模型的不准确和不正确。此外，在建模过程中反复查阅上述设计报告，会降低建模评估工作的效率。尤其是对于开展第三方的测试性建模评估工作，研制单位不方便提供全部的设计报告给第三方，通过建模数据准备工作，可以梳理出建模所用的数据，而不用再提供这些设计报告。

根据工程应用经验，基于一阶相关性原理进行建模数据准备具有以下优点：

① 在建模之前，能够非常明确地知道需要准备哪些数据；

② 能够系统地表达出产品的接口关系、故障模式传递关系、测试关联关系，有效实现与性能设计数据的结合；

③ 数据的准备采用一阶相关分析原则，数据分析处理难度低；

④ 根据准备的输入数据可以直接进行建模，免去边建模边清理数据的交替过程，可以大幅度提高建模效率；

⑤ 有利于实现数据准备人员与建模人员的分离，提高工作开展的方便性。

相关性建模需要准备的数据可分为6类，具体说明如下：

- 结构数据；
- 单位对外接口数据；
- 底层单元内部信号流数据；
- 故障流数据；
- 测试数据；
- 虚拟信号数据。

8.4.2.1 结构数据

结构数据是描述对象的结构组成的数据，其定义如下：

$$\mathrm{ST}=(U,\mathrm{PU}) \tag{8-74}$$

式中：ST——系统结构；

U——组成单元集合，$U=\{u_q\mid q=1,2,\cdots,Q\}$，其中，$u_q$ 为第 q 个单元的名称，Q 为单元的数量；

PU——父单元序号集合，$\mathrm{PU}=\{\mathrm{pu}_q\mid q=1,2,\cdots,Q\}$，$\mathrm{pu}_q$ 为第 q 个单元的父单元的序号，当 u_q 为最顶层单元时，此值为-1。

结构数据的示例见表 8-23，工程中更多采用表 8-24 所列的形式来描述结构数据。

表 8-23 结构数据的示例

序号	单元名称	父单元序号
1	处理器系统	−1
2	电源模块	1
3	处理模块	1
4	信息处理单元	3
5	接口单元	3

表 8-24 结构数据的另外一种表达示例

系统	设备	板件
处理器系统	电源模块	—
	处理模块	信息处理单元
		接口单元

8.4.2.2 单元对外接口数据

单元对外接口数据描述了结构单元的对外接口连接，以及信号的流向。单元对外接口数据的定义如下：

$$\mathrm{ET}=(\mathrm{UP},\ \mathrm{ED},\ \mathrm{OP}) \tag{8-75}$$

式中：ET——单元对外接口数据；

UP——$\mathrm{UP}=\{\mathrm{up}_m\mid m=1,2,\cdots,M\}$，其中，$\mathrm{up}_m$ 为本单元的一个端口，可为输入端口，也可为输出端口，M 为单元的端口外部传递关系数量；

ED——$\mathrm{ED}=\{\mathrm{ed}_m\mid m=1,2,\cdots,M\}$，其中，$\mathrm{ed}_m$ 为传递方向，取值集合为{输入，输出，双向}，此传递方向是相对于本单元的端口来说的，输出表示由本单元的端口传向其他单元的端口，输入表示由其他单元的端口传向本单元的端口，双向表示既能由本单元的端口传向其他单元的端口，又能由其他单元的端口传向本单元的端口；

OP——$OP=\{op_m \mid m=1,2,\cdots,M\}$，$op_m$ 为其他单元的一个端口，可为其他单元的输入端口或者输出端口，其他单元可以是处在同一层次的单元，也可为上层的父单元。

单元对外接口数据的示例见表8-25。

表8-25　单元对外接口数据的示例

编　号	本单元的端口名称	信号传递方向	连接单元	连接的端口
1	VCC	输入←	电源板	VCC
2	GND	输入←	电源板	GND
3	PS	输入←	接收机	PS
4	TXB422	输出→	系统板	TRB422

8.4.2.3　底层单元内部信号流数据

底层单元内部信号流数据描述了单元内输入端口与输出端口的关联关系，即信号从该单元的哪些输入端口会传递到该单元的哪些输出端口上。

底层单元内部信号流数据的定义如下：

$$IT=(IIP,\ ID,\ IOP) \tag{8-76}$$

式中：IT——底层单元内部信号流数据；

IIP——$IIP=\{iip_n \mid n=1,2,\cdots,N\}$，其中，$iip_n$ 为单元的一个输入端口，N 为单元的端口内部传递关系数量；

ID——$ID=\{id_n \mid n=1,2,\cdots,N\}$，其中，$id_n$ 为传递方向，取值集合为{输入，输出，双向}，此传递方向是相对于本单元的输入端口来说的，输出表示由本单元的输入端口传向本单元的输出端口，输入表示由本单元的输出端口传向本单元的输入端口，双向表示既能由本单元的输入端口传向本单元的输出端口，又能由本单元的输出端口传向本单元的输入端口；

IOP——$IOP=\{iop_n \mid n=1,2,\cdots,N\}$，其中，$iop_n$ 为单元的一个输出端口。

底层单元内部信号流数据的示例见表8-26。

表8-26　底层单元内部信号流数据示例

本单元的输入端口	信号传递方向	本单元输出端口名称
A1in	→	A+
A2in	→	B+
A3in	→	Y+

8.4.2.4　故障流数据

故障流数据描述了一个单元内所有故障自身的信息和故障的局部传递信息。

故障流数据的定义如下：

$$FT = (FM, FOP) \tag{8-77}$$

式中：FT——故障流数据；

FM——$FM=\{fm_i \mid i=1,2,\cdots,I\}$，其中，$fm_i$ 为单元的第 i 个故障模式，I 为单元的故障模式数量；

FOP——$FOP=\{fop_{ip} \mid i=1,2,\cdots,I; p=1,2,\cdots,P\}$，其中，$fop_{ip}$ 为第 i 个故障模式能够传递出去的单元的一个输出端口，P 为第 i 个故障模式的传递关系数量。

故障流数据的示例见表 8-27。

表 8-27　故障流数据示例

故障模式编号	故障模式名称	严酷度	故障率/($10^{-6}\cdot h^{-1}$)	流出的输出端口名称
XX-FM01	输出电压值异常	Ⅱ	3.13	VCC

8.4.2.5　测试数据

测试数据描述了单元内部不同类型测试的具体测试项目相关信息，测试数据的定义如下：

$$TPT = (TTP, TFM, TIP, TOP) \tag{8-78}$$

式中：TPT——测试数据；

TTP——$TTP=\{ttp_q \mid q=1,2,\cdots,Q\}$，其中，$ttp_q$ 为单元的一个测试，Q 为单元的测试数量；

TFM——$TFM=\{tfm_q \mid q=1,2,\cdots,Q\}$，其中，$tfm_q$ 为第 q 个测试能够测到的本单元故障模式集合；

TIP——$TIP=\{tip_q \mid q=1,2,\cdots,Q\}$，其中，$tip_q$ 为第 q 个测试监测的本单元输入端口集合；

TOP——$TOP=\{top_q \mid q=1,2,\cdots,Q\}$，其中，$top_q$ 为第 q 个测试监测的所在层次的下层单元的输出端口集合，当测试为最底层单元的测试时，监测的输出端口集合为空。

测试数据的示例见表 8-28。

表 8-28　测试数据示例

测试类别	测试编号	测试名称	测试说明	测试的故障模式	监测的单元输入端口名称	监测的单元输出端口名称
加电 BIT	XX-POBIT01	数据通信测试	板内数据回绕测试	板内数据通信故障	—	—

8.4.2.6　虚拟信号数据

在相关性建模时，往往需要使用虚拟信号来更准确地表达故障与测试之间的相关性。虚拟信号数据的示例见表 8-29。

表 8-29 虚拟信号数据示例

序号	虚拟信号名称	关联的故障	关联的测试
1	XX-温度	AA温度超限 BB温度超限	温度测试

8.4.3 测试性模型的确认与更正

由于数据准备中会存在偏差,初步建立的相关性模型往往存在不准确的地方,这些不准确的情况可以通过得到的 **D** 矩阵进行判断,主要有以下情况:

(1) 存在无用的测试

将 **D** 矩阵中的各测试列数据求和,其中和值为0的测试属于无用测试,即该测试在模型中什么故障也测不到。出现这种情况的原因有两种:一种是模型没有建完,还有测试没有建立连线;另一种是测试关联的虚拟信号设置有错误。

(2) 测试覆盖故障多

对 **D** 矩阵的所有测试,根据列向量逐一分析与其相关的故障,确认故障是否能够影响该测试的结果,判断是否覆盖了过多的故障。出现覆盖过多故障的原因通常是没有设置合适的虚拟信号,导致测试能力虚高。

(3) 测试覆盖故障少

对 **D** 矩阵的所有故障,根据行向量逐一分析与其无关的测试,确认是否遗漏可以发现该故障的测试,判断是否遗漏测试。出现此种问题的原因通常是连线缺失、虚拟信号设置有问题或者测试类型设置不正确。

此过程通常需要产品设计人员参与确认。根据发现的问题,需要同步调整数据准备报告和更正相关性模型,确保数据准备与模型的准确性和正确性。

8.4.4 案例应用示例

8.4.4.1 案例的相关性模型

某设备的结构组成如表8-30所列,包括5个内场可更换单元(SRU)和12个模块(Module),在建模数据准备的基础上,建立了设备的相关性模型。

表 8-30 某设备的结构组成

单元标识	层次标签	单元标识	层次标签
ERU	LRU	离散量输出光耦电路	Module
PSM	SRU	离散量输入光耦电路	Module
HPM	SRU	CPU电路	Module
DHA	SRU	模拟量输入A/D转换电路	Module
CPA	SRU	二次电源转换电路	Module
GPM	SRU	AFDX接口电路	Module
DC/DC电路	Module	二次电源转换电路	Module
输入保护电路	Module	GDC电路	Module
控制电路	Module	422接口电路	Module

该设备的外部接口模型如图 8-35 所示，展开后的顶层相关性模型如图 8-36 所示。

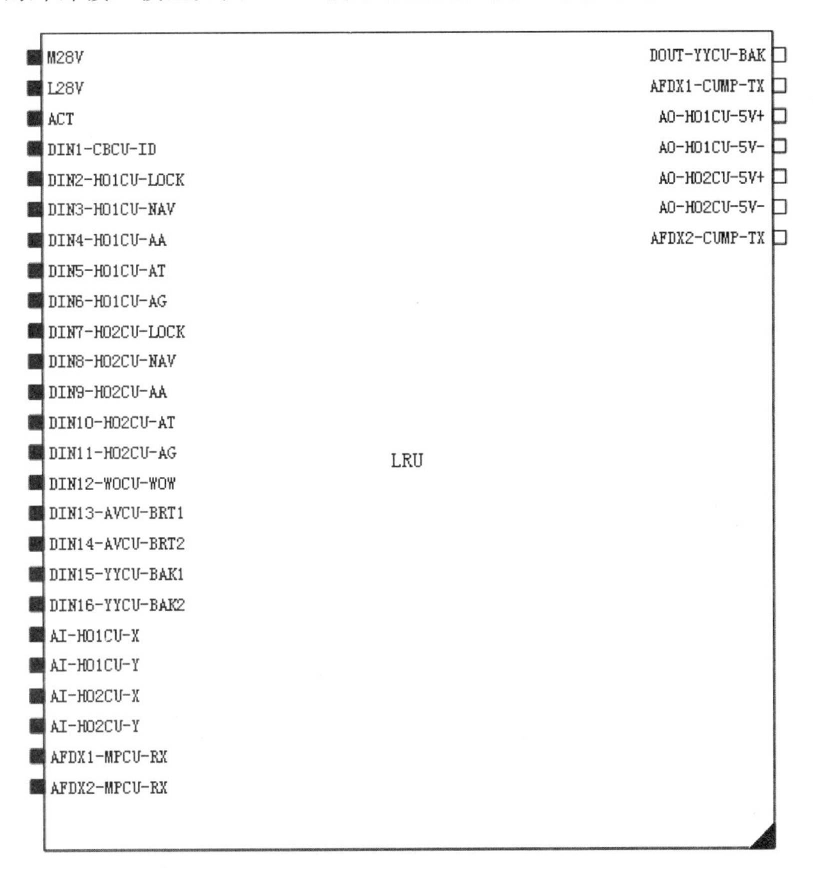

图 8-35　外部接口模型

其中，GPM 的相关性模型如图 8-37 所示，其他各级单元的相关性模型略。

8.4.4.2　案例的测试性评估与缺陷分析

在模型确认与更正后，进行模型的分析评估，得到的 BIT 故障检测率、故障隔离率结果见表 8-31。

表 8-31　测试性评估结果

BIT 类型	故障检测率/%	故障隔离率/%		
		到 1 个 SRU	到 2 个 SRU	到 3 个 SRU
加电 BIT	60.42	—	—	—
周期 BIT	72.93	—	—	—
维护 BIT	83.91	—	—	—
全部 BIT	83.98	91.05	91.02	100

BIT 的故障检测率不满足规定要求，通过模型分析，BIT 不能检测的故障见表 8-32，经过指标核算，确定将不能检测故障中的 1～5 号高故障率故障作为故障检测设计缺陷，进行增补测试设计，使其能够被测试。

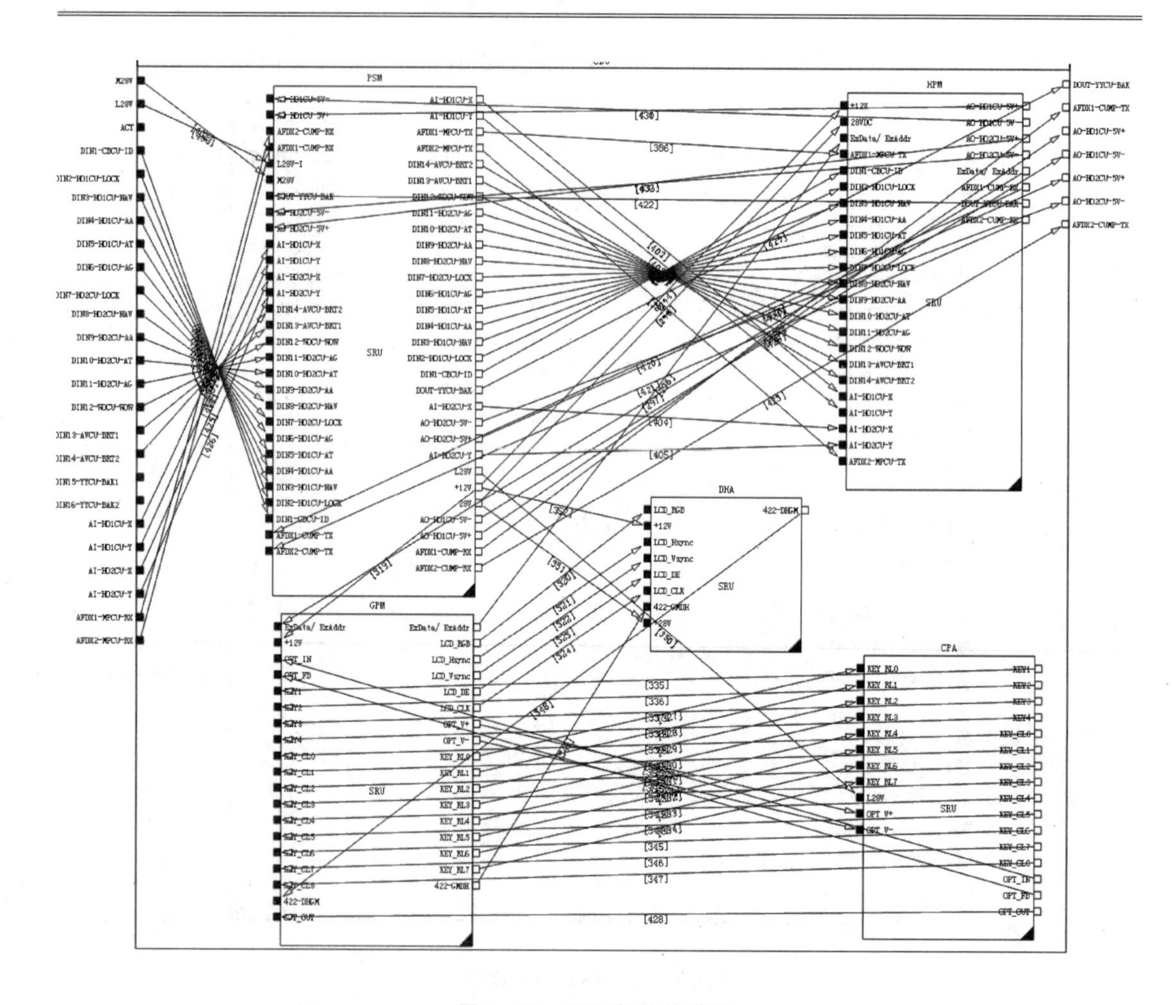

图 8-36 顶层相关性模型

表 8-32 BIT 不能检测的故障

序 号	不可检测故障	严酷度	故障率/($10^{-6}\cdot h^{-1}$)
1	CPA/模拟电压输出故障	Ⅳ	10
2	HPM/模拟量输入 A/D 转换电路/A/D 故障	Ⅳ	2.598 4
3	HPM/离散量输入光耦电路/光耦故障	Ⅳ	2.022 4
4	HPM/CPU 电路/CPLD 故障	Ⅳ	1.921 616
5	GPM/GDC 电路/CPLD 故障	Ⅳ	1.921 616
6	GPM/GDC 电路/通信接口故障	Ⅳ	0.74584
7	HPM/二次电源转换电路/－5 V 故障	Ⅳ	0.608
8	HPM/二次电源转换电路/＋5 V 故障	Ⅳ	0.608
9	GPM/二次电源转换电路/＋5 V 故障	Ⅳ	0.608
10	GPM/二次电源转换电路/－5 V 故障	Ⅳ	0.608
11	HPM/CPU 电路/晶体振荡器故障	Ⅳ	0.529

BIT 的故障隔离率满足规定要求,无需进行故障隔离缺陷分析。

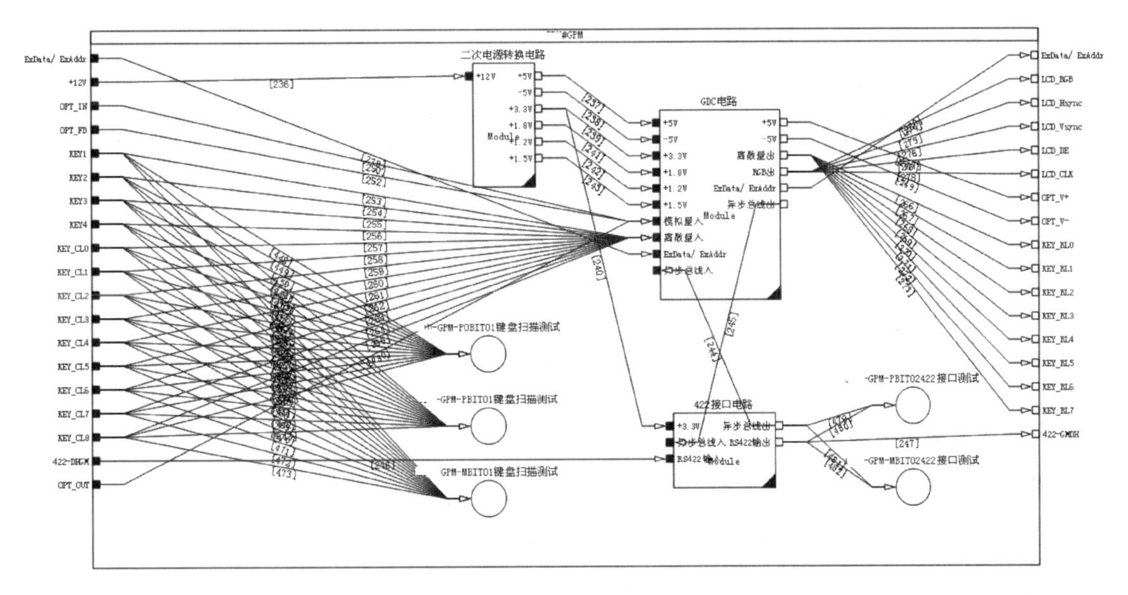

图8-37　GPM的相关性模型

8.5　诊断知识压缩方法

8.5.1　诊断知识的简化压缩方法

8.5.1.1　*D*矩阵的双1简化

全测试变量故障方程在系统规模较小的情况下尚且适用，但对于较大的系统来说，这样得到的故障方程不仅规模过大、不易存储计算，而且包含很多无用的信息量。因此，需要对D矩阵进行分析和简化，从而得到简化后的故障方程。

D矩阵简化的第一步是双1简化原则简化方法。具体来说，简化原则如下：

- 一个故障只有一个测试可以测到；
- 一个测试只能测到一个故障；
- 对该故障，只保留关联测试，其余测试设置为不关联。

通过双1简化原则对D矩阵进行处理，可以筛选出故障-测试一一对应的组合。这些组合的故障-测试关系非常明确且相对独立，从逻辑上不会与其他测试产生交联；也就是说，符合双1简化原则的故障仅由1个测试的测试结果即可确定，无需依赖其他测试的测试结果。因此，对满足双1原则的故障而言，其简化故障方程仅需要包含1个变量，而代表其他测试的变量就不必出现在故障方程中。

对于依照双1简化原则筛选出来的故障i，其对应的简化故障方程为

$$F_i=\sum_{j=1}^{M}\left[T_j\cdot 1\{d_{ij}=1\}\right] \tag{8-79}$$

另外，为了对处理过的D矩阵进行标识，当筛选出满足双1原则的行和列后，在其余为0的位置用“X”标注，“X”既不为1也不为0。如果将这些行和列按序排列，就会得到一个对角

形矩阵。设经过双1简化原则处理后的D矩阵为 $\boldsymbol{D}_{ij}^{(1)}=[d_{ij}^{(1)}]_{M\times N}$，则

$$F_i=\sum_{j=1}^{M}[T_j\cdot 1\{d_{ij}^{(1)}=1\}+\overline{T}_j\cdot 1\{d_{ij}^{(1)}=0\}] \tag{8-80}$$

不难看出，此时故障方程的表达式与先前的表达式具有形式上的一致性。

8.5.1.2　D矩阵的双向无关简化

D矩阵简化的第二步是使用双向无关简化原则简化方法。对某个实际系统而言，某个部件的故障有可能通过另一个部件测试测到。不过，这种情况出现的概率并不是很高，类似的跨部件故障-测试关系在实际系统中往往不是大规模出现的。另外，并不是所有其他部件中的测试都会测到这个故障，也就是说，在全测试变量故障方程中包含的大量的跨部件测试变量很大程度上是不需要的。

D矩阵的双向无关简化原则具体如下：

- A单元的故障，B单元的测试都不能检测；
- B单元的故障，A单元的测试都不能检测；
- D矩阵中的相应位置数值设置为不关联。

通过双向无关简化原则对D矩阵进行处理，可以筛选出有关联的跨部件故障-测试组合，筛除掉无关联的故障-测试组合。经过双向无关简化原则，这些组合的故障-测试关系具备一定的独立性，从逻辑上排除了与其他无关部件测试的关联。这样，符合双向无关简化原则故障的故障方程所包含的变量可以相应地减少。

筛选出满足双向无关判别简化原则的行和列后，在其余为0的位置用"×"标注；同样地，"×"既不为1也不为0。如果我们将这些行和列按序排列，就会得到一个呈对角性分块的新矩阵。设经过双向无关简化原则处理后的D矩阵为 $\boldsymbol{D}_{ij}^{(2)}=[d_{ij}^{(2)}]_{M\times N}$，则

$$F_i=\sum_{j=1}^{M}[T_j\cdot 1\{d_{ij}^{(2)}=1\}+\overline{T}_j\cdot 1\{d_{ij}^{(2)}=0\}] \tag{8-81}$$

与双1简化原则一样，此时故障方程的表达式与先前的表达式具有形式上的一致性。

8.5.1.3　多状态相关性矩阵冗余信息识别

多状态相关性矩阵冗余信息识别主要针对重构状态较多的系统，首先需要分析系统的不同重构状态，建立多重构状态下的测试性模型，通过测试性分析得到多状态下的扩展相关性矩阵。由于系统的重构不会导致系统的所有模块结构和信号传递关系都发生改变，系统中存在着不受重构策略影响的模块，因此当系统进行重构时，有一部分故障模式的检测隔离情况是不会随重构状态的变化而改变的。该情况体现在相关性矩阵中则可以理解为：在不同的重构状态下得到的相关性矩阵会存在部分的行是完全一致的，该行对应的故障模式的检测情况是不受重构状态影响的，因此，无需考虑重构状态即可实现对这类故障的检测隔离。

基于基准矩阵与增补矩阵的多状态相关性矩阵冗余信息识别方法的流程如图8-38所示，基准矩阵主要表示D矩阵中不受重构状态影响的故障测试关系，增补矩阵主要表示会受重构状态影响的故障测试关系。

8.5.2　诊断知识的简化压缩示例

8.5.2.1　系统及工作模式

控制系统示例如图8-39所示，主要包括一个控制器与三个顺序器，控制器包括电源模块

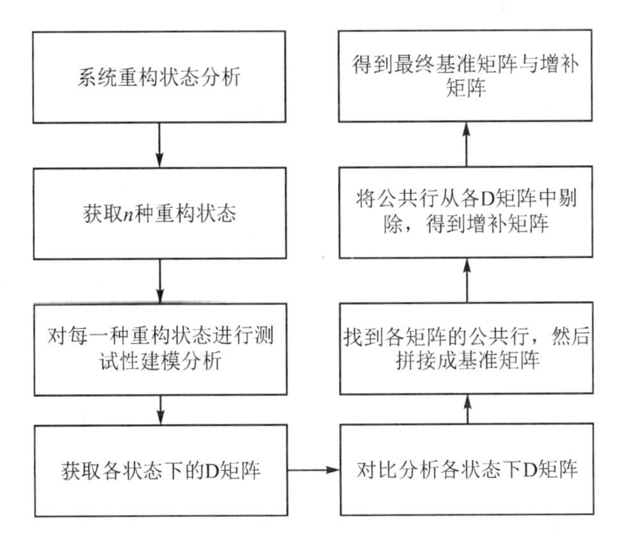

图 8－38　基于基准矩阵与增补矩阵的多状态相关性矩阵冗余信息识别方法的流程

和控制模块，每个顺序器包括一个 M 控制模块和一个 B 控制模块。当顺序器中的 M 控制模块发生故障时，可切换到 B 控制模块工作。根据三个顺序器的 M 控制模块是否正常工作，形成不同工作模式的切换。

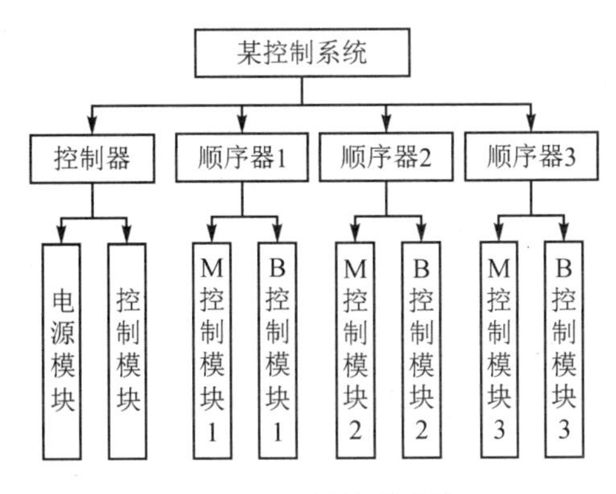

图 8－39　某控制系统

系统的故障单元为：电源模块、控制模块、M 控制模块 1、B 控制模块 1、M 控制模块 2、B 控制模块 2、M 控制模块 3、B 控制模块 3。系统的测试为：顺序器 1 测试、顺序器 2 测试、顺序器 3 测试。系统的工作模式以及各工作模式下顺序器 M 控制模块的工作情况如表 8－33 所列。

表 8－33　某控制系统的工作模式信息

工作模式	M 控制模块 1	M 控制模块 2	M 控制模块 3
工作模式 1	工作	不工作	不工作
工作模式 2	不工作	工作	工作
工作模式 3	不工作	不工作	工作

8.5.2.2 扩展测试性模型

系统扩展测试性模型的图形表达如图8-40所示。

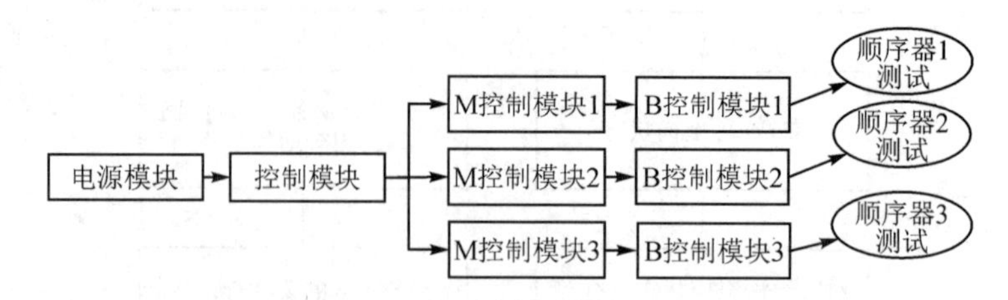

图8-40 系统扩展测试性模型的图形表达

系统扩展测试性模型的隐含属性包括:工作模式集合、扩展故障(见表8-34)、扩展测试(见表8-35),其中工作模式集合为{工作模式1,工作模式2,工作模式3}。

表8-34 扩展故障

故障	工作模式	故障判据
电源模块故障	工作模式1	输出低压
	工作模式2	输出低压
	工作模式3	输出低压
控制模块故障	工作模式1	输出低压
	工作模式2	输出低压
	工作模式3	输出低压
M控制模块1故障	工作模式1	常断
	工作模式2	常通
	工作模式3	常通
B控制模块1故障	工作模式1	无电压输出
	工作模式2	无电压输出
	工作模式3	无电压输出
M控制模块2故障	工作模式1	常通
	工作模式2	常断
	工作模式3	常通
B控制模块2故障	工作模式1	无电压输出
	工作模式2	无电压输出
	工作模式3	无电压输出
M控制模块3故障	工作模式1	常通
	工作模式2	常断
	工作模式3	常断
B控制模块3故障	工作模式1	无电压输出
	工作模式2	无电压输出
	工作模式3	无电压输出

表 8-35　扩展测试

测　试	工作模式	GO(通过)	NO GO(不通过)
顺序器 1 测试	工作模式 1	大于 2 V	小于 0.5 V
	工作模式 2	小于 0.5 V	大于 2 V
	工作模式 3	小于 0.5 V	大于 2 V
顺序器 2 测试	工作模式 1	小于 0.5 V	大于 2 V
	工作模式 2	大于 2 V	小于 0.5 V
	工作模式 3	小于 0.5 V	大于 2 V
顺序器 3 测试	工作模式 1	小于 0.5 V	大于 2 V
	工作模式 2	大于 2 V	小于 0.5 V
	工作模式 3	大于 2 V	小于 0.5 V

8.5.2.3　生成扩展 D 矩阵

系统 3 种工作模式下的 D 矩阵如表 8-36～表 8-38 所列。

表 8-36　工作模式 1 的 D 矩阵

故　障	工作模式 1		
	顺序器 1 测试	顺序器 2 测试	顺序器 3 测试
电源模块故障	1	0	0
控制模块故障	1	0	0
M 控制模块 1 故障	1	0	0
B 控制模块 1 故障	1	0	0
M 控制模块 2 故障	0	0	0
B 控制模块 2 故障	0	0	0
M 控制模块 3 故障	0	0	0
B 控制模块 3 故障	0	0	0

表 8-37　工作模式 2 的 D 矩阵

故　障	工作模式 2		
	顺序器 1 测试	顺序器 2 测试	顺序器 3 测试
电源模块故障	0	1	1
控制模块故障	0	1	1
M 控制模块 1 故障	0	0	0
B 控制模块 1 故障	0	0	0
M 控制模块 2 故障	0	1	0
B 控制模块 2 故障	0	1	0
M 控制模块 3 故障	0	0	1
B 控制模块 3 故障	0	0	1

表 8-38 工作模式3的D矩阵

故　障	工作模式3		
	顺序器1测试	顺序器2测试	顺序器3测试
电源模块故障	0	0	1
控制模块故障	0	0	1
M控制模块1故障	0	0	0
B控制模块1故障	0	0	0
M控制模块2故障	0	0	0
B控制模块2故障	0	0	0
M控制模块3故障	0	0	1
B控制模块3故障	0	0	1

某控制系统的扩展D矩阵如表8-39所列。

表 8-39 某控制系统的扩展D矩阵

故　障	工作模式1			工作模式2			工作模式3		
	顺序器1测试	顺序器2测试	顺序器3测试	顺序器1测试	顺序器2测试	顺序器3测试	顺序器1测试	顺序器2测试	顺序器3测试
电源模块故障	1	0	0	0	1	1	0	0	1
控制模块故障	1	0	0	0	1	1	0	0	1
M控制模块1故障	1	0	0	0	0	0	0	0	0
B控制模块1故障	1	0	0	0	0	0	0	0	0
M控制模块2故障	0	0	0	0	1	0	0	0	0
B控制模块2故障	0	0	0	0	1	0	0	0	0
M控制模块3故障	0	0	0	0	0	1	0	0	1
B控制模块3故障	0	0	0	0	0	1	0	0	1

8.5.2.4 扩展故障方程

在故障方程中，用变量来代表故障及测试。为了简化表达、便于计算机处理，应对故障、测试、工作模式变量给出定义并进行命名。故障模式变量、测试变量及工作模式变量的命名如表 8－40 所列。

表 8－40　故障模式变量、测试变量及工作模式变量的命名

故障模式变量			测试变量			工作模式变量		
编　号	故障模式	命　名	编　号	测　试	命　名	编　号	工作模式	命　名
1	电源模块故障	F_1	1	顺序器 1 测试	T_1	1	工作模式 1	M_1
2	控制模块故障	F_2	2	顺序器 2 测试	T_2	2	工作模式 1	M_2
3	M 控制模块 1 故障	F_3	3	顺序器 3 测试	T_3	3	工作模式 1	M_3
4	B 控制模块 1 故障	F_4						
5	M 控制模块 2 故障	F_5						
6	B 控制模块 2 故障	F_6						
7	M 控制模块 3 故障	F_7						
8	B 控制模块 3 故障	F_8						

在扩展 D 矩阵不进行任何简化的基础上可以直接生成全测试变量故障方程。未经简化的扩展 D 矩阵如表 8－41 所列。

表 8－41　未经简化的扩展 D 矩阵

F	M_1			M_2			M_3		
	T_1	T_2	T_3	T_1	T_2	T_3	T_1	T_2	T_3
F_1	1	0	0	0	1	1	0	0	1
F_2	1	0	0	0	1	1	0	0	1
F_3	1	0	0	0	0	0	0	0	0
F_4	1	0	0	0	0	0	0	0	0
F_5	0	0	0	0	1	0	0	0	0
F_6	0	0	0	0	1	0	0	0	0
F_7	0	0	0	0	0	1	0	0	1
F_8	0	0	0	0	0	1	0	0	1

经分析后可知，系统的传统全测试变量扩展故障方程为

$$F_1 = M_1 \cdot (T_1 \cdot \overline{T_2} \cdot \overline{T_3}) + M_2 \cdot (\overline{T_1} \cdot T_2 \cdot T_3) + M_3 \cdot (\overline{T_1} \cdot \overline{T_2} \cdot T_3)$$

$$F_2 = M_1 \cdot (T_1 \cdot \overline{T_2} \cdot \overline{T_3}) + M_2 \cdot (\overline{T_1} \cdot T_2 \cdot T_3) + M_3 \cdot (\overline{T_1} \cdot \overline{T_2} \cdot T_3)$$

$$F_3 = M_1 \cdot (T_1 \cdot \overline{T_2} \cdot \overline{T_3}) + M_2 \cdot (\overline{T_1} \cdot \overline{T_2} \cdot \overline{T_3}) + M_3 \cdot (\overline{T_1} \cdot \overline{T_2} \cdot \overline{T_3})$$

$$F_4 = M_1 \cdot (T_1 \cdot \overline{T_2} \cdot \overline{T_3}) + M_2 \cdot (\overline{T_1} \cdot \overline{T_2} \cdot \overline{T_3}) + M_3 \cdot (\overline{T_1} \cdot \overline{T_2} \cdot \overline{T_3})$$

$$F_5 = M_1 \cdot (\overline{T_1} \cdot \overline{T_2} \cdot \overline{T_3}) + M_2 \cdot (\overline{T_1} \cdot T_2 \cdot \overline{T_3}) + M_3 \cdot (\overline{T_1} \cdot \overline{T_2} \cdot \overline{T_3})$$

$$F_6 = M_1 \cdot (\overline{T_1} \cdot \overline{T_2} \cdot \overline{T_3}) + M_2 \cdot (\overline{T_1} \cdot T_2 \cdot \overline{T_3}) + M_3 \cdot (\overline{T_1} \cdot \overline{T_2} \cdot \overline{T_3})$$

$$F_7 = M_1 \cdot (\overline{T_1} \cdot \overline{T_2} \cdot \overline{T_3}) + M_2 \cdot (\overline{T_1} \cdot \overline{T_2} \cdot T_3) + M_3 \cdot (\overline{T_1} \cdot \overline{T_2} \cdot T_3)$$

$$F_8 = M_1 \cdot (\overline{T_1} \cdot \overline{T_2} \cdot \overline{T_3}) + M_2 \cdot (\overline{T_1} \cdot \overline{T_2} \cdot T_3) + M_3 \cdot (\overline{T_1} \cdot \overline{T_2} \cdot T_3)$$

8.5.2.5 合成压缩后的扩展相关性矩阵

对扩展D矩阵分别按照双1简化原则和双向无关简化原则进行简化,得到简化的扩展D矩阵,从而获得简化后的扩展故障方程。经过双1简化原则和双向无关简化原则处理后的扩展D矩阵如表8-42所列。

表8-42 经过双1简化和双向无关简化原则处理后的扩展D矩阵

F	M_1			M_2			M_3		
	T_1	T_2	T_3	T_1	T_2	T_3	T_1	T_2	T_3
F_1	1	0	0	0	1	1	0	0	1
F_2	1	0	0	0	1	1	0	0	1
F_3	1	×	×	0	×	×	0	×	×
F_4	1	×	×	0	×	×	0	×	×
F_5	×	0	×	×	1	×	×	0	×
F_6	×	0	×	×	1	×	×	0	×
F_7	×	×	0	×	×	1	×	×	1
F_8	×	×	0	×	×	1	×	×	1

从该示例中可以看出,在多状态下的扩展相关性模型中共含有56个0元素,经过冗余信息识别,发现36个冗余信息,采用×表示,实现的压缩比例为36/56×100%=64.3%,实现了0元素的大幅度压缩。

经分析后可知,系统的简化扩展故障方程为

$$F_1 = F_2 = M_1 \cdot (T_1 \cdot \overline{T_2} \cdot \overline{T_3}) + M_2 \cdot (\overline{T_1} \cdot T_2 \cdot T_3) + M_3 \cdot (\overline{T_1} \cdot \overline{T_2} \cdot T_3)$$

$$F_3 = F_4 = M_1 \cdot T_1 + M_2 \cdot \overline{T_1} + M_3 \cdot \overline{T_1}$$

$$F_5 = F_6 = M_1 \cdot \overline{T_2} + M_2 \cdot T_2 + M_3 \cdot \overline{T_2}$$

$$F_7 = F_8 = M_1 \cdot \overline{T_3} + M_2 \cdot T_3 + M_3 \cdot T_3$$

结合扩展D矩阵、扩展诊断树及扩展诊断方程,可以实现对该顺序器系统的故障检测和故障隔离,从而实现其在不同工作模式下的故障诊断功能。

8.5.3 考虑单元结构的多层次故障诊断知识合成压缩

8.5.3.1 面向多层次的诊断推理规则综合原理

针对系统中大部分测试与故障分别属于不同结构单元的情况,按照自顶向下原则、连续性原则、长度不限原则和信息唯一性原则构建系统结构层次信息,并在此基础上对系统中所有的故障和测试进行扩展命名;利用测试性建模软件进行建模,并建立包含结构层次信息的相关性矩阵;通过跨结构故障、测试交联关系判断算法确定不同单元下的故障与测试的关联值,根据扩展相关性矩阵建立算法对初始相关性矩阵进行约简,生成{0,1,×}三值扩展相关性矩阵,以减少对指定故障进行诊断时需要监控的测试数量;最后,根据故障合并算法、BIT/测试合并算法,以及矩阵行向量合并算法和矩阵列向量合并算法生成指定层次扩展相关性矩阵,以对各个层次的诊断推理规则进行综合。

8.5.3.2　考虑单元结构的扩展相关性矩阵生成方法

扩展相关性矩阵的生成流程如图 8 - 41 所示。

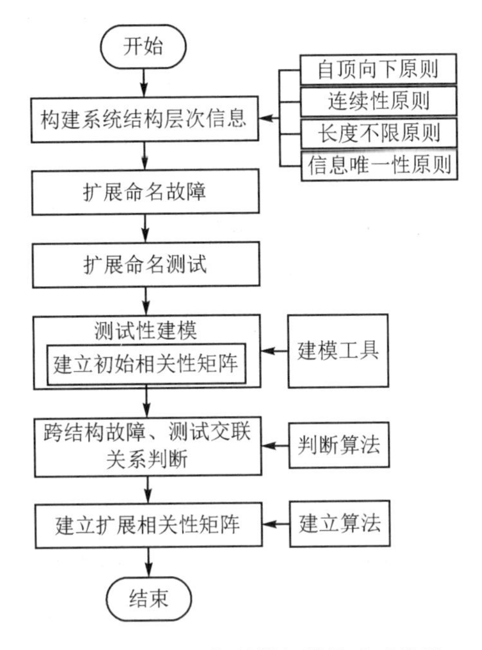

图 8 - 41　扩展相关性矩阵的生成流程

8.5.3.3　构建系统结构层次信息

系统的结构是有层次关系的，结构层次的划分方法有多种形式，如系统、分系统、外场可更换单元(LRU)、车间可更换单元(SRU)、元部件，或者组件、分组件、板件、元部件、元器件等。应根据系统结构设计资料，确定系统的实际结构层次划分，构建系统结构层次信息。

系统结构层次信息定义为 UM，记为

UM＝Level 1_unit_name/Level 2_unit_name/…/ Level n_unit_name

式中，符号“/”区分两个不同的层次，上一层次写在“/”左侧，下一层次写在“/”右侧；n 为系统层次数，从上层到低层依次记为 Level 1_unit，Level 2_unit，…，Level n_unit；Level 1_unit_name 是 Level 1_unit 结构单元的名称，Level 2_unit_name 是 Level 2_unit 结构单元的名称，以此类推，Level n_unit_name 是 Level n_unit 结构单元的名称。

UM 的构建原则如下：

① 自顶向下原则，即从上层结构到下层结构依序构建；

② 连续性原则，即不允许中间层次缺省；

③ 长度不限原则，即层次长度按实际情况而定，不需要全部相同；

④ 信息唯一性原则，即各单元名称唯一、结构层次信息唯一。

8.5.3.4　考虑单元结构的扩展命名故障

扩展故障定义为包括结构信息的故障扩展描述形式，其元组模型如下：

$$F = (\mathrm{UM}, \mathrm{FM}) \tag{8-82}$$

式中：F——扩展故障；

UM——故障所属结构层次信息；

FM——故障模式信息，即对故障使得 UM 中最低层单元不能完成规定任务的描述。

F 的表达形式如下：

$$F = \mathrm{UM//FM\_name}$$

式中，符号"//"用于区分故障所属结构层次信息(UM)和故障模式信息(FM)，"//"右侧是故障模式信息，左侧是故障所属结构层次信息；FM_name 是故障模式名称。

在扩展故障定义的基础上，梳理出系统各结构层次上的故障并将其转换为扩展形式。

8.2.3.5 考虑单元结构的扩展命名测试

扩展测试定义为包括结构信息的测试扩展描述形式，其元组模型如下：

$$T = (\mathrm{UM}, \mathrm{TM}) \tag{8-83}$$

式中：T——扩展测试；

UM——测试所属结构层次信息；

TM——测试功能信息，即对测试所完成的功能进行描述。

T 的表达形式如下：

$$T = \mathrm{UM//TM\_name}$$

式中，符号"//"用于区分测试所属结构层次信息(UM)和测试功能信息(TM)，"//"右侧是测试功能信息，左侧是测试所属结构层次信息；TM_name 是测试功能名称。

在扩展测试定义的基础上，梳理出系统各结构层次上的测试并将其转换为扩展形式。

8.5.3.6 考虑单元结构的初始相关性矩阵建立

根据扩展故障和扩展测试，采用现有建模方法，并且要求同一结构单元下的故障和测试依次顺序书写，得到初始相关性矩阵，表达式如下：

$$\boldsymbol{D}_{m\times(n+1)} = \begin{bmatrix} \mathrm{MTTF}_1 & d_{11} & d_{12} & \cdots & d_{1n} \\ \mathrm{MTTF}_2 & d_{21} & d_{22} & \cdots & d_{2n} \\ \vdots & \vdots & \vdots & & \vdots \\ \mathrm{MTTF}_m & d_{m1} & d_{m2} & \cdots & d_{mn} \end{bmatrix} \tag{8-84}$$

式中，第 i 行矩阵为

$$\boldsymbol{F}_i = [\mathrm{MTTF}_i \quad d_{i1} \quad d_{i2} \quad \cdots \quad d_{in}] \tag{8-85}$$

表示第 i 个扩展故障的平均故障间隔时间是 MTTF_i；第 i 个扩展故障在各扩展测试上的反应信息是 d_{i1}，d_{i2}，…，d_{in}，它表明了 F_i 与各个扩展测试 $T_j(j=1,2,\cdots,n)$ 的相关性。而第 j 列矩阵

$$\boldsymbol{T}_j = [d_{1j} \quad d_{2j} \quad \cdots \quad d_{mj}] \tag{8-86}$$

表示第 j 个扩展测试可测到各扩展故障的信息，它表明了 T_j 与各扩展故障 $F_i(i=1,2,\cdots,m)$ 的相关性。其中，

$$d_{ij} = \begin{cases} 1, & \text{当 } T_j \text{ 可测到 } F_i \text{ 信息时}(T_j \text{ 与 } F_i \text{ 相关}) \\ 0, & \text{当 } T_j \text{ 不能测到 } F_i \text{ 信息时}(T_j \text{ 与 } F_i \text{ 不相关}) \end{cases} \tag{8-87}$$

8.5.3.7 跨结构故障、测试交联关系判断

结构层次为 UM_i 的扩展故障与结构层次为 UM_j 的扩展测试的关联性定义为结构层次

UM_i 上的扩展故障和结构层次 UM_j 上的扩展测试是否具有通信关系的描述，表示形式为：$d_{UM_i/F-UM_j/T}$。

当 $d_{UM_i/F-UM_j/T}=1$ 时，结构层次 UM_i 上的扩展故障与结构层次 UM_j 上的扩展测试相关联，即两者具有通信关系；

当 $d_{UM_i/F-UM_j/T}=0$ 时，结构层次为 UM_i 的扩展故障与结构层次为 UM_j 的扩展测试不关联，即两者不具有通信关系。

结构层次为 UM_i 的扩展故障与结构层次为 UM_j 的扩展测试的关联关系的具体判断流程如图 8-42 所示。

具体步骤如下：

步骤 1　列出所有结构层次信息，记为 $UM_K=\{UM_1, UM_2, \cdots, UM_k\}$。

步骤 2　建立空集合 D'，用于存储结构层次为 UM_i 的所有扩展故障与结构层次为 UM_j 的所有测试的关联性。

步骤 3　任取 $UM_i \in UM_K$。

步骤 4　通过下面步骤(1)～步骤(4)四个步骤，确定结构层次对象为 UM_i 的所有扩展故障，存入集合 F_A 中：

步骤(1)　提取初始相关性矩阵的第一个扩展故障，作为当前故障 F_i。

步骤(2)　提取当前故障 F_i 的结构层次信息记为 UM_f。

步骤(3)　如果 $UM_f=UM_i$，则把故障 F_i 存入集合 F_A；否则，执行步骤(4)。

步骤(4)　若初始相关性矩阵中还有未遍历的扩展故障行，则选择下一个扩展故障作为 F_i，重复步骤(2)；否则，执行步骤 5。

步骤 5　将集合 F_A 中的各故障行值 d_{ij} 按列做“或”运算，建立 $1\times j$ 的子相关性矩阵$\boldsymbol{F}'_A$，即 $\boldsymbol{F}'_A=[(d_{11} \parallel d_{21} \parallel \cdots \parallel d_{i1})\quad(d_{12} \parallel d_{22} \parallel \cdots \parallel d_{i2})\quad\cdots\quad(d_{1j} \parallel d_{2j} \parallel \cdots \parallel d_{ij})]$。

步骤 6　任取 $UM_j \in \{UM_K \backslash UM_i\}$。

步骤 7　通过下面步骤(1)～步骤(4)四个步骤，确定子相关性矩阵 $\boldsymbol{F}'_A$中结构层次对象为 UM_j 的所有扩展测试，存入集合 T_A 中：

步骤(1)　提取子相关性矩阵 $\boldsymbol{F}'_A$的第一列扩展测试，作为当前测试 T_i。

步骤(2)　当前测试 T_i 的结构层次信息记为 UM_t。

步骤(3)　如果 $UM_t=UM_j$，则把测试 T_i 存入集合 T_A；否则，执行步骤(4)。

步骤(4)　若子相关性矩阵 $\boldsymbol{F}'_A$中还有未遍历的扩展测试列，则选择下一个扩展测试作为 T_i，重复步骤(2)；否则，执行步骤 8。

步骤 8　将集合 T_A 中的各测试列值 d_{1k} 做“或”运算，记为 $d_{UM_i/F-UM_j/T}=(d_{11} \parallel d_{12} \parallel \cdots \parallel d_{1k})$，并将其存入集合 D'中。

步骤 9　若还存在 $UM_j \in \{UM_K \backslash UM_i\}$，则重复步骤 7，直到遍历完集合$\{UM_K \backslash UM_i\}$中的所有元素；否则，执行步骤 10。

步骤 10　若还存在 $UM_i \in UM_K$，则重复步骤 4，直到遍历完集合 UM_K 中的所有元素。

8.5.3.8　建立考虑单元结构的扩展相关性矩阵

根据各结构层次的扩展故障与扩展测试的交联关系，改进初始相关性矩阵，建立扩展相关性矩阵，其算法如图 8-43 所示。

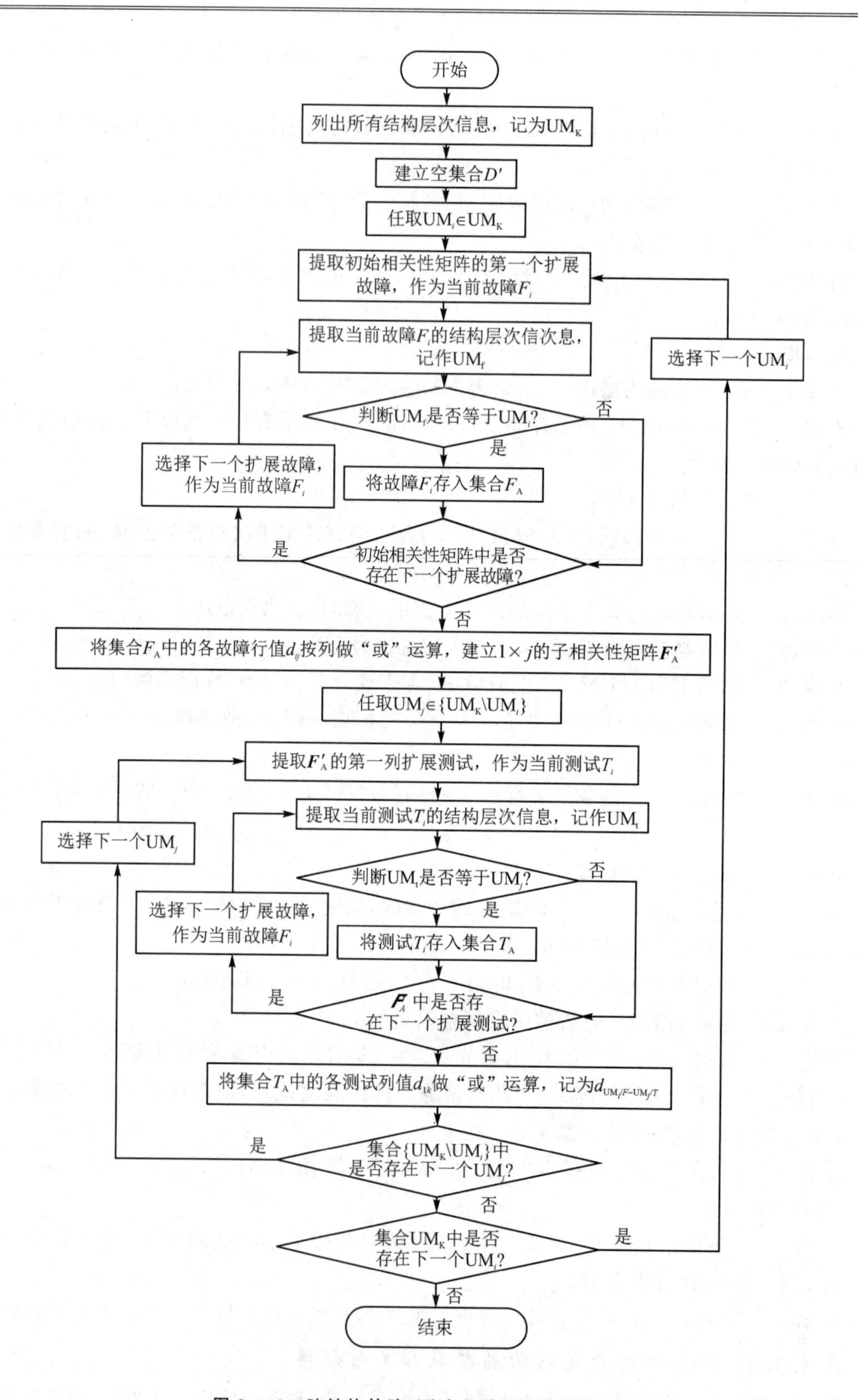

图 8-42　跨结构故障、测试交联关系判断算法

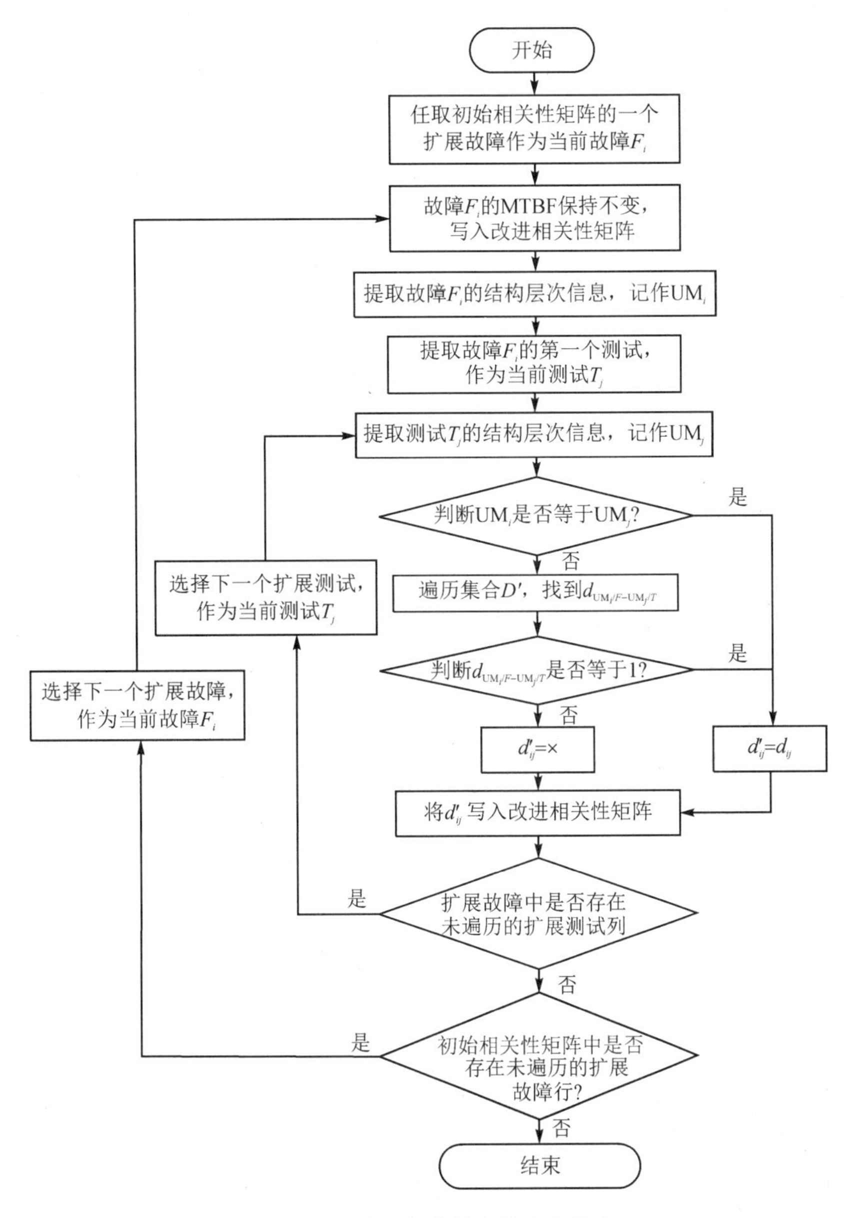

图 8-43　扩展相关性矩阵建立算法

具体步骤如下：

步骤 1　从初始相关性矩阵中任意选择一个扩展故障作为当前故障 F_i。

步骤 2　故障 F_i 的平均故障间隔时间(MTBF)保持不变，写入改进相关性矩阵。

步骤 3　提取故障 F_i 的结构层次信息 UM，记为 UM_i。

步骤 4　提取故障 F_i 的第一个测试，作为当前测试 T_j。

步骤 5　提取测试 T_j 的结构层次信息 UM，记为 UM_j。

步骤 6　通过下面步骤(1)～步骤(3)三个步骤，将故障 F_i 与测试 T_j 的相关性值 d_{ij} 改进为 d'_{ij}：

步骤(1)　如果 $UM_i = UM_j$，则 $d'_{ij} = d_{ij}$；否则，执行步骤(2)。

步骤(2) 遍历集合 D',找到 $d_{\mathrm{UM}_i/F-\mathrm{UM}_j/T}$ 的值。

步骤(3) 如果 $d_{\mathrm{UM}_i/F-\mathrm{UM}_j/T}=1$,则 $d'_{ij}=d_{ij}$;否则,$d'_{ij}=\times$。

步骤7 若扩展故障中还有未遍历的扩展测试列,则选择下一个扩展测试作为 T_j,重复步骤5;否则,执行步骤8。

步骤8 若初始相关性矩阵中还有未遍历的扩展故障行,则选择下一个扩展故障作为当前故障 F_i,重复步骤2。

按照以上步骤对初始相关性矩阵进行改进,得到扩展相关性矩阵表达式,如下:

$$\boldsymbol{D}'_{m\times(n+1)}=\begin{bmatrix} \mathrm{MTTF}_1 & d'_{11} & d'_{12} & \cdots & d'_{1n} \\ \mathrm{MTTF}_2 & d'_{21} & d'_{22} & \cdots & d'_{2n} \\ \vdots & \vdots & \vdots & & \vdots \\ \mathrm{MTTF}_m & d'_{m1} & d'_{m2} & \cdots & d'_{mn} \end{bmatrix} \tag{8-88}$$

式中:

$$d'_{ij}=\begin{cases} 1, & d_{ij}=1 \\ \times, & d_{ij}=0 \text{ 且第 } i \text{ 个扩展故障与第 } j \text{ 个扩展测试不关联} \\ 0, & d_{ij}=0 \text{ 且第 } i \text{ 个扩展故障与第 } j \text{ 个扩展测试关联} \end{cases} \tag{8-89}$$

8.5.3.9 基于结构层次的合并算法

在三值扩展相关性矩阵的基础上,还需要通过故障合并算法、BIT/测试合并算法,以及矩阵行向量合并算法和矩阵列向量合并算法,得到基于各层次故障的扩展相关性矩阵,从而完成不同形式推理规则的转换。

1. 故障合并算法

在当前扩展相关性矩阵的基础上,为得到指定层次的诊断推理规则,需要对当前扩展相关性矩阵中的故障进行合并,得到指定层次的故障模式。故障合并算法如图8-44所示。

具体步骤如下:

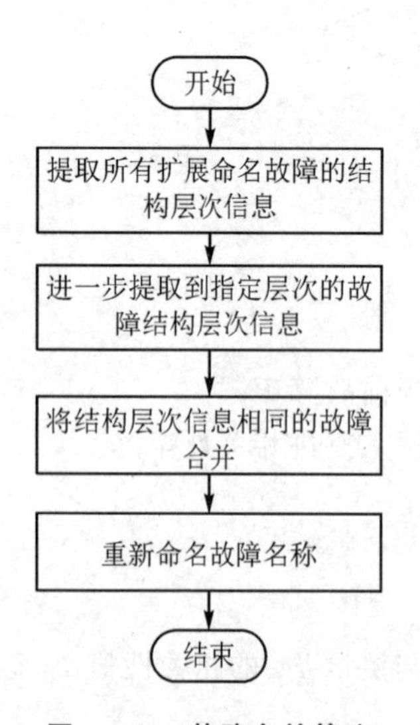

图8-44 故障合并算法

步骤1 根据系统结构层次信息定义,提取当前扩展相关性矩阵所有扩展命名故障的结构层次信息;

步骤2 根据指定层次,进一步提取所有扩展命名故障到指定层次的结构层次信息,如果扩展命名故障的结构层次信息不包括指定层次,则保留该扩展命名故障,不进行合并,并跳转到步骤4;

步骤3 将到指定层次的结构层次信息相同的故障合并成一个故障,如果不存在到指定层次的结构层次信息相同的故障,则不进行合并,继续下一步;

步骤4 根据扩展命名故障方法,重新命名所有合并后在指定层次的故障名称。

例如,两个扩展命名故障:“计算系统/主工作子系统/1#电源模块//超温故障”和“计算系统/主工作子系统/1#电源模块//变压器故障”,为获得基于模块级故障的扩展相关性矩阵，指定层次为模块级，合并后扩展命名故障为“计算系统/主工作子系统//1＃电源模块故障”。

2. BIT/测试合并算法

在当前扩展相关性矩阵的基础上，为得到指定层次的诊断推理规则，需要对当前扩展相关性矩阵中的 BIT/测试进行合并，得到指定层次的 BIT/测试。BIT/测试合并算法如图 8－45 所示。

具体步骤如下：

步骤 1　根据系统结构层次信息的定义，提取当前扩展相关性矩阵所有扩展命名测试的结构层次信息；

步骤 2　根据指定层次，进一步提取所有扩展命名测试到指定层次的结构层次信息，如果扩展命名测试的结构层次信息不包括指定层次，则保留该扩展命名测试，不进行合并，并跳转到步骤 4；

步骤 3　将到指定层次的结构层次信息相同的测试合并成一个测试，如果不存在到指定层次的结构层次信息相同的测试，则不进行合并，并继续下一步；

步骤 4　根据扩展命名测试方法，重新命名所有合并后在指定层次的测试名称。

例如，两个扩展命名测试：“计算系统/主工作子系统/1＃数据处理模块//电源测试”和“计算系统/主工作子系统/1＃数据处理模块//RAM 功能测试”，为获得基于模块级测试的扩展相关性矩阵，指定层次为模块级，合并后扩展命名测试为“计算系统/主工作子系统//1＃数据处理模块测试”。

3. 矩阵行向量合并算法

在当前扩展相关性矩阵的基础上，为得到指定层次的诊断推理规则，需要根据故障合并结果对当前扩展相关性矩阵中的矩阵行向量进行合并。矩阵行向量合并算法如图 8－46 所示。

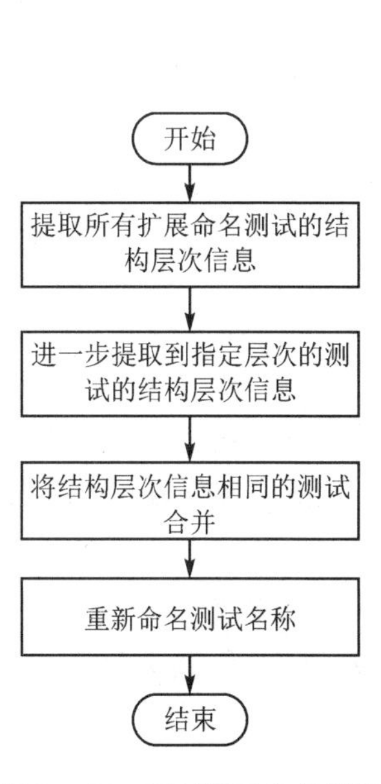

图 8－45　BIT/测试合并算法

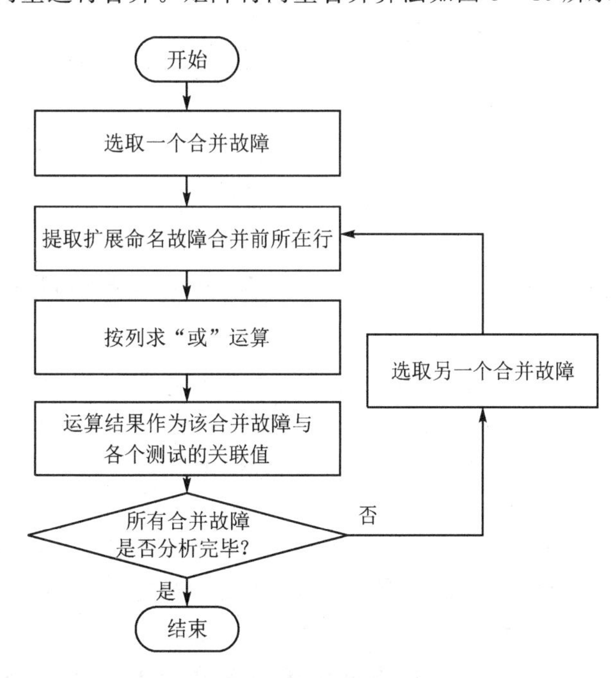

图 8－46　矩阵行向量合并算法

具体步骤如下:

步骤1　根据故障合并结果,选取一个合并故障。

步骤2　从当前扩展相关性矩阵中提取合并前所有扩展命名故障所在行。

步骤3　对这些行按列进行求“或”运算,其中“0”、“1”与“×”之间的“或”运算按如下处理:0或×=0;1或×=1;×或×=×。

步骤4　将求“或”运算得到的新行作为该合并故障与各个测试的关联值。

步骤5　判断所有合并故障是否分析完毕,如果是,则合并结束;否则,继续选取另一个合并故障,转到步骤2。

4. 矩阵列向量合并算法

在当前扩展相关性矩阵的基础上,为得到指定层次的诊断推理规则,需要根据BIT/测试合并结果对当前扩展相关性矩阵中的矩阵列向量进行合并。矩阵列向量合并算法如图8-47所示。

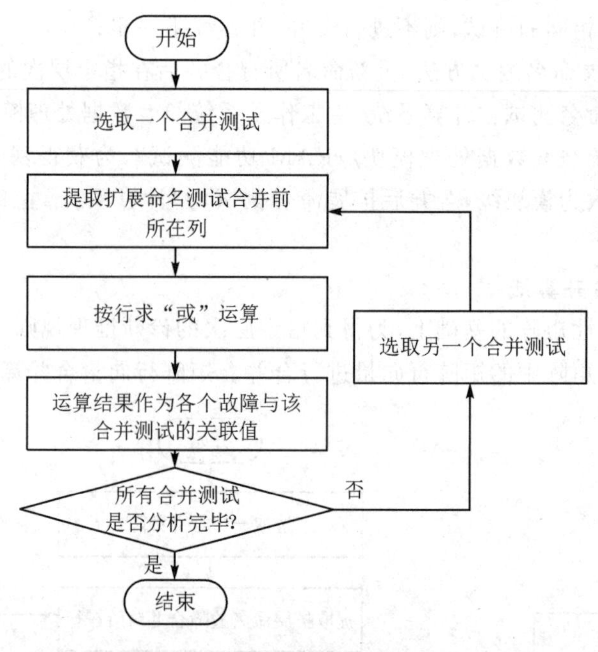

图8-47　矩阵列向量合并算法

具体步骤如下:

步骤1　根据BIT/测试合并结果,选取一个合并测试。

步骤2　从当前扩展相关性矩阵中提取合并前所有扩展命名测试所在列。

步骤3　对这些列按行进行求“或”运算,其中“0”、“1”与“×”之间的“或”运算按如下处理:0或×=0;1或×=1;×或×=×。

步骤4　将求“或”运算得到的新列作为各个故障与该合并测试的关联值。

步骤5　判断所有合并测试是否分析完毕,如果是,则合并结束;否则,继续选取另一个合并测试,转到步骤2。

8.5.3.10　高层次扩展相关性矩阵生成方法

在扩展相关性矩阵的基础上,通过故障合并算法和BIT/测试合并算法,分别对扩展相关性矩阵中的故障和测试进行合并;再根据矩阵行向量合并算法和矩阵列向量合并算法,分别对扩展相关性矩阵中的行和列进行合并;最后生成高层次的扩展相关性矩阵。

8.5.4　高层次扩展相关性矩阵生成示例

某机载计算系统的配置如图 8-48 所示。该系统由一个主工作子系统和一个备份工作子系统组成,两者结构与功能相同,都包含 2 个外场可更换模块(LRM):电源模块和数据处理模块。

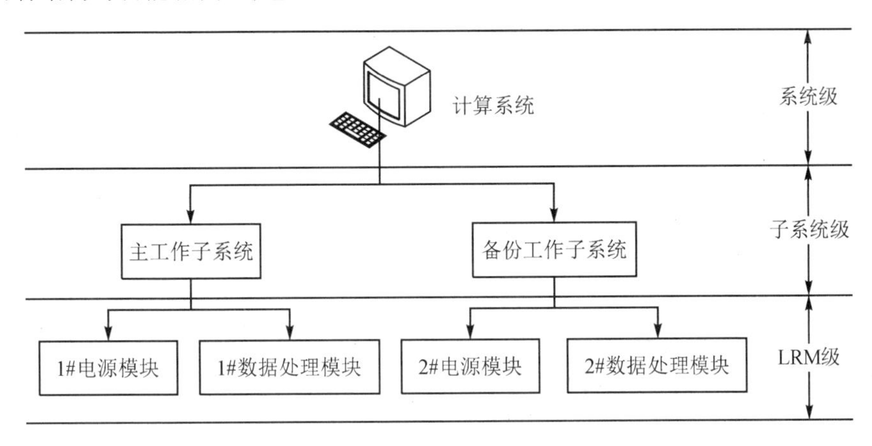

图 8-48　某机载计算系统的配置

8.5.4.1　生成基于最底层故障的扩展相关性矩阵

根据以上分析,构建出系统的结构层次信息 UM,共 7 个,如表 8-43 所列。

表 8-43　计算系统结构层次信息表

序　号	结构层次信息 UM
1	UM_1 = 计算系统
2	UM_2 = 计算系统/主工作子系统
3	UM_3 = 计算系统/主工作子系统/1#电源模块
4	UM_4 = 计算系统/主工作子系统/1#数据处理模块
5	UM_5 = 计算系统/备份工作子系统
6	UM_6 = 计算系统/备份工作子系统/2#电源模块
7	UM_7 = 计算系统/备份工作子系统/2#数据处理模块

通过对该系统可靠性设计分析报告进行分析,确定计算系统各结构层次上的故障模式,并对故障模式进行扩展命名,如表 8-44 所列。

表 8-44　计算系统的扩展故障

故　障	扩展故障
F_1	计算系统//开机故障
F_2	计算系统/主工作子系统//散热系统故障
F_3	计算系统/主工作子系统/1#电源模块//超温故障

续表 8-44

故　障	扩展故障
F_4	计算系统/主工作子系统/1＃电源模块//变压器故障
F_5	计算系统/主工作子系统/1＃数据处理模块//电源变换故障
F_6	计算系统/主工作子系统/1＃数据处理模块//CPU 功能故障
F_7	计算系统/主工作子系统/1＃数据处理模块//CPU 超温故障
F_8	计算系统/主工作子系统/1＃数据处理模块//RAM 功能故障
F_9	计算系统/备份工作子系统//散热系统故障
F_{10}	计算系统/备份工作子系统/2＃电源模块//超温故障
F_{11}	计算系统/备份工作子系统/2＃电源模块//变压器故障
F_{12}	计算系统/备份工作子系统/2＃数据处理模块//电源变换故障
F_{13}	计算系统/备份工作子系统/2＃数据处理模块//CPU 功能故障
F_{14}	计算系统/备份工作子系统/2＃数据处理模块//CPU 超温故障
F_{15}	计算系统/备份工作子系统/2＃数据处理模块//RAM 功能故障

通过对该系统测试配置进行分析，确定计算系统各结构层次上的测试，并对测试进行扩展命名，如表 8-45 所列。

表 8-45　计算系统的扩展测试

测　试	扩展测试
T_1	计算系统//开机测试
T_2	计算系统/主工作子系统//控制线路测试
T_3	计算系统/主工作子系统/1＃电源模块//温度测试
T_4	计算系统/主工作子系统/1＃数据处理模块//电源测试
T_5	计算系统/主工作子系统/1＃数据处理模块//RAM 功能测试
T_6	计算系统/备份工作子系统//控制线路测试
T_7	计算系统/备份工作子系统/2＃电源模块//温度测试
T_8	计算系统/备份工作子系统/2＃数据处理模块//电源测试
T_9	计算系统/备份工作子系统/2＃数据处理模块//RAM 功能测试

根据该系统的工作原理和设计图纸，进行信号流分析和故障传递关系分析，并利用 TAMS 软件建立多信号模型。随后进行测试性分析，得到初始相关性矩阵，如表 8-46 所列。

表 8-46　计算系统的初始相关性矩阵

F \ T	T_1	T_2	T_3	T_4	T_5	T_6	T_7	T_8	T_9
F_1	1	0	0	0	0	0	0	0	0
F_2	0	1	0	0	0	0	0	0	0
F_3	0	1	1	0	0	0	0	0	0

续表 8-46

F \ T	T_1	T_2	T_3	T_4	T_5	T_6	T_7	T_8	T_9
F_4	0	1	0	1	0	0	0	0	0
F_5	0	1	0	1	0	0	0	0	0
F_6	0	0	0	0	0	0	0	0	0
F_7	0	1	1	0	0	0	0	0	0
F_8	0	0	0	0	1	0	0	0	0
F_9	0	0	0	0	0	1	0	0	0
F_{10}	0	0	0	0	0	1	1	0	0
F_{11}	0	0	0	0	0	1	0	1	0
F_{12}	0	0	0	0	0	1	0	1	0
F_{13}	0	0	0	0	0	0	0	0	0
F_{14}	0	0	0	0	0	1	1	0	0
F_{15}	0	0	0	0	0	0	0	0	1

根据跨结构故障、测试交联关系判断算法，判断计算系统 7 个层次的扩展故障和扩展测试的交联关系，结果如表 8-47 所列。

表 8-47　跨结构故障、测试交联关系表

$d_{\mathrm{UM}_i/F-\mathrm{UM}_j/T}$	UM_1/T	UM_2/T	UM_3/T	UM_4/T	UM_5/T	UM_6/T	UM_7/T
UM_1/F	—	0	0	0	0	0	0
UM_2/F	0	—	0	0	0	0	0
UM_3/F	0	1	—	1	0	0	0
UM_4/F	0	1	1	—	0	0	0
UM_5/F	0	0	0	0	—	0	0
UM_6/F	0	0	0	0	1	—	1
UM_7/F	0	0	0	0	1	1	—

根据交联关系值，对初始相关性矩阵进行扩展，得到基于功能子电路级故障扩展相关性矩阵，如表 8-48 所列。

表 8-48　基于功能子电路级故障扩展相关性矩阵

F \ T	T_1	T_2	T_3	T_4	T_5	T_6	T_7	T_8	T_9
F_1	1	×	×	×	×	×	×	×	×
F_2	×	1	×	×	×	×	×	×	×
F_3	×	1	1	0	0	×	×	×	×
F_4	×	1	0	1	0	×	×	×	×
F_5	×	1	0	1	0	×	×	×	×

续表 8-48

F \ T	T_1	T_2	T_3	T_4	T_5	T_6	T_7	T_8	T_9
F_6	×	0	0	0	0	×	×	×	×
F_7	×	1	1	0	0	×	×	×	×
F_8	×	0	0	0	1	×	×	×	×
F_9	×	×	×	×	×	1	×	×	×
F_{10}	×	×	×	×	×	1	1	0	0
F_{11}	×	×	×	×	×	1	0	1	0
F_{12}	×	×	×	×	×	1	0	1	0
F_{13}	×	×	×	×	×	0	0	0	0
F_{14}	×	×	×	×	×	1	1	0	0
F_{15}	×	×	×	×	×	0	0	0	1

采用表 8-48 所列的初始相关性矩阵,任意故障发生时都需要监控所有的 9 个测试。但在实际系统中大部分测试与故障分别属于不同的结构单元,对某个故障的诊断并不需要监测其他结构单元下的测试。故障 F_8 是 1＃数据处理模块的 RAM 功能故障,与计算系统上的测试 T_1 以及备份工作子系统上的测试 $T_6 \sim T_9$ 属于不同的结构单元,并且 1＃数据处理模块与计算系统和备份工作子系统均不具备交联关系,因此,对故障 F_8 诊断只需要监控测试 $T_2 \sim T_5$ 即可,基于功能子电路级故障扩展相关性矩阵。

8.5.4.2　生成基于高层次故障的扩展相关性矩阵

这里只以生成基于 LRM 级和子系统级故障的扩展相关性矩阵为例,对多层次诊断推理规则进行综合说明。

(1) 生成基于 LRM 级故障的扩展相关性矩阵

根据故障合并算法,得到 LRM 级扩展命名故障,如表 8-49 所列。

表 8-49　LRM 级扩展命名故障

故　障	LRM 级扩展命名故障
F_1	计算系统//开机故障
F_2	计算系统/主工作子系统//散热系统故障
F_3/F_4	计算系统/主工作子系统//1＃电源模块故障
$F_5/F_6/F_7/F_8$	计算系统/主工作子系统//1＃数据处理模块故障
F_9	计算系统/备份工作子系统//散热系统故障
F_{10}/F_{11}	计算系统/备份工作子系统//2＃电源模块故障
$F_{12}/F_{13}/F_{14}/F_{15}$	计算系统/备份工作子系统//2＃数据处理模块故障

根据 BIT/测试合并算法,得到 LRM 级扩展命名测试,如表 8-50 所列。

表 8-50　LRM 级扩展命名测试

测　试	LRM 级扩展命名测试
T_1	计算系统//开机测试
T_2	计算系统/主工作子系统//控制线路测试
T_3	计算系统/主工作子系统//1＃电源模块测试
T_4/T_5	计算系统/主工作子系统//1＃数据处理模块测试
T_6	计算系统/备份工作子系统//控制线路测试
T_7	计算系统/备份工作子系统//2＃电源模块测试
T_8/T_9	计算系统/备份工作子系统//2＃数据处理模块测试

根据矩阵行向量合并算法和矩阵列向量合并算法，得到基于 LRM 级故障的扩展相关性矩阵，如表 8-51 所列。

表 8-51　基于 LRM 级故障的扩展相关性矩阵

F \ T	T_1	T_2	T_3	T_4/T_5	T_6	T_7	T_8/T_9
F_1	1	×	×	×	×	×	×
F_2	×	1	×	×	×	×	×
F_3/F_4	×	1	1	1	×	×	×
$F_5/F_6/F_7/F_8$	×	1	1	1	×	×	×
F_9	×	×	×	×	1	×	×
F_{10}/F_{11}	×	×	×	×	1	1	1
$F_{12}/F_{13}/F_{14}/F_{15}$	×	×	×	×	1	1	1

(2) 生成基于子系统级故障的扩展相关性矩阵

根据故障合并算法，得到子系统级扩展命名故障，如表 8-52 所列。

表 8-52　子系统级扩展命名故障

故　障	子系统级扩展命名故障
F_1	计算系统//开机故障
$F_2/F_3/F_4/F_5/F_6/F_7/F_8$	计算系统//主工作子系统故障
$F_9/F_{10}/F_{11}/F_{12}/F_{13}/F_{14}/F_{15}$	计算系统//备份工作子系统故障

根据 BIT/测试合并算法，得到子系统级扩展命名测试，如表 8-53 所列。

表 8-53　子系统级扩展命名测试

测　试	子系统级扩展命名测试
T_1	计算系统//开机测试
$T_2/T_3/T_4/T_5$	计算系统//主工作子系统测试
$T_6/T_7/T_8/T_9$	计算系统//备份工作子系统测试

根据矩阵行向量合并算法和矩阵列向量合并算法,得到基于子系统级故障的扩展相关性矩阵,如表8-54所列。

表8-54 基于子系统级故障的扩展相关性矩阵

F \ T	T_1	$T_2/T_3/T_4/T_5$	$T_6/T_7/T_8/T_9$
F_1	1	×	×
$F_2/F_3/F_4/F_5/F_6/F_7/F_8$	×	1	×
$F_9/F_{10}/F_{11}/F_{12}/F_{13}/F_{14}/F_{15}$	×	×	1

习 题

1. 相关性模型有哪些基本假设？各个假设的含义是什么？
2. 诊断树有哪几种表现形式？各类诊断树的优缺点有哪些？
3. 简述诊断树与故障字典的区别。
4. 简述相关性建模的基本流程。
5. 测试点优选方法有哪些？
6. 简述各类诊断策略生成方法。
7. 根据图8-49所示的使能关系示例模型,计算使能融合矩阵。

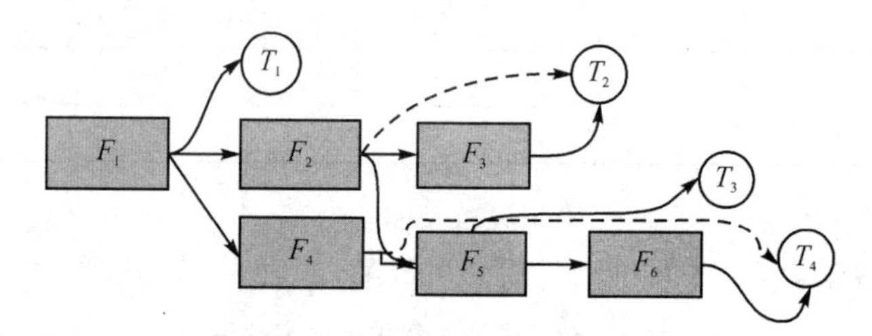

图8-49 使能关系示例模型

8. 根据图8-50所示的阻断关系示例模型,计算阻断融合矩阵。

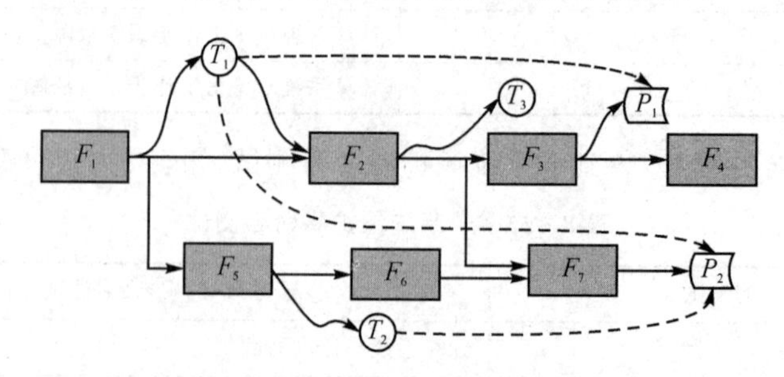

图8-50 阻断关系示例模型

9. 以图 8－51 所示的相关性模型为示例，计算模型的相关性矩阵，优选测试点，画出图形形式的诊断树，并计算模型的诊断能力。

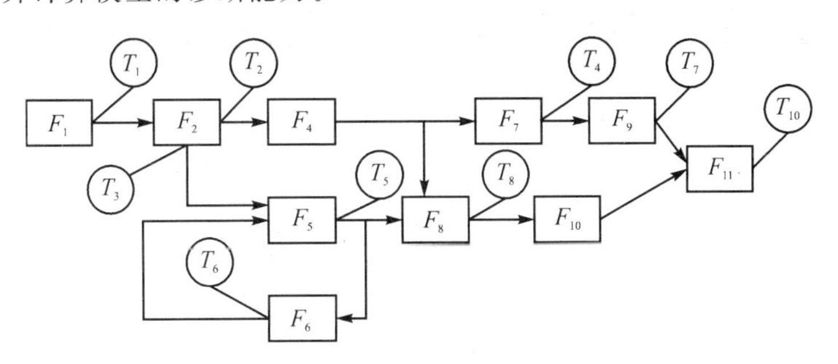

图 8－51　相关性模型

第9章　状态流图建模仿真分析

9.1　基本概念

9.1.1　状态流图建模仿真的基本思想

状态流图是利用有限状态机理论、流程图和状态转换符来描述一个复杂系统的行为。它以独特的方式将有限状态机理论、状态流图、流程图符号等结合起来，能够快速将事件驱动系统利用图形的方式表达出来。

简单状态流图模型的示例如图9-1所示。

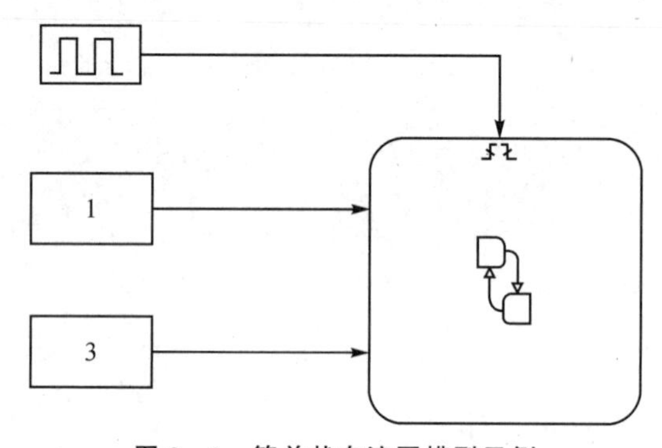

图9-1　简单状态流图模型示例

在状态流图模型中可以使用流程图来描述软件代码的程序结构，如for循环和if-then-else语句等，这使其能够支持对软硬件综合对象进行建模仿真。

测试性状态流图仿真是将被测电路和BIT电路（或者BIT软件）建立在一个状态流图模型中，并在模型中引入电路故障和干扰，以检验BIT的故障监测隔离效果和虚警抑制能力。

在状态流图基础上进行故障检测、隔离、仿真的原理如图9-2所示，在没有考虑到故障时，状态流图模型中只包含各功能电路的正常工作交联关系模型。利用状态流图的特点，引入功能电路的各故障模式，将功能电路正常工作情况和各故障模式都作为功能电路的不同状态，从而在正常工作模型基础上，实现故障状态的建模仿真，检验BIT的故障检测与故障隔离能力。

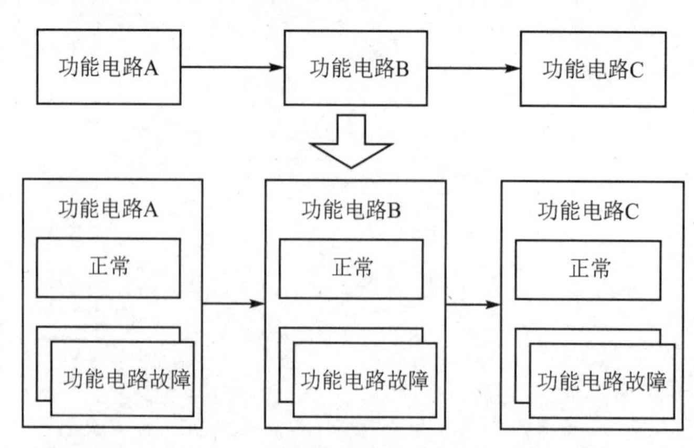

图9-2　基于状态流图的故障检测、隔离、仿真原理

在状态流图基础上进行虚警仿真的原理如图9-3所示,在状态流图模型基础上进行虚警诱发因素建模仿真时,同样需要将虚警诱发因素的影响量化为干扰,在产品正常的状态流图模型中,增加干扰的状态流图,实现干扰的状态流图仿真,检验BIT是否会发生虚警。

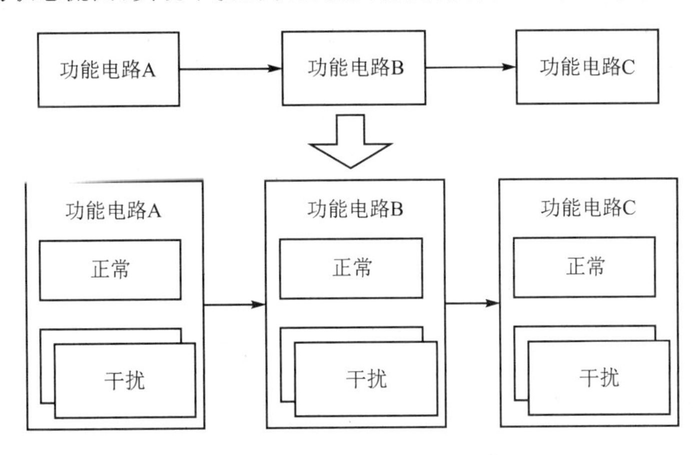

图9-3　基于状态流图的虚警仿真原理

9.1.2　状态流图模型的组成要素

状态流图模型的基本结构实体组成如表9-1所列,包括图形对象和非图形对象两类。图形对象包括状态、转移、默认转移、历史节点、连接节点、真值表、图形函数、图形盒、信号线、子系统模块和输入/输出端口等。非图形对象主要包括事件、数据对象和状态流图的更新模式等。

表9-1　状态流图模型的基本结构实体组成

<table>
<tr><td rowspan="15">状态流图模型的
基本结构实体</td><td rowspan="12">图形对象</td><td>状态</td></tr>
<tr><td>转移</td></tr>
<tr><td>默认转移</td></tr>
<tr><td>历史节点</td></tr>
<tr><td>连接节点</td></tr>
<tr><td>真值表</td></tr>
<tr><td>图形函数</td></tr>
<tr><td>内嵌函数</td></tr>
<tr><td>图形盒</td></tr>
<tr><td>信号线</td></tr>
<tr><td>子系统模块</td></tr>
<tr><td>输入/输出端口</td></tr>
<tr><td rowspan="3">非图形对象</td><td>事件</td></tr>
<tr><td>数据对象</td></tr>
<tr><td>状态流图的更新模式</td></tr>
</table>

下面简单介绍状态流图的各项组成要素。

(1) 状态(state)

状态是状态流图模型中最重要的元素之一,状态描述的是系统的一种模式。状态具有布尔行为,在任何给定的时刻,要么是活动的要么是非活动的,不可能出现第三种情况。状态本身能保持系统的当前模式,一旦被激活,系统就保持活动的模式,直到系统改变其模式,状态才变成非活动的。

状态的标签一般可以由三部分组成:状态名称、注释和相应的状态动作,而状态动作的关键字主要有三种,分别如下:

- entry:当状态被激活时执行的相应动作;
- exit:当状态退出活动时执行的相应动作;
- during:当状态保持其活动状态时执行的相应动作。

(2) 转移(transition)

转移描述的是有限状态系统内的逻辑流。转移描述了当系统从当前状态改变时,该系统可能发生的模式改变。当转移发生时,源状态变为非活动状态,目标状态变为活动状态。

一个完整的转移标签如图9-4所示,其由4部分组成,分别为事件、条件、条件动作和转移动作。

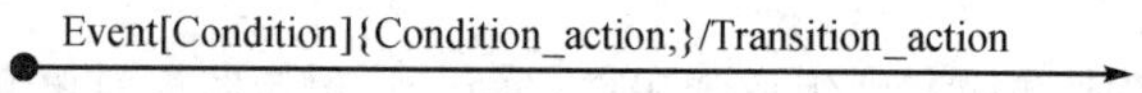

Event[Condition]{Condition_action;}/Transition_action

图9-4 完整的转移标签示意图

这4个组成部分的说明如下:

- Event:是状态转移的驱动事件,只有当事件发生时,才可能去执行相应的转移。
- [Condition]:内容为条件,条件用于转移决策的逻辑判断,只有当相应的事件发生,且条件满足时,才执行相应的动作。
- {Condition_actions;}:内容为条件动作,即当条件满足时就立即执行的某些表达式。
- /Transition_action:内容为转移动作。转移动作是指只有当转移通道都有效时才执行的动作。

(3) 默认转移(default transition)

默认转移是一种特殊的转移,它主要用于确定父层次处于活动状态时,在其所有的子状态中指向第一个被激活的状态。

(4) 历史节点(history junction)

历史节点是状态流图的一种特殊的图形对象,它只能用于具有层次的状态内部。如果层次化框图中父层次具有历史节点,则历史节点能够保存父层次状态退出活动状态时子状态的活动情况。当父层次再次被激活时,历史节点能够代替默认转移,恢复历史节点记录的子状态。

(5) 连接节点(connective junction)

连接节点是作为转移通路的判决点或汇合点。需要强调的是,连接节点不是记忆元件,因此状态流图中任何转移的执行都不能停留在连接节点上,转移必须到达某个状态时才能停止。

(6) 真值表(true table)

真值表是对公式中的每一个变量,指定其真值的各种可能组合,然后把这些真值情况汇成表就构成了真值表。使用真值表可以穷举各种逻辑可能,简化逻辑系统设计。

(7) 图形函数(graphical function)

用图形函数方法创建的函数可以在状态流图的动作语言中调用,完成复杂算法的开发。

(8) 图形盒(box)

图形盒是一种特殊的图形对象,它不参与状态流图模型的实际运行,但是图形盒能够影响并行状态的执行次序,在某些情况下可以将图形盒作为框体的组织形式。

(9) 信号线(signal line)

信号线是指系统中用来表示系统信号传递关系的模块连接线。

(10) 子系统模块(sub system)

子系统模块就是一个容器,用来封装系统的不同层次结构单元,等效于原系统群的功能模块。

(11) 输入/输出端口(input/output port)

输入/输出端口表示子系统的输入/输出关系的端口。

(12) 事件(event)

事件是驱动状态流图运行的关键环节。状态流图从非活动状态向活动状态的转移,以及不同状态之间的切换,都要由事件来触发,即在事件的驱动下,状态流图才能仿真运行。

(13) 数据对象(data)

数据对象是用来管理和维护状态流图内部的数据信息,主要分为输入数据、输出数据、本地数据、参数和常量等。

(14) 状态流图的更新模式(update mode)

在没有定义任何输入事件的系统中,状态流图维持运行的驱动。

9.2　状态流图建模仿真的元组模型

9.2.1　状态流图仿真的元组模型

结合状态流图仿真的内涵和特点,建立的状态流图环境下 BIT 仿真元组模型的总体示意图如图 9-5 所示。

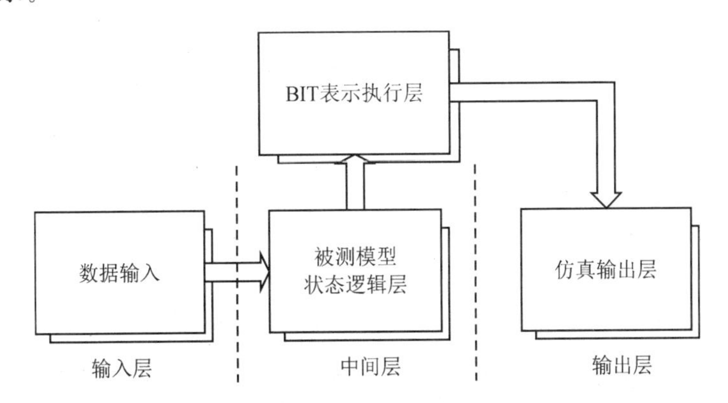

图 9-5　基于状态流图的 BIT 仿真元组模型的总体示意图

BIT 状态流图仿真的模型,从功能上来说分为三层,分别为输入层、中间层和输出层。其中,输入层为数据输入,中间层为BIT表示执行层和被测模型状态逻辑层,输出层为仿真输出层。因此,对于状态流图环境下的BIT建模仿真,就是分别完成上述三个层次的仿真元组模型。

根据上面的描述,建立的状态流图仿真元组模型如下:

$$\mathrm{BSS}=(E,M,B,R_{\mathrm{US}},O,A,P) \tag{9-1}$$

式中:BSS——状态流图仿真模型。

E——为了验证BIT工作性能所输入的故障数据、干扰数据、BIT配置数据等输入数据的集合。

M——被测模型状态逻辑层,其中包含仿真活动的实体要素,具体包含被测单元模型的各个工作状态,以及系统任务的工作流程等。

B——BIT表示执行层。它是指BIT的状态流图表示和BIT活动的执行过程,其主要内容包括系统全工作周期所有的状态监测过程和故障处理过程。

R_{US}——被测模型状态逻辑层和BIT表示执行的组合方法。其描述了被测模型状态逻辑层和BIT表示执行层的组合关系。

O——BIT的仿真输出。输出是BIT仿真活动的结果,是进行度量分析的基础。其主要内容包括各种工作模式下BIT工作状态监测参量值、故障检测和隔离的显示信息等。

A——BIT仿真的度量。度量是BIT仿真进行数据分析的目标和方法,主要是由模型度量参数和计算模型两部分构成。

P——BIT仿真环境。BIT仿真环境是进行仿真活动的实际平台,这里为MATLAB产品体系下的状态流图(stateflow)工具。

9.2.2 输入数据的元组模型

输入数据是指在BIT工作全过程中,所有输入的故障事件和干扰事件数据的集合。一般来说,BIT仿真的输入数据主要包括:故障与干扰模式的参数、故障与干扰的注入时间、干扰结束时间、干扰量值、参考门限值、防虚警措施参数等。

根据以上关于BIT系统数据和指令的定义,建立数据和指令集合的元组模型如下:

$$E=\{(F_i,I_j,B_k)\mid i,j,k=1,2,\cdots,n\} \tag{9-2}$$

式中:E——BIT状态流图仿真的输入数据集合模型。

F_i——BIT状态流图仿真的各个输入故障数据的模型。$F_i=(F_{i\mathrm{T}},F_{i\mathrm{M}})$,其中$F_{i\mathrm{T}}$表示故障输入的时间,$F_{i\mathrm{M}}$表示输入的故障模式。

I_j——BIT状态流图仿真的各个输入干扰数据模型。$I_j=(I_{j\mathrm{V}},I_{j\mathrm{T}},I_{j\mathrm{M}})$,其中$I_{j\mathrm{V}}$表示干扰注入的量值;$I_{j\mathrm{T}}$表示干扰注入的时间,而$I_{j\mathrm{T}}=(I_{j\mathrm{Ts}},I_{j\mathrm{Tf}})$,$I_{j\mathrm{Ts}}$表示干扰注入的开始时间,$I_{j\mathrm{Tf}}$表示干扰注入的结束时间;$I_{j\mathrm{M}}$表示注入的干扰模式。

B_k——BIT状态流图仿真的各个BIT配置输入数据模型。

9.2.3 被测模型状态逻辑的元组模型

被测模型的状态逻辑,主要是指BIT工作过程中,各个对象所包含的状态集合,以及其转移逻辑集合。其中其主要包括被测模型的结构组成、被测模型的位置关系、被测模型的工作流程、被测模型的数据组成,以及它们之间的相关性关系。

根据上述分析,状态逻辑包含内容如下:

$$M=(M_S,M_W,M_F,M_D,M_{UR}) \tag{9-3}$$

式中:M——被测模型状态逻辑层。

M_S——被测模型的结构组成。$M_S\subseteq(D,U)$,其中 D 表示被测模型的结构层次划分,主要可以分为系统、分系统、LRU、SRU、组件等层次级别;$U=\{U_i\mid i=1,2,\cdots,n\}$,表示各种层次的组件组成的被测单元的集合,而 $U_i\subseteq(U_{iN},U_{iF})$,其中 U_{iN} 代表一个被测单元正常工作的状态,$U_{iF}=\{U_{iFi},U_{iIj}\mid(i,j=1,2,\cdots,n\}$,$U_{iFi}$ 代表该被测组件各种故障模式的集合,U_{iIj} 表示被测组件各种干扰模式的集合。

M_W——仿真模型各个组成单元的相对物理位置关系。

M_F——被测模型的功能组成,是指系统在规定指令操作过程中,所完成的规定任务的功能组成的集合。

M_D——被测模型的数据组成,是指系统中各个被测对象,在不同的工作状态中,输出的参量值的集合,同时还包括不同组件故障率、维修费用、维修时间等可靠性数据。

M_{UR}——被测模型中各个组成单元之间的相关性关系。根据系统的实际工作情况和功能原理,确定以上组成元素的组合关系。

利用状态方式描述的故障模式可以定义如下的元组模型:

$$FM=(N\_FM,P\_FM,V\_FM,S\_FM) \tag{9-4}$$

式中:N_FM——故障模式的名称或者标识;

P_FM——受到故障模式影响的输出端口集合,P_FM=$\{P_i\}$,P_i 表示具体的端口;

V_FM——故障发生后的输出端口数值变化量集合,V_FM=$\{V_i\}$,V_i 表示 P_i 的变化结果或者变化模型;

S_FM——故障发生后,需要执行的其他行为或信息显示操作集合。

利用状态方式描述的干扰可以定义如下的元组模型:

$$FA=(N\_FA,P\_FA,V\_FA,S\_FA) \tag{9-5}$$

式中:N_ FA——干扰的名称或者标识;

P_ FA——受到干扰影响的输出端口集合,P_FA=$\{P_i\}$,P_i 表示具体的端口;

V_ FA——干扰发生后的输出端口数值变化量集合,V_ FA =$\{V_i\}$,V_i 表示 P_i 的变化结果或者变化模型;

S_ FA——干扰发生后,需要执行的其他行为或信息显示操作集合。

9.2.4 BIT 表示执行层状态流图的元组模型

BIT 表示执行层状态流图模型的定义如下:

$$B=(B_Q,B_M) \tag{9-6}$$

式中:B——BIT 表示执行层;

B_Q——BIT 系统静态结构要素;

B_M——BIT 系统动态过程要素。

9.2.5 被测模型状态逻辑层和BIT表示执行的组合关系

根据被测对象的实际情况,可以确定被测模型和BIT模型之间的关系,元组描述如下:

$$R_{US}=(P,V,T) \tag{9-7}$$

式中:R_{US}——被测模型和BIT的组合关系;

P——BIT对应的被测对象位置;

V——BIT对应的被测对象测试量;

T——被测系统工作时序对应的BIT执行次序。

9.2.6 BIT仿真输出的元组模型

BIT仿真输出是仿真活动的直接结果,根据数据收集与对比的需求,其模型定义如下:

$$O=(O_F,O_S,O_N,O_M,C_{HUB}) \tag{9-8}$$

式中:O——BIT系统仿真输出;

O_F——BIT根据被测单元的指定信号进行判断后做出的故障指示;

O_S——BIT根据被测单元的指定信号进行判断后做出的状态监测指示;

O_N——BIT根据被测单元的指定信号进行判断后做出的正常指示;

O_M——BIT根据被测单元的指定信号进行综合判断后做出的维修指示;

C_{HUB}——各信号的关联表达方式。

上述几类信号在BIT仿真中存在着一定的关联关系。

9.2.7 BIT度量的元组模型

BIT度量是对整个BIT仿真结果进行分析评价的部分,主要内容包括度量参数和计算模型两部分,模型定义如下:

$$A=(A_P,A_F) \tag{9-9}$$

式中:A——BIT度量;

A_P——度量参数,是评价BIT工作的标准描述,目前工程实际应用中主要包括故障检测率、故障隔离率和虚警率;

A_F——BIT度量的计算模型,是根据相应的度量参数给出的,具体也分为故障检测率、故障隔离率和虚警率。

9.3 状态流图建模仿真的要素与模型

9.3.1 状态流图建模仿真的要素

状态流图建模仿真的要素主要是与BIT有关的要素,这些要素需要采用状态流图组成要素来实现,二者的示意关系如图9-6所示。

BIT状态流图仿真需要归纳出BIT建模的各个组成要素,包括静态结构要素和动态过程要素。所有这些测试性建模仿真的要素,都需要利用状态流图模型方法提供的图形对象和非图形对象组合实现。

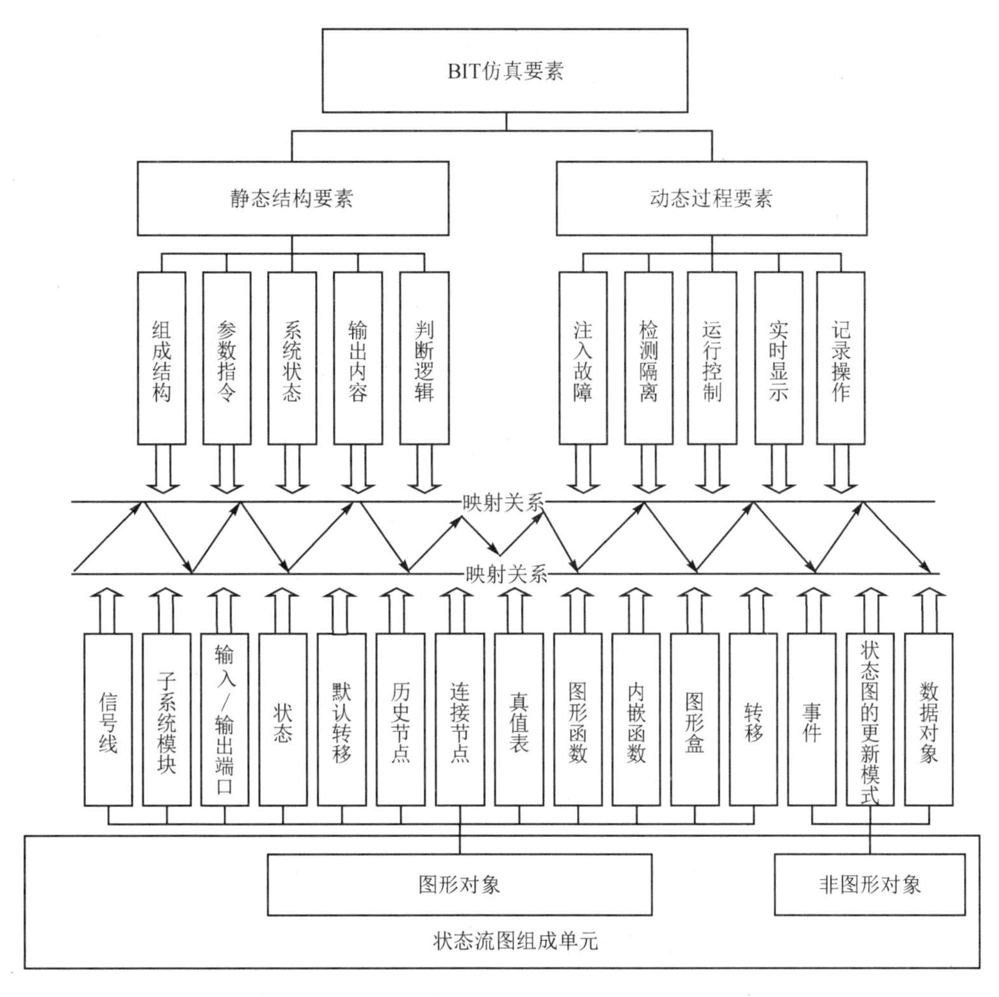

图9-6 BIT仿真要素与状态流图组成要素的关系

9.3.2 静态结构要素与状态流图的实现

状态流图建模仿真的静态结构要素组成如表9-2所列,具体说明如下:

表9-2 静态结构要素组成

编 号	名 称
1	被测对象(UUT)
2	BIT 物理位置
3	BIT 显示端口
4	门限值/基准值
5	BIT 检测逻辑
6	BIT 隔离逻辑
7	防虚警逻辑

续表 9-2

编　号	名　称
8	检测/隔离输出
9	调用/控制指令
11	正常状态
10	故障状态
12	干扰状态
13	记录单元

(1) 被测对象(UUT)

UUT 包括测试对象的组成单元、功能结构等方面的信息。组成单元就是指 UUT 各个层次组件的集合。功能结构就是指 UUT 的结构划分以及各个层次所完成的功能。其中,结构划分可以分为系统/分系统级、外场可更换单元(LRU)、内场可更换单元(SRU)、组件以及故障模式等层次。

在状态流图环境下,UUT 可以采用子系统模块来表示,UUT 的细节信息都封装在子系统模块内部。典型的 UUT 状态流图仿真表示形式如图 9-7 所示。

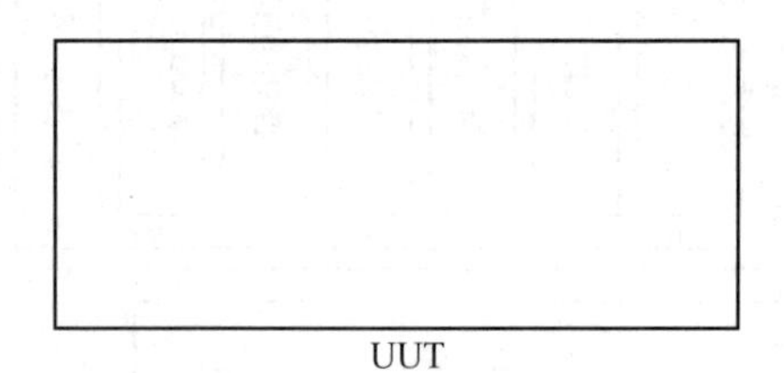

图 9-7　典型的 UUT 状态流图仿真表示形式

图 9-7 中的框为一个 UUT 子系统模块,它里面可以封装相应的子模块,组合起来实现系统的功能,并通过输入/输出端口和信号线来实现系统的信号参数传递。

(2) BIT 物理位置

BIT 物理位置就是指 BIT 系统相对于 UUT 的位置,主要指 BIT 测试针对哪个组件,BIT 安装在哪个被测单元之上等信息。

BIT 通常都在特定的 UUT 内工作,因此在表示 BIT 物理位置时,可以直接将该 BIT 建模在 UUT 的子系统模块内。

(3) BIT 显示端口

BIT 显示端口是指一个用于显示 BIT 执行和处理信息的单元,它提供一个平台,主要用于 BIT 显示信息的输出。

在状态流图环境下,BIT 显示端口可以采用窗体界面来表示。BIT 常见的各类显示信息方式,如指示灯、屏幕提示等通过窗体内控件设计来实现。BIT 显示端口的状态流图模型如图 9-8 所示。

(4) 门限值/基准值

门限值/基准值是指 BIT 在对系统工作状态测试时,与测试到的参量进行比较,用于判断被测对象工作状态为正常或是故障的参考值。门限值/基准值可以是模拟量,也可以是数字

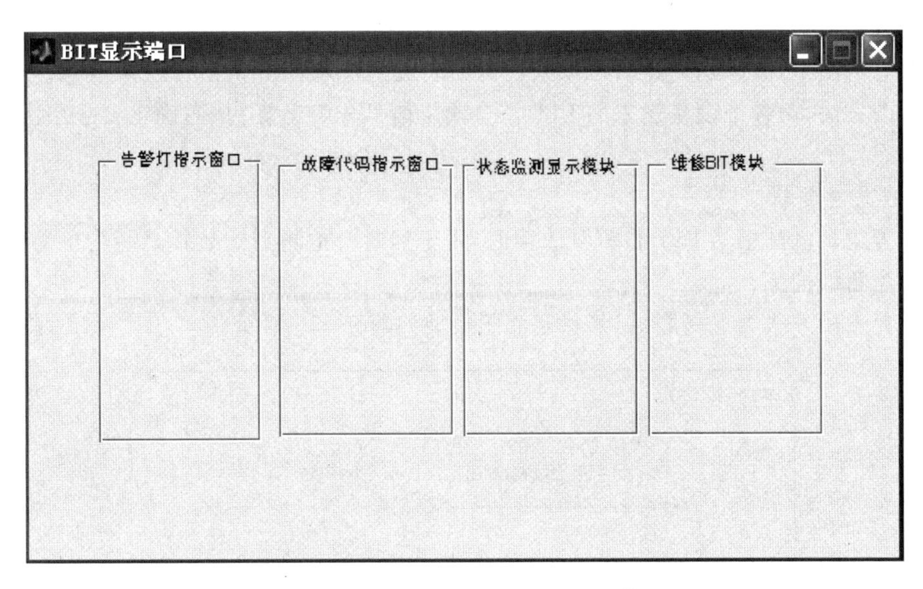

图 9-8　BIT 显示端口的状态流图模型

量,比如范围[20,30]之间,或是低电平/高电平等。

在状态流图环境下,门限值/基准值可以通过 BIT 判决给出的测试通过或者不通过转移的条件值来表示。

(5) BIT 检测逻辑

BIT 检测逻辑是指实际工作过程中,BIT 用于故障检测的判断逻辑单元。例如,故障检测逻辑就是:针对模拟量,如果测试量在门限值之内,则判断为正常,在门限值之外,则判断为故障;针对数字量,如果测试量与基准量相同,则判断为正常,测试量与基准量不同,则判断为故障。

BIT 检测逻辑就是将测试信号与门限值/基准值进行比较,看其是否等于基准值或是符合门限值的范围,是则测试通过,输出 GO 信号;否则,测试不通过,输出 NO GO 信号。如图 9-9 所示,BIT_threshold 为基准值,data 为 BIT 的测试值,若两者相等,输出 GO 信号,若不相等则输出 NO GO 信号。

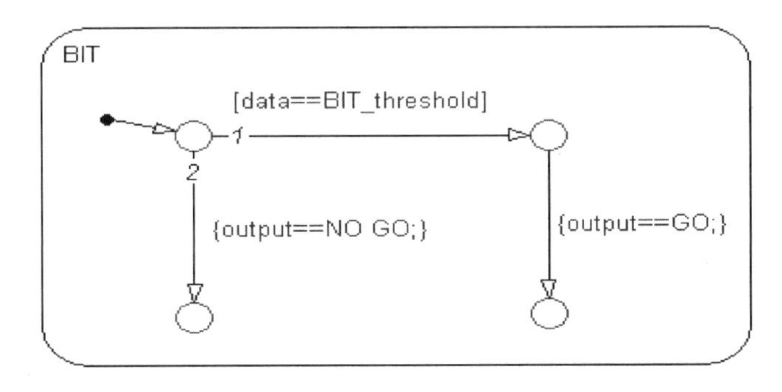

图 9-9　BIT 检测逻辑的状态流图模型

(6) BIT 隔离逻辑

BIT 隔离逻辑是指 BIT 在检测到故障以后,用来确定故障发生位置的判断逻辑单元,它可以是专家经验给出的判断逻辑,也可以是根据其他方法分析得出的诊断树等逻辑结构。

在状态流图中,故障隔离逻辑可以采用真值表或是流程图分析的方法来表示。通过真值表或流程图方法,对各个设备送来的BIT汇合输出信号分解运算,从而确定要求层次的UUT的工作状态。

(7) 防虚警逻辑

防虚警逻辑就是指当BIT检测到故障时,用于判断所检测到的故障是否为虚警而执行的测试判断逻辑结构单元。

防虚警常用方法为重复测试,其状态流图模型如图9-10所示。

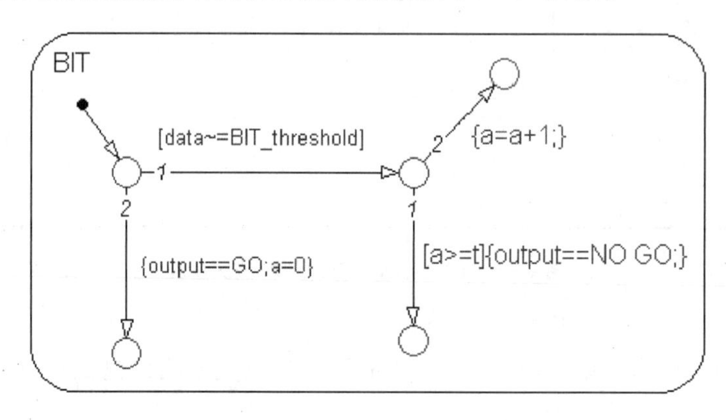

图9-10　重复测试的状态流图模型

图9-10中a的初始值为0,通过每一个周期累加1的方法,来记录重复测试的次数。当BIT测试通过时输出GO信号。当首次BIT测试不通过时,连续进行t次测试,如果都不通过,则BIT输出NO GO信号;如果某次测试通过,则输出GO信号,a值清零,后面需要重新统计重复测试的次数a。

(8) 检测/隔离输出

检测/隔离输出是指BIT工作过程中,关于UUT工作状态的检测输出信号,以及检测到UUT故障时,用于显示和输出故障隔离信息的信号。这些信号一般是由底层BIT向上层BIT传递。

在状态流图环境下,BIT系统检测/隔离输出就是将本地子系统的BIT的检测和隔离结果,通过信号连接线和输出端口的形式输出到上层系统的BIT中进行汇总运算的过程。

(9) 调用/控制指令

调用/控制指令是指控制仿真运行的必要的事件指令,如复位、电源接通、电源断开、记录查阅、记录清除等。

在状态流图环境下,调用/控制指令的状态流图模型如图9-11所示。

图9-11中每一个常量模块均用于存储调用/控制指令值,通过改变常量模块中的数值,发出调用/控制指令。当框中的常量值由0变为1时,输入一个上升沿事件,代表接通或激活;当框中的常量值由1变为0时,输入一个下降沿事件,代表断开或退出。

(10) 正常状态、故障状态与干扰状态

正常状态是指被测对象既不发生干扰,也不发生永久故障,始终正常工作的状态。故障状态是指在BIT运行过程中,由于某些原因导致系统无法完成正常功能,系统输出参数异常,无

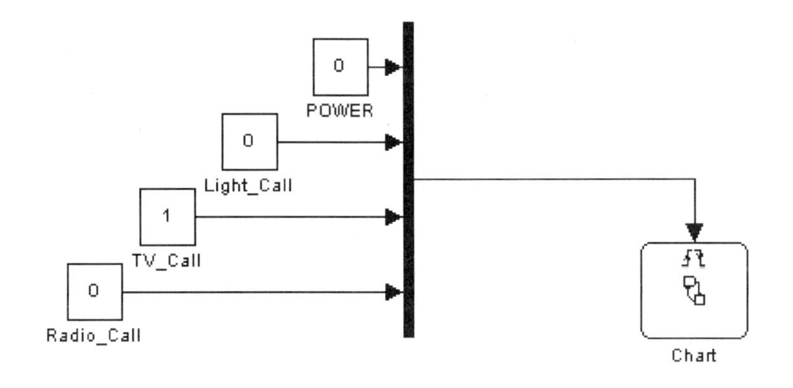

图 9-11 调用/控制指令的状态流图模型

法正常工作的状态。一般来说,当系统发生故障后,将无法自动恢复正常。干扰状态是指 BIT 的测试对象,由于偶然干扰事件的影响,造成系统工作状态异常,从而导致 BIT 测试结果异常的状态。干扰状态测试到的异常都是瞬态故障,此时被测对象并没有故障,当干扰结束后,被测对象将恢复到正常状态。

在状态流图环境下,正常状态、故障状态和干扰状态的状态流图模型如图 9-12 所示。其中,图 9-12(a)所示为被测对象正常状态,此时被测对象输出正常信号;图 9-12(b)所示为被测对象故障状态,此时被测对象输出故障信号;图 9-12(c)所示为被测对象干扰状态,此时被测对象的输出叠加了一个干扰量 s。

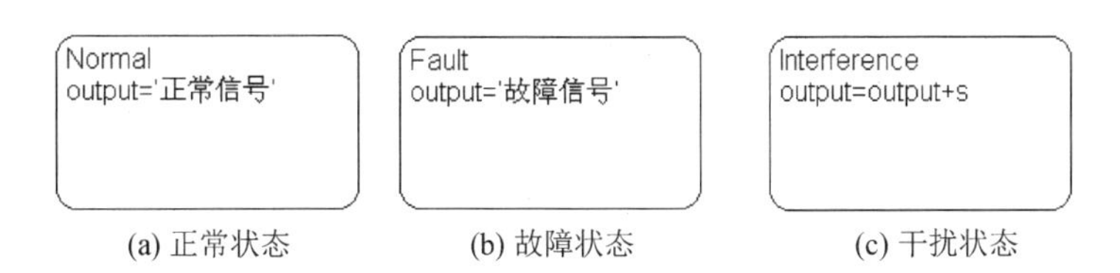

图 9-12 正常状态、故障状态和干扰状态的状态流图模型

(11) 记录单元

记录单元是指在 BIT 工作全过程中,用于记录 BIT 历史的单元,它记录的内容主要包括 BIT 显示的详细信息,例如故障发生时间、故障组件信息和故障模式信息等。

在状态流图环境下,记录单元的表示方式可以通过 MATLAB 文件中的全局变量,或者用状态流图元素中的数据对象累加实现。例如,通过 MATLAB 文件中的全局变量,存储 BIT 输出信息;利用状态流图中的数据累积,记录当前的周期或执行的次数等。

9.3.3 动态过程要素与状态流图的实现

状态流图建模仿真的动态过程要素的组成如表 9-3 所列,具体说明如下:

(1) 永久故障的随机发生

永久故障的随机发生是指在系统运行过程中,被测对象随机发生永久故障的状态。这些故障的发生是在系统工作过程中随机发生的,而且发生以后,系统无法正常工作。永久故障的随机发生主要包括两方面的内容:一方面是所有可能发生的故障模式集合;另一方面是不同故障模式发生的概率权重。

表 9-3　动态过程要素的组成

编　号	名　称
1	永久故障的随机发生
2	指定故障注入
3	随机干扰
4	指定干扰注入
5	检测/隔离结果值
6	指令值
7	加电模式
8	周期模式
9	维护模式
10	状态指示值
11	BIT 显示信息
12	记录调阅
13	记录清除
14	故障清除
15	运行控制

在状态流图环境下，模拟永久故障的随机发生分为两种情况：一种是被测对象只有一种故障模式，另一种是被测对象具有多种故障模式。例如灯泡，其只有一种故障模式就是不亮。在这种情况下，被测对象仿真模型内部只有两种状态，一种是正常状态，另一种是故障状态。为了模仿永久故障的随机发生，需要建立一个随机抽样的算法模型。这个模型按照一定的概率随机产生符合转移条件的数据，驱动被测对象由正常状态向故障状态的转移，被测对象一旦进入故障状态，将会始终在故障状态中循环，无法跳出。

图 9-13 所示为一个被测单元随机永久故障的状态流图模型示意图，首先默认被测对象正常，然后随机抽取一个 0～100 范围内的数，如果抽取到的随机数大于 95，则转入系统故障状态，也就是说，这个随机故障产生的概率为 5%。

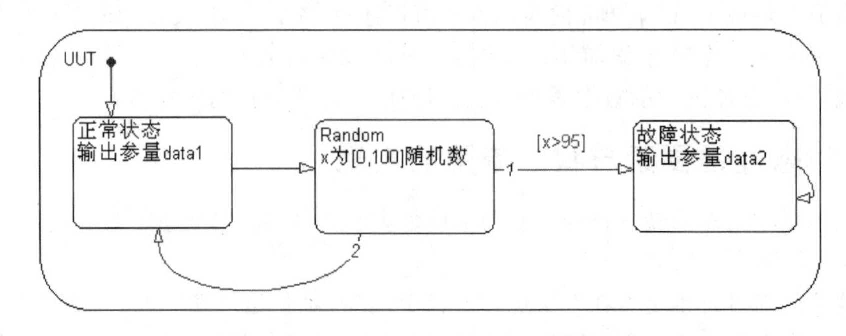

图 9-13　随机永久故障的状态流图模型

当被测对象具有多种故障模式时，随机选取故障模式，首先分析被测对象各种故障模式发生的概率大小，确定各个故障模式抽样权重，然后按照概率权重对故障模式进行抽样选取。当抽取到某种故障模式时，被测对象随机转入相应的故障模式状态。

图 9-14 所示是对发生的故障模式随机抽取的模型，当系统发生故障时，进入故障状态内部。图中被测对象具有 3 种故障模式，发生故障的概率比为 1∶2∶3，于是模型中按照相应的权重进行抽样，从而选择随机发生的故障模式。与前面一样，一旦进入选中的故障模式状态，系统将始终在此状态中循环，不会跳出到其他状态，从而始终保持故障状态。

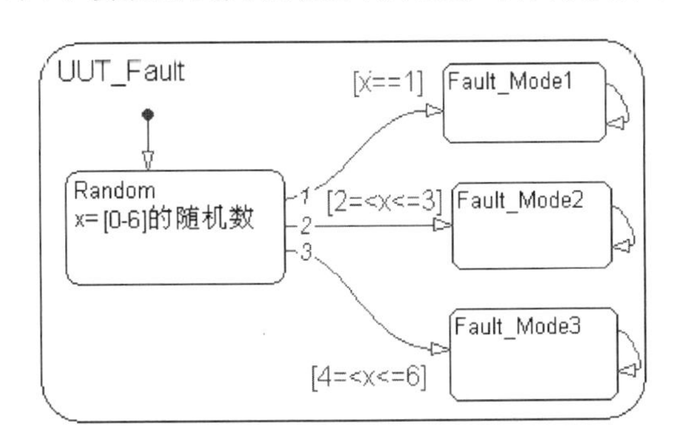

图 9-14　随机抽取故障模式的状态流图模型

(2) 指定故障注入

指定故障注入与随机永久故障的发生不同，随机永久故障是在系统运行过程中随机发生的；而指定故障注入是在系统仿真运行之前，就提前注入故障，然后在执行过程中，检验 BIT 的工作能力。指定故障注入主要包括两方面的内容：故障注入的时间和指定注入的故障模式。

指定故障注入的状态流图模型中，应该具有以下要素：被测对象正常状态、被测对象故障状态、故障注入的模式、故障注入的时间（周期）、当前系统时间（周期）等。

如图 9-15(a)所示，状态流图在时钟的驱动下运行，输入数据 Period 和 Mode 分别存储故障注入的时间（周期）和注入的故障模式编号。图 9-15(b)中被测对象 LRU 内部的 3 个 SRU 在时钟的驱动下，初始状态默认系统工作正常，变量 a 记录的是系统的工作周期，初始值为 0，每个时钟周期累加 1，N1、N2、N3 为三个 SRU 的故障模式编号。在 BIT 进行检测时，判断系统当前的周期 a 和指定的注入周期 P 是否相同，以及 SRU 的故障模式编号 N 和指定注入的故障模式编号 M 是否相同，如果 $a=P$ 且 $N=M$，则系统就会按照注入的故障时间和故障模式转到相应的状态。进入故障状态后，通过自循环转移使得 SRU 始终保持在故障状态。

(3) 随机干扰

随机干扰是指在 BIT 执行过程中，被测对象由于外部随机干扰事件的影响而发生工作异常的状态。随机干扰状态中，被测对象的输出量会叠加一个随机产生的干扰量，这个干扰量的大小是每个周期随机抽取的。

在状态流图环境下，模拟随机干扰就是给 UUT 的输出量叠加一个干扰量，这个干扰量的值是一个一定范围内的随机数，而不是人为指定大小的参量，如图 9-16 所示。

图 9-16 中 data 为 UUT 输出参量，在随机干扰状态下，每个周期都会产生一个范围为［−5,5］的干扰量 s，这个干扰量与 UUT 输出量叠加到一起，然后与 BIT 中的参考门限值进行比较，给出测试通过/不通过信号。

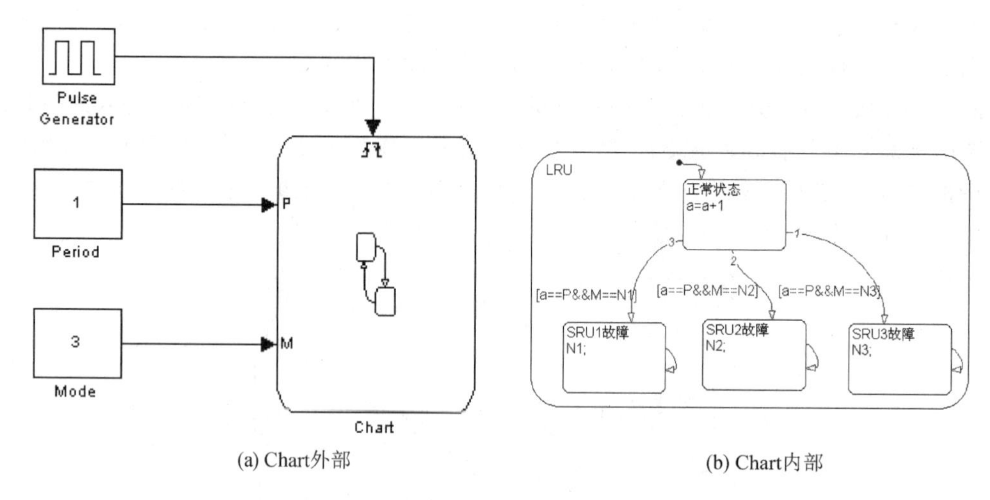

(a) Chart外部　　(b) Chart内部

图 9-15　指定故障注入的状态流图模型

(4) 指定干扰注入

指定干扰注入就是在指定的时间段内,人工给特定的被测对象叠加一个指定大小的干扰量。

指定干扰注入的状态流图模型中包含4个要素:干扰的对象、干扰开始的时间、干扰结束的时间,以及干扰量的大小。

指定干扰注入的状态流图模型如图9-17所示,正常状态时UUT输出的参量值为data,a为系统周期时间,m为这个参量干扰模式编号。Interf_open_time和Interf_close_time分别为干扰开始时间和结束时间,Mode为人工注入干扰模式的编号。当系统时间在干扰周期范围内,且注入的干扰模式编号Mode等于该UUT干扰编号m时,就为UUT注入一个值为15的干扰。

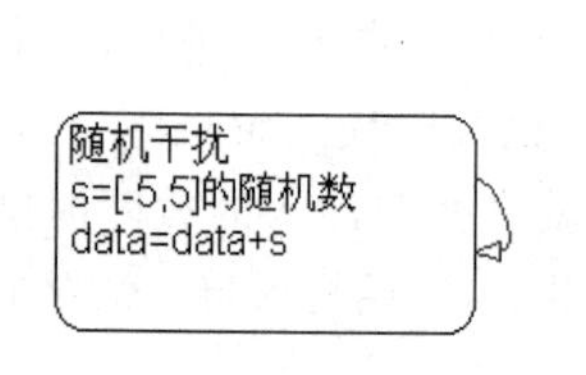

图 9-16　随机干扰的状态流图模型

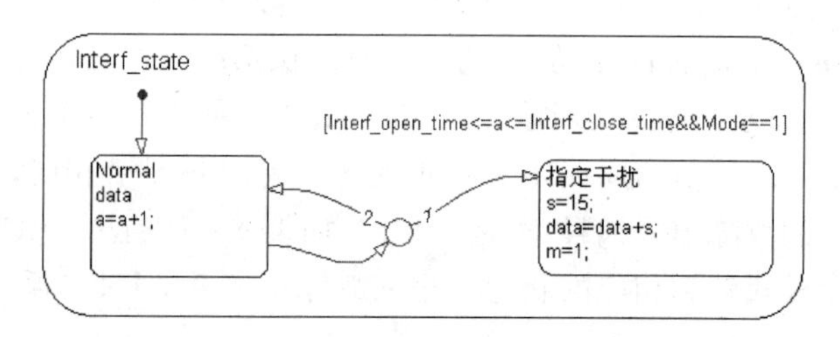

图 9-17　指定干扰注入的状态流图模型

(5) 检测/隔离结果值

检测/隔离结果值是指在BIT系统工作过程中,BIT输出的用于故障检测/隔离的信号的值,该信号的值随着BIT测试对象的改变而发生改变。

检测/隔离结果值在状态流图模型中是实时存储的参数值,这些参数值随着被测对象工作状态的改变而发生改变,用于仿真过程的控制、监测,以及仿真结果的输出等。

(6) 指令值

指令值是指在BIT执行过程中,调用、控制、通信等各种指令变量的值。

指令值在状态流图模型中也是实时存储的参数值。

(7) 加电模式

加电模式是指 BIT 执行过程中,当系统接通电源时启动执行规定检测程序的一种 BIT 工作模式,当检测到故障或是完成测试程序后就结束。它是启动 BIT 的一种特定形式。

在加电模式中,加电 BIT 开始工作并给出一次性的检测信息,在加电过程结束后,加电 BIT 不再输出检测信号。

(8) 周期模式

周期模式也是 BIT 工作模式的一种,它是指在系统工作期间,以某一频率执行测试的一种 BIT 工作模式。

在加电过程结束后,系统转为周期模式,周期 BIT 开始输出测试信号,同时它们的 BIT 信息实时存储在维护 BIT 中。

(9) 维护模式

维护模式是指 BIT 执行过程中,在系统完成任务后(如飞机着陆后)执行检测和监控的 BIT 工作模式。

在维护模式中,可以调阅详细的 BIT 历史信息。

(10) 状态指示值

状态指示值是指 BIT 系统在不同工作状态时,系统状态参量所取的值,例如正常状态为"0",故障状态为"1",干扰状态为"2"等。

状态指示值在状态流图模型中是实时存储的参数值。这些参数值随着被测对象工作状态的改变而发生改变,用于仿真过程的控制、监测,以及仿真结果的输出等。

(11) BIT 显示信息

BIT 显示信息是指 BIT 工作过程中,用于实时显示 BIT 综合信息的模块,它借助 BIT 静态结构要素中 BIT 的显示端口,将 BIT 的信息实时显示在 BIT 的显示端口之上。BIT 的显示信息主要包括故障检测信息、故障隔离信息、状态监测信息、BIT 历史信息等方面的内容。

BIT 显示信息是显示在 BIT 显示端口平台上的,BIT 的显示信息主要包括 BIT 执行过程中的告警灯显示信息、状态监测信息、故障代码、BIT 历史信息等。其中,告警灯显示信息是指通过告警灯指示颜色的变化,显示相应组件的当前状态,系统正常时,告警灯指示为绿色;系统故障时,告警灯指示为红色。状态监测信息就是将 BIT 的测量参数实时显示,当测量参数异常时,监测窗口的参数字体颜色变为红色。

(12) 记录调阅

记录调阅是指在 BIT 系统执行工作过程中,调阅存储 BIT 历史详细信息的过程。这些详细信息一般被存储在内存单元中,通过开关、按钮等触发事件,将存储的相关信息显示出来。

(13) 记录清除

记录清除就是指在 BIT 系统工作过程中,将所有的 BIT 历史信息、操作信息清除的过程。

记录清除可以通过复位开关按钮实现,当点击复位开关按钮时,系统 BIT 历史信息全部清除,恢复初始状态。

(14) 故障清除

故障清除是指在 BIT 系统工作过程中,人工清除某些特定的故障,用于被测系统继续顺利工作的操作过程。

故障清除也可以通过复位开关按钮实现。

(15) 运行控制

运行控制是指在BIT运行过程中,通过改变BIT静态结构要素中调用/控制指令单元的参量值,引发激励事件,进而控制整个BIT系统运行的过程。

在状态流图模型中,运行控制是指通过触发事件,模拟系统的控制指令,推动仿真的运行。例如,通过电源开关按钮来控制静态结构要素中用于存储运行控制指令的参量值的变化,产生上升沿或下降沿激励事件,来控制BIT模型的运行。

9.3.4 典型BIT的状态流图模型示例

9.3.4.1 微处理器BIT

微处理器BIT是使用功能故障模型来实现的,该模型可以对微处理器进行全面有效的测试。

(1) 指令执行测试

对CPU的加、减、乘、除进行测试,运算指令测试的典型状态流图模型如图9-18所示。BIT将运算后的结果与基准值进行比较,如果相同,就给出通过信号“GO”;如果不同,就给出不通过信号“NO GO”。防虚警措施为3次重复测试。如果连续3次测量数据都异常,则认为指令执行有故障。

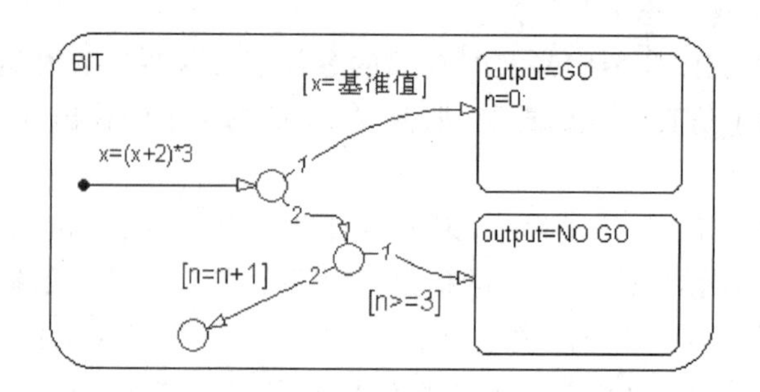

图9-18 运算指令测试的典型状态流图模型

(2) 接口测试

对CPU的接口电路进行测试,接口电路包括PCI-E接口、I2C接口,测试原理就是由CPU向接口电路发送基准数据,然后接口反馈数据给CPU进行比较判断,防虚警措施为重复3次测试。

接口测试的典型状态流图模型如图9-19所示,CPU向接口发送一组基准数据,然后测试反馈的数据a与基准数据是否相同,相同则检验通过,不同则不通过。同样,如果连续3次发生不通过事件,则认为接口电路有故障。

(3) I/O端口超时测试

采用计时器,监测CPU与端口之间的数据通信。

端口超时测试的典型状态流图模型如图9-20所示。t为CPU端口扫描时间,BIT对端口扫描时间进行监控,如果t小于扫描基准时间,即给出通过信号“GO”;否则,给出不通过信号“NO GO”。同样,防虚警措施为3次重复测试。

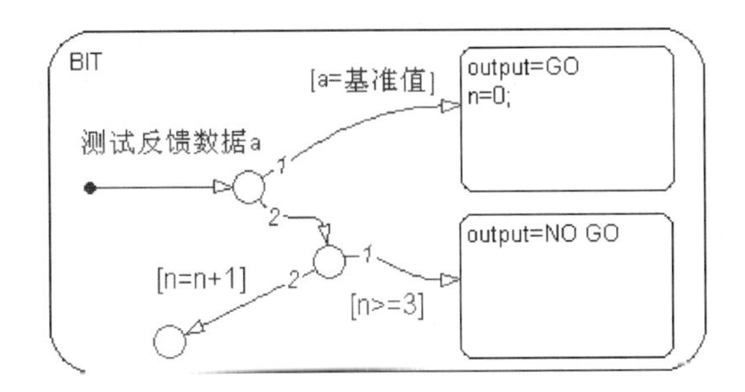

图 9 - 19　接口测试的典型状态流图模型

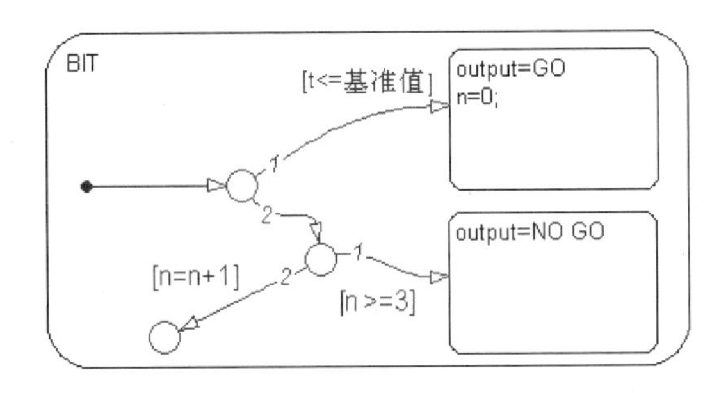

图 9 - 20　端口超时测试的典型状态流图模型

9.3.4.2　只读存储器的测试

目前常用的 ROM 的测试方法有校验和法、奇偶校验法和循环冗余校验法(CRC),这里仅简单介绍校验和法的工作原理。

校验和法是一种比较方法,它需要将 ROM 中所有单元的数据相加求和。由于 ROM 中保存的内容是程序代码和常数数据,因此求和之后的数值是一个不变的常数。在测试时将求和之后的数值与这个已知的常数相比较,如果总和不等于常数,就说明存储器有故障或差错。

校验和法的状态流图模型如图 9 - 21 所示,把被测对象 ROM 中所有单元的数据相加求和,然后与一个已知常数比较,相同则通过,不相同则说明 ROM 有故障。同样,防虚警措施为 3 次重复测试。

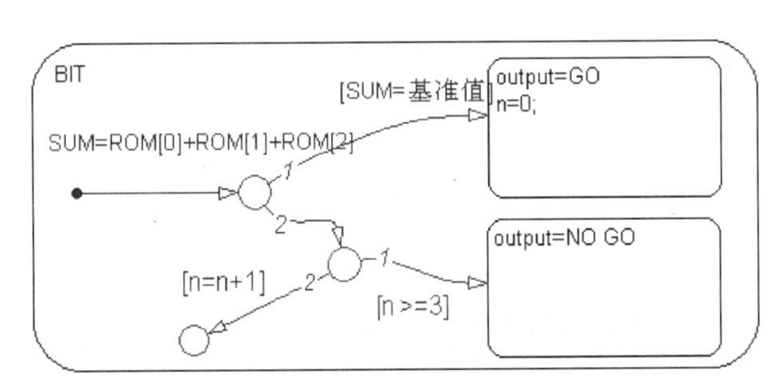

图 9 - 21　校验和法的状态流图模型

9.3.4.3 比较器 BIT

在硬件设计中加入比较器,可以很容易地实现多种不同功能的 BIT 电路。在具体实现时,通常都是将激励施加到被测电路 CUT 上,然后将 CUT 的输出连同参考信号送入比较器中;CUT 的输出与参考信号进行比较之后,比较器输出通过/不通过信号。

比较器 BIT 的状态流图模型如图 9-22 所示。BIT 将测试参量 data 和测试基准值进行比较判断,然后给出通过/不通过信号。同样,防虚警措施为 3 次重复测试。

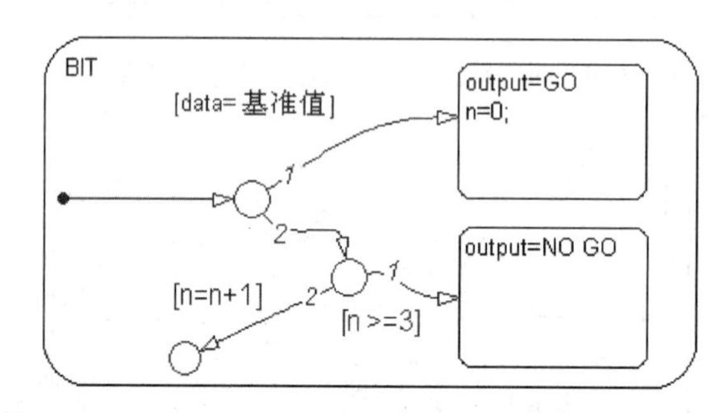

图 9-22 比较器 BIT 的状态流图模型

9.3.4.4 电压求和 BIT

电压求和是一种并行模拟 BIT 技术,它使用运算放大器将多个电压电平叠加起来,然后将求和结果反馈到窗口比较器并与参考信号相比较,再根据比较器的输出生成通过/不通过信号。

电压求和 BIT 的状态流图模型如图 9-23 所示,将被测电路中单个电压电平叠加,将求和结果 SUM 送到比较器中,与参考信号进行比较,然后输出通过/不通过信号。同其他 BIT 电路一样,当发生干扰时,防虚警措施为连续 3 次重复测试。

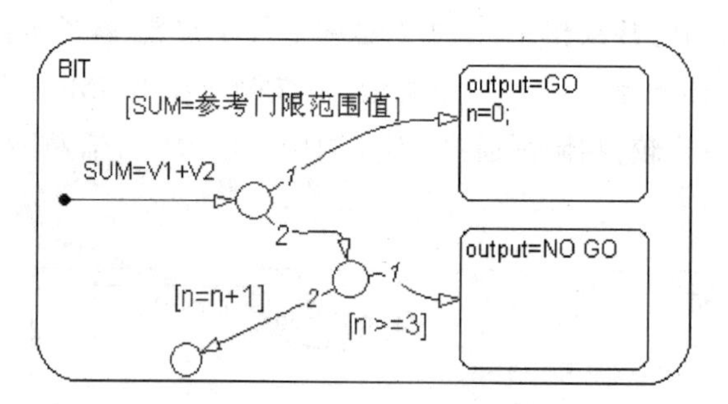

图 9-23 电压求和 BIT 的状态流图模型

9.4 状态流图建模仿真的故障量化和仿真剖面

9.4.1 功能故障模式的量化

由于状态流图模型的最底层单元是功能子电路,因此对应的故障模式属于抽象的功能性故障。典型的功能子电路级故障模式示例如表 9-4 所列。

表 9-4　典型的功能子电路级故障模式示例

功能电路	故障模式
二次电源变换电路	+5 V 电压无输出
	−5 V 电压无输出
	+3.3 V 电压无输出
	+1.5 V 电压无输出
	+5 V 短路
	−5 V 短路
	+3.3 V 短路
	+1.5 V 短路
	+5 V 电压超差
	−5 V 电压超差
	+3.3 V 电压超差
	+1.5 V 电压超差
输入接口电路	无法采集
	A/D 不能进行转换
	A/D 不能报送数据
总线接口	无法发送数据
	无法通信
	无法接收数据
时钟电路	时钟输出功能丧失
	时钟故障

从表 9-4 中可以看出，功能子电路级故障模式的描述几乎都是功能上的定性描述，这种故障模式的语言描述不能直接用于建模仿真计算，需要量化为具体数值。

这种量化有两种方式：一种是对故障模式自身的信号进行量化；另一种是对故障模式影响的功能电路输出信号进行量化，以表达故障发生后造成的对外影响。

为了便于建模，这里采用第二种方式进行量化，典型示例如表 9-5 所列。其中，对于模拟量相关的故障模式，需要给出故障发生后的模拟量值的变化结果。如"+5 V 电压无输出"功能故障模式，其影响的输出端信号为"+5 V"，量化后的输出电压为 0 V；"+3.3 V 电压超差"功能故障模式，其影响的输出端信号为"+3.3 V"，量化后的输出电压为 3.0 V。对于数字量相关的故障模式，需要给出故障发生后的数字量变化结果。如"A/D 不能进行转换"功能故障模式，其影响的输出端信号为"转换输出"，量化后的输出数字量为"00000000"。

表 9-5 功能子电路级故障模式量化示例

功能电路	故障模式	影响的功能电路输出端	影响量化结果
二次电源变换电路	+5 V电压无输出	+5 V	0 V
	−5 V电压无输出	−5 V	0 V
	+3.3 V电压无输出	+3.3 V	0 V
	+1.5 V电压无输出	+1.5 V	0 V
	+5 V短路	+5 V	0 V
	−5 V短路	−5 V	0 V
	+3.3 V短路	+3.3 V	0 V
	+1.5 V短路	+1.5 V	0 V
	+5 V电压超差	+5 V	4.5 V
	−5 V电压超差	−5 V	−4.5 V
	+3.3 V电压超差	+3.3 V	3.0 V
	+1.5 V电压超差	+1.5 V	1.2 V
输入接口电路	无法采集	采集输出	0
	A/D不能进行转换	转换输出	00000000
	A/D不能报送数据	转换输出	00000000
总线接口	无法发送数据	总线出	00000000
	无法通信	总线出	00000000
	无法接收数据	总线出	00000000
时钟电路	时钟输出功能丧失	CLK_33MHz	0
	时钟故障	CLK_33MHz	0

在确定故障模式对输出端口的影响时,应根据设计图纸,综合可靠性分析、电路分析或者电路故障仿真,确定故障发生后的端口影响。

9.4.2 仿真控制

状态流图建模仿真是时域仿真,真实产品在规定的仿真时间内工作时,按故障发生概率是极少发生故障或者出现干扰的,因此基于产品故障或者干扰发生的自然情况进行测试性的仿真的效率是极低的,也是没有意义的。为此,需要在时域仿真过程中,根据预定的设想,从故障库或者干扰库中选择相应的故障或干扰,在特定的时刻注入到模型中,以得到相应的BIT测试结果,这需要对仿真进行主动控制,其关系如图9-24所示。

仿真控制涉及故障维度、干扰维度和时间维度3个维度,这3个维度的控制就构成了状态流图建模的仿真剖面,如图9-25所示。对于故障维度,需要明确故障名称、故障位置、故障影响的端口和信号变化;对于干扰维度,需要明确干扰名称、干扰位置、干扰影响的端口和信号变化;对于时间维度,需要明确干扰或者故障事件的注入时刻和撤销时刻。

因此,仿真剖面是指在测试性状态流图仿真中,故障或者干扰事件的发生次序,以及相应

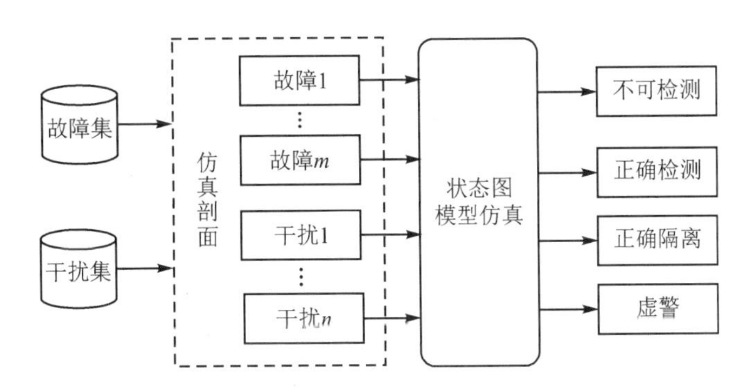

图9-24 状态流图仿真的输入和输出

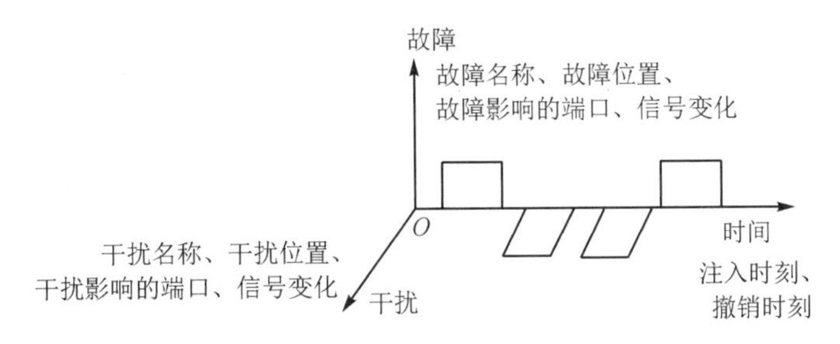

图9-25 仿真剖面的三维关系

的仿真注入控制的明确要求,其元组定义如下:

$$SP=(NMS,PTS,VAS,LOS,INS,TIS) \tag{9-10}$$

式中:SP——仿真剖面;

NMS——事件名称(故障名称或者干扰名称)集合,NMS={NM_i},其中,NM_i 表示第 i 个事件名称;

PTS——事件发生后受到影响的端口集合,PTS={PT_i},其中,PT_i 表示第 i 个事件对应的端口集合;

VAS——事件发生后端口信号变化量集合,VAS={VA_i},其中,VA_i 表示第 i 个事件对应的端口变化结果或者变化模型集合;

LOS——事件发生的注入位置集合,LOS={LO_i},其中,LO_i 表示第 i 个事件发生的位置,对应于模型中的某个底层单元;

INS——事件的注入撤销接口集合,INS={IN_i},其中,IN_i 表示第 i 个事件的注入撤销接口,能够提供注入状态和撤销状态的转换;

TIS——事件的注入撤销时刻集合,TIS={TI_i},其中,TI_i 表示第 i 个事件的注入撤销时刻,$TI_i=(t_0,t_1)$,t_0 是事件的注入时刻,t_1 是事件撤销注入的时刻。

9.4.3 确定性仿真剖面

9.4.3.1 单事件确定性仿真剖面

在一次仿真过程中,只发生给定的一次故障或者一次干扰,即只发生一个给定事件,此时的仿真剖面称为单事件确定性仿真剖面。

单事件确定性仿真剖面的元组定义为

$$SP=(NM,TI) \tag{9-11}$$

式中：SP——仿真剖面；

NM——事件名称；

TI——事件的注入与撤销时刻，$TI=(t_0,t_1)$，t_0 是事件的注入时刻，t_1 是事件撤销注入的时刻。

单事件确定性仿真剖面的典型示例如图 9-26 所示，当事件注入后不再撤销时，可以不设置 t_1 值。单事件仿真适用于进行故障传递关系分析、不可检测故障分析，以及特定干扰条件下的防虚警措施效果分析。

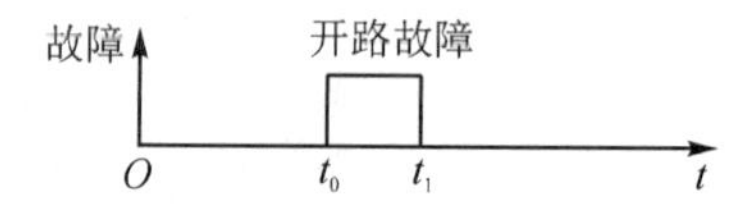

图 9-26 单事件确定性仿真剖面的典型示例

9.4.3.2 多事件确定性仿真剖面

在一次仿真过程中，顺序发生有撤销的给定多次故障或者多次干扰，即顺序发生多个事件，此时的仿真剖面称为多事件确定性仿真剖面。

多事件确定性仿真剖面的元组定义为

$$SP=(NMS,TIS) \tag{9-12}$$

式中：SP——仿真剖面。

NMS——事件集合，$NMS=\{NM_i\}$，NM_i 表示第 i 个事件名称；

TIS——事件的注入与撤销时刻集合，$TIS=\{TI_i\}$，TI_i 表示第 i 个事件的注入与撤销时刻，$TI_i=(t_0,t_1)$，t_0 是事件的注入时刻，t_1 是事件撤销注入的时刻。

多事件确定性仿真剖面的典型示例如图 9-27 所示。一般要求后一个事件的注入时刻应大于前一事件撤销时刻的一定范围，以确保前一事件的影响完全消失。

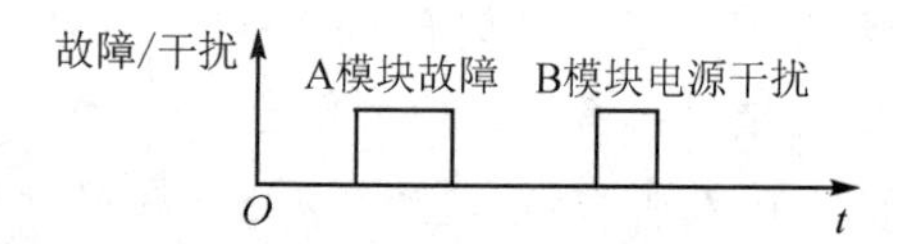

图 9-27 多事件确定性仿真剖面的典型示例

多事件仿真可以看作将多个单事件仿真合并为一个仿真，一次即可得到多个故障或者干扰单独发生后的测试结果，大大提高了仿真分析的效率。

9.4.4 随机性仿真剖面

在上述的确定性仿真剖面中，发生的故障或者干扰事件及其顺序是预先人为给定的。如果在仿真过程中，故障或干扰事件的发生是随机抽取的，则该仿真剖面是随机性仿真剖面。

9.4.4.1 单事件随机性仿真剖面

单事件随机性仿真剖面的元组定义如下：

$$SP=(NMP,R(NMP),TI) \tag{9-13}$$

式中：SP——仿真剖面；

NMP——产品的全部事件集合(故障集合和/或干扰事件集合)；

R(NMP)——从集合 NMP 中随机抽取一个事件(故障或者干扰)；

TI——事件的注入与撤销时刻，$TI=(t_0, t_1)$，t_0 是事件的注入时刻，t_1 是事件撤销注入的时刻。

单事件随机性仿真剖面的典型示例如图 9-28 所示。

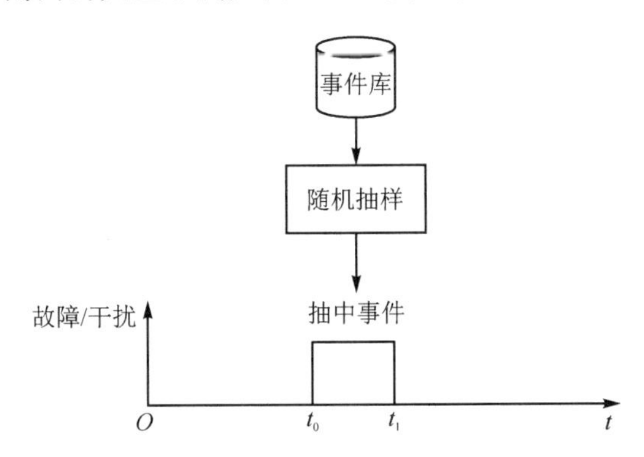

图 9-28　单事件随机性仿真剖面的典型示例

9.4.4.2　多事件随机性仿真剖面

多事件随机性仿真剖面的元组定义如下：

$$SP=(NMP, RS(NMP), TIS) \tag{9-14}$$

式中：SP——仿真剖面。

NMP——产品的全部事件集合(故障集合和/或干扰事件集合)。

RS(NMP)——从集合 NMP 中随机抽取的事件集合，$RS(NMP)=\{R_i(NMP)\}$，其中，$R_i(NMP)$表示第 i 次抽取的事件。

TIS——事件的注入与撤销时刻集合，$TIS=\{TI_i\}$，其中，TI_i 表示第 i 个事件的注入与撤销时刻，$TI_i=(t_0, t_1)$，t_0 是事件的注入时刻，t_1 是事件撤销注入的时刻。事件的注入时刻一般选择具有特定时间跨度 t 的 n 倍数——nt，事件撤销注入的时刻取值为 $nt+at$，其中 a 为小于 1 的给定正数。

多事件随机性仿真剖面的典型示例如图 9-29 所示。

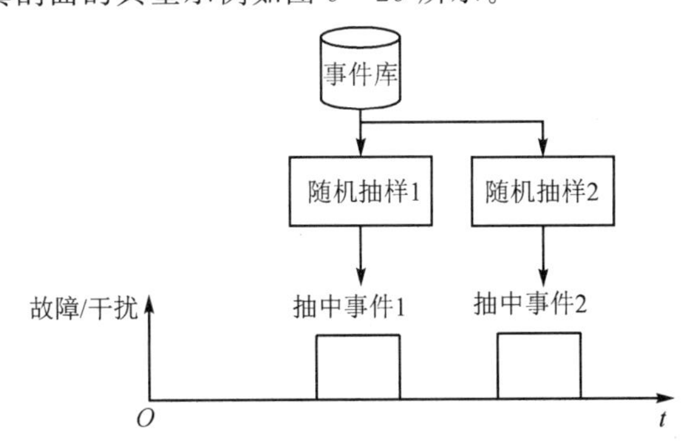

图 9-29　多事件随机性仿真剖面的典型示例

9.5 状态流图建模和仿真的流程设计

9.5.1 状态流图建模的流程设计

根据前面关于状态流图模型仿真的元组模型、组成要素和仿真方式,设计的状态流图建模流程如图9-30所示。

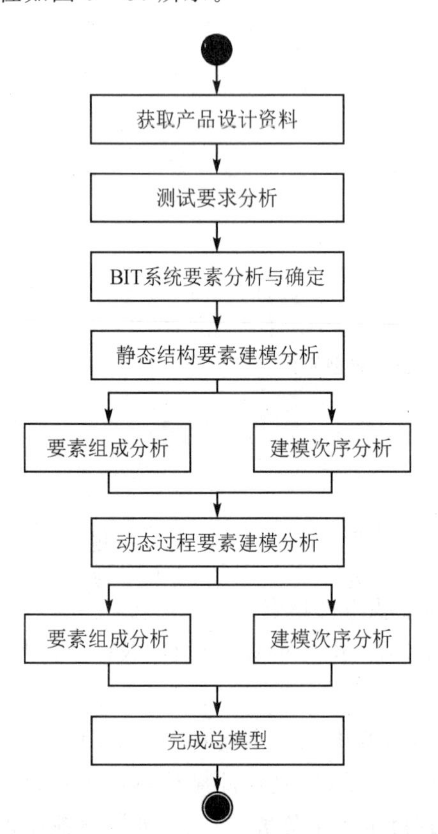

图9-30 状态流图建模的流程

状态流图建模的具体过程如下:

(1) 获取产品设计资料

产品设计资料是进行状态流图建模的基础,应收集的资料主要包括:产品功能结构设计方案、产品详细设计图纸、产品可靠性设计分析报告和产品测试资料。

(2) 测试要求分析

根据工作任务的要求和BIT功能原理的分析,确定BIT需要完成的测试任务和测试目标。

(3) BIT系统要素分析与确定

分析BIT组成要素是进行状态流图建模的基础,要素分析分为静态结构要素分析和动态过程要素分析两类。

(4) 静态结构要素建模分析

- 要素组成分析:根据产品的设计资料和任务要求,分析9.3.1小节中所介绍的静态组成要素的内容及其状态流图模型的表达方式。
- 建模次序分析:根据产品的结构和功能原理,以及工作任务流程,确定静态建模要素的建模次序。一般来说,确定静态要素建模次序的原则为:先下层后顶层,先被测对象模型,后干扰模型,再BIT模型。

(5) 动态过程要素建模分析

- 要素组成分析:根据产品的设计资料和任务要求,分析9.3.2小节中所介绍的动态过程要素的内容及其建模方式。
- 建模次序分析:根据产品工作任务和执行流程,确定动态过程要素的建模次序。一般来说,动态过程要素的建模次序和BIT运行过程中各要素的执行次序一致。

(6) 完成总模型

完成静态结构要素建模和动态过程要素建模以后,再综合静态结构要素模型和动态过程要素模型之间的相关性关系,最终完成整个对象的状态流图模型。

9.5.2　状态流图仿真的流程设计

状态流图仿真的流程设计如图 9－31 所示，具体说明如下：

(1) 建立仿真输入数据集

在组成要素分析和系统结构工作原理分析的基础上，建立 BIT 系统仿真过程中输入的所有数据集合。其中主要包括 BIT 配置数据表、故障数据表、干扰数据表等。

(2) 选择一组数据

根据不同的仿真任务和仿真目标，从仿真输入数据集合中选取一组数据作为仿真模型的设置数据。

(3) 仿真设置

根据系统的实际工作状况和选定的输入数据集合，完成状态流图模型的仿真设置。其中主要包括各组成单元状态初始值，显示界面的初始状态，系统仿真的时间、仿真步长等。

(4) 仿真运行

按照仿真的任务和目标对所建模型执行仿真。

(5) 仿真结果提取

仿真结果的提取就是观察并记录仿真输入数据的输出结果。

(6) 得到仿真输出数据集

将仿真输出结果汇总，创建仿真输出数据集。

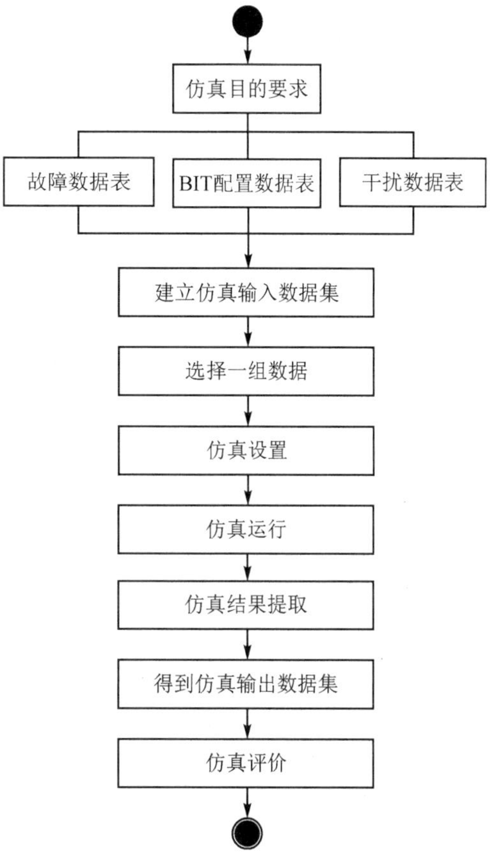

(7) 仿真评价

将仿真输入数据和仿真输出数据对比分析，统计输入的故障数、正确检测到的故障数、检测到的故障总数等参数，用于计算评价参数模型，完成对仿真的评价。

图 9－31　状态流图仿真的流程设计

9.6　状态流图建模仿真的结果评价

9.6.1　故障检测隔离能力统计分析

9.6.1.1　故障检测隔离能力定量评价原理

故障检测隔离能力定量评价原理如图 9－32 所示，包括 BIT 能力评价和综合能力评价两部分。

具体说明如下：

(1) BIT能力评价

通过将故障样本集注入到BIT数字仿真中，获得BIT测试数据集；根据BIT测试数据集计算故障检测、隔离评价参数，对BIT故障检测、隔离能力进行定量评价。

(2) 综合能力评价

在BIT能力评价的基础上，通过将BIT测试数据集作为诊断策略模拟的输入数据，进行诊断策略模拟，获得诊断策略模拟结果数据集；根据诊断策略模拟结果数据集，计算故障检测、隔离评价参数，对诊断策略故障检测、隔离能力进行定量评价。具体评价参数包括故障检测率(FDR)和故障隔离率(FIR)两项。

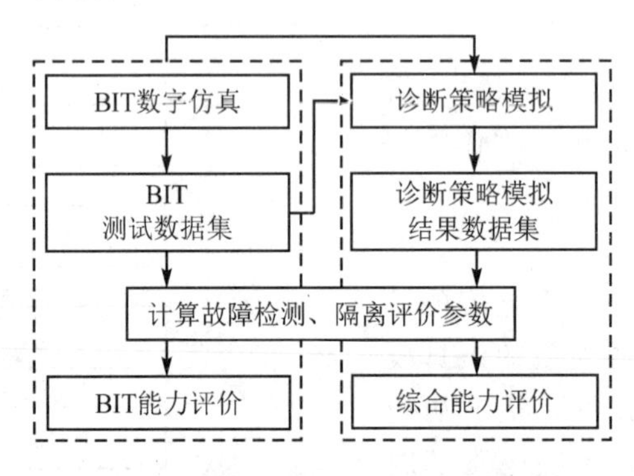

图9-32　故障检测隔离定量评价原理

在数字式仿真模型中，BIT的故障检测率与故障隔离率两个参数评估是基于D矩阵的生成而完成的。在仿真中设置不同的故障模式注入，可以得到不同的D矩阵，计算得到相应的故障检测率和故障隔离率。在实际仿真设置中，通常构造一个完整故障剖面，使所有故障模式都能注入运行一遍，仿真结束后，得到完整的D矩阵，计算得到最全面的故障检测率与故障隔离率。

9.6.1.2　故障检测率的计算方法

在获得D矩阵之后，可以人为确定总故障率和可检测故障率，并参考式(1-2)直接计算得到故障检测率。这里给出一种具体的算法流程，方便自动化计算。

故障检测率的计算原理如下：

第1步　D矩阵的某行是否存在1元素？若存在，表示该行对应的故障模式是可以检测的；若不存在，表示该行对应的故障模式是不可检测的。

第2步　用各故障模式的故障率进行加权，计算可检测故障模式数与所有故障模式数之比，得到故障检测率。

第3步　设系统D矩阵为$\boldsymbol{D}=[d_{ij}]_{m\times n}$，相应的故障检测率计算流程如图9-33所示。

9.6.1.3　故障隔离率的计算方法

在获得D矩阵之后，可以人为确定可检测故障率和可隔离故障率，并参考式(1-7)直接计算得到故障隔离率。这里给出一种具体的算法流程，方便自动化计算。

故障隔离率的计算原理如下：

- D矩阵某行是否与另一行完全相同？若是，则表示这两行所对应的两个故障模式是模糊组故障。

- 用各故障模式的故障率进行加权，计算模糊度为 1 的故障模式数与所有可检测模式数之比，得到模糊度为 1 的故障隔离率。
- 若需要计算模糊度为 2 或者 3 的故障隔离率，则应确定相应模糊度的故障模式数，与所有可检测模式数之比。代入计算即可，此处以模糊度为 1 举例。
- 设系统 D 矩阵为 $\boldsymbol{D}=[d_{ij}]_{m\times n}$，相应的故障隔离率计算流程如图 9 - 34 所示。

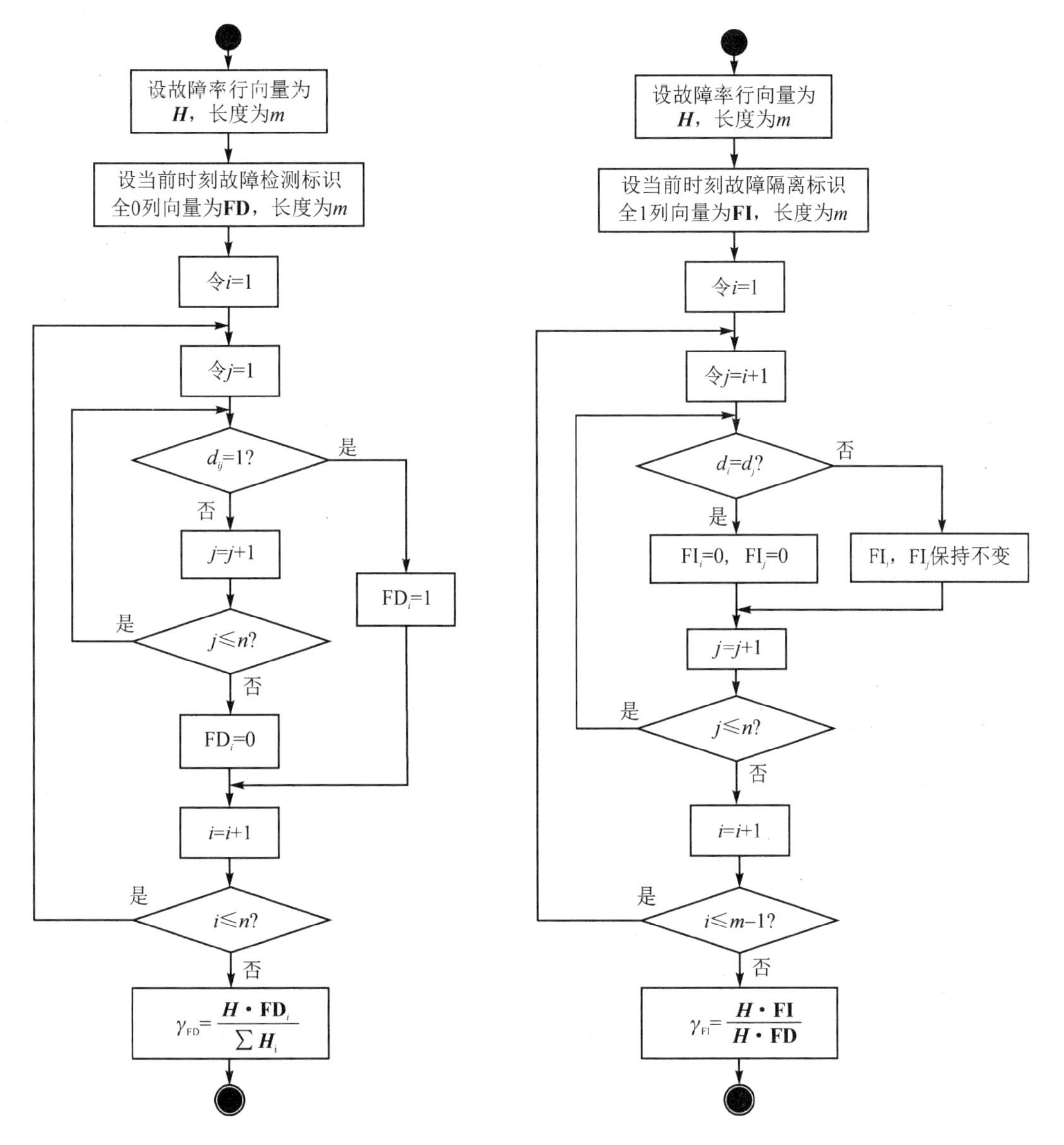

图 9 - 33　故障检测率计算流程　　**图 9 - 34　故障隔离率计算流程**

9.6.2　虚警率计算及虚警统计分析

9.6.2.1　虚警率定量评价原理

研究 BIT 虚警仿真分析技术，不仅有利于 BIT 虚警问题现状的改进，同时也是对 BIT 设计与验证方法的探索，而基于数字仿真的 BIT 系统模型与仿真方法为进行虚警仿真提供了可

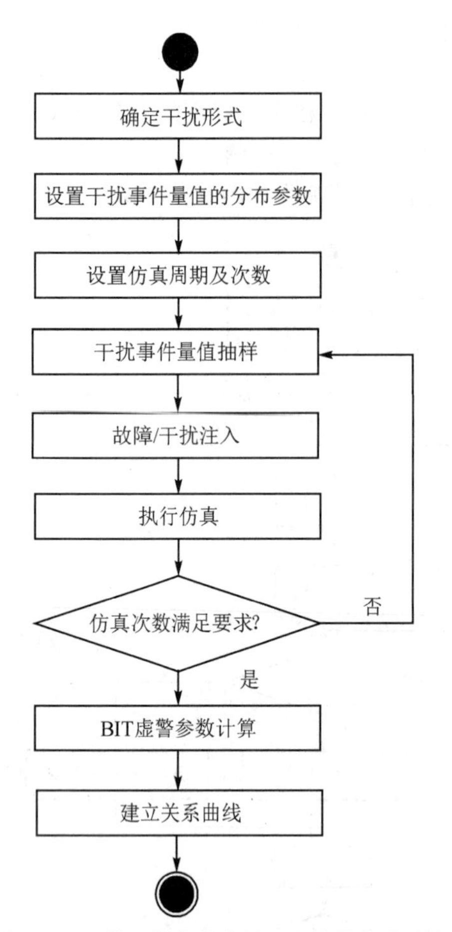

图 9-35 基于数字仿真的 BIT 虚警仿真流程

能。BIT 系统的数字仿真包含了 BIT 的内部逻辑及动态执行过程,同时引入了干扰注入的机制,可以用来进行虚警仿真,并完成虚警相关参数的计算。

图 9-35 给出了基于数字仿真的 BIT 虚警仿真流程,其核心环节是干扰形式的确立和干扰的注入。其基本原理是,干扰的存在使得 BIT 监测信号发生变化,可能导致 BIT 在无故障情况下判定故障发生,从而给出虚警。通过干扰注入,可以验证 BIT 现有的抗干扰能力,判断现有 BIT 的防虚警设计是否有效,是否需要改进设计或引入其他必要的防虚警措施。

9.6.2.2 虚警率的计算方法

虚警率(FAR)是指在规定的工作时间内,发生的虚警次数与同一时间内的故障指示总数之比,用百分数之比。其数学模型可表示为

$$\gamma_{FA}=\frac{N_{FA}}{N}\times 100\%=\frac{N_{FA}}{N_F+N_{FA}}\times 100\% \tag{9-15}$$

式中:N_{FA}——所有 BIT 的虚警次数;

N_F——所有 BIT 的真实故障指示次数;

N——所有 BIT 的指示次数(报警总次数)。

虚警率的计算是通过计数法进行的,设系统中有 n 个 BIT,编号分别为 $j=1,2,\cdots,n$,系统虚警率可通过下式计算:

$$\gamma_{FA}=\frac{\sum N_{FAj}}{\sum N_j}\times 100\%=\frac{\sum N_{FAj}}{\sum N_{Fj}+\sum N_{FAj}}\times 100\% \tag{9-16}$$

式中:N_{FAj}——第 j 个 BIT 的虚警次数;

N_{Fj}——第 j 个 BIT 的真实故障指示次数;

N_j——第 j 个 BIT 的指示次数(报警总次数)。

在状态流图仿真模型中,当前时刻虚警率的计算思路如下:

第 1 步 当前时刻是否有 BIT 突然开始报警(由“0”跳变成“1”)? 若不存在,则当前时刻没有虚警;否则,转第 2 步。

第 2 步 若存在报警的 BIT(设为 BIT_j),则检测当前时刻是否在注入故障。若当前时刻没有注入故障(F_mode=0),则判定当前 BIT 是虚警状态;否则,转第 3 步。

第 3 步 若当前时刻正在进行故障注入,则判断注入的故障是否直接或间接影响到当前报警 BIT 所监测的信号。若不影响,则判定当前 BIT 是虚警状态;否则,转第 4 步。

第 4 步 如果判定当前注入的故障直接或间接影响到当前报警 BIT 所监测的信号,则检测当前的干扰注入状态,即判断该 BIT 所监测的信号是否注入干扰。如果没有干扰注入,则

判定此次 BIT 报警为真实报警;否则,转第 5 步。

第 5 步　如果此时正在进行干扰注入,则无法判定此次 BIT 报警为真实报警或是虚警。

在状态流图仿真模型中,与式(9-16)相对应的虚警率计算流程如图 9-36 所示。

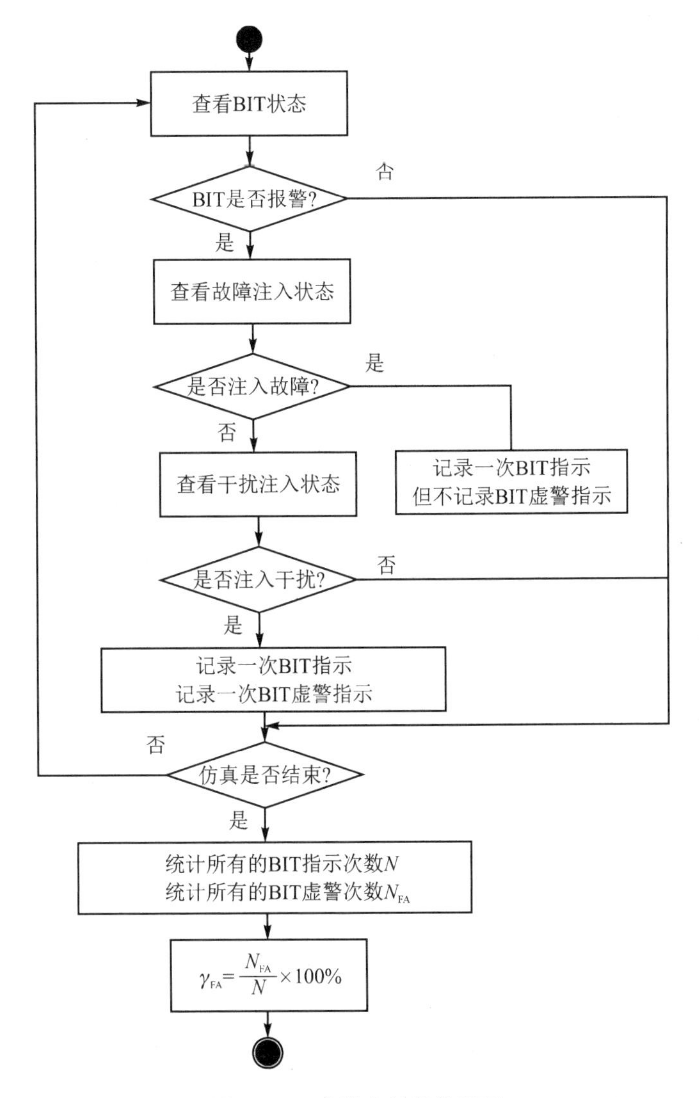

图 9-36　虚警率计算流程图

9.7　案例应用示例

9.7.1　案例介绍

基于状态流图的基本思想,以及 BIT 静态结构要素状态流图实现、动态过程要素状态流图实现,这里利用 C# 进行了编程和软件实现,以中文作为显示语言,开发出了基于状态流图的 BIT 动态建模仿真软件(简称为 BDMS)。

本小节通过利用 BDMS 软件对某产品进行了测试性建模、BIT 动态建模,验证了软件具有产品建模、测试性建模、BIT 动态建模、故障和干扰的建模、故障和干扰的注入与撤销，以及测试性指标评估等功能。

9.7.2 案例的状态流图模型

1. 案例的系统级状态流图模型

图 9-37 所示为产品的顶层结构图，包含有 3 个输入：时钟序列、防虚警次数和干扰值；3 个输出：dc5v _BIT、dc3_4v_BIT、dc2v_output。

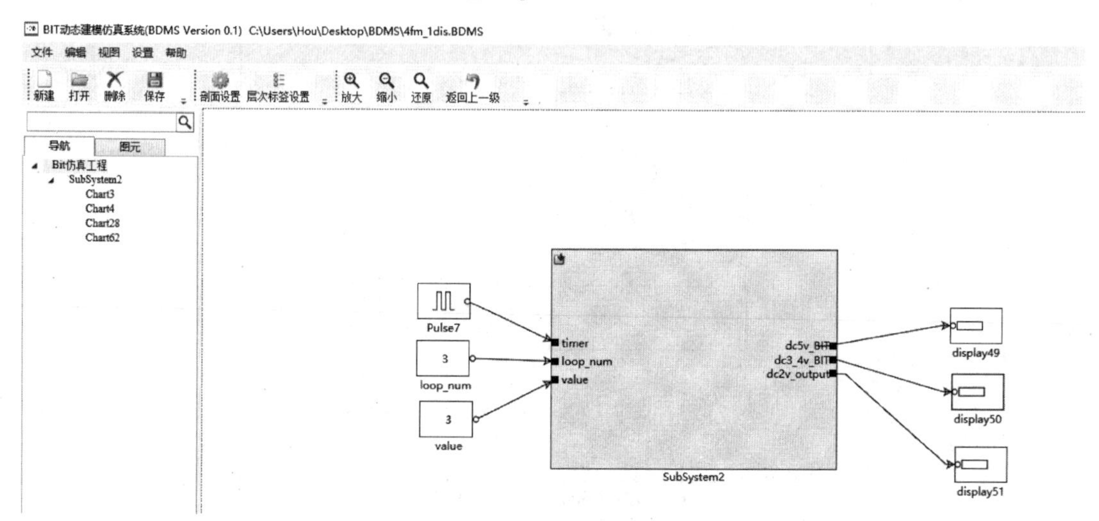

图 9-37 产品的顶层结构图

2. 健康与故障状态建模

图 9-38 所示为产品的健康与故障状态建模。产品一共包含 1 个健康状态 normal_

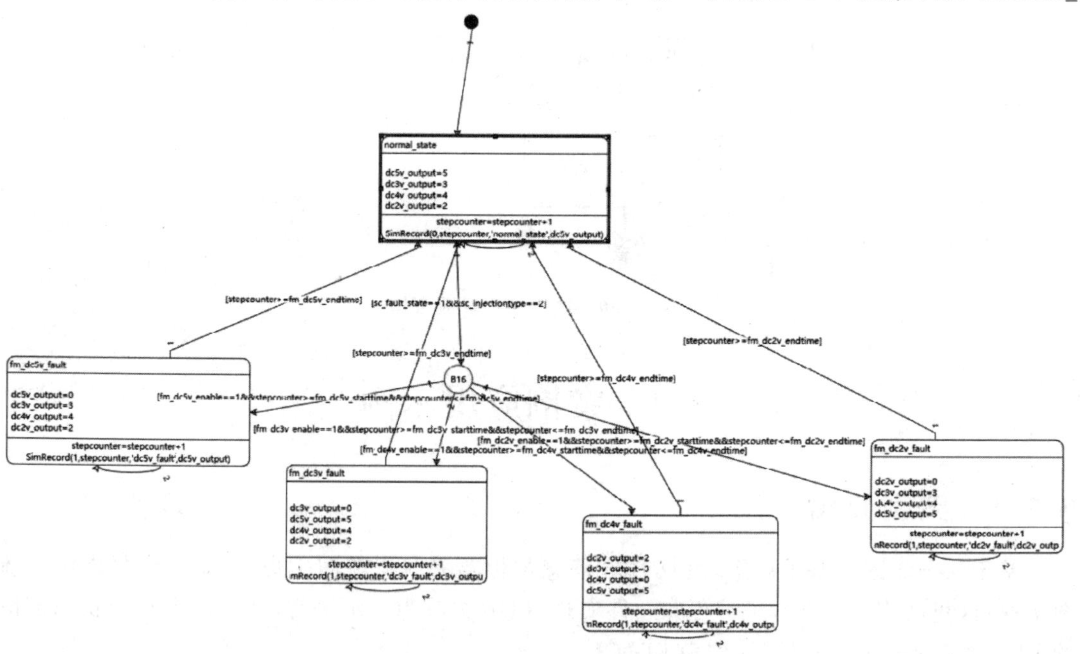

图 9-38 产品的健康与故障状态建模

state,以及 4 个故障状态,分别为 fm_dc5v_fault、fm_dc3v_fault、fm_dc4v_fault 和 fm_dc2v_fault。其中,故障 fm_dc5v_fault 能够被单独的 BIT 检测到,故障 fm_dc3v_fault 和 fm_dc4v_fault 能够被同一个 BIT 检测到,故障 fm_dc2v_fault 不能被 BIT 检测到。

3. 干扰状态建模

图 9－39 所示为产品的干扰状态建模。本产品包含一个指定注入的干扰,干扰能够被 BIT 检测到。

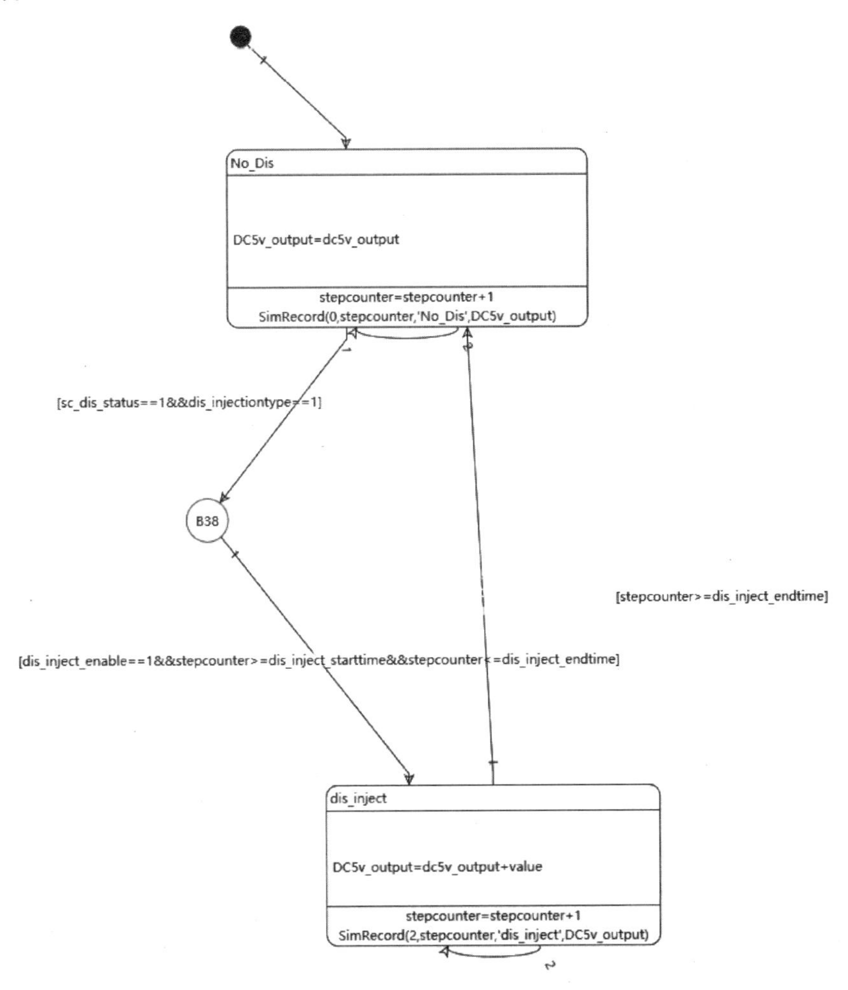

图 9－39　产品的干扰状态建模

4. BIT 检测逻辑

图 9－40 所示为产品的 BIT 检测逻辑建模。防虚警措施采用的是 3 次连续检测的思想。

9.7.3　案例仿真结果

图 9－41 所示为最终的仿真结果,软件给出了具体的故障注入时间、撤销时间,以及最终的故障检测率、故障隔离率、虚警率的结果。

整个仿真时长为 40 s,进行的操作是在 20～30 s 这个时间间隔内,向产品注入指定的＋5 V 故障。这个指定的＋5 V 故障是可以被 BIT 检测到的,所以最终产品的故障检测率为 100%,

模糊度为1的故障隔离率为100%,虚警率为0。本软件给出的测试性指标结果为一次仿真操作后的实际结果。

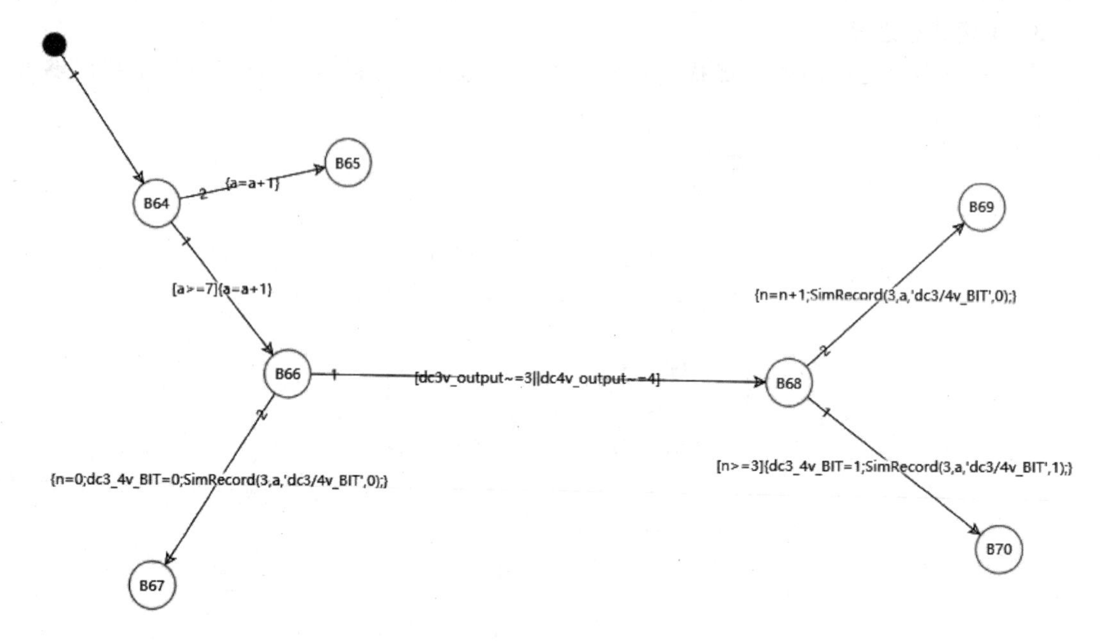

图 9-40　产品的BIT检测逻辑建模

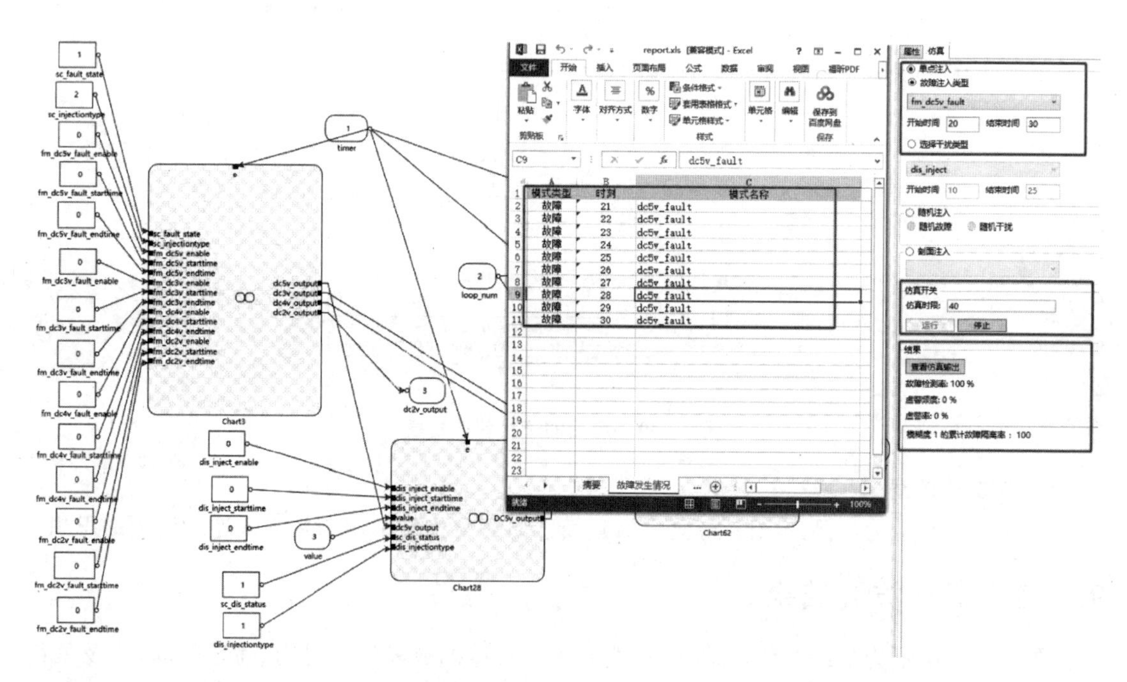

图 9-41　案例仿真结果

习　题

1. 什么是状态流图建模？
2. 状态流图建模要素有哪些？
3. BIT 的检测逻辑、隔离逻辑以及防虚警逻辑是什么？
4. 状态流图建模仿真的流程是什么？
5. 请简述状态流图建模的测试性指标计算流程。
6. 基于状态流图建模的思想，进行一次测试性建模作业（对象自选）。

第 10 章　智能故障诊断设计

10.1　概　述

10.1.1　人工智能的含义与技术分类

人工智能(AI),顾名思义就是使人造系统或产品具有类似人类的智能,泛指研究、开发用于模拟、延伸和扩展人类智能的理论、方法、技术及应用系统。因此,人工智能就是研究人类智能活动的规律,构造具有一定智能的人工系统。人工智能研究的重点是模拟人类对知识的运用能力——怎样表示知识以及怎样获得知识并使用知识。

根据对知识处理方式的不同,人工智能技术分为规则推理算法和机器学习算法两大类,如图 10-1 所示。

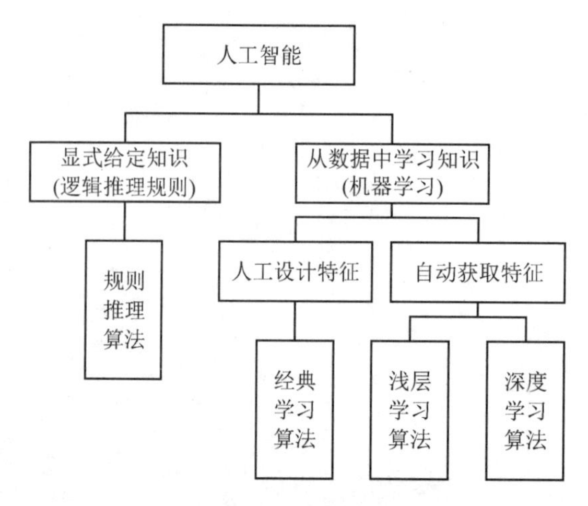

图 10-1　人工智能技术分类

1. 规则推理算法

规则推理算法是针对可以显示表达的知识——逻辑推理规则知识,进行逻辑规则的设计和应用,如专家系统、逻辑推理系统等。

2. 机器学习

机器学习是针对难以显示表达的知识,通过训练或者学习的方式,从数据中获取特征以及特征的组合,来作为知识的一种隐式表达,然后利用获取的知识完成新数据的回归计算或者分类判别。

根据特征的处理方式不同,机器学习又可以进一步分为如下三类:

(1) 经典学习算法

经典学习算法是采用人工设定特征来进行机器学习,如线性回归算法、线性分类算法等。

(2) 浅层学习算法

浅层学习算法是自动获取特征的一类机器学习算法，如神经网络、核方法等。由于特征的层级很少，通常只有一级，所以属于浅层学习。

(3) 深度学习算法

深度学习算法是自动获取连续多层特征的一类机器学习算法，如卷积神经网络、循环神经网络等。由于特征的层级多达几十层或者上百层，所以属于深度学习。

10.1.2　智能故障诊断在测试性设计中的作用

智能故障诊断是人工智能与故障诊断相结合的产物，简称智能诊断。与常规故障诊断技术相比，智能诊断通常会具有更高的诊断精度。由于测试性与故障诊断之间存在天然的紧密关系，以及装备的高精度诊断需求，因此很多智能诊断技术和方法也可以应用到装备的测试性设计中，如实现基于智能算法的故障检测与隔离、虚警识别与抑制、健康度量与故障预测等。

测试性设计所用的测试手段可以分为嵌入式测试和外部测试两大类，嵌入式测试受到装备上计算资源的严格限制，外部测试相对来说可用的计算资源丰富。智能诊断虽然具有诊断精度高的优点，但同时也具有算法复杂和计算量大导致的CPU资源占用多、反应速度慢等缺点。因此，智能诊断主要应用于装备的外部测试，很难用于装备的嵌入式测试。但近年来，随着装备上计算资源速度和容量的不断提升，部分CPU资源占用不太高的智能算法(或者简化算法)，在反应速度上能够满足测试性的诊断及时性要求，因而逐渐扩展应用到嵌入式测试中。

10.2　逻辑推理诊断

10.2.1　逻辑推理诊断的原理

逻辑推理诊断的原理如图10-2所示，主要包括两大环节：第一个环节是诊断知识的获取；第二个环节是逻辑推理诊断的使用。

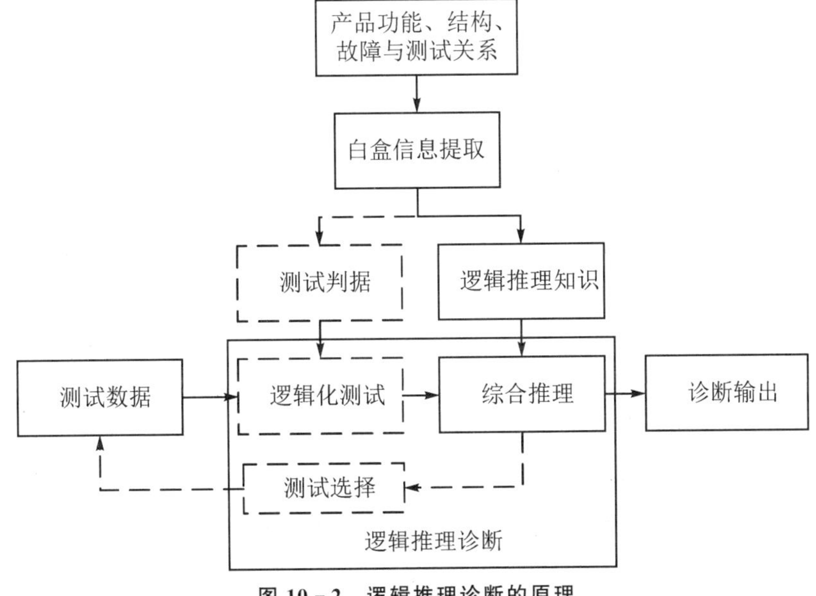

图10-2　逻辑推理诊断的原理

在诊断知识获取环节,需要结合产品的功能、结构、故障与测试关系等,进行故障与测试之间的白盒信息提取,如测试性建模和专家分析等,获得测试判据和逻辑推理知识。

在逻辑推理诊断使用环节,需要获取测试数据,然后根据测试判据进行逻辑化测试处理,最后利用逻辑推理知识进行综合推理,给出故障诊断结果。

在测试判据和逻辑化测试方面,存在两种情况:BIT 和非 BIT。当产品的测试是 BIT 时,由于 BIT 输出数据本身就符合二值逻辑量(逻辑 1 表示故障,逻辑 0 表示正常),因此不需要额外的测试判据和逻辑化测试的环节,可以直接应用逻辑推理知识进行综合推理。当产品的测试是非 BIT 时,需要确定测试判据,并根据测试判据确定逻辑化测试结果(逻辑 1 和逻辑 0),然后再应用逻辑推理知识进行综合推理。

在逻辑推理诊断方面,也存在两种模式:测试并行推理和测试串行推理。当所有的测试都是自动化测试时,很容易一次性得到全部测试数据,或者在推理之前已经得到全部测试数据,可以同时使用全部的逻辑化测试结果进行测试并行推理。当测试需要人工参与,或者为了简化推理工作量时,可以顺序使用单个测试数据进行测试串行推理,根据上一个测试结果阶段推理,确定需要执行的下一个测试,直到给出诊断结论。

10.2.2 测试判据与逻辑化测试

10.2.2.1 判别标识

判别是将测试数据判为逻辑值的基本计算要素,常用的判别标识符和示例如表 10-1 所列。

表 10-1 常用的判别标识符和示例

标识符	含 义	示 例
LT	小于(<)	LT0:小于 0
LE	小于或等于(≤)	LE0:小于或等于 0
GT	大于(>)	GT0:大于 0
GE	大于或等于(≥)	GE0:大于或等于 0
EE	等于(=)	EE0:等于 0
NE	不等于(≠)	NE0:不等于 0
LR	小于该测点上次采集的数据	—
GR	大于该测点上次采集的数据	—
EQ	等于该测点上次采集的数据	—
AV	平均值	AV03:计算前 3 次(包括本次测试)测试数据的平均值
&	逻辑“与”	—
		逻辑“或”	—
~	逻辑“非”	—
!	异或	—
()	优选运算	—

10.2.2.2　测试判据

测试判据是将产品的测试数据转换为二值逻辑的依据。由于逻辑0和逻辑1的出现是互斥的，因此可以仅定义逻辑值的一种情况（如逻辑1的判定条件）。

最常见的测试判据是仅根据单个测试的结果进行逻辑判别，其描述信息主要包括如下元组：

$$\text{单测试判据}=(\text{判据标识符},\text{判据含义},\text{测试},\text{判别条件}) \tag{10-1}$$

其中，判据标识符是作为快速索引的依据；判据含义是对逻辑1含义的简单描述；测试是对测试量或者测试参数的描述；判别条件是将测试结果确认为逻辑1的具体判据，如果满足判别条件，则逻辑值取1，否则取0。

单测试判据的示例参见表10-2。判据“E1_P_28V_01”的含义是若循环泵主泵采集电压≥0 V且<0.6 V，则判为“主泵断电”，“E1_P_28V_01”的逻辑值为1，否则为0。判据“E1_P_28V_02”的含义是若循环泵主泵采集电压>3.1 V且<4.1 V，则判为“主泵加电”，“E1_P_28V_02”的逻辑值为1，否则为0。

表10-2　单测试判据示例

判据标识符	判据含义	测　试	判别条件
E1_P_28V_01	主泵断电	循环泵主泵采集电压	(GE0)&(LT0.6)
E1_P_28V_02	主泵加电	循环泵主泵采集电压	(GT3.1)&(LT4.1)

工程中还存在很多使用两个测试比对方式进行状态判别的情况，其描述信息包括如下元组：

$$\text{双测试判据}=(\text{判据标识符},\text{判据含义},\text{测试1},\text{测试2},\text{判别条件}) \tag{10-2}$$

其中，测试1是主要观测的测试量或者测试参数的描述；测试2是对比的测试量或者测试参数的描述；判别条件是基于测试1数据减去测试2数据的差值，再进行逻辑1判别的具体判据，如果满足判据，则逻辑值取1，否则取0。

双测试判据的示例参见表10-3。判据“E2_P_ZS_03”的含义是若循环泵主泵转速测量值减去循环泵主泵转速设定值的差值<-500 r/min或者>500 r/min，则判为“主泵转速异常”，“E2_P_ZS_03”的逻辑值为1，否则为0。判据“E2_P_YC_01”的含义是若循环泵主泵出口压力减去循环泵入口压力的差值小于上次的数值，则判为“循环泵主泵出口压力与循环泵入口压力差值减小”，“E2_P_YC_01”的逻辑值为1，否则为0。

表10-3　双测试判据示例

判据标识符	判据含义	测试1	测试2	判别条件
E2_P_ZS_03	主泵转速异常	循环泵主泵转速测量值	循环泵主泵转速设定值	(LT-500)|(GT500)
E2_P_YC_01	循环泵主泵出口压力与循环泵入口压力差值减小	循环泵主泵出口压力	循环泵入口压力	LR

工程中还存在表决类型的状态判别，其描述信息包括如下元组：

$$表决判据=证据标识符,证据含义,测试数量 N,表决数 M,(测试1,判据1,测试2,判据2,\cdots) \quad (10-3)$$

其中,测试数量 N 是指参与表决的测试数量;表决数 M 确定表决依据,若满足判据的测试数量达到 M 个以上,则逻辑值取1,否则取0。模型中的后续测试和判据是参与表决的具体测试和相应的判据。

表决判据的示例参见表10-4。判据“E3_RC”的含义是若3个输入通道中有两个通道状态输出为0,则判为“余度通道不足”,“E3_RC”的逻辑值为1,否则为0。

表10-4 表决判据示例

判据标识符	判据含义	测试数量 N	表决数 M	测试1	判别条件1	测试2	判别条件2	测试3	判别条件3
E3_RC	余度通道不足	3	2	通道1状态	EE0	通道2状态	EE0	通道3状态	EE0

10.2.2.3 逻辑化测试

对于非BIT类的测试,需要根据测试判据,将测量值转换为逻辑值,这个操作称为逻辑化测试。由于逻辑化的结果只有两种情况,为了便于后续的诊断推理描述,通常直接采用判据标识符代表逻辑1,增加“～”符号的判据标识符代表逻辑0。这种逻辑化之后的结果称为证据,示例如表10-5所列。

表10-5 逻辑化测试示例

判据标识符	测量值/V	逻辑化测试	证　据
E1_P_28V_01	0	E1_P_28V_01=1	E1_P_28V_01
E1_P_28V_01	0.8	E1_P_28V_01=0	～E1_P_28V_01

对于BIT,其输出就是逻辑值,因此不需要逻辑化测试操作,可以直接转换为证据,示例如表10-6所列。

表10-6 BIT示例

BIT标识符	逻辑值	证　据
FPGA_PBIT_01	FPGA_PBIT_01=1	FPGA_PBIT_01
FPGA_PBIT_01	FPGA_PBIT_01=0	～FPGA_PBIT_01

10.2.3 诊断推理知识与综合推理

10.2.3.1 诊断推理知识的获取

诊断推理知识是指基于确认的证据,进行故障检测与故障隔离的逻辑推理规则。这些规则主要反映了产品故障与测试之间的相关性关系,需要通过产品的功能、结构、测试布局进行白盒分析来获取。

诊断推理知识获取的主要来源包括相关性建模分析数据、状态流图建模分析数据、故障树分析数据和专家知识。

(1) 相关性建模分析数据

通过相关性建模分析，可以获得产品内部功能结构、故障和测试的相关性关系，这种关系是基于二值逻辑处理的，得到的相关性矩阵、故障诊断树等都可以作为逻辑推理规则进行故障检测和隔离。由于相关性建模分析是装备研制中必做的测试性工作项目，而且面向 FMECA 中的特定产品层级全部故障模式开展，因此相关性建模分析是诊断推理知识获取的重要来源，而且得到的诊断推理知识能够涵盖产品全部的可检测故障模式。

(2) 状态流图建模分析数据

通过状态流图建模分析，也可以获得故障与测试之间的相关性关系，生成相关性矩阵，其可以作为逻辑推理规则进行故障检测和隔离。状态流图建模分析较为复杂，主要针对成品及以下单元开展，也不是必做的测试性工作项目，因此在具备状态流图建模分析数据的条件下，可以将其作为诊断推理知识获取的来源。

(3) 故障树分析数据

通过故障树分析，可以得到导致顶事件发生的因果关系树，这种故障树是符合二值逻辑关系的，可以转换为逻辑推理规则进行故障隔离。将容易实施/发现的测试异常作为顶事件，将故障隔离相关的其他测试异常作为中间事件，将要隔离的故障模式作为底事件，依此建立故障树，并反推得到故障与各测试异常之间的逻辑组合关系，可做为诊断推理知识。虽然故障树分析覆盖的故障较少，但最小割集可以涵盖多故障并发情况，因此可以做为诊断推理知识的重要补充。

(4) 专家知识

专家是指对产品设计、制造和使用具有丰富经验的技术人员，对产品的功能原理和结构组成非常清楚，对产品的故障表现和诊断具有长期的积累，掌握了很多利用上述标准化方法不能准确获取的故障与测试关联关系。这些专家知识可以转化为逻辑推理规则，进行疑难杂症的诊断推理。

10.2.3.2　推理知识的形式

根据表达方式的差异，推理知识的形式包括三类：逻辑向量、逻辑组合表达式、故障诊断树。

(1) 逻辑向量

逻辑向量是将全部的故障都表示为一组给定测试的逻辑值向量，表 10－7 给出了 D 矩阵形式的逻辑向量示例。

表 10－7　D 矩阵形式的逻辑向量示例

故　障	流量测试无输出(T_1)	流量测试控制信号无输出(T_2)	PBIT_01(T_3)	温度测试超量程(T_4)
调节阀无法驱动(F_1)	1	1	1	0
电源板±12 V 无输出(F_2)	1	0	1	1
循环泵加断电指令无输出(F_3)	1	1	0	1
测控板 AD 通道不工作(F_4)	0	1	1	0

当测试的排列次序固定不变时,例如表10-7所列的次序,则D矩阵可以进一步改写为如表10-8所列的更简洁的逻辑向量。

(2) 逻辑组合表达式

逻辑组合表达式是指将故障直接表达为证据的逻辑组合。基于表10-7所列的示例,可以得到故障的逻辑表达式,如表10-9所列。

表10-8 逻辑向量示例

故障	逻辑向量
F_1	1110
F_2	1011
F_3	1101
F_4	0110

表10-9 逻辑组合表达式示例

故障	逻辑组合表达式
F_1	T_1 & T_2 & T_3& (!T_4)
F_2	T_1 & (!T_2) & T_3 & T_4
F_3	T_1 & (!T_2) & T_3 & T_4
F_4	(!T_1) & T_2 & T_3 & (!T_4)

(3) 故障诊断树

故障诊断树是指根据顺序测试的逻辑值构建的二分支决策树,包括故障检测树、故障隔离树和故障检测隔离混合树。故障诊断树的图形示例见图10-3,表格示例见表10-10。

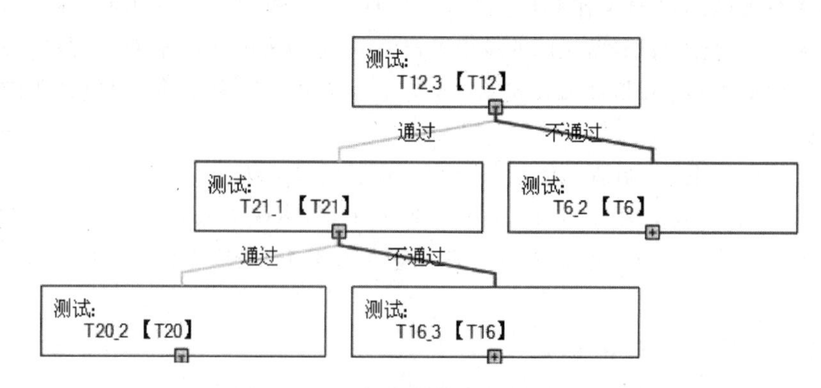

图10-3 故障诊断树的图形示例

表10-10 故障诊断树的表格示例

测试步骤	测试或者诊断结果	测试判别	下一步测试
1	T12_3	0(通过)	1
		1(不通过)	25
2	T21_1	0(通过)	3
		1(不通过)	14
3	T20_2	0(通过)	4
		1(不通过)	11
4	无故障	—	结束

10.2.3.3　综合推理

(1) 基于逻辑向量知识的综合推理

基于逻辑向量知识的综合推理机制如图 10－4 所示。将逻辑化测试结果,按预定的测试排列顺序形成逻辑值特征向量,然后送入推理机进行推理;推理机完成逻辑向量知识的索引、加载处理,以及特征向量与各逻辑向量之间的比对,完成诊断推理,并输出诊断结果。基于逻辑向量知识的综合推理需要同时使用所有的测试结果,因此属于全局并行测试推理。

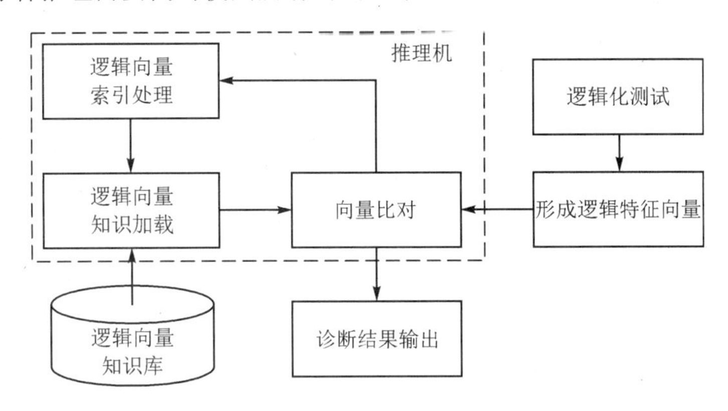

图 10－4　基于逻辑向量知识的综合推理机制

考虑到逻辑向量知识在应用中存在更新和调整的需求,推理机通常应采用与逻辑向量知识库相分离的设计方案。逻辑向量知识在不存在经常变动的情况时,可以直接嵌入到推理机中,可实现更快速的推理。

(2) 基于逻辑组合表达式的综合推理

基于逻辑组合表达式的综合推理机制如图 10－5 所示。将逻辑化测试结果形成证据集,然后送入推理机进行推理;推理机完成逻辑表达式知识的激活加载和索引处理,完成逻辑计算,并输出诊断结果。考虑到多数情况下的诊断应用都是针对少量证据变化的故障诊断,为了提高诊断效率,通常都会先构建与证据变化相关的逻辑表达式知识,然后再进行逻辑计算。由于逻辑表达式涉及的测试结果需要同时提供,因此属于局部并行测试推理。

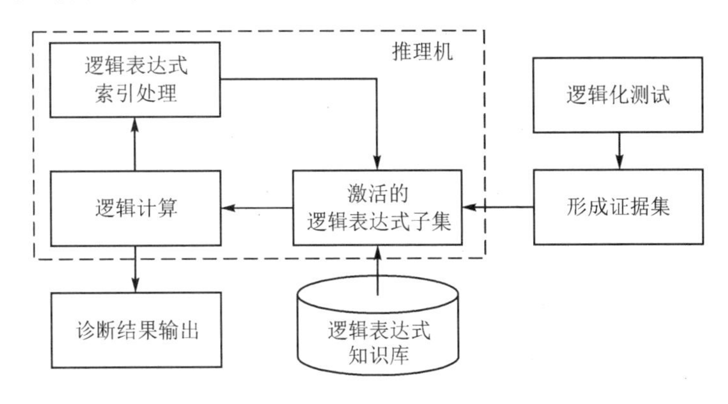

图 10－5　基于逻辑组合表达式的综合推理机制

(3) 基于故障诊断树的综合推理

基于故障诊断树的综合推理机制如图 10－6 所示。首先加载诊断树的起始节点,然后根据起始节点对应的测试,获取逻辑化测试结果,并进行逻辑判别。根据判别结果依次加载后续的诊断树节点,迭代进行逻辑化测试的判别,直到给出诊断结果为止。这种推理机制在每一次判别时仅使用一个测试结果,因此属于串行测试推理。

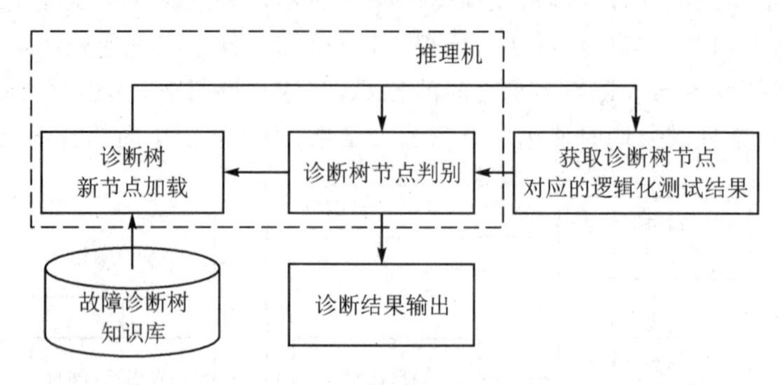

图 10-6 基于故障诊断树的综合推理机制

10.2.4 电源模块的逻辑推理诊断示例

10.2.4.1 对象设计说明

某电源模块以直流 28 V 作为输入,通过内部串行的电压变换电路,形成 12 V、5 V、3.3 V、2.5 V、1.8 V 和 0.9 V 六种直流供电输出。

在测试点方面,每类直流供电输出端都设置了测试点,并对其中的两个关键器件设置了温度测试点,共有 8 个测试。在测试点的基础上,设计了相应的 8 个 BIT,以实现对测试点数据的逻辑化处理。

10.2.4.2 诊断推理知识与推理设计

通过对电源模块的测试性建模分析,获得了电源模块 13 个典型故障模式与 8 个 BIT 组成的 D 矩阵,如图 10-7 所示,其中矩阵的行对应不同的故障模式,列对应不同的 BIT。

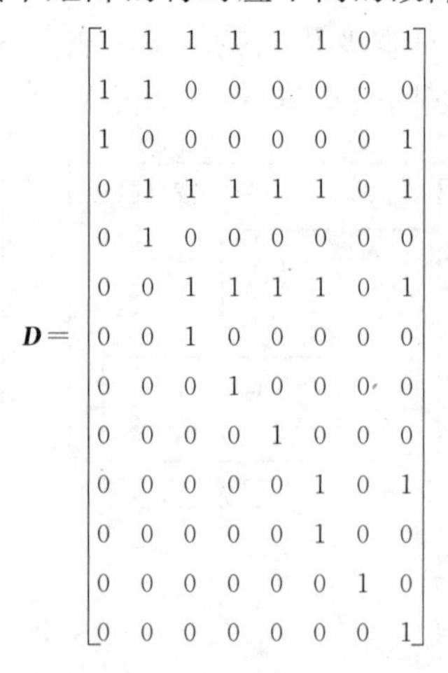

$$\boldsymbol{D}=\begin{bmatrix}1&1&1&1&1&1&0&1\\1&1&0&0&0&0&0&0\\1&0&0&0&0&0&0&1\\0&1&1&1&1&1&0&1\\0&1&0&0&0&0&0&0\\0&0&1&1&1&1&0&1\\0&0&1&0&0&0&0&0\\0&0&0&1&0&0&0&0\\0&0&0&0&1&0&0&0\\0&0&0&0&0&1&0&1\\0&0&0&0&0&1&0&0\\0&0&0&0&0&0&1&0\\0&0&0&0&0&0&0&1\end{bmatrix}$$

图 10-7 电源模块的 D 矩阵

将该 D 矩阵作为诊断知识,进行综合推理设计,推理算法软件主要包括两部分,说明如下:

(1) 诊断知识加载

在初始化阶段,进行诊断知识加载,将知识库的数据读取后,赋值给相关性矩阵二维数组。

(2) 逻辑推理

在每个循环周期,都执行一遍逻辑推理算法,算法的简化流程如图 10-8 所示。

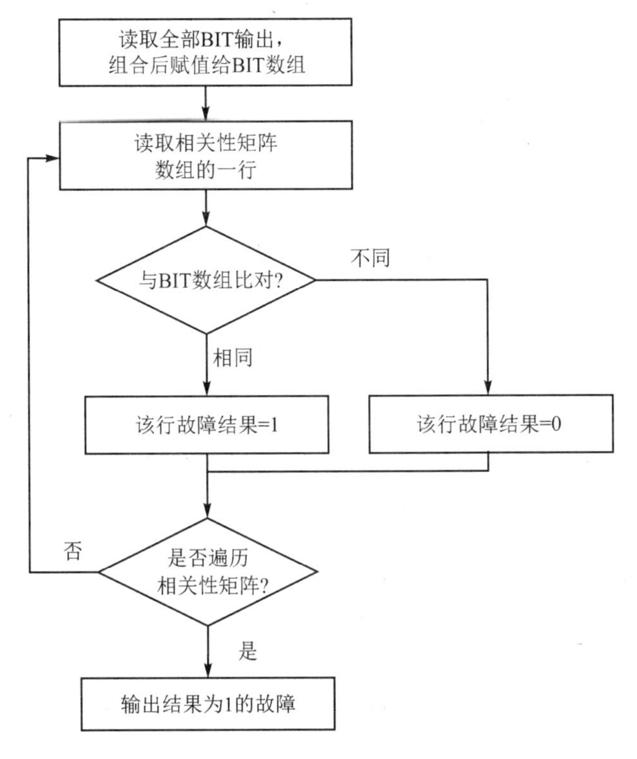

图 10-8　电源模块逻辑推理流程

10.2.5　信号调理模块的逻辑推理诊断示例

10.2.5.1　对象设计说明

某信号调理模块包括如下电路:输入滤波、一级放大、二级放大、三级放大、四级放大、五级放大和输出滤波。

在测试点方面,设置了 5 个测试点,包括一级放大测试点、二级放大测试点、三级放大测试点、四级放大测试点和输出测试点。这些测试点的正常门限值范围如表 10-11 所列。

表 10-11　信号调理模块测试点的正常门限值范围

测试点	门限值/V
一级放大测试点	[0.027 4, 0.060 4]
二级放大测试点	[−0.826 7, −0.375 1]
三级放大测试点	[1.875, 4.134]
四级放大测试点	[−5.582, −1.066]
输出测试点	[0.796 2, 4.206]

10.2.5.2 诊断推理知识与推理设计

通过对信号调理模块的测试性建模分析,获得的故障诊断树如表10-12所列,其中,诊断结果包含两个故障的情况是指模糊组诊断故障;“测试判别”列中,“Yes”对应测试通过,“No”对应测试不通过。

表10-12 信号调理模块的故障诊断树

测试步骤	测试或者诊断结果	测试判别	下一步测试
1	三级放大测试点	Yes	2
		No	3
2	四级放大测试点	Yes	4
		No	5
3	一级放大测试点	Yes	6
		No	7
4	输出测试点	Yes	8
		No	9
5	四级放大电路故障	—	结束
6	二级放大测试点	Yes	10
		No	11
7	输入滤波电路故障 一级放大电路故障	—	结束
8	正常	—	结束
9	五级放大电路故障 输出滤波电路故障	—	结束
10	三级放大电路故障	—	结束
11	二级放大电路故障	—	结束

将该故障诊断树作为诊断知识,进行综合推理设计,推理算法的简化流程如图10-9所示。

10.2.6 流体系统的逻辑推理诊断示例

10.2.6.1 对象设计说明

某流体系统包括流体回路和热控抽屉两大部分,其中,流体回路包含有循环泵、单向阀、调节阀、截止阀、温度传感器、压力传感器、流量传感器和电子控制器等部件,热控抽屉包含调节阀、温度传感器、压力传感器、流量传感器和电子控制器等部件。

流体系统设置了155个测试,根据系统规范确定了这些测试的判别门限。根据判别门限定义的部分判据示例参见表10-2和表10-3。

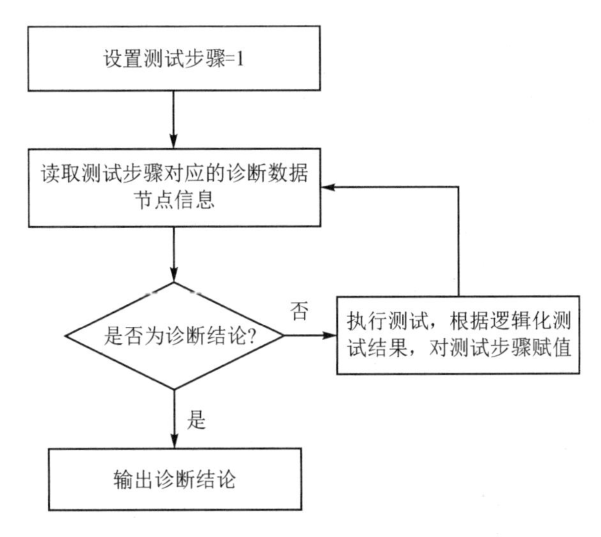

图 10-9　信号调理模块的逻辑推理算法的简化流程

10.2.6.2　诊断推理知识与推理设计

通过流体系统的测试性建模分析，获得了流体系统的 D 矩阵，包括 214 个功能故障模式和 155 个测试。

此外，还根据专家经验获得了专家知识 103 条，并将专家知识整理成了逻辑组合表达式，部分表达式的示例见表 10-13。其中，单元是指故障所在的单元；故障模式是指故障的具体表现；逻辑表达式是基于证据的逻辑组合关系式；判别次数是故障报警前的循环次数，用于虚警抑制。

表 10-13　流体系统的逻辑表达式示例

单　元	故障模式	逻辑表达式	判别次数
循环泵 主泵配电盒	无 28 V 输出	(E1_100V(a)_01 & E1_P_28V_01) | (E1_100V(a)_01 & E1_P_12V_01)	3
主泵驱动器	无驱动信号输出	(E1_P_28V_02 & E1_P_12V_01) | (E1_P_28V_02 & E1_P_ZS_02)	3
主泵驱动器	驱动电流变大	(E1_P_28V_02 & E1_P_12V_02 & E2_P_ZS_03) | (E1_P_28V_02 & E2_P_ZS_03)	3

这里同时将 D 矩阵和专家知识作为诊断知识进行综合推理设计，推理算法的简化流程如图 10-10 所示。

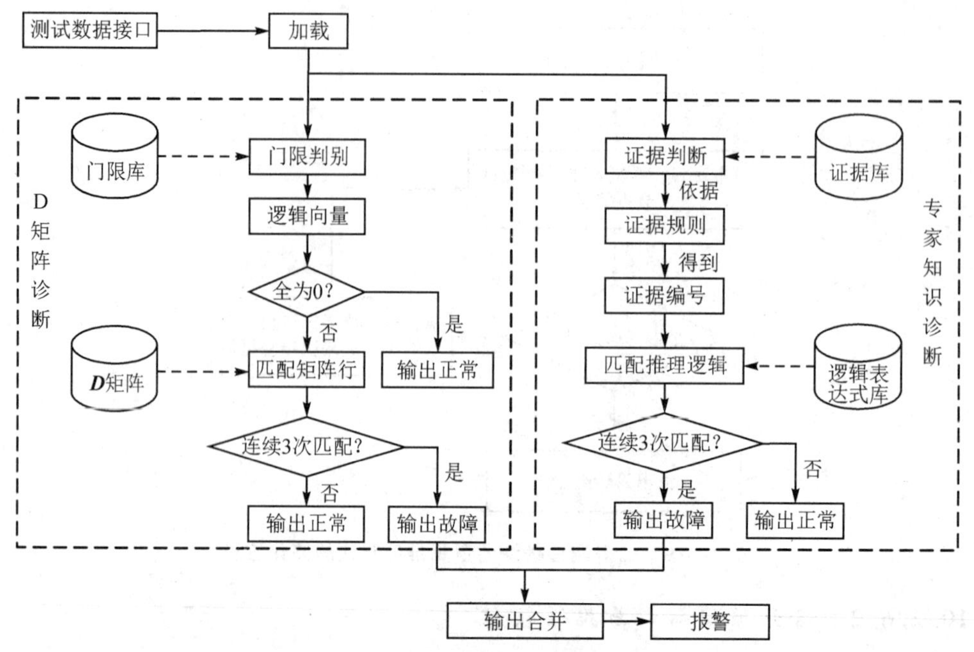

图 10-10 流体系统的推理算法的简化流程

10.3 机器学习诊断

10.3.1 机器学习算法原理

10.3.1.1 经典学习算法

经典学习算法是采用人工设定特征来进行机器学习的算法,包括线性回归和线性分类两大类机器学习算法。经典学习算法见表 10-14。

表 10-14 经典学习算法

算法分类	算法名称	算法说明
线性回归	多项式曲线拟合	特征被限定为数据的幂函数,以幂函数的加权和(多项式函数)形式建立回归曲线
	线性基函数模型	特征被限定为数据的基函数,以基函数的加权和形式建立回归曲线
	贝叶斯线性回归	进一步假设权值向量具有高斯先验分布
线性分类	线性判别式函数	特征被限定为数据的一维投影,采用判别函数进行一维映射,得到不同的类型。使用 Fisher 准则确定判别函数的投影方向,称为 Fisher 线性判别
	概率生成模型	特征被限定为具有均值和协方差的概率分布数据,在定义类别-条件概率密度函数的高斯分布基础上,通过计算数据点属于某个类别的后验概率,来确定分类。根据不同类别的协方差是否相同,概率生成模型又细分为线性判别式分析和二次判别式分析两种不同的模型
	概率判别式模型	特征限定为数据的基函数,在基函数加权和基础上直接确定类别判定的概率函数,也称为逻辑回归

下面给出典型算法的具体模型。

1. 多项式曲线拟合

多项式曲线拟合的通用模型如下：

$$y(x, \boldsymbol{w}) = w_0 + w_1 x + w_2 x^2 + \cdots + w_M x^M = \sum_{j=0}^{M} w_j x^j \tag{10-4}$$

式中：$y(x, \boldsymbol{w})$——数据点 x 的函数；

$\boldsymbol{w}$——权重向量，包括 $w_0, w_1, w_2, \cdots, w_M$ 等权重，M 代表多项式的阶数。

2. 线性基函数模型

线性基函数模型如下：

$$y(x, \boldsymbol{w}) = w_0 + \sum_{j=1}^{M-1} w_j \phi_j(x) \tag{10-5}$$

式中：$\phi_j(x)$——选定的基函数，即数据点 x 的特征。当采用多项式基函数时，该模型就转变为多项式曲线拟合模型。

3. 贝叶斯线性回归

贝叶斯线性回归是在线性基函数模型的基础上，进一步假设权重向量 $\boldsymbol{w}$ 具有均值为 0 的先验高斯分布，通过训练数据解算得到 $\boldsymbol{w}$ 的后验高斯分布。

4. 线性判别式函数

以二分类为例，线性判别式函数的通用模型如下：

$$y(\boldsymbol{x}) = \boldsymbol{w}^{\mathrm{T}} \boldsymbol{x} + w_0 \tag{10-6}$$

式中：$y(\boldsymbol{x})$——判别函数，当 $y(\boldsymbol{x}) \geqslant 0$ 时，数据点 $\boldsymbol{x}$ 分配为 C_1 类；当 $y(\boldsymbol{x}) < 0$ 时，数据点 $\boldsymbol{x}$ 分配为 C_2 类。

5. 概率生成模型

以二分类为例，概率生成模型如下：

$$p(C_1 \mid \boldsymbol{x}) = \sigma(\boldsymbol{w}^{\mathrm{T}} \boldsymbol{x} + w_0) \tag{10-7}$$

式中：$p(C_1|\boldsymbol{x})$——数据点 $\boldsymbol{x}$ 属于 C_1 类的概率，当 $p(C_1|\boldsymbol{x}) \geqslant 0.5$，数据点 $\boldsymbol{x}$ 属于 C_1 类；

σ——逻辑 S 形函数。

在概率生成模型中，由于引入了类别-数据点之间条件高斯分布假设，所以权重向量 $\boldsymbol{w}$ 具有闭合解。

6. 概率判别式模型

概率判别式模型与概率生成模型具有相同的公式，区别之处是：概率判别式模型没有引入类别-数据点之间条件高斯分布假设，权重向量 $\boldsymbol{w}$ 没有闭合解。

在模型训练（学习）方面，在训练数据基础上，回归模型采用平方误差和最小化、最大可能性、岭回归、套索回归等方法求解权重向量 $\boldsymbol{w}$，分类模型可以采用交叉熵误差函数求解权重向量 $\boldsymbol{w}$。

10.3.1.2　浅层学习算法

浅层学习算法是具有较少层级特征的机器学习算法，包括神经网络、核方法和稀疏核机三类机器学习算法，具体的算法见表 10－15。

表 10-15 浅层学习算法

算法分类	算法名称	算法说明
神经网络	前馈神经网络	由1个数据输入层、多个隐藏层和1个结果输出层组成的前馈神经网络，实现回归和分类，也称为多层感知器。网络中的多个隐含层代表数据的多层特征提取，通常使用的前馈神经网络中仅包含1个输入层、1个隐含层和1个输出层
核方法	径向基函数网络（RBF 网络）	由1个输入层、1个隐藏层和1个输出层组成的网络，隐含层为数据映射到高维特征空间后的中心向量高斯核，中心向量在训练过程中自动选择，可用于回归和分类
	高斯过程回归（GPR）	将数据点看作高斯分布随机变量，将数据集看作高斯随机过程，然后利用条件高斯分布计算新数据点的标签值，进行回归计算。数据集的协方差是基于数据高维特征的核运算得到的
	高斯过程分类（GPC）	在高斯过程回归基础上，增加逻辑S形函数，使输出为0～1的概率值可用于分类判别
稀疏核机	支持向量机（SVM）	将数据映射到高维特征空间，然后在特征空间学习得到只有少量数据点决定的最大边距的分类超平面，主要用于分类
	相关向量机（RVM）	将数据映射到高维特征空间，基于贝叶斯线性回归原理，取消权重的等方差限定，得到少量数据点决定的回归曲线，主要用于回归

下面给出典型算法的具体模型。

1. 前馈神经网络

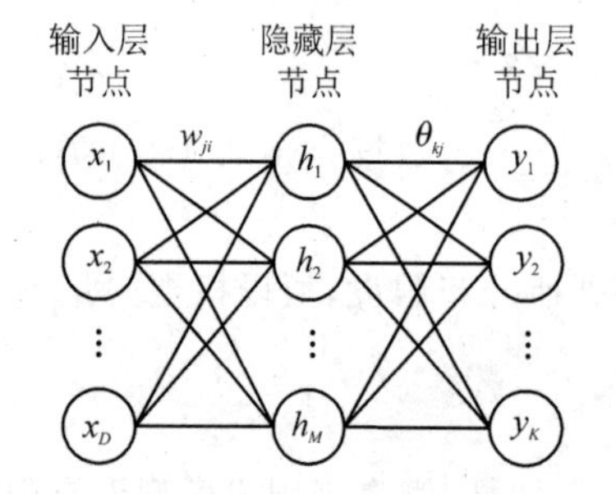

图 10-11 前馈神经网络的示意图

前馈神经网络是基于神经元计算原理形成的计算网络，常用的网络包括1个输入层、1个隐藏层和1个输出层，简单示意图如图10-11所示。其中，输入层节点对应的是D维输入数据点，隐藏层节点对应的是变换后的M维特征，输出层节点对应的是最后的K维输出。当处理回归问题时，输出层节点通常只有一维；当处理分类问题时，输出层节点可以是K维的类别标签，或者K个类别的概率。

图10-11所示网络对应的计算模型如下：

$$y_k = f\left[\sum_{j=1}^{M}\theta_{kj}h\left(\sum_{i=1}^{D}w_{ji}x_i + b_j\right) + c_k\right] \tag{10-8}$$

式中：θ_{kj}，w_{ji}——网络的权值；

x_i——数据点的第i维输入数据；

b_j——隐藏层节点h_j的偏置量；

c_k——输出层节点y_k的偏置量。

通常，隐藏层节点的计算函数$h(x)$采用典型的激活函数，输出层节点的计算函数$f(x)$采用直接加权求和或者逻辑S形函数等。

前馈神经网络采用误差反向传播算法进行学习训练，获得 θ_{kj}、w_{ji}、b_j、c_k 等权重和偏置值。

2. 径向基函数网络(RBF 网络)

RBF 网络包括 1 个输入层、1 个隐藏层和 1 个输出层，简单示意图如图 10－12 所示。其中，输入层节点对应的是 D 维输入数据点，隐藏层节点对应的是变换后的 M 维中心向量径向基函数特征，输出层节点对应的是最后的一维输出。当处理回归问题时，输出层节点对应回归值；当处理分类问题时，输出层节点对应类别值。

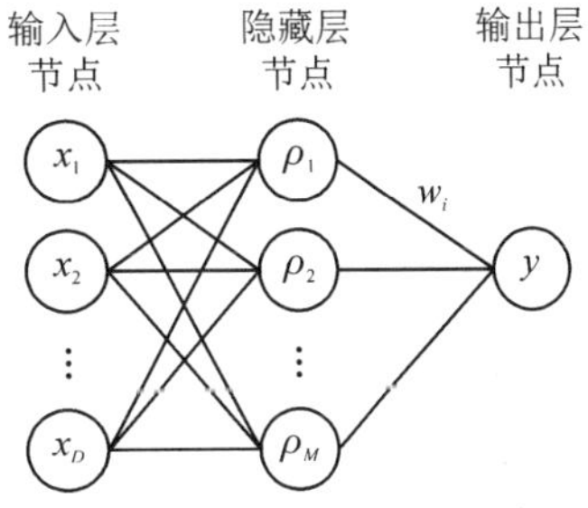

图 10－12　RBF 网络的示意图

图 10－12 所示网络对应的计算模型如下：

$$y=\sum_{i=1}^{M} w_i\rho_i(\| x-\mu_i \|) \tag{10-9}$$

式中：w_i——网络的权值；

x——输入数据；

μ_i——从数据中选择的第 i 个中心点；

$\rho_i(\| x-\mu_i \|)$——径向基函数，通常采用高斯核函数。

RBF 网络采用最小化平方误差和方法进行学习训练，获得 w_i、μ_i 等权重和中心点。

3. 高斯过程回归

高斯过程回归采用与贝叶斯线性回归相同的模型，假设权值服从均值为 0、方差为 α^{-1} 的高斯分布，此时模型的输出服从如下高斯分布：

$$p(\boldsymbol{y})=N(\boldsymbol{y} \mid \boldsymbol{0},\boldsymbol{K}) \tag{10-10}$$

式中：$\boldsymbol{y}$——数据点对应的模型输出值向量；

$\boldsymbol{0}$——由 0 组成的均值向量；

$\boldsymbol{K}$——由数据点之间的核函数值构成的协方差矩阵。

$\boldsymbol{K}$ 中元素的核函数计算公式如下：

$$K_{nm}=k(\boldsymbol{x}_n,\boldsymbol{x}_m)=\frac{1}{\alpha}\boldsymbol{\phi}(\boldsymbol{x}_n)^{\mathrm{T}}\boldsymbol{\phi}(\boldsymbol{x}_m) \tag{10-11}$$

式中：$\boldsymbol{x}_n,\boldsymbol{x}_m$——第 n 个和第 m 个数据点；

$\boldsymbol{\phi}(\cdot)$——特征空间映射。

同时，进一步假设数据的标签值服从均值为模型输出值、方差为 β^{-1} 的高斯分布，则可以进一步得到数据的标签值服从如下高斯分布：

$$p(\boldsymbol{t})=N(\boldsymbol{t} \mid \boldsymbol{0},\boldsymbol{C}) \tag{10-12}$$

式中：$\boldsymbol{t}$——数据点对应的标签值向量；

$\boldsymbol{0}$——由 0 组成的均值向量；

$\boldsymbol{C}$——协方差矩阵，且 $\boldsymbol{C}=\boldsymbol{K}+\beta^{-1}\boldsymbol{I}_N$。

当出现新数据 x_* 时，其对应的新标签值 t_* 与原有的数据标签值向量 $\boldsymbol{t}$ 构成新的标签值向量，并服高斯分布：

$$\begin{bmatrix} \boldsymbol{t} \\ t_* \end{bmatrix} \sim N\left(\begin{bmatrix} \boldsymbol{0} \\ 0 \end{bmatrix},\begin{pmatrix} \boldsymbol{C}_N & \boldsymbol{k} \\ \boldsymbol{k}^{\mathrm{T}} & c \end{pmatrix}\right) \tag{10-13}$$

式中：$c=k(\boldsymbol{x}_*,\boldsymbol{x}_*)+\beta^{-1}$，为新数据自身的核函数值；

$\boldsymbol{C}_N$——原来 N 个数据点对应的协方差矩阵；

$\boldsymbol{k}$——新数据与原来 N 个数据计算的核函数列向量。

在此基础上，根据条件高斯分布计算原理，得到给定 $\boldsymbol{t}$ 条件下新标签 t_* 的分布为

$$p(t_* \mid \boldsymbol{t})=N(\boldsymbol{k}^{\mathrm{T}}\boldsymbol{C}_N^{-1}\boldsymbol{t},\ c-\boldsymbol{k}^{\mathrm{T}}\boldsymbol{C}_N^{-1}\boldsymbol{k}) \tag{10-14}$$

在训练时，采用式(10-13)最大化方法确定 α、β 和 $\boldsymbol{\phi}(\boldsymbol{x})$ 中的参数值。

4. 高斯过程分类

高斯过程分类是在高斯过程回归基础上，将高斯过程回归的标签量改为 $\boldsymbol{a}$，类别标签量为 $\boldsymbol{t}$，并增加逻辑 S 形函数，以得到类别的概率值，变换公式如下：

$$p(a_* \mid \boldsymbol{a})=N(\boldsymbol{k}^{\mathrm{T}}\boldsymbol{C}_N^{-1}\boldsymbol{a},\ c-\boldsymbol{k}^{\mathrm{T}}\boldsymbol{C}_N^{-1}\boldsymbol{k}) \tag{10-15}$$

$$p(t_* \mid a_*)=\sigma(a_*) \tag{10-16}$$

推导得到类别标签 $\boldsymbol{t}$ 条件下的 a_* 分布如下：

$$p(a_* \mid \boldsymbol{t})=N(\boldsymbol{k}^{\mathrm{T}}(\boldsymbol{t}-\boldsymbol{\sigma}),c-\boldsymbol{k}^{\mathrm{T}}(\boldsymbol{W}_N^{-1}+\boldsymbol{C}_N)^{-1}\boldsymbol{k}) \tag{10-17}$$

式中：a_*——新数据点的高斯过程回归标签量；

$\boldsymbol{\sigma}$——数据点的类别概率向量；

$\boldsymbol{W}_N^{-1}$——由数据点的两种类别概率乘积作为主对角线元素的对角阵的逆矩阵。

在训练时，同样采用边缘概率最大化方法确定 α、β 和 $\boldsymbol{\phi}(\boldsymbol{x})$ 中的参数值。

5. 支持向量机(SVM)

SVM 算法是将原始数据映射到特征空间，然后在特征空间进行最大边距的二分类算法，分类原理见图 10-13。其目的是找到一个二分类的决策边界，使决策边界与最近特征数据点的距离最大，即边距最大。

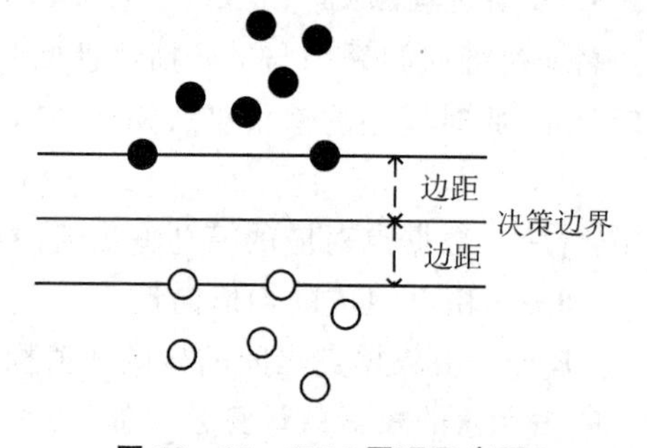

图 10-13　SVM 原理示意图

SVM 算法采用如下线性模型表示：

$$y(\boldsymbol{x})=\boldsymbol{w}^{\mathrm{T}}\boldsymbol{\phi}(\boldsymbol{x})+b \tag{10-18}$$

当模型输出 $y(\boldsymbol{x})>0$ 时，类别标签 $t=+1$；当 $y(\boldsymbol{x})<0$ 时，类别标签 $t=-1$。在假设边距值为 1 的情况下，可得到最大边距的优化模型：

$$\underset{W,b}{\arg\min}\ \frac{1}{2}\|\boldsymbol{w}\|^2 \tag{10-19}$$

约束条件为

$$t_i y(\boldsymbol{x}_i)\geqslant 1,\quad i=1,2,\cdots,N \tag{10-20}$$

式中：$\boldsymbol{x}_i$——第 i 个数据点；

t_i——第 i 个数据点的分类标签；

N——数据点的数量。

引入拉格朗日因子 a，进行拉格朗日函数处理后最小化，得到：

$$y(\boldsymbol{x})=\sum_{i=1}^{N}a_i t_i k(\boldsymbol{x},\boldsymbol{x}_i)+b \tag{10-21}$$

$$b=\frac{1}{N_S}\sum_{i\in S}\left[t_i-\sum_{j\in S}a_j t_j k(\boldsymbol{x}_i,\boldsymbol{x}_j)\right] \tag{10-22}$$

以及如下的限定条件：对每个数据点 $\boldsymbol{x}_i$，要么 $a_i=0$，数据点不参与计算；要么 $t_i y(\boldsymbol{x}_i)=1$，数据点位于边距线上，这些位于边距线上的点称为支持向量，全部支持向量的集合为 S，N_S 为支持向量的数量。

6. 相关向量机(RVM)

RVM 的模型如下：

$$y(\boldsymbol{x})=\boldsymbol{w}^{\mathrm{T}}\boldsymbol{\phi}(\boldsymbol{x}) \tag{10-23}$$

并引入如下两个高斯分布假设：

$$p(\boldsymbol{w} \mid \boldsymbol{\alpha})=\prod_{i=1}^{M} N(w_i \mid 0,\ \alpha_i^{-1}) \tag{10-24}$$

$$p(t \mid y(\boldsymbol{x})=N(t \mid y(\boldsymbol{x}),\ \beta^{-1}) \tag{10-25}$$

推导得到权重向量的后验分布如下：

$$\boldsymbol{w} \sim N(\boldsymbol{m},\ \Sigma) \tag{10-26}$$

$$\boldsymbol{m}=\beta\Sigma\boldsymbol{\Phi}^{\mathrm{T}}\boldsymbol{t} \tag{10-27}$$

$$\Sigma=(\boldsymbol{A}+\beta\boldsymbol{\Phi}^{\mathrm{T}}\boldsymbol{\Phi})^{-1} \tag{10-28}$$

$$\boldsymbol{A}=\mathrm{diag}(\alpha_i) \tag{10-29}$$

式中：$\boldsymbol{\Phi}$——全部数据点组成的设计矩阵。

在训练中，需要采用 EM 算法获得最后的数值结果，并发现很多 α_i 数值变得极大，导致对应的 w_i 均值和方差都变为 0，使特征 $\boldsymbol{\phi}_i(\boldsymbol{x})$不再参与式(10－24)的计算。

当采用如下公式表示时：

$$y(\boldsymbol{x})=\sum_{i=1}^{N} w_i k(\boldsymbol{x},\boldsymbol{x}_i)+b \tag{10-30}$$

通过训练，式(10－30)中的部分 w_i 为 0，剩余权值不为 0 对应的数据点称为相关向量。

10.3.1.3　深度学习算法

深度学习算法是具有较多层级特征的机器学习算法，目前研究应用较多为卷积神经网络和循环神经网络。

1. 卷积神经网络

卷积神经网络是针对图形化数据，采用共享权重数据与输入数据的卷积计算，实现特征提取，根据提取的特征再进行分类判别。

卷积神经网络的基本结构组成如图 10－14 所示，包括一个输入层、一个输出层，以及中间的多重卷积与采样对，最后的采样层与输出层之间采用全连接方式。

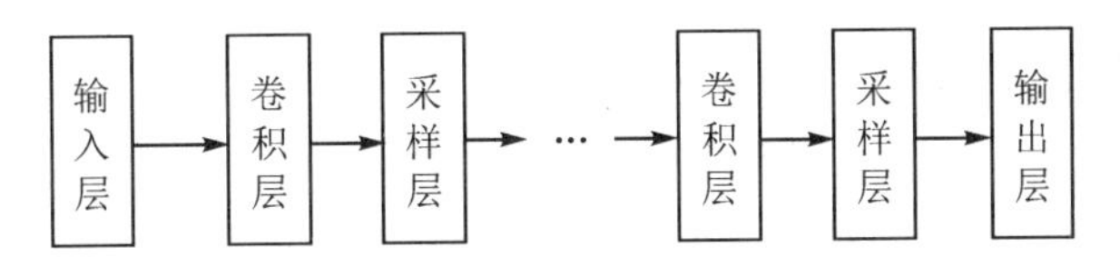

图 10－14　卷积神经网络的基本结构组成

输入层对应原始数据，输出层对应分类结果。卷积层是基于一个或者多个共享权重(局部特征)与前一层数据卷积后得到的一个或者多个特征映射数据，因此一个卷积层内可以包含多个特征映射数据。采样层是对前一层的特征映射数据进行池化采样，从而得到压缩的特征映射数据。这样经过多重卷积与采样对，可以得到多层级、突出不同局部特征的特征数据。

卷积神经网络采用误差反向传播方法进行学习训练，容易出现梯度消失或者梯度爆炸的问题，这会影响学习的收敛效果。

2. 循环神经网络

循环神经网络是针对时间序列数据，通过构建的具有反馈内环的神经网络来实现回归和分类。循环神经网络的示意图如图10-15所示，左侧是折叠形式，右侧是展开形式。其中，$\boldsymbol{x}$表示时间序列数据，$\boldsymbol{h}$表示隐藏状态，$\boldsymbol{o}$表示输出，$\boldsymbol{U}$、$\boldsymbol{W}$、$\boldsymbol{V}$是权重。从图10-15中可以看出，当前时刻的隐藏状态会接收前一时刻的隐藏状态作为输入，这代表时间序列数据的一种特征记忆。

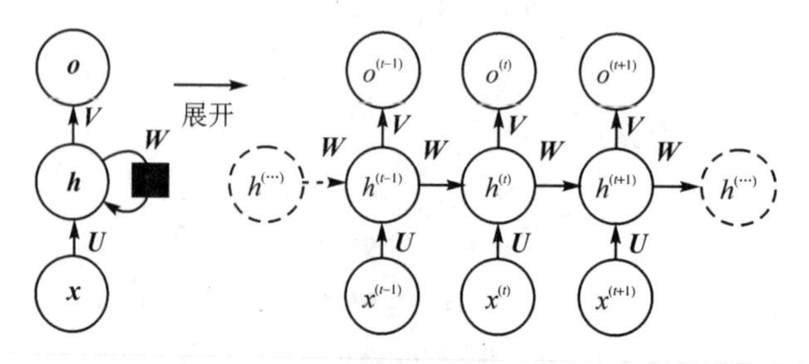

图10-15　循环神经网络示意图

循环神经网络存在难以学习长期记忆的问题，因此一种改良的网络——长短时记忆(LSTM)网络被提了出来。

LSTM网络采用LSTM细胞代替状态节点，LSTM细胞包括记忆、隐藏状态、遗忘门、输入门和输出门，其计算关系如图10-16所示。

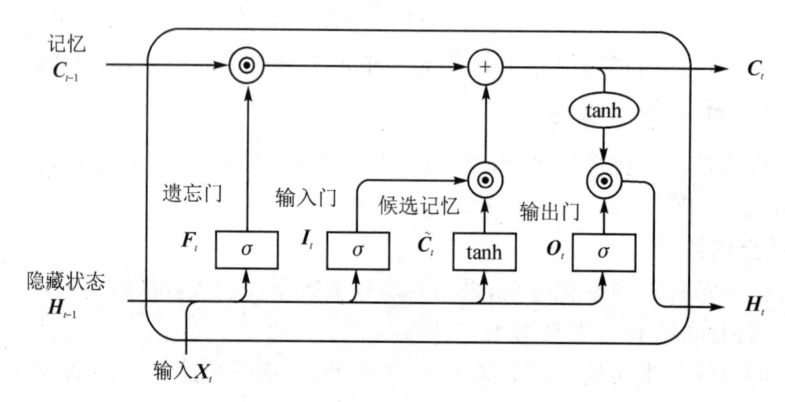

图10-16　LSTM的基本结构

其中，输入门、遗忘门和输出门的计算模型如下：

$$\boldsymbol{I}_t=\sigma(\boldsymbol{X}_t\boldsymbol{W}_{xi}+\boldsymbol{H}_{t-1}\boldsymbol{W}_{hi}+b_i)\tag{10-31}$$

$$\boldsymbol{F}_t=\sigma(\boldsymbol{X}_t\boldsymbol{W}_{xf}+\boldsymbol{H}_{t-1}\boldsymbol{W}_{hf}+b_f)\tag{10-32}$$

$$\boldsymbol{O}_t=\sigma(\boldsymbol{X}_t\boldsymbol{W}_{xo}+\boldsymbol{H}_{t-1}\boldsymbol{W}_{ho}+b_o)\tag{10-33}$$

候选记忆与记忆的计算模型如下：

$$\tilde{\boldsymbol{C}}_t=\tanh(\boldsymbol{X}_t\boldsymbol{W}_{xc}+\boldsymbol{H}_{t-1}\boldsymbol{W}_{hc}+b_c)\tag{10-34}$$

$$\boldsymbol{C}_t=\boldsymbol{F}_t\odot\boldsymbol{C}_{t-1}+\boldsymbol{I}_t\odot\tilde{\boldsymbol{C}}_t\tag{10-35}$$

隐藏状态的计算模型如下：

$$H_t = O_t \odot \tanh(C_t) \tag{10-36}$$

LSTM 网络采用误差反向传播方法进行学习训练。

10.3.2　采样电阻的健康评估示例

某惯导设备在使用中会发生加速度计采样电阻漂移，从而导致导航的位置精度变差，因此需要根据位置精度估计采样电阻的漂移情况，即对采样电阻进行健康评估。

通过故障注入试验，改变采样电阻的阻值，得到了电阻健康度与位置精度之间的观测数据，如表 10 - 16 所列。

表 10 - 16　电阻健康度与位置精度之间的观测数据

健康度	50%圆概率误差/(nmile・h^{-1})
1	0.331 6
0.9	0.335 0
0.8	0.338 2
0.7	0.341 6
0.6	0.344 7
0.5	0.348 2
0.4	0.351 6
0.3	0.354 8
0.2	0.358 0
0.1	0.361 4
0	0.364 8

注：1 nmile=1.609 344 km。

使用该数据进行一阶多项式曲线拟合模型学习，得到的拟合曲线如图 10 - 17 所示，相应的一阶多项式曲线拟合模型如下：

$$\mathrm{HI} = -30.19\mathrm{CEP} + 11.01 \tag{10-37}$$

式中：HI——“加计采样电阻漂移”对应的健康度；

CEP——位置精度。

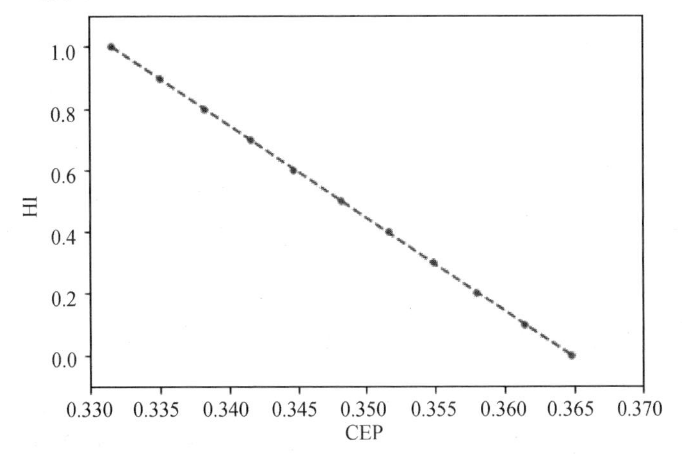

图 10 - 17　位置精度与电阻健康度的一阶回归线

10.3.3 基于排气温度的剩余使用寿命预测示例

航空发动机的排气温度(EGT)裕度是最大允许的EGT与在规定运行条件下发动机提供额定功率时达到的EGT之间的差值。发动机在刚投入使用时,其EGT裕度最大,随着使用时间的推移,发动机的性能会下降,EGT裕度将减小。按照发动机供应商的规范,EGT裕度是根据飞机每次起飞时获取的发动机EGT测量值计算得到的,如果EGT裕度变得太低,则需要采取维修措施。这里,剩余使用寿命(RUL)定义为直到EGT裕度为零时的剩余飞行周期次数。

案例数据是基于航空推进系统商用模块(C-MAPSS)中的涡扇发动机模型仿真得到的,使用C-MAPSS模拟可以获得飞机发动机的起飞数据,使用该数据进一步计算可得到EGT裕度。案例数据如图10-18所示,实线代表某发动机的实际EGT裕度历史数据,涵盖该发动机从投入使用到EGT裕度为零时刻t_{EoL}的整个飞行历史;散点是采用仿真计算得到的EGT裕度数值,范围包括从发动机投入使用到预测时刻t_P的EGT裕度。

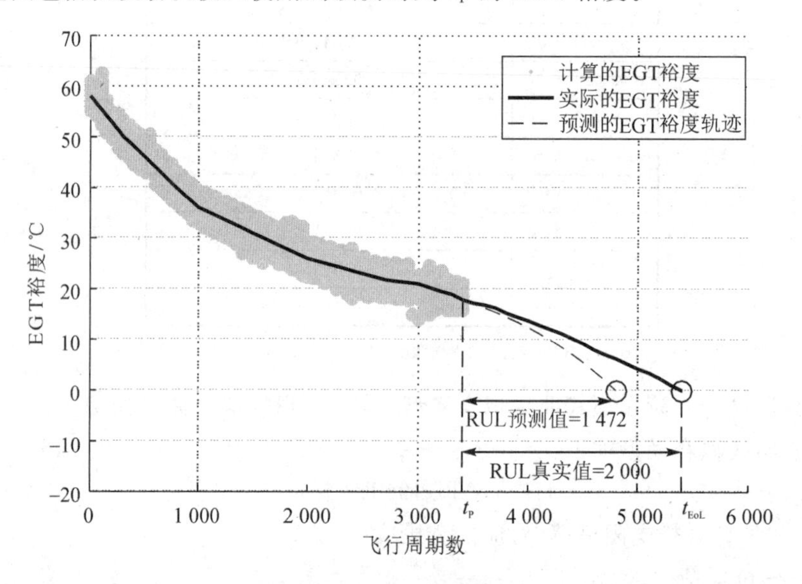

图10-18 EGT裕度预测图

使用该散点数据进行三阶多项式曲线拟合模型学习,相应的三阶多项式曲线拟合模型如下:

$$y=(-0.000\ 001\ 097x^3+0.008\ 813x^2)/1\ 000-0.029\ 14x+58.19 \tag{10-38}$$

该拟合曲线的延伸线如图10-18中的虚线所示,代表在预测时刻t_P的EGT裕度轨迹。由图中数据可知,在t_P时刻预测的剩余使用寿命是1 472飞行周期数,实际的剩余使用寿命是2 000飞行周期数,存在着预测误差。

10.3.4 电源模块的在线故障诊断示例

某电源模块以直流28 V作为输入,通过内部串行的电压变换电路,完成5路供电变换,每一路中又包括12 V、5 V、3.3 V、2.5 V、1.8 V五种直流供电输出,采用神经网络进行在线故障诊断设计。

1. 神经网络结构设计

采用三层前馈神经网络设计在线故障诊断算法，网络的基本结构安排如表 10－17 所列。

表 10－17　网络结构

层　级	节点数量	节点说明
输入层	10 个节点	节点 1：第 1 路中 12 V、5 V 输出测试值的和； 节点 2：第 1 路中 3.3 V、2.5 V、1.8 V 输出测试值的和； 节点 3：第 2 路中 12 V、5 V 输出测试值的和； 节点 4：第 2 路中 3.3 V、2.5 V、1.8 V 输出测试值的和； 节点 5：第 3 路中 12 V、5 V 输出测试值的和； 节点 6：第 3 路中 3.3 V、2.5 V、1.8 V 输出测试值的和； 节点 7：第 4 路中 12 V、5 V 输出测试值的和； 节点 8：第 4 路中 3.3 V、2.5 V、1.8 V 输出测试值的和； 节点 9：第 5 路中 12 V、5 V 输出测试值的和； 节点 10：第 6 路中 3.3 V、2.5 V、1.8 V 输出测试值的和
隐藏层	6 个节点	代表六维的数据特征，激活函数为双曲正切函数
输出层	7 个节点	直接使用加权求和计算。 节点 1、2、3 的输出值为故障所在通道的二进制编码，“000”表示无故障，“001”表示一通道故障，“010”表示二通道故障，“011”表示三通道故障，“100”表示四通道故障，“101”表示五通道故障；节点 4、5、6、7 的输出值为具体故障模式的二进制编码

2. 网络训练

每个通道都选择了 15 种故障模式，进行电路故障注入，以获得训练数据。某通道的部分训练数据如表 10－18 所列。

表 10－18　某通道的部分训练数据

故障模式	输入节点数据	输出节点数据
正常状态	16.890，7.582，16.901，7.596，17.003，7.610，16.915，7.598，17.101，7.604	0000000
故障 1	10.023，5.682，9.984，5.684，10.008，5.670，10.006，5.675，10.004，5.691	0010001
故障 2	0.004，0.004，0，0.009，0，0.002，0.002，0.007，0.002，0.004	0010010
故障 3	3.232，5.692，3.251，5.685，3.246，5.690，3.239，5.694，3.244，5.692	0010011

随机给定权重初值后，通过训练得到输入层到隐藏层的权值矩阵和偏置向量，以及隐藏层到输出层的权值矩阵和偏置向量，见表 10－19～表 10－22。

表 10-19　输入层到隐藏层的权值矩阵(行对应隐藏层,列对应输入层)

输入层节点1	输入层节点2	输入层节点3	输入层节点4	输入层节点5	输入层节点6	输入层节点7	输入层节点8	输入层节点9	输入层节点10
0.057 8	1.764 8	0.018 6	−0.291	0.085 6	0.331 5	−0.050 3	0.730 5	−0.878 5	−0.744 1
1.220 6	0.657 0	0.410 9	−0.461 2	1.080 0	0.163 1	0.239 6	−0.403 3	1.105 8	0.909 5
2.883 1	0.306 2	0.590 1	−0.606 4	2.370	−0.394 6	0.675 9	−1.010 9	0.639 5	−0.959 5
0.177 8	0.444 3	−0.966 9	−0.259 8	−0.206	0.524 7	−0.491 3	−1.468 3	2.073 5	0.508 8
−0.397 9	−0.827 9	−0.732 6	−0.004 3	1.839	1.830 4	0.499 4	−0.866 1	−0.614 1	0.368 8
−0.966 2	−2.373 8	1.107 9	0.932 9	−0.559 7	−1.265 1	0.478 1	0.480 3	−0.784 9	−0.757 5

表 10-20　隐藏层偏置向量

隐藏层偏置
1.804 723
−1.966 92
−2.462 09
0.164 516
0.412 18
1.924 078

表 10-21　隐藏层到输出层的权值矩阵(行对应输出层,列对应隐藏层)

隐藏层节点1	隐藏层节点2	隐藏层节点3	隐藏层节点4	隐藏层节点5	隐藏层节点6
−0.046 62	−0.184 02	−1.263 7	−0.630 91	0.196 359	−0.392 36
−0.344 13	0.153 686	0.107 801	0.009 955	−0.988 48	−0.449 64
1.087 975	−0.912 03	1.621 983	−0.588 9	−0.558 36	0.358 265
0.159 54	0.753 147	−0.972 45	0.139 354	−1.287 43	1.054 774
−0.462 02	−0.490 04	−1.201 8	1.035 139	−0.030 96	−0.795 87
−0.297 58	−0.407 6	1.424 889	1.220 733	0.318 035	0.748 386
0.795 574	−1.820 98	−0.872 85	1.570 537	−0.152 19	0.612 655

表 10-22　输出层偏置向量

输出层偏置
−0.205 08
0.485 36
−0.334 97
−0.713 78
−0.126 09
0.750 357
−0.505 49

3. 在线诊断

在确定网络结构和权值的基础上，开发了在线实时诊断程序，在获得测试数据后，合成网络输入数据，运行神经网络进行计算，将诊断输出处理为二进制编码，然后给出故障检测和隔离结果。

10.3.5　间歇故障的退化评估示例

某电连接器由于紧固螺钉松动，在振动状态下会出现间歇故障，主要表现为接触电阻的突然增大。在实验室条件下，通过振动试验，获取了不同冲击加速度和紧固螺钉松动程度下的连接器接触电阻测试数据。图 10－19(a)所示为接触电阻波形数据示例，图 10－19(b)所示为相应的频率响应数据示例。

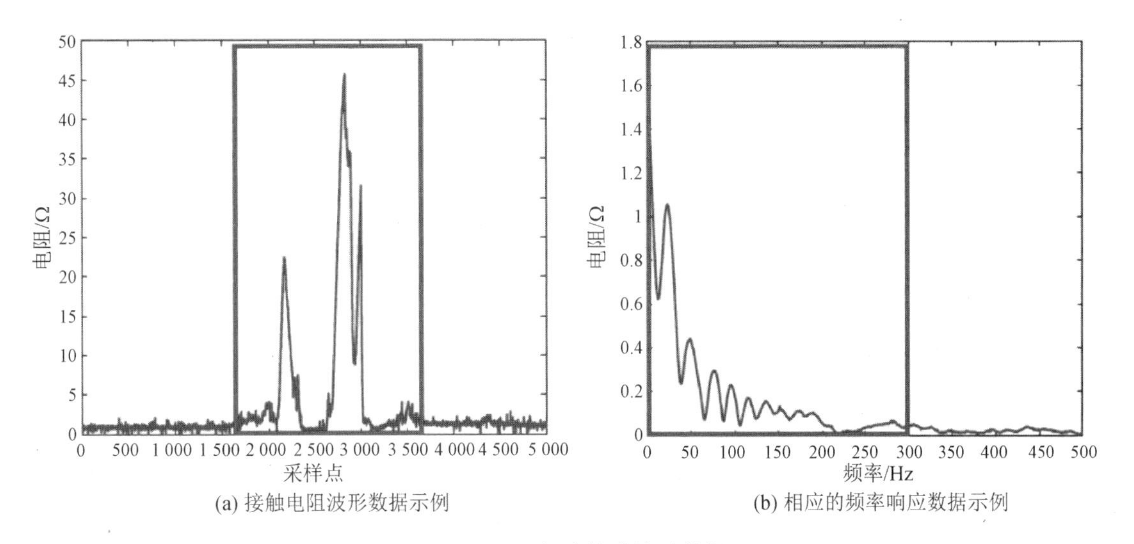

图 10－19　间歇故障波形数据

经分析，紧固螺钉松动程度可以使用接触电阻 RMS 偏置值表达，据此形成了以间歇故障接触电阻波形的频率响应数据为输入数据，接触电阻 RMS 偏置值和冲击加速度为标签的训练数据集。

采用 LSTM 网络实现接触电阻 RMS 偏置值和冲击加速度的回归分析，网络的结构如图 10－20 所示。网络输入层是间歇故障波形的频率响应数据(0～300 Hz，时序长度为 301)；网络隐藏层是并行的 LSTM 节点，用于提取和记忆序列特征，LSTM 节点的数量通过交叉验证确定为 8 个；网络输出层的最后序列值分别对应阻值 RMS 偏置和冲击加速度。

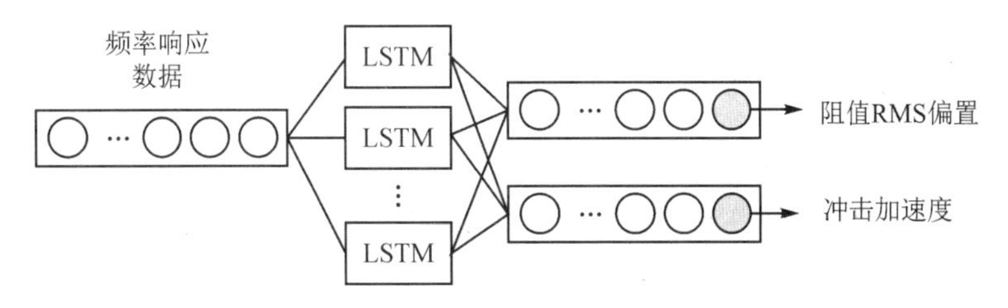

图 10－20　案例网络结构

习 题

1. 人工智能的含义是什么？有哪些分类？
2. 智能故障诊断对测试性设计的主要作用是什么？
3. 诊断推理知识有哪些形式？能否相互转换？
4. 简述经典学习算法的组成和特点。
5. 深度学习算法与浅层学习算法的主要差别有哪些？
6. 逻辑推理诊断与机器学习算法诊断相比有哪些优缺点？
7. 逻辑推理诊断与机器学习算法诊断如何结合使用？

第 11 章　测试性预计

11.1　概　述

测试性预计是用于估计所设计产品是否符合规定测试性要求的一种方法，有助于确定设计中的薄弱环节，并为权衡不同设计方案提供依据。其应该在研制阶段的早期进行，这将有助于对设计进行评审以及为安排改进措施的先后顺序提供依据。随着设计的进展，在获得更为详细的信息后，应进行更为详细的测试性预计。

11.1.1　测试性预计的目的和参数

测试性预计是根据测试性设计资料，通过工程分析和计算来估计测试性和诊断参数可能达到的量值，并与规定的指标要求进行比较。测试性预计的主要目的是通过估计测试性指标是否满足规定要求，来评价和确认已进行的测试性设计工作，找出不足，改进设计。预计工作一般是按系统的组成，由下往上、由局部到总体的顺序来进行的，即先分析估计各元件或故障模式的检测与隔离情况或部件故障能检测与隔离的百分数，再估计 SRU 的故障检测与隔离的百分数，最后预计 LRU 和系统的故障检测率和故障隔离率等指标。测试性预计一般应给出下列参数的量值：

① 故障检测率（γ_{FD}）；

② 故障隔离率（γ_{FI}）；

③ 虚警率（虚警百分数）（γ_{FA}）；

④ 平均故障检测时间（T_{FD}）；

⑤ 平均故障隔离时间（T_{FI}）。

其中最主要的是 γ_{FD} 和 γ_{FI} 的预计，可能的话还会估计测试费用。虚警率的预计涉及的不确定因素更多，结果不易准确，但它可起到检查是否采取了防止虚警措施的作用。平均故障检测和隔离时间的预计主要是检查是否符合使用要求、安全要求和 MTTR 要求。

11.1.2　进行测试性预计工作的时机

测试性预计工作主要是在详细设计阶段进行。因为在此阶段诊断方案已定，BIT 工作模式、故障检测与隔离方法等也已经确定，考虑了测试点的设置和防止虚警措施，进行了 BIT 软硬件设计和对外接口设计，此时需要估计这些设计是否能达到规定的设计指标，以便采取必要的改进措施。

与测试性分配类似，测试性预计也不是一次预计就一劳永逸。实际上，在确定系统测试性指标时，就要考虑各组成部分可能达到的指标，以及类似产品的经验等，对系统可能达到的指标做粗略的估计，这就是最初的测试性预计。在详细设计阶段可以获得系统更多更真实的数据，预计的结果可以作为评价是否达到设计要求的初步依据。随着设计工作的进展，应及时修正有关设计数据,预计结果才能更接近实际情况。当系统设计有较大修改时,应重新进行测试性预计。所以,测试性预计是一个不断细化和改进的估计所能达到指标的过程。本章所要介绍的内容是详细设计后期进行的测试性详细预计。

11.2　三级维修系统的测试性预计

三级维修体制下的被测对象通常划分为三个层次:SRU、LRU、系统/子系统。对应三级维修的三个层次产品都应进行测试性预计,包括BIT故障检测与隔离能力的预计。

11.2.1　BIT预计

BIT预计是根据BIT设计资料,通过工程分析和计算来估计BIT隔离和诊断参数可能达到的量值,并与规定的指标要求进行比较。BIT预计工作在BIT分析和设计基础上进行,主要目的是预计BIT故障检测率和隔离率,并与规定的指标要求进行比较,评价和确认已进行的BIT设计工作,找出不足,改进工作,以及分析防止虚警的可能性。BIT的分析预计过程如图11-1所示。

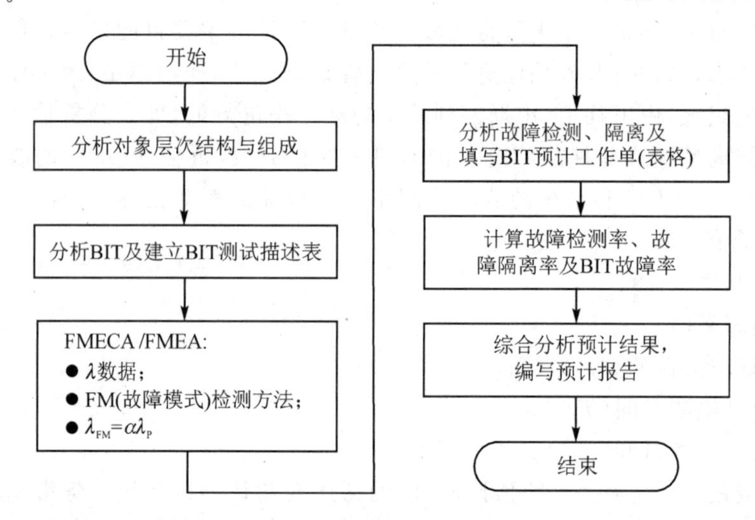

图11-1　BIT的分析预计过程

BIT预计的主要工作步骤如下:

(1) 分析对象层次结构与组成

结合对象的功能,分析系统的结构和组成信息。

(2) 分析BIT及建立BIT测试描述表

分析系统的各种BIT工作模式以及其他检测诊断手段的测试范围、算法和流程等,并了解系统工作前(飞行前)BIT、工作中(飞行中)BIT和工作后维修BIT的工作原理,以及它们所测试的范围、启动和结束条件、故障显示记录情况等,并根据对各种诊断方案和方法的分析,建立系统级、LRU级、SRU级的BIT测试描述表,用于在测试性预计时确定故障模式能够被哪些测试发现和隔离。

(3) FMECA/FMEA

获得FMECA资料和可靠性预计数据,以便列出所有的故障模式,掌握故障影响情况、功能单元或部件的故障率，以及故障模式发生频数比。如果未进行 FMECA 和可靠性预计，则应补做。至少应进行 FMEA，并通过可靠性分析得到有关故障率数据。

(4) 分析故障检测、隔离及填写 BIT 预计工作单(表格)

根据前面分析的结果，识别每个故障模式(或功能单元/部件)BIT 能否检测，哪一种 BIT 模式可以检测，分析 BIT 检测出的故障模式(功能单元/部件)能否用 BIT 隔离，可隔离到几个可更换单元(LRU 或 SRU)上，并把数据填入 BIT 预计工作单(表格)。

(5) 计算故障检测率、故障隔离率及 BIT 故障率

为求得 LRU 及其系统总的 BIT 故障检测率和隔离率，根据各 SRU 的预计工作单，可以先分别计算 LRU、系统可检测出的故障模式的总故障率(λ_D)、隔离故障率(λ_{IL})、BIT 故障率(λ_B)和总故障率(λ)，然后用 γ_{FD} 和 γ_{FI} 的公式求出 LRU、系统的预计指标。

(6) 综合分析预计结果，编写预计报告

分析所得的预计结果，并根据要求编写 BIT 预计报告：

① 把 BIT 预计值与要求值比较，看是否满足要求；

② 列出 BIT 不能检测或不能隔离的故障模式和功能，并分析它们对安全、使用的影响；

③ 必要时提出改进 BIT 的建议。

11.2.1.1 建立 BIT 测试描述表

三级维修体制下的被测对象通常划分为 SRU、LRU、系统/子系统。为了便于进行准确的 BIT 诊断能力预计，需要分析确定各级对象的 BIT 测试的具体项目和内容。

分析确定 BIT 测试的具体项目和内容的原则如下：

① 对于 SRU，需要分析位于该 SRU 内，并针对该 SRU 进行测试的所有 BIT 测试项目和内容；

② 对于 LRU，需要分析位于该 LRU 内，并针对该 LRU 内多个 SRU 组合进行额外测试的所有 BIT 测试项目和内容；

③ 对于系统/子系统，需要分析位于该系统内，并针对该系统内多个 LRU 组合进行额外测试的所有 BIT 测试项目和内容。

根据以上原则，建立的各级被测对象 BIT 测试描述表样式说明如下：

(1) SRU 的 BIT 测试描述表

SRU 的 BIT 测试描述表的参考样式见表 11-1。

表 11-1 SRU 的 BIT 测试描述表示例

①SRU 名称：CPU 板　　②SRU 编号：01-01-05

③序号	④BIT 编号	⑤测试名称(测试的部件、功能)	⑥测试内容和方法说明	⑦减少虚警方法	⑧适用类别			⑨备注
					PBIT	PUBIT	MBIT	
1	01-01-05-B1	直接存储器访问(DMA)使能控制测试	确认 DMA 访问控制线路的工作正确性	3 次重复测试	√	×	√	

SRU 的 BIT 测试描述表各栏填写内容如下：

① 栏：填写 SRU 名称。

② 栏：填写 SRU 编号，格式为：所属 LRU 的编号-两位数字。

③ 栏：填写顺序号。

④ 栏：填写 BIT 编号，格式为：××-××-××-××(系统编号-LRU 编号-SRU 编号-BIT 顺序号)。

⑤ 栏：填写 BIT 的测试名称，表明 BIT 测试的部件、功能等。

⑥ 栏：填写 BIT 测试内容和方法的简单说明。

⑦ 栏：填写对该 BIT 采取的减少虚警方法。

⑧ 栏：填写此 BIT 能否用于周期 BIT(PBIT)、加电 BIT(PUBIT)和维修 BIT(MBIT)；也可以根据工程实际增加和删减 BIT 工作模式或重新给出 BIT 工作模式。

⑨ 栏：备注。

(2) LRU 的 BIT 测试描述表

LRU 的 BIT 测试描述表的参考样式见表 11-2。

表 11-2 LRU 的 BIT 测试描述表示例

①LRU 名称：通信组件　　②LRU 编号：01-07

③ 序号	④ BIT 编号	⑤测试名称 (测试的部件、功能)	⑥测试内容和 方法说明	⑦减少虚 警方法	⑧适用类别			⑨ 备注
					PBIT	PUBIT	MBIT	
1	01-07-B2	通信接口测试	测试对外通信接口是否正常	3 次重复测试	√	√	√	

LRU 的 BIT 测试描述表各栏填写内容如下：

① 栏：填写 LRU 名称。

② 栏：填写 LRU 编号，格式为：所属系统的编号-两位数字。

③ 栏：填写顺序号。

④ 栏：填写 BIT 编号，格式为：××-××-××(系统编号-LRU 编号-BIT 顺序号)。

⑤ 栏：填写 BIT 的测试名称，表明 BIT 测试的部件、功能等。

⑥ 栏：填写 BIT 测试内容和方法的简单说明。

⑦ 栏：填写对该 BIT 采取的减少虚警方法。

⑧ 栏：填写此 BIT 能否用于周期 BIT(PBIT)、加电 BIT(PUBIT)和维修 BIT(MBIT)；也可以根据工程实际增加和删减 BIT 工作模式或重新给出 BIT 工作模式。

⑨ 栏：备注。

(3) 系统的 BIT 测试描述表

系统的 BIT 测试描述表的参考样式见表 11-3。

表 11－3 系统的 BIT 测试描述表示例

①系统名称：××系统　　②系统编号：01

③ 序号	④ BIT 编号	⑤测试名称 （测试的部件、功能）	⑥测试内容和 方法说明	⑦减少虚 警方法	⑧适用类别			⑨ 备注
					PBIT	PUBIT	MBIT	
1	01－B1	通道环绕测试	单路全通道激励与响应对比测试	两种不同激励测试结果不通过，判定故障	√	×	√	

系统的 BIT 测试描述表各栏填写内容如下：

① 栏：填写系统名称。

② 栏：填写系统编号，格式为：两位数字。

③ 栏：填写顺序号。

④ 栏：填写 BIT 编号，格式为：××-××（系统编号- BIT 顺序号）。

⑤ 栏：填写 BIT 的测试名称，表明 BIT 测试的部件、功能等。

⑥ 栏：填写 BIT 测试内容和方法的简单说明。

⑦ 栏：填写对该 BIT 采取的减少虚警方法。

⑧ 栏：填写此 BIT 能否用于周期 BIT（PBIT）、加电 BIT（PUBIT）和维修 BIT（MBIT）；也可以根据工程实际增加和删减 BIT 工作模式或重新给出 BIT 工作模式。

⑨ 栏：备注。

11.2.1.2 BIT 预计工作单

在建立 BIT 测试描述表以后，接下来就需要填写 BIT 预计工作单，BIT 预计工作单格式如表 11－4 所列，其各栏的填写内容说明如下：

① 栏：填写 SRU、所属 LRU 以及所属系统的名称。

② 栏：填写顺序号。

③ 栏：填写元器件的名称和代号。

④ 栏：根据 FMEA 和可靠性预计数据填写 λ_P、故障模式、α、λ_{FM}，其中，

- λ_p 是元器件故障率，可以根据 FMECA 得到；
- α 是故障模式发生频数比，即元器件按照某一故障模式发生故障的百分比；
- λ_{FM} 是产品的故障模式的故障率。

三者之间的关系如下：

$$\lambda_{FMi}=\alpha_i\lambda_p \tag{11-1}$$

$$\sum\lambda_{FMi}=\lambda_p \tag{11-2}$$

$$\sum\alpha_i=1 \tag{11-3}$$

⑤ 栏：根据测试描述表填写可以检测和隔离该故障模式的 BIT 编号，有时不止一个。对

不能检测的故障模式，以及BIT硬件的故障模式，不用填写BIT编号。

⑥栏：根据测试描述表填写三类BIT可检测出的故障模式的故障率：

- PUBIT栏为加电BIT可检测出的故障模式的故障率；
- PBIT栏为周期BIT可检测出的故障模式的故障率；
- MBIT栏为维修BIT可检测出的故障模式的故障率；
- UD栏为三种BIT未能检测出的故障模式的故障率，对这种故障模式不用进行隔离分析。

⑦栏：填写可以被BIT隔离到SRU的故障模式的故障率。当采用SRU的BIT检测和隔离时，可以隔离到1个SRU；当采用LRU的BIT检测和隔离时，可以隔离到1个SRU、2个SRU或3个SRU。

⑧栏：填写可以被BIT隔离到LRU的故障模式的故障率。当采用SRU的BIT检测和隔离时，可以隔离到1个SRU；当采用SRU的BIT检测和隔离时，可以隔离到1个SRU；当采用系统的BIT检测和隔离时，可以隔离到1个LRU、2个LRU或3个LRU。

⑨栏：填写BIT硬件的故障率。当被分析元器件属于BIT硬件电路时，直接将其故障率填写到此栏，不用分析其检测与隔离情况。

⑩栏：填写对应的表内各种故障率汇总结果，包括：

- SRU的故障率，将其所在列的数据相加得到；
- PUBIT可检测到的故障模式的故障率，将其所在列的数据相加得到；
- PBIT可检测到的故障模式的故障率，将其所在列的数据相加得到；
- MBIT可检测到的故障模式的故障率，将其所在列的数据相加得到；
- 不可检测的故障率，将其所在列的数据相加得到；
- 可以隔离到1个SRU的故障率，将其所在列的数据相加得到；
- 可以隔离到2个SRU的故障率，将其所在列的数据相加后，再加上隔离到1个SRU的故障率；
- 可以隔离到3个SRU的故障率，将其所在列的数据相加后，再加上隔离到2个SRU的故障率；
- 可以隔离到1个LRU的故障率，将其所在列的数据相加得到；
- 可以隔离到2个LRU的故障率，将其所在列的数据相加后，再加上隔离到1个LRU的故障率；
- 可以隔离到3个LRU的故障率，将其所在列的数据相加后，再加上隔离到2个LRU的故障率；
- BIT硬件的故障率，将其所在列的数据相加得到。

⑪栏：填写对应的故障检测率和故障隔离率。

按下式计算SRU的故障检测率：

$$\gamma_{FD}=\lambda_D/\lambda \tag{11-4}$$

式中：λ_D——被检测出的故障模式的总故障率；

λ——所有故障模式的总故障率。

按下式计算SRU的故障隔离率：

$$\gamma_{FI}=\lambda_{IL}/\lambda_D \tag{11-5}$$

式中：λ_{IL}——可隔离到L个可更换单元的故障模式的故障率之和。

表 11－4　BIT 预计工作单格式示例

①SRU：×××　　所属 LRU：×××　　所属系统：××××　　故障率单位为 10^{-6}/h

② 序号	③ 元器件名称和代号	④故障率				⑤ BIT 编号	⑥λ_D(检测)				⑦λ_{IL}(隔离到 SRU)			⑧λ_{IL}(隔离到 LRU)			⑨BIT 故障率 λ_B	备注
		λ_p	故障模式	α	λ_{FM}		PUBIT	PBIT	MBIT	UD	1SRU	2SRU	3SRU	1LRU	2LRU	3LRU		
1	U_1	120	FM_{11}	0.3	36	01－01－03－B1 01－01－03－B3	36	36	36		36			36				
			FM_{12}	0.3	36	01－01－B5	36	36	36			36		36				
			FM_{13}	0.4	48	01－01－03－B2	48	48	48		48			48				
2	U_2	40	FM_{21}	0.6	24	01－01－B3	24		24					24				
			FM_{22}	0.4	16					16								
3	U_3	28	FM_{31}	0.5	14					14							14	
			FM_{32}	0.5	14					14							14	
⑩故障率总计		188	—	—	—	—	144	120	144	44	84	120	120	144	144	144	28	
⑪故障检测率、故障隔离率预计值/%							76.596	63.830	76.596		58.333	83.333	83.333	100	100	100		

为求得LRU及其系统总的BIT故障检测率和隔离率，根据各SRU的预计表格，可以先分别计算LRU、系统可检测出的故障模式的总故障率(λ_D)、隔离故障率(λ_{IL})和总故障率(λ)，然后用γ_{FD}和γ_{FI}的公式求出LRU、系统的故障检测率和故障隔离率。

另外，在已知每个SRU预计表的BIT故障检测率、LRU故障隔离率和系统故障隔离率时，也可用下面的公式求得最终的LRU和系统BIT故障检测率及故障隔离率。

$$\gamma_{FDS}=\frac{\sum\lambda_i\gamma_{FDi}}{\sum\lambda_i} \tag{11-6}$$

式中：γ_{FDS}——系统(或者LRU)的故障检测率；

γ_{FDi}——LRU(或者SRU)的故障检测率；

λ_i——LRU(或者SRU)的故障率。

$$\gamma_{FIS}=\frac{\sum\lambda_{Di}\gamma_{FIi}}{\sum\lambda_{Di}} \tag{11-7}$$

式中：γ_{FIS}——系统(或者LRU)的故障隔离率要求值；

γ_{FIi}——SRU预计表格中的系统(或者LRU)的故障隔离率；

λ_{Di}——系统内(或者LRU内)SRU的MBIT可检测故障率。

11.2.2 测试性预计

测试性预计主要包括系统测试性预计、LRU测试性预计、SRU测试性预计，以及其他参数的预计问题。测试性预计的流程图如图11-2所示。

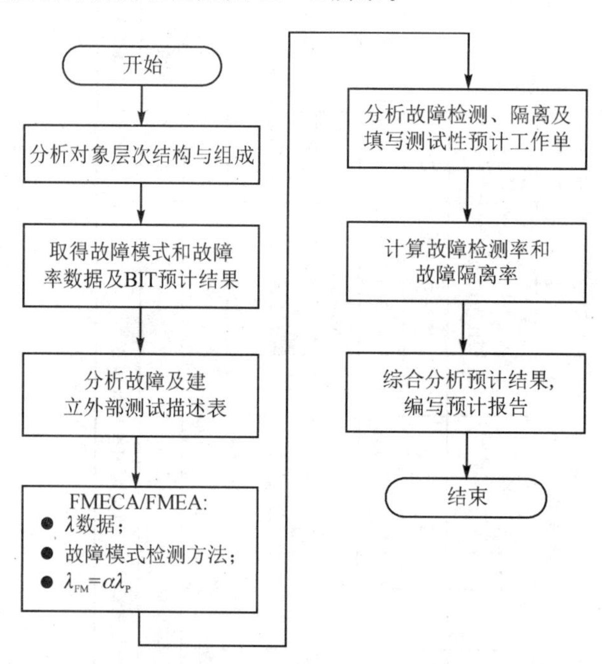

图11-2　测试性预计流程图

测试性预计的主要工作步骤如下：

(1) 分析对象层次结构与组成

结合对象的功能,分析系统的结构和组成信息。

(2) 取得故障模式和故障率数据及 BIT 预计结果

各功能块的故障模式和故障率数据是测试性分析预计的基础,可从 FMECA 和可靠性预计资料中得到这些数据。如果没有这些资料,则应先进行可靠性预计和 FMEA 工作,然后根据 11.2.1 小节 BIT 预计结果,得到 BIT 可以检测和隔离有关故障模式的故障率数据。如果未进行单独 BIT 预计工作,那么应按 11.2.1 小节叙述的内容和方法进行必要的分析和预计,以便取得必要数据。

(3) 分析故障及建立外部测试描述表

分析系统的各种外部测试手段的测试范围、算法和流程等,并了解其工作原理、它们所测试的范围、启动和结束条件、故障显示记录情况等,并根据对各种测试方法的分析,建立系统级、LRU 级、SRU 级的测试描述表,用于在测试性预计时确定故障模式能够被哪些测试发现和隔离。

(4) FMECA/FMEA

获得 FMECA 资料和可靠性预计数据,以便列出所有的故障模式,掌握故障影响情况、功能单元或部件的故障率,以及故障模式发生频数比。如果未进行 FMECA 和可靠性预计,则应补做。至少应进行 FMEA,并通过可靠性分析得到有关故障率数据。

(5) 分析故障检测、隔离及填写测试性预计工作单

根据前面分析的结果,识别每个故障模式(或功能单元/部件)外部测试能否检测,哪一种故障模式可以检测,分析外部测试检测出的故障模式(功能单元/部件)能否被隔离,可隔离到几个可更换单元(LRU 或 SRU)上,并把数据填入测试预计工作单。

(6) 计算故障检测率和故障隔离率

为求得系统总的外部测试故障检测率和隔离率,根据各级系统的的工作单,可以先分别计算 LRU、系统可检测出的故障模式的总故障率(λ_D)、隔离故障率(λ_{IL})、BIT 故障率(λ_B)和总故障率(λ),然后用 γ_{FD} 和 γ_{FI} 的公式求出 LRU、系统的预计指标。

(7) 综合分析预计结果,编写预计报告

分析所得的预计结果,并根据要求编写测试性预计报告:

① 把测试性预计值与要求值比较,看是否满足要求;

② 列出测试性不能检测或不能隔离的故障模式和功能,并分析它们对安全、使用的影响;

③ 必要时提出改进测试性的建议。

11.2.2.1　SRU 测试性预计

对于系统中每个 SRU(特别是非电子类的)应该进行测试性分析和预计,该预计一方面为系统测试性预计打下基础,另一方面可评定检查 SRU 的设计特性能否满足测试性要求,即通过 BIT、外部测试设备(ETE)和观察测试点(TP)等方法评价系统检测和隔离故障的能力。

在填写测试性预计工作单之前,首先建立 SRU 外部测试描述表,此时的外部测试是指基地级 SRU 故障诊断时所用的外部测试方法,根据研制过程中所有的外部测试设计资料填写。SRU 外部测试描述表如表 11-5 所列。

表 11-5　SRU 外部测试描述表示例

①SRU 名称:信号板　　②SRU 编号:01-01-06

③序号	④外部测试编号	⑤测试名称(测试的部件、功能)	⑥测试点(测试接口)	⑦测试方法	⑧激励	⑨备注
1	01-01-06-A1	信号板扫频测试	SP2	AC 测试	变频 AC 信号	

SRU 外部测试描述表各栏填写内容如下:

① 栏:填写 SRU 名称。

② 栏:填写 SRU 编号,格式为:所属 LRU 的编号-两位数字。

③ 栏:填写顺序号。

④ 栏:填写外部测试编号,格式为:SRU 编号-标识符及顺序号。其中,SRU 编号分为 6 位:××-××-××,前两位代表 SRU 所属系统编号,中间两位代表 SRU 所属 LRU 编号,最后两位代表执行外部测试的 SRU 的编号。标识符分为两种:一种是 A,表示这个测试是 ATE 测试;另一种是 M,表示这个测试是人工测试。

⑤ 栏:填写测试名称,表明测试的部件、功能。

⑥ 栏:填写测试所用的测试点或者测试接口。

⑦ 栏:填写测试所用的测试方法。

⑧ 栏:填写测试所用的激励,当不用激励时可以空白。

⑨ 栏:备注。

接下来填写 SRU 测试性预计工作单。SRU 的测试性分析预计的对象是组成 LRU 的各个 SRU。SRU 测试性预计工作单的格式如表 11-6 所列。

表 11-6　SRU 测试性预计工作单示例

①SRU:　　所属 LRU:　　分析者:　　日期:

②项目		③组成元部件			④故障率			⑤λ_D(检测)				⑥λ_{IL}(隔离到元部件)				⑦备注
序号	名称代号	区位	代号	λ_p	FM	α	λ_{FM}	SRU 测试编号	ATE 测试	人工测试	UD	1 个	2 个	3 个	4 个	
1	电源变换	01	U_1	120	FM_{11}	0.3	36	01-01-03-A1	36				36			
					FM_{12}	0.3	36	01-01-03-A1	36			36				
					FM_{13}	0.4	48	01-01-03-M1		48			48			
⑧故障率总计				120	—	—	—	—	72	48		36	120	120	120	
⑨故障检测率、故障隔离率预计值/%									60	40		30	100	100	100	

SRU 测试性预计工作单各栏填写内容如下:

① 栏：填写所分析 SRU 系统和该 SRU 所属 LRU 系统的名称。

② 栏：填写 SRU 内部被分析的功能单元（或元件、器件）的序号及名称代号。

③ 栏：填写组成元部件的区位、代号和故障率（λ_p）。

④ 栏：填写 SRU 组成元部件的故障模式（FM）、故障模式发生频数比（α）及其故障率（λ_{FM}）数据。三者之间的关系如下：

$$\lambda_{FMi} = \alpha_i \lambda_p \tag{11-8}$$

$$\sum \lambda_{FMi} = \lambda_p \tag{11-9}$$

$$\sum \alpha_i = 1 \tag{11-10}$$

⑤ 栏：填写可检测出的故障模式的故障率。

- SRU 测试编号，填写 SRU 的外部测试编号。
- ATE 测试，填写利用 ATE 可检测出（自动的或半自动的）的故障模式的故障率。
- 人工测试，表示通过人工检测观察点、指示器和内部测试点可检测出的故障模式的故障率。
- UD，以上两种方式都检测不到的故障模式的故障率。

可以根据工程实际增加和删减测试方法或重新给出实际使用的测试方法。

⑥ 栏：填写可隔离到 1 个元部件、2 个元部件、3 个元部件或 4 个元部件的故障率。

⑦ 栏：填写各个状态备注信息。

⑧ 栏：填写对应的表内各种故障率汇总结果。

⑨ 栏：填写对应的故障检测率和故障隔离率。

按下式计算 SRU 的故障检测率：

$$\gamma_{FD} = \lambda_D / \lambda \tag{11-11}$$

式中：λ_D——被检测出的故障模式的总故障率；

λ——所有故障模式的总故障率。

按下式计算 SRU 的故障隔离率：

$$\gamma_{FI} = \lambda_{IL} / \lambda_D \tag{11-12}$$

式中：λ_{IL}——可隔离到 L 个可更换单元的故障模式的故障率之和。

11.2.2.2 LRU 测试性预计

对于系统中的每个 LRU 都应该进行测试性预计，该预计一方面为系统测试性预计打下基础；另一方面可评定检查 LRU 的设计特性能否满足测试性要求，即通过 BIT、外部测试设备（ETE）和观察测试点（TP）等方法检测故障和隔离故障到 SRU 的能力。

（1）分析预计需要输入的主要资料

① LRU 的测试性框图；

② LRU 的接线图、流程图和机械布局图等；

③ 可靠性预计和 FMFA（CA）结果；

④ 内部、外部观察测试点位置；

⑤ 工作连接器和检测连接器（插座）输入/输出（I/O）信号；

⑥ LRU 的 BIT 设计资料；

⑦ 有关 LRU 维修方案、测试设备规划的资料。

(2) 根据以上资料进行的分析工作

① BIT 分析。分析 LRU 的 BIT 软件和硬件可检测和隔离哪些故障模式,它们的故障率是多少。

② I/O 信号分析。分析工作连接器 I/O 信号可检测和隔离哪些故障模式及其故障率;分析专用检测连接器 I/O 信号可检测哪些故障模式及其故障率数据。所有 I/O 信号中如 BIT 已用的(BIT 分析中已考虑)这里不再分析。

③ 观察测试点分析。观察点或指示器可能放在 LRU 外壳(前面板)上,而这里指的测试点是未引到连接器上的内部测试点,可在打开 LRU 面板不拔出 SRU 板的情况下来检测和隔离故障。

以上①是分析 BIT 检测和隔离故障的能力,②是分析利用 ETE(自动的或半自动的)可检测和隔离哪些故障模式,③是分析人工可方便地检测和隔离哪些故障模式。

④ 把以上分析所得数据填入 LRU 测试性预计工作单,并计算故障检测率和故障隔离率。

⑤ 把预计结果与要求值比较,必要时提出改进 LRU 测试性设计建议。

在填写预计工作单之前,首先建立 LRU 测试描述表,表中填写的测试是中继级进行 LRU 故障诊断时所用的测试方法,根据研制过程中所有的测试设计资料填写。LRU 测试描述表示例如表 11-7 所列。

表 11-7 LRU 测试描述表示例

①LRU 名称: ②LRU 编号:

③序号	④测试编号	⑤测试名称 (测试的部件、功能)	⑥测试点 (测试接口)	⑦测试方法	⑧激励	⑨备注
1	01-02-M1	导航接收功能测试	SP1	ATE 测试	信号	

LRU 测试描述表中各栏填写内容如下:

① 栏:填写 LRU 名称。

② 栏:填写 LRU 编号,格式为:所属系统的编号-两位数字。

③ 栏:填写顺序号。

④ 栏:填写测试编号,格式为:LRU 编号-标识符及顺序号。其中,LRU 编号分为四位:××-××,前两位代表 LRU 所属系统编号,中间两位代表执行外部测试的 LRU 的编号。标识符分为三种:一种是 A,表示该测试是 ATE 测试;另一种是 M,表示该测试是人工测试;还有一种是 B,表示该测试是 BIT。

⑤ 栏:填写测试名称,可以空白。

⑥ 栏:填写测试所用的测试点或者测试接口。

⑦ 栏:填写测试所用的测试方法。

⑧ 栏:填写测试所用的激励,当不用激励时可以空白。

⑨ 栏:备注。

接下来填写 LRU 测试性预计工作单,格式如表 11-8 所列。

表 11－8　LRU 测试性预计工作单示例

①LRU：　　所属系统：　　分析者：　　日期：

②项目		③组成元部件		④故障率			⑤λ_D(检测)					⑥λ_{IL}(隔离)			⑦备注
序号	名称代号	编号	λ_P	FM	α	λ_{FM}	LRU 测试编号	BIT	ATE 测试	人工测试	UD	1SRU	2SRU	3SRU	
1	SRU_1	U_1	80	FM_1	0.2	16	01－01－B1	16				16			
				FM_2	0.3	24	01－01－A1		24			24			
				FM_3	0.5	40	01－01－B2			32			40		
2	SRU_2	U_2	60	FM_4	0.5	30	01－02－A2		30				30		
				FM_5	0.1	6	01－02－M7			6		6			
				FM_6	0.4	24	01－01－B3	24				24			
⑧故障率总计			140	—	—	—	—	40	54	48		70	70		
⑨故障检测率、故障隔离率预计值/%								28.57	38.57	34.29		50	100	100	

各栏填写内容说明如下：

① 栏：填写所分析 LRU 系统和该 LRU 所属系统的名称。

② 栏：填写 LRU 内部被分析的功能单元（或元件、器件）的序号及名称代号。

③ 栏：填写功能单元（或元件、器件）的编号和故障率 λ_P。

④ 栏：填写检测到的 SRU 组成部件的故障模式（FM）、故障模式发生频数比（α）及其故障率（λ_{FM}）数据。其中：

$$\lambda_{FMi}=\alpha_i\lambda_p \tag{11-13}$$

$$\sum\lambda_{FMi}=\lambda_p \tag{11-14}$$

$$\sum\alpha_i=1 \tag{11-15}$$

⑤ 栏：填写可检测出的故障模式的故障率。

- LRU 测试编号，填写 LRU 的测试编号。
- BIT，表示 LRU 内 BIT 可检测出的故障模式的故障率；
- ATE 测试，分析利用 ATE 可检测（自动的或半自动的）出的故障模式的故障率。
- 人工测试，表示通过人工检测观察点、指示器和内部测试点可检测出的故障模式的故障率。
- UD，以上 3 种方式都检测不到的故障模式故障率。

⑥ 栏：填写可隔离到 1 个 LRU、2 个 LRU 或 3 个 LRU 的故障率。

⑦ 栏：填写各个状态备注信息。

⑧ 栏：填写对应的表内各种故障率汇总结果。

⑨ 栏：填写对应的故障检测率和故障隔离率。

按下式计算 LRU 的故障检测率：

$$\gamma_{FD}=\lambda_D/\lambda \tag{11-16}$$

按下式计算 LRU 的故障隔离率：

$$\gamma_{FI}=\lambda_{IL}/\lambda_D \tag{11-17}$$

11.2.2.3 系统测试性预计

系统或分系统测试性预计，是根据系统设计的可测试特性来估计可达到的故障检测能力和故障隔离能力。所用检测方法包括 BIT、驾驶员(操作者)观测和维修人员的计划维修等。系统测试性预计的主要工作如下：

(1) 准备测试性框图

以系统功能框图为基础，根据设计的可测试特性，把 BITE、测试点(TP)及其引出方法标注在框图上。框图的每个功能均可附有必要的说明，以表示各功能块(LRU 或 SRU)的输入/输出通路，以及它们之间的相互关系。

(2) 取得故障模式和故障率数据

各功能块的故障模式和故障率数据是测试性预计的基础，可从 FMECA 和可靠性预计资料中得到这些数据。如没有这些资料，则应先进行可靠性预计和 FMEA 工作。

(3) 取得 BIT 分析预计的结果

根据 11.2.1 小节 BIT 预计结果，得到 BIT 可以检测和隔离有关故障模式的故障率数据。如未进行单独 BIT 预计工作，则应按 11.2.1 小节叙述的内容和方法进行必要的分析和预计，以便取得必要数据。

(4) 驾驶员(或操作者)可观测故障分析

根据测试特性设计(如故障告警、指标灯、功能单元状态指示器等)，分析判断驾驶员可观测或感觉到的故障及其故障率，或者从 FMEA 表格中得到有关数据。

(5) 计划维修故障检测分析

分析系统维修方案和计划维修活动安排，以及外部测试设备规划、测试点的设置等，识别通过维护人员现场维修活动可以检测的故障及其故障率，或者从维修分析资料和 FMEA 表格中得到这些数据。

(6) 填写系统测试性预计工作单

把以上分析的结果，即用各种方法可检测和隔离的故障模式的故障率填入系统测试性预计工作单。

(7) 计算系统的故障检测率和故障隔离率

按下式计算系统的故障检测率：

$$\gamma_{FD}=\lambda_D/\lambda \tag{11-18}$$

式中：λ_D——被检测出的故障模式的总故障率；

λ——所有故障模式的总故障率。

按下式计算系统的故障隔离率：

$$\gamma_{FI}=\lambda_{IL}/\lambda_D \tag{11-19}$$

式中：λ_{IL}——可隔离到 L 个可更换单元的故障模式的故障率之和。

如果各个 LRU 是单独预计的，则可用 $\gamma_{FDS}=\sum\lambda_i\gamma_{FDi}/\sum\lambda_i$ 计算整个系统的预计指标。

(8) 不能检测故障分析

列出用 BIT、驾驶员观测和计划维修都不能检测的故障模式，并按其影响和发生频率来分析对安全和使用的影响，以便决定是否需要进一步采取改进措施。

(9) 预计结果分析

把以上分析和预计的结果与规定的系统测试性要求进行比较，评定是否满足要求，必要时提出测试性设计上的改进建议，并使建议得到贯彻执行。

在填写工作预计单之前，首先建立系统测试描述表。系统测试是基层级进行系统故障诊断时所用的测试方法，根据研制过程中所有的测试设计资料填写系统测试描述表。系统测试描述表的格式如表 11－9 所列。

表 11－9　系统测试描述表示例

①系统名称：×××　　　　②系统编号：01

③序号	④ 测试编号	⑤测试名称 （测试的部件、功能）	⑥测试点 （测试接口）	⑦测试方法	⑧激励	⑨备注
1	01—A1	炮塔旋转测试	炮塔旋转控制按钮	目测	角度信号	

系统测试描述表各栏填写内容如下：

① 栏：填写系统名称。

② 栏：填写系统编号，可用两位数字表示。

③ 栏：填写顺序号。

④ 栏：填写测试编号，格式为：系统编号-标识符及顺序号。其中，系统编号分为两位：××，这两位代表执行测试的系统的编号。标识符分为三种：一种是 A，表示该测试是 ATE 测试；另一种是 M，表示该测试是人工测试；还有一种是 B，表示该测试是 BIT。

⑤ 栏：填写测试名称，可以空白。

⑥ 栏：填写测试所用的测试点或者测试接口。

⑦ 栏：填写测试所用的测试方法。

⑧ 栏：填写测试所用的激励，当不用激励时可以空白。

⑨ 栏：备注。

系统测试性预计工作单的格式如表 11－10 所列。

表 11－10　系统测试性预计工作单示例

①系统/分系统：01　　　分析者：　　　　　　　日期：

②项目		③部件		④故障率			⑤λ_D（检测）					⑥λ_{IL}（隔离）			备注
序号	名称代号	编号	λ_{SR}	FM	α	λ_{FM}	系统测试编号	BIT	ATE测试	人工测试	UD	1LRU	2LRU	3LRU	
1	LRU_1	SRU_{11}	120	FM_1	0.3	36	01－B1	36				36			
				FM_2	0.3	36	01－B2	36				36			
				FM_3	0.4	48	01－M1			48		48			
		SRU_{12}	40	FM_1	1	40	01－B3	40				40			
		SRU_{13}	14	FM_1	1	14					14				应改进
2	LRU_2	SRU_{21}	477	$FM_{1\sim6}$	1	477		477				477			
		SRU_{22}	53	$FM_{1\sim3}$	1	53	01—A1		53				53		
3	LRU_3	SRU_{31}	186	$FM_{1\sim4}$	1	186	01—B4	186				186			
⑦故障率总计			890	—	—	—	—	775	53	48	14	823	876	876	
⑧故障检测率、故障隔离率预计值/%								87.1	5.95	5.39		93.95	100	100	

各栏填写内容说明如下:

① 栏:填写所分析系统或分系统名称。

② 栏:填写组成系统的 LRU 的序号和名称代号。

③ 栏:填写组成 LRU 的部件(SRU)的编号及其故障率。

④ 栏:填写 SRU 的故障模式(FM)、故障模式发生频数比(α)及其故障率(λ_{FM})数据。其中,FM、α 由 FMEA 和 CA 数据得到。

$$\lambda_{FM} = \alpha\lambda_{SR} \tag{11-20}$$

⑤ 栏:填写可检测出的故障模式的故障率。

- 系统测试编号,填写系统的测试编号。
- BIT,用 BIT 可检测出的故障模式的故障率。
- ATE 测试,分析利用 ATE 可检测(自动的或半自动的)出的故障模式的故障率。
- 人工测试,表示通过人工检测观察点、指示器和内部测试点可检测出的故障模式的故障率。
- UD,以上三种方式都检测不到的故障模式的故障率。

⑥ 栏:填写可隔离到 1 个 LRU、2 个 LRU 或 3 个 LRU 的故障率。

⑦ 栏:填写对应的表内各种故障率汇总结果。

⑧ 栏:填写对应的故障检测率和故障隔离率。

11.3 二级维修系统的测试性预计

二级维修体制下的被测对象通常划分为 LRM、系统/子系统。二级维修的测试性预计方法包括 BIT 预计和测试性预计。

11.3.1 BIT 预计

二级维修的 BIT 预计的主要工作步骤如下:

(1) 分析对象层次结构与组成

结合对象的功能,分析系统的结构和组成信息。

(2) 分析 BIT 及建立 BIT 描述表

分析系统的各种 BIT 工作模式以及其他检测诊断手段的测试范围、算法和流程等,并了解系统周期 BIT、加电 BIT 和维修 BIT 的工作原理,以及它们所测试的范围、启动和结束条件、故障显示记录情况等,并根据对各种诊断方案和方法的分析,建立系统级、LRM 级的 BIT 描述表。

(3) FMECA/FMEA

获得 FMECA 资料和可靠性预计数据,以便列出所有的故障模式,掌握故障影响情况、功能单元或部件的故障率,以及故障模式发生频数比。如果未进行 FMECA 和可靠性预计,则应补做。至少应进行 FMEA,并通过可靠性分析得到有关故障率数据。

(4) 分析故障检测、隔离及填写 BIT 预计工作单

根据前面分析的结果,识别每个故障模式(或功能单元/部件)BIT 能否检测,哪一种 BIT 模式可以检测,分析 BIT 检测出的故障模式(功能单元/部件)能否用 BIT 隔离,可隔离到几个

可更换单元 LRM 上，并把数据填入 BIT 预计工作单。

(5) 计算故障检测率和故障隔离率及 BIT 故障率

为求得系统总的 BIT 故障检测率和隔离率，根据各 LRM 的工作单，可以先计算系统可检测出的故障模式的总故障率(λ_D)、隔离故障率(λ_{IL})、BIT 故障率(λ_B)和总故障率(λ)，然后用 γ_{FD} 和 γ_{FI} 的公式求出系统的预计指标。

(6) 综合分析预计结果，编写预计报告

分析所得的预计结果，并根据要求编写 BIT 预计报告：

① 把 BIT 预计值与要求值比较，看是否满足要求；

② 列出 BIT 不能检测或不能隔离的故障模式和功能，并分析它们对安全、使用的影响；

③ 必要时提出改进 BIT 的建议。

11.3.1.1 建立 BIT 测试描述表

二级维修体制下的被测对象通常划分为 LRM、系统/子系统。为了便于进行准确的 BIT 诊断能力预计，需要分析确定各级对象的 BIT 测试。

分析确定 BIT 测试的原则如下：

① 对于 LRM，需要分析位于该 LRM 内，并针对该 LRM 进行测试的所有 BIT 测试项目和内容；

② 对于系统/子系统，需要分析位于该系统内，并针对该系统内多个 LRM 组合进行额外测试的所有 BIT 测试项目和内容。

根据以上原则，建立各级被测对象 BIT 测试描述表。

(1) LRM 的 BIT 测试描述表

LRM 的 BIT 测试描述表的参考样式见表 11－11。

表 11－11　LRM 的 BIT 测试描述表示例

①LRM 名称：×××　　②LRM 编号：01－07

③ 序号	④ BIT 编号	⑤测试名称 (测试的部件、功能)	⑥测试内容和 方法说明	⑦减少虚警 方法	⑧适用类别			⑨ 备注
					PBIT	PUBIT	MBIT	
1	01－07－B2	RAM 测试	对板内所有 RAM 单元进行测试	—	×	√	√	

LRM 的 BIT 测试描述表各栏填写内容如下：

① 栏：填写 LRM 名称。

② 栏：填写 LRM 编号，格式为：所属系统的编号-两位数字。

③ 栏：填写顺序号。

④ 栏：填写 BIT 编号，格式为：××-××-××(系统编号- LRM 编号- BIT 顺序号)。

⑤ 栏：填写测试名称，表明 BIT 测试的部件、功能等。

⑥ 栏：填写测试内容和方法的简单说明。

⑦ 栏：填写对该 BIT 采取的减少虚警方法。

⑧ 栏：填写此 BIT 能否用于周期 BIT(PBIT)、加电 BIT(PUBIT)和维修 BIT(MBIT)。

⑨ 栏:备注。

(2) 系统的 BIT 测试描述表

系统的 BIT 测试描述表的参考样式见表 11-3,这里不再重复。

11.3.1.2 BIT 预计工作单

与三级维修相同,二级维修在完成 BIT 测试描述表后,需要填写 BIT 预计工作单。BIT 预计工作单的格式如表 11-12 所列,其各栏的填写内容说明如下:

表 11-12　BIT 预计工作单示例

①LRM　×××　所属系统：　×××　　分析者：　×××　　日期：　××-××

② 项目		③组成部件		④故障率			⑤BIT 编号	⑥λ_D(检测)				⑦λ_{IL}(隔离)			⑧BIT 故障率 λ_B	备注
序号	名称代号	区位编号	λ_P	FM	α	λ_{FM}		PBIT	PUBIT	MBIT	UD	1LRM	2LRM	3LRM		
1	U_1	0111	120	FM_{11}	0.3	36	01-01-B1	36	36	36		36				
				FM_{12}	0.3	36	01-01-B2	36	36	36			36			
				FM_{13}	0.4	48	01-01-B3	48	48	48		48				
2	U_2	0112	40	FM_{21}	0.6	24	01-01-B4	24	24	24		24				
				FM_{22}	0.4	16	01-01-B5	0	16	16		16				
3	U_3	0113	28	FM_{31}	0.5	14	01-01-B6	14	14	14			14			
				FM_{32}	0.5	14		0	0	0	14					
⑨故障率总计			188	—	—	—	—	158	174	174	14	124	174	174		
⑩故障检测率和故障隔离率预计值/%								84.0	92.6	92.6	7.4	71.3	100	100		

① 栏:填写 LRM、所属系统的名称、分析者名字及日期。

② 栏:填写顺序号和名称代号。

③ 栏:填写元器件的区位编号,并根据 FMEA 和可靠性预计数据填写元器件的故障率 λ_P。

④ 栏:根据 FMEA 和可靠性预计数据填写元器件的故障模式(FM)、故障模式发生频数比(α)及其故障率(λ_{FM})数据;

⑤ 栏:根据测试描述表填写可以检测和隔离该故障模式的 BIT 编号,有时不止一个。对不能检测的故障模式,以及 BIT 硬件的故障模式,不用填写 BIT 编号。

⑥ 栏:根据测试描述表填写三种 BIT 可检测出的故障模式的故障率,以及三种 BIT 未能检测出的故障模式的故障率:

- PBIT,周期 BIT 可检测出的故障模式的故障率;
- PUBIT,加电 BIT 可检测出的故障模式的故障率;
- MBIT,维修 BIT 可检测出的故障模式的故障率;
- UD,三种 BIT 未能检测出的故障模式的故障率,对这种故障模式不用进行隔离分析。

⑦ 栏：填写可以被 BIT 隔离到 LRM 的故障模式的故障率。当采用 LRM 的 BIT 检测和隔离时，可以隔离到 1 个 LRM；当采用系统的 BIT 检测和隔离时，可以隔离到 1 个 LRM、2 个 LRM 或 3 个 LRM。如果故障能隔离到 1 个 LRM，那么将"故障率"栏中的 λ_{FM} 填入"1LRM"栏；如果故障能隔离到 2 个 LRM，那么将"故障率"栏中的 λ_{FM} 填入"2LRM"栏；如果故障能隔离到 3 个 LRM，那么将"故障率"栏中的 λ_{FM} 填入"3LRM"栏。

⑧ 栏：填写 BIT 硬件的故障率。当被分析元器件属于 BIT 硬件电路时，直接将其故障率填写到此栏，不用分析其检测与隔离情况。

⑨ 栏：填写对应的表内各种故障率汇总结果，包括：

- LRM 的故障率，将其所在列的数据相加得到；
- IBIT 检测到的故障率，将其所在列的数据相加得到；
- PBIT 检测到的故障率，将其所在列的数据相加得到；
- MBIT 检测到的故障率，将其所在列的数据相加得到；
- 不可检测的故障率，将其所在列的数据相加得到；
- 可以隔离到 1 个 LRM 的故障率，将其所在列的数据相加得到，这个总和就是隔离到 LRM 且隔离模糊度为 1 的所有故障模式的故障率；
- 可以隔离到 2 个 LRM 的故障率，将其所在列的数据相加后，再加上隔离到 1 个 LRM 的故障率，这个总和就是隔离到 LRM 且隔离模糊度为 2 的所有故障模式的故障率；
- 可以隔离到 3 个 LRM 的故障率，将其所在列的数据相加后，再加上隔离到 2 个 LRM 的故障率，这个总和就是隔离到 LRM 且隔离模糊度为 3 的所有故障模式的故障率；
- BIT 硬件的故障率，将其所在列的数据相加得到。

⑩ 栏：填写对应的故障检测率和故障隔离率。

按下式计算 LRM 的故障检测率；

$$\gamma_{FD}=\lambda_{D}/\lambda \tag{11-21}$$

式中：λ_D——被检测出的故障模式的总故障率；

λ——所有故障模式的总故障率。

按下式计算 LRM 的故障隔离率；

$$\gamma_{FI}=\lambda_{IL}/\lambda_{D} \tag{11-22}$$

式中：λ_{IL}——可隔离到 L 个可更换单元的故障模式的故障率之和。

11.3.2　测试性预计

二级维修的测试性预计主要包括 LRM 测试性预计和系统测试性预计。

11.3.2.1　LRM 测试性预计

对系统中每个 LRM(特别是非电子类的)都应进行测试性分析预计。该预计一方面为系统测试性预计打下基础，另一方面可评定检查 LRM 的设计特性能否满足测试性要求，即通过 BIT、外部测试设备(ETE)和观察测试点(TP)等方法检测故障和隔离故障的能力。

(1) 分析预计需要输入的主要资料

① LRM 的测试性框图；

② LRM 的接线图、流程图和机械布局图等;

③ 可靠性预计和 FMFA(CA)结果;

④ 内部、外部观察测试点位置;

⑤ 工作连接器和检测连接器(插座)输入/输出(I/O)信号;

⑥ LRM 的 BIT 设计资料;

⑦ 有关 LRM 维修方案、测试设备规划的资料。

(2) 根据以上资料进行的分析工作

① BIT 分析。分析 LRM 的 BIT 软件和硬件可检测和隔离哪些故障模式,它们的故障率是多少。

② I/O 信号分析。分析工作连接器 I/O 信号可检测和隔离哪些故障模式及其故障率;分析专用检测连接器 I/O 信号可检测哪些故障模式及其故障率数据。所有 I/O 信号中如 BIT 已用的(BIT 分析中已考虑)这里不再分析。

③ 观察测试点(TP)分析。观察点或指示器可能放在 LRM 外壳(前面板)上,而这里指的测试点是未引到连接器上的内部测试点,可在打开 LRM 面板不拔出 SRU 板的情况下来检测和隔离故障。

④ 把以上分析所得数据填入 LRM 测试性预计工作单,并计算故障检测率和隔离率。

⑤ 把预计结果与要求值比较,必要时提出改进 LRM 测试性设计的建议。

在填写工作预计单之前,首先建立 LRM 测试描述表,表中填写的测试是基地级进行 LRM 故障诊断时所用的测试方法,根据研制过程中所有的测试设计资料填写。LRM 测试描述表的格式如表 11-13 所列。

表 11-13　LRM 测试描述表示例

①LRM 名称:×××　　　　②LRM 编号:02

③序号	④测试编号	⑤测试名称 (测试的部件、功能)	⑥测试点 (测试接口)	⑦测试方法	⑧激励	⑨备注
1	01-02-M9	时钟测试	时钟信号专用测试点	人工测试	—	

LRM 测试描述表各栏填写内容如下:

① 栏:填写所分析 LRM 名称。

② 栏:填写 LRM 编号。

③ 栏:填写顺序号。

④ 栏:填写测试编号,格式为:LRM 编号-标识符及顺序号。其中,LRM 编号分为四位,格式为:××-××(系统编号-LRM 编号)。标识符分为三种:一种是 A,表示该测试是 ATE 测试;另一种是 M,表示该测试是人工测试;还有一种是 B,表示该测试是 BIT。

⑤ 栏:填写测试名称,可以空白。

⑥ 栏:填写测试所用的测试点或者测试接口。

⑦ 栏:填写测试所用的测试方法。

⑧ 栏:填写测试所用的激励,当不用激励时可以空白。

⑨ 栏：备注。

接下来填写 LRM 测试性预计工作单，格式如表 11－14 所列。

表 11－14　LRM 测试性预计工作单示例

①LRM：×××　　所属系统：×××　　分析者：×××　　日期：　××-××

②项目		③组成部件			④故障率			⑤λ_D（检测）					⑥λ_{IL}（隔离）				⑦备注
序号	名称代号	区位	代号	λ_p	FM	α	λ_{FM}	LRM 测试编号	BIT	ATE 测试	人工测试	UD	1 个	2 个	3 个	4 个	
1	LRM1	01	M_1	120	FM_{11}	0.3	36	01－01－03－A1		36				36			
					FM_{12}	0.3	36	01－01－03－B1	36				36				
					FM_{13}	0.4	48	01－01－03－M1			48			48			
⑧故障率总计				120	—	—	—	—	36	36	48		36	120	120	120	
⑨故障检测率、故障隔离率预计值/%									30	30	40		30	100	100	100	

各栏填写内容说明如下：

① 栏：填写所分析 LRM 系统的名称、该 LRM 所属系统、分析者名称以及日期。

② 栏：填写 LRM 内部被分析的功能单元（或元件、器件）的序号、名称及代号。

③ 栏：填写功能单元（或元件、器件）的区位、代号和故障率 λ_P。

④ 栏：填写检测到的 LRM 的故障模式（FM）、故障模式发生频数比（α）及其故障率（λ_{FM}）数据。α、λ_{FM} 和单元故障率 λ_p 三者之间的关系如下：

$$\lambda_{FMi}=\alpha_i\lambda_p \tag{11-23}$$

$$\sum\lambda_{FMi}=\lambda_p \tag{11-24}$$

$$\sum\alpha_i=1 \tag{11-25}$$

⑤ 栏：填写可检测出的故障模式的故障率。

- 根据 LRM 测试描述表填写可以检测和隔离该故障模式的测试编号。
- BIT，表示用 BIT 可检测出的故障模式的故障率。
- ATE 测试，分析利用 ATE 可检测（自动的或半自动的）出的故障模式的故障率。
- 人工测试，表示通过人工检测观察点、指示器和内部测试点可检测出的故障模式的故障率。
- UD，以上三种方式都检测不到的故障模式的故障率。

⑥ 栏：填写可隔离到 1 个 LRM、2 个 LRM 或 3 个 LRM 的故障率。

⑦ 栏：填写各个状态备注信息。

⑧ 栏：填写对应的表内各种故障率汇总结果。

⑨ 栏：填写对应的故障检测率和故障隔离率。

按下式计算 LRM 的故障检测率：

$$\gamma_{FD}=\lambda_D/\lambda \tag{11-26}$$

式中：λ_D——被检测出的故障模式的总故障率；

λ——所有故障模式的总故障率。

按下式计算 LRM 的故障隔离率：

$$\gamma_{FI}=\lambda_{IL}/\lambda_{D} \tag{11-27}$$

式中：λ_{IL}——可隔离到 L 个可更换单元的故障模式的故障率之和。

11.3.2.2 系统测试性预计

系统或分系统测试性预计，是根据系统设计的可测试特性来估计可达到的故障检测能力和故障隔离能力。所用检测方法包括 BIT、驾驶员(操作者)观测和维修人员的计划维修等。系统测试性预计的主要工作如下：

(1) 准备测试性框图

以系统功能框图为基础，根据设计的可测试特性，把 BITE、测试点(TP)及其引出方法标注在框图上。框图的每个功能均可附有必要的说明，以表示各功能块(LRM)的输入/输出通路，以及它们之间的相互关系。

(2) 取得故障模式和故障率数据

各功能块的故障模式和故障率数据是测试性预计的基础，可从 FMECA 和可靠性预计资料中得到这些数据。如果没有这些资料，则应先进行可靠性预计和 FMEA 工作。

(3) 取得 BIT 分析预计的结果

根据 11.3.1 小节 BIT 预计结果，得到 BIT 可以检测和隔离的有关故障模式的故障率数据。如果未进行单独的 BIT 预计工作，那么应按 11.3.1 小节叙述的内容和方法进行必要的分析和预计，以便取得必要数据。

(4) 驾驶员(或操作者)可观测故障分析

根据测试特性设计(如故障告警、指标灯、功能单元状态指示器等)，分析判断驾驶员可观测或感觉到的故障及其故障率，或者从 FMEA 表格中得到有关数据。

(5) 维修故障检测分析

分析系统维修方案和计划维修活动安排，以及外部测试设备规划、测试点的设置等，识别通过维护人员现场维修活动可以检测的故障及其故障率，或者从维修分析资料和 FMEA 表格中得到这些数据。

(6) 填写系统测试性预计工作单

把以上分析的结果，即用各种方法可检测和隔离的故障模式的故障率填入系统测试性预计工作单中。

(7) 计算系统的故障检测率和故障隔离率

分别统计系统总的故障率、可检测的故障率和可隔离的故障率，计算故障检测率和故障隔离率。

按下式计算系统的故障检测率：

$$\gamma_{FD}=\lambda_{D}/\lambda \tag{11-28}$$

式中：λ_{D}——被检测出的故障模式的总故障率；

λ——所有故障模式的总故障率。

按下式计算系统的故障隔离率：

$$\gamma_{FI}=\lambda_{IL}/\lambda_{D} \tag{11-29}$$

式中：λ_{IL}——可隔离到 L 个可更换单元的故障模式的故障率之和。

(8) 不能检测故障分析

列出用 BIT、驾驶员观测和计划维修都不能检测的故障模式，并按其影响和发生频率来分析对安全和使用的影响，以便决定是否需要进一步采取改进措施。

(9) 预计结果分析

把以上分析和预计的结果与规定的系统测试性要求进行比较，评定是否满足要求，必要时提出测试性设计上的改进建议，并使建议得到贯彻执行。

在填写工作预计单之前，首先建立系统测试描述表，表格形式参见表 11－9，这里不再重复。

系统测试性工作单的格式如表 11－15 所列。

表 11－15　系统测试性预计工作单示例

①系统/分系统：　　　　分析者：　　　　　　日期：

② 项目		③部件		④故障率			⑤λ_D(检测)					⑥λ_{IL}(隔离)			备注
序号	名称代号	编号	λ_{SR}	FM	α	λ_{FM}	系统测试编号	BIT	ATE测试	人工测试	UD	1LRM	2LRM	3LRM	
1	LRM_1	U_{11}	120	FM_1	0.3	36	01－B1	36				36			
				FM_2	0.3	36	01－B2	36				36			
				FM_3	0.4	48	01－M1			48		48			
		U_{12}	40	FM_1	1	40	01－B3	40				40			
		U_{13}	14	FM_1	1	14					14				
2	LRM_2	U_{21}	477	$FM_{1\sim6}$	1	477	01－B4	477				477			
		U_{22}	53	$FM_{1\sim3}$	1	53	01－A1		53				53		
3	LRM_3	U_{31}	186	$FM_{1\sim4}$	1	186	01－B5	186				186			
⑦故障率总计			890	—	—	—	—	775	53	48	14	823	876	876	
⑧故障检测率、故障隔离率预计值/%								87.1	5.95	5.39		93.9	100	100	

各栏填写内容说明如下：

① 栏：填写所分析系统或分系统名称、分析者名称以及日期。

② 栏：填写组成系统的序号和 LRM 名称代号。

③ 栏：填写组成 LRM 的部件编号及其故障率 λ_{SR}。

④ 栏：填写 SRU 的故障模式(FM)、故障模式发生频数比(α)及其故障率(λ_{FM})数据。其中，λ_{FM}、α 由 FMEA 和 CA 数据得到，

$$\lambda_{FM}=\alpha\lambda_{SR} \tag{11-30}$$

⑤ 栏：填写可检测的故障模式的故障率。

- 根据系统测试描述表填写可以检测和隔离该故障模式的测试编号；
- BIT，用 BIT 可检测出的故障模式的故障率；
- ATE 测试，分析利用 ATE 可检测(自动的或半自动的)出的故障模式的故障率；
- 人工测试，表示通过人工检测观察点、指示器和内部测试点可检测出的故障模式的

故障率;

- UD,以上三种方式都检测不到的故障模式的故障率。

⑥ 栏:填写可隔离到1个LRU、2个LRU或3个LRU的故障率。

⑦ 栏:填写对应的表内各种故障率汇总结果。

⑧ 栏:填写对应的故障检测率和故障隔离率。

11.4 其他参数预计

测试性预计还包括以下几个参数的预计:

(1) 平均故障检测时间(T_{FD})的预计

T_{FD} 一般是指从检测故障开始到BIT/ATE检测出故障并给出指示所用时间的平均值。可用下式计算:

$$T_{FD}=\sum_{i=1}^{n_D}\lambda_i t_{Di}\Big/\sum_{i=1}^{n_D}\lambda_i \tag{11-31}$$

式中:t_{Di}——第 i 个故障检测时间,根据检测第 i 个故障的具体程序来估算;

λ_i——第 i 个故障的故障率;

n_D——检测故障次数;

对于BIT用于实时监测的情况,计算 t_{Di} 时应考虑BIT检测程序的执行频率(或间隔时间)。因为这时更关心的是从故障发生到给出故障指示(报警)的时间,此时间越短越好,以便及时采取措施。

(2) 平均故障隔离时间(T_{FI})的预计

T_{FI} 是指完成故障隔离所用时间的平均值,可用下式计算:

$$T_{FI}=\sum_{i=1}^{n_I}\lambda_i t_{Ii}\Big/\sum_{i=1}^{n_I}\lambda_i \tag{11-32}$$

式中:t_{Ii}——第 i 个故障隔离时间,根据第 i 个故障的隔离程序确定;

n_I——隔离故障次数;

λ_i——第 i 个故障的故障率。

(3) 诊断树的平均测试时间(T_D)的预计

上述 T_{FD} 和 T_{FI} 预计是针对各个故障的检测程序和隔离程序来计算的。如果故障检测与隔离(即诊断)程序是以诊断树形式出现,则可用下式来估算诊断测试时间,即平均故障诊断时间 T_D:

$$T_D=\sum_{i=1}^{m}P_i\left(\sum_{j=1}^{K_i}t_j\right)_i \tag{11-33}$$

式中:P_i——诊断树各树叶(各分支的终点)的发生概率,对应"无故障"分支为UUT无故障概率,其他分支为故障概率;

m——诊断树的分支数;

t_j——第 i 个分支上第 j 个节点的测试时间;

K_i——第 i 个分支上的测试(即节点)数。

由式(11－33)计算出的 T_{D} 即为 UUT 在使用中进行多次诊断测试后，平均每次诊断所用时间的估计值。其中，P_i 数据可从 UUT 可靠性设计分析资料中得到。

如果要预计故障检测、隔离和诊断费用，把式(11－31)～式(1－33)中的 $t_{\mathrm{D}i}$、$t_{\mathrm{I}i}$ 和 t_j 用相应的费用数据代替即可。

习　题

1. 测试性预计的目的和作用是什么？
2. 实现测试性预计的方法有哪些？
3. 三级维修和二级维修中的测试性预计的主要不同点有哪些？
4. 如何进行测试性预计？它与 BIT 预计有什么区别？
5. 已知系统的各电路板(SRU)的故障检测率预计值，如何预计系统的故障检测率？
6. 在 BIT 预计中，如何判别故障可以被检测到？如何确认故障隔离的模糊度？
7. 你认为虚警率应如何预计？

第 12 章　测试性试验

12.1　基本概念

12.1.1　测试性试验的定义

在产品设计研制过程中，为了确认测试性分析和设计的正确性、识别设计缺陷、检查研制的产品是否完全实现了测试性设计要求，设计研制人员要进行必要的试验，即在样机上注入故障进行实际测试。这是承制方在整个研制过程中进行的一种核查或检验性的试验。

在产品设计定型、生产定型或有重大设计更改时，为了判定是否达到了技术合同规定的测试性要求，应进行验证试验。它是承制方与订购方联合进行的工作，一般是以承制方为主，订购方审查试验方案和计划并参加试验全过程。

测试性试验，就是在研制的产品中注入一定数量的故障，用测试性设计规定的测试方法进行故障检测与隔离，按其结果来估计产品的测试性水平，并判断是否达到了规定要求，决定接收或拒收。这个演示试验过程就是测试性试验。这种通过试验方法检查研制产品所达到的测试性水平和存在的问题，比测试性的分析预计前进了一大步，但还不能认为这就是产品真正的测试性水平。真正的测试性水平要在收集使用数据和分析评估之后才能得出。

12.1.2　测试性试验的目的

测试性试验的目的主要有如下几点：

① 核查、确定诊断方案的可行性；

② 检验产品测试性设计的有效性；

③ 发现测试性设计缺陷，采取改进措施；

④ 初步评估产品的有关测试性是否能达到要求；

⑤ 实现研制阶段的测试性增长，通过多次试验与改进过程，不断发现测试性设计缺陷，进行测试性设计改进，使测试性增长到指定水平；

⑥ 鉴定或者验证产品的测试性水平，在产品研制阶段，为确定产品测试性水平与测试性设计要求一致性，通过试验对产品测试性参数水平进行鉴定或者验证，判定是否满足规定的测试性设计要求；

⑦ 验收产品的测试性水平，在产品生产阶段，为确定交付产品的测试性水平与测试性设计要求的一致性，通过试验对产品测试性参数水平进行鉴定或者验证，判定是否满足规定的测试性设计要求。

12.1.3　测试性试验的考察内容

（1）研制阶段进行测试性研制试验

为确认产品的测试性设计特性和暴露产品的测试性设计缺陷，承制方在产品的半实物模型、样机或试验件上开展故障注入或模拟试验、进行分析和改进的过程称为测试性研制试验。

测试性研制试验的考察内容通常包括：

① 故障检测与故障隔离设计对产品故障模式的诊断覆盖情况；

② 设计的测试是否按预期正确检测与隔离故障；

③ 测试性定量要求和定性要求的设计实现情况。

（2）验收阶段进行测试性验证试验

为确定产品是否达到规定的测试性要求，由订购方认可的试验机构按选定的验证试验方案，进行故障抽样并在产品实物或试验件上开展的故障注入或模拟试验称为测试性验证试验。

测试性验证试验的考核内容通常包括：

① 技术合同规定的测试性定量要求，重点是对故障检测率（FDR）和故障隔离率（FIR）进行考核。虚警率（FAR）和平均虚警间隔时间（MTBFA）可以不作为测试性验证试验的定量考核内容。对其他测试性指标，可以根据需要开展评价。

② 技术合同中规定的测试性定性要求，如测试点要求、性能监测要求、故障指示与存储要求、原位检测、兼容性要求和人工诊断资料与文档的适用性要求等。

12.2　测试性试验方案

12.2.1　考虑双方风险的试验方案

考虑承制方风险 α、订购方风险 β、测试性指标规定值 q_0 和最低可接受值 q_1 时的定数试验方案计算公式如下：

$$1-\sum_{d=0}^{c}C_n^d q_0^{n-d}(1-q_0)^d \leqslant \alpha \tag{12-1}$$

$$\sum_{d=0}^{c}C_n^d q_1^{n-d}(1-q_1)^d \leqslant \beta \tag{12-2}$$

式中：c——合格判定数；

n——样本量。

12.2.1.1　样本量确定方法

应用式（12－1）和式（12－2），确定符合要求的（n，c）值。要注意应以选择最接近但未大于 α 的样本量，选择最接近但未大于 β 的合格判定数。

为方便实际应用，可以查阅表12－1，确定所需的样本量以及相应的合格判定数。

表 12-1 定数试验方案表

q_0	q_1	$\alpha=\beta=0.1$		$\alpha=\beta=0.2$		$\alpha=\beta=0.3$	
		n	c	n	c	n	c
0.99	0.98	945	13	453	6	180	2
	0.97	308	5	142	2	81	1
	0.96	166	3	74	1	30	0
	0.95	105	2	59	1	24	0
	0.94	88	2	49	1	20	0
	0.93	75	2	42	1	17	0
	0.92	48	1	20	0	15	0
	0.91	42	1	18	0	13	0
	0.90	38	1	16	0	12	0
	0.89	34	1	14	0	11	0
	0.88	31	1	13	0	10	0
	0.87	29	1	12	0	9	0
	0.86	27	1	11	0	8	0
	0.85	25	1	10	0	8	0
	0.84	23	1	10	0	7	0
0.98	0.97	1 605	39	713	17	270	6
	0.96	471	13	226	6	90	2
	0.95	258	8	110	3	49	1
	0.94	153	5	71	2	40	1
	0.93	113	4	60	2	17	0
	0.92	82	3	37	1	15	0
	0.91	73	3	33	1	13	0
	0.90	52	2	29	1	12	0
	0.89	47	2	27	1	11	0
	0.88	43	2	24	1	10	0
	0.87	40	2	23	1	9	0
	0.86	37	2	11	0	8	0
	0.85	25	1	10	0	8	0
	0.84	23	1	10	0	7	0

续表 12－1

q_0	q_1	$\alpha=\beta=0.1$		$\alpha=\beta=0.2$		$\alpha=\beta=0.3$	
		n	c	n	c	n	c
0.97	0.96	2 232	77	967	33	392	13
	0.95	628	24	272	10	117	4
	0.94	313	13	150	6	60	2
	0.93	201	9	95	4	35	1
	0.92	130	6	68	3	30	1
	0.91	101	5	47	2	27	1
	0.90	78	4	42	2	24	1
	0.89	71	4	27	1	11	0
	0.88	54	3	24	1	10	0
	0.87	50	3	23	1	9	0
	0.86	37	2	21	1	8	0
	0.85	34	2	19	1	8	0
	0.84	32	2	18	1	7	0
0.96	0.95	2 825	126	1 219	54	483	21
	0.94	782	38	337	16	135	6
	0.93	383	20	161	8	68	3
	0.92	234	13	98	5	45	2
	0.91	156	9	74	4	27	1
	0.90	116	7	54	3	24	1
	0.89	94	6	38	2	22	1
	0.88	76	5	35	2	20	1
	0.87	60	4	32	2	19	1
	0.86	56	4	30	2	8	0
	0.85	43	3	19	1	8	0
	0.84	40	3	18	1	7	0
0.95	0.94	3 421	187	1 488	81	577	31
	0.93	935	55	413	24	162	9
	0.92	447	28	197	12	87	5
	0.91	272	18	125	8	53	3
	0.90	187	13	78	5	36	2
	0.89	138	10	60	4	33	2
	0.88	106	8	45	3	20	1
	0.87	89	7	42	3	19	1
	0.86	73	6	30	2	17	1
	0.85	60	5	28	2	16	1
	0.84	48	4	26	2	15	1

续表 12-1

q_0	q_1	$\alpha=\beta=0.1$		$\alpha=\beta=0.2$		$\alpha=\beta=0.3$	
		n	c	n	c	n	c
0.94	0.93	4 002	259	1 736	112	688	44
	0.92	1 073	74	469	32	182	12
	0.91	508	37	224	16	90	6
	0.90	301	23	135	10	58	4
	0.89	201	16	92	7	43	3
	0.88	155	13	65	5	30	2
	0.87	116	10	51	4	27	2
	0.86	91	8	47	4	17	1
	0.85	77	7	36	3	16	1
	0.84	64	6	34	3	15	1
0.93	0.92	4 575	342	1 971	147	783	58
	0.91	1 214	96	523	41	209	16
	0.90	566	47	245	20	102	8
	0.89	334	29	153	13	63	5
	0.88	222	20	103	9	39	3
	0.87	161	15	78	7	27	2
	0.86	125	12	55	5	25	2
	0.85	100	10	44	4	24	2
	0.84	87	9	41	4	15	1
0.92	0.91	5 107	433	2 210	187	867	73
	0.90	1 356	121	587	52	230	20
	0.89	632	59	272	25	113	10
	0.88	371	36	168	16	67	6
	0.87	248	25	112	11	45	4
	0.86	182	19	80	8	34	3
	0.85	139	15	59	6	31	3
	0.84	109	12	48	5	22	2
0.91	0.90	5 664	537	2 451	232	955	90
	0.89	1 481	147	648	64	257	25
	0.88	695	72	303	31	121	12
	0.87	409	44	180	19	70	7
	0.86	270	30	120	13	50	5
	0.85	192	22	90	10	39	4
	0.84	152	18	70	8	29	3

续表 12-1

q_0	q_1	$\alpha=\beta=0.1$		$\alpha=\beta=0.2$		$\alpha=\beta=0.3$	
		n	c	n	c	n	c
0.90	0.89	6 172	647	2 665	279	1 045	109
	0.88	1 619	177	707	77	270	29
	0.87	748	85	320	36	128	14
	0.86	434	51	190	22	81	9
	0.85	288	35	134	16	53	6
	0.84	208	26	91	11	36	4
0.89	0.88	6 698	769	2 894	332	1 128	129
	0.87	1 742	208	757	90	306	36
	0.86	800	99	350	43	142	17
	0.85	469	60	206	26	82	10
	0.84	311	41	139	18	57	7
0.88	0.87	7 200	899	3 118	389	1 230	153
	0.86	1 862	241	806	104	313	40
	0.85	852	114	369	49	146	19
	0.84	493	68	220	30	91	12
0.87	0.86	7 689	1 037	3 317	447	1 294	174
	0.85	1 986	277	863	120	341	47
	0.84	910	131	399	57	163	23

示例：已知 $q_0=0.98$，$q_1=0.93$，$\alpha=\beta=0.2$，查表 12-1，得样本量 $n=60$，合格判定数 $c=2$。

12.2.1.2　合格判据

若失败样本次数不大于合格判定数，判为合格；否则，判为不合格。

12.2.1.3　相关理论基础及所用公式推导

1. 接收概率

接收概率是指当使用一个确定的抽样方案时，具有给定质量水平的批或过程被接收的概率，在国家标准中称为合格概率。一般可以这样理解：用给定的抽样方案 (n,c)（n 为样本量，c 为合格判定数）去验证批量 N 和批质量已知的连续检验批时，把检验批判断为合格而接收的概率，记为 $L(p)$。接收概率是批不合格品率 p 的函数，所以 $L(p)$ 又被称为抽样方案 (n,c) 的抽检特性函数。

2. 抽样检验中的两类错误

只要采用抽样检验方法，就可能产生两种错误的判断，即可能将合格批判断为不合格批，也可能将不合格批判断为合格批。前者称为“第一类错误判断”，后者称为“第二类错误判断”。

当一批产品实际满足要求时，应当以 100% 的概率接收，但由于是抽样检验，仍然有概率把这批产品判定为不合格而拒收；同样，当一批产品实际质量很差时，应 100% 拒收，但同样由于是抽样检验,仍然有概率把这批产品判定为合格而接收。前者称为“第一类错判概率”,习惯记为 α;后者称为“第二类错判概率”,习惯记为 β。

可见,当一批产品质量较好时,如果采用抽样检验,则只能要求“以高概率接收”,而不能要求一定接收,因为还有小概率拒收这批产品。这个小概率叫作“第一类错判概率 α”,它反映了把质量较好的批错判为不合格批的可能性的大小。正是因为这种错判的结果会对生产方带来经济上的损失,所以又称它为“生产方风险”。

另外,当采用抽样检验时,即使批不合格品百分率大于要求值,也不能肯定100%拒收,因为还会有一定的小概率接收它。这个小概率就叫做“第二错判概率 β”,它反映了把质量差的批错判为合格批的可能性的大小。因为这种错判的结果使用户蒙受经济损失,所以又称它为“使用方风险”。

工程中,通常将第一类错判概率和第二类错判概率取0.01、0.05、0.10等数值。

p_0、p_1、α、β 之间的关系如下:

$$\alpha = 1 - L(p_0) \tag{12-3}$$

式中:p_0——与 α 对应的批不合格品率。

$$\beta = 1 - L(p_1) \tag{12-4}$$

式中:p_1——与 β 相对应的批不合格品率。

3. 测试性考虑双方风险的验证方案公式推导

典型的成功-失败型定数抽样试验方案的思路如下:

随机抽取 n 个样本进行试验,其中有 F 个失败。规定一个正整数 c,如果 $F \leqslant c$,则认为合格,判定接收;如果 $F > c$,则认为不合格,判定拒收。其框图如图12-1所示,c 为合格判定数,试验方案简记为(n, c)。

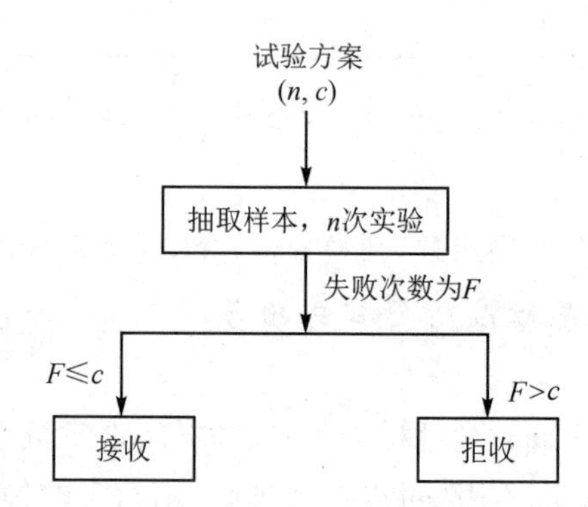

图12-1 成功-失败型定数抽样试验方案

接收或拒收的概率与产品质量水平(这里指故障检测率与隔离率水平)有关,可以通过统计计算得出。在成功-失败型定数抽样试验方案中,设产品失败概率为 p,则在 n 次试验中,出现 F 次失败的概率为

$$P(n, F \mid p) = \binom{n}{F} p^F (1-p)^{n-F} \tag{12-5}$$

式中:$\binom{n}{F}$为二项式系数,$\binom{n}{F} = \frac{n!}{(n-F)!\ F!}$。

接收的概率即 n 个试验样本中失败数不超过 c 的概率，亦即失败数为 $0,1,2,\cdots,c$ 的概率的总和。接收概率 $L(p)$ 显然与 p 有关，记为

$$L(p)=\sum_{F=0}^{c}P(n,F \mid p) \tag{12-6}$$

所以，拒收概率为

$$1-L(p)=\sum_{F=c+1}^{n}P(n,F \mid p) \tag{12-7}$$

使用方根据需要选定一个极限质量水平，对应于一个确定的低的接收概率。质量比极限质量水平还差的不予接受。但是，由于抽样方案不可避免的缺点，还会有以不大的概率错判为接收的情况，质量水平为极限质量时的接收概率叫作“使用方风验”，记为 β，β 值一般可取 0.1、0.2 或其他值。选定极限质量 p_1，对应 $L(p_1)=\beta$，则当 $p>p_1$（即质量比极限质量水平还差）时，接收概率不会高于 β。

对于生产方而言，不能按极限质量设计产品，那样做被拒收的概率太大。要使设计的产品达到满意的设计质量水平 p_0，当然 $p_0<p_1$，以便达到 p_0 时以大概率接收产品。但达到 p_0 时还会以不大的概率判为拒收，达到满意质量水平时被拒收的概率叫作“生产方风险”，记为 α，一般取值是 $\alpha=\beta$。生产方选定 p_0 时，对应 $L(p_0)=1-\alpha$，即以大的概率接收。

所以，当生产方及使用方对 p_0、p_1 和对应的 α、β 协商确定后，就可以用下面的联立方程来确定试验方案，即求出 n 和 c 值。

$$\begin{cases}\alpha=1-L(p_0)=1-\sum_{F=0}^{c}P(n,F \mid p_0)\\ \beta=L(p_1)=\sum_{F=0}^{c}P(n,F \mid p_1)\end{cases} \tag{12-8}$$

为实际使用方便，以成功率 q 代替失效概率 p，$q=1-p$，则联立方程变为如下形式：

$$\begin{cases}\alpha=1-\sum_{F=0}^{c}\binom{n}{F}(1-q_0)^F q_0^{n-F}\\ \beta=\sum_{F=0}^{c}\binom{n}{F}(1-q_1)^F q_1^{n-F}\end{cases} \tag{12-9}$$

在测试性验证时，把故障检测率和隔离率视为概率，q_1 为验证的最低可接受值，q_0 为设计值。

由于 n 和 c 只能是正整数，正好满足上述联立方程的正整数不一定存在，所以应求满足下述联立方程的最小 n 和 c 值，即是要求的试验方案。

$$\begin{cases}1-\sum_{F=0}^{c}\binom{n}{F}(1-q_0)^F q_0^{n-F}\leqslant\alpha\\ \sum_{F=0}^{c}\binom{n}{F}(1-q_1)^F q_1^{n-F}\leqslant\beta\end{cases} \tag{12-10}$$

12.2.2　最低可接受值试验方案

只考虑订购方风险 β 和测试性指标最低可接受值 q_1，是最低可接受值试验方案，计算公式如下：

$$\sum_{d=0}^{c} C_n^d q_1^{n-d}(1-q_1)^d \leqslant \beta \qquad (12-11)$$

式中：c——合格判定数；

n——样本量。

12.2.2.1 样本量确定方法

应用式(12-11)，确定符合要求的(n，c)值。要注意选取的样本数应满足覆盖性要求，一般要求大于或等于故障模式数总和的3倍。同时，应注意选择最接近但未大于β的合格判定数。

为方便实际应用，可以查阅表12-2～表12-4，确定所需的试验方案。

表12-2 最低可接受值试验方案表(β=0.1)

c	q_1														
	0.85	0.86	0.87	0.88	0.89	0.90	0.91	0.92	0.93	0.94	0.95	0.96	0.97	0.98	0.99
0	15	16	17	19	20	22	25	28	32	38	45	57	76	114	230
1	25	27	29	31	34	38	42	48	55	64	77	96	129	194	388
2	34	37	40	43	47	52	58	65	75	88	105	132	176	265	531
3	43	46	50	54	59	65	73	82	94	110	132	166	221	333	667
4	52	56	60	65	71	78	87	98	113	132	158	198	265	398	798
5	60	65	70	76	83	91	101	114	131	153	184	230	308	462	926
6	68	73	79	86	94	104	115	130	149	174	209	262	349	525	1 051
7	77	82	89	96	105	116	129	145	166	194	234	292	390	587	1 175
8	85	91	98	106	116	128	142	160	184	215	258	323	431	648	1 297
9	93	99	107	116	127	140	156	175	201	235	282	353	471	708	1 418
10	100	108	116	126	138	152	169	190	218	255	306	383	511	768	1 538
11	108	116	125	136	149	164	182	205	235	274	330	413	551	828	1 658
12	116	125	134	146	159	175	195	220	252	294	353	442	590	887	1 776
13	124	133	143	155	170	187	208	234	268	313	377	471	629	945	1 893
14	132	141	152	165	180	199	221	249	285	333	400	501	668	1 004	2 010
15	139	149	161	175	191	210	234	263	301	352	423	530	707	1 062	2 127
16	147	158	170	184	201	222	247	278	318	371	446	559	746	1 120	2 242
17	154	166	179	194	212	233	259	292	334	391	469	587	784	1 177	2 358
18	162	174	187	203	222	245	272	307	351	410	492	616	822	1 235	2 473
19	170	182	196	213	232	256	285	321	367	429	515	645	860	1 292	2 587
20	177	190	205	222	243	267	297	335	383	448	538	673	898	1 349	2 701

表 12-3　最低可接受值试验方案表($\beta=0.2$)

c	q_1														
	0.85	0.86	0.87	0.88	0.89	0.90	0.91	0.92	0.93	0.94	0.95	0.96	0.97	0.98	0.99
0	10	11	12	13	14	16	18	20	23	27	32	40	53	80	161
1	19	21	23	24	27	29	33	37	42	49	59	74	99	149	299
2	28	30	32	35	38	42	47	53	60	71	85	106	142	213	427
3	36	39	42	45	49	54	60	68	78	91	110	137	183	275	551
4	44	47	51	55	60	66	74	83	95	111	134	167	223	335	671
5	52	55	60	65	71	78	87	98	112	131	157	197	263	394	790
6	59	64	69	75	81	90	100	112	129	150	180	226	301	453	906
7	67	72	78	84	92	101	113	127	145	169	204	255	340	511	1 022
8	75	80	86	94	102	113	125	141	161	188	226	283	378	568	1 137
9	82	88	95	103	113	124	138	155	178	207	249	312	416	625	1 251
10	90	96	104	112	123	135	150	169	194	226	272	340	454	681	1 364
11	97	104	112	122	133	146	163	183	210	245	294	368	491	737	1 476
12	104	112	121	131	143	157	175	197	226	263	316	396	528	793	1 588
13	112	120	129	140	153	169	187	211	242	282	339	424	566	849	1 700
14	119	128	138	149	163	180	200	225	257	300	361	452	603	905	1 811
15	127	136	146	159	173	191	212	239	273	319	383	479	639	960	1 922
16	134	144	155	168	183	202	224	253	289	337	405	507	676	1 015	2 032
17	141	151	163	177	193	213	236	266	305	356	427	534	713	1 070	2 142
18	148	159	172	186	203	224	249	280	320	374	449	562	749	1 125	2 252
19	156	167	180	195	213	234	261	294	336	392	471	589	786	1 180	2 362
20	163	175	188	204	223	245	273	307	351	410	493	616	822	1 235	2 471

表 12-4　最低可接受值试验方案表($\beta=0.3$)

c	q_1														
	0.85	0.86	0.87	0.88	0.89	0.90	0.91	0.92	0.93	0.94	0.95	0.96	0.97	0.98	0.99
0	8	8	9	10	11	12	13	15	17	20	24	30	40	60	120
1	16	17	19	20	22	24	27	30	35	40	49	61	81	122	244
2	24	25	27	30	33	36	40	45	51	60	72	90	120	180	361
3	31	34	36	39	43	47	53	59	68	79	95	119	158	238	476
4	39	42	45	49	53	58	65	73	84	98	117	147	196	294	589
5	46	50	53	58	63	70	77	87	100	116	140	175	233	350	700
6	53	57	62	67	73	81	90	101	115	135	162	202	270	405	811

续表 12-4

c	q_1														
	0.85	0.86	0.87	0.88	0.89	0.90	0.91	0.92	0.93	0.94	0.95	0.96	0.97	0.98	0.99
7	61	65	70	76	83	91	102	114	131	153	184	230	306	460	920
8	68	73	79	85	93	102	114	128	146	171	205	257	343	514	1 029
9	75	81	87	94	103	113	126	142	162	189	227	284	379	569	1 138
10	82	88	95	103	113	124	138	155	177	207	249	311	415	623	1 246
11	90	96	103	112	122	135	150	169	193	225	270	338	451	677	1 354
12	97	104	112	121	132	145	162	182	208	243	292	365	487	730	1 462
13	104	111	120	130	142	156	174	195	223	261	313	392	522	784	1 569
14	111	119	128	139	151	167	185	209	239	279	334	418	558	837	1 676
15	118	126	136	148	161	177	197	222	254	296	356	445	593	891	1 782
16	125	134	144	156	171	188	209	235	269	314	377	471	629	944	1 889
17	132	142	153	165	180	199	221	249	284	332	398	498	664	997	1 995
18	139	149	161	174	190	209	233	262	299	349	419	525	700	1 050	2 101
19	146	157	169	183	200	220	244	275	314	367	441	551	735	1 103	2 207
20	153	164	177	192	209	230	256	288	329	385	462	577	770	1 156	2 313

示例:已知 $q_1=0.93$,$\beta=0.2$,根据表 12-3,查到试验方案依次为(23,0),(42,1),(60,2),…,选择试验方案(42,1),则样本量 $n=42$,合格判定数 $c=1$。

12.2.2.2 合格判据

若失败样本次数不大于合格判定数,判为合格;否则,判为不合格。

12.2.2.3 相关理论基础及所用公式推导

考虑双方风险的试验方案考虑了 q_0、q_1、α 和 β 四个参量,而最低可接收值试验方案仅考虑最低可接受值 q_1 和使用方风险 β 两个参量,即只考虑使用方风险。在选定 q_1 和 β 值后,可由下式求出参数 n 和 c 值:

$$\sum_{F=0}^{c}\binom{n}{F}(1-q_1)^F q_1^{n-F} \leqslant \beta \tag{12-12}$$

此方程推导过程与 12.3.1.3 小节中的相同,在此不做赘述。因此方程有无穷多组解,实际工程中应在"满足要求"的解中选取较小值,从而在满足样本覆盖性要求的基础上节约成本。一般要求大于或等于故障模式数总和的 3 倍。

12.2.3 截尾序贯试验方案

12.2.3.1 试验内容

截尾序贯试验方案考虑生产方风险 α、使用方风险 β、测试性指标规定值 q_0 和鉴别比 D。

截尾序贯试验方案以二项分布为基础。GB 5080.5 给出了截尾序贯试验方案数据表,如表 12-5 所列。根据选定的 q_0、D、α 和 β 可查得试验方案的有关参数。

表 12－5　截尾序贯试验方案数据表

q_0	D	s	$\alpha=\beta=0.05$			$\alpha=\beta=0.10$			$\alpha=\beta=0.20$			$\alpha=\beta=0.30$		
			h	n_t	r_t	h	n_t	r_t	h	n_t	r_t	h	n_t	r_t
0.999 5	1.50	0.000 62	7.257 4	207 850	122	5.415 7	125 370	73	3.416 9	50 249	29	2.088 4	17 641	10
	1.75	0.000 67	5.258 0	97 383	60	3.923 7	58 035	36	2.475 6	22 665	14	1.513 1	3 201	5
	2.00	0.000 72	4.244 9	57 176	38	3.167 6	33 121	22	1.998 6	13 361	9	1.221 5	4 393	3
	3.00	0.000 91	2.677 7	17 223	14	1.998 2	9 873	8	1.260 7	3 434	3	0.770 5	1 945	2
0.999 0	1.50	0.001 25	7.252 9	102 220	121	5.412 3	61 291	72	3.414 8	25 125	29	2.087 1	8 819	10
	1.75	0.001 34	5.254 5	47 677	60	3.921 0	20 040	36	2.473 9	11 334	14	1.512 0	4 093	5
	2.00	0.001 44	4.241 8	23 536	38	3.165 4	16 563	22	1.997 1	6 930	9	1.220 6	2 197	3
	3.00	0.001 82	2.675 3	8 609	14	1.996 4	4 932	8	1.259 6	1 718	3	0.739 8	973	2
0.995	1.50	0.006 17	7.217 1	20 038	119	5.385 6	12 037	71	3.397 9	5 025	29	2.076 8	1 766	10
	1.75	0.006 70	5.226 3	9 269	59	3.900 0	5 561	35	2.460 6	2 269	14	1.503 9	917	5
	2.00	0.007 22	4.217 3	5 458	37	3.147 1	3 296	22	1.985 6	1 384	9	1.213 6	439	3
	3.00	0.009 11	2.655 7	140	13	1.981 8	971	8	1.250 4	342	3	0.764 2	194	2
0.990	1.50	0.012 33	7.172 3	9 803	177	5.352 2	5 012	70	3.370 9	2 508	29	2.063 9	883	10
	1.75	0.013 41	5.191 0	4 530	58	3.873 7	2 765	35	2.444 0	1 129	14	1.493 8	406	5
	2.00	0.014 44	4.186 6	2 634	36	3.124 2	1 638	22	1.971 1	691	9	1.204 7	220	3
	3.00	0.018 24	2.631 3	767	13	1.963 5	482	8	1.238 8	173	3	0.757 2	97	2
0.980	1.50	0.024 67	7.082 7	4 713	133	5.285 3	2 856	68	3.334 7	1 196	28	2.038 1	439	10
	1.75	0.026 82	5.120 4	2 169	56	3.821 0	1 329	34	2.410 8	560	14	1.473 5	204	5
	2.00	0.028 89	4.125 2	1 263	35	3.078 4	767	21	1.942 2	340	9	1.187 1	108	3
	3.00	0.036 55	2.582 2	374	13	1.926 9	284	8	1.215 7	83	3	0.743 1	48	2
0.970	1.50	0.037 01	6.993 1	3 015	109	5.218 4	1 833	66	3.292 5	760	27	2.012 3	291	10
	1.75	0.040 85	5.049 8	1 389	54	3.768 3	827	32	2.377 5	371	14	1.453 1	134	5
	2.00	0.043 36	4.063 7	817	34	3.032 5	481	20	1.913 3	193	8	1.169 4	73	3
	3.00	0.054 93	2.532 9	228	12	1.890 1	152	8	1.192 5	57	3	0.728 9	32	2
0.960	1.50	0.049 36	6.903 4	2 220	107	5.151 5	1 356	65	3.250 3	571	27	1.986 5	216	10
	1.75	0.053 69	4.979 1	1 017	53	3.715 5	619	32	2.344 2	255	13	1.432 8	101	5
	2.00	0.057 85	4.002 2	589	33	2.986 5	361	20	1.884 3	146	8	1.151 7	55	3
	3.00	0.073 30	2.483 5	170	12	1.853 2	99	7	1.169 3	43	3	0.714 6	24	2
0.950	1.50	0.061 71	6.813 7	1 721	105	5.084 6	1 047	63	3.208 0	436	26	1.930 7	176	10
	1.75	0.067 14	4.908 3	781	51	3.662 7	476	31	2.310 9	201	13	1.412 4	79	5
	2.00	0.072 36	3.940 6	455	32	2.940 6	286	20	1.855 3	116	8	1.133 9	43	3
	3.00	0.091 03	2.433 7	133	12	4.816 1	79	7	1.145 9	32	3	0.700 3	19	2

续表 12-5

q_0	D	s	$\alpha=\beta=0.05$			$\alpha=\beta=0.10$			$\alpha=\beta=0.20$			$\alpha=\beta=0.30$		
			h	n_t	r_t	h	n_t	r_t	h	n_t	r_t	h	n_t	r_t
0.940	1.50	0.074 07	6.724 0	1 419	103	5.017 6	857	62	3.165 8	363	26	1.934 9	126	9
	1.75	0.090 60	4.837 5	636	50	3.609 9	383	30	2.277 6	167	13	1.392 0	65	5
	2.00	0.086 99	3.878 8	366	31	2.894 5	238	20	1.826 2	94	8	1.116 3	36	3
	3.00	0.110 57	2.383 8	103	11	1.778 9	62	7	1.122 3	26	3	0.683 0	16	2
0.930	1.50	0.086 43	6.634 2	1 177	100	4.950 6	722	61	3.123 5	299	25	1.909 1	108	9
	1.75	0.094 07	4.766 6	533	49	3.557 0	327	30	2.244 2	143	13	1.371 6	56	5
	2.00	0.101 44	3.817 0	303	30	2.848 4	192	19	1.797 1	82	8	1.098 4	31	3
	3.00	0.129 30	2.333 6	86	11	1.741 4	54	7	1.098 7	23	3	0.671 5	13	2
0.920	1.50	0.098 80	6.544 4	1 008	98	4.883 6	609	59	3.081 2	249	24	1.883 2	93	9
	1.75	0.107 55	4.695 6	455	48	3.504 0	276	30	2.210 8	115	12	1.351 2	48	5
	2.00	0.116 02	3.755 1	264	30	2.802 2	158	18	1.768 0	70	8	1.080 6	26	3
	3.00	0.148 14	2.283 1	74	11	1.703 7	46	7	1.074 9	19	3	0.657 0	11	2
0.910	1.50	0.111 17	6.454 6	881	86	4.816 6	589	57	3.038 9	220	24	1.857 4	85	9
	1.75	0.121 05	4.624 6	395	47	3.451 0	236	29	2.177 4	102	12	1.330 8	43	5
	2.00	0.130 62	3.693 1	234	30	2.755 9	132	17	1.738 8	63	8	1.062 7	22	3
	3.00	0.167 09	2.232 3	64	11	1.665 8	39	6	1.051 0	17	3	0.642 4	10	2
0.900	1.50	0.123 55	6.364 7	772	85	4.749 5	461	56	2.996 6	190	23	1.831 5	75	9
	1.75	0.134 56	4.553 5	343	46	3.398 0	212	28	2.143 9	92	12	1.310 3	38	5
	2.00	0.145 24	3.630 9	204	28	2.709 5	119	17	1.709 5	49	7	1.044 8	20	3
	3.00	0.186 17	2.181 2	54	10	1.627 7	32	6	1.026 9	15	3	0.627 7	9	2
0.850	1.50	0.185 55	5.914 4	457	84	4.413 5	278	51	2.784 6	114	21	1.702 0	53	8
	1.75	0.202 36	4.196 8	204	41	3.131 8	119	24	1.975 9	55	12	1.207 7	21	4
	2.00	0.218 82	3.318 4	115	25	2.476 3	69	15	1.562 4	31	7	0.954 9	13	3
	3.00	0.283 79	1.919 5	31	9	1.432 4	19	6	0.903 8	9	3	0.552 4	6	2
0.800	1.50	0.247 74	5.462 8	304	75	4.076 5	187	46	2.572 0	77	19	1.572 0	28	7
	1.75	0.270 63	3.837 6	137	37	2.863 7	81	22	1.806 8	36	10	1.104 3	13	4
	2.00	0.293 30	3.002 0	78	23	2.240 2	44	13	1.413 4	20	6	0.863 9	10	2
	3.00	0.386 85	1.643 3	17	7	1.226 3	12	5	0.773 7	5	2	0.472 9	4	2

注：● h——序贯试验图纵坐标截距；

● n_t——截尾试验数；

● r_t——截尾失败数。

12.2.3.2 合格判定与拒绝判定

当 $r \leqslant sn_s - h$ 时，接收；当 $r \geqslant sn_s + h$ 时，拒收；当 $sn_s - h < r < sn_s + h$ 时，继续试验。当 $n_s = n_t$ 时，若 $r < r_t$，接收；若 $r \geqslant r_t$，拒收。其中，r 为累积失败数，n_s 为累积试验数。

例如，假设选定 $q_0 = 0.99$，$D = 3$，$\alpha = \beta = 0.1$，则由表 12-5 可查得 $s = 0.018\ 24$，$h = 1.963\ 5$，$n_t = 482$，$r_t = 8$，可知合格判定线 L_0 为

$$sn_s - h = 0.018\ 24 n_s - 1.963\ 5$$

不合格判定线 L_1 为

$$sn_s + h = 0.018\ 24 n_s + 1.963\ 5$$

将各次试验后的累积结果标在试验图上，连成折线，根据伸展情况做出判断，如图 12-2 所示。

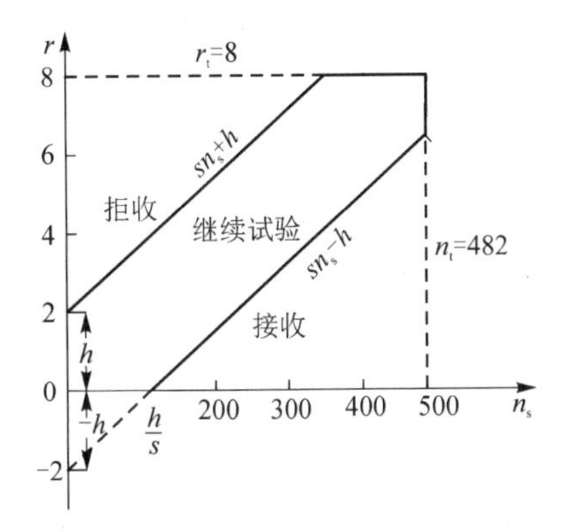

图 12-2 截尾序贯试验图示例

截尾序贯试验方案的确定不如定数试验简便，最大的累积试验数和失败数可能会超过等效的定数试验的累积试验数和失败数。

12.2.3.3 相关理论基础及所用公式推导

1. 截尾试验与序贯试验的定义

截尾试验：试验到满足某一特定的条件时停止试验。

序贯试验：试验中，根据累积故障数和累积试验时间，每发生一个故障，就按试验方案及事先规定的合格判据，判断并确定接收、拒收还是继续试验。

2. 序贯试验的基本方法

序贯试验的基础是序贯概率比方法（SPRT）的主要思想是：根据每一次抽样后的似然比大小，来决定是继续抽样还是做出决策（接受 $\mathscr{H}_0$ 或接受 $\mathscr{H}_1$）。

对于单参数假设检验问题：

$$\mathscr{H}_0 : \theta = \theta_0, \quad \mathscr{H}_1 : \theta = \theta_1, \quad \theta_0 < \theta_1 \tag{12-13}$$

我们所抽得的样本为 $\{x_1, \cdots, x_n\}$。令 $f_{\theta_i n} = \prod_{j=1}^{n} f(x_j ; \theta_i)$，$i = 0, 1$，可用 (τ, d) 来表示序贯检验方案，其中 τ 表示停止时（即作出决策时所使用的样本量个数），d 表示停止时所做的决策，则序贯概率比方法可表示为

$$\tau = \inf\left\{ n : \frac{f_{\theta_1 n}}{f_{\theta_0 n}} \leqslant A \text{ 或 } \frac{f_{\theta_1 n}}{f_{\theta_0 n}} \geqslant B \right\} \tag{12-14}$$

$$d=\begin{cases}1, & \dfrac{f_{\theta_1\tau}}{f_{\theta_0\tau}}\geqslant B\\ 0, & \dfrac{f_{\theta_1\tau}}{f_{\theta_0\tau}}\leqslant A\end{cases} \tag{12-15}$$

其中,$d=i$ 表示接受 $\mathscr{H}_i$,$i=0,1$。

由于存在越界的现象(做出决策时的似然比$\frac{f_{\theta_1\tau}}{f_{\theta_0\tau}}$可能会大于 B 或者小于 A),序贯概率比方法中精确给出的 A 和 B 并不容易计算,因此在事先给定两类错误风险 α,β 的情况下,Wald 给出了一种边界 A 和 B 的近似取值:

$$A=\frac{\beta}{1-\alpha},\quad B=\frac{1-\beta}{\alpha} \tag{12-16}$$

并且证明了以 A 和 B 为边界的序贯概率比方法检验的两类错误风险 α',β' 具有如下性质:$\alpha'\leqslant\alpha$,$\beta'\leqslant\beta$,而且在不考虑越界的情况下,两处等号成立。

3. GB/T 5080.5 中对截尾序贯试验的规定

GB/T 5080.5 通常在用成功率表示产品可靠性要求的情况下使用。所规定的成功率是一个产品完成所要求的功能的概率或是产品在规定的条件下试验成功的概率。观测的成功率可以定义为在试验结束时未失效的产品数对试验产品总数的比值,或成功的试验次数对试验总次数的比值。这些试验方案是基于假设每次试验在统计意义上来说是独立的。在测试性试验中,故障检测率及故障隔离率即以成功率的形式体现。

定义 D 为成功率鉴别比$\frac{1-q_1}{1-q_0}$(q 为成功率真值,q_0 为可接收的成功率,q_1 为不可接收的成功率),h 为截尾序贯试验图上的接收、拒收线的截距,s 为截尾序贯试验图上的接收和拒收线斜率,n_t 为截尾试验数,r_t 为截尾失败数。

截尾序贯试验方案如 12.3.2.2 小节中所述。

4. 拒收线和接收线的计算

对于二项分布,设 x_i 为每次试验的结果,$x_i=0$ 表示试验未成功,$x_i=1$ 表示试验成功,成功率为 q。显然 $x_i\sim(1,q)$,假设检验式如下:

$$\mathscr{H}_0:q=q_0,\quad \mathscr{H}_1:q=q_1,\quad q_0>q_1 \tag{12-17}$$

式中:$\mathscr{H}_0$ 为验收通过,$\mathscr{H}_1$ 为验收不通过,在截尾序贯试验图中分别表示接收线和拒绝线,将检验空间分为接收区、拒绝区和继续试验区。定义鉴别比为 $d=\frac{1-q_1}{1-q_0}$,设 x 为 n 次试验成功次数,判断准则为 x 首先进入的区域。但是,若试验结果持续处于继续试验区,样本量有可能没有上限,因此会人为地给出一个试验终止的限制:直线 $n_s=n_t$ 与 $r=r_t$,规定到达 $n_s=n_t$ 上的点(不包含与 $r=r_t$ 的交点)为接收点,到达 $r=r_t$ 上的点为拒收点。

对上述假设进行序贯概率比检验,可得如下式所示的直线:

$$\begin{cases} s=\dfrac{\ln\left(\dfrac{1-q_1}{1-q_0}\right)}{\ln\left[\dfrac{q_0(1-q_1)}{q_1(1-q_0)}\right]} \\ h=\dfrac{b}{\ln\left[\dfrac{q_0(1-q_1)}{q_1(1-q_0)}\right]} \end{cases} \tag{12-18}$$

式中：参数 b 由两类风险确定，如下式所示：

$$b=\ln\left(\frac{1-\beta}{\alpha}\right) \tag{12-19}$$

12.2.4　考虑充分性的参数估计方案

考虑充分性的参数估计方案在组成上包括两部分，即样本量和合格判据。其中，样本量主要通过覆盖充分性原理确定，并且样本量的确定过程就是样本量的分配过程；合格判据通过参数估计值与指标对比的方式进行判决。

12.2.4.1　样本量确定方法

基于覆盖充分性的样本量计算公式如下：

$$n_i=\begin{cases} \dfrac{\lambda_i}{\lambda_0}, & \lambda_i \geqslant \lambda_0 \\ 1, & \lambda_i < \lambda_0 \end{cases} \quad \text{（计算结果四舍五入取整）} \tag{12-20}$$

$$n=\sum_{i=1}^{m} n_i \tag{12-21}$$

式中：n_i——第 i 个功能单元（或功能故障模式）对应的分配样本量。

λ_i——第 i 个功能单元（或功能故障模式）的故障率（10^{-6}/h），可安排故障率从大到小排序。

λ_0——基准故障率（10^{-6}/h），$\lambda_0=\max\{\lambda_{\max}/k, \lambda_{\min}\}$，其中，$\lambda_{\max}$ 是各功能单元（或功能故障模式）故障率的最大值，$\lambda_{\min}$ 是各功能单元（或功能故障模式）故障率的最小值，k 是故障率截止倍数，取值为 2～20 之间的整数。无规定情况下，当 $m \leqslant 50$ 时，可取 $k=15 \sim 20$；当 $50 < m \leqslant 200$ 时，可取 $k=10 \sim 15$；当 $m > 200$ 时，可取 $k=10$。

n——故障样本量。

m——应覆盖的产品功能单元（或功能故障模式）总数。

无规定情况下，基于覆盖充分性确定的故障样本量最大值不应超过 1 000，即按故障率从大到小顺序应用式（12－21）进行累加，当累加结果要超过 1 000 时，可将剩余的故障率较小的功能单元（或功能故障模式）丢弃。

为了防止确定的故障样本量过少，不满足验证需求，还应补充最小样本量的计算和比较。最小样本量估计法对样本量要求不严格，是工程试验中应用最普遍的方法之一，适用于有置信度水平要求的测试性指标验证。给定置信度 C 的最小样本量计算公式如下：

$$n'=\frac{\ln(1-C)}{\ln q_1} \quad \text{（取整数）} \tag{12-22}$$

式中：n'——最小样本量；

q_1——故障检测率或故障隔离率的最低可接受值。

由于故障样本量直接对应故障检测率验证，因此应以故障检测率的最低可接受值代入式(12-22)进行计算。当$n \geq n'$时，无需进行样本量调整；当$n < n'$时，以n'作为最后样本量，并按功能单元(或功能故障模式)的故障率比例，抽取$n'-n$个功能单元(或功能故障模式)，当功能单元(或功能故障模式)被抽中一次时，对应的分配样本量加1。

示例：某产品测试性验证试验应覆盖的功能故障模式数量为8个，编号分别为F1～F8，令$k=20$，$\lambda_0=0.617\times10^{-6}$/h，根据式(12-20)，得到样本量分配结果如表12-6所列。根据式(12-22)，故障样本量$n=44$；已知$q_1=0.95$，$C=0.8$，根据式(12-22)，得到样本量$n'=32$；由于$n \geq n'$，所以无需进行样本量调整。

表12-6 功能故障模式数据示例

序 号	1	2	3	4	5	6	7	8
功能故障模式编号	F6	F5	F2	F7	F1	F3	F8	F4
故障率/($10^{-6}\cdot h^{-1}$)	12.343	8.243	3.015	1.324	0.845	0.090	0.003	0.002
分配样本量	20	13	5	2	1	1	1	1

12.2.4.2 合格判据

故障检测率采用单侧置信下限进行判别，单侧置信下限计算方法见12.3.3小节。合格判据为：若故障检测率单侧置信下限值大于或等于故障检测率最低可接受值，故障检测率合格；否则，不合格。

对于故障隔离率，当其要求值为1时，采用点估计值进行判别，点估计值计算方法见12.3.3小节。合格判据为：若故障隔离率点估计值等于故障隔离率要求值，故障隔离率合格；否则，不合格。当故障隔离率要求值小于1时，根据式(12-22)计算故障隔离率验证所需的最小样本量，若试验得到的正确检测故障样本量小于该最小样本量，则采用点估计值进行判别，合格判据同前；若试验得到的正确检测故障样本量大于或等于该最小样本量，则采用单侧置信下限进行判别，单侧置信下限计算方法见12.3.3小节。

合格判据为：若故障隔离率单侧置信下限值大于或等于故障隔离率最低可接受值，故障隔离率合格；否则，不合格。

示例：某产品的测试性要求如下：$\gamma_{FD}\geq0.95$，γ_{FI}(模糊度为1)≥0.90，γ_{FI}(模糊度为2)≥0.95，γ_{FI}(模糊度为3)$=1$。测试性验证试验的故障样本量为44，故障检测失败样本量数量为2，模糊度为1的故障隔离失败样本数量为2，模糊度不大于2的故障隔离失败样本数量为1，模糊度不大于3的故障隔离失败样本数量为0，试验中没有自然发生故障和虚警，评估置信度为0.80。计算得到γ_{FD}的单侧置信下限值为0.905，小于0.95，因此γ_{FD}不合格；对模糊度为1的γ_{FI}，计算得到最小样本量为16，小于正确检测故障样本量42，计算得到γ_{FI}的单侧置信下限值为0.901，大于0.90，因此模糊度为1的γ_{FI}合格；对模糊度为2的γ_{FI}，计算得到最小样本量为32，小于正确检测故障样本量42，按式(12-39)计算，得到γ_{FI}的单侧置信下限值为0.930，小于0.95，因此模糊度为2的γ_{FI}不合格；对模糊度为3的γ_{FI}，计算得到γ_{FI}的点估计值为1，因此模糊度为3的γ_{FI}合格。

12.2.4.3　相关理论基础及所用公式推导

覆盖充分性的原理是使构建的故障样本集能够对产品的功能故障模式进行全部覆盖，或者能够对产品的功能单元进行全部覆盖。对功能故障模式的全部覆盖是为了全面检验故障检测能力，对功能单元的全部覆盖是为了全面检验故障隔离能力。当故障样本集覆盖了产品特定结构层级所有功能单元的所有功能故障模式时，即同时实现了对功能单元与功能故障模式的全部覆盖。

在考虑充分性的样本量确定时，以 λ_i 即第 i 个功能单元（或功能故障模式）的故障率为分子，以基准故障率为分母。这种分配方法保证了得到的样本量与各功能单元（或功能故障模式）的故障率成比例，满足按比例分层分配方法的要求。在进行基准故障率的确定时，取基准故障率为 $\lambda_0=\max\{\lambda_{\max}/k,\lambda_{\min}\}$，即在 $\lambda_{\max}/k$（各功能单元或功能故障模式故障率的最大值除以故障率截止倍数）与 $\lambda_{\min}$（各功能单元或功能故障模式故障率的最小值）中取较大者，其中 $\lambda_{\min}$ 保证了分配结果的覆盖充分性，$\lambda_{\max}/k$ 则保证了避免个别故障率极低的功能单元或功能故障模式而导致分配结果过大，从而增加过多的试验成本。

值得注意的是，由于 $\lambda_{\max}/k$ 的存在，部分故障率较低的功能单元或功能故障模式将被舍弃。

12.2.5　样本量的分配与抽样

12.2.5.1　按比例分层分配方法

对定数试验方案，其样本量可以采用考虑故障率的按比例分层分配方法进行分配。

首先分析产品的结构组成单元和故障率，按故障相对发生频率 $C_{\mathrm{P}i}$ 把确定的样本量 n 分给产品各组成单元；然后用同样方法把组成单元的样本量 n_i 分配给其组成部件，计算公式如下：

$$n_i=nC_{\mathrm{P}i} \tag{12-23}$$

$$C_{\mathrm{P}i}=\frac{Q_i\lambda_i T_i}{\sum Q_i\lambda_i T_i} \tag{12-24}$$

式中：Q_i——第 i 个单元的产品数量；

λ_i——第 i 个单元的故障率；

T_i——第 i 个单元的工作时间系数，它等于该单元工作时间与全程工作时间之比。

考虑故障率的按比例分层分配示例见表 12-7。

12.2.5.2　按故障率比例随机抽样方法

按故障率比例随机抽样方法如下：对每个功能单元（或功能故障模式），根据分配的样本量，从与其相关的物理故障模式集中，按故障率比例进行有放回方式（当物理故障模式集中的故障模式数量大于分配样本量的 4 倍时，也可以采用无放回方式）的随机抽样，得到满足样本量要求的故障模式抽样结果。

表 12-7 考虑故障率的按比例分层分配示例

雷达组成单元	具体单元	故障率 λ_i /($10^{-6}\cdot h^{-1}$)	产品数量 Q_i	工作时间系数 T_i	$Q_i\lambda_i T_i$	故障相对发生频率 $C_{Pi}=\dfrac{Q_i\lambda_i T_i}{\sum Q_i\lambda_i T_i}$	样本量 $n=50$
							分配的验证样本量 $n_i=nC_{Pi}$
天线	天线	105	1	1.0	105	0.177	9
发射接收机	—	—	—	—	106	0.179	9
	IF-A	23	1	1.0	$A=23$	$A=0.039$	$A=2$
	IF-B	21	1	1.0	$B=21$	$B=0.035$	$B=2$
	放大器	21	1	1.0	$C=21$	$C=0.035$	$C=2$
	调制器	18	1	1.0	$D=18$	$D=0.031$	$D=1$
	电源	23	1	1.0	$E=23$	$E=0.039$	$E=2$
	发射机	10	1	1.0	10	0.017	1
频率跟踪器	频率跟踪器	480	1	0.7	336	0.566	28
雷达位置控制器	雷达位置控制器	35	1	0.8	28	0.047	2
偏移角指示器	偏移角指示器	10	1	0.8	8	0.014	1
合计	—	—	—	—	593	1.00	50

12.2.6 虚警率的验证方法

12.2.6.1 数据来源

虚警率要求指标一般不超过1%～2%,换言之,即要求故障指示(报警)的成功率要高于98%～99%。此值高于故障检测率要求值,在同样的α和β规定条件下需要的样本量就比较大。例如,规定值为99%,鉴别比取3(相当于最低可接收值为97%),取$\alpha=\beta=0.1$时,就需要有308个样本,即试验方案为$(n,c)=(308,5)$。即使可以按成功率试验设计出试验方案,该方案也是很难实现的。因为虚警和多种因素有关,受环境条件影响较大,它包括BIT错误检测和隔离以及无故障而报警等情况,这些情况很难人为地在实验室条件下真实地模拟,因此只能收集自然发生的虚警样本。

为了评价和验证虚警率,承制方和订购方应协商确定评价虚警率的数据来源。例如,有关评价虚警率的数据可以取自可靠性试验、维修性验证试验、环境试验、性能/操作试验,以及初期使用等。承制方应制订收集、记录和分析有关虚警率数据的计划,作为测试性验证计划的一部分。

为了评价系统的虚警率,系统的累积工作时间至少应包括可靠性和维修性验证试验的持续时间,试验的环境条件应尽量接近系统实际使用的运行条件。试验过程中应记录系统的累积工作时间T,正确故障报警次数N_{FD}和虚警次数N_{FA}。因此,对每一次故障指示或报警,都应识别是不是虚警。如果两次以上观测到的虚警归因于单一设计问题,则它是设计上要改进的，如果实践证明已改进，则它不应再作为虚警计数；只观测到一次的虚警类型就作为虚警计数，待弄清虚警原因时再作处理。应该指出的是，弄清虚警原因、采取改进措施是测试性增长（成熟）的过程，这在设计上是允许的也是必要的。所以，对试验中取得的数据要进行分析，经过测试性增长后在实际使用中取得的数据用于评价虚警率才是最有效的。

12.2.6.2　按可靠性要求验证

把规定的虚警率要求转换成单位时间内的平均虚警数，纳入系统要求的故障率（或 MTBF）之内，按可靠性要求来验证。虚警率转换公式如下：

$$\lambda_{FA}=\frac{\gamma_{FD}}{MTBF}\left(\frac{\gamma_{FA}}{1-\gamma_{FA}}\right) \tag{12-25}$$

式中：λ_{FA}——平均单位时间虚警数；

γ_{FA}——虚警率（虚警数与故障指示总数之比）；

γ_{FD}——故障检测率；

MTBF——系统的平均故障间隔时间。

在可靠性验证试验中，每个确认的虚警都作为关联失效来对待。就虚警率验证而言，如果统计分析结果满足可靠性验证规定的接收判据，则系统的虚警率也认为是可以接收的，否则，应拒收。

此种方法是比较简单易行的，但是它并没有估计出系统的虚警率量值的大小。

12.2.6.3　按成功率验证

虚警率实际上是故障指示（报警）的失败概率，其允许上限对应着故障指示的成功率下限，所以有：

$$\gamma_{FAU}=1-R_L \tag{12-26}$$

式中：R_L——故障指示成功率下限。

可以用单侧下限数据表，根据所得试验数据（样本数和虚警次数）和规定的置信度查得 R_L 值，从而可得 γ_{FAU} 值。例如，如果故障指示次数 $n=39$，失败次数 $F=1$，规定置信度为 90%，则可得单侧置信下限 $R_L=0.903\ 9$，所以虚警率为

$$\gamma_{FAU}=1-0.903\ 0=0.096\ 1$$

如果此值小于最大可接收值，则接收。

此方法的优点是可得到较准确的虚警率估计值。

12.2.6.4　考虑双方风险时的验证方法

生产方风险 α 是与虚警发生频率设计目标值 λ_{FAG} 相关的，而使用方风险 β 是与虚警的最大可接受值 λ_{FAW} 相关的。如果选定了这 4 个参数值和系统累积工作时间 T，则可用下式求得允许最大虚警数 a：

$$\begin{cases}\sum\limits_{i=a+1}^{\infty}\dfrac{(\lambda_{FAG}T)^i e^{-\lambda_{FAG}T}}{i!}=\alpha\\[2ex]\sum\limits_{i=a+1}^{\infty}\dfrac{(\lambda_{FAW}T)^i e^{-\lambda_{FAW}T}}{i!}=1-\beta\end{cases} \tag{12-27}$$

假设工作时间 T 内发生的虚警数为 N_{FA}，如果 $N_{FA}\leqslant a$，则接收；如果 $N_{FA}>a$，则拒收。

例如，设计目标值 $\lambda_{FAG}=0.01$（每工作 100 h 发生 1 次虚警），允许最大值 $\lambda_{FAW}=0.02$（每

工作100 h发生2次虚警),累积工作时间 $T=800$ h,双方风险 $\alpha=\beta=0.1$,则可得 $a=11$。如果在800 h内发生虚警数12次以上,则判为拒收;如果小于或等于11次,则判为接收。

12.2.6.5　近似验证方法

如果准确度要求不很高,可用GJB 2072和MIL-STD-471A给出的近似方法验证虚警率。具体做法如下:

① 根据虚警率要求值,求出平均单位时间虚警数 λ_{FA} 值,计算在系统累积工作时间 T 内的规定虚警次数 N_{FO}:

$$N_{FO}=\lambda_{FA}T \tag{12-28}$$

或

$$N_{FO}=N_{FD}\left(\frac{\gamma_{FA}}{1-\gamma_{FA}}\right) \tag{12-29}$$

② 根据规定的数据来源取得在 T 内发生的虚警次数 N_{FA}。

③ 在图12-3上标出 N_{FO} 和 N_{FA} 的交点。

④ 依据规定的置信度 $(1-\alpha)$ 判定是否合格,即若交点落在接收区,则判定合格,否则判定不合格。

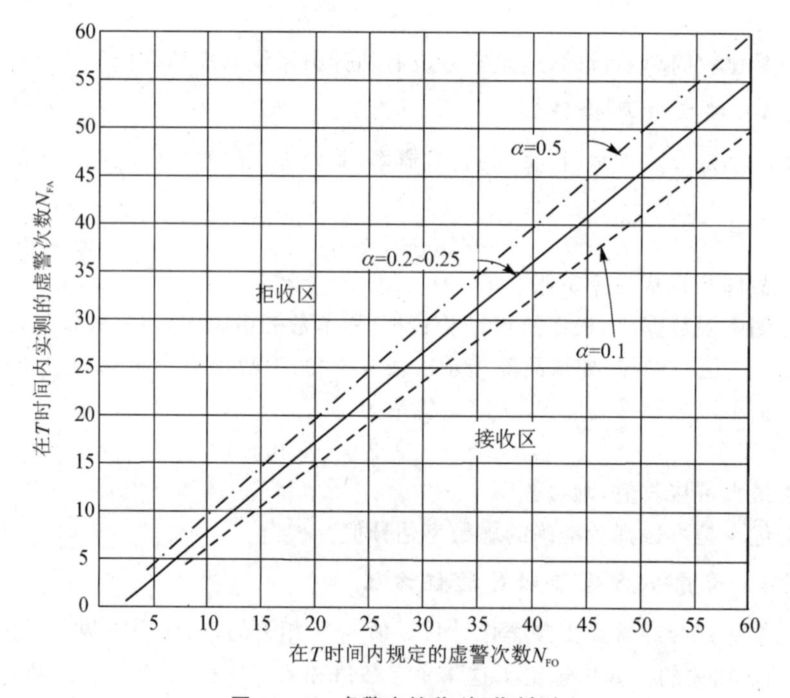

图12-3　虚警率接收/拒收判别

例如,某系统要求的 $\lambda_{FA}=0.02$,累积工作时间 $T=400$ h,在 T 内发生虚警次数 $N_{FA}=5$,试问当置信度为80%时是否可接收?

解: 计算

$$N_{FO}=0.02\times 400=8$$

$$N_{FA}=5$$

N_{FO} 与 N_{FA} 交点为(8,5),落在接收区,所以判为接收。

由图 12－3 可知，当 $N_{FO} \leqslant 2$ 时此法就不好用了，即要求 $\lambda_{FA} T \geqslant 2$。如果 MTBF＝100，$\gamma_{FD}=0.95$，$\gamma_{FA}=1\%$，则需要系统工作时间 $T \geqslant 20\ 842$ h，这是很难实现的。很明显，图 12－3 所示曲线对于 MTBF 较小、FAR 较大的情况才适用。

12.3　测试性试验参数评估方法

前面介绍的测试性验证方法，侧重点是根据试验数据判断试验产品是否合格（判断接收或拒收），多数情况未给出测试性参数的具体量值。本节介绍的参数估计方法，重点是根据试验数据或使用中统计数据来估计 γ_{FD}、γ_{FI}、γ_{FA} 这三个参数的量值。这些试验数据包括：故障发生次数，故障检测与隔离成功或失败次数，故障指示或报警次数，假报和错报次数，故障检测与隔离时间等。如果这些数据是从产品实际使用中收集来的，则参数估计结果将会比预计和实际试验的结果更接近产品的真实测试性水平。

人为注入或自然发生故障的次数（即试验次数）用 n 表示，试验（检测、隔离或指示报警）成功次数用 S 表示，失败次数用 F 表示。

12.3.1　点估计

成功-失败型试验中，试验次数为 n，失败次数为 F，则失败概率 p 的点估计值为

$$\hat{p}=\frac{F}{n} \tag{12-30}$$

成功概率 q 的点估计值为

$$\hat{q}=1-\hat{p}=\frac{n-F}{n} \tag{12-31}$$

例如，在某设备试验中，共发生 100 次故障，只有 2 次故障 BIT 未能检测出来，则其故障检测率 γ_{FD} 的点估计值为

$$\hat{q}=\frac{100-2}{100}=0.98$$

点估计在一定条件下有一定的优点，但这种估计值并不等于真值，大约有一半可能性大于真值，也有一半可能性小于真值。因此，点估计不能回答估计的精确性与把握性问题。

12.3.2　置信区间估计

设总体分布含有一未知参数 θ。若由样本确定的两个统计量 $\theta_L(X_1,X_2,\cdots,X_n)$ 与 $\theta_U(X_1,X_2,\cdots,X_n)$，对于给定的 $\alpha(0<\alpha<1)$，满足

$$P\{\theta_L \leqslant \theta \leqslant \theta_U\}=1-\alpha \tag{12-32}$$

称区间 $[\theta_L,\theta_U]$ 是参数 θ 的置信水平为 $1-\alpha$ 的置信区间（也称区间估计），其中，θ_L 称为置信下限，θ_U 称为置信上限，$1-\alpha$ 称为置信度或置信水平，α 称为显著性水平。

如果要了解产品检测率、隔离率的量值所在范围，那么可以采用置信区间估计，即寻求一个随机区间，使 $P(R_L \leqslant R \leqslant R_U)=C$ 成立。对于两项分布来说，由以下两个方程来确定 R 的置信下限 R_L 和置信上限 R_U：

$$\sum_{i=0}^{F}\binom{n}{i}R_L^{n-i}(1-R_L)^i=\frac{1}{2}(1-C) \tag{12-33}$$

$$\sum_{i=F}^{n}\binom{n}{i}R_U^{n-i}(1-R_U)^i=\frac{1}{2}(1-C) \tag{12-34}$$

给定置信度 C,按试验所得 n 和 F 解上述两个方程,即可得到置信区间(R_L,R_U)。但是解上述方程较烦琐,为了利用单侧置信下限数据表,可把上面方程化成以下形式:

$$\sum_{i=0}^{F}\binom{n}{i}R_L^{n-i}(1-R_L)^i=1-\frac{1+C}{2} \tag{12-35}$$

$$\sum_{i=0}^{F-1}\binom{n}{i}R_U^{n-i}(1-R_U)^i=\frac{1+C}{2} \tag{12-36}$$

在给定 C 时,对应于$\frac{1+C}{2}$,由(n,F)查单侧置信下限数据表,得到 R_L 值,对应于$\frac{1+C}{2}$,由(n,$F-1$)查单侧置信上限数据表,得到 R_U 值(两表参见 GB 4087)。于是,可得到置信度为 C 时的双侧置信区间(R_L,R_U)。

例如,某系统发生 38 次故障,BIT 正确检测到 36 次,2 次未检出来。如果给定置信度为 0.8,试求其置信区间。

解: 对应于$\frac{1+C}{2}=\frac{1+0.8}{2}=0.90$,$(n,F)=(38,2)$,查表得 $R_L=0.865\,9$;$(n,F-1)=(38,1)$,查表得 $R_U=0.997\,2$。

所以,当置信度 $C=0.80$ 时,系统故障检测率的置信区间为(0.865 9,0.997 2)。

12.3.3　单侧置信下限估计

若满足

$$P\{\theta\leqslant\theta_U\}=1-\alpha\quad\text{或}\quad P\{\theta_L\leqslant\theta\}=1-\alpha \tag{12-37}$$

则称 θ_U(或 θ_L)为参数 θ 的置信水平为 $1-\alpha$ 的单侧置信上限(或单侧置信下限)。

通常,在故障检测率、故障隔离率估计中,R 的单侧置信上限 R_U 值越大越好,因此可以不考虑。最值得关心的是单侧置信下限 R_L 值是否太低,为此,可采用单侧置信下限估计,就是根据已得到的数据寻求一个区间(R_L,1)使下式成立:

$$P(R_L\leqslant R\leqslant 1)=C \tag{12-38}$$

对于具有二项分布特性的产品(成败型试验)可用下述方程来确定 R 的单侧置信下限 R_L:

$$\sum_{i=1}^{F}\binom{n}{i}R_L^{n-i}(1-R_L)^i=1-C \tag{12-39}$$

式中:F 为 n 次试验中的失败次数,按试验结果数据,在给定置信度 C 后,解上述方程即可得到 R_L 值。

例如,某系统发生 38 次故障,BIT 检测出 36 次,其中有 2 次未检出,即失败次数 $F=2$,如果规定置信度为 0.9,求检测率单侧置信下限是多少?

解: $C=0.9$,由$(n,F)=(38,2)$可查得 $R_L=0.865\,9$。

12.4　测试性试验的实施

12.4.1　试验程序

测试性试验的工作程序如图 12-4 所示。

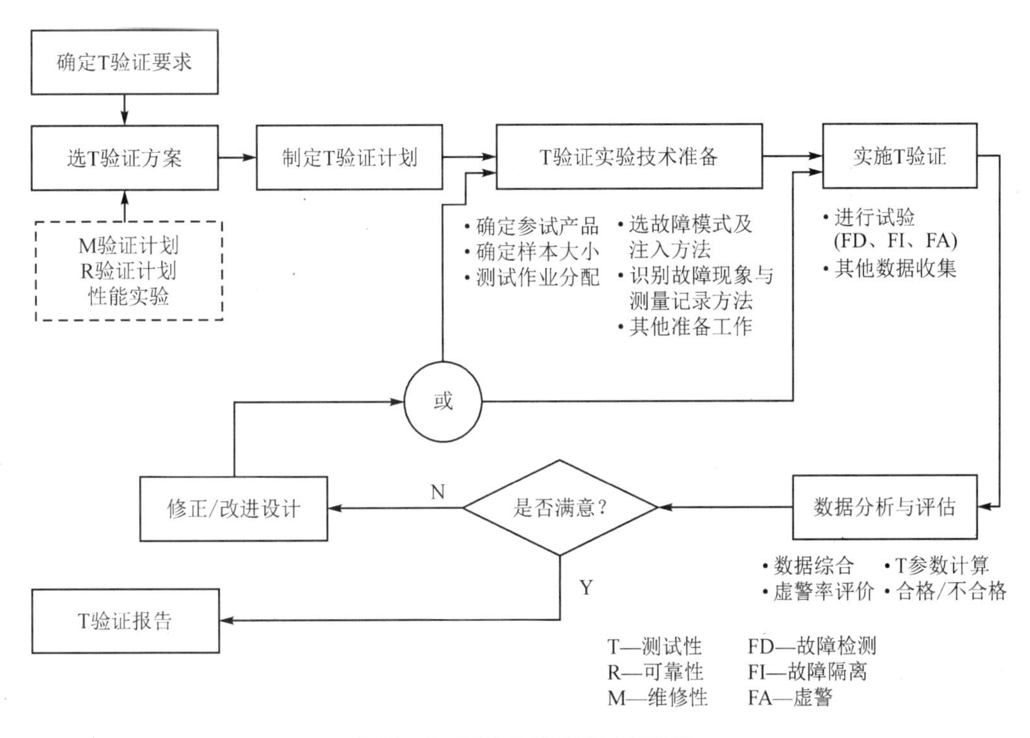

图 12-4　测试性试验的工作程序

12.4.2　建立可注入故障模式库

1. 分析故障模式分类及注入方法分析

(1) 故障模式分类

分析产品的功能故障及其各组成单元的功能故障。导致产品组成单元的某一功能故障模式的所有元器件故障模式的集合，划分为一类(等效故障集合)，注入其中任一个故障就等于注入该功能故障。为操作方便，较小的产品可以按合理划分后的组成部件来划分等价故障类别。分析的重点是产品的各组成单元的功能故障、故障率及注入方法。

(2) 故障模式注入方法分析

在内场进行测试性验证试验的产品一般多是现场可更换单元(LRU)级的产品，所以这里以 LRU 为例进行分析。依据组成 LRU 各车间可更换单元(SRU)的构成及工作原理、FMEA 表格、测试性/BIT 设计与预计资料等，分析各 SRU 的各功能故障对应的等价故障集合中可注入的故障模式及注入方法、功能故障的故障率(等于引发该功能故障的所有元器件故障率之和)、检测方法、测试程序编号等相关数据，填入表 12-8 中。

表12-8　SRU故障模式分类及注入方法分析

LRU组成单元(SRU)名称：　　　　　　　　　　日期：

序　号	功能故障模式	名称和代号	故障率 λ_g	引发功能故障的元/器件				测试程序编号		
				名称或故障模式	故障率 λ_i	注入方法	不能注入原因	BIT	ATE	人　工
1										
2										
合计										

注：故障注入方法代号：FI，硬件注入；FE，软件模拟。

不能注入原因代号：A，无物理入口；B，无软件入口；C，无支持设备；D，需要改进软件。

2. 建立可注入故障模式库

在完成对产品及其组成单元的故障模式及注入方法分析的基础上，即可建立故障模式库。

(1) 故障模式数量及分布要求

故障模式库中故障模式的数量应足够大，一般是试验用样本量的3～4倍，至少应保证故障率最小的组件(故障类)有2个可注入故障模式，其他故障率较高的组件(故障类)可注入故障模式数应大于分配给它的样本数，以便实施抽样和备份。

故障模式库中的故障分布情况，应按产品组成单元(故障类)故障率成正比配置。

(2) 故障模式信息内容

故障模式库中每个故障模式都是可注入的，给出的相关信息内容应包括：

① 故障模式名称和代号；

② 故障模式所属产品及其组成单元名称或代号；

③ 故障模式及所属故障类名称和代号；

④ 故障特征；

⑤ 检测方法与测试程序；

⑥ 注入方法和注意事项等。

(3) 建立故障模式库

为便于故障模式抽取和注入，根据产品及其组成单元的故障模式及注入方法分析的结果，将各个可以注入的故障模式及其相关信息，按产品组成单元分组编号、顺序排列，集成后即构成产品可注入故障模式库，见表12-9。故障模式库可以是纸介的，也可以是电子的。

表 12－9　可注入故障模式库

序　号	故障名称代号	故障位置		故障特征	故障注入方法	检测方法测试程序
		SRU 名称和代号	组件(或故障类)名称和代号			
1						
2						

12.4.3　故障注入方法

现有的故障注入方法可分为手工操作故障注入方法和自动故障注入方法。

1. 手工操作故障注入方法

手工操作故障注入方法包括：

- 将元器件引脚短路到电源或者地线；
- 移出元器件引脚并将其接到地线或电源；
- 将引脚移出插座，然后在空的插孔处施加电源或地信号；
- 将引脚移出插座，使其处于不连接状态；
- 将元件从插座中完全移出；
- 将器件的两个引脚短路；
- 在连接器或底板上注入故障；
- 将电路板从底板上移出；
- 注入延迟；
- 使用故障元器件替换正常元器件；
- 开路 UUT 的输入线路；
- 将 UUT 的输入拉高或者拉低。

2. 自动故障注入方法

(1) 元器件级故障自动注入

1) 边界扫描方式故障注入

利用边界扫描这种功能，可以对集成电路的引脚进行故障注入，实现特定的逻辑故障，如加载固定 0、固定 1 等。通过将系统总线与边界扫描控制器建立信号联系，可以由总线管理员监控整个故障注入活动。

2) 通断盒方式故障注入

通断盒(也称为可控插座)方式故障注入可以应用于数字逻辑器件，它利用开关器件产生短路、开路和固定逻辑值来模拟不正确的数字输入和输出。这种故障注入方法需要建立故障注入与诊断之间的通信联系，实现对逻辑模式序列中的特定模式注入故障，而且在整个逻辑模式序列期间只能注入固定故障。

3）反向驱动方式故障注入

基于反向驱动技术的故障注入方法的实质，是通过被注入器件的输出级电路拉出或灌入瞬态大电流来实现将其电位强制为高或强制为低，这必将在电路的相应位置产生较大热量，如热量积聚时间过长，电路的性能必将下降甚至完全损坏。所以，在实施后驱动故障注入时，要对注入电流的时间加以控制。此方法一般不用于测试产品的诊断能力。

(2) 电路模块级故障自动注入

1）电压求和方式故障注入

对于运算放大器组成的模拟电路模块，可以采用电压求和方式注入故障来模拟电路模块的故障。

2）数字电路模块的故障模拟技术

① 微处理器模拟。

将微处理器开发系统用于电路板功能测试是非常简单的。操作人员只需将待测电路板上的微处理器，替换为同型号并受测试器控制的另一个微处理器即可。该模拟微处理器执行来自模拟存储器的测试程序，这与被测电路板上的存储器完全相同。理想情况下，执行测试程序的模拟微处理器可以施加测试模式到电路板上的不同器件，受测试的典型器件包括总线外围器件和存储器。

这种技术对处理直接位于总线上的器件非常有效。微处理器模拟器仅配置了有限的驱动和检测电路板上随机点的数字状态的功能。这种限制存在于此类测试点的数量、防故障保护、过驱动能力、时序控制、协调的编程设计等。因此，随着元器件越来越远离总线，相应的测试吞吐能力和诊断精度都会急速下降。例如，根据总线单独进行解码或者产生的控制信号将影响测试器控制特定状态的能力。

② 存储器模拟。

存储器模拟的含义是测试器采用自己的存储器来替代被测电路板上的存储器。此时，电路板上的微处理器执行的测试程序是加载到测试器存储器上的测试程序。

与微处理器模拟技术相比，本技术还可以检查被测电路板上的微处理器是否有故障，而无需将其取下。与微处理器模拟技术相同，该技术对于直接与总线相关的处理非常出色，但对非总线的测试事件或者建立特殊测试环境表现不佳。

③ 总线周期模拟。

总线周期模拟技术使用测试器的硬件来模仿微处理器总线接口活动。微处理器可以看作由一个算术引擎和一个连接引擎到外部世界的总线接口组成。在正常运行时，总线接口在引擎的控制下产生规定的波形，将数据传输到存储器或者I/O空间，或者从存储器或者I/O空间传入数据。总线周期模拟技术同样执行存储器的读/写周期，但受到测试程序员的控制，而不是受到微处理器的控制。例如，这种周期可以用于发送命令到串口，或者从软驱控制器读取数据。

为了实现总线周期模拟，被测电路板上的微处理器必须放弃总线接口的控制权，将其转让给测试器。最常用的简便方法是对微处理器应用总线请求功能，等待微处理器响应请求后将其总线接口置位到第三态(高阻状态)。然后，总线处于测试器的控制下，可以进行总线周期的模拟。

(3) 连接线级故障自动注入

对于板间连线或设备间连线中实时性要求不高的信号线,可以采用开关式故障注入方法进行线路故障注入。

将开关式故障注入器串接在被测对象的板间或设备间,注入故障时,通过故障通路选择电路选择要注入故障的通路,利用故障模拟电路模拟出需要注入的信号特征。

(4) 系统总线故障自动注入

对于板间接口或总线的故障模式可以采用系统总线故障自动注入方法进行故障注入。系统总线故障自动注入的实质是在期望的地址上,根据注入条件的要求,将原有传输的信号断开,用故障信号取代原有信号,传输给下级电路。

首先通过总线收发装置接收板间传递的总线信号,将期望地址与正在传输的地址进行比较,判断其是否是需要注入故障的地址:如果不是,则将原有信号直接通过总线收发装置传递给下一级电路;如果是,则控制电路将原有传输数据信号断开,将期望的数据通过总线收发装置传递给下一级电路。注入故障的时间或次数由注入条件决定。

12.4.4 故障注入记录

故障注入试验过程中的数据,应有专人按规定的内容和格式记录。记录的内容主要包括:

① 每次注入故障模式的名称或代号;

② 所用测试手段(BIT、ATE 或人工);

③ 每次故障检测和隔离指示的结果;

④ 每次故障检测与隔离时间;

⑤ 试验过程中发生的虚警次数等。

故障注入试验数据记录表格的样式示例见表 12-10。在实际应用中可以参考这些表格,针对产品特点建立具体的数据表格。

表 12-10 故障注入试验记录表格示例

产品名称: 试验场所: 试验日期:

序号	故障名称	故障表现	BIT						ATE						人工				备注
			指示	检测	隔离		时间	虚警	指示	检测	隔离		时间	虚警	检测	隔离		时间	
					LRU	SRU					LRU	SRU				LRU	SRU		
1																			
2																			

12.4.5 试验结果分析及验证试验报告

验证试验结束后,应编写测试性验证试验报告,其主要内容包括:

① 验证的目的和要求,说明产品测试性验证工作的目的和要求;

② 验证的依据,列出制定测试性验证试验所依据的各项文件、规范、标准等;

③ 验证产品说明,列出产品的测试性要求、技术状态等信息；

④ 验证的组织与实施情况；

⑤ 选用的验证试验方案与合格判据；

⑥ 验证数据,说明获取数据的途径,要求依据规范表格列出测试性相关数据；

⑦ 参数评估方法及计算结果；

⑧ 验证结论,确定验证合格的测试性参数和不合格的测试性参数,确定产品是否合格；

⑨ 存在的问题及改进建议；

⑩ 在试验过程中对各项测试性定性要求的符合情况进行检查、分析结果的说明；

⑪ 试验人员及负责人签字。

习　题

1. 什么是测试性试验？测试性试验的目的是什么？

2. 使用定数试验方案(考虑双方风险的验证方案),计算 $q_0=0.95$,$q_1=0.90$,$\alpha=\beta=0.1$ 情况下的试验样本量及合格判定数,并查表12-1验证结果。

3. 某产品测试性验证试验应覆盖的功能故障模式数量为8个,编号分别为 $F_1 \sim F_8$,各功能故障模式故障率如表12-11所列。请使用考虑充分性的参数估计方案,给出样本量分配结果。(已知 $q_1=0.95$,$C=0.8$。)

表12-11　各功能故障模式故障率(习题3)

功能故障模式编号	F_1	F_2	F_3	F_4	F_5	F_6	F_7	F_8
故障率/($10^{-6}\cdot h^{-1}$)	5.31	13.2	15.8	49.0	12.5	9.8	37.4	47.8

4. 请简述虚警率验证的数据来源与检测率、隔离率验证的数据来源有何不同。

5. 请简述故障注入方法的主要类型。

第 13 章　测试性评估

13.1　测试性评估的含义与分类

13.1.1　测试性评估的含义

测试性评估是通过收集产品研制、试用或者使用阶段的测试性信息，评估或者评价产品的测试性能力水平，判断其是否满足规定的测试性要求。测试性评估适用的测试性要求包括：故障检测率、故障隔离率、虚警率、平均虚警间隔时间，以及测试性定性要求等。

虽然测试性鉴定试验是鉴定故障检测率、故障隔离率能力水平的主要手段，但也有如下不足和限制条件：

① 不能鉴定虚警率、平均虚警间隔时间等参量是否满足指标要求；

② 缺少试验件时，无法开展试验；

③ 受到安装位置空间限制，不具备故障注入条件的产品；

④ 在装备使用阶段，涉及飞行或者使用安全，或者存在火工品、易燃易爆组件、强电磁辐射等危险情况，不允许开展测试性试验。

因此，对于上述情况，需要采用替代的信息收集与评估方法对测试性能力进行评估检验，这类方法统称为测试性评估。

13.1.2　测试性评估的分类

根据开展时机的不同，测试性评估可以分为测试性鉴定评估、作战试验测试性评估、在役考核测试性评估三类工作。

(1) 测试性鉴定评估

在性能鉴定时，对于难以开展测试性鉴定试验的产品和测试性要求，综合利用各种有关的测试性信息评估测试性设计是否满足规定的要求。

(2) 作战试验测试性评估

在作战试验期间，收集装备作战使用与维修过程中形成的测试性信息，评估装备在作战试验状态下达到的测试性能力水平，确定其是否满足规定的测试性要求，并识别测试性设计缺陷。

(3) 在役考核测试性评估

在役考核期间，收集装备使用与维修过程中形成的测试性信息，评估装备在服使用条件下达到的测试性水平，确定其是否满足规定的测试性要求。

13.2　测试性评估技术

13.2.1　最小样本量确定

如果收集的测试性数据没有达到最小样本量，则参数的置信下限评估结果一定不满足指标要求，因此需要明确测试性定量要求对应的最小样本量。

当验证参数包括故障检测率、故障隔离率时，通常仅以故障检测率的最低值要求，根据下式计算得到最小样本量：

$$n_{\min}=\frac{\ln(1-C)}{\ln q_1} \tag{13-1}$$

式中：$n_{\min}$——最小样本量；

C——置信度；

q_1——故障检测率的最低可接受值。

通常要求只有在收集到的故障数据满足最小样本量要求的情况下，才能进行指标评估。如果收集的故障数据没有达到最小样本量，应考虑开展增补故障注入试验，以达到最小样本量要求。

虚警率和平均虚警间隔时间通常不考虑最小样本量要求。

13.2.2　数据判别准则

收集到的测试性信息通常是来自各类试验、试用和使用中的故障数据、检测数据、隔离数据和虚警数据等，需要通过数据判别确认有效数据和故障检测隔离结果。

(1) 有效性判别

数据来源对象的技术状态应至少达到定型技术状态或者更成熟的技术状态，技术状态不满足要求的数据，原则上属于无效数据，应该剔除。

(2) 故障检测判别

对于故障数据，根据其原始记录可以确认规定的手段(如BIT、外部测试设备等)可以检测并给出报警信息的，作为故障正确检测处理；原始记录无法判别的，作为故障不能检测处理。

(3) 故障隔离判别

对于故障数据，根据其原始记录可以确认规定的手段给出的报警信息满足规定模糊度要求的，作为故障正确隔离处理；原始记录无法判别的，作为故障不能隔离处理。

(4) 虚警判别

对于规定手段(如BIT、外部测试设备等)给出的报警信息，根据数据的原始记录确认是没有发生故障的，作为虚警处理。

(5) 故障次数统计

对于测试性试验数据，每个注入故障都按1次故障统计。对于其他试验、试用和使用数据，按可靠性评估中的责任故障判别准则确定有效的故障数据和进行次数统计。

(6) 虚警次数统计

每次发生的虚警，都作为1次虚警统计。

13.2.3　参数评估与合格判定

根据统计的故障数量、检测数量、隔离数量、虚警数量和累计运行时间，可以完成参数评估与合格判定。

(1) 点估计

故障检测率、故障隔离率、虚警率的点估计的通用计算公式如下：

$$\hat{q} = \frac{n - F}{n} \tag{13-2}$$

式中：$\hat{q}$——测试性参数点估计值，如 γ_{FD}、γ_{FI}、$1-\gamma_{FA}$(故障指示成功率)的点估计值。

n——样本量，对于 γ_{FD}，n 为故障总数；对于 γ_{FI}，n 为检测出的故障数量；对于 $1-\gamma_{FA}$，n 为报警次数。

F——失败样本数量，对于 γ_{FD}，F 为没有成功检测出的故障数量；对于 γ_{FI}，F 为没有成功隔离出的故障数量；对于 $1-\gamma_{FA}$，F 为虚警次数。

平均虚警间隔时间的点估计计算公式如下：

$$T_{BFA} = \frac{T}{N_{FA}} \tag{13-3}$$

式中：T——产品运行总时间、运行总次数或者运行总里程；

N_{FA}——虚警总次数。

(2) 置信限估计

对于故障检测率、故障隔离率还需要计算单侧置信下限，对于虚警率还需要计算单侧置信上限，等价于计算故障指示成功率的下限。单侧置信下的通用计算公式如下：

$$\sum_{i=0}^{F} \binom{n}{i} q_L^{n-i} (1 - q_L)^i = 1 - C \tag{13-4}$$

式中：q_L——γ_{FD}、γ_{FI}、$1-\gamma_{FA}$ 的单侧置信下限，令 γ_{FAU} 表示虚警率的单侧置信上限，则 $\gamma_{FAU}=1-q_L$。

C——置信度。

n——样本量，对于 γ_{FD}，n 为故障总数；对于 γ_{FI}，n 为检测出的故障数量；对于 $1-\gamma_{FA}$，n 为报警次数。

F——失败样本数量，对于 γ_{FD}，F 为没有成功检测出的故障数量；对于 γ_{FI}，F 为没有成功隔离出的故障数量；对于 $1-\gamma_{FA}$，F 为虚警次数。

平均虚警间隔时间的单侧置信下限计算公式如下：

$$T_{BFA-L} = \frac{2T}{\chi^2_{2N_{FA}+2,1-C}} \tag{13-5}$$

式中：T_{BFA-L}——平均虚警间隔时间的单侧置信下限；

T——产品运行总时间、运行总次数或者运行总里程；

$\chi^2(\cdot)$——卡方分布函数；

N_{FA}——虚警总次数；

C——置信度。

(3) 合格判据

故障检测率采用单侧置信下限进行判别，合格判据为：若故障检测率单侧置信下限值大于或等于故障检测率最低值,故障检测率合格,否则不合格。

对于故障隔离率,当其要求值小于1时,采用单侧置信下限进行判别,合格判据为:若故障隔离率单侧置信下限值大于或等于故障隔离率最低值,故障隔离率合格,否则不合格。当故障隔离率要求值为1时,采用点估计值进行判别。合格判据为:若故障隔离率点估计值等于故障隔离率要求值,故障隔离率合格,否则不合格。

对于虚警率,将故障指示成功率的单侧置信下限换算为虚警率的上限进行判别,合格判据为:若虚警率的上限值小于或等于虚警率要求的最大值,虚警率合格;否则不合格。

对平均虚警间隔时间采用单侧置信下限进行判别,合格判据为:若平均虚警间隔时间的单侧置信下限值大于或等于平均虚警间隔时间要求的最低值,平均虚警间隔时间合格,否则不合格。

13.3 测试性评估示例

13.3.1 评估示例一

某机载成员系统测试性要求为:BIT故障检测率不低于90%,BIT故障隔离率(1个LRU)不低于90%,BIT故障隔离率(2个LRU)不低于95%,BIT故障隔离率(3个LRU)为100%,虚警率不高于5%。该成员系统没有开展测试性鉴定试验工作,需要开展测试性鉴定评估工作。

(1) 鉴定评估的准备

根据BIT故障检测率确定最小样本量,取使用方风险$\beta=0.2$,计算得到最小样本量为16。确认以该成员系统及其各组成设备的定型技术状态下开展的可靠性试验数据、联调联试数据、飞机试飞数据作为数据来源。

(2) 数据收集

对可靠性试验数据、联调联试数据、飞机试飞数据进行收集整理,收集到有效故障数据78次,BIT虚警数据1次,故障数据满足最小样本量要求。

(3) 评估结果

在78次故障中,BIT正确检测故障73次,BIT正确隔离到1个LRU故障67次,正确隔离到2个LRU故障6次,正确隔离到3个LRU故障0次,采用置信度$C=0.8$进行评估。

BIT故障检测率的点估计值为93.59%,单侧置信下限为90.05%,满足指标要求。

BIT故障隔离率(1个LRU)的点估计值为91.78%,单侧置信下限为87.83%,不满足指标要求。

BIT故障隔离率(2个LRU)的点估计值为100%,单侧置信下限为97.82%,满足指标要求。

BIT故障隔离率(3个LRU)的点估计值为100%,满足指标要求。

BIT虚警率的点估计值为1.35%,单侧置信上限为3.99%,满足指标要求。

(4) 评估结论

BIT故障检测率、虚警率满足指标要求,故障隔离率部分指标不满足指标要求。

13.3.2　评估示例二

某装备的测试性要求如下：

电子系统：BIT 故障检测率不低于 93%，BIT 故障隔离率(1 个 LRU)不低于 90%，BIT 故障隔离率(2 个 LRU)不低于 95%，BIT 故障隔离率(3 个 LRU)为 100%，虚警率不高于 5%。

机电系统：BIT 故障检测率不低于 60%，BIT 故障隔离率(1 个组件)不低于 50%，BIT 故障隔离率(2 个组件)不低于 70%，BIT 故障隔离率(3 个组件)为 80%，虚警率不高于 5%。

按使用方风险 $\beta=0.2$，计算得到电子系统的故障最小样本量为 20，机电系统的故障最小样本量为 4。

在作战试验期间，收集的有效数据为：电子系统的故障次数为 102 次，机电系统的故障次数为 42 次，都满足故障最小样本量要求，可以进行参数评估，取置信度 $C=0.8$。

(1) 电子系统

通过对收集的电子系统数据进行统计，在 102 次故障中，BIT 正确检测故障 97 次，BIT 正确隔离到 1 个 LRU 故障 95 次，正确隔离到 2 个 LRU 故障 1 次，正确隔离到 3 个 LRU 故障 1 次，BIT 虚警次数 2 次。

BIT 故障检测率的点估计值为 95.10%，单侧置信下限为 92.36%，不满足指标要求。

BIT 故障隔离率(1 个 LRU)的点估计值为 97.94%，单侧置信下限为 95.64%，满足指标要求。

BIT 故障隔离率(2 个 LRU)的点估计值为 98.97%，单侧置信下限为 96.94%，满足指标要求。

BIT 故障隔离率(3 个 LRU)的点估计值为 100%，满足指标要求。

BIT 虚警率的点估计值为 2.03%，单侧置信上限为 4.27%，满足指标要求。

(2) 机电系统

通过对收集的机电系统数据进行统计，在 42 次故障中，BIT 正确检测故障 30 次，BIT 正确隔离到 1 个组件故障 18 次，正确隔离到 2 个组件故障 7 次，正确隔离到 3 个组件故障 3 次，BIT 虚警次数 1 次。

BIT 故障检测率的点估计值为 71.43%，单侧置信下限为 63.97%，满足指标要求。

BIT 故障隔离率(1 个组件)的点估计值为 60.00%，单侧置信下限为 50.64%，满足指标要求。

BIT 故障隔离率(2 个组件)的点估计值为 83.33%，单侧置信下限为 74.93%，满足指标要求。

BIT 故障隔离率(3 个组件)的点估计值为 93.33%，单侧置信下限为 86.27%，满足指标要求。

BIT 虚警率的点估计值为 3.23%，单侧置信上限为 9.35%，不满足指标要求。

(3) 评估结论

该装备的电子系统 BIT 故障检测率不满足指标要求，其余故障隔离率、虚警率等满足指标要求；机电系统的 BIT 故障检测率、故障隔离率满足指标要求，虚警率不满足指标要求。

习　题

1. 测试性评估的含义是什么？
2. 测试性评估有哪些类型？
3. 简述测试性评估的主要参数和评估公式。

附录　功能电路/组件级故障模式

本附录提供了供电电路、RS－422通信电路、RS－232通信电路、ARINC429通信电路、CAN通信电路、1394B通信电路、地/开输入采集电路、28 V/开输入采集电路、地/开输出电路、时钟电路、复位电路、看门狗电路、驱动电路、DSP/FPGA/CPU控制电路、存储器电路、信号转接电路、指示灯电路、按键电路、DVI编解码电路、光学组件等的功能故障模式(见附表1)，可作为测试性建模和测试性试验工作故障模式分析的参考。

附表1　功能电路/组件级故障模式

序　号	功能电路/组件名称	功能说明	故障模式	说　明
1	供电电路	为产品提供所需的各种直流电源	××V、××V同时无输出	内部共用通道或者器件故障导致××V、××V电压同时无输出，典型模型如“＋3.3 V、＋1.8 V同时无输出”等
			××V无输出	内部故障导致××V电压无输出，典型模型如“＋3.3 V无输出”“＋1.8 V无输出”“＋15 V无输出”“－15 V无输出”“＋1.9 V无输出”“＋2.5 V无输出”“＋5 V无输出”“＋28 V无输出”“＋1.2 V无输出”“－5 V无输出”“＋10 V无输出”“－10 V无输出”“－12 V无输出”“＋24 V无输出”“＋28 V无输出”“＋1.5 V无输出”“＋27 V无输出”“＋300 V无输出”“＋1.4 V无输出”“＋70 V无输出”“－70 V无输出”“＋960 V无输出”“＋1.0 V无输出”“＋6 V无输出”等
			×× V输出错误	内部故障导致输出电压大幅度超出允许范围，使得用电产品功能不能实现，典型模型如“＋3.3 V输出错误”“＋1.8 V输出错误”“＋15 V输出错误”“－15 V输出错误”“＋1.9 V输出错误”“＋2.5 V输出错误”“＋5 V输出错误”“＋28 V输出错误”“＋1.2 V输出错误”“－5 V输出错误”“＋10 V输出错误”“－10 V输出错误”“－12 V输出错误”“＋24 V输出错误”“＋28 V输出错误”“＋1.5 V输出错误”“＋27 V输出错误”“＋300 V输出错误”“＋1.4 V输出错误”“＋70 V输出错误”“－70 V输出错误”“＋960 V输出错误”“＋1.0 V输出错误”“＋6 V输出错误”等

续附表 1

序　号	功能电路/组件名称	功能说明	故障模式	说　明
1	供电电路	为产品提供所需的各种直流电源	×× V输出超差	内部故障导致输出电压小幅度超出允许范围，但不影响用电产品功能，会使电源品质下降，典型模型如"+3.3 V输出超差""+1.8 V输出超差""+15 V输出超差""−15 V输出超差""+1.9 V输出超差""+2.5 V输出超差""+5 V输出超差""+28 V输出超差""+1.2 V输出超差""−5 V输出超差""+10 V输出超差""−10 V输出超差""−12 V输出超差""+24 V输出超差""+28 V输出超差""+1.5 V输出超差""+27 V输出超差""+300 V输出超差""+1.4 V输出超差""+70 V输出超差""−70 V输出超差""+960 V输出超差""+1.0 V输出超差""+6 V输出超差"等
2	RS-422通信电路	实现单路或者多路的RS-422通信功能	第××路、第××路、第××路RS-422通信功能全部丧失	内部共用通道或者器件故障导致第××路、第××路、第××路RS-422通信功能全部丧失，典型模型如"第1路、第2路RS-422通信功能全部丧失""第1～6路RS-422通信功能全部丧失"等
			第××路、第××路、第××路RS-422通信发送功能全部丧失	内部共用通道或者器件故障导致第××路、第××路、第××路RS-422通信送功能全部丧失，不影响接收功能，典型模型如"第1路、第2路RS-422通信发送功能全部丧失""第1～6路RS-422通信发送功能全部丧失"等
			第××路、第××路、第××路RS-422通信接收功能全部丧失	内部共用通道或者器件故障导致第××路、第××路、第××路RS-422通信接收功能全部丧失，不影响发送功能，典型模型如"第1路、第2路RS-422通信接收功能全部丧失""第1～6路RS-422通信接收功能全部丧失"等
			第××路RS-422通信功能丧失	内部共用通道或者器件故障仅导致第××路RS-422通信功能丧失，其他通路RS-422通信功能正常，典型模型如"第1路RS-422通信功能丧失"等
			第××路RS-422通信数据错误	内部共用通道或者器件故障仅导致第××路RS-422通信数据错误，其他通路RS-422通信功能正常，典型模型如"第1路RS-422通信数据错误"等
			第××路RS-422通信发送功能丧失	内部共用通道或者器件故障仅导致第××路RS-422通信发送功能丧失，接收功能正常，典型模型如"第1路RS-422通信发送功能丧失"等
			第××路RS-422通信发送数据错误	内部共用通道或者器件故障仅导致第××路RS-422通信发送数据错误，接收功能正常，典型模型如"第1路RS-422通信发送数据错误"等

续附表1

序号	功能电路/组件名称	功能说明	故障模式	说明
2	RS-422通信电路	实现单路或者多路的RS-422通信功能	第××路RS-422通信接收功能丧失	内部共用通道或者器件故障仅导致第××路RS-422通信接收功能丧失,发送功能正常,典型模型如"第1路RS-422通信接收功能丧失"等
			第××路RS-422通信接收数据错误	内部共用通道或者器件故障仅导致第××路RS-422通信接收数据错误,发送功能正常,典型模型如"第1路RS-422通信接收数据错误"等
3	RS-232通信电路	实现单路或者多路的RS-232通信功能	第××路、第××路、第××路RS-232通信功能全部丧失	内部共用通道或者器件故障导致第××路、第××路、第××路RS-232通信功能全部丧失,典型模型如"第1路、第2路RS-232通信功能全部丧失""第1～6路RS-232通信功能全部丧失"等
			第××路、第××路、第××路RS-232通信发送功能全部丧失	内部共用通道或者器件故障仅导致第××路、第××路、第××路RS-232通信发送功能全部丧失,不影响接收功能,典型模型如"第1路、第2路RS-232通信发送功能全部丧失""第1～6路RS-232通信发送功能全部丧失"等
			第××路、第××路、第××路RS-232通信接收功能全部丧失	内部共用通道或者器件故障仅导致第××路、第××路、第××路RS-232通信接收功能全部丧失,不影响发送功能,典型模型如"第1路、第2路RS-232通信接收功能全部丧失""第1～6路RS-232通信接收功能全部丧失"等
			第××路RS-232通信功能丧失	内部共用通道或者器件故障仅导致第××路RS-232通信功能丧失,其他通路RS-232通信功能正常,典型模型如"第1路RS-232通信功能丧失"等
			第××路RS-232通信数据错误	内部共用通道或者器件故障仅导致第××路RS-232通信数据错误,其他通路RS-232通信功能正常,典型模型如"第1路RS-232通信数据错误"等
			第××路RS-232通信发送功能丧失	内部共用通道或者器件故障仅导致第××路RS-232通信发送功能丧失,接收功能正常,典型模型如"第1路RS-232通信发送功能丧失"等
			第××路RS-232通信发送数据错误	内部共用通道或者器件故障仅导致第××路RS-232通信发送数据错误,接收功能正常,典型模型如"第1路RS-232通信发送数据错误"等
			第××路RS-232通信接收功能丧失	内部共用通道或者器件故障仅导致第××路RS-232通信接收功能丧失,发送功能正常,典型模型如"第1路RS-232通信接收功能丧失"等

续附表 1

序　号	功能电路/组件名称	功能说明	故障模式	说　明
3	RS-232通信电路	实现单路或者多路的RS-232通信功能	第××路RS-232通信接收数据错误	内部共用通道或者器件故障仅导致第××RS-232通信接收数据错误，发送功能正常，典型模型如“第1路RS-232通信接收数据错误”等
4	ARINC429通信电路	实现单路或者多路的ARINC429通信功能	第××路、第××路、第××路ARINC429通信功能全部丧失	内部共用通道或者器件故障导致第××路、第××路、第××路ARINC429通信功能全部丧失，典型模型如“第1路、第2路ARINC429通信功能全部丧失”“第1～6路ARINC429通信功能全部丧失”等
			第××路、第××路、第××路ARINC429通信发送功能全部丧失	内部共用通道或者器件故障仅导致第××路、第××路、第××路ARINC429通信发送功能全部丧失，不影响接收功能，典型模型如“第1路、第2路ARINC429通信发送功能全部丧失”“第1～6路ARINC429通信发送功能全部丧失”等
			第××路、第××路、第××路ARINC429通信接收功能全部丧失	内部共用通道或者器件故障仅导致第××路、第××路、第××路ARINC429通信接收功能全部丧失，不影响发送功能，典型模型如“第1路、第2路ARINC429通信接收功能全部丧失”“第1～6路ARINC429通信接收功能全部丧失”等
			第××路ARINC429通信功能丧失	内部共用通道或者器件故障仅导致第××路ARINC429通信功能丧失，其他通路ARINC429通信功能正常，典型模型如“第1路ARINC429通信功能丧失”等
			第××路ARINC429通信数据错误	内部共用通道或者器件故障仅导致第××路ARINC429通信数据错误，其他通路ARINC429通信功能正常，典型模型如“第1路ARINC429通信数据错误”等
			第××路ARINC429通信发送功能丧失	内部共用通道或者器件故障仅导致第××路ARINC429通信发送功能丧失，接收功能正常，典型模型如“第1路ARINC429通信接收功能丧失”等
			第××路ARINC429通信发送数据错误	内部共用通道或者器件故障仅导致第××ARINC429通信发送数据错误，接收功能正常，典型模型如“第1路ARINC429通信发送数据错误”等
			第××路ARINC429通信接收功能丧失	内部共用通道或者器件故障仅导致第××路ARINC429通信接收功能丧失，发送功能正常，典型模型如“第1路ARINC429通信接收功能丧失”等
			第××路ARINC429通信接收数据错误	内部共用通道或者器件故障仅导致第××ARINC429通信接收数据错误，发送功能正常，典型模型如“第1路ARINC429通信接收数据错误”等

续附表 1

序　号	功能电路/组件名称	功能说明	故障模式	说　明
5	CAN 通信电路	实现单路或者多路的 CAN 通信功能	第××路、第××路、第××路 CAN 通信功能全部丧失	内部共用通道或者器件故障导致第××路、第××路、第××路 CAN 通信功能全部丧失，典型模型如“第1路、第2路 CAN 通信功能全部丧失”“第1～6路 CAN 通信功能全部丧失”等
			第××路、第××路、第××路 CAN 通信发送功能全部丧失	内部共用通道或者器件故障仅导致第××路、第××路、第××路 CAN 通信发送功能全部丧失，不影响接收功能，典型模型如“第1路、第2路 CAN 通信发送功能全部丧失”“第1～6路 CAN 通信发送功能全部丧失”等
			第××路、第××路、第××路 CAN 通信接收功能全部丧失	内部共用通道或者器件故障仅导致第××路、第××路、第××路 CAN 通信接收功能全部丧失，不影响发送功能，典型模型如“第1路、第2路 CAN 通信接收功能全部丧失”“第1～6路 CAN 通信接收功能全部丧失”等
			第××路 CAN 通信功能丧失	内部共用通道或者器件故障仅导致第××路 CAN 通信功能丧失，其他通路 CAN 通信功能正常，典型模型如“第1路 CAN 通信功能丧失”等
			第××路 CAN 通信数据错误	内部共用通道或者器件故障仅导致第××路 CAN 通信数据错误，其他通路 CAN 通信功能正常，典型模型如“第1路 CAN 通信数据错误”等
			第××路 CAN 通信发送功能丧失	内部共用通道或者器件故障仅导致第××路 CAN 通信发送功能丧失，接收功能正常，典型模型如“第1路 CAN 通信发送功能丧失”等
			第××路 CAN 通信发送数据错误	内部共用通道或者器件故障仅导致第××路 CAN 通信发送数据错误，接收功能正常，典型模型如“第1路 CAN 通信发送数据错误”等
			第××路 CAN 通信接收功能丧失	内部共用通道或者器件故障仅导致第××路 CAN 通信接收功能丧失，发送功能正常，典型模型如“第1路 CAN 通信接收功能丧失”等
			第××路 CAN 通信接收数据错误	内部共用通道或者器件故障仅导致第××路 CAN 通信接收数据错误，发送功能正常，典型模型如“第1路 CAN 通信接收数据错误”等

续附表 1

序　号	功能电路/组件名称	功能说明	故障模式	说　明
6	1394B通信电路	实现单路或者多路的1394B通信功能	第××路、第××路、第××路1394B通信功能全部丧失	内部共用通道或者器件故障导致第××路、第××路、第××路1394B通信功能全部丧失，典型模型如“第1路、第2路1394B通信功能全部丧失”“第1～6路1394B通信功能全部丧失”等
			第××路、第××路、第××路1394B通信发送功能全部丧失	内部共用通道或者器件故障仅导致第××路、第××路、第××路1394B通信发送功能全部丧失，不影响接收功能，典型模型如“第1路、第2路1394B通信发送功能全部丧失”“第1～6路1394B通信发送功能全部丧失”等
			第××路、第××路、第××路1394B通信接收功能全部丧失	内部共用通道或者器件故障仅导致第××路、第××路、第××路1394B通信接收功能全部丧失，不影响发送功能，典型模型如“第1路、第2路1394B通信接收功能全部丧失”“第1～6路1394B通信接收功能全部丧失”等
			第××路1394B通信功能丧失	内部共用通道或者器件故障仅导致第××路1394B通信功能丧失，其他通路1394B通信功能正常，典型模型如“第1路1394B通信功能丧失”等
			第××路1394B通信数据错误	内部共用通道或者器件故障仅导致第××路1394B通信数据错误，其他通路1394B通信功能正常，典型模型如“第1路1394B通信数据错误”等
			第××路1394B通信发送功能丧失	内部共用通道或者器件故障仅导致第××路1394B通信发送功能丧失，接收功能正常，典型模型如“第1路1394B通信发送功能丧失”等
			第××路1394B通信发送数据错误	内部共用通道或者器件故障仅导致第××1394B通信发送数据错误，接收功能正常，典型模型如“第1路1394B通信发送数据错误”等
			第××路1394B通信接收功能丧失	内部共用通道或者器件故障仅导致第××路1394B通信接收功能丧失，发送功能正常，典型模型如“第1路1394B通信接收功能丧失”等
			第××路1394B通信接收数据错误	内部共用通道或者器件故障仅导致第××1394B通信接收数据错误，发送功能正常，典型模型如“第1路1394B通信接收数据错误”等

续附表1

序号	功能电路/组件名称	功能说明	故障模式	说明
7	地/开输入采集电路	地/开输入采集功能	第××路地/开输入采集常开	内部器件故障导致第××路地/开输入采集常开，典型模型如“第1路地/开输入采集常开”“第2路地/开输入采集常开”等
			第××路地/开输入采集常地	内部器件故障导致第××路地/开输入采集常地，典型模型如“第1路地/开输入采集常地”“第2路地/开输入采集常地”等
8	28 V/开输入采集电路	28 V/开输入采集功能	第××路28 V/开输入采集常开	内部器件故障导致第××路28 V/开输入采集常开，典型模型如“第1路28 V/开输入采集常开”“第2路28 V/开输入采集常开”等
			第××路28 V/开输入采集常28 V	内部器件故障导致第××路28 V/开输入采集常28 V，典型模型如“第1路28 V/开输入采集常28 V”“第2路28 V/开输入采集常28 V”等
9	地/开输出电路	地/开离散量输出控制功能	第××路地/开输出常开	内部器件故障导致第××路地/开输出常开，典型模型如“第1路地/开输出常开”“第2路地/开输出常开”等
			第××路地/开输出常地	内部器件故障导致第××路地/开输入采集常地，典型模型如“第1路地/开输出常地”“第2路地/开输出常地”等
10	时钟电路	为产品提供所需的各种时钟	××MHz、××MHz、××MHz时钟信号同时无输出	内部共用通道或者器件故障导致××MHz、××MHz、××MHz时钟信号同时无输出，典型模型如“16 MHz、33 MHz、25 MHz时钟信号同时无输出”等
			××MHz时钟信号无输出	内部故障导致××MHz时钟信号无输出，典型模型如“16 MHz时钟信号无输出”“33 MHz时钟信号无输出”“32.768 kHz时钟信号无输出”等
			××MHz时钟信号频率错误	内部故障导致××MHz时钟信号频率错误，典型模型如“16 MHz时钟信号频率错误”“33 MHz时钟信号频率错误”“32.768 kHz时钟信号频率错误”等
			××MHz时钟信号纹波较大	内部故障导致××MHz时钟信号纹波较大，典型模型如“16 MHz时钟信号纹波较大”“33 MHz时钟信号纹波较大”“32.768 kHz时钟信号纹波较大”等

续附表 1

序　号	功能电路/组件名称	功能说明	故障模式	说　明
11	复位电路	为产品提供所需的复位信号	××复位信号输出常高	内部故障导致××复位信号输出处于常高状态，典型模型如“DSP 复位信号输出常高”等
			××复位信号输出常低	内部故障导致××复位信号输出处于常低状态，典型模型如“DSP 复位信号输出常低”等
12	看门狗电路	为产品提供所需的复位信号	××复位信号输出常高	内部故障导致××复位信号输出处于常高状态，典型模型如“DSP 复位信号输出常高”等
			××复位信号输出常低	内部故障导致××复位信号输出处于常低状态，典型模型如“DSP 复位信号输出常低”等
13	驱动电路	为产品提供所需的驱动控制信号	××控制信号常无效	内部故障导致××控制信号处于常无效状态，典型模型如“APU 接触器控制信号常无效”“连接接触器断开控制信号常无效”等
			××控制信号常有效	内部故障导致××控制信号处于常有效状态，典型模型如“APU 接触器控制信号常有效”“连接接触器断开控制信号常有效”等
14	DSP/FPGA/CPU 控制电路	产品控制、采集、总线通信功能	全部功能丧失	内部故障导致 DSP/FPGA/CPU 控制电路全部功能丧失
			××控制功能丧失	内部故障导致××控制功能丧失，典型模型如“软启动控制功能丧失”“预负荷控制功能丧失”“RS-422 通信控制功能丧失”等
			××采集功能丧失	内部故障导致××采集功能丧失，典型模型如“低油位信号采集功能丧失”“辅发投网信号采集功能丧失”“机位识别信号采集功能丧失”等
			××监控功能丧失	内部故障导致××监控功能丧失，典型模型如“−15V D 监控功能丧失”“EXT_28V 监控功能丧失”“X_CT_28V 监控功能丧失”等
			第××路××总线通信发送功能丧失	内部故障导致第××路××总线通信发送功能丧失，典型模型如“第 1 路 RS-422 总线通信发送功能丧失”“第 2 路 RS-422 总线通信发送功能丧失”“第 3 路 RS-422 总线通信发送功能丧失”“第 1 路 ARINC429 总线通信发送功能丧失”“第 2 路 ARINC429 总线通信发送功能丧失”“第 3 路 ARINC429 总线通信发送功能丧失”等

续附表1

序　号	功能电路/组件名称	功能说明	故障模式	说　明
14	DSP/FPGA/CPU控制电路	产品控制、采集、总线通信功能	第××路××总线通信接收功能丧失	内部故障导致第××路××总线通信接收功能丧失,典型模型如“第1路RS-422总线通信接收功能丧失”“第2路RS-422总线通信接收功能丧失”“第3路RS-422总线通信接收功能丧失”“第1路ARINC429总线通信接收功能丧失”“第2路ARINC429总线通信接收功能丧失”“第3路ARINC429总线通信接收功能丧失”等
			无法进入××中断	内部故障导致无法进入××中断,典型模型如“无法进入INT1#中断”“无法进入INT2#中断”“无法进入NMI#中断”等
			××控制信号无输出	内部故障导致××控制信号无输出,典型模型如“FLASH复位控制信号无输出”“NVSRAM片选控制信号无输出”“GCS复位控制信号无输出”等
			×× MHz时钟信号无输出	内部故障导致×× MHz时钟信号无输出,典型模型如“16 MHz时钟信号无输出”“25 MHz时钟信号无输出”“100 MHz时钟信号无输出”等
			××无法读取数据	内部故障导致××无法读取数据,典型模型如“DSP无法读取数据”“FPGA无法读取数据”等
15	存储器电路	产品存储数据	××无法存储数据	内部故障导致××无法存储数据,典型模型如“NvSRAM无法存储数据”“SDRAM无法存储数据”等
			××存储数据错误	内部故障导致××存储数据错误,典型模型如“NvSRAM存储数据错误”“SDRAM存储数据错误”等
16	信号转接电路	产品信号转接	××信号无法传输	内部故障导致××信号无法传输,典型模型如“422R1+信号无法传输”“422R2+信号无法传输”“+15V D信号无法传输”等
			××信号传输不稳定	内部故障导致××信号传输不稳定,典型模型如“422R1+信号传输不稳定”“422R2+信号传输不稳定”“+15V D信号传输不稳定”等
17	指示灯电路	实现按键指示信号显示	××指示灯亮度下降	内部故障导致××指示灯亮度下降,典型模型如“‘∨’指示灯亮度下降”“‘∧’指示灯亮度下降”“‘○’指示灯亮度下降”等
			××指示灯无法点亮	内部故障导致××指示灯无法点亮,典型模型如“‘∨’指示灯无法点亮”“‘∧’指示灯无法点亮”“‘○’指示灯无法点亮”等

续附表 1

序　号	功能电路/组件名称	功能说明	故障模式	说　明
18	按键电路	用于按键按下/弹起信号输出	××按键信号持续有效	内部故障导致××按键信号持续有效，典型模型如“‘－’按键信号持续有效”“‘＋’按键信号持续有效”等
			××按键信号持续无效	内部故障导致××按键信号持续无效，典型模型如“‘－’按键信号持续无效”“‘＋’按键信号持续无效”等
19	DVI 编解码电路	用于 DVI 信号编码和解码	第××路、第××路、第××路编码和解码功能全部丧失	内部共用通道或者器件故障导致第××路、第××路、第××路编码和解码功能全部丧失，典型模型如“第 1 路、第 2 路编码和解码功能全部丧失”等
			第××路、第××路、××路编码功能全部丧失	内部共用通道或者器件故障导致第××路、第××路、第××路编码功能全部丧失，典型模型如“第 1 路、第 2 路编码功能全部丧失”等
			第××路、第××路、××路解码功能全部丧失	内部共用通道或者器件故障导致第××路、第××路、第××路解码功能全部丧失，典型模型如“第 1 路、第 2 路解码功能全部丧失”等
			第××路编码功能丧失	内部共用通道或者器件故障导致第××路编码功能丧失，典型模型如“第 1 路编码功能丧失”“第 2 路编码功能丧失”等
			第××路编码错误	内部共用通道或者器件故障导致第××路编码错误，典型模型如“第 1 路编码错误”“第 2 路编码错误”等
			第××路解码功能丧失	内部共用通道或者器件故障导致第××路解码功能丧失，典型模型如“第 1 路解码功能丧失”“第 2 路解码功能丧失”等
			第××路解码错误	内部共用通道或者器件故障导致第××路解码错误，典型模型如“第 1 路解码错误”“第 2 路解码错误”等
20	光学组件	光学成像	不能成像	内部共用通道或者器件故障导致不能成像
			成像不清晰	内部共用通道或者器件故障仅导致成像不清晰

缩略语

英 文	中 文
ACARS(Aircraft Communication Addressing and Reporting System)	飞机通信询问与报告系统
ACMS(Aircraft Condition Monitoring System)	飞机状态监控系统
ADA(Ada Lovelace)	艾达
ADMS(Aircraft Diagnosis and Maintenance System)	飞机诊断和维修系统
AI(Artificial Intelligence)	人工智能
AIDS(Aircraft Integrated Data System)	飞机综合数据系统
AIMS(Aircraft Integrated Monitoring System)	飞机综合监控系统
ALIS(Autonomic Logistics Information System)	自主后勤信息系统
AP(Airborne Printer)	机载打印机
ASIC(Application Specific Integrated Circuit)	专用集成电路
ASP(Avionics Status Panel)	航电状态板
ATA(Air Transport Association)	航空运输协会
ATE(Automatic Test Equipment)	自动测试设备
ATG(Automatic Test Generation)	自动测试生成
ATLAS(Aggregate Table Language And System)	聚合表语言和系统
ATS(Automatic Test System)	自动测试系统
AV(Air Vehicle)	飞行器
BASIC(Beginners' All-purpose Symbolic Instruction Code)	初学者通用符号指令码
BCIU(Backup Control and Interface Unit)	备份控制和接口组件
BCP(BIT Control Panel)	BIT 控制板
BCS Rate(Bench Checked-Serviceable Rate)	台检可工作率
BIST(Built-In Self-Test)	机内自测试
BIT(Built In Test)	机内测试
BITE(Built In Test Equipment)	机内测试设备
BITS(Built-In Test System)	机内测试系统
CAD(Computer Aided Design)	计算机辅助设计
CAMAC(Computer Automatic Measurement And Control)	计算机自动化测试和控制
CBM(Condition-Based Maintenance)	基于状态的维修

续表

英　文	中　文
CDU(Control Display Unit)	控制显示单元
CEM(Common Element Model)	共用元素模型
CFDR(Critical Fault Detection Rate)	严重故障检测率
CFDIU(Centralized Fault Display Interface Unit)	中央故障显示接口装置
CFDS(Centralized Fault Display System)	中央故障显示系统
CFDU(Centralized Fault Display Unit)	集中故障显示装置
CGS(CMS Ground Station)	CMS 地面站
CITS(Central Integrated Test System)	中央综合测试系统
CMC(Central Maintenance Computer)	中央维修计算机
CMM(Central Maintenance Module)	中央维护模块
CMMS(Computer Maintenance Management System)	计算机维修管理系统
CMP(Central Maintenance Panel)	中央维护控制板
CMS(Central Maintenance System)	中央维护系统
CND(Cannot Duplicate)	不能复现
CNDR(Cannot Duplicate Rate)	不能复现率
CORBA(Common Object Request Broker Architecture)	公共对象请求代理体系结构
CSC(Communication System Controller)	通信系统控制器
CUT(Circuit Under Test)	被测电路
CWS(Central Warning System)	中央告警系统
DAPU(Data Access Processing Unit)	数据访问处理单元
DAU(Data Acquisition Unit)	数据采集装置
DCOM(Distributed Component Object Model)	分散式组件对象模型
DFDRS(Digital Flight Data Recording System)	数字式飞行数据记录系统
DFT(Design For Testability)	可测试性设计
DMC(Display Monitoring Computer)	显示监测计算机
DMU(Data Management Unit)	数据管理装置
DTU(Digital Transmission Unit)	数字传输单元
ECU(Electronic Control Unit)	电子控制单元
EFIS(Electronic Flight Instrument System)	电子飞行仪表系统
EGT(Exhaust Gas Temperature)	排气温度
EHM(Engine Health Management)	发动机健康管理
EICAS(Engine Indication and Crew Alerting System)	发动机指示和空勤人员告警系统
EIU(Electronic Interface Unit)	电子接口单元

续表

英　文	中　文
EM(Expectation Maximum)	期望最大化
EMI(Electro-Magnetic Interference)	电磁干扰
ETE(External Test Equipment)	外部测试设备
FAR(False Alarm Rate)	虚警率
FCC(Flight Control Computer)	飞控计算机
FLCC(Flight Control Computer)	飞控计算机
FCNP(Flight Control Navigation Panel)	飞控导航面板
FCR(Fault Coverage Rate)	故障覆盖率
FD(Fault Detection)	故障检测
FDR(Fault Detection Rate)	故障检测率
FDS(Fault Diagnosis System)	故障诊断系统
FFP(Fraction of False Pull)	误拆率
FI(Fault Isolation)	故障隔离
FTA(Fault Tree Analysis)	故障树分析
FTBR(Fault-Test Block Relationship)	故障-测试阻断关系
FTER(Fault-Test Enable Relationship)	故障-测试使能关系
FIM(Fault Isolation Manual)	故障隔离手册
FIR(Fault Isolation Rate)	故障隔离率
FMEA(Failure Mode and Effects Analysis)	故障模式影响分析
FMECA(Failure Modes, Effect and Criticality Analysis)	故障模式、影响及危害性分析
FPGA(Field Programmable Gate Array)	现场可编程门阵列
FRM(Fault Report Manual)	故障报告手册
GCU(Generator Control Unit)	发电机控制装置
GPC(Gaussian Process Classification)	高斯过程分类
GPR(Gaussian Process Regression)	高斯过程回归
HDD(Head Down Display)	下视显示器
HMI(Human Machine Interface)	人机接口
HRC(Health Report Code)	健康报告码
HUMS(Health and Usage Monitoring System)	健康与使用监控系统
IBIT(Initiated BIT)	启动 BIT
IC(Integrated Circuit)	集成电路
ICP(Integrated Core Processor)	综合核心处理机
ICP(Integrated control panel)	综合控制面板

续表

英　文	中　文
ID(Integrated Diagnostics)	综合诊断
IDS(Integrated Display System)	综合显示系统
IEEE(Institute of Electrical and Electronics Engineers)	电气电子工程师学会
ILS(Integrated Logistic Support)	综合后勤保障
IMA(Integrated Modular Avionics)	综合模块化航电
INS(Inertial Navigation System)	惯导系统
ISHM(Integrated System Health Management)	综合系统健康管理
IVHM(Integrated Vehicle Health Management)	航天器综合健康管理
JAST(Joint Advanced Strike Technology)	联合先进攻击技术
JSF(Joint Strike Fighter)	联合攻击战斗机
JTAG(Joint Test Action Group)	联合测试工作组
KB(Knowledge Base)	知识库
LCC(Life Cycle Cost)	寿命周期费用
LCN(Logistics support Control Number)	后勤保障控制编号
LRC(Line Replaceable Component)	外场可更换组件
LRM(Line Replaceable Module)	外场可更换模块
LRU(Line Replaceable Unit)	外场可更换单元
LSA(Logistics Support Analysis)	后勤保障分析
LSAR(Logistics Support Analysis Record)	后勤保障分析记录
LSI(Large Scale Integration)	大规模集成电路
LSTM(Long Short Term Memory)	长短时记忆
LVHM(Launch Vehicle Health Management)	运载器健康管理
MAE(Mean Absolute Error)	平均绝对误差
MAPE(Mean Absolute Percent Error)	平均绝对百分比误差
MAT(Maintenance Access Terminal)	维修存取终端
MBIT(Maintenance BIT)	维修 BIT
MBRT(Mean BIT Run Time)	平均 BIT 运行时间
MC(Mission Computer)	任务计算机
MCDP(Maintenance Control Display Panel)	维修控制显示板
MCDU(Multi-function Control and Display Unit)	多功能控制与显示装置
MFDT(Mean Fault Detection Time)	平均故障检测时间
MFL(Maintenance Fault List)	维修故障清单
MFIT(Mean Fault Isolation Time)	平均故障隔离时间

续表

英 文	中 文
MFHBFA(Mean Flight Hours Between False Alarm)	平均虚警间隔飞行小时
MICP(Multi Indicator Control Panel)	多指示器控制板
MMS(Maintenance Monitoring System)	维修监控系统
MTBF(Mean Time Between Failure)	平均故障间隔时间
MTBFA(Mean Time Between False Alarm)	平均虚警间隔时间
MTTD(Mean Time To Diagnose)	平均诊断时间
MTTR(Mean Time To Repair)	平均故障修复时间
MSE(Mean Squared Error)	均方误差
NSIA(National Security Industrial Association)	国家安全工业协会
ND(Navigation Display)	导航显示器
NDIA(National Defense Industrial Association)	国防工业协会
OCAM(Operation Check And Monitoring)	运行检查和监控
OCMS(Onboard CMS)	机上中央维护系统
OSI(Open System Interconnection)	开放式系统互联
PBIT(Periodic BIT)	周期 BIT
PCB(Printed Circuit Board)	印刷电路板
PCMCIA(Personal Computer Memory Card International Association)	个人计算机存储卡国际协会
PHM(Prognostics and Health Management)	预测与健康管理
PFD(Primary Flight Display)	主飞行显示器
PFL(Pilot Fault List)	飞行员故障清单
PMA(Portable Maintenance Aids)	便携式维修辅助设备
PMAT(Portable Maintenance Access Terminal)	便携式维护检索终端
PMD(Portable Maintenance Device)	便携式维修设备
PUBIT(Power Up BIT)	加电 BIT
PTMS(Power Thermal Management System)	能量热量管理系统
RAM(Random Access Memory)	随机访问存储器
RBF(Radial Basis Function)	径向基函数
RF(Radio Frequency)	射频
RIO(Remote I/O)	远程 I/O
RMS(Root Mean Square)	均方根
RMSPE(Root Mean Square Percentage Error)	均方根百分比误差
ROM(Read-Only Memory)	只读存储器
RTOK(Retest Okay)	重测合格

续表

英　文	中　文
RTOKR(Retest Okay Rate)	重测合格率
RU(Replaceable Unit)	可更换单元
RUL(Remaining Useful Life)	剩余使用寿命
RVM(Relevance Vector Machine)	关联向量机
SCHM(Shuttle Carrier Health Management)	太空梭健康管理
SE(Support Equipment)	保障设备
SGR(Sortie Generation Rate)	出动架次率
SHM(System Health Management)	系统健康管理
SRU(Shop Replaceable Unit)	车间可更换单元
SVM(Support Vector Machine)	支持向量机
TAR(Test Accuracy Ratio)	测试精度比
TAP(Test Access Port)	测试存取端口
TCP/IP(Transmission Control Protocol/Internet Protocol)	传输控制协议/网际协议
TCK(Test Clock)	测试时钟
TDI(Test Data Input)	测试数据输入
TDO(Test Data Output)	测试数据输出
TE(Test Equipment)	测试设备
TMS(Test Mode Selection)	测试方式选择
TP(Test Point)	测试点
TPI(Test Program Instruction)	测试程序说明
TPS(Test Program Set)	测试程序集
TRD(Test Requirement Document)	测试要求文件
TRST(Test Reset)	测试复位
TSMD(Time Stress Measurement Device)	时间应力测量装置
UUT(Unit Under Test)	被测单元
VHM(Vehicle Health Monitoring)	飞行器健康监测
VHSIC(Very High Speed Integrated Circuit)	超高速集成电路
VLSI(Very Large Scale Integration)	超大规模集成
VME(Versa Module Eurocard)	欧洲标准互联模块
VSD(Vertical Situation Display)	垂直情况显示器
VXI(VMEbus eXtension for Instrumentation)	VMEbus 仪器扩展
WDT(Watch-Dog Timer)	看门狗计时器
WRA(Weapon Replaceable Assembly)	武器可更换组件
XML(eXtensible Markup Language)	可扩展标记语言

参考文献

[1] 张宝珍，等. GJB 2547B—2024 装备测试性工作通用要求[S]. 北京：国家军用标准出版发行部，2024.

[2] 石君友，等. GJB 8895—2017 装备测试性试验与评价[S]. 北京：国家军用标准出版发行部，2017.

[3] 邵云峰，等. GJB 3385A—2020 测试与诊断术语[S]. 北京：国家军用标准出版发行部，2020.

[4] 梅文华，等. GJB 3966A—2023 被测单元与自动测试设备兼容性通用要求[S]. 北京：国家军用标准出版发行部，2023.

[5] 张宝珍，等. GJB 451B—2021 装备通用质量特性术语[S]. 北京：国家军用标准出版发行部，2021.

[6] 康锐，等. GJB/Z 1391—2006 故障模式、影响及危害性分析指南[S]. 北京：国家军用标准出版发行部，2006.

[7] 韩国明，等. GB/T 22394—2015 机器状态监测与诊断 数据判读和诊断技术[S]. 北京：中国国家标准化管理委员会，2015.

[8] 夏海轮，等. GB/T 9414.5—2018 维修性 第5部分：测试性和诊断测试[S]. 北京：中国国家标准化管理委员会，2018.

[9] 张宝学，等. GB 4087—2009 数据的统计处理和解释 二项分布可靠性 单侧置信下限[S]. 北京：中国国家标准化管理委员会，2009.

[10] GB 5080.5—1985 设备可靠性试验成功率的验证试验方案[S]. 北京：国家标准局，1985.

[11] 曾天翔. 电子设备测试性及诊断技术[M]. 北京：航空工业出版社，1995.

[12] 田仲，石君友. 系统测试性设计分析与验证[M]. 北京：北京航空航天大学出版社，2003.

[13] 石君友，等. 测试性设计分析与验证[M]. 北京：国防工业出版社，2011.

[14] 曾声奎，等. 系统可靠性设计分析教程[M]. 北京：北京航空航天大学出版社，2001.

[15] 派克·迈克尔，康锐. 故障诊断、预测与系统健康管理[M]. 香港：香港城市大学出版社，2010.

[16] 石君友. 测试性试验验证中的样本选取方法研究[D]. 北京：北京航空航天大学，2004.

[17] 石君友，康锐，田仲. 测试性试验中样本集的测试覆盖充分性研究[J]. 测控技术，2004，23(12)：19-21.

[18] 石君友，康锐. 基于通用充分性准则的测试性试验方案研究[J]. 航空学报，2005，26(6)：691-695.

[19] 石君友，康锐，田仲. 基于信息模型的测试性试验样本集充分性研究[J]. 北京航空航天大学学报，2005，31(8)：874-878.

[20] 石君友，康锐，田仲. 测试性试验中样本集的功能覆盖充分性研究[J]. 电子测量与仪器学报，2006，20(3)：23-27.

[21] 石君友，田仲. 机内测试定量要求的现场试验验证方法研究[J]. 航空学报，2006，27(5)：

883-887.
[22] 石君友,田仲. 测试性研制阶段数据评估验证方法[J]. 航空学报,2009,30(5):901-905.
[23] 石君友,龚晶晶,徐庆波. 考虑多故障的测试性建模改进方法[J]. 北京航空航天大学学报,2010,36(3):270-273.
[24] 石君友,张鑫,邹天刚. 多信号建模与诊断策略设计技术应用[J]. 系统工程与电子技术,2011,33(4):811-815.
[25] 石君友,纪超,李海伟. 测试性验证技术与应用现状分析[J]. 测控技术,2012,31(5):29-32.
[26] 石君友,王风武. 通断式多态系统扩展测试性建模方法[J]. 北京航空航天大学学报,2012,38(6):772-777.
[27] 李海伟,石君友,刘泓韬. 基于状态图的周期 BIT 故障检测与虚警抑制仿真[J]. 北京航空航天大学学报,2013,39(7):983-989.
[28] 陈龙,石君友,刘衎. 测试性建模分析的工程化应用方法研究[J]. 测控技术,2014,33(S):36-39.
[29] 曾天翔. 测试性在现代军用飞机中的应用[J]. 测控技术,1993,12(2):2-5.
[30] 曾天翔. 综合诊断的发展及其在军用飞机上的应用[J]. 航空科学技术,1997,5:6-9.
[31] 贾志军,颜国强等. 外军 ATE/ATS 技术的发展趋势[J]. 计算机测量与控制,2003,11(1):1-4.
[32] 张宝珍. 基于信息的综合诊断体系结构及其在 F-35 联合攻击机研制中的应用[J]. 测控技术,2005,24(3):13-16.
[33] 王海波,等. 空空导弹测试性验证应用研究[J]. 航空兵器,2005,3(6):40-42.
[34] 赵瑞云. 中央维护系统概念及其应用[J]. 航空电子技术,2005,2(6):20-25.
[35] 赵瑞云. 基于模块化综合处理平台的中央维护系统初步研究[J]. 航空电子技术,2007,1(3):20-25.
[36] 张宝珍. 国外综合诊断、预测与健康管理技术的发展及应用[J]. 计算机测量与控制,2008,16(5): 591-594.
[37] 赵瑞云. 民用飞机机载维护系统的中央维护功能[J]. 中国民航大学学报,2008,26(10):39-42.
[38] 伯伟,蔡远文,同江,等. IVHM 对我国运载火箭及测试发控系统的影响分析[J]. 兵工自动化,2009,28(1):78-80.
[39] Pliska T F, Jow F L, Angus J E. BIT/External Test Figures of Merit and Demonstration Techniques[R]. ADA 081128, 1979.
[40] Malcolm J G, Richard W. Highland. Analysis of Built-in Test(BIT) False Alarm[R]. RADC - TR - 81 - 220, ADA 108752, 1981.
[41] Sperry Corporation. Design Guide Built-in Test (BIT) and Built-in Test Equipment (BITE) for Amy Missiles Systems[R]. ADA 101130, 1981.
[42] Derbyshire K, Bramhall G, Hait T. On Board Test System Design Guide[R]. ADA 112301, 1981.
[43] Paul F. Goree. F/A - 18 NA/APG - 65 Radar Case Study Report[R]. ADA 142103, 1983.
[44] Paul F. Goree. F - 16 APG - 66 Fire Control Radar Case Study Report[R]. ADA

142075，1983.
[45] Adel A. Aly. Performance Models of Testability[R]. ADA 146255，1984.
[46] Klion I. A Rational and Approach for Defining and Structuring Testability Requirements[R]. ADA 162617，1985.
[47] ARINC Report 604. Guidance for Design and Use of Built - in Test Equipment [R]. 1986.
[48] Merrill W C，Delaat J C，Bruton W M. Advanced Detection，Isolation，and Accommodation of Sensor Failures - Real - Time Evaluation[R]. NASA - 2740，1987.
[49] Robert M S，Juline M E，Arthur W P. Reliability /Maintainability/Testability Design for Dormancy[R]. ADA 202704，1988.
[50] Neumann G，Barthelenghi G. A Government Program Manager's Testability and Diagnostics Guide[R]. ADA 208917，1989.
[51] Murn S J. R/M/T Design for Fault Tolerance，Technical Manager's Design Implementation Guide[R]. ADA215531，1989.
[52] Neumann G，Barthleghi G，et al. A Contractor Program Manager's Testability/Diagnostics Guide[R]. ADA 222733，1990.
[53] Neumann G，Barthlenghi G. Testability/Diagnostics Design Encyclipedia[R]. ADA 230067，1990.
[54] Weiss J L，Deckert J C，Kelly K B. Analysis and Demonstration of Diagnostic Performance in Modern Electronic Systems[R]. ADA241621，1991.
[55] Cooper C，Haller K A，Zourides V G，et al. Smart BIT/TSMD Integration[R]. ADA 247192，1992.
[56] Press R E，Keller M E. Testability Design Rating System：Testability Handbook[R]. ADA254333，1992.
[57] Dempsey P J，Investigation of Current Methods to Identify Helicopter Gear Health [R]. NASA/TM - 214664，2007.
[58] Malcolm J G. BIT False Alarm：An Important Factor in Operational Readiness[C]. Proceeding Annual R & M Symposium，1982.
[59] Albert J，Partridge M，Fennell T，et al. Built-in Test Verification Techniques[C]. Proceedings Annual R&M Symposium，1986.
[60] Richards D W. Smart BIT[C]. Proceedings Annual R&M Symposium，1987.
[61] Zbytniewski J，Anderson K. Smart BIT - 2：Adding Intelligence to Built - in - Test [C]. IEEE NAECON Proceedings，1989.
[62] Pattipati K R，Deb S，Dontamsetty M，et al. Start：System Testability Analysis and Research Tool[J]. IEEE Aerospace and Electronics Systems Magazine，1991，6(1)：13-20.
[63] Sheppard J，Simpson W. Applying Testability Analysis for Integrated Diagnostics[J]. IEEE D&T of Computer，1992，9(3)：65-78.
[64] Deb S，Pattipati K R，et al. Multi-signal Flow Graphs：A Novel Approach for System Testability Analysis and Fault Diagnosis[J]. IEEE Aerospace and Electronics Magazine，1995，10(5)：14-2.

[65] Shi J Y, Lee H W. A simulation method for POBIT fault detection using state flow [C]. 2012 3rd Annual IEEE Prognostics and System Health Management Conference, July 02, 2012.

[66] Shi J Y, Zhang T. A data pre-processing method for testability modeling based on first-order dependency integrated model[C]. 2012 3rd Annual IEEE Prognostics and System Health Management Conference, July 02, 2012.

[67] Shi J Y, Lv K Y. Simulation method of fault diagnosis tree evaluation[C]. 2012 3rd Annual IEEE Prognostics and System Health Management Conference, July 02, 2012.

[68] Wang L, Shi J Y. An extend dependency matrix generation method using structure information[C]. 2012 3rd Annual IEEE Prognostics and System Health Management Conference, July 02, 2012.

[69] Lin X G, Shi J Y. An integrated simulation method for built-in test system based on stateflow[J]. Chemical Engineering Transactions. 2013,33(S):595-600.

[70] Lv K Y, Shi J Y. Design of automatic line fault injection equipment and verification of BIT detection capability [J]. Chemical Engineering Transactions. 2013, 33 (S): 259-264.

[71] Long C, Shi J Y. A method for dependency matrix combination based on port connection relationship[C]. Proceedings of 2014 Prognostics and System Health Management Conference, December 18, 2014.

[72] Deng Y, Shi J Y. An Extended Testability Modeling Method Based on the Enable Relationship between Faults and Tests[C]. Proceedings of 2015 Prognostics and System Health Management Conference, 2015.

[73] Shi J Y, Li W Z H. A demonstration of build-in test design verification for a typical avionic power circuit using Matlab Stateflow[C]. Reliability Systems Engineering (ICRSE), September 8, 2017.